高 等 学 校 教 材

化工设备
机械基础 第5版

董俊华 高炳军 编

化学工业出版社
·北京·

本书为第 5 版，根据最新的国家标准，对本书第 4 版进行了修订。内容分为力学基础、压力容器、典型化工设备三篇。主要介绍构件与板壳力学基础理论，金属材料的基本知识，中、低压力容器和典型化工设备的强度计算方法、结构设计、有关的标准和规范等。配有习题、例题、内容实用，配有部分二维码，讲述深入浅出，便于自学。

本书为化工工艺专业及环保、制药等相关专业使用的综合性机械基础课程教材，也可供相关专业技术人员参考。

图书在版编目（CIP）数据

化工设备机械基础/董俊华，高炳军编. —5 版. —北京：
化学工业出版社，2018.10（2023.10 重印）
高等学校教材
ISBN 978-7-122-32865-6

Ⅰ.化…　Ⅱ.①董…②高…　Ⅲ.①化工设备-高等
学校-教材②化工机械-高等学校-教材　Ⅳ.TQ05

中国版本图书馆 CIP 数据核字（2018）第 192391 号

责任编辑：丁文璇　程树珍　　　　　　　　　　　　装帧设计：张　辉
责任校对：边　涛

出版发行：化学工业出版社（北京市东城区青年湖南街 13 号　邮政编码 100011）
印　　刷：三河市航远印刷有限公司
装　　订：三河市宇新装订厂
787mm×1092mm　1/16　印张 30¾　字数 803 千字　　2023 年 10 月北京第 5 版第 6 次印刷

购书咨询：010-64518888　　　　　　　售后服务：010-64518899
网　　址：http://www.cip.com.cn
凡购买本书，如有缺损质量问题，本社销售中心负责调换。

定　　价：68.00 元　　　　　　　　　　　　　　　　版权所有　违者必究

前　言

　　《化工设备机械基础》第一版是 1985 年出版的，后经 1993 年、2002 年、2012 年三次修订，已出到第四版。第四版出版后，有很多涉及压力容器和化工设备的标准、法规已有了很大变动，例如 2012 年颁布了容器法兰标准（NB/T 47020～47027），2015 年修订了人孔、手孔标准（HG/T 21515～21535、HG/T 21594～21604），2016 年最新的《固定式压力容器安全技术监察规程》（TSG 21—2016）发布使用，2018 年容器支座新标准（NB/T 47065.1～7065.5—2018）也正式实施。材料方面，2013 年到 2017 年，相继修订了碳素钢钢板、低合金钢钢板、无缝钢管和锻件标准。设备方面，2014 年管壳式换热器（GB/T 151）和塔式容器（NB/T 47041）的标准也进行了修订。这些标准规范的更新，使得本书第二篇压力容器和第三篇典型化工设备中的内容发生了很大改变，特别是一些摘自于标准的图和表，因此需要修订本书，以保持本书的实用性。

　　本次修订内容主要如下：

　　1. 按最新标准、规范更新了第 2 章、第 6 章、第 8 章、第 10 章、第 11 章、第 13 章、第 14 章、第 15 章、第 16 章和第 17 章的相关内容。

　　2. 采用二维码形式来扩展本书内容。在第二章借助二维码，展示了一些材料力学性能试验的动画。一些教学内容（如第 6 章中有色金属的性能及应用）只作了简要介绍，详细内容不再放到本书中，而是采用二维码形式给出。另外，有些表格仅在书上给出了部分内容，完整表格可扫二维码进行查看。

　　3. 删去了各章的检测题和部分习题，删去夹套法兰和部分附录内容，简化了压杆稳定计算等内容。

　　本次修订工作由董俊华、高炳军完成。修订历时半年，期间得到了董大勤教授的大力支持。虽然董大勤教授因年纪原因，不再担任本书的编者，但是依然投入了很多时间和精力，对我们的修订稿进行反复修改、校对，提出了很多宝贵意见。在此对董大勤教授表达我们最由衷的感谢！

　　由于编者水平有限，书中难免有欠妥之处，恳请读者予以指正，谢谢！

编者

2018 年 7 月

第一版前言

"化工设备机械基础"是为工科院校化工系工艺类专业开设的一门综合性的机械类课程。本课程的目的是使学习化工工艺专业的学生获得必要的机械基础知识，具有设计常、低压化工设备的初步能力，并能够对通用的传动零件进行简单的选型、核算和正常的维护使用。根据这一要求，教材的内容分为力学基础、化工材料、机械传动和容器设计四部分。对这四部分内容，既要尊重它们原学科的体系，保证相对的独立性，同时又必须在认真分析这几部分内容内在联系的基础上，探讨改变某些传统讲法的可能性，使本课逐步形成自己的课程体系。在这方面我们仅仅是作了一点初步的尝试，更多的探索还要依靠广大任课教师的不断实践，我们希望听到广大读者的意见。

考虑这门课程涉及的内容较广泛，学习本课程的学生先修基础课较少，并且各学校对这门课的教学要求差异还比较大这三个特点，我们在编写时有针对性地考虑了三条原则：

1. 内容的选取着眼于加强基础和学以致用。

2. 讲述的方法要适应化工工艺专业学生的特点，内容要有一定深度，但讲解要深入浅出，并且有相当部分内容应适于自学。

3. 具备一定弹性，使教学时数在 90～130 之间均可使用本教材。

这本教材主要供理论教学使用，考虑课程设计的需要，选编了少量容器设计资料作为附录列于书后。为不使附录占用本书太多篇幅，编者配合本书另册编写了"化工设备机械基础课程设计"（夹套设备、塔设备和换热器）。用该书者可与河北工学院教材科联系。

1978 年原石油化学工业出版社曾出版过《化工设备机械基础》教材，后来不少院校又编写了多种自用教材。本书的编写是根据 1984 年 11 月在西安召开的《化工设备机械基础》教材会议的决定确定的。其中董大勤编写第一、二、四篇，浙江工学院张莉珍编写第二篇九、十章，王孚川编写第二篇十一至十四章。编写中除书末所列文献外，还参阅了大连工学院等院校编写的教材。此外，天津化工设计院的郭昕亚同志、吉林化工学院的王素琴老师、太原工业大学的陈绪老师以及化工部第二设计院的赵修武、王凯同志都热心为本教材提供了图纸、资料，对教材编写提供了支持和帮助，教材的初稿曾请华东化工学院朱思明老师审阅。编者谨向这些同志致以衷心感谢。

由于编者水平有限，错误及不妥之处在所难免，望读者提出意见以便改正。

编者
1985 年 11 月

第二版前言

《化工设备机械基础》是为工科院校化工系工艺类各专业开设的一门综合性的机械类课程。本课程的教学目的是使学生获得基础力学和金属材料知识，具备设计常、低压化工设备和对再用压力容器进行强度、稳定校核的能力，并了解压力容器监察管理法规，在今后工作中遵守实施。

本门课程的教材《化工设备机械基础》的初版版本是在 1987 年 11 月与读者见面的，几年来先后共重印了五万余册。这次修订是在总结近几年教学实践的基础上进行的，修订的指导思想是：

（1）选材要适合化工、轻工绝大多数非机械类专业的教学要求、要强化针对性，立足于加强基础与学以致用。

（2）精简理论深度，理论部分以"必须"和"够用"为度。

（3）密切与生产实际的联系，教材必须在解决设计和生产问题中具有被生产一线工作同志认可的参考和指导价值。

（4）要考虑教学对象的接受能力，讲授方法要深入浅出、要把传授知识与培养能力结合于讲授之中。

（5）具有一定的弹性，使教学时数在 90～120 之间均可使用。

这次修订的主要内容是：

（1）撤销了初版《化工设备机械基础》中的第三篇"机械传动"，增加了塔设备、管壳式换热器和带夹套与搅拌的反应釜等三种典型化工设备的设计计算与结构分析。目的是使绝大多数工艺专业学员在有限学时内优先学习最常用到的知识。

（2）增写了一章压力容器安全使用与监察管理方面的内容，目的是增强学员的安全生产及遵章守法的意识，并了解一些必要的法规。

（3）按最新标准重新编写了标准所涉及的全部内容，并汇编了较多的资料数据（分别列入有关章节），还专门为化工设备图样的绘制与读图编写了几个有关问题，独立成章，目的是为课程设计准备比较完整的设计资料，也为今后工作参考使用。

（4）增加了习题类型，调整了习题内容，给出了习题答案。

这次修订中新增加的三章典型化工设备，分别由王俊宝（塔设备）、董伟志（管壳式换热器）、张炳然（反应釜）编写，其余新增与修订的各章仍由董大勤编写，并主编全书。在本书修订的过程中曾得到全国压力容器标准化技术委员会、合肥通用机械研究所、天津市锅炉压力容器检验所、天津化工设计院，化工部第一、第三设计院以及许多工厂的标准制订、技术管理的专家和技术人员的指导和帮助，并得到化工部教育司有关领导的大力支持，编者对所有关心、支持、帮助本书修订工作的上述同志深表谢意。

修订后的本书还存在哪些不妥之处，希望使用本书的师生和读者指出宝贵意见。

编者

1993 年 6 月

第三版前言

《化工设备机械基础》是一本综合多门学科、理论与实用并重的机械类教学用书,其理论内容是讲授杆件、板壳力学的基础理论和金属材料的基本知识,介绍中低压压力容器与几种典型化工设备的设计与计算;其实用内容提供的是较完整的教学所需的压力容器与化工设备设计资料。理论内容适合于课堂讲授或自学,实用部分的资料既可供实践性教学环节(如课程设计、毕业设计)使用,也可供从事压力容器设计、制造、管理人员参考。由此,可知本门课程的教学目的是:使学生掌握杆件、平板、回转形壳体的基础力学理论和金属材料的基础知识;熟悉涉及压力容器设计、制造、材料使用和监察管理的有关标准和法规;具备设计、使用和管理中、低压压力容器与化工设备的能力。

早期的《化工设备机械基础》教材是针对化工工艺专业学生的。该教材综合了《理论力学》、《材料力学》、《金属学》、《机械设计》、《化工容器与设备》多门课程的部分内容。经过二十多年教学探索和实践,已初步形成了比较完整的课程体系,其教材也摆脱了早期那种"拼盘"式的结构。由于这门课程有利于对非机械类专业学生综合能力的培养,而又无须设置多门课程,比较符合培养复合型人才的需要,所以继化工工艺专业之后,像轻工、食品、制药、环保、能源等非机械类专业,也在开设或计划开设类似或相同的课程。由于包括中央电大在内的全国许多高等院校都在开设《化工设备机械基础》课,所以以《化工设备机械基础》为书名的教材也就出现了各具特色的多种版本。为了便于读者选用,下面对本书的编写特点做一简单介绍。

编写本书总的指导思想是:好教、易学、实用。

一、理论内容的编写遵循讲清、学懂和够用的原则

1. 以初学者的认识水平和接受能力来确定理论讲授的起点、顺序和深度。语言通俗,层次分明,按照学生的逻辑思维去揣摩(结合教学经验)他们在学习过程中会出现什么问题,指出其出现疑难的原因,有的放矢地处理所要讲授的理论。

2. 以"够用"为原则,简化某些理论内容。但简化不是浓缩,浓缩违背初学者的认识规律。简化更不是简单地删除,因为有些概念不能不讲。所以要简化只能从改变讲授方法上入手,尝试采用"易化"处理的办法来达到简化目的。这种尝试效果如何,有待广大师生评议。

3. 有比较才能有鉴别。本书通过正文讲解、章节小结、思考题的设计与自我检查题的引导等多种方式,将过去教学中发现的、学生可能产生的错误概念、模糊认识、似是而非的理解与正确的结论进行对比性的讲解和判别,目的是引导学生在对比中加深理解,培养严谨认真的学风。

4. 根据本课程的教学要求,对于教材中所涉及的理论公式,编者并未一一推导。对于不进行推导的公式,须要讲清公式所揭示的规律及其适用条件,使读者理解、接纳、会用。对于必须推导的公式,比较侧重的是揭示在推导过程中所反映出来的概念与结论,而不是那些符号数字公式的罗列与推演。

5. 在讲授理论性内容为主的章节中,编写了部分习题,并给出了参考答案,以检验学生解决实际问题的能力。

二、实用内容编写的几点说明

1. 所提供的资料主要取自涉及压力容器材料、设计、制造、检验、使用和监察管理等方面的（国家、部颁、行业）标准、法规和规定。同时也编入了少量编者个人的工作成果，即部分内、外压容器壳体和封头的计算厚度表，以及一些带有拾遗补缺或综合归纳性质的数据和资料。这些资料基本上可以满足 $PN \leqslant 4\text{MPa}$ 的压力容器在设计、制造、使用和管理上的参考需要。

2. 为了尽量提高单页篇幅的信息量，对于大部分标准，在保持信息量完整的条件下，编者均作了重组与改编，与原始资料相比可节省篇幅 50％ 以上。

3. 现行压力容器标准，一是数量多，二是经常修订，有一些相关联的标准，由于修订时间不同，往往在一段时间内，在它们之间会出现某些不协调一致之处。对于这类问题，编者除了指出其差别，并给出不同的数据外，有的还提出了解决问题的建议。

4. 对《钢制压力容器》（GB 150）作选择性讲解是本书主要内容之一。作为国家标准，它要考虑可能出现的各种情况，所以涉及的面很广。但是作为教材，其内容应根据教学和使用要求作出取舍和变更。譬如椭圆形封头，在 GB 150 中考虑了各种长短轴的比值，可是常用的只是 $(a/b)=2$ 的椭圆形封头，若只讨论这种封头就简单多了。又譬如锥形壳体既要考虑作封头使用，又要考虑用作变径段，所以计算方法较烦琐，但是遇到最多的还是用作封头，如果只考虑作封头用，而且封头的大小端直径之比只要不小于 4，那么计算就可以变得非常简单。可以作类似简化处理的还有诸如真空容器的加强圈设计等。这些计算方法虽与 GB 150 的规定有些不同，但它们是在一定条件下的简化，并不违背 GB 150 的规定（正文中有论证）。

应该提醒读者注意，本书所编写的资料应以动态观点分析和使用，今天它们是现行的和最新的，过几年有些标准可能会修订，所以希望读者在日后的实际工作中随时留意标准的变化。编者也会在标准发生变化时，借本书每次重印之机对有关内容及时修正。

三、本书之不足

由于本课程既要综合讲授多门课程的基础理论，又要比较完整地提供实践性教学环节所需资料，以满足所规定的教学要求，所以本书原计划的编写内容较多，但是限于学时的缩减，本书不得不删除一些内容，诸如"复杂应力状态分析""金属腐蚀与防护""非金属材料""球冠形封头"、"压力容器安全泄放装置"、"填料塔"等；对于像"强度理论"、"常用机械零件"这样一些内容也只能作实用性处理，上述这些删除与处理是否合适，有待广大师生与读者评议。

限于编者个人水平导致的不妥与错误，期望广大师生与读者指正。

编者
2002 年 3 月

第四版前言

本书是以掌握中、低压压力容器的设计为目的，以一系列技术法规、设计规定、材料和零部件标准为依托，讲解相关的力学、材料、机械、结构方面的基础知识。教材内容中的理论部分，在这次修订中变化不大，但是书中的实用内容则必须随着国家的技术政策、法规和相关标准的变化而不断更新，在这一点上，本书不同于基础课教材，本书第三版于 2003 年出版后，伴随科技进步和与国际接轨的需要，涉及压力容器标准的更新步伐日渐加快。在零部件方面，继 2005 年人、手孔新标准的实施，在 2007～2009 年又相继修订了容器支座和管法兰连接的标准。在材料方面，从 2006 年 GB/T 700 碳素结构钢修订开始，2008 年颁布了压力容器专用的炭素钢和低合金钢板标准（GB 713），将原 20g、16Mng 与 20R、16MnR 纳入其中。加上低温用（GB 3531）、焊接气瓶用（GB 6653）以及其他低合金高强度用（GB/T 1591）钢板的修订，全面更新了压力容器使用的低合金钢钢板；对于不锈钢（包括耐热钢）2007 年更新了六个不锈钢标准；并在 2009 年从 140 多种不锈钢中，确定了 17 种不锈钢（含耐热钢）为压力容器专用钢板（GB 24511）。石油裂化、锅炉、换热器以及流体输送用的无缝和焊接钢管在 2006 年至 2009 年也陆续更新了原标准。甚至各种型钢，由于规格、型号的增加及质量要求的提高，也颁布了新标准。这些材料标准的修订以及 2009 年《固定式压力容器安全技术监察规程》的实施，要求 1998 版 GB 150 的修订工作必须加速进行。就在新版 GB 150 于 2011 年颁布前的两年中（2010、2011），又有复合钢板、锻件、铸铁、有色金属、压力容器封头与视镜以及焊接等标准做了修订。其中有些原 JB、HG 标准更改为 NB 标准。为配合新版 GB 150 在 2012 年的实施，HG 20593 等标准也出了 2011 年的更新版本。正是在大量标准更新的背景下，本书才是 2009 年年初开始了四版的编写，但由于上述标准更新的时间延续数年，导致四版的书稿曾三次往返于编者与出版社之间，编者为此三易其稿，导致四版出版时间过长，编者对此深表歉意。改变这种状况的较好办法是在每年重印本书时，由编者审视一下有无需要对书中涉及少量新修订标准的内容做出修改。有则及时修改，使本书保持常新状态，而无需频繁出新版。

标准修改的原则仍然是对标准进行精选与重编，力求相同数量的资料所占用的篇幅（总量）比原标准减少在 50% 以上（若按书价计算，相同的信息量所占篇幅的成本不会超过所摘引法规标准总价的 10%）。

第四版原计划 2007 年修订，由于有些院校在此之前已将《化工设备机械基础》课程教学时数减少到 50 学时以下（另有课程设计），所以采用本教材的部分教师建议把教材的篇幅做进一步的压缩。编者反复思考了这一建议后认为，一门课程教材的篇幅，虽然要顾及课时的多少，但首先应取决于该课程的设课的目的和要达到的要求；其次要看教材的起点，要考虑学习该课的学生学过哪些先修课程；最后教材的讲述方法要考虑学生的接受能力，教材的编者必须把自己放在初学者的位置上，要以初学者能够理解水平与接受能力作为编写的指导思想。大家都知道，这门课程的特点是由原多门传统机械类课程（按小类型计，总学时为 300）综合而成，另外还要增加大量的标准讲解与编辑，要把这些内容改变成数十学时的一门课，对原多门课程的内容进行压缩、精简是必然的。至于如何压缩，怎样精简，不同的编者会有不同的认识，本书编者的思路是：首先要确定本课程的设课目的和要求，然后才能有针对性地精选内容，精选不是对原课程某些内容的简单删除，必须考虑被删除的那些内容对所选留内容的影响；压缩也不是浓缩，不能采取"三级跳"的办法来压缩篇幅；精简与压缩都不能违背初学者认识规律，要让学生面对基础知识或标准中出现的名词、概念或术语以及所作出结论都能理解，就需要前有铺垫，中有讲解，后有运用，环环相扣，融为一体。不能以回避一些必须交代清楚的讲解为代价，来换取篇幅的压缩。本教材的特点是，它没有先修课程（有些院校单独另设《工程力学》者除外），就机械系统的课程而言，它是从零起点开始学习，而要达到的却是要使学生初步具备设计压力小于4MPa压力容器的基本能力。这是一个相当大的跨越，虽然课程的内容都是一些最基础的知识，但在跨越过程中会遇到由于"精简"和"零起点"所带来的许多在原课程中本不会出现的问题，从这个意义上说，这本教材又不能因其内容上的"浅"，而忽视讲解上的"细"。特别是有些难点，必须根据同学的接受能力，改变传统讲法，实现"易于理解"的处理。此外，把多门不同课程合并，还必须处理原各门课程的融合问题，建立本课程自身体系。要让同学从没有工程力学和材料基础知识开始学习，达到初步具备设计一般压力容器的基本能力，既要有起码的力学、材料基础知识，又必须理解和会用相当数量的法规和标准。所有这些都决定了本教材的篇幅不可能跟随课程学时的减少，随心所欲地进行压缩。必须考虑课上听课与课下自学的效果。如果本课程的要求基本保持不变，如果切切实实要让学生把最基本的知识真正学到手，编者认为课内学时越是缩减，教材的讲解越是要细，这是因为必须给同学在课下或在工作中自学创造条件。所以编者没有接受将这本教材篇幅做进一步压缩的建议。同时编者也不具备这种能力。

在强调把学生培养成复合型人才的今天，不是看在他们大学期间的教学计划中安排了多少门课程，而是要检验他们究竟把多少知识或技能真正学到手，知识和能力的积累是一个漫长的过程，本课程只希望给同学一点点扎扎实实的机类知识的入门基础，量在不多，重在真正掌握。编者期望在同学完成校内本课程的学习后，把这本教材保留在身边，以便在日后的工作中继续学习、使用。编者可以告诉同学，编者从1983年开始，在过去的28年中（含退休后），由于在教学的同时，始终没有脱离生产一线的技术工作，在与各种技术、管理人员的接触中，切实感受到这本教材对一线接触压力容器方面工作的人员的帮助。从使用来看，这本教材早已走出学校的课堂，也可以说它不再是仅供跟着教学时数跑的、所谓"讲多少编多少"的教材，当同学走出学校，转变为技术或管理人员以后，那时会感受到学习是没有止境的，后续知识的积累，既需要扎实的基础，更要有永不满足的求知欲望，因为机会总是留给有准备的人。

"化工设备机械基础"课程虽然已经在许多院校开设多年，但与成熟的传统课程相比，它仍然处于探索、实践和逐步完善的过程之中，对于教材应如何编写始终存在一些争论，目前编写出版的同名教材就有多种版本，这既是不同工艺专业对机械类知识要求侧重面不同的需求，同时它也反映不同编者对这门课程教材编写的思路与教学效果的期待有不同认识和要求。

除本书原编者外，参加本版修订或帮助审核的还有高炳军（第13章、第15章），董俊华（第6章、第17章）、袁凤隐（第14章）等老师，书中部分章节的删减或增加有些也是根据一线教师的意见确定的。编者对参与本书四版修订的全体老师深表谢意。

编者真诚期待广大教师、同学和社会读者对本书提出您的意见或建议。譬如是否可以把书名改为《化工容器机械基础》，将第三篇完全删除或另册编写。这次的修订，考虑学时的锐减，暂时撤掉了反应釜一章，其实如果不是书名中的"设备"二字，将换热器与板式塔一并去掉也无不可。总之，编者欢迎读者对本书的各个方面提出任何意见，特别是对尚有争论的问题，发表您的看法，您的意见可通过出版社转给编者。谢谢。

编者
2012年3月

目 录

第一篇 力学基础

第二篇 压 力 容 器

第三篇　典型化工设备

第一篇 力 学 基 础

化工厂中使用的机器设备大都是在各种载荷下工作的，为了使它们安全可靠地工作，从力学角度，一般要提出三方面的要求：

ⅰ.能抵抗载荷对它的破坏，即有一定的强度；

ⅱ.不发生超出许可的变形，即有一定的刚度；

ⅲ.能维持构件自身的几何形状，即具有充分的稳定性。

因此，强度问题、刚度问题和稳定问题，都属于本课程的力学基础内容。讨论的重点是强度问题。

本课程的研究对象是化工设备。构成化工设备的元件既有杆件也有平板和回转壳体。杆件的变形与应力分析比较简单，它的一些概念和结论可以移植到平板与壳体的变形和应力分析中去，所以须对于杆件做一些必要的公式推导。要注意的是，要重视在公式推导过程中可以得到的某些有用的概念和启示，而不仅仅满足于最后得到的公式本身。依据课程性质与教学要求，对于平板与壳体的计算公式推导，有的是用与杆件类似的比较简单的方法论证，有的则是利用已有的一些力学基础理论的概念，采用定性说明的方法论证。

本篇讨论的对象虽然是杆件，但解题的思路、方法和结论，对于后续章节的学习也是十分重要的。

1 刚体的受力分析及其平衡规律

要研究构件的强度或刚度问题，首先要全面搞清楚构件所受外力。图1-1（a）示一矩形水箱放在两个墙垛子上，水箱受重力 G，水箱在重力 G 作用下没有掉下来，显然是因为有墙垛子托住它，墙给水箱的支持力应该是垂直向上的［图1-1（b）］。

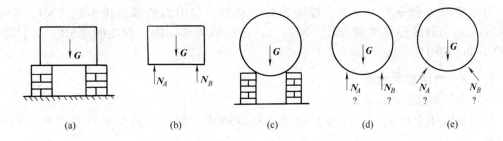

(a)　　　　(b)　　　　(c)　　　　(d)　　　　(e)

图 1-1　受力分析应解决的问题

如果水箱是圆筒形，也放在两个墙垛上［图1-1（c）］，墙垛给水箱的支持力是垂直向上［图1-1（d）］，还是倾斜［图1-1（e）］的呢？如何确定这两个支持力的力线方位，就是受力分析要研究的问题。

支持力的力线方位确定以后，还得解决力的大小问题。譬如说作用在圆筒上的支持力 N_A 和 N_B 的力线方位已经确定［图1-1（e）］，如何从已知力 G 求取未知力 N_A 和 N_B 的大小呢？要从 G 求取 N_A 和 N_B，就得寻找 G 和 N_A，N_B 的内在联系，探讨这个内在联系就是讨论平衡规律的目的。

这个简单例子是要说明：这一章讨论的核心问题是如何已知外力求取未知外力。解决这个问题分两步：第一步是通过受力分析正确确定未知外力的力线方位；第二步是探索物体受力平衡规律，并利用它求取未知外力。

1.1 力的概念及其性质

1.1.1 力的概念

力是人们从长期的观察和实践中经过抽象而得出的一个概念。人类在自己的生产和生活过程中发现：物体与物体之间的相互作用会引起物体运动状态改变，也会引起物体变形。进而还发现：无论是运动状态的改变，还是物体的变形，其程度都与物体间相互作用的强弱有关。人们为了度量上述的物体间相互作用所产生的效果，于是就把这种物体间的相互作用称之为力。

由此可见，力是通过物体间相互作用所产生的效果体现出来的。因此认识力、分析力、研究力都应该着眼于力的作用效果。上边谈到的力使物体运动状态发生改变，称它是力的外效应。而力使物体发生变形，则被称为是力的内效应。

单个力作用于物体时，既会引起物体运动状态改变，又会引起物体变形。两个或两个以上的力作用于同一物体时，则有可能不改变物体的运动状态而只引起物体变形。当出现这种情况时，称物体处于平衡。这表明作用于该物体上的几个力的外效应彼此抵消，但不能由此否定单个力的外效应。

力作用于物体时，总会引起物体变形。但在正常情况下，工程用的构件在力的作用下变形都很小。这种微小的变形对力的外效应影响很小，可以忽略。这样一来，在讨论力的外效应时，就可以把实际变了形的物体，看成是不发生变形的刚体。所以，当称物体为刚体时，就意味着不去考虑力对它的内效应。在这一章研究的对象都是刚体，讨论的是力的外效应。

力是矢量，图示时可用一带箭头的有向线段表示，有向线段长度（按比例尺）表示力的大小，箭头所指表示力的方向。用符号表示力时，以黑体字 F，P，Q 或 $\vec{F}$，$\vec{P}$，$\vec{Q}$ 等表示矢量，以白体字 F，P，Q 等表示力的大小。

力有集中力和分布力之分。按照国际单位制，集中力的单位用牛顿（N），千牛顿（kN）；分布力的单位是牛顿/米^2（N/m^2），又称帕斯卡（Pa）和兆帕（MPa）。1MPa＝10^6Pa，相当于 1N/mm^2。

1.1.2 力的基本性质

（1）力作用点的可移动性

作用在刚体上的力，可以沿其作用线移到刚体上的任一点而不改变力对该刚体的外效应。

例如作用在小车 A 点有一力 F ［图 1-2（a）］，在沿力 F 的作用线上任取一点 B，设想在 B 点沿力 F 的作用线增加作用一对等值、反向、共线的力 F_1 和 F_2 ［图 1-2（b）］，使 $F_1=F_2=F$。由于 F_1 与 F_2 对小车的外效应互相抵消，所以在增加了 F_1 与 F_2 以后，三个力作用的总效应与单个力 F 对小车作用的效应相同。考虑 F 和 F_2 二力等值、反向、共线，它们的外效应相互抵消，所以去掉它们不会对小车的外效应有任何影响 ［图 1-2（c）］，这样一来就相当于把作用在 A 点的力 F 沿其作用线移到了 B 点，而力对小车的外效应并没有改变。这就证明了力的作用点可沿其作用线移动到另一点而不改变力对物体作用的外效应的性质。但是不能由此得出"作用在刚体上的弹力是可以通过该刚体传递给另一个物体"的错误

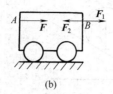 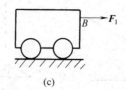

|(a)|(b)|(c)|

图 1-2　力作用点的可移动性

结论，因为刚体上所受的弹力是不能传递的。

这一性质只能用于刚体。因为当把物体看成变形体且只讨论力的内效应时，力作用点的移动常会引起变形性质的变化，如图 1-3（a）受压缩的杆，若二力移动后，杆将变为受拉［图 1-3（b）］。

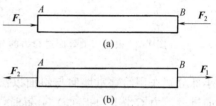

(a)

(b)

图 1-3　力的可传性不能用于力对物体的内效应上

（2）力的成对性

力既然是两个物体之间的相互机械作用，所以就两个物体来看，作用力与反作用力必然永远是同时产生，同时消失，而且一旦产生，它们的大小必相等，方向必相反，而作用线必相同。这就是力的成对性，也称作用反作用定律。显然力的成对性是同时观察两个相互作用的物体而言的，成对出现的这两个力分别作用在两个物体上，因而它们对各自物体的作用效应不能相互抵消。

（3）力的可合性

什么是力的可合性？就是两个力对物体的作用可以用一个力来等效代替，叫作力的合成。

图 1-4 所示，作用在小车上的 F_1 和 F_2 两个力如果可以用 R 一个力等效代替，则表示 F_1、F_2 可以合成为一个力。称 R 为 F_1 和 F_2 的合力，F_1、F_2 为 R 的分力。

合力与其分力之间存在等效取代的关系，所以合力与其分力之间就必须满足一定的条件，这个条件就是平行四边形法则。这个法则告知：作用于刚体 A 点处的两个力 F_1 和 F_2，如果和作用于同一点的力 R 能够互相等效取代，那么以 F_1 和 F_2 两个力矢所构成的平行四边形，其由 A 点引出的对角线就是力矢 R（图 1-5）。这个平行四边形法则就是矢量的加法法则。

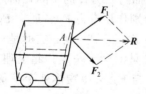

图 1-4　F_1、F_2 可用 R 等效代替（力的可合性）

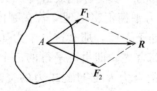

图 1-5　力的平行四边形法则

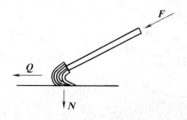

图 1-6　力的可分性

（4）力的可分性

力的这个性质也是从实践中发现的，例如用墩布擦地（图 1-6），作用于墩布手把上的力 F 可使墩布产生两个效果：一是在水平方向产生加速度，二是给地面以一定的垂直压力。一个力既然能产生两个效果，所以说一个力可以解成两个力，叫作力的分解。

力的分解自然也必须符合平行四边形法则。如果说两

3

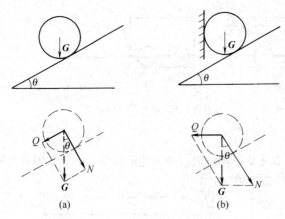

图 1-7　根据力的效应进行力的分解

个力合成一个力时，只有唯一解的话，那么将一个力分解为两个力时，可以得到无数组解，因为以某一力矢为对角线可以作出无数个平行四边形。所以在进行力的分解时，如果针对的是某一具体问题，那么应该考虑被分解的力对物体实际产生的效果，例如图1-7（a）所示斜面上的小球，它受到重力 G 作用时，产生了沿斜面下滚和给斜面以法向压力两个效果，因此重力 G 应沿与斜面平行和垂直两个方向分解；而图 1-7（b）所示斜面上的小球，由于受到垂直墙面的阻挡，小球并没有沿斜面向下滚动，这时的小球分别作用给垂直墙面与斜面以法向压力，因此 G 的分解应沿水平与垂直于斜面两个方向进行。力 G 按图 1-7（a）分解时，作用给斜面的法向压力 $N = G\cos\theta$，分力 N 小于合力 G；力 G 按图 1-7（b）分解时，$N = \dfrac{G}{\cos\theta}$，分力 N 大于合力 G。

（5）力的可消性

一个力对物体所产生的外效应，可以被另一个或几个作用于该同一物体上的外力所产生的外效应所抵消。这就是力的可消性。由于力具有这一性质，就使得物体在受到两个或两个以上外力作用时，这些力对物体所产生的外效应有可能彼此抵消。当出现这种情况时，称该物体是"处于平衡"。而使物体处于平衡的那几个外力则被称为是"平衡力系"。并不是任何外力系都能成为平衡力系，要成为平衡力系必须具备一定的条件，这个条件就叫"平衡条件"。在 1.3 节和 1.5 节将介绍"平衡条件"的一般表达式，在此为了分析刚体受力的需要，先讨论两个最简单的平衡定理。

① 二力平衡定理　当物体上只作用有两个外力而处于平衡时，这两个外力一定是大小相等，方向相反，作用线重合。工程上的构件，其几何形状虽然有多种，但只要该构件是在二力作用下处于平衡，称它为"二力杆"（图1-8）。根据二力平衡的条件可以断定：二力杆上的两个外力，其力作用线必与二力作用点的连线重合，而与二力杆的实际几何形状无关。

② 三力平衡汇交定理　若在刚体的 A、B、C 三点分别作用有力 F_1、F_2、F_3（图1-9）且使刚体处于平衡，那么这三个力如若不彼此平行，则必定汇交于一点。这就是三力平衡汇交定理，简言之，即由不平行的三个力组成的平衡力系必只汇交于一点。此定理很易证明：F_1 与 F_2 的合力 R 必过此二力的交点 O（图1-9），而 R 与 F_3 又使物体处于平衡，所以 R 与 F_3 必等值、反向、共线，也即 F_3 也必过 O 点。

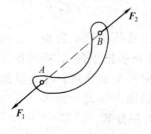

图 1-8　二力杆

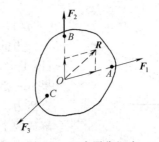

图 1-9　三力平衡汇交

1.2 刚体的受力分析

1.2.1 约束和约束反力

作用在机器设备零件上的外力，基本上可分为两类。一类叫主动力，它能引起零件运动状态改变，或使零件具有改变运动状态的趋势，例如图1-1中水箱所受到的重力 G，图1-2中小车受到的推力 F，图1-7中球体受到的重力 G 等，都是主动力。另一类叫约束反力，它是阻碍物体改变运动状态的力。例如图1-1中墙垛作用给水箱的支持力 N_A 和 N_B；图1-2中地面给小车的"摩擦力"（图中没有画出）；图1-7（b）中斜面与墙面作用给小球的"阻挡力"（图上没有画出）等都是约束反力。

如果物体只受主动力作用，而且能够在空间沿任何方向完全自由地运动，则称该物体为自由体。如果物体的运动在某些方向上受到了限制而不能完全自由地运动，那么该物体就称为非自由体。限制非自由体运动的物体叫约束。例如轴只能在轴承孔内转动，不能作径向移动，于是轴就是非自由体，而轴承就是轴的约束。又如图1-1中的水箱是非自由体，而两个墙垛则是水箱的约束。

约束作用给非自由体的约束反力需根据约束的性质进行分析，下面介绍三种常见的约束及其约束反力的表达方法。

（1）柔软体约束

约束是各种绳索、链条、皮带等柔软体。图1-10（a）是一正在由上向下吊运的设备，所用钢丝绳就属柔软体约束。这种约束的特点是：①只有当绳索被拉直时才能起到约束作用；ⅱ这种约束只能阻止非自由体沿绳索伸直的方位朝外运动，因而代替这种约束作用的约束反力，它的力作用线必和绳索伸直时的中心线重合，其指向应是离开自由体朝外。图1-10（b）中的 T 就是起吊钢丝绳作用给设备的约束反力。

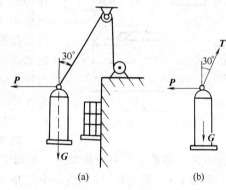

图 1-10 柔软体约束

（2）光滑接触面约束

当限制非自由体运动的约束是一个光滑表面［图1-11（a）中的 A、B 面；图1-11（b）中的 C、B 面］，或是一个棱边［图1-11（b）中的 A 棱边］或是一个光滑曲面［图1-11（c）中 A、B 两托轮表面］时，这种约束就叫光滑面约束。由于约束与非自由体［图1-11（a）中的球、图1-11（b）中的杆，图1-11（c）中的圆筒体］之间没有摩擦力，所以二者之间产生的相互作用力的作用线只能与过接触点的公法线重合。根据这个原则，可分析图1-11（a）中的球，图1-11（b）中的杆及图1-11（c）中的筒，分别画出它们所受的约束反力，这些约束反力分别是图1-11（d）、（e）、（f）中的 N_A、N_B 和 N_C。不难看出，代替光滑面约束的约束反力总是指向非自由体。

（3）铰链约束

铰链约束通常是由一个带圆孔的零件和孔中插入的一个圆柱体构成。工程上有多种形式，图1-12是其中一种，构件 A 和 B 上都开有小孔，圆柱销 C 插入孔中后可将二者连到一起。这时无论是在零件 A、C 之间，B、C 之间，或者是 A、B 之间，都只能发生相对转动，不能产生相对移动。零件之间具有的这种相互约束称为铰链约束。

假设把图1-12（a）中的零件 B 和 C 看成是固定不动的，当把三者连在一起后，零件 B

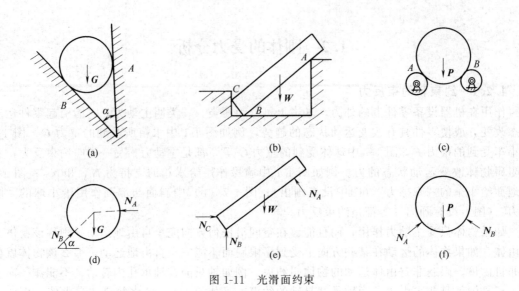

(a) (b) (c)

(d) (e) (f)

图 1-11 光滑面约束

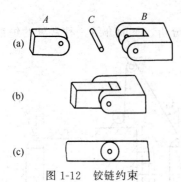

图 1-12 铰链约束

和 C 就构成了零件 A 的铰链约束。由于零件 A 在与销钉 C 的轴线相垂直的平面内不能沿任何方向移动，所以销钉 C 作用在零件 A 上的约束反力在该平面内的 360° 范围内都有可能出现，这就是说，代替铰链约束的约束反力的力作用线方位是待定的，可以肯定的只有一点，即这种约束反力的力作用线必通过销钉的中心。这是因为销钉的外圆柱面与钉孔的内圆柱面无论在任何点相接触，它们之间产生的相互作用力都必与该接触点的公法线重合，因而必过销钉的（或钉孔的）中心。

在大多数情况下，要想确定铰链约束的约束反力力线方位，需要借助于二力平衡和三力平衡汇交两个定理。下面举一个例题来说明这个方法。

例题 1-1 图 1-13（a）是一个三角支架，它由两根杆和三个销钉组成，销钉 A、C 将杆与墙面连接，销钉 B 则将两杆连在一起。当 AB 杆中央置一重物时，试确定 AB 杆两端

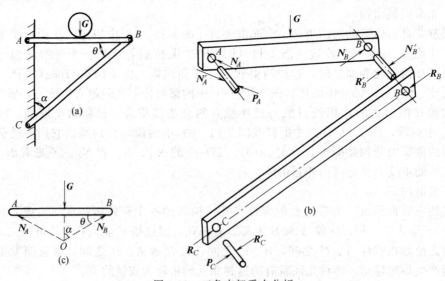

图 1-13 三角支架受力分析

6

的约束反力力线方位（杆的自身质量不计）。

解 AB 杆在主动力 **G** 作用下之所以处于平衡，是由于受到销钉 A 和销钉 B 的约束。而两个销钉又分别受到墙与 BC 杆的约束。

由于 BC 杆是二力杆，销钉 B 作用给 BC 杆的力 **R**_B，其力线必与 BC 杆的中心线重合。根据作用反作用定律，BC 杆作用给销钉 B 的支撑力 **R**′_B，以及销钉 B 作用给 AB 杆的支撑力 **N**_B，它们的力线方位也都应与 BC 杆中心线一致，这样，就利用 BC 杆是二力杆这个条件确定了 B 端铰链约束的约束反力力线方位 ［图 1-13 （b）］。

确定了 **N**_B 的力线方位后，**N**_A 的力线方位就可根据三力平衡必汇交一点的定理来解决了。因为 AB 杆自身的质量可以忽略不计，AB 杆是在外载 **G** 和约束反力 **N**_A、**N**_B 三力作用下处于平衡，所以 **N**_A 力线必过 **G** 与 **N**_B 二力线交点，这样就确定了 **N**_A 的力线方位。显然，如果外载 **G** 正好加在 AB 杆的中央，那么 **N**_A 和 **N**_B 两个力线与 AB 杆的夹角将相同，即都等于 AB 和 BC 两杆的夹角 θ ［图 1-13 （c）］。

如果在支架的水平杆上作用有两个主动力，例如习题 1-12，则水平杆 A 端铰链约束的约束反力，其力线方位将无法确定，此时可用它的两个分量 **X**_A、**Y**_A 表示（图 1-14）。

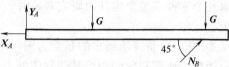

图 1-14 AB 杆受力图

例题 1-2 图 1-15 （a） 所示的是一个放在光滑地面上的梯子，梯子由 AC 和 BC 两部分组成，每部分重 **W**，彼此用销钉 C 和绳子 EF 连接起来，今有一人重 **G** 站立在左侧梯子上的 D 处，试分析梯子的受力。

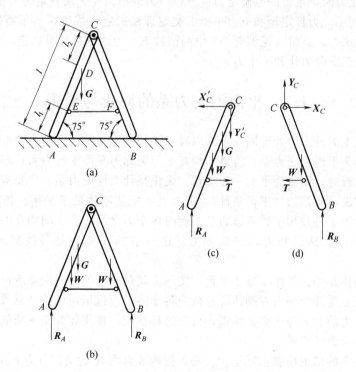

图 1-15 活动梯子及其受力图

解 当把整个梯子作为研究对象时，它受到的外力有：主动力 **G** 和两个 **W** 力；约束反力 **R**_A 与 **R**_B，这五个力构成了一个平行的平衡力系 ［图 1-15 （b）］。其中三个是已知力，两个是未知（大小的）力。

当把梯子的左、右两部分单独取出来研究时，绳子的拉力和铰链 C 处的相互作用力就变成了外力，必须在半个梯子的分离体上表示出来。根据柔软体约束反力的特点，代替绳子的约束反力 T 是水平的。在铰链 C 处（把销钉看成与右半个梯子为一整体）左右两部分相互作用的力，其力线方位无法利用已知定理确定，只能用两个方位已知、大小待定的未知力 Y_C 和 X_C（及 Y_C' 和 X_C'）来代替 [图 1-15 (c)、(d)]。从所画得的半个梯子的受力图可见，左半个共受六个外力，其中三个是未知的，右半个所受五个外力，也是三个未知。这些外力既不彼此平行，也不汇交于一点，故称为平面一般力系。

1.2.2 刚体受力分析要领

通过以上两个例题可以看出，只要抓住如下六个要点，对刚体作出正确的受力分析是不困难的。

ⅰ.要有明确的研究对象。研究对象可以是单个零件或几个零件，也可以是整个构件。当取几个零件或整个构件为研究对象时，各零件之间相互作用的力是内力，不能表示在受力图上。

ⅱ.受力分析要求画出的是受力图，不是施力图。在画受力图时研究对象受到的外力一个不能少，研究对象作用给其他物体的力一个不能画。

ⅲ.除重力、电磁力外，只有直接与研究对象接触的物体才有力的作用。

ⅳ.约束反力的画法只取决于约束的性质，不要考虑刚体在主动力作用下企图运动的方向。

ⅴ.画约束反力时，重要的是确定力线方位，力的指向在无法判定时可任意假定。

ⅵ.要充分利用二力杆定理和三力平衡汇交定理来确定力线方位。不能确定时可以用两个正交分力代替该力。有时（见例题 1-7 中的销钉 E）力线方位虽可确定，但从解题方便考虑，也可用两个正交分力代替一个力。

1.3 平面汇交力系的简化与平衡

作用于刚体上的外力均处于同一平面内时，该力系称为平面力系。若平面力系中的诸力汇交于一点则称为平面汇交力系；若诸力相互平行则称为平面平行力系；若诸力既不汇交一点，也不彼此平行时，则称为平面一般力系。无论是什么样的力系，只要构成这个力系的各个外力之间能够满足所谓的"平衡条件"，那么就都能使刚体处于平衡。如果能够找到这个平衡条件，那就等于是找到了构成该力系平衡时各个力之间应存在的相互关系，有了这个关系，就有可能利用它从已知力求出未知力。这一节的任务就是寻找平面汇交力系的平衡条件。

已知所谓刚体在外力作用下处于平衡，实际上就是这些外力对刚体所产生的外效应正好相互抵消，也就是这几个外力对刚体的总效应等于零。而这里所谓的"总效应等于零"实际上就是这几个外力的合力等于零。所以，可以这样结论：使刚体处于平衡的条件是作用于刚体上所有外力的合力等于零。

要使这个简单的结论能够实际运用，必须把构成合力 R 的全部分力 F_1，F_2，F_3，…与 R 之间的关系找到，这就是力的简化。下面先来讨论平面汇交力系的简化问题。

1.3.1 平面汇交力系的简化

平面汇交力系的简化方法有两种：一是几何作图法，二是解析法。这里只讨论解析法。

在图 1-16 (a) 所示的刚体上的同一平面内作用着由四个力（F_1，F_2，F_3，F_4）组成的汇交力系，这四个力虽然分别作用在 A、B、C、D 四点，但它们的力作用线汇交于一点 O，可根据力的可传性，将它们均移至 O 点 ［图 1-16 （b）］，其作用效果不变。为了用一个力来等效代替这个力系，就需要找出该力系的合力 R。由于力是矢量不能直接将其模相加，所以先将每个力沿水平与垂直两个方向进行正交分解 ［图 1-16 （c）］，由于遵循了平行四边形法则，所以分解后的八个分力与原来的四个力作用等效。做这种欲合先分的目的是把一个指向四面八方的力系转变成两个共线力系，对共线力系来说，求其合力就可以直接进行模的加减了，于是

在水平方面的合力 $\qquad R_x = F_{1x} + F_{2x} + F_{3x} + F_{4x}$ (1-1)

在垂直方向的合力 $\qquad R_y = F_{1y} + F_{2y} + F_{3y} + F_{4y}$ (1-2)

有了 R_x 与 R_y 再根据勾股定理求出合力 R 的大小和方向 ［图 1-16 （d）］

$$R = \sqrt{R_x^2 + R_y^2}$$ (1-3)

$$\theta = \tan^{-1} \frac{R_y}{R_x}$$ (1-4)

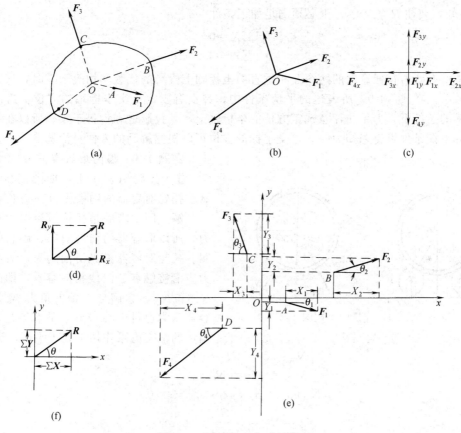

图 1-16　平面汇交力系的简化

从这一简化过程中可见，如果不把 F_1、F_2、F_3、F_4 移至 O 点，而是以 O 点为原点建立一个直角坐标系 ［图 1-16 （e）］，那么各力在 x 轴上的投影值 X_1、X_2、X_3、X_4 将分别等于各力沿 x 方向的分力 F_{1x}、F_{2x}、F_{3x}、F_{4x}。这样一来，各力在水平方向分力之和 R_x 就可以通过计算各力在 x 轴上投影的代数和求得，即

$$R_x = X_1 + X_2 + X_3 + X_4 = \sum X \tag{1-5}$$

同理
$$R_y = Y_1 + Y_2 + Y_3 + Y_4 = \sum Y \tag{1-6}$$

于是，利用投影的方法，可以把矢量求和问题转化为代数求和问题。

得到 $\sum X$ 和 $\sum Y$ 后，就不难计算合力 **R** 了［图 1-16（f）］

$$R = \sqrt{\left(\sum X\right)^2 + \left(\sum Y\right)^2} \tag{1-7}$$

$$\tan\theta = \frac{\sum Y}{\sum X} \tag{1-8}$$

所以，求一个汇交力系的合力，只需将构成这个力系的每一个力在 x 轴和 y 轴上的投影值算出，分别求其代数和，然后用式（1-7）计算合力大小，用式（1-8）确定力线方位与指向。

不难理解，直角坐标的原点可以任意选取，其 x 轴也并不是一定要沿水平方向安置。当直角坐标安置的方位不同时，虽然会改变力系的 $\sum X$ 和 $\sum Y$ 值，但是不会影响最后的计算结果。

1.3.2 平面汇交力系的平衡条件❶

如果作用在物体上的汇交力系使物体处于平衡，那么该力系的合力应为零，根据式（1-7）可知，要使 R 等于零，则必须满足如下条件

$$\begin{cases} \sum X = 0 \\ \sum Y = 0 \end{cases} \tag{1-9}$$

即力系中所有各力在任意取的两个互相垂直的坐标轴上投影的代数和均等于零时，该力系便是平衡力系。在式（1-9）所表达的平衡条件中，并没有限定正交坐标轴的方位。这说明在合力为零的条件下，力系在任意选定方位的坐标轴上，其投影之和均等于零。所以在利用汇交力系的平衡条件求解未知力时，正交坐标的方位可以根据解题的方便灵活选取。

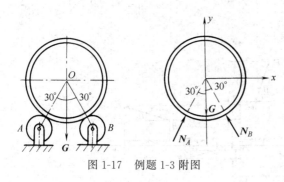

图 1-17　例题 1-3 附图

例题 1-3　圆筒形容器重量（力）为 G，置于托轮 A、B 上，如图 1-17 所示，试求托轮对容器的约束反力。

解　因要求的是托轮对容器的约束反力，所以取容器为研究对象，画它的受力图。托轮对容器是光滑面约束，故约束反力应沿接触点公法线指向容器，即图中的 N_A 和 N_B，它们与 y 轴夹角为 30°。由于容器重力也过中心 O 点，故容器是在三力组成的汇交力系作用下处于平衡，于是有

$\sum X = 0$ 　　　　　　　　$N_A \sin 30° - N_B \sin 30° = 0$

得　　　　　　　　　　　　$N_A = N_B$

$\sum Y = 0$ 　　　　　　　$N_A \cos 30° + N_B \cos 30° - G = 0$

得　　　　　　　$N_A = N_B = \dfrac{G}{2\cos 30°} = 0.58G$

可见，托轮对容器的约束反力并不是 $\dfrac{G}{2}$，而且二托轮相距越远，托轮与容器间的相互作用力越大。

---

❶ 平面平衡汇交力系中的力矢，采用图解法时，各力矢首尾相连必构成一个闭合的多边形，使用中学物理中的这个结论，往往可使问题分析更清晰，计算更简单。

例题 1-4　重为 G 的均质圆球放在板 AB 与墙壁 AC 之间，D、E 两处均为光滑接触，尺寸如 [图 1-18（a）] 所示，设板 AB 的质量不计，求 A 处的约束反力及绳 BC 的拉力。

解　既然是求作用在板上的绳子拉力及铰链 A 处约束反力，所以先考虑取 AB 板为分离体，画它的受力图。

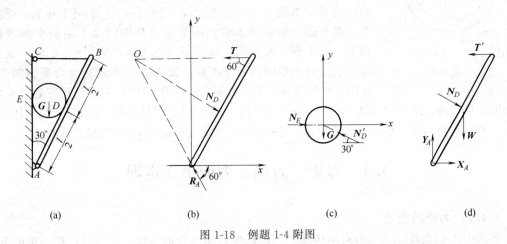

图 1-18　例题 1-4 附图

首先圆球作用给板一个垂直板的压力 N_D，绳子在 B 处作用给板水平拉力 T，根据题意板自重不计，所以板受到的其他力还有一个铰链 A 处的约束反力，整个板是在三个力作用下处于平衡，已知 T 与 N_D 不平行，因此可以断定 A 处的约束反力 R_A 必过 T 与 N_D 二力线交点 O。从几何关系中不难看出，过 O 点的 R_A 力线与水平轴夹角为 $60°$ [图 1-18（b）]。这样就得到了板 AB 的受力图。

但是会立刻发现，在板 AB 所受到的三个力中，没有一个是已知力，即使根据汇交力系平衡条件式（1-9），列出两个平衡方程式，仍然解不出这三个未知力。于是问题转到了先要设法在三个未知力中解决一个。注意到圆球的重力 G 是个已知力，圆球是在两个光滑面约束反力 N_E 和 N'_D 以及重力 G 三力作用下处于平衡 [图 1-18（c）]，利用该圆球的平衡条件 $\sum Y=0$ 就可算得板 AB 对圆球的约束反力 N'_D，即

$$N'_D \sin 30° - G = 0$$

$$N'_D = \frac{G}{\sin 30°} = 2G$$

N_D 与 N'_D 是一对作用与反作用力，所以 N_D 变为已知。于是再利用板 AB 的平衡条件 [参看图 1-18（b）]，由 $\sum Y=0$ 得　$R_A \sin 60° - N_D \sin 30° = 0$

$$R_A = \frac{G}{\sin 60°} = \frac{2}{\sqrt{3}} G$$

由 $\sum X=0$ 得　　　　　　　　　$-R_A \cos 30° + N_D \cos 30° - T = 0$

$$T = 2G \frac{\sqrt{3}}{2} - \frac{2}{\sqrt{3}} G \frac{1}{2} = \frac{2}{\sqrt{3}} G$$

从这个例题中可以清楚看出，汇交力系的平衡条件只能提供两个独立的平衡方程式，因而只能解两个未知力。如果在所列的方程中，未知力的数目超过了两个，那么往往需要另外再找一个研究对象，利用该分离体的平衡条件先解决一二个未知力，然后再利用另一个分离体的平衡条件解决其他未知力。

假设在这个例题中，若板 AB 的重力 W 必须考虑，那么图 1-18（b）的板 AB 受力图，

图 1-19　不平衡的平面
一般力系

不但在 D 点多出一个板的重力 W［图 1-18（d）］，而且绳子拉力及铰链约束反力也都要发生变化。这时板 AB 不再是在三力作用下处于平衡，所以 R_A 的力线方位变成了未知，因此只能暂以 X_A 和 Y_A 两个正交分量来代替。于是板 AB 上总共作用有五个力，这五个力既不平行，也不汇交一点，这是一个平面一般力系。对平面一般力系来说，不能完全套用汇交力系的平衡条件，因为一个平面一般力系，即使具备 $\sum X = 0$ 和 $\sum Y = 0$ 两个条件，也不一定就能使刚体处于平衡。如图 1-19 所示轮盘，受到四个力作用，它虽满足 $\sum X = 0$ 和 $\sum Y = 0$ 的条件，但轮盘并不处于平衡。这表明，只具备 $\sum X = 0$ 和 $\sum Y = 0$ 两个条件的平面一般力系还不足以说明该力系能使刚体保持平衡。那么平面一般力系的平衡条件又是怎样的呢，这就是下面两节要讨论的主题。

1.4　力矩、力偶、力的平移定理

1.4.1　力矩的概念

实践中人们发现，单个力对刚体除了可以产生移动（线加速度）效应外，在一定的条件（如作用力不通过质心，刚体上有固定轴或支点等）下力对刚体还可以产生转动（角加速度）效应。如图 1-20 所示，若将重物 A 和杆 BC 整个看成一个刚体，则在支点 O 的右侧施加外力 F_1 时，该力将使刚体发生绕 O 点的转动。这种转动效应的强弱，不仅取决于力的大小和指向，而且和力线到 O 点的垂直距离 h 有关。人们发现，只要力 F 与力线到 O 点垂直距离 h 的乘积不变，则力对刚体产生的转动效应就不变。基于这一发现，人们为了度量力对刚体绕某点 O 的转动效应，于是就把"力"与"力线到某点 O 垂直距离"的乘积 $F \cdot h$ 作为一个基本物理量确定了下来，并把这一物理量称作"力 F 对 O 点的矩"，简称力矩。O 点叫矩心，h 叫力臂。这样，就有了如下的力矩定义：力对 O 点的矩是力使物体产生绕 O 点转动的效应的度量。它可以用一个代数量表示，其绝对值等于力矢的模与力臂的乘积，它的正负分别表示该力矩使物体产生的逆时针和顺时针的两种转向。通常用符号 $M_0(F)$ 表示力 F 对 O 点的矩，所以可写出

$$M_0(F) = \pm Fh \quad (\text{N} \cdot \text{m})$$ (1-10)

式中　h——力臂，m。

在力矩的定义中并没有对矩心的位置加以任何限制，所以力对其所作用平面内的任何一点均可取矩。但是定义中的"力可以对任何一点取矩"并不说明刚体在该外力作用下就可以产生绕任何一点的转动。反之，一个具有固定轴的刚体，虽然只能绕轴心转动，但是也不能就此认为对于不是轴心的其他各点，外力对其就不能取矩。力对其作用平面内任何一点均可取矩，这是根据力矩定义确定的。刚体在力的作用下究竟绕哪一点转动这是由支点或转轴位置决定的。以后会看到，单个的外力作用于刚体时，如果没有固定轴的帮助，是不会产生纯转动效应的。

1.4.2　力偶

（1）力偶的概念

力偶就是一对等值、反向、力作用线不重合的力，它对物体产生的是纯转动效应（即不需要固定转轴或支点等辅助条件）。例如，用改锥拧螺丝（图 1-21），用手指旋开水龙头等均是常见的力偶实例。力偶记作（F，F'）。力偶中二力之间相距的垂直距离 d（图 1-22）称

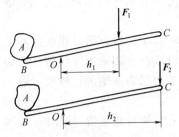

图 1-20　力对刚体的转动效应

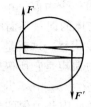

图 1-21　螺丝旋入时的力偶

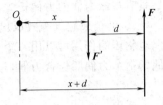

图 1-22　力偶矩

为力偶臂。

　　力偶对物体产生的转动效应，应该用构成力偶的两个力对力偶作用平面内任一点之矩的代数和来度量（在图 1-22 中 O 点是任意选定的），称这两个力对某点之矩的代数和为力偶矩。所以力偶矩是力偶对物体产生转动效应的度量。若用 $m(\boldsymbol{F},\boldsymbol{F}')$ 表示力偶 $(\boldsymbol{F},\boldsymbol{F}')$ 的力偶矩，则由（图 1-22）

$$m(\boldsymbol{F},\boldsymbol{F}')=M_0(\boldsymbol{F})+M_0(\boldsymbol{F}')=F(x+d)-F'x=Fd$$

如果力偶中二力的指向与图 1-22 所示相反，则力偶矩 $m(\boldsymbol{F},\boldsymbol{F}')=-Fd$，于是，力偶矩应该用下式表示

$$m(\boldsymbol{F},\boldsymbol{F}')=\pm Fd \tag{1-11}$$

即力偶矩和力矩一样，也可以用一个代数量表示，其数值等于力偶中一力的大小与力偶臂的乘积，正负号则分别表示力偶的两种相反转向，如规定逆时针转向为正，则顺时针为负。这是人为规定的，作与上述相反的规定也可以。

　　从力偶矩表达式的推导中可以看到：力偶中的二力对任意点取矩之和为常量，其值就是该力偶的力偶矩。

　　（2）力偶的性质

　　① 等效变换性　即只要保持力偶矩的大小及其转向不变，力偶的位置可以在其作用平面内任意移动或转动［图 1-23（a），（b）］，还可以任意改变力的大小和臂的长短［图 1-23（c）］而不会影响该力偶对刚体的效应。

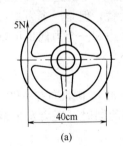
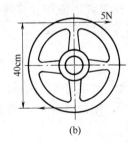
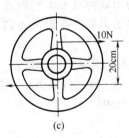
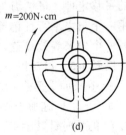

图 1-23　力偶的等效变换

　　基于力偶的这一性质，当物体受力偶作用时，图示时不必像图 1-23（a）、（b）、（c）那样画出力偶中力的大小及其力线位置，只需用箭头示出力偶的转向，并注明力偶矩的简写符号 m 即可，如图 1-23（d）所示。

　　② 基本物理量　力偶虽然是由两个力组成的，但它却不能用一个力来等效代替。它和力一样，具有"基本物理量"的属性。力对物体产生的是移动效应，力偶对物体产生的是转动效应，二者之间不能互相代替。任何两个力均可以为一个力所等效代替，唯独力偶不能合

成为一个力。代替力偶的只能是力偶矩相同的另一力偶，抵消力偶对物体作用效应的也只能是具有与该力偶的力偶矩等值异号的另一个力偶。

③ 可合成性（等效取代）　若在物体的同一平面内作用有两个以上的力偶，那么这些力偶对物体的作用可以用一个力偶来等效代替。这就是力偶的可合成性。用来等效代替几个力偶的那个力偶叫作合力偶，合力偶的力偶矩是它所等效代替的各力偶力偶矩的代数和，即

$$m = \sum m_i = m_1 + m_2 + m_3 + \cdots \tag{1-12}$$

式中，m_1、m_2、m_3、…是同一平面内各力偶的力偶矩，逆时针的取正值，顺时针的取负值；m 是合力偶的力偶矩。

1.4.3　力的平移定理——力与力偶的联系

前边曾提到力和力偶都是基本物理量，在力与力偶二者之间不能互相等效代替，也不能相互抵消各自的效应。但是这并不是说力与力偶之间就没有联系，要讨论的力的平移定理正是揭示这种联系。

受重力 G 的矩形板在 Q_A 力的作用下处于平衡 [图 1-24（a）]。若将 Q_A 右移至 B 点

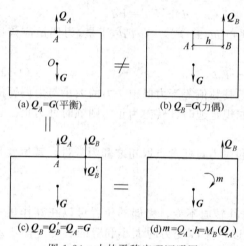

（用 Q_B 表示），Q_B 与 G 构成力偶（G，Q_B），矩形板平衡遭破坏 [图 1-24（b）]。这表明：力的平移会改变该力对物体作用的外效应。如何才能使力平移后维持力对物体作用的外效应不变呢？由图 1-24（c）、（d）可见，只需在 Q 力平移的同时附加一个与力偶（G，Q_B）等值、反向的附加力偶（Q_A，Q'_B）即可，此附加力偶的力偶矩 m [图 1-24（d）]等于 Q_A 力对 B 点之力矩。于是得力的平移定理：作用于刚体上的力矢 F，可以平移到任一新作用点，但必须同时附加一力偶，此附加力偶的力偶矩等于原力 F 对于其新作用点的力矩，转向取决于原力绕新作用点的旋转方向。

(a) $Q_A = G$(平衡)　(b) $Q_B = G$(力偶)
(c) $Q_B = Q'_B = Q_A = G$　(d) $m = Q_A \cdot h = M_B(Q_A)$

图 1-24　力的平移定理证明图

从"等效代替"的观点，可以这样来理解力的平移定理：虽然力与力偶都是基本物理量，这二者不能相互等效代替，但是一个力却可以用一个与之平行且相等的力和一个附加力偶来等效代替。反之，一个力和一个力偶也可以用另一个力来等效代替。

例题 1-5　试对以下四种现象予以解释：

ⅰ.在桌面上平放一圆盘，通过圆盘质心 O 施加一水平力 F [图 1-25（a）]，圆盘向右平移；

ⅱ.若力 F 施加于圆盘的边缘 [图 1-25（b）]，则圆盘在向右平移的同时，还会发生绕质心 O 的顺时针转动；

ⅲ.如果圆盘中心开孔并套在一根竖立的固定轴上 [图 1-25（c）]，则圆盘仅产生绕固定轴的转动；

ⅳ.如果作用在圆盘上的是力偶，那么不管圆盘有无固定轴，它只发生纯转动。

注：图 1-25 至图 1-27 均为俯视图。

解　ⅰ.因力 F 过质心，所以只平移不旋转 [图 1-25（a）]；

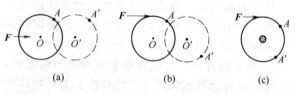

图 1-25　施力于圆盘不同位置时所引起的不同效应

ⅱ.力 F 平移至质心，平移后的 F' 使圆盘平移，所得的附加力偶（F，F'）使圆盘转动（图 1-26）；

ⅲ.作用在 A 点的力 F 平移至 B 点时 [图 1-27（a），（b）]，得到的力 F' 被固定轴作用在圆盘上的约束反力 N 所平衡，而附加力偶 m 使圆盘绕固定轴转。可见使圆

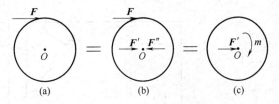

图 1-26 例题 1-5 第二种现象的说明

盘转动的是力偶而不是力。由于轴以力 N 阻止了圆盘右移，所以轴上受到了圆盘作用给它的水平力 N' [图 1-27（c），（d）]，力 N' 的数值与作用在圆盘上的主动力 F 相等；

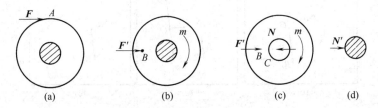

图 1-27 套在固定轴上的圆盘受外力 F 作用时的受力分析
（例题 1-5 第三种现象的说明）

ⅳ.由于作用在圆盘上的是力偶，所以圆盘只可能转动不可能平移。

1.5　平面一般力系的简化与平衡

1.5.1　平面一般力系的简化

平面一般力系的简化是基于以下三点已熟知的力学规律：

平面汇交力系可以用一个力等效代替；

同平面内的力偶系可以用一个合力偶等效代替；

一个力可以向任何点平移，平移后的力和产生的附加力偶可以等效代替原来的力。

下面以图 1-28（a）所示的平面一般力系为例，来说明怎样简化平面一般力系。

ⅰ.根据力的平移定理，首先把分别作用在 A_1、A_2、A_3、A_4 四点的既不汇交于一点，又不互相平行的四个力 P_1、P_2、P_3、P_4 [图 1-28（a）] 同时向任取的一点 O 平移 [图 1-28（b）]，目的是把原来的平面一般力系等效变换成一个汇交力系和一个附加力偶系。

ⅱ.汇交于简化中心 O 点的汇交力，可按式（1-7）求其合力 R_O 的大小，即

$$R_O = \sqrt{(\sum X)^2 + (\sum Y)^2} \tag{1-13}$$

R_O 称为原一般力系的主矢，其值与简化中心所选位置无关 [图 1-28（c）]。

ⅲ.力系各力平移时得到的四个附加力偶的力偶矩，分别等于原力系中各力对简化中心的力矩。四个附加力偶合成后的合力偶矩 m_O 等于原力系中各力对简化中心 O 的力矩之和。m_O 被称为是原力系的主矩 [图 1-28（c）]。可写成

$$m_O = m_1 + m_2 + m_3 + m_4 = M_O(P_1) + M_O(P_2) + M_O(P_3) + M_O(P_4) \tag{1-14}$$

ⅳ.将得到的主矢 R_O 和主矩 m_O，可以反过来应用力的平移定理 [图 1-28（d），（e）]，求得合力 R。

1.5.2　平面一般力系的平衡条件

从上面讨论的平面一般力系简化过程可见，平面一般力系平衡条件为

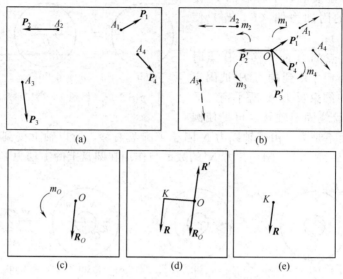

图 1-28　平面一般力系的简化步骤

$$R=0$$

即
$$
\begin{cases}
R_O=\sqrt{(\sum X)^2+(\sum Y)^2}=0 \\
m_O=M_O(\boldsymbol{P}_1)+M_O(\boldsymbol{P}_2)+M_O(\boldsymbol{P}_3)+M_O(\boldsymbol{P}_4)=0
\end{cases}
\tag{1-15}
$$

从式（1-15）可见，要使平面一般力系成为平衡力系，只满足 $\sum X=0$ 和 $\sum Y=0$ 两个条件是不够的。因为即使平面一般力系的主矢 R_O 等于零，但该力系简化的最终结果仍可能是一个力偶，这个力偶的力偶矩是定值，而且等于原力系中各力对简化中心 O 点力矩之和。由于在 $R_O=0$ 的前提下，主矩 m_O 为定值，所以简化中心位置不论选在何处均不会改变 m_O 的数值。因此，式（1-15）中 $m_O=0$ 这个条件应描述为：力系中各力对平面内任意点的力矩之和均等于零。

于是，平面一般力系的平衡条件应该是
$$
\begin{cases}
\sum X=0 \\
\sum Y=0 \\
\sum M_O(\boldsymbol{F})=0
\end{cases}
\tag{1-16}
$$

式中，$M_O(\boldsymbol{F})$ 中的 O 点位置可任意选定。利用式（1-16）建立的三个静力平衡方程可以求解三个未知量。

对于平面平行力系来说，如果选择直角坐标轴时，使其中一个坐标轴与各力平行，譬如令 y 轴与各力平行，那么式（1-16）中的 $\sum X=0$ 的条件便自然满足，对这样的力系，只需满足
$$
\begin{cases}
\sum Y=0 \\
\sum M_O=0
\end{cases}
\tag{1-17}
$$
该力系就能使刚体处于平衡。反过来说，如果已知刚体是在平面平行力系作用下处于平衡，那么当把 y 轴取成与力系平行时，这就等于已经利用了 $\sum X=0$ 的方程，还可供利用的只剩下式（1-17）所表示的两个方程，因而只能解两个未知量。

如果在对刚体进行受力分析后发现，刚体受到的外力是力偶系，那么该力系没有合力，式（1-16）中的前两式自然满足，而第三式即为平面力偶系的平衡方程。

16

例题 1-6　图 1-29 是一升降操作台，其自重（力）$G_1 = 10$kN，工作载荷 $F = 4$kN，在 C 点处和操作台相连接的软索绕过滑轮 E，末端挂有重力（量）为 G 的平衡重物，装在台边上的 A、B 两滚轮能使工作台沿轨道上下滚动。试求软索的拉力和作用在 A、B 两轮上的反力（不计摩擦力）。

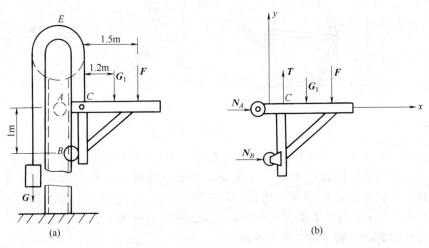

图 1-29　例题 1-6 附图

解　取操作台为分离体，绘出其受力图［图 1-29（b）］，这一力系共有三个未知力，它们是绳索张力 T，作用在 A 轮上的约束反力 N_A，作用在 B 轮上的约束反力 N_B。由于在垂直方向只有一个未知量（T 的大小），所以先列出力在 y 轴上的投影方程

由

$$\sum Y = 0 \quad T - F - G_1 = 0$$

得

$$T = F + G_1 = 4 + 10 = 14 \text{（kN）}$$

再列力矩平衡方程

由

$$\sum M_C(F) = 0 \quad 1 \times N_B - 1.2 G_1 - 1.5 F = 0$$

得

$$N_B = 1.2 \times 10 + 1.5 \times 4 = 18 \text{（kN）}$$

最后由

$$\sum X = 0 \qquad N_B + N_A = 0$$

得

$$N_A = -N_B = -18\text{kN（负值说明 } N_A \text{ 的实际指向与图示相反）}$$

例题 1-7　图 1-30 示一压力机，摇杆 AOB 绕固定轴 O 转动，水平连杆 BC 垂直于 OB，若作用力 $P = 200$N，$\alpha = \arctan 0.2$，$OA = 1$m，$OB = 10$cm 求物体 M 受到的压力。

解　水平连杆 BC 为二力杆，摇杆 AOB 受力 P 作用时，销钉 B 作用给 BC 杆的水平拉力 T_{BC} 可根据摇杆 AOB 的平衡条件求出

$$P \cdot OA = T'_{BC} \times OB (T'_{BC} \text{ 图中未画})$$

$$200 \times 100 = T'_{BC} \times 10$$

得

$$T_{BC} = T'_{BC} = 200\text{N}$$

由图 1-30（a）可见，CB、CE、CD 均系二力杆，它们都套在销钉 C 上，如果以销钉 C 为研究对象，画出销钉受力图［图 1-30（c）］，需要先应用汇交力系的平衡条件求出 CE 杆压销钉的力 R_E。再将 R_E 的反作用力 R'_E 的垂直分量求出。由于 α 角并未直接给出角度值，$R'_E \cdot \cos\alpha$（即物体 M 受到的压力）也不能一步解得数值。所以这个例题用汇交力系方法求解，不如改用下述方法简便。

取 CE、CD 连同销钉 C 和销钉 E 为研究对象（或称分离体），在画该分离体受力图时

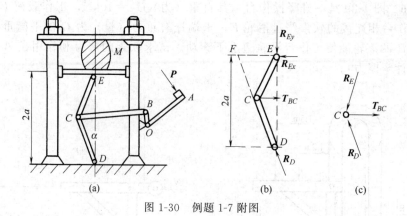

图 1-30　例题 1-7 附图

[图 1-30 （b）]，虽然根据 CE 杆为二力杆的条件，可以判定作用在销钉 E 上压力的指向，但是却将该力用两个分量 R_{Ex} 和 R_{Ey} 来表示，即有意地将一个汇交力系转化为一般力系。因为题目只要求解出物体 M 受多大压力，即只需求出 R_{Ey}。所以，在图 1-30 （b）所示的一般力系中，R_{Ex} 与 R_D 两个未知力不必解出。由此可以取这两个力的力线交点 F 作为矩心，只需利用 $\sum M_F(P)=0$ 的条件，便可解出 R_{Ey}

即由

$$T_{BC} \times a = R_{Ey} \times 2a \tan\alpha$$

得出

$$R_{Ey} = \frac{T_{BC}}{2\tan\alpha} = \frac{2000}{2 \times 0.2} = 5000 \text{（N）}$$

可见，利用这一机构，用 200N 的力可产生 5000N 的挤压力，即产生增大 25 倍力的效果。

通过这个例题的求解方法，可以得知：有时将一个汇交平衡力系的问题转化为一般平衡力系问题来处理，可以简化解题过程。

1.5.3　固定端约束的受力分析

将力系向一点简化，这是分析力系对物体作用效应的一种重要方法，现应用这一方法分析固定端的约束反力。

图 1-31 （a）是一根插入并固定在墙中的直杆（称为悬臂梁），B 端作用有力 P，A 端受到墙的约束，这种约束与第二节中讨论过的三种约束不同，杆在它的约束下既不能移动，也不能转动。这种约束叫固定端约束。要解决的问题是，如果去掉这种约束，代之以约束反力，那么这种约束反力应该怎样表达呢？

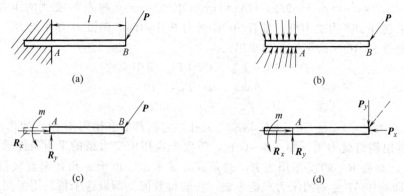

图 1-31　平面一般力系简化方法在固定端约束上的应用

直杆在主动力 P 作用下有移动和转动的趋势，但受到墙的约束，于是杆上每一个与墙接触的点都会受到墙作用给它的约束反力的作用。这些约束反力大小和方向都不一样，如 [图 1-31（b）]所示，难于在逐个分析的基础上进行运算。但是这些力组成的是一个平面一般力系，可以先把每一个力沿水平与垂直两个方向分解，然后再将它们统一向 A 点简化，于是可以得到一个作用在 A 点的主矢 R [图 1-31（c）上画的是它的水平分量 R_x 和垂直分量 R_y]和一个以 A 点为简化中心的主矩 m [图 1-31（c）]。正是 R_x 阻止了杆的水平移动，R_y 阻止了杆的垂直移动，m 阻止了杆的转动。如果把外力 P 沿水平与垂直两个方向进行分解，则更可清楚看出正是 R_x 平衡了 P_x，R_y 平衡了 P_y，而 m 平衡了 P 对 A 点之矩 $M_A(P)$ [图 1-31（d）]。

所以固定端约束的约束反力可以用图 1-31（c）所示的 R_x，R_y 和 m 表示。R_x 与 R_y 的方向和 m 的转向均可任意假设，实际的方向和转向由平衡方程解得结果确定。若结果得正值表示实际的方向与图上假设的方向相同，若结果得负值，表示实际的方向与图示的方向相反。

例题 1-8 图 1-32（a）示，自重是 W(N) 的塔假设受到平均集度为 q（N/m）的水平风载荷作用，试求塔的基座对塔的约束反力。

解 因塔底与基础固定，可视为固定端约束，取整个塔为研究对象，图 1-32（b）为其受力图。这是一个平面一般力系，由静力平衡方程

$$\sum X = 0 \qquad qh - X_A = 0$$

得

$$X_A = qh$$

由 $\sum Y = 0$

$$Y_A - W = 0$$

得

$$Y_A = W$$

由 $\sum M_A(F) = 0 \qquad qh \cdot \dfrac{h}{2} - m_A = 0$

得

$$m_A = \frac{1}{2}qh^2$$

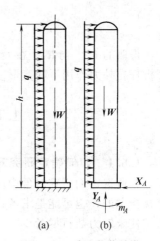

图 1-32 受风载荷的塔

例题 1-9 图 1-33（a）所示水平杆长 2m，A 端固定在墙内，B 端借助销钉与斜杆相连，斜杆 C 端倚靠在光滑墙面上，若不计杆的自重，试求当在 CB 杆的中央作用有载荷 $Q = 1$kN 时，水平杆 A 端的约束反力和约束反力偶。

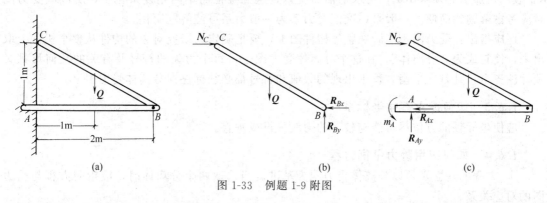

图 1-33 例题 1-9 附图

解 按题示未知力作用在 AB 杆上，但已知力作用在 CB 杆上，如果取 AB 杆为研究对象，则画出的将都是未知力，所以应取 AB 杆、BC 杆和销钉 B 一起作为研究对象，其受力

图示于图 1-33（c）。这是一个包含四个未知量的平面一般力系，不能用式（1-16）求解，需在四个未知量中先借助 BC 杆的受力平衡关系解决一个。为此画 BC 杆的受力图 ［图 1-33（b）］。在考虑 B 端的约束反力时，如果利用三力平衡汇交定理，不难确定 R_B 的力线方位。但由于并不需要求出 B 端处的约束反力，目的是解出 N_C，所以放弃使用三力平衡汇交定理，而将 R_B 用它的两个分力 R_{Bx}，R_{By} 来表示，从而又一次将汇交力系转化为一般力系来处理。于是，从图 1-33（b），根据 $\sum M_B(F)=0$，可列出如下方程

$$N_C \times 1 = Q \times 1$$

得

$$N_C = Q = 1\text{kN}$$

再从图 1-33（c），按如下顺序依次解出 m_A，R_{Ax}，R_{Ay}。

由 $\sum M_A(F)=0$

$$m_A - N_C \times 1 - Q \times 1 = 0$$

得

$$m_A = 1 \times 1 + 1 \times 1 = 2 \ (\text{kN} \cdot \text{m})$$

由 $\sum X = 0$

得

$$R_{Ax} = N_C = 1\text{kN}$$

由 $\sum Y = 0$

得

$$R_{Ay} = Q = 1\text{kN}$$

得取的 R_{Ax} 与 R_{Ay} 在大多数情况下不必求其合力。以后会看到，这样做可更便于观察、分析杆在外力作用下的变形。

1.6 静力学问题求解方法小结

1.6.1 如何确定研究对象

在所选定的研究对象中应既包括已知外力，又包括待求外力。所谓待求外力可能是题目直接指定的，也可能是求解过程中必须首先解决的。当解题中必须选取两个研究对象时，应力求使未知力数目尽量少。一般情况下可优先考虑整个构件作为选取的研究对象之一。

1.6.2 如何画分离体受力图

除了在 1.2 节中提到的六个要点外，为了解题方便，对于铰链约束，有时虽然可以借助三力平衡汇交定理确定其力线方位，但是往往不这样做，而是用它的分量表示，图 1-33（b）中 CB 杆 B 端处的约束反力就是一例。在这个例子中如果铰链 B 处的约束反力直接用 R_B 表示，那么必须求出 R_B 与水平轴的交角，这无疑把简单问题复杂化了，所以画受力图时应考虑解题的简便。一般来说变汇交力系为一般力系可使解题简化。

还应指出：受力图不能画在整体构件图上，要把确定为研究对象的构件从整个机件上取出来，使它成为"分离体"。在这个分离体受力图上，每个力矢的符号及有关的几何量都必须标注齐全，凡是在平衡方程中出现的数值和符号都必须标注在分离体受力图上。

1.6.3 如何建立直角坐标系

应使坐标轴的方位尽可能与较多的力线平行或垂直。

1.6.4 如何应用静力平衡方程

ⅰ.方程的建立必须以分离体受力图为基准。当选取两个分离体时，应指明方程与受力图的对应关系；

ⅱ.建立方程时，如果可能，宜首先建立只包含一个未知量的方程，并及时将该未知量解出后再建立第二个方程；

ⅲ.力矩方程$\sum M(\pmb{F})=0$只能用于平面一般力系中，矩心应尽量选在两个未知力作用线的交点处；

ⅳ.解出结果是负值时，表明力的实际指向与图示指向相反，这时切勿更改受力图上原假设的力的指向。

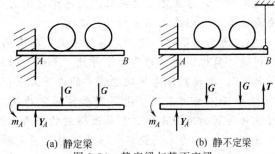

(a) 静定梁   (b) 静不定梁

图 1-34   静定梁与静不定梁

1.6.5 静力学能够解决问题的范围

在前面所讨论的问题中，物体上受到的未知外力都可以利用静力平衡方程算出。这类物体称为"静定"的，意思就是依靠静力平衡方程，就能确定其未知外力。但是，在实际的结构中，也常会遇到所谓"静不定"的构件，意思是说这类构件上的未知力的数目，超过了静力平衡方程的数目，因而单纯依靠静力方程还不能确定其未知力大小。图 1-34 (a) 是一个承受两个重物的悬臂梁，从该梁的受力图可见，梁是在一个平面平行力系作用下处于平衡，在这个力系中有两个未知量（约束反力Y_A和约束反力偶矩m_A），而平面平行力系正好可以列出两个独立的平衡方程，所以Y_A和m_A这两个未知量可以依靠平衡方程解出它们的数值。因而这个梁是"静定的"。图 1-34 (b) 所示的梁，在 B 端增加了一根钢丝以起加强作用，但这样一来，梁上的未知力和未知力偶矩的数目就变成三个了（T，Y_A 和 m_A），该力系仍属平面平行力系，静力平衡方程只有两个，用两个方程求解三个未知量显然是不行的，因此，这个梁就变成"静不定的"了。图 1-35 也是类似情况，用两根拉杆悬吊重物 G 时，悬点 A 处的汇交力系中只有两个未知量（N_1 和 N_2），问题是静定的。改用三根拉杆后，仍是汇交力系，但有三个未知量，问题变成静不定了。

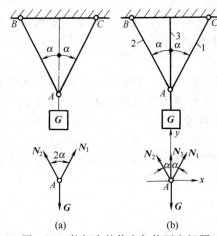

图 1-35   拉杆中的静定与静不定问题

怎么解决静不定的问题呢？办法是增列补充方程，这个补充方程要通过构件的变形去找，关于这个问题，没有篇幅作专门讨论，将在 16.2 节中以固定管板换热器壳体与管束轴向内力的计算为例来介绍如何寻找补充方程，如何解决静不定问题。

本 章 小 结

（1）核心问题

本章讨论的核心问题是如何从构件所受的已知外力求取未知外力。解决这个问题的步骤：第一步是通过受力分析，确定未知的约束反力力线方位；第二步是研究物体的受力平衡规律，利用这一规律求取未知外力。

（2）基本概念

ⅰ.力、力矩、力偶、力偶矩的定义。

ⅱ.力的五点性质（含两个最简单的平衡定理）和力偶的三点性质。

ⅲ.四种约束的特点及取代每种约束作用的"约束反力"的表达方法。

ⅳ.力的平移定理的内容、实质、应用。

上述各点中凡涉及性质、定理的内容，应立足于"力或力偶对物体作用的效果"这个基点上来学习。凡涉及定义的内容，应思考该定义引出的目的。检查对上述各点掌握的程度，主要看能否用它们来正确分析构件受力。

（3）"力系的简化"与"力系的平衡"二者间的关系

讨论"简化"的目的是为了寻找"平衡"的规律。因此学习的重点放在"平衡条件是如何得到的"。要特别注意简化过程中的以下几点：

ⅰ.平面汇交力系只可能得到两种简化结果，而平面一般力系可能得到三种简化结果，出现这种区别的原因是什么？导致得到的平衡条件有什么不同？

ⅱ.平面一般力系简化时，各力平移后得到的附加力偶系，其合力偶的力偶矩就是该力系各力对简化中心的力矩之和，也就是平面一般力系平衡条件中的$\sum M=0$中的$\sum M$；

ⅲ.观察平面汇交力系的简化过程可以发现，只有在$R=0$时，直角坐标轴的方位才可以任意选取而不影响$\sum X$和$\sum Y$值。观察平面一般力系的简化过程可以发现，只有在主矢等于零时，简化中心的位置才可以任意选取而不影响主矩的数值。

力系的简化实际上就是用一个力或一个力偶来等效取代一个力系。在处理这个问题的方法上，可以采取的是"欲合先分"的办法。

力系简化结果除了可能是"平衡"以外，还可能得到一个力，或一个力偶，使构件产生线加速度或角加速度，这些属于动力学问题，本书不讨论。

（4）受力分析

"受力分析不知从何处下手"这是初学者经常遇到的问题，1.2节最后提出的六点受力分析要领的意图就是有助于初学者解决这个问题。1.5节对静力学问题的求解方法作了一个简要的小结，也请初学者结合例题、习题作为重点内容学习。

（5）静不定问题

对于静不定问题，只需了解什么是静不定问题，注意不要把需要通过两个研究对象才能解决的静定问题错判为静不定问题。如何解决静不定问题，可以参阅16.2节。

习　题

1-1　物体 A 放在桌子上，桌子放在楼板上，问物体 A 和桌子分别受到哪些力；在这些力中找出相互平衡的力和互为作用与反作用的力。

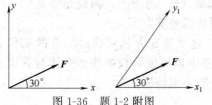

图 1-36　题 1-2 附图

1-2　图 1-36 所示坐标轴 x 与 y 轴正交，x_1 与 y_1 相交 $60°$，将力 F 沿两种情况下的坐标轴进行分解和投影，以此说明力的分力和力在轴上的投影之间的区别。

1-3　有人说："约束反力的方向总是和被约束的物体想要运动的方向相反"，这种说法对吗？为什么？举例说明。

1-4　约束反力是不是主动力的反作用力？为什么？

1-5　画出以下各指定物体的受力图（见图 1-37）。

*❶（a）沿光滑斜面匀速上升的小车；

（b）以柔绳悬挂的大球和小球；

（c）定滑轮 A 和动滑轮 B（滑轮自重不计）；

（d）倾斜梁 AB（梁自重不计）；

*（e）AB 杆和 BC 杆（杆自重不计）；

（f）正在竖起的塔器；

*（g）棘轮（棘轮自重不计）；

（h）AC 梁，CD 梁及组合梁 ACD（梁自重不计，二梁借助铰链连接，梁的三处支座均为铰键支座）。

---

❶带 * 号为选做题，下同。

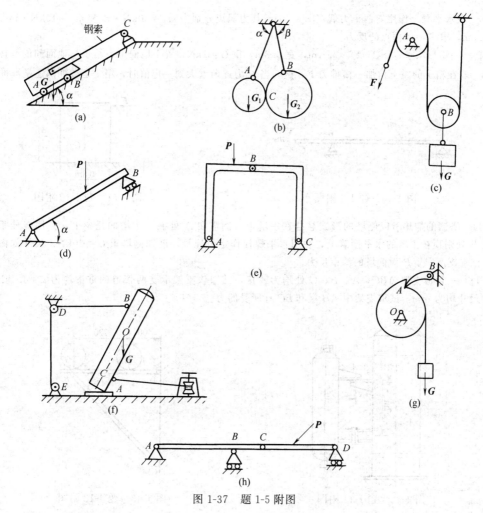

图 1-37 题 1-5 附图

1-6 从力系的简化结果看，汇交力系与一般力系的主要区别在哪里？这种区别如何反映在两种力系的平衡条件中。

1-7 起吊设备时为避免碰到栏杆，施一水平力 P，设备重❶ $G=30$kN，求水平力 P 及绳子拉力 T，见图 1-38。

1-8 力偶不能用单独的一个力来平衡，为什么图中（图 1-39）的轮子又能平衡呢？

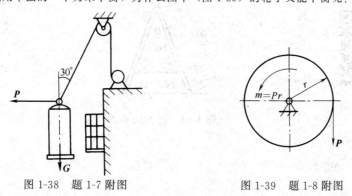

图 1-38 题 1-7 附图　　　　　　图 1-39 题 1-8 附图

---

❶ 重及重量均为重力，下同。

1-9 在水平梁上作用着两个力偶（图1-40），其力偶矩分别为 $m_1=60\mathrm{kN\cdot m}$ 和 $m_2=10\mathrm{kN\cdot m}$，已知 $AB=0.5\mathrm{m}$，求 A、B 两点的反力。

1-10 一矩形箱子（图1-41），高1m，宽0.8m，重 $G=1\mathrm{kN}$，置于地面上，箱子与地面间的摩擦系数 $\mu=0.3$，若在箱子的左上角加一横推力 F，试问当 F 力逐渐增大到一定值时，箱子是被推倒还是被推跑？

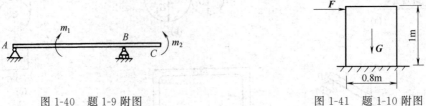

图1-40 题1-9附图 　　　　　　　　　　　　　　　图1-41 题1-10附图

1-11 塔器的加热釜以侧塔的形式悬挂在主塔上，侧塔在 A 处搁在主塔的托架上，并用螺栓垂直固定，在 B 处则顶在主塔的水平接管上，并用水平螺栓作定位连接。已知侧塔重 $G=20\mathrm{kN}$，尺寸如图1-42所示，试求支座 A、B 对侧塔的约束反力。

1-12 一管道支架 ABC，A、B、C 处均为铰接，已知该支架承受两管道的重量均为 $G=4.5\mathrm{kN}$，图1-43中尺寸均为 mm。试求支架中 AB 梁和 BC 杆所受的力。

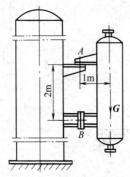
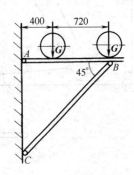

图1-42 题1-11附图 　　　　　　　　　　　　图1-43 题1-12附图

1-13 活动梯子放在光滑的水平地面上。梯子由 BC 和 AC 两部分组成，每部分各重150N，彼此用铰链 C 及绳子 EF 连接（图1-44）。今有一人，重为 $G=600\mathrm{N}$，站在 D 处，尺寸如图1-44所示。试求绳子 EF 的拉力及 A、B 两处的约束反力。

M1-1
习题答案

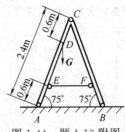

图1-44 题1-13附图

2 金属的力学性能

所谓金属的力学性能就是金属在受到外力作用时的"表现"，之所以要研究金属的这些"表现"，是为了合理地使用它们。为了描述和比较不同金属的不同"表现"，需要对金属在外力作用下的种种表现规定一系列所谓的"性能参数"，介绍这些性能参数的含义及它们的用途是这一章讨论的核心问题。

2.1 弹性体的变形与内力

2.1.1 变形与内力的概念

取一等直径的橡皮杆，当在杆的两端沿杆的轴线作用一对拉力 P 时，杆即被拉长（参看图 2-1）。只要所加的外力 P 不超过一定限度，杆的伸长值与外力成正比。增大外力，变形增加；减小外力，变形减少；去掉外力，恢复原形。这种可完全恢复的变形称为弹性变形。一切金属材料在外力作用下都能够产生一定的弹性变形。

金属在发生弹性变形时，其内部各质点（原子）间的相互位置要发生改变，伴随这种改变，各质点间原有的相互作用力必然也跟着变化。这种质点间相互作用力所发生的变化被称为附加内力，简称内力。此内力是由外力所引起的，是伴随着弹性变形而产生的，它的作用趋势是力图使各质点恢复其原来位置。对任何一个构件来说，当外力增加时，内力将随之增大以抵抗外力对构件的破坏。但是，内力的增加总有一定限度，到达这一限度，构件就要破坏。这里所说的破坏，指的是构件的断裂，或者是出现大量的塑性变形。

塑性变形是不可恢复的变形，它与弹性变形的区别是：弹性变形量的增加必须伴之以外力的加大，而塑性变形的增长却可在恒定的外力下进行。塑性变形总是在发生了一定量的弹性变形之后出现，因而塑性变形的出现标志着内力已增长到一个相当高的水平。工程中的构件，在正常使用状态下，一般不允许出现塑性变形。

2.1.2 变形的度量

图 2-1 所示一长度为 l、直径为 d 的圆截面直杆，当它受到轴向拉力 P 作用时，杆的长度增至 l_1，直径减少至 d_1。根据这一几何量的变化，给出如下两个度量变形的量。

（1）杆的绝对伸长量 Δl

$$\Delta l = l_1 - l \qquad (2\text{-}1)$$

它只反映杆的总变形量，但不能说明杆的变形程度。

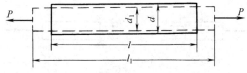

图 2-1　拉杆的纵向伸长与横向收缩

（2）线应变

为了反映杆的变形程度，当杆是均匀变形时，可用单位长度杆的伸长（或缩短）值来度量杆的线变形程度。即

$$\varepsilon = \frac{\Delta l}{l} \qquad (2\text{-}2)$$

ε 称为线应变，即杆的相对伸长值。

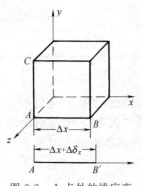

图 2-2　A 点处的线应变

如果杆沿其轴线方向的变形并不是均匀的，那么就需要把杆截成无数小段，并逐段地来研究每一小段的相对伸长值了。为此可在杆的 A 点处取一个很小的正六面体（图 2-2）来研究。所取的正六面体沿 x 轴方向的 AB 边，原来长度为 Δx，变形后其长度增加了 $\Delta \delta_x$（图 2-2），由于 AB 边属非均匀变形，所以比值 $\dfrac{\Delta \delta_x}{\Delta x}$ 是 AB 边的平均线应变。如果将 Δx 无限地趋近于零，这时该比值的极限值

$$\varepsilon = \lim_{\Delta x \to 0} \frac{\Delta \delta_x}{\Delta x} = \frac{\mathrm{d} \delta_x}{\mathrm{d} x} \tag{2-3}$$

称为 A 点处的线应变。所以线应变应理解为是对"点"而言的，均匀拉伸变形时，各点的线应变相同；非均匀变形时，各点的线应变不同。对于式（2-2）中的 ε 只有在均匀变形时才称为线应变，否则只宜称作相对伸长值。

2.1.3　直杆受拉（压）时的内力

（1）轴力的概念

直杆受拉（压）时产生的内力称为轴力。为了将这个力显示出来，可以假想地用一个与杆轴线垂直的平面 m-m［图 2-3（a），图 2-4（a）］把杆切开，在切开的两侧截面内必作用有轴力 S 与 S′［图 2-3（b），图 2-4（b）］，它们分别表示右侧截面与左侧截面相互作用给对方的内力。如果没有这两个数值与 P 相等的轴力 S 与 S′，切开后的两部分杆均不会平衡。虽然在图上 m-m 截面内的轴力是用 S 与 S′ 两个力矢表示，而且它们的指向相反，但是它们所代表的却是同一截面内的同一轴力。S 与 S′ 不但大小应相等，而且正负也应相同。因为内力是伴随变形产生的，所以内力的"正"、"负"应依据变形作如下规定：伴随拉伸变形产生的轴力取正值，伴随压缩变形产生的轴力取负值。由图可见正的轴力，力矢的指向离开截面；负的轴力，力矢则指向截面。

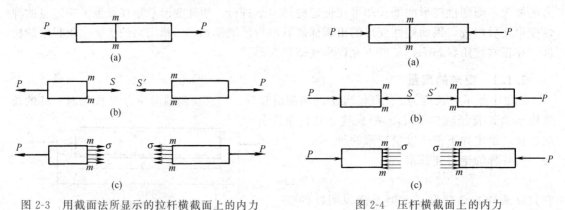

图 2-3　用截面法所显示的拉杆横截面上的内力　　　图 2-4　压杆横截面上的内力

（2）轴力的计算

轴力是轴向外力引起的，所以轴力的计算必须借助于外力。从外力求内力均采用截面法，为说明截面法的内容，可见图 2-5 所示的杆，这是一根受四个外力（P，Q_1，Q_2，Q_3）而处于平衡的杆，现在利用截面法来计算杆 m-m 截面内的轴力。

首先将杆沿 m-m 截面假想切开，并将轴力 S 与 S′ 分别画在切开截面的两侧，然后列出两段杆的平衡方程，解得轴力。

26

对于左半段杆，可由 $S+Q_1-P=0$ 得
$$S=P-Q_1 \qquad (2\text{-}4)$$

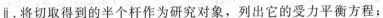

对于右半段杆，可由 $Q_2+Q_3-S'=0$ 得
$$S'=Q_2+Q_3 \qquad (2\text{-}5)$$

由于整根杆处于平衡，所以
$$Q_1+Q_2+Q_3-P=0 \qquad (2\text{-}6)$$

即 $\qquad P-Q_1=Q_2+Q_3$

由此可证明 $\qquad S=S' \qquad (2\text{-}7)$

可见截面法就是：

图 2-5 截面法求内力

ⅰ.将杆沿所讨论截面假想切开，以显示该截面上的内力；

ⅱ.将切取得到的半个杆作为研究对象，列出它的受力平衡方程；

ⅲ.根据变形的性质（拉伸或压缩）规定内力的"正"、"负"，利用力的平衡方程确定内力的数值。

如果每个截面的轴力均按上述三步去做，不但烦琐，而且没有必要。所以要根据截面法总结出轴力的计算法则如下：受轴向外力作用的直杆，其任意横截面［图 2-5（a）中的 $m\text{-}m$ 截面］上的轴力，在数值上等于该截面一侧所有轴向外力的代数和。背向该截面的外力［图 2-5（a）中的 P、Q_2、Q_3］取正值，指向该截面的外力［图 2-5（a）中的 Q_1］取负值。

由于这个轴力计算法则来源于截面法，所以可直接用这个法则算出任意指定截面的轴力，而且可以从所得结果的正负来判断该截面与其相邻截面之间是发生了距离增大的伸长变形，还是距离缩小的压缩变形，而不必再截开截面，画部分杆的受力图了。

例题 2-1 计算图 2-6 所示杆件 1-1、2-2、3-3 截面上的内力（轴力），设 $P=P'=100\text{N}$，$Q=Q'=200\text{N}$。

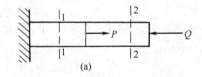

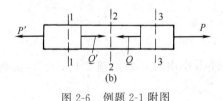

图 2-6 例题 2-1 附图

解 （1）先看图 2-6（a）

① 1-1 截面

根据上述法则，该截面上的轴力应等于截面右侧（此右侧外力均属已知，故取右侧）所有外力即 P 和 Q 的代数和。P 使 1-1 截面产生拉伸内力，故取正值；Q 使 1-1 截面产生压缩内力，故取负值，于是

$$S_1=P-Q=100-200=-100 \text{（N）（压）}$$

S_1 得负值，表明 1-1 截面作用着的是压缩轴力。

② 用同样方法可得 2-2 截面上的轴力为

$$S_2=-Q=-200\text{N（压）}$$

（2）再看图 2-6（b）

① 1-1 截面

$$S_1=+P'=100\text{N（拉）}$$

或
$$S_1=P-Q+Q'=100-200+200=100 \text{（N）（拉）}$$

② 2-2 截面

$$S_2=P'-Q'=100-200=-100 \text{（N）（压）}$$

或
$$S_2=P-Q=100-200=-100 \text{（N）（压）}$$

③ 3-3 截面

$$S_3 = P' - Q' + Q = 100 - 200 + 200 = 100（N）（拉）$$

或

$$S_3 = P = 100N（拉）$$

2.1.4 受拉（压）直杆内的应力

（1）应力的概念

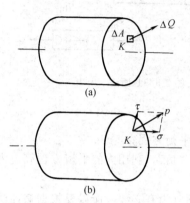

图 2-7　K 点外的应力

在确定了拉（压）杆的轴力以后，还不能立即判断杆在外力作用下是否会因强度不足而破坏，例如有两根材料相同的拉杆，一根较粗、一根较细，在相同的轴向拉力作用下，两根杆横截面上的轴力是相等的，但细杆可能被拉断而粗杆不断。这是因为轴力只是杆的横截面上分布内力的合力，而要判断杆是否会因强度不够而破坏，还必须知道分布内力的集度，为此引入"应力"的概念，设在图 2-7 所示杆的截面上存在着沿截面非均匀分布的内力，在此截面上任一点 K 处取一微小面积 ΔA，设在 ΔA 上作用有内力 ΔQ，于是 $\dfrac{\Delta Q}{\Delta A}$ 就表示内力在 ΔA 这块微小面积上的平均密集程度，称它为 ΔA 这块微小截面上的平均应力。若将 ΔA 缩小，使它趋近于零时，微小面积 ΔA 就变成了一个点，这时就把 $\lim\limits_{\Delta A \to 0} \dfrac{\Delta Q}{\Delta A}$ 称为该点的应力。若用 p 表示，则有

$$p = \lim_{\Delta A \to 0} \frac{\Delta Q}{\Delta A} \tag{2-8}$$

ΔQ 是矢量，而且不一定与截面垂直。所以 p 也是矢量，也不一定与截面垂直，可称 p 为该截面在 K 点处的总应力。这个总应力常用两个分量表示，一个是沿截面法线方向的分量，称为正应力或法向应力，以 σ 表示；另一个是沿截面切线方向的分量，称为剪切应力，简称切应力，用 τ 表示 [图 2-7 (b)]。

应力的单位在国际单位制中是 N/m^2，称帕斯卡（简称帕，用 Pa 表示）。Pa 的单位太小，工程上取 $10^6 Pa$ 即 MPa 为应力单位，$1MPa = 1N/mm^2$。

（2）受拉直杆横截面上的正应力

实验证明：沿中心轴线受拉的直杆，其横截面上的内力沿截面均布 [图 2-3 (c)]，截面上各点的应力均相等，并可用下式表示

$$\sigma = \frac{S}{A}$$

式中 S 为所讨论截面上的轴力，当沿杆的轴线有多个外力作用时（如例题 2-1），不同横截面上的应力不一定相同。

（3）简单拉伸直杆斜截面上的应力

当直杆两端作用一对等值、反向、共线的轴向外力 F [图 2-8 (a)] 时，为研究其斜截面 m-k 上的内力与应力，将杆沿斜截面 m-k 切开，在此斜截面上作用的内力 [看图 2-8 (b)] 为

$$S = p_\alpha \frac{A}{\cos\alpha} = F$$

式中　p_α——斜截面上的轴向应力，MPa；

A——杆的横截面面积，mm^2；

α——杆的轴线与斜截面 m-n 的外法线 n 之间的夹角。

由此得
$$p_\alpha = \frac{F}{A}\cos\alpha = \sigma\cos\alpha$$

p_α 不垂直于 m-k 截面，可将它分解成垂直于斜截面的正应力 σ_α 与平行于斜截面的切应力 τ_α [图 2-8 (c)]，它们的数值分别为

$$\sigma_\alpha = p_\alpha\cos\alpha = \sigma\cos^2\alpha \qquad (2\text{-}9)$$

$$\tau_\alpha = p_\alpha\sin\alpha = \sigma\cos\alpha\sin\alpha = \frac{\sigma}{2}\sin2\alpha \quad (2\text{-}10)$$

由这两个式子可知：受拉（压）直杆内，最大正应力存在于杆的横截面（$\alpha = 0°$ 和 $\alpha = 180°$）内；最大切应力存在于与横截面相交的 $45°$ 和 $135°$ 的两个互相垂直的斜截面内；最大切应力在数值上等于最大正应力的一半。

既然在受拉（压）的直杆内存在着正应力和切应力，那么要问它们与杆件的变形有怎样的关系呢？

图 2-9 (a) 是一根受拉直杆，截取两个 $45°$ 的斜截面 m-k 和 m_1-k_1，并将这两个斜截面

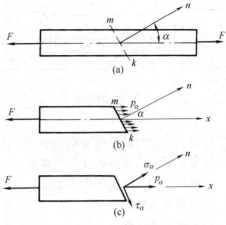

图 2-8　简单拉伸直杆斜截面上的应力

截出的薄片取出来研究，可以看到作用在这个薄片上的应力是 p_α [图 2-9 (a)]。若将 p_α 分解成垂直于斜截面上的正应力 σ_α [图 2-9 (b)]和平行于斜截面的切应力 τ_α [图 2-9 (c)]，便不难看出：正应力所起的作用是要把两个相邻截面拉开，而切应力所起的作用却是使两个相邻截面产生相对错动的趋势，一旦这些 $45°$ 和 $135°$ 斜截面上的切应力增加到某一数值时，在这些斜截面之间均将发生相对错动，这种错动在金属学上

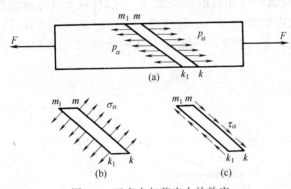

图 2-9　正应力与剪应力的效应

称作滑移，所见在弹性变形之后所发生的塑性变形正是这种滑移的宏观表现。

2.2　材料的力学性能

在设计构件时，必须考虑合理选用材料的问题。而合理选用材料就必须了解材料的性能。材料的性能主要包括物理性能、化学性能、力学性能和加工工艺性能。本节只讨论材料的力学性能。

所谓力学性能，是指材料在外力作用下在强度与变形方面所表现出的性能。材料的力学性能是通过各种力学试验得到的，例如拉伸、压缩、弯曲、冲击、疲劳、硬度等试验。

本节重点介绍低碳钢的拉伸试验及由此得到一系列力学性能指标的含意与用途，因为这些力学性能指标具有普遍意义。考虑许多化工设备是在高温或低温下工作，所以材料在高温和低温下的性能特点也是本节讨论的重要内容。对于选用材料和验收设备用到的一些其他力学性能指标也作简要介绍。

图 2-10　拉伸试件的初始标距

2.2.1　拉伸试验

（1）试件的准备与试验的进行

在做拉伸试验时，应该将材料做成标准试件（图 2-10），使其几何形状和受力条件都能符合轴向拉伸的要求。试件的横截面形状有圆形与矩形两种，试验前在试件中段等直部分的两端做出两个标记，其间的距离称作试件的标距或工作段，试验时试件的变形指的就是试件标距或工作段的伸长量，为了比较不同粗细的试件在拉断后标距的变形程度，通常对试件标距长度与其横截面直径（对圆截面）或横截面面积（对矩形截面）的比例作出规定，常用的标准比例有两种，即

对圆截面试件　　　　　　　$l_0 = 10d$ 和 $l_0 = 5d$

对矩形截面试件　　　　　　$l_0 = 11.3\sqrt{A}$ 和 $l_0 = 5.65\sqrt{A}$

试验时，先把试件夹在试验机的夹头内，开动试验机时，试验机的静夹头不动，动夹头开始以一定速度缓慢下移，试件工作段长度增长，试验机示力盘上则指示出试件的抗力，此抗力与加在试件上的载荷相等，所以习惯上将此抗力的读数称为载荷 P。在试验机上备有自动绘图设备，利用它可以绘出试件在试验过程中工作段的伸长量 Δl 与试件抗力（即所加载荷 P）之间的定量关系曲线（图 2-11 中的粗实线 $Ocdf$）。此曲线的横坐标是试件工作段的伸长量 Δl，纵坐标是试验机加给试件的拉力 P（即试件的抗力），习惯上称它为拉伸曲线。

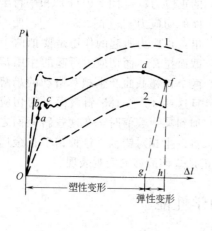

图 2-11　$P\text{-}\Delta l$ 图

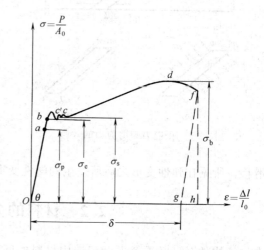

图 2-12　$\sigma\text{-}\varepsilon$ 图

（2）试验结果的整理

拉伸试验所得结果可以通过 $P\text{-}\Delta l$ 曲线全面反映出来，但是用它来直接定量表达材料的某些力学性能还不甚方便。因为材料即使一样，但试件尺寸不同时，会得到不同的 $P\text{-}\Delta l$ 曲线。譬如图 2-11 中的曲线 1 就是用直径大于 10mm 的试件作出的。而曲线 2 又是用直径小于 10mm 的试件作出的。所以，为了消除试件尺寸的影响，不用总的拉力 P，而改用单位横截面面积上所施加的拉力，也就是用横截面上的应力 σ 来表示所加载荷的大小。这样就消除了试件粗细的影响。为了消除试件长短的影响，不用总的伸长值 Δl，而改用试件的平均线应变 $\varepsilon = \Delta l / l$ 来表示试件变形程度。这样一来就应把图 2-11 中的纵坐标由 P 换成图 2-12

的 $\sigma = \dfrac{P}{A_0}$（A_0 是试件的原始截面积）❶。同时把图 2-11 中的横坐标 Δl 换成图 2-12 的 $\varepsilon = \dfrac{\Delta l}{l_0}$（$l_0$ 是试件的初始标距）。把图 2-11 中曲线 $Oabcd$ 上的每个点所对应的 P 都除以 A_0，把对应的 Δl 除以 l_0，并将所得的值一一转移到图 2-12 的 σ-ε 坐标系内。这样就得到了一条新的曲线，称为材料的应力-应变曲线。低碳钢拉伸试验的动画演示可见 M2-1。

（3）从拉伸试验中得到的力学性能参数

从所得的应力-应变曲线可以看到，低碳钢的整个拉伸过程大致可以分为四个阶段。

M2-1

① 弹性变形阶段与虎克定律　曲线 Ob 段表示材料的弹性变形阶段。在这个阶段内，可以认为变形是完全弹性的。即如果在试件上加载，使其应力不超过 b 点所对应的应力时，那么卸载后试件将完全恢复原来形状。因此 b 点所示的应力是保证材料不发生不可恢复变形的最高限值，称这个应力值为材料的弹性极限，用 σ_e 表示。低碳钢的 σ_e 大约是 210MPa。

在弹性阶段内，应力与应变成直线关系，若 Oa 直线与横轴交角为 θ，则

$$\frac{\sigma}{\varepsilon} = \tan\theta = E$$

或写成 $$\sigma = E\varepsilon \tag{2-11}$$

它说明应力与应变成正比，比例常数 E 叫作材料的弹性模量。由于 ε 是无因次量，所以 E 的单位和应力相同。

怎样来理解弹性模量 E 这个物理量呢？不妨把式（2-11）中的 σ 写成 $\dfrac{P}{A_0}$，把 ε 写成 $\dfrac{\Delta l}{l_0}$，于是式（2-11）就可以变成另一种形式

$$\Delta l = \frac{P l_0}{E A_0} \tag{2-12}$$

再假设有由两种材料（如一种是钢，另一种是铜）做成的试件，它们的尺寸完全相同，若在相同的外力 P 作用下进行拉伸，肯定它们的变形量不会一样（钢试件的 Δl 小，铜试件的 Δl 大）。那么根据式（2-12）就可以知道，相同的 P、l_0、A_0 不能得到相同的 Δl 的原因肯定是两种材料的 E 值不同。E 值大的材料，弹性变形量就小；E 值小的材料弹性变形量就大。由此可见，材料 E 值的大小反映的是材料抵抗弹性变形能力的高低。E 值大的材料，抵抗弹性变形的能力强，要想使这种材料产生一定的变形量（譬如 $\varepsilon = 0.001$），就需要有更大的应力作用在它上面才行。钢的 E 值是 2×10^5 MPa 左右。铜的 E 值是 1×10^5 MPa。

从式（2-12）还可以发现，一个直杆在拉力 P 作用下所产生的伸长值 Δl 是和 EA 值成反比，所以常把杆的 EA 值叫作杆的抗拉刚度，这个值越大，杆越不容易产生变形。以后还会看到杆还有抗弯刚度、抗扭刚度等类似的力学量。

上述的应力与应变成正比的关系，只有在 a 点以下才能保持，所以 a 点所对应的应力值就叫材料的比例极限，用 σ_p 表示。由于比例极限很接近弹性极限，所以这两个量不那么严格区分。

式（2-11）或式（2-12）所反映的规律是 1678 年英国科学家虎克以公式形式提出的，所以通称虎克定律。

虎克定律也同样适用于受压的杆。这时 Δl 表示纵向缩短，ε 表示压缩线应变，σ 是压

---

❶ 在整个拉伸过程中，试件的横截面在逐渐减小，所以图 2-12 σ-ε 曲线上的应力值小于真实应力。

缩应力。就大多数材料来说，它们在压缩时的弹性模量与拉伸时的弹性模量大小是相同的。在使用式（2-11）时，拉伸应力和应变取正值，压缩应力和应变取负值。

以上所讨论的变形都是指杆的轴向伸长或缩短，实际上当杆沿轴向（纵向）伸长时，其横向尺寸将缩小（见图 2-1）；反之，当杆受到压缩时，其横向尺寸将增大。设杆的原直径为 d（图 2-1），受拉伸后直径缩小为 d_1，则其横向收缩应为

$$\Delta d = d_1 - d \tag{2-13}$$

令

$$\frac{\Delta d}{d} = \varepsilon' \tag{2-14}$$

称 ε' 为横向线应变。当杆受拉伸时，其纵向线应变 $\varepsilon = \frac{\Delta l}{l_0}$ 为正值，其横向线应变 ε' 为负值；当杆受压时，ε 为负而 ε' 为正，所以 ε 与 ε' 总是异号的。

试验已经证明，弹性阶段拉（压）杆的横向应变 ε' 与轴向应变 ε 之比的绝对值是一个常数，即

$$\mu = \left| \frac{\varepsilon'}{\varepsilon} \right| \tag{2-15}$$

μ 称为材料的横向变形系数或泊松比。因为 ε 与 ε' 的符号总是相反的，所以式（2-15）用绝对值表示。μ 也是无因次量。它与 E 一样也是材料的弹性常数，一些材料的 E、μ 值列于表 2-1。

表 2-1　弹性模量及横向变形系数

材料名称	弹性模量 $E/\times 10^5$ MPa	横向变形系数 μ	材料名称	弹性模量 $E/\times 10^5$ MPa	横向变形系数 μ
碳钢	2.0～2.1	0.3	铝及其合金	0.72	0.33
合金钢	1.9～2.2	0.24～0.33	木材(顺纹)	0.1～0.12	
铸铁	1.15～1.6	0.23～0.27	混凝土	0.146～0.16	0.16～0.18
球墨铸铁	1.6	0.25～0.29	橡胶	0.0008	0.47
铜及其合金	0.74～1.3	0.31～0.42			

② 屈服阶段　应力超过弹性极限以后，曲线上升坡度变缓，继续增加应力，发现在 c 点附近，试件的应变量是在应力基本保持不变的情况下不断增长。这种现象说明，当试件内应力达到 c 点所对应的应力值 σ_s 时，材料抵抗变形的能力暂时消失了，它不再像弹性阶段，随着变形量的增大而不断增大抗力了。于是人们形象地比喻，材料这时对外力"屈服"了，并把出现这种现象的最低应力值 σ_s 称作材料的屈服极限。试件内的应力达到屈服极限以后所发生的变形，经试验证明是不可恢复的变形，这时即使将外力卸掉，试件也不会完全恢复原来的形状。

由于塑性变形总是在出现了一定量的弹性变形之后才发生的，所以要使材料发生塑性变形，必须使试件内的应力值达到屈服极限 σ_s。这样看来，材料的屈服极限越高，材料抵抗发生塑性变形的能力越强。因此，材料的 σ_s 是一个十分重要、非常有用的强度指标。化工设备常用的低碳钢如 Q235A，这个钢号中的 Q 就是屈服极限"屈"字的第一个汉语拼音字母，后边的"235"就是这种钢的屈服极限。低合金钢的 $\sigma_s = 350 \sim 400$ MPa，不锈耐酸钢的 σ_s 较低，只有 200 MPa 左右。

③ 强化阶段　过了屈服阶段，曲线又开始上升，但上升的陡度变得十分平缓，这说明材料又具有了较弱的抵抗变形的能力，所以称这个阶段为强化阶段。强化阶段所发生的变形

特点是大比例的塑性变形伴有少量的弹性变形。强化阶段一直持续到图 2-12 所示曲线上的 d 点，这时所加拉力 P 和名义应力 σ 均达最大值。

④ 颈缩阶段　就在载荷加到上述最大值时，我们会发现，在试件的某个部位，试件的直径会突然变细，出现所谓"颈缩"现象（图2-13），此后，使试件继续变形所需的拉力 P 随之减小，所以图 2-12 中的 P-Δl 曲线，过 d 点后反而下降。这时颈缩部分的实际应力虽然仍继续增大，但因 σ-ε 图中的 σ 是用试件原始截面计算出的名义应力，所以过 d 点以后，σ-ε 曲线也向下弯曲了。当到达 f 点时，试件完全断开。

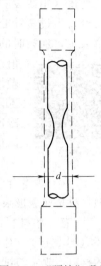

图 2-13　"颈缩"现象

从试件开始出现颈缩起，就已表明试件的断裂已不可避免。所以把即将出现颈缩的最高名义应力，即 σ-ε 曲线中 d 点处的应力值，规定为材料的断裂应力，称它为材料的强度极限，用 σ_b 表示。所以，材料的强度极限反映了材料抵抗断裂能力的大小，它是用来衡量材料强度的又一个指标。低碳钢的 σ_b 大约是 380MPa。

⑤ 试件断裂后的处理　试件被拉断后，试件内的应力自然不再存在，同时在整个拉伸过程中，试件所发生的弹性应变将随着应力的消失而消失，这个过程可以用图 2-14 中的直线 fg 表示，fg 与直线 Oa 平行，表明弹性变形在回复时也符合虎克定律。g 点表示被拉断以后的试件已不能完全恢复它的原来长度。把拉断的试件对接起来，测出其长度 l_1，于是 $l_1 - l_0$ 便是试件在被拉断以后总的塑性伸长量，将它除以试件的初始标距 l_0，并用 δ 表示，则

$$\delta = \frac{l_1 - l_0}{l_0} \times 100\% \tag{2-16}$$

δ 称作材料的延伸率。δ 值所反映的是材料在断裂前最大能够经受的塑性变形量。δ 值越大，说明材料在断裂前能够经受的塑性变形量越大，也就是说材料的塑性越好。所以 δ 值是评价材料塑性好坏的一个指标。由于初始标距有 $l_0 = 5d$ 和 $l_0 = 10d$ 两种，故 δ 有 δ_5 与 δ_{10} 之分，通常 δ_{10} 简写 δ，低碳钢的 δ 可达 $20\% \sim 30\%$，被认为具有良好塑性。而灰铸铁的 δ 值只有约 1%，它被认为是较典型的脆性材料。

试件在拉伸时，它的横截面积要缩小，特别是颈缩处试件被拉断时，其横截面积缩小得更多。所以也可用横截面收缩率 ψ 来表示材料塑性的好坏，ψ 的含义是

$$\psi = \frac{A_0 - A_1}{A_0} \times 100\% \tag{2-17}$$

式中，A_0 是试件原横截面面积；A_1 是试件拉断后颈缩处测得的最小横截面面积。低碳钢的 ψ 值约为 60%。

（4）试件的中途卸载与重复拉伸

在拉伸试验过程中，如果在应力尚未达到材料的弹性极限以前就将载荷去掉，那么试件将恢复原来形状，材料性能也不会发生任何变化。

如果试验进行到强化阶段，在试件已发生大量塑性变形后中止对试件的拉伸，并将载荷卸掉，那么加载状态下试件中所存在的弹性应变量（用图 2-14 中的 O_1O_2 线段表示），将随卸载直线 eO_1 而消失。但是试件已经发生的塑

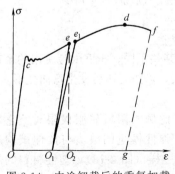

图 2-14　中途卸载后的重复加载

性应变量（用线段 OO_1 表示），将保留在卸载后的试件中（动画演示见 M2-2）。如果把这个已经发生过塑性变形的试件重新进行拉伸，将发现试件在弹性范围内所能承受的最高应力值增大了，加载时的 σ-ε 关系与 O_1e_1 直线相符，在试件内的应力增大到 e_1 点所对应的应力

M2-2

值以前，试件将不会再发生塑性变形。中途卸载后重复加载。这说明经过塑性变形的材料，它的屈服极限增高，而延伸率下降。这种现象称为冷加工硬化，冷加工硬化可被用来提高不锈耐酸钢的屈服强度，但也会给一些冷冲压构件的后续工序或使用带来一些问题。不过这种冷加工硬化现象可以借助再结晶退火（见第 6 章）予以消除。

（5）低合金钢与铸铁的拉伸试验

ⅰ. 含有少量合金元素的低碳低合金钢，例如 Q345R，它们的 σ-ε 曲线与低碳钢的 σ-ε 曲线相似，只是屈服极限 σ_s 和强度极限 σ_b 均高于低碳钢。

ⅱ. 有一些材料的应力-应变曲线没有明显的屈服阶段（图 2-15），对于这类塑性良好但没有明显屈服限的材料，规定与试件产生 0.2% 塑性应变相对应的应力值作为材料的屈服极限，并且用 $\sigma_{0.2}$ 表示（图 2-16）。

ⅲ. 对于像铸铁一类的脆性材料，在拉伸的整个过程中观察不到明显的塑性变形和颈缩的出现（图 2-17），断裂是突然发生的，断裂时的变形量很小，通过试验只能测得强度极限 σ_b 与弹性模量 E 的近似值，因为铸铁的应力与应变之间并不存在严格的正比关系，铸铁的 E 值是借助于与实际 σ-ε 曲线近似的直线（图 2-17 中的虚线）求得的。

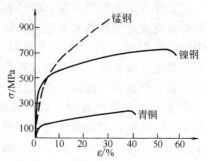

图 2-15　锰钢、镍钢、青铜的 σ-ε 曲线

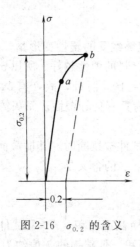

图 2-16　$\sigma_{0.2}$ 的含义

图 2-17　灰铸铁、玻璃钢的 σ-ε 曲线

2.2.2　压缩试验

材料在压缩过程中所表现出来的力学性能与拉伸时相比有某些不同。压缩试验所用的金属试件常做成圆柱形，高度约为直径的 1.5～3 倍。高度不能太大，以防受压后发生弯曲变形。

（1）塑性材料的压缩试验

塑性材料在静压缩试验中，当应力小于比例极限或屈服极限时，它所表现的性质与拉伸时相似。而且比例极限与弹性模量的数值与拉伸试验所得到的大致相同，对于钢来说，屈服极限也一样（图 2-18）。塑性材料的压缩试验动画见 M2-3。

M2-3

（2）脆性材料的压缩试验

脆性材料例如铸铁在受压缩时所显示的力学性能的最大特点是抗压强度极限比抗拉强度极限高出数倍（图2-19）。其σ-ε曲线没有直线部分与屈服阶段，它是在很小的变形下出现断裂的。断裂的截面与轴线大约成45°角，这说明铸铁是被45°斜截面上的最大剪力剪断的，其动画可见M2-4。

M2-4

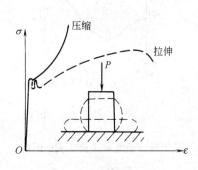

图2-18　塑性材料的压缩

（虚线是拉伸时的σ-ε曲线）

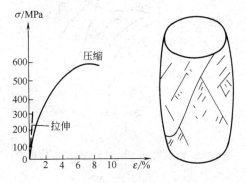

图2-19　铸铁压缩时的σ-ε曲线

2.2.3　温度对材料的力学性能的影响

上面介绍的是材料在常温条件下的部分力学性能，如果材料是在高温或低温状态下使用，它们的力学性能又如何呢？

（1）温度对短时静载试验所得结果的影响

所谓短时静载试验指的就是试验是在短时间内完成，而试验时给试件加载是逐渐增加的。上面介绍的拉伸试验、压缩试验都属于短时静载试验。

现在要讨论的问题是：如果上述试验是在高温（100～500℃）或者是在液氮（-196℃）、液氢（-252℃）等超低温下进行，那么材料的强度指标（σ_s，σ_b）和塑性指标（δ，ψ）会有什么变化呢？

图2-20和图2-21给出了低碳钢在短期加载的拉伸试验中其力学性能随试验温度增高而变化的情况。总的趋势是随着温度的升高，材料的E、σ_s、σ_b均降低，而δ、ψ却增大；但在260℃以前随着温度的升高σ_b反而增大，同时δ、ψ在减小。应该指出：像低碳钢在260℃以前的这种特征，并不是所有钢材都如此。有些钢的σ_b从一开始就是随温度的升高而降低。

在图2-20中的σ_s-t曲线在400℃处终止，因为试验表明低碳钢在350℃以后，屈服阶段消失。

低温对材料力学性能的影响主要表现为材料的塑性指标随温度降低而减小，室温下塑性良好的钢在液氢温度时则转变成脆性材料。虽然材料的强度指标σ_b会随温度降低而增大，但它无法弥补材料变脆带来的不利影响，构件的低温脆断是使用材料时一个必须引起严重注意的问题，因为低温下工作的构件，往往在应力远未达到材料屈服限之前就遭破坏，所以在化工容器中凡是在-20℃（包括-20℃）以下操作的容器，且其器壁应力又达到材料常温屈服极限的六分之一时，则专门定为低温压力容器，低温容器在选材、设计、制造、检验等方面均有特殊要求与规定。工作中切不可不经分析研究将在常温以上使用的容器转做低温容器使用。

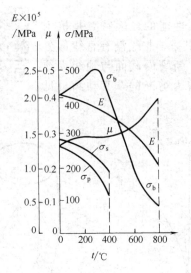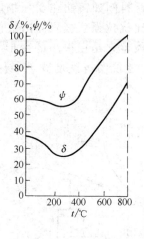

图 2-20　温度对 σ_b、σ_s、σ_p 及 E 值的影响　　　　图 2-21　温度对 δ 及 ψ 值的影响

（2）高温时的蠕变与应力松弛

以上研究温度对材料力学性能影响，没有考虑试件受力时间长短这个因素。"时间因素"对工作温度在一定限度以内的材料来说没有影响，譬如碳素钢在 $300\sim350℃$ 以下，合金钢在 $350\sim400℃$ 以下。但是超过这一温度限以后，根据试件短期加载试验所得到的力学性能（如 σ_s，σ_b 等）就不能再作为构件强度计算的依据，这时必须考虑受力时间长短这个因素对材料力学性能的影响。

① 蠕变现象与蠕变极限　所谓蠕变就是金属试件在高温下承受某一固定的应力时，试件会随着时间的延续而不断发生缓慢增长的塑性变形。变形增长的速度称为蠕变速度。发生蠕变必须具备两个条件：一是要有一定的高温，二是要有一定的应力，二者缺一不可。当具备这两个条件时，蠕变则不可避免。至于在多高的温度和多大的应力下才会发生蠕变，则取决于钢材的化学成分和组织结构。

这里不探讨蠕变的机理，但要了解如何控制蠕变的速度，因为构件的寿命直接取决于蠕变速度。由于化工设备或其他高温条件下工作的构件，工作温度是工艺生产要求的，不能轻易改变，减小蠕变速度的唯一方法是减小构件内的应力水平。所以生产上是用控制构件工作应力的办法来控制蠕变速度。为此规定：把在某一高温下，为使试件在 10 万小时内的塑性应变值不超过 1％，允许试件能够承受的最高应力值，称作材料在该温度、该蠕变速度条件下的蠕变极限，用 σ_n 表示。如果温度不变，而把允许的蠕变速度提高，那么蠕变极限将随之增大。所以蠕变极限的概念不但和材料的化学成分、组织结构有关，而且与工作温度和允许的蠕变速度紧密相连。表 2-2 给出了两种材料在不同温度不同蠕变速度下的蠕变极限。

表 2-2　15CrMo 和 1Cr18Ni9Ti 的蠕变极限　　　　　　　　　　　　　　　　　MPa

材　料	蠕变速度	425℃	475℃	520℃	560℃
15CrMo	1％/1 万小时	200	170	135	35
	1％/10 万小时	150	100	35	
1Cr18Ni9Ti	1％/1 万小时	176	91	33	6
	1％/10 万小时	—	88	19	

36

② 持久强度　发生蠕变的试件，在经过一定时间后将断裂。蠕变速度越大，发生断裂的时间越早。把试件在某一高温下，在规定的时间内不断裂所允许试件承受的最高应力，称作材料在该温度下、该持续时间内的持久强度极限，用 σ_D 表示。σ_D 与 σ_n 类似于静载短期试验得到的 σ_s 与 σ_b，都是材料的强度指标。

③ 应力松弛　有一些发生蠕变的构件，其外观尺寸并无明显改变。例如高温管道上的法兰连接螺栓（图2-22）在预紧力及介质压力作用下，在两个螺母之间的那段螺柱，开始使用时处于完全的弹性拉伸状态，依靠螺柱弹性伸长所产生的轴力通过螺母将法兰与密封垫片夹紧，从而保证管道连接处的密封。如果这个在高温条件

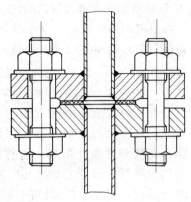

图 2-22　高温管道上的法兰连接

下工作的螺柱发生了蠕变，两螺母之间的螺柱长度不会增长，但是螺柱已存在的弹性变形会逐渐地转化为塑性变形，同时螺柱的内力下降，从而导致法兰密封面与垫片之间压紧力减小而发生泄漏。这种在总变形量保持不变，初始的弹性变形随时间的推移逐渐转化为塑性变形并引起构件内应力减小的现象就是应力松弛。应力松弛的实质和蠕变一样，只是表现形式不同。为了保持高温管道法兰连接处的良好密封性能，如果有应力松弛，应定期拧紧螺母以补偿转化了的弹性变形。

2.2.4　金属的缺口冲击试验

（1）什么是金属的缺口冲击试验

金属的缺口冲击试验是将带有缺口并具有标准尺寸的长方形试件放在摆锤式冲击试验机上，利用摆锤下落时的冲击力，将试件从缺口处冲断（见图2-23）的一种试验，演示动画可见 M2-5。摆锤冲断试件所消耗的功称为冲击功，用 A_K 表示，单位是焦耳（J）。

M2-5

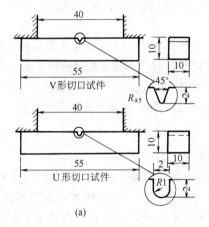

(a)

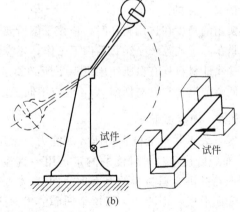

(b)

图 2-23　金属缺口的冲击试验

试件上开有规定形状和尺寸的缺口是为了造成缺口底部的应力集中与能量集中，试件的断裂将从这里开始，根据测得的冲击功值可以判定材料对缺口的敏感程度。

缺口的形状我国过去用 U 形 [图2-23（a）]，由于 U 形缺口在反映材料的缺口效应（即缺口的存在对冲断试件的敏感性）上不如 V 形缺口。所以现已改用国际上通用的 V 形缺口。

用 V 形缺口试件测得的冲击功用 A_{KV} 表示，称为夏比 V 形缺口试样冲击值。

如果将测得的冲击功值除以试件冲断处的截面面积（A_{KV}/F 或 A_{KU}/F），则得到的是单位断口截面的冲击功（平均值），称为材料的冲击韧性，用 a_{KV} 或 a_{KU} 表示，单位是焦耳/厘米^2（J/cm^2）。在过去颁布的材料标准中冲击韧性用 a_{KU}，在近年已改为 a_{KV}。

（2）测取 A_{KV} 与 a_{KV} 的目的

过去人们认为用塑性较好的材料（如钢）制成的构件，在外力作用下断裂之前，总会首先出现较大的塑性变形。然而实践表明，一些钢制构件在较低的温度下工作时，往往会出现低应力脆性断裂。这种现象的出现，一是由于材料的塑性随温度下降而变差；二是因为材料内部难免存在某些微观缺陷（如微小的裂纹）。当构件受力时，在材料缺陷的边缘部位，譬如在微裂纹的尖端，将产生超出平均应力数倍的高应力（即所谓应力集中）。如果由于种种原因（在此不讨论这些原因）使这里的塑性变形未能发生，那么存在于缺陷边缘处的高应力将促使缺陷进一步扩展，最终导致构件断裂。材料或构件中的微观缺陷对构件出现脆性断裂的影响，称为材料对微观缺陷的敏感性。影响材料对微观缺陷敏感性的因素是非常复杂的，它和材料的性质、缺陷的形状、尺寸以及加载方式等都有关。于是就提出一个问题：用什么方法来衡量材料对微观缺陷的敏感性呢？能不能预测材料出现脆性断裂的可能性呢？20 世纪 70 年代发展起来的断裂力学就是研究这方面问题的。但是从工程实用简便考虑，可以利用标准试件的缺口冲击试验来预测材料出现脆性断裂的可能性。这种办法的可行性在于带有缺口的（特别是 V 形缺口）标准试件，其冲击功的大小能够在一定程度上反映材料的抗脆断能力。而这也正是利用冲击试验测取材料的冲击功 A_{KV} 值的目的之一。

用不同材料制成的标准试件会测得不同的 A_{KV} 和 a_{KV} 值。当温度降低时，有一些材料的 A_{KV} 和 a_{KV} 值会随之下降，这种现象称为冷脆现象。化工设备中使用的低碳钢和低合金钢都有明显的冷脆现象。而不锈钢和铜、铝等则无此现象。为了防止材料出现脆性断裂，对那些有明显冷脆现象的材料应该规定一个所谓"脆性转变温度"。在选用材料时，要注意使材料的工作温度不低于材料的脆性转变温度。所以，确定材料的脆性转变温度是进行系列冲击试验的又一目的。

从实用的角度在选用材料时，应该了解所要选用的材料必须具有的常温冲击功最低值。如果设备是在低于或等于 $-20℃$ 条件下工作，还应考虑材料的脆性转变温度是否低于设备的工作温度，并保证材料具有在所使用低温下所必须达到的冲击功 A_{KV} 值。关于制造化工设备常用碳钢和低合金钢的常温与低温 A_{KV} 值应不低于多少的问题，将在后面有关章节中介绍。

2.2.5 硬度试验

硬度是表示材料抵抗它物压入的能力。常用的硬度试验方法有两种。

① 布氏硬度 这种硬度的测定是用一直径为 D 的标准钢球（压陷器），以一定的压力 P 将球压在被测金属材料的表面上 [图 2-24（a）]，经过 ts 后，撤去压力，由于塑性变形，在材料表面形成一个凹印。用这个凹印的球面面积去除压力 P，由所得的数值来表示材料的硬度，这就是布氏硬度，用符号 HBS 表示，即

$$HBS = \frac{P}{\frac{\pi D}{2}(D - \sqrt{D^2 - d^2})} \qquad (2-18)$$

凹印愈小，布氏硬度值愈高，说明材料愈硬。

② 洛氏硬度 这种硬度测定方法是用一标准形状的压陷器放在被测金属表面，先用一

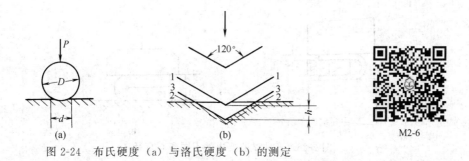

图 2-24　布氏硬度（a）与洛氏硬度（b）的测定

初压力将它压入材料内部达到 1-1 位置［图 2-24（b）］，然后再加一主压力压到 2-2 位置，再后则撤去主压力但保留初压力，这时压陷器弹回到 3-3 位置。就根据 3-3 和 1-1 位置的深度差来定义（不是表示）洛氏硬度，洛氏硬度试验动画见 M2-6。金属越硬，压痕深度越小，所定义的洛氏硬度值则越高。根据压陷器所用材料和主压力大小的不同，有三种洛氏硬度，分别用 HRC，HRB 及 HRA 表示。

硬度测定中所产生的压痕，是材料发生大量塑性变形之后形成的。所以硬度也是衡量材料抵抗塑性变形能力大小的一种指标。

硬度试验是在局部材料上进行的，方法简便，并且可直接在构件表面测定硬度值，而不致造成构件的破坏。

由于硬度与材料的组织结构和材料的强度极限有一定关系，所以对于经受某种加工后的材料（如焊接，锻压），有必要检验材料的组织、性能有无变化时，可用测定硬度来判断。对于经常相互摩擦的零件（如螺柱与螺母，端面密封中的动环与静环）也常需要了解材料的硬度。

2.2.6　弯曲试验

弯曲试验是将一定形状和尺寸的试样放置在弯曲装置上［图 2-25（a）］，用具有规定直径的弯心将试样弯曲到所要求的角度［用图 2-25（b）中的 α 表示］后（90°或 180°），卸除所加载荷，检查试样背面有无裂纹、裂缝或断裂，借以了解材料（或焊接接头）承受塑性变形的能力。

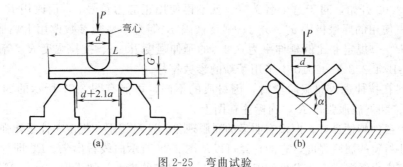

图 2-25　弯曲试验

试样的横截面形状有圆形、方形、长方形，如果是做钢板或做钢板对接焊缝的弯曲试验，试样的厚度 a 取与板材等厚（当板厚不大于 25mm 时）。如钢板较厚，试验机压弯能量不足时，可将试样加工成 25mm，但要保留一面为钢板的原始面，且使该面为受弯的背（凸）面。

弯曲试验的目的是检查试样承受变形的性能。弯心直径 d 越小，在不出现裂纹的条件下试样弯曲后的 α 角越大，表示试样承受塑性变形的能力越好。弯心直径有 $d=0.5a$，$d=a$，$d=1.5a$，$d=2a$ 等［图 2-26（a）］，也可取 $d=0$［图 2-26（b）］。在材料性能表上如果写明：冷弯，$b=2a$，180°，$d=1.5a$。意思就是试样的宽度 b 是厚度 a 的二倍，用弯心直径等于 $1.5a$ 的弯心将试样弯曲 180°，不得出现裂纹、裂缝为合格。

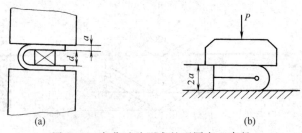

图 2-26　弯曲试验要求的不同弯心直径

2.3　金属材料拉伸与冲击试验的新标准简介

金属材料力学性能是通过拉伸、弯曲、冲击、硬度等试验得到的，这些试验都有相应的标准，下面仅对金属材料的拉伸试验和冲击试验的标准做简单介绍。

2.3.1　GB/T 228.1—2010

金属材料拉伸试验标准 GB/T 228 分为四个部分：第 1 部分，室温试验方法；第 2 部分，高温试验方法；第 3 部分，低温试验方法；第 4 部分，液氦试验方法。第 1、2 部分已经颁布实施，标准号分别为 GB/T 228.1—2010 和 GB/T 228.2—2015，但是第 3、4 部分标准还没有发布。第 1 部分修改采用国际标准 ISO 6892—1：2009《金属材料　拉伸试验　第 1 部分：室温试验方法》（英文版），其整体结构、层次划分、编写方法和技术内容与之基本一致，此部分代替了原来的 GB/T 228—2002《金属材料　室温拉伸试验方法》。下面仅对 GB/T 228.1—2010 中与 2.2 节不同的内容做简要介绍。

在 2.2 节中指出 $\sigma\text{-}\varepsilon$ 曲线中的 σ 是试验期间任意时刻的力除以试样原始横截面积（S_0）之商，而不是该时刻的试样横截面积（这个截面积是变值，难以测定），因此 $\sigma\text{-}\varepsilon$ 曲线中的这个"应力"定义，显然有其特定含意。它不是真实的应力，只能称为名义应力。于是，从 GB/T 228—2002 开始，对于这个名义应力就不再使用正应力符号 σ，而改用 R 了。这就是为什么把过去使用的屈服极限 σ_s、$\sigma_{0.2}$、强度极限 σ_b 等力学性能参数改用上屈服强度 R_{eH}、下屈服强度 R_{eL}、规定非比例延伸率为 0.2% 的延伸强度 $R_{p0.2}$、抗拉强度 R_m 等符号表示的原因[❶]。在 GB/T 228.1—2010 中采用了新的参数符号。

金属材料在拉伸进入屈服阶段时，因材质的不同，可能有图 2-27 所示的四种图形，上屈服强度 R_{eH} 和下屈服强度 R_{eL} 均标注在图上。

有些材料虽然塑性良好，但没有明显的屈服现象，这时就用"规定塑性延伸强度"（用 R_p 表示）来描述材料的屈服强度，它的含意可以从图 2-28 所示曲线看出来。R_p 即为超过比例极限以后，伴随应力缓慢增大所发生的塑性变形 e_p 所对应的应力。如果取 e_p＝0.2%，则这时所对应的应力就称为"规定塑性延伸率为 0.2% 的延伸强度"，用符号 $R_{p0.2}$ 表示（即过去的 $\sigma_{0.2}$）。

在 2.2 节提到，反映材料塑性好坏的指标有延伸率 δ 和断面收缩率 ψ。根据初始标距 l_0 和试件原始横截面面积 A_0，l_0 可取两种：

取

$$l_0 = 5.65\sqrt{A_0} = 5.65\sqrt{\frac{\pi}{4}d^2} = 5d$$

---

❶ 在新修订的标准中一般都不再使用 σ_s、σ_b 等性能参数，但是在许多力学教材的文字叙述中还经常出现 σ_s、σ_b 等，改变这个习惯需要时间。

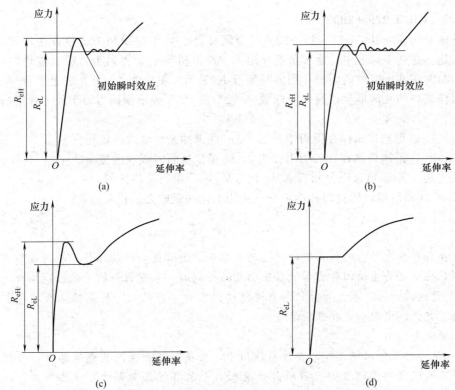

图 2-27　不同类型曲线的上屈服强度和下屈服强度（R_{eH} 和 R_{eL}）

或取
$$l_0 = 11.3\sqrt{A_0} = 11.3\sqrt{\frac{\pi}{4}d^2} = 10d$$

于是用 $l_0 = 5d$ 的试件得到的延伸率用 δ_5 表示，用 $l_0 = 10d$ 的试件得到的延伸率用 δ 表示。

在 GB/T 228.1—2010 中，用 $l_0 = 5d$ 的试件得到的断后延伸率用 A 表示，用 $l_0 = 10d$ 的试件得到的断后延伸率用 $A_{11.3}$ 表示。

另一个塑性指标断面收缩率 ψ，在 GB/T 228.1—2010 中则用 Z 表示。

图 2-29 较完整地表示出按 GB/T 228.1—2010 所标注的 R-e 曲线。

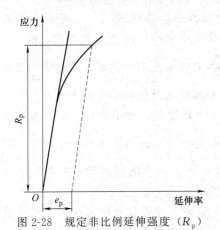

图 2-28　规定非比例延伸强度（R_p）

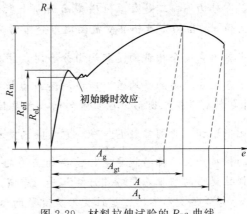

图 2-29　材料拉伸试验的 R-e 曲线

A_t—断裂总伸长率；A—断后伸长率；A_{gt}—最大力总伸长率；A_g—最大力非比例伸长率

2.3.2 GB/T 229—2007

冲击试验的标准是 GB/T 229—2007《金属材料 夏比摆锤冲击试验方法》，2008 年 6 月正式实施。在这个标准中，将上节所介绍的"冲击功"A_{KV} 更名为"吸收能量"，含意是将试件冲断时试件所吸收的能量，用大写字母 K 表示，单位为 J，另外加个字母 V 或 U 表示标准试样缺口的几何形状，再用下标数字"2"或"8"表示摆锤刀刃半径。规定的四个符号分别是：

KU_2——U 形缺口试样在刀刃半径为 2mm 摆锤冲断时吸收的能量。

KU_8——U 形缺口试样在刀刃半径为 8mm 摆锤冲断时吸收的能量。

若试件是 V 形缺口，则分别有 KV_2 和 KV_8 两个吸收能量代号。

在 2007 年以后修订的材料标准中均已使用上述的吸收能量代号。

本 章 小 结

构件在各种形式外力的作用下所产生的变形和内力都是力对物体作用的内效应。本章所介绍的以拉伸试验为主的四种力学试验及由此而得到的一系列材料的力学性能指标，既是对"内效应"讨论的开始，也是为后续各章继续研究各种"内效应"的基础。所以对本章所涉及的概念、定义、定理一定要掌握清楚。

(1) 变形与内力

ⅰ.从试件的拉伸试验可知，在外力作用下，金属试件产生的变形有两种，可恢复的弹性变形与不可恢复的塑性变形。伴随弹性变形（也只有弹性变形才）产生内力。内力的作用，一是抵抗外力对金属的破坏，二是企图去除已产生的弹性变形。弹性变形进行时，外力对试件所做的功转化为弹性变形能储存于试件中；塑性变形进行中，外力对试件所做的功克服金属原子层面间的滑移阻力，转化成热能后散失于周围介质中。

ⅱ.描述一个受拉直杆轴线变形量大小的指标可以有三个：一是对整根杆而言的绝对伸长值 Δl；二是对整根杆而言的相对伸长值 $\Delta l/l$，三是对直杆轴线上某一点而言的应变值 ε。均匀伸长时，轴线上各点的 ε 相等，而且 $\varepsilon = \Delta l/l$。非均匀伸长时，轴线上各点的 ε 并不相等，这时的 $\Delta l/l$ 并不等于某一点的 ε，只能等于轴线所有点的 ε 的平均值。所以描述构件某点处伸长或缩短（统称线变形）程度的最佳指标是线应变 ε。

ⅲ.描述一根受拉直杆某一横截面上内力情况的量也有三个：一是整个截面所受内力的总量，即轴力 S；二是每单位横截面面积上所作用的轴力平均值即 S/A；三是截面上某点的应力值 σ。当轴力沿整个横截面均匀分布时，横截面上各点的正应力 σ 都相同，而且 $\sigma = \dfrac{S}{A}$。当轴力在整个横截面是非均匀分布时，横截面上各点的 σ 是不一样的，这时的 $\dfrac{S}{A}$ 值只能认为是各点正应力的平均值。所以描述内力分布规律和强弱的最佳指标是正应力 σ。

ⅳ.只要是弹性变形，应变量的增加总要伴随着应力的增大，对于钢材，应力与应变是按正比例增加，比例常数 $E = \dfrac{\sigma}{\varepsilon}$。它反映的是材料抵抗弹性变形能力大小的一个指标。$E$ 值越大的材料产生同样的线应变，需要的应力越大，但 E 值并不表明材料弹性的好坏。注意分清弹性变形的"难易"与"好坏"是两个不同的概念。

ⅴ.与弹性变形不同，塑性变形应变量的增加并不需要应力的相应增大。但是塑性应变的出现却必须具有一定的应力值，这个应力值越低，说明塑性变形出现得越容易，这个应力就是材料的屈服强度 R_{eL}。所以屈服强度反映的是材料抵抗发生塑性变形能力的大小，R_{eL} 越大说明材料越不容易发生塑性变形。但 R_{eL} 并不说明材料塑性的好坏。要注意分清出现塑性变形的难易与材料塑性的好坏也是两个不同的概念。

ⅵ. 弹性变形与内力都是由外力引起的，所以要掌握它们之间量的关系。本章讨论的是最简单的受轴向外力作用的直杆，由于变形是均匀的，所以 $\varepsilon = \dfrac{\Delta l}{l}$。由于内力是均布的，所以 $\sigma = \dfrac{S}{A}$。由于变形是弹性的，所以 $\sigma = E\varepsilon$。可见应力与应变的计算是十分简单的。还需要解决的唯一问题是：如何从外力求取内力。于是提出了截面法。

截面法是贯穿本书各章求取内力时都要采用的方法，所以对截面法必须掌握好。要求两点：一是会列出截面一侧所有内力与外力的平衡方程；二是能够总结出内力的计算法则。要注意区分内力与外力在取正还是取负依据的不同。

(2) 金属材料的力学性能

为了今后选择使用材料和进行强度、刚度、稳定计算的需要，要掌握本章所介绍的下述力学性能指标。

ⅰ. 反映材料强度高低的指标有：上屈服强度 R_{eH}、下屈服强度 R_{eL}、规定非比例延伸率为 0.2% 的延伸强度 $R_{p0.2}$、抗拉强度 R_m（过渡期间 σ_s、$\sigma_{0.2}$、σ_b 仍在使用）。

ⅱ. 反映材料塑性好坏的指标有：断后延伸率 A（过渡期间 δ_5 仍在使用）、断面收缩率 Z（过渡期间 ψ 仍在使用）、弯曲试验中的弯曲角度 α。

ⅲ. 反映材料抵抗弹性变形能力强弱的指标有：弹性模量 E（以后还会介绍另一个：剪切弹性模量 G）。

ⅳ. 反映材料抗冲击能力对裂纹敏感程度的指标有：吸收能量 K（包括 KV_2、KV_8、KU_2、KU_8）（过渡期间 A_{KV} 和 a_{KV} 仍在使用）。

ⅴ. 反映材料硬度及耐磨程度的指标有：布氏硬度 HBS，洛氏硬度 HRC。

此外还有规定虎克定律应用条件的比例极限 σ_p 或弹性极限 σ_e。

对上述这些指标应了解取得它们的方法、单位以及用途。

习　　题

2-1　内力是怎么产生的？有人说："有变形就有内力"，这种说法对吗？为什么？

2-2　内力和外力在"正"、"负"的规定上有什么不同？为什么有这种不同？

2-3　什么是应力？某点处的应力等于 1MPa，是不是表示以这点为中心取出 $1mm^2$ 面积，在此 $1mm^2$ 的面积上作用的内力是 1N？

2-4　试求图 2-30 所示各杆 1-1、2-2、2-3 截面上的轴力。

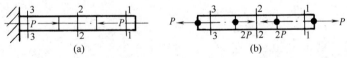

图 2-30　题 2-4 附图

2-5　试求图 2-31 所示钢杆各段内横截面上的应力和杆的总变形，设杆的横截面面积等于 $10cm^2$，钢的弹性模量 $E = 200 \times 10^9 N/m^2$。

2-6　试求图 2-32 所示钢杆两段内横截面上的应力以及杆的总伸长。钢的 E 值为 $200 \times 10^9 N/m^2$，$\sigma_p = 210MPa$，$\sigma_p = 240MPa$。若将拉力 P 增大至 80kN，是否还可算出杆的伸长量？

2-7　一根钢杆，其弹性模量 $E = 2.1 \times 10^5 MPa$，比例极限 $\sigma_p = 210MPa$；在轴向拉力 P 作用下，纵向线应变 $\varepsilon = 0.001$。求此时杆横截面上的正应力。如果加大拉力 P，使试件的纵向线应变增加到 $\varepsilon = 0.01$，问此时杆横截面上的正应力能否由虎克定律确定，为什么？

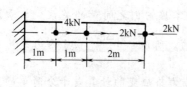

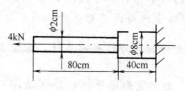

图 2-31　题 2-5 附图　　　　　　　　图 2-32　题 2-6 附图

2-8　两根立柱分别由钢和混凝土制成，已知钢的弹性模量 $E_s = 2.1 \times 10^5$ MPa，混凝土的弹性模量 $E_c = 2.8 \times 10^4$ MPa，试求：

(1) 在横截面上正应力 σ 相等的情况下，钢和混凝土柱的纵向线应变 ε 之比。

(2) 在纵向线应变 ε 相等的情况下，钢和混凝土柱横截面上正应力 σ 之比。

(3) 当纵向线应变 $\varepsilon = 0.00015$ 时，钢和混凝土柱横截面上正应力 σ 的值。

2-9　一根直径 $d = 16$ mm，长 $l = 3$ m 的圆截面杆，承受轴向拉力 $P = 30$ kN，其伸长为 $\Delta l = 2.2$ mm。试求此杆横截面上的应力与此材料的弹性模量 E。已知材料的比例极限 $\sigma_p = 210$ MPa。

2-10　一直径为 $d = 10$ mm 的圆截面杆，在轴向拉力 P 作用下，直径减小 0.0025mm，如材料的弹性模量 $E = 2.1 \times 10^5$ MPa，横向变形系数 $\mu = 0.3$，试求轴向拉力 P。

2-11　空心圆截面钢杆，外直径 $D = 120$ mm，内直径 $d = 60$ mm，当其受轴向拉伸时，已知纵向线应变 $\varepsilon = 0.001$，求此时的壁厚 δ，材料的横向变形系数 $\mu = 0.3$。

M2-7
习题答案

44

3 受拉（压）构件的强度计算与受剪切构件的实用计算

3.1 受拉直杆的强度计算

3.1.1 强度条件的建立与许用应力的确定

（1）受拉直杆的强度条件

直杆受轴向拉伸或轴向压缩是它承受外载的四种基本形式之一。在第 2 章，分析了其变形，并计算了其横截面和斜截面上的应力，为了使这种计算能够解决实际问题，需要回答：受拉（压）直杆横截面上的应力（称它为构件的工作应力）应该控制到多大合适？显然这是一个既关系到构件的安全使用又涉及材料的合理利用的问题。

已得出受拉（压）直杆横截面上的应力计算公式是

$$\sigma = \frac{S}{A}$$

式中　S——横截面上的轴力，拉伸时为正，压缩时为负；

　　　A——横截面面积。

如果直杆受到的是简单拉伸作用，其轴力 S 将等于外拉力 P，应力计算公式也可以写成用外力表达的形式

$$\sigma = \frac{P}{A} \tag{3-1}$$

随着力 P 增大，杆内应力 σ 值跟着增加，从保证杆的安全工作出发，杆的工作应力应规定一个最高的允许值，这个允许值是建立在材料力学性能基础之上的，称作材料的基本许用应力，或简称许用应力，用 $[\sigma]$ 表示。

为了保证拉（压）杆的正常工作，必须使其最大工作应力不超过材料在拉伸（压缩）时的许用应力，即

$$\sigma \leqslant [\sigma] \tag{3-2}$$

或

$$\frac{S}{A} \leqslant [\sigma] \tag{3-3}$$

如果直杆受到的是简单拉伸，这时 $S = P$，则式（3-3）可写成

$$\frac{P}{A} \leqslant [\sigma] \tag{3-4}$$

式（3-2）～式（3-4）都称作受拉伸（压缩）直杆的强度条件。意思就是保证杆在强度上安全工作所必须满足的条件。

（2）许用应力

如果杆是用塑性材料制作的，那么当杆内的最大工作应力达到材料的屈服极限时，沿整个杆的横截面将同时发生塑性变形，这将影响杆的正常工作，所以通常以材料的 σ_s 或 $\sigma_{0.2}$ 作为确定许用应力的基础，并用式（3-5）进行计算

$$[\sigma] = \frac{R_{eL}}{n_s} \quad \text{或} \quad [\sigma] = \frac{R_{eL}^{t}}{n_s} \tag{3-5}$$

或
$$[\sigma] = \frac{R_{p0.2}}{n_s} \tag{3-6}$$

式中　R_{eL}，R_{eL}^t，$R_{p0.2}$——工作温度（蠕变温度以下）下材料的下屈服强度和非比例延伸率为 0.2% 的延伸强度；

　　　　　n_s——以屈服强度为极限应力的安全系数。

如果杆件是用脆性材料制作的，由于直到拉断也不发生明显的塑性变形，而且只有断裂时才丧失工作能力，所以脆性材料的许用应力，改用下式确定

$$[\sigma] = \frac{R_m}{n_b} \tag{3-7}$$

式中　R_m——常温时材料的强度极限；

　　　　　n_b——以强度极限为极限应力的安全系数。

由于脆性材料在拉伸和压缩时，具有不同的强度极限值，所以即使是同一材料，它的拉伸许用应力值和压缩许用应力值也是不同的。

式（3-5）～式（3-7）中的安全系数包括了两方面的考虑。一方面的考虑是在强度条件式（3-3）和式（3-4）中有些量的本身就存在着主观考虑与客观实际间的差异，例如构件所用材料的极限应力可能低于手册中查得的极限应力，设计载荷的估计不够精确，进行力的计算时所作的简化、假设与实际情况有出入等，这些因素都有可能使构件的实际工作条件比设计时所设想的条件偏于不安全的一面，为此，应根据这种可能的差异，在强度条件中以安全系数的形式来考虑这些因素。另一方面的考虑则是给构件以必要的强度储备，这是因为构件在使用期内可能会碰到意外的载荷或其他不利的工作条件，对这些意外因素的考虑，应该和构件的重要性以及一旦构件损坏所引起后果的严重性联系起来。在意外因素相同的条件下，愈重要的构件就应该有愈大的强度储备。这种强度储备同样也是以安全系数的形式考虑在强度条件中。由此可见，在安全系数中，只有后一方面的考虑才真正具有安全倍数的意义，笼统地把安全系数看做安全倍数是不合适的。

根据以上对安全系数的讨论还可以看出，对于一种材料规定统一的安全系数，从而得到统一的许用应力，并以此来设计在各种具体工作条件下的构件，显然是不够科学的，往往造成材料的浪费。因此，在不同的机器和设备零件的设计中，一般都规定了不同的安全系数。规定安全系数的数值并不单纯是个力学问题，这里面还有诸如加工工艺和经济等方面的考虑。对于一般构件的设计，n_s 规定为 1.5～2.0，n_b 规定为 2.0～5.0。具体情况还有具体规定。

3.1.2　强度条件应用举例

利用强度条件可以解决以下三方面的问题。

① 强度校核　已知构件的材质、尺寸和所承受的载荷，确定构件工作应力水平，并要求构件的工作应力应小于或等于材料的许用应力，用公式表示时应为

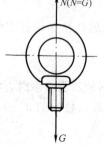

$$\sigma = \frac{S}{A} \leqslant [\sigma] \tag{3-8}$$

例题 3-1　一个总重 $G = 700$ N 的电动机，采用 M8 吊环螺钉起吊，螺纹根部直径为 6.4mm，如图 3-1 所示，其材料为 Q215，许用应力 $[\sigma] = 40$MPa，试校核起吊时吊环螺钉是否安全（已知吊环螺钉圆环部分强度足够）。

解　螺钉根部的正应力为

图 3-1　例题 3-1 附图

$$\sigma = \frac{S}{A} = \frac{G}{A} = \frac{700}{\frac{\pi}{4} \times (6.4)^2} = 22 \ (\text{MPa})$$

$$\text{材料的}[\sigma] = 40\text{MPa}$$

因 $\sigma < [\sigma]$，所以吊环螺钉是安全的。

② 确定截面尺寸　已知构件承受的载荷，根据所用材料，确定构件截面尺寸。由式 (3-3) 得到

$$A \geqslant \frac{S}{[\sigma]} \tag{3-9}$$

即

$$A_{\min} = \frac{S}{[\sigma]} \tag{3-10}$$

例题 3-2　图 3-2 所示起重用链条是由圆钢制成，工作时受到的最大拉力为 $P = 15\text{kN}$。已知圆钢材料为 Q235，许用应力 $[\sigma] = 40\text{MPa}$，若只考虑链环两边所受的拉力，试确定制造链条所用圆钢的直径 d。标准链环圆钢的直径有 5mm，7mm，8mm，9mm，11mm，13mm，16mm，18mm，20mm，23mm，…。

图 3-2　例题 3-2 附图

解　根据式 (3-9)

$$A \geqslant \frac{S}{[\sigma]}$$

因为承受拉力 P 的圆钢有两根，所以 $S = \dfrac{P}{2} = \dfrac{15000}{2} = 7500 \ (\text{N})$

而

$$A = \frac{\pi}{4}d^2, \quad [\sigma] = 40\text{N/mm}^2$$

代入式 (3-9)

$$\frac{\pi}{4}d^2 \geqslant \frac{7500}{40}$$

$$d \geqslant \sqrt{\frac{750}{\pi}} = 15.5 \ (\text{mm})$$

故可选用 $d = 16\text{mm}$ 的圆钢制作。

③ 计算构件允许承受的最大载荷　已知构件的材质和尺寸，要求确定该构件允许承受的最大外载是多少。所用的公式是

$$S \leqslant A \times [\sigma] \tag{3-11}$$

即

$$S_{\max} = [S] = A \times [\sigma] \tag{3-12}$$

3.2　拉（压）杆连接部分的剪切和挤压强度计算

3.2.1　剪切变形与剪力

拉（压）杆彼此相互连接时，必须有起连接作用的零件，简称连接零件。例如图 3-3 中的销钉，它是起连接作用的。这种连接零件的受力与变形特点可用图 3-4 中的销钉说明。图 3-4 (a) 画出了销钉的受力图，由图可见，销钉受到的是三个横向分布外力。销钉的受力长度 $2t$ 与销钉直径相比不是很大，因而销钉在这三个横向外力作用下发生的弯曲变形很小，可以不予考虑。如果观察图 3-4 (a) 中的 $m-m$ 截面，该截面与无限靠近它的相邻截面之间发生的是相对错动 [图 3-4 (b)]。这种截面间的相对错动称为剪切变形。

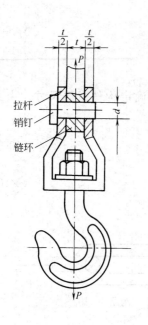

拉杆
销钉
链环

图 3-3 吊钩

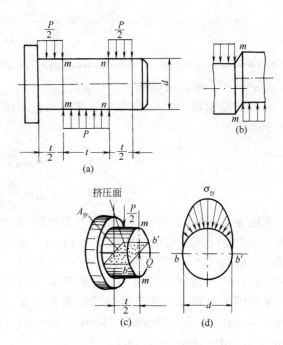

图 3-4 受剪切和挤压的吊钩销钉

发生错动的截面称为剪切面,剪切面上的内力称为剪力,用 Q 表示。剪力的大小可利用截面法,假想将销钉从剪切面切开,根据力平衡关系可知,剪切面上的剪力在数值上应等于该截面一侧所有横向外力的代数和。例如图 3-4(a)所示的销钉,其 $m\text{-}m$ 截面内的剪力应为 $Q=\dfrac{P}{2}$ [图 3-4(c)]。

3.2.2 连接零件剪切强度的实用计算

以受剪切为主的构件应进行剪切强度的计算。如图 3-3 所示吊钩中的销钉,如果直径过小或承载过大,销钉会被剪断,所以应进行剪切强度计算。但是由于销钉所受到的横向外力集中作用在剪切面(即具有最大剪力的横截面)附近,致使该截面内各点的变形情况非常复杂,剪切面内剪力的分布规律难以确定。工程上为简化计算,常假设剪力 Q 在截面内按均匀分布来考虑,所以称之为实用计算。对于该销钉来说,最大剪力在 $m\text{-}m$ 与 $n\text{-}n$ 截面内,设该截面内的剪力为 Q,则按实用计算得到的名义切应力为

$$\tau=\frac{Q}{A} \tag{3-13}$$

为保证销钉不被剪断,应满足以下剪切强度条件

$$\tau=\frac{Q}{A}\leqslant[\tau] \tag{3-14}$$

式中的 $[\tau]$ 称为材料的许用切应力。

许用切应力要通过材料剪切试验来确定。试验时试件的形状和受力情况就像吊钩销钉那样,把试件放在试验机上加力,直到剪断。根据试验得到的破坏载荷,再用同样的名义切应力计算公式[即式(3-13)]算出剪断试件时的名义切应力,这就是剪切强度极限 τ_b,再将 τ_b 除以适当的安全系数,即得该种材料的许用切应力。在工程设计规范中均是根据实践经验针对各种具体情况规定了构件的许用切应力值,或者以材料的许用拉应力乘以一个系数作

48

为许用切应力，对于钢材工程上，常取$[\tau]=(0.75\sim0.80)[\sigma]$，$[\sigma]$是钢材的许用拉应力。

3.2.3 某些连接零件的挤压强度计算

有些连接零件在发生剪切变形时，在其承受外力的表面还伴随有局部承压现象［例如图3-4（c）中销钉的上半个圆柱表面］，在局部承压面上的压力称为挤压力，与之相应的应力则称为挤压应力。在挤压表面上挤压应力σ_{jy}并不一定是均匀分布的，例如销钉表面的挤压应力的分布如图3-4（d）所示。为保证销钉和拉杆在挤压面处不产生显著的塑性变形，要求挤压应力σ_{jy}不得超过许用挤压应力$[\sigma_{jy}]$。工程上对于圆柱面的挤压计算，其挤压面按承受挤压圆柱面的投影面计算，并且假定在此挤压面积上的挤压力是均匀分布的，于是应满足的挤压强度条件为

$$\sigma_{jy}=\frac{P_{jy}}{A_{jy}}\leqslant[\sigma_{jy}] \tag{3-15}$$

就图3-4（c）所示的部分销钉而言，式中的挤压力$P_{jy}=\dfrac{P}{2}$，挤压面积$A_{jy}=\dfrac{dt}{2}$。许用挤压应力$[\sigma_{jy}]$应根据试验确定。对于钢材大致可取$[\sigma_{jy}]=(1.7\sim2.0)[\sigma]$。如果相互挤压的两种材料不同，许用挤压应力应按抗挤压能力较弱的材料确定。

例题 3-3 有一矩形截面的钢板拉伸试件（图3-5），为了使拉力通过试件的轴线，试件两端开有圆孔，孔内插有销钉，载荷加在销钉上，再通过销钉传给试件，若试件和销钉材料的许用应力相同，$[\tau]=100\text{MPa}$，$[\sigma_{jy}]=320\text{MPa}$，$[\sigma]=160\text{MPa}$，试件材料的抗拉强度极限$\sigma_b=400\text{MPa}$。为了保证试件能在中部拉断（试件横截面尺寸已标注在图3-5中），试确定试件端部的尺寸a、b及销钉直径d。

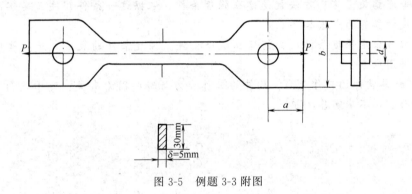

图 3-5 例题 3-3 附图

解 （1）首先确定拉断试件所需的轴向拉力P

$$P=\sigma_b A_1=400\times30\times5=60\times10^3 \text{（N）}$$

（2）确定销钉直径

① 按剪切强度条件 销钉有两个剪切面，根据剪切强度条件

$$\frac{P}{2\times\dfrac{\pi}{4}d^2}\leqslant[\tau]$$

得

$$d\geqslant\sqrt{\frac{4P}{2\pi[\tau]}}=\sqrt{\frac{60\times10^3\times4}{2\times\pi\times100}}\approx19.5 \text{（mm）}$$

② 按挤压强度条件 销钉挤压面为$d\times\delta$，于是由

$$\frac{P}{d\delta} \leqslant [\sigma_{jy}]$$

得

$$d \geqslant \frac{P}{\delta[\sigma_{jy}]} = \frac{60 \times 10^3}{5 \times 320} = 37.5 \quad (\text{mm})$$

取销钉直径 $d = 40$mm。

（3）根据剪切强度条件确定端部尺寸 a

剪切面有两个，每个剪切面面积为 $a \times \delta$，于是由 $\frac{P}{2a \times \delta} \leqslant [\tau]$

得

$$a \geqslant \frac{P}{2\delta[\tau]} = \frac{60 \times 10^3}{2 \times 5 \times 100} = 60 \quad (\text{mm})$$

取 $a = 60$mm。

（4）根据拉伸强度条件确定端部尺寸 b

由

$$\frac{P}{(b-d)\delta} \leqslant [\sigma]$$

得

$$b \geqslant \frac{P}{\delta[\sigma]} + d = \frac{60 \times 10^3}{5 \times 160} + 40 = 115 \quad (\text{mm})$$

取 $b = 120$mm。

本 章 小 结

从本章开始接触了强度计算问题。本章所讨论的是强度计算中最简单的两个问题：拉伸强度计算与剪切的实用强度计算。这两个问题虽然都十分简单，但是它们所采用的解决问题的方法却有普遍意义。这个方法就是建立强度条件，依据这一条件解决三类实际问题。因此，关于强度计算有两点基本要求。

（1）了解什么是强度条件，如何建立这个条件。强度条件的表达式是：构件的工作应力≤材料的许用应力。

ⅰ. 如何计算构件的工作应力？构件的工作应力与哪些因素有关？对于这两个问题，就拉伸与剪切而言，不难回答，即

拉伸时

$$\sigma = \frac{S}{A}$$

剪切时

$$\tau = \frac{Q}{A}$$

式中，S 是轴力；Q 是剪力；A 是杆的横截面面积。从这两个公式还可看出决定工作应力大小的是两个因素，一个是内力（取决于外力），另一个是截面的几何量（面积只是截面几何量中的一种）。以后将会看到

$$\text{构件工作应力} = \frac{\text{构件内力（或载荷）}}{\text{构件截面几何量}}$$

此式具有普遍意义，在后面的各章中不论是梁的弯曲、轴的扭转或者是各种形状壳体的强度计算，都可以将这些构件的工作应力写成上述形式。如何求取各种形状构件的工作应力是后面许多章节讨论的核心问题。

ⅱ. 许用应力是建立强度条件的依据，它的取值决定于材料的强度指标和安全系数，本书不讨论安全系数应如何确定的问题，但要求至少要分清材料的许用应力与构件的工作应力是两种完全具有不同含义的应力，切勿混淆。

（2）能够运用强度条件解决三类实际问题，即如何应用。本章所举的四个例题都是强度

条件的应用。

习　题

3-1　一圆形截面直杆，长度为 l，直径为 d，在外拉力 P 作用下，伸长 Δl，此时有两个应力计算公式：（1）$\sigma = \dfrac{4P}{\pi d^2}$，（2）$\sigma = E\dfrac{\Delta l}{l}$。试问，是否这两个公式都能用来计算该杆横截面上各点的平均应力？

3-2　蒸汽机的汽缸如图 3-6 所示，汽缸的内径 $D = 400\text{mm}$，工作压力 $P = 1.2 \times 10^6 \text{Pa}$。汽缸盖和汽缸用直径为 18mm 的螺栓连接。若活塞杆材料的许用应力为 50MPa，螺栓材料的许用应力为 40MPa，试求活塞杆的直径及螺栓的个数。

3-3　图 3-7 所示销钉连接，已知 $P = 18\text{kN}$，板厚 $\delta_1 = 8\text{mm}$，$\delta_2 = 5\text{mm}$，销钉与板的材料相同，许用切应力 $[\tau] = 60 \times 10^6 \text{Pa}$，许用挤压应力 $[\sigma_{jy}] = 200 \times 10^6 \text{Pa}$，销钉直径 $d = 16\text{mm}$，试校核销钉强度。

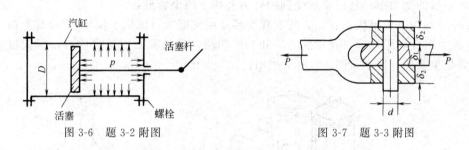

图 3-6　题 3-2 附图　　　　　　　　图 3-7　题 3-3 附图

3-4　图 3-8 所示一受拉力 P 的圆杆，用销子支承在水平支架上，已知杆的直径 $d = 50\text{mm}$，承受载荷 $P = 100\text{kN}$，试确定销子横截面的宽度 b 和高度 h。销子及拉杆材料的许用应力 $[\sigma] = 100\text{MPa}$，$[\tau] = 80\text{MPa}$，$[\sigma_{jy}] = 150\text{MPa}$。

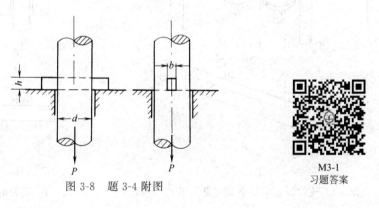

图 3-8　题 3-4 附图

M3-1
习题答案

4　直梁的弯曲

4.1　弯曲概念与梁的分类

4.1.1　弯曲变形的宏观表现与实例

图 4-1（a）所示是两台设备安放在两根横梁上的简图。图 4-1（b）则是两根横梁（直梁）中任一根的受力图。这根梁所受到的外力有如下两个特点：

ⅰ.外力均与梁的轴线垂直，梁的宏观变形是由直变弯（区别于拉伸），故称弯曲；

ⅱ.外力彼此相距较远，在梁的 AC 和 DB 两段，其横截面上虽有剪力，但就整个梁来说，弯曲是主要的（区别于图 4-2 所示的销钉）。

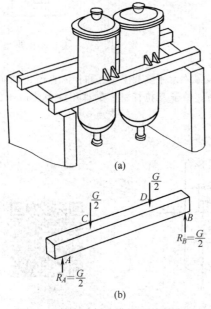

(a)

(b)

图 4-1　支撑设备的横梁及其受力图

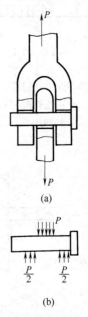

(a)

(b)

图 4-2　销钉的受力

凡是具备以上受力特点，并产生弯曲变形的杆统称为梁。这里所说的梁是一个广义的被抽象了的概念，并不是仅指诸如房梁之类的梁。例如图 4-3 所示的卧式容器，可视为一个承受均布载荷的外伸梁；图 4-4 所示的承受风载荷的塔可视为一个悬臂梁等。

4.1.2　梁的几何形状和名称

为了以后讨论方便，先来熟悉一下梁的几何名词。

图 4-5 所示为一具有矩形横截面的梁，梁的纵向长度为 l，横向高度为 h，横向宽度是 b。对于一个梁来说，大多数的情况是 $l \gg h$，$l \gg b$。这个梁具有无数个形状和大小均相同的横截面 $abcd$，$a_1b_1c_1d_1$，$a_2b_2c_2d_2$，…。每一个横截面有自己的形心 o，将这些形心 o 连起来就是梁的轴线，把 x 坐标轴安在梁的轴线上。横截面的位置可用 $x=x_1$，$x=x_2$，…表示。

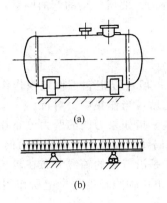

(a)

(b)

图 4-3 卧式容器——外伸梁

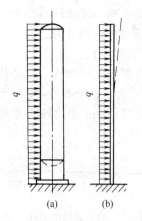

(a) (b)

图 4-4 承受风载荷的塔——悬臂梁

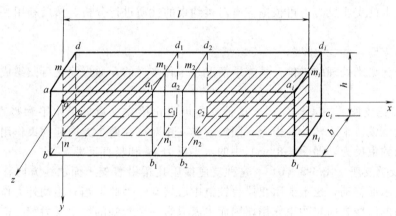

图 4-5 矩形横截面梁

梁的每一个横截面，在它的垂直方向均有一个对称轴 mn、m_1n_1、m_2n_2、…，这些对称轴构成了梁的对称平面 mnn_im_i。把 y 坐标轴安在梁的某一横截面的对称轴线上（注意 y 轴的正指向朝下）。于是梁的对称平面就处在 xy 平面内。

通过横截面的形心，垂直于 xy 平面是空间坐标的 z 轴。于是梁的所有横截面均与 zy 平面相平行。横截面上点的位置可用（y、z）表示。

上述的这样一个梁，称为具有对称平面的等截面直梁。这一类梁的横截面除了矩形以外，还可以有圆形、圆环形、工字形、丁字形。它们都有自己的对称轴（对截面来说）和对称平面（对整个梁来说）（图 4-6）。

当作用在梁上的所有横向力（包括主动力与约束反力）均作用在梁的对称平面内时，则在梁

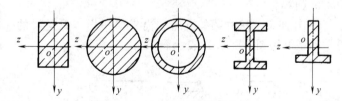

图 4-6 梁的各种横截面形状

发生弯曲变形以后，梁的轴线便在对称平面内弯成一条曲线，这种弯曲称为平面弯曲。本章只讨论平面弯曲。

4.1.3 梁上的外力、梁的支座及分类
作用在梁上的外力，有已知外力和未知外力两种。

梁上的载荷一般属已知外力，而支座反力属未知外力，要研究梁的弯曲问题，必须首先确定梁上所受的全部外力。

（1）已知外力

作用在梁上的已知外力（即载荷）可分以下三种。

① 集中力　是分布在梁的一块很小面积上的力，一般可以把它近似地当作作用在一点的集中力，如图 4-1 中设备的耳式支座作用在梁上的力就可当作集中力对待。

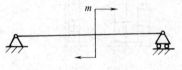

图 4-7　梁上的集中力偶

② 集中力偶　指如果力偶的两力分布在很短的一段梁上，这种力偶就可看作为一个集中力偶（图 4-7）。

③ 分布力　是沿着梁的轴线分布在较长一段范围内，通常是以每单位轴线长度的梁上所作用的力 N/m（牛顿/米）来表示。

（2）未知外力

作用在梁上的支座反力，可根据支座对梁约束的性质进行分析，然后利用平衡条件算出其数值。

（3）梁的支座

工程上作为梁来处理的构件，其支承情况是多种多样的，通过简化可归纳成以下三种典型形式。

① 固定铰链支座［图 4-8（a）］　这种支座可阻止梁在支承处沿水平和竖直方向移动，但不能阻止梁绕铰链中心转动。因此，固定铰链支座对梁在两个方向起约束作用，相应地就有两个未知的约束反力，即图 4-8（a）中的水平反力 H 和竖直反力 V。

② 活动铰链支座［图 4-8（b）］　这种支座能阻止梁沿着支承面法线方向移动，但不能阻止梁沿着支承面移动，也不能阻止梁绕铰链中心转动。因此，当有主动外力作用时，它对梁只沿支承面的法线方向起约束作用，因而也就只有一个未知的约束反力 V，V 力作用线与支承面垂直并过铰链中心。

③ 固定端［图 4-8（c）］　这种约束使梁既不能沿水平方向和竖直方向移动，也不能绕某一点转动。所以，固定端有三个未知的约束反力，即水平反力 H、竖直反力 V 和矩为 m 的反力偶。

（4）梁的分类

为了减少梁的种类，按照梁的支承情况不同，可以把梁抽象简化成三种。

① 简支梁　这种梁一端为固定铰链支座，另一端为活动铰链支座，它的力学模型示于图 4-9（a）。

② 外伸梁　这种梁的支座和简支梁一样，只是梁的一端或两端伸出在支座之外，它的力学模型可用图 4-9（b）表示。

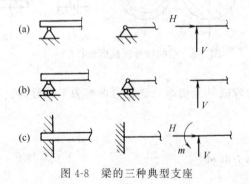

图 4-8　梁的三种典型支座

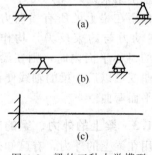

图 4-9　梁的三种力学模型

54

③ 悬臂梁　这种梁的一端固定，另一端自由外伸，它的力学模型见图 4-9（c）。

以上三种梁的未知约束反力最多只有三个，根据静力平衡条件都可以求出。

4.2　梁的内力分析

4.2.1　梁横截面内的两种内力

作用在梁上的载荷，通过梁把力传递给支座，使支座产生与外载相抗衡的支座反力。在载荷传递的过程中，力所经过的梁的各个横截面都将产生相应的内力。这些内力可以从两个方面去分析。一方面可从静力平衡的角度去分析，另一方面则从变形去分析。在本节先利用截面法，通过静力平衡看一下在梁的横截面上应该产生什么样的内力，然后再联系变形进一步认识这种内力。

（1）从力的平衡看梁中的内力

仍以图 4-1 所示横梁为例，将此梁示于图 4-10（a），P 代表对称作用在梁上的设备重量，支座反力 $R_A =$ $R_B = P$。这是一个受到一组平衡且对称的平面平行力系作用的梁。采用截面法假想切开 1-1 截面，取其左边一段，在这段梁上只作用有一个向上的外力 R_A ［图 4-10（b）］，这段梁单受这一外力作用不可能平衡，所以从这段梁事实上是处于平衡这一点出发，在假想切开的截面 1-1 的左侧，必作用有一个与截面平行的力 Q_1，它的指向与 R_A 相反，大小与 R_A 相等。同

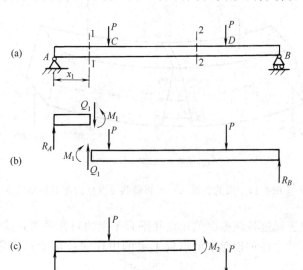

图 4-10　图 4-1 所示横梁的内力

时在这个截面上还必定作用着一个矩为 $M_1 = R_A x_1$ 的内力偶，这个力偶作用在梁的纵向对称平面内。切下来的 1-1 截面左边这段梁就是在外力 R_A、内力 Q_1 和矩为 M_1 的内力偶作用下处于平衡。这里的内力 Q_1 叫梁在该截面上的剪力；M_1 叫梁在该截面上的弯矩。剪力和弯矩都是成对出现的，1-1 截面的右侧作用给左侧一个向下的剪力 Q_1，截面左侧同时作用给截面右侧一个向上的剪力，这两个剪力虽然一个向下，一个向上，但它们是伴随同一种剪切变形产生的，所以应当把作用在同一截面左、右两侧的剪力看成是一个，均用 Q_1 表示。同样的道理，内力矩 M_1 在每一个截面内也应该认为只有一个。

在所举的这个例子中，由于作用在梁上的载荷是对称的，所以 $R_A = R_B = P$，因此在 CD 段内任取一横截面 2-2 时，会发现，在这个截面上将只作用弯矩 M_2，而没剪力 ［图 4-10（c）］。可见在梁的各横截面上作用着的剪力和弯矩并不都相同，梁的 CD 段属于纯弯曲，AC 和 DB 段属于剪切弯曲。讨论它们的计算之前，我们再从变形来进一步认识一下弯矩。

（2）从弯曲变形看梁横截面上的弯矩

现来分析图 4-10（a）所示梁的变形。在梁的 CD 段内任取两个相邻的横截面 $a_1b_1c_1d_1$

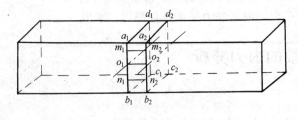

(a) 未受外力以前

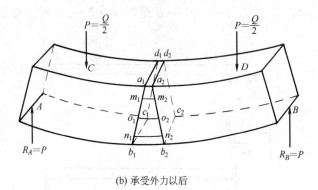

(b) 承受外力以后

图 4-11 梁的变形——相邻横截面发生的相对转动

和 $a_2b_2c_2d_2$［图 4-11（a）］，并画出各条横向线（a_1b_1，c_1d_1，…）和三条纵向线 m_1m_2，n_1n_2，o_1o_2 其中 o_1o_2 画在梁的 1/2 高度处。

当梁受外力 P 及支座反 R_A，R_B 后，由图 4-11（b）可知：

i.梁的所有纵向纤维由直变弯，而且 m_1m_2 缩短，n_1n_2 伸长，o_1o_2 长度未变。这说明梁的上半部受到纵向压缩，下半部受到纵向拉伸，而且离开 o_1o_2 线越远的纵向线，它们被压缩或被拉伸的程度也越大；

ii.变形后梁上各条横向线（a_1b_1、b_1c_1、c_1d_1、d_1a_1）仍为直线，这说明梁的横截面在变形前是一个平面，在变形后仍然是一个平面；

iii.梁的横向线 a_1b_1 与 a_2b_2 由互相平行变为不再平行，这说明所取的这两个相邻的截面 $a_1b_1c_1d_1$ 与 $a_2b_2c_2d_2$ 发生了相对转动；转动轴的位置通过各该截面的 o 点并垂直于梁的对称平面，这根轴叫截面的中性轴，将梁的所有横截面的中性轴连起来就形成了梁的中性层，在梁发生弯曲变形时，中性层内的纵向纤维长度未变。

可以证明，梁任一横截面的中性轴均通过该截面的形心，并与该截面的对称轴线垂直。

正是由于梁的一系列相邻横截面之间都发生了绕各自中性轴的相对转动，所以才导致了梁的由直变弯，以及梁的纵向纤维有了伸长和缩短。

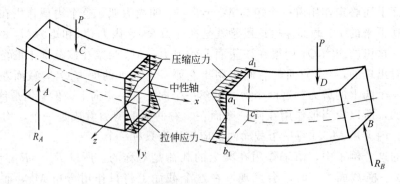

图 4-12 纯弯曲时梁横截面上的正应力
注：图中 y 轴正指向朝下

既然梁的纵向纤维发生了伸长和缩短，那么在梁的横截面上就必然有垂直于此横截面的拉伸与压缩应力产生。为了"暴露"这一正应力，可假想将梁沿 $a_1b_1c_1d_1$ 截面截开。在截开截面的两侧分别作用着正应力 σ。在图 4-12 中所显示出来的这一正应力在横截面上沿梁的横向高度是不相等的。中性层以上的纵向纤维，其长度有不同程度的缩短，所以相应有大小不同的压缩应力产生。中性层以下的纵向纤维，其长度有不同程度的伸长，所以相应有大小不同的拉伸应力产生。中性层处的纵向纤维，在梁弯曲时其长度没有改变，所以横截面中性轴上各点的正应力为零。

作用在横截面上的这些正应力，由于在中性轴以上是压应力，在中性轴以下是拉应力，于是无数微面积 $\mathrm{d}A$ 上的力 $\sigma\mathrm{d}A$ 对中性轴就构成了一个合力矩，这个合力矩就是前边提到的弯矩［即图 4-10（c）中的 M_2］，根据弯矩的定义，可写出（参看图 4-13）。

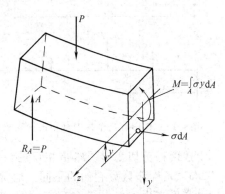

图 4-13　由弯曲正应力构成的对中性轴的内力矩——弯矩

$$M = \int_A \sigma y \mathrm{d}A \qquad (4\text{-}1)$$

式中　σ——横截面上距中性轴为 y 处的正应力；

$\mathrm{d}A$——横截面上距中性轴为 y 处的微面积。

这个内力矩是伴随着梁的横截面 $a_1b_1c_1d_1$ 与其相邻截面之间发生的（绕各自中性轴的）相对转动而产生的，它阻止着该截面在外力矩作用下所企图发生的进一步转动（即它起着平衡外力矩的作用），并且它还力图恢复梁的原形（即一旦去除外力，梁的横截面就在这些内力矩的作用下回到原来位置，而这个内力矩也便随着消失）。

弯矩 M 总是成对出现在被切开的横截面左右两边，它们的大小相等，转向相反。

4.2.2　剪力与弯矩的计算

根据前面对剪力和弯矩的分析不难看出，作用于某一横截面上的剪力，其作用是抵抗该截面一侧所有外力对该截面的剪切作用。因此，任一横截面上的剪力，它的大小根据截面法中的受力平衡关系，应该等于该截面一侧所有横向外力之和。

作用于某一横截面上的弯矩，其作用是抵抗该截面一侧所有外力使该截面绕其中性轴转动。所以，任一横截面上的弯矩，它的大小应等于该截面一侧所有外力对该截面中性轴取矩之和。

由于剪力和弯矩都是内力，它们的"正""负"规定是根据变形，这一点和外力不同。因此，在借助于外力来计算内力时，不能根据外力的指向和外力矩的转向来决定该力（或该外力矩）取"正"或取"负"，而必须根据外力（或外力矩）对所讨论的截面产生怎样的变形效应来确定它的正负。为此，首先要对剪力与弯矩的正负作出规定，然后才能确定怎样的外力（或外力矩）取正值，怎样的外力（或外力矩）取负值。下面结合图 4-14 中的梁来讨论这个问题，并得出剪力与弯矩的计算法则。

（1）剪力

剪力正负的规定应根据剪切变形，而剪切变形有两种，看图 4-14 所示的梁，并考虑 CD 段中 m-n 截面，在该截面的左侧作用有两个横向外力，一个是向上的 R_A，一个是向下的 P_1。先只考虑 R_A 对 m-n 截面的剪切作用，它使截面左边的梁发生相对截面右边梁的向上错动［图 4-15（a）］，再考虑 P_1 对 m-n 截面的剪切作用，这时会发现 P_1 将使截面左侧的那一段梁相对右边那段梁产生向下的错动［图 4-15（b）］，这一变形显然和图 4-15（a）所示的那种变形正好相反。

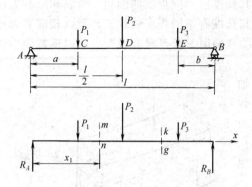

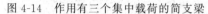

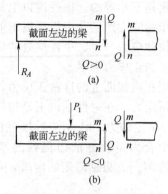

图 4-14　作用有三个集中载荷的简支梁　　　　图 4-15　两种相反的剪切变形及其相应的剪力

上述两种剪切变形既然是相反的，所以伴随这两种变形所产生的剪力也就应该分别用"正"和"负"来区分它们的不同。通常规定，如果产生如图 4-15（a）所示的变形，那么伴随这种变形产生的剪力就是正值；如果产生图 4-15（b）所示的变形，那么产生的剪力就是负值。

规定了剪力的正负以后，便不难看出截面左侧向上的外力和截面右侧向下的外力使截面内产生正的剪力，而截面左侧向下的外力和截面右侧向上的外力使截面内产生负的剪力。

根据以上的分析，可得计算任一横截面上剪力的法则：梁的任一横截面上的剪力等于该截面一侧（左侧或右侧均可）所有横向外力的代数和；截面左侧向上的外力和截面右侧向下的外力取正值，截面左侧向下的外力和截面右侧向上的外力取负值。

根据这一法则，图 4-14 所示简支梁 m-m 截面上的剪力为

截面左侧　　　$Q_左 = R_A - P_1$（$Q_左$ 是截面右侧作用给左侧的剪力）

截面右侧　　　$Q_右 = P_2 + P_3 - R_B$（$Q_右$ 是截面左侧作用给右侧的剪力）

由梁的 $\sum Y = 0$　　　　　　　$R_A + R_B = P_1 + P_2 + P_3$

得　　　　　　　　　　　　$R_A - P_1 = P_2 + P_3 - R_B$

所以　　　　　　　　　　　　　$Q_左 = Q_右 = Q$

这就说明了同一截面内只存在一个剪力，它的数值可以通过该截面任何一侧作用在梁上的所有横向外力求得。

（2）弯矩

弯矩正负的规定也要依据变形。知弯曲变形的实质是两个相邻的横截面之间发生了绕各自中性轴的相对转动，伴随这种转动，横截面上才有弯矩产生。这种相对转动有两种，因而弯矩也有两种。一种相对转动是使二相邻横截面之间的纵向间距发生了上边缩短，下边伸长的变形［图 4-16（b）］，伴随这种相对转动而在该截面上所产生的弯矩，通常规定为正，即 $M > 0$。另一种相对转动是使二相邻横截面之间的纵向间距发生了上边伸长、下边缩短的变形［图 4-16（c）］，这时产生的弯矩规定为负，即 $M < 0$。于是可以说正的弯矩是由横截面上存在的"上半部受压、下半部受拉"的正应力对中性轴取矩所构成，负的弯矩是由横截面上存在的"上半部受拉、下半部受压"的正应力对中性轴取矩所构成。

作用在梁上什么样的外力会引起截面内正的弯矩？什么样的外力会引起截面内负的弯矩呢？仍以图 4-14 所示简支梁为例，看在 CD 段内 m-n 横截面内的弯矩是怎样得到的。从图 4-14 不论看截面的左侧还是右侧，只要是向上的外力均产生正的弯矩，只要是向下的外力均产生负的弯矩。因此在借助于外力矩来计算弯矩时，只要是向上的外力，它对截面中性轴

58

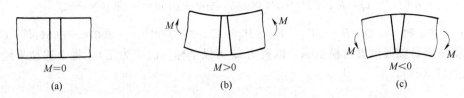

$M=0$ (a) $M>0$ (b) $M<0$ (c)

图 4-16　弯曲变形与弯矩正负的规定

取矩均为正值（这时就不能再考虑这个力矩是顺时针还是逆时针转向）。同理，凡是向下的外力对截面中性轴取矩均为负值。

于是，得计算横截面上弯矩的法则如下：梁在外力作用下，其任意指定截面上的弯矩等于该截面一侧所有外力对该截面中性轴取矩的代数和；凡是向上的外力，其矩取正值；向下的外力，其矩取负值❶。

（3）剪力图和弯矩图

梁横截面上的剪力和弯矩，一般随横截面的位置而变化。假设以梁的左端为原点（以右端也行），沿梁的轴线建 x 轴，则横截面的位置即可用坐标 x 表示（如图 4-14 中 m-n 截面位置在 $x=x_1$ 处），于是梁各个横截面上的剪力和弯矩均可表示为截面所在位置坐标 x 的函数，即

$$Q=f_1(x) \tag{4-2}$$
$$M=f_2(x) \tag{4-3}$$

以上两式分别称为剪力方程和弯矩方程。

为了表明梁各横截面上的剪力和弯矩沿梁长的变化情况，可根据剪力方程和弯矩方程用图线把剪力和弯矩的大小正负表示出来。即按选定的比例尺，以横截面上的剪力或弯矩为纵坐标，以横截面位置为横坐标，把 $Q=f_1(x)$ 或 $M=f_2(x)$ 的图线表示出来。这种图线分别称为剪力图和弯矩图。

有了剪力图和弯矩图，就很容易找出梁内绝对值最大的剪力和弯矩所在的横截面位置及它们的数值。只有知道了这些数据之后，才能进行梁的强度计算。

现仍以图 4-14 所示的简支梁为例，来说明如何作剪力图和弯矩图。

例题 4-1　图 4-17 所示简支梁，跨度 $l=1\text{m}$，作用三个集中载荷，$P_1=500\text{N}$，$P_2=1000\text{N}$，$P_3=300\text{N}$，$a=0.25\text{m}$，$b=0.2\text{m}$，P_3 作用在梁的中央。试作该梁的剪力图和弯矩图。

解　首先求支座反力，根据平面平行力系的平衡条件，可求得

$$R_A=935\text{N}$$
$$R_B=865\text{N}$$

画出梁的受力图［图 4-17（b）］，以梁的左端截面形心为原点，沿轴线向右作 x 轴。

下面先作剪力图。分段列剪力方程

当 $0<x\leqslant a$ 时　　　　　　　　$Q=R_A=935\text{N}=Q_1$

当 $a\leqslant x<\dfrac{l}{2}$ 时　　　　　　$Q=R_A-P_1=935-500=435(\text{N})=Q_2$

---

❶ 结合纵坐标轴 y 轴的正指向朝下的规定，也可以把"向上的外力"改成"与 y 轴正指向相反的外力"，把"向下的外力"改成"与 y 轴正指向一致的外力"。若梁上作用有集中力偶，则截面左侧顺时针转向的力偶或截面右侧逆时针转向的力偶取正值，反之取负值。

当 $\dfrac{l}{2} \leqslant x < l-b$ 时　　$Q = R_A - P_1 - P_2 = 935 - 500 - 1000 = -565(\text{N}) = Q_3$

当 $l-b \leqslant x < l$ 时　　$Q = R_A - P_1 - P_2 - P_3 = 935 - 500 - 1000 - 300 = -865(\text{N}) = Q_4$

　　以横截面沿轴线位置为横坐标，以剪力 Q 为纵坐标（向上为正），将上述结果绘成剪力图〔图 4-17 (c)〕。

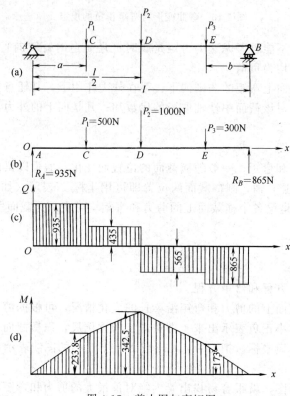

图 4-17　剪力图与弯矩图

　　再分段列弯矩方程、作弯矩图。

AC 段　　即 $0 \leqslant x \leqslant 0.25\text{m}$ 时

$M = R_A x = 935x$；M 与 x 是直线关系

$$x = 0 \qquad\qquad M = 0$$
$$x = 0.25\text{m} \qquad\qquad M = 233.8\text{N} \cdot \text{m}$$

CD 段　　即 $0.25\text{m} \leqslant x \leqslant 0.5\text{m}$ 时

$$M = R_A x - P_1(x - 0.25) = (R_A - P_1)x + 0.25P_1$$
$$= 435x + 125；M \text{ 与 } x \text{ 是直线关系}$$
$$x = 0.25\text{m} \qquad\qquad M = 233.8\text{N} \cdot \text{m}$$
$$x = 0.5\text{m} \qquad\qquad M = 342.5\text{N} \cdot \text{m}$$

DE 段　　即 $0.5\text{m} \leqslant x \leqslant 0.8\text{m}$ 时

$$M = R_A x - P_1(x - 0.25) - P_2(x - 0.5)$$
$$= 935x - 500(x - 0.25) - 1000(x - 0.5)$$
$$= -565x + 625$$
$$x = 0.5\text{m} \qquad\qquad M = 342.5\text{N} \cdot \text{m}$$
$$x = 0.8\text{m} \qquad\qquad M = 173\text{N} \cdot \text{m}$$

60

EB 段　即 $0.8\text{m}\leqslant x\leqslant 1\text{m}$ 时

$$M = R_A x - P_1(x-0.25) - P_2(x-0.5) - P_3(x-0.8)$$
$$= 935x - 500(x-0.25) - 1000(x-0.5) - 300(x-0.8)$$
$$= -865x + 865$$

$$x = 0.8\text{m} \qquad M = 173\text{N}\cdot\text{m}$$
$$x = 1\text{m} \qquad M = 0$$

以横截面位置 x 为横坐标，以 M 为纵坐标建立直角坐标系，根据上述计算结果作图，即得如图 4-17 (d) 所示的弯矩图。

表 4-1 给出了几种承受简单载荷梁的剪力图和弯矩图。对于承受较复杂载荷的梁，它们的剪力图和弯矩图有时可以利用表 4-1 通过适当的叠加得到。例如一个同时作用有集中载荷和均布载荷的简支梁，它的剪力图和弯矩图可以通过将表 4-1 中序号 1 和 3 （或序号 2 和 3）中的剪力图和弯矩图分别叠加得到。

对比表 4-1 中序号 1 和序号 3 所示两梁，若将集中载荷 P 分散成均布载荷 ql，（即若令 $P = ql$），则梁内最大弯矩将从 $\dfrac{Pl}{4} = \dfrac{ql^2}{4}$ （序号 1）减小到 $\dfrac{ql^2}{8}$ （序号 3）；即减小一半。这说明将集中载荷分散，可减小梁的内力。对比序号 4 和序号 5 所示的悬臂梁，也可得相同结论。

表 4-1　几种简单梁的剪力图和弯矩图

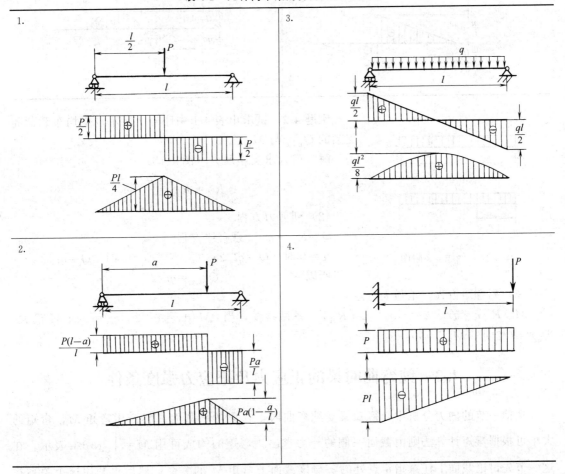

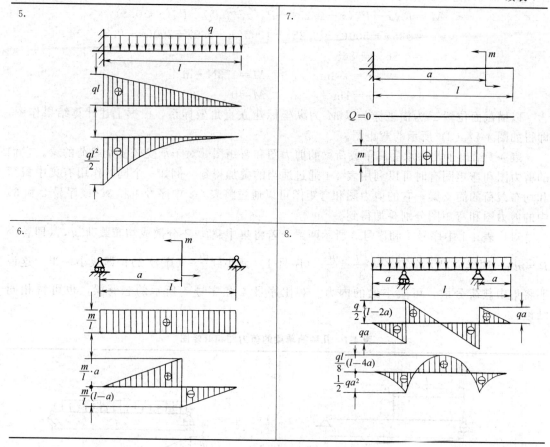

例题 **4-2** 试求出表 4-1 中序号 3 所示承受均布载荷简支梁的 Q_{max} 与 M_{max}。

解 （1）求支座反力（图 4-18）

$$R_A = R_B = \frac{ql}{2}$$

（2）列剪力方程

$Q = R_A - qx$ 系直线方程

$x = 0$ 时 $Q = ql/2$； $x = l$ 时 $Q = ql/2$

所以 $Q_{max} = ql/2$

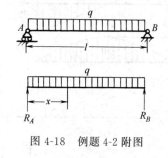

图 4-18 例题 4-2 附图

（3）列弯矩方程，求最大弯矩

$M = R_A x - qxx/2 = -qx^2/2 + R_A x$，系抛物线，当 $dM/dx = ql/2 - qx = 0$ 时 M 最大，即 $x = l/2$ 处，$M_{max} = ql^2/8$。

4.3 纯弯曲时梁的正应力及正应力强度条件

从前一节的内力分析中，得知梁受纯弯曲时，在梁的横截面内将产生弯矩 M，弯矩的大小可根据弯矩计算法则由截面一侧的外力求出；弯矩的构成可用 $M = \int_A y\sigma \, dA$ 表示。在这一节先讨论截面上任意指定点处的 σ 与该截面上弯矩 M 的关系；然后再利用这个关系找出最大弯曲正应力的计算式；最后，再根据最大弯曲正应力计算式建立强度条件以解决梁的弯曲强度问题。

4.3.1 梁横截面内任意指定点处的正应力

要计算指定点处正应力，首先要求出指定点处的线应变，所以还是从分析变形入手。

（1）变形分析

图 4-11 所示梁的 CD 段发生的是纯弯曲。现将图 4-11 中梁的两个相邻横截面 $a_1b_1c_1d_1$ 和 $a_2b_2c_2d_2$ 所发生的绕各自中性轴的相对转动情况重新画在图 4-19 中。其中图（a）表示没有发生弯曲变形以前，a_1b_1 和 a_2b_2 两个截面彼此平行，相距为 $\mathrm{d}x$。o_1 点是 a_1b_1 截面中性轴的位置，o_2 点是 a_2b_2 截面中性轴的位置，如果 o_1 和 o_2 点分别是两个横截面的形心，那么 o_1o_2 直线就是被两个截面所截取的一小段轴线。在这一小段轴线的上边任取一条纵向"纤维"$\overline{m_1m_2}$，在它的下边再取另一条纵向"纤维"$\overline{n_1n_2}$。在没有发生弯曲变形以前，$\overline{o_1o_2}=\overline{m_1m_2}=\overline{n_1n_2}$。

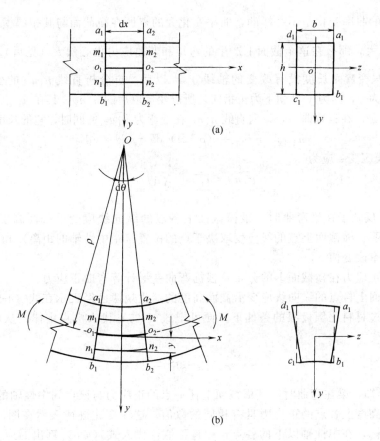

图 4-19 相邻两横截面发生相对转动 $\dfrac{\mathrm{d}\theta}{\mathrm{d}x}$ 时纵向纤维的线应变

当梁弯曲时，上述二相邻横截面发生了绕各自中性轴的相对转动［对比看图 4-19（a）和图 4-19（b）］，轴线 o_1o_2 由直变弯，但是长度没有改变。也就是说，轴线在 o_1 点处的曲率发生了变化，该点处的曲率由原来的零改变为 $\dfrac{1}{\rho}$（ρ 是轴线变弯后，轴线在 o_1 点处的曲率半径）。显然，这里的 $\dfrac{1}{\rho}$ 应理解为轴线在 o_1 点处的曲率变化值。这一曲率变化是由于截面

63

$a_1b_1c_1d_1$ 与无限靠近它的相邻截面 $a_2b_2c_2d_2$ 发生相对转动引起的，而且在这二者之间，由于

$$\overline{o_1o_2} = \widehat{o_1o_2} = \rho\mathrm{d}\theta = \mathrm{d}x$$

所以

$$\frac{1}{\rho} = \frac{\mathrm{d}\theta}{\mathrm{d}x} \tag{4-4}$$

式中，$\dfrac{\mathrm{d}\theta}{\mathrm{d}x}$ 表示的是梁的某一横截面（如 $a_1b_1c_1d_1$）与其相邻截面发生相对转动程度的大小；$\dfrac{1}{\rho}$ 表示的是梁的轴线在所讨论截面形心处（如截面 $a_1b_1c_1d_1$ 的 o_1 点）的曲率变化量。无论是 $\dfrac{\mathrm{d}\theta}{\mathrm{d}x}$ 还是 $\dfrac{1}{\rho}$，表示的都是梁在所讨论截面处的弯曲变形程度。就梁的轴线而言，当梁由直变弯时，梁轴线上各点的曲率变化 $\dfrac{1}{\rho}$ 只有在纯弯曲时才是一样的，在剪切弯曲时，梁轴线上各点的曲率变化是不一样的，曲率变化大的点所在横截面与其相邻横截面间的相对转动程度 $\dfrac{\mathrm{d}\theta}{\mathrm{d}x}$ 也大，那么在这个截面上产生的弯矩和弯曲应力也必然大（见后）。

在讨论了只变弯而长度没有改变的轴线 o_1o_2 以后，再分析直线 n_1n_2 的变化。n_1n_2 与 o_1o_2 两线相距为 y，因为 y 轴朝下为正指向，所以变弯以后的 $\widehat{n_1n_2}$，其在 n_1 点处的曲率半径应是 $\rho+y$。于是，在梁弯曲后，纵向直线 n_1n_2 在变弯为 $\widehat{n_1n_2}$ 的同时，它的长度伸长值为

$$\widehat{n_1n_2} - \overline{n_1n_2} = (\rho+y)\,\mathrm{d}\theta - \rho\mathrm{d}\theta = y\mathrm{d}\theta$$

于是 n_1 点的线应变 ε 应为

$$\varepsilon = \frac{\widehat{n_1n_2} - \overline{n_1n_2}}{\overline{n_1n_2}} = \frac{y\mathrm{d}\theta}{\mathrm{d}x} = y\frac{1}{\rho} \tag{4-5}$$

式（4-5）反映了在梁弯曲时，梁横截面上各点的纵向线应变沿截面高度变化的规律。同时该式还说明：横截面上点的线应变取决于点的位置（距中性轴的距离）和梁轴线在该截面形心处的曲率改变值。

（2）弯曲正应力在横截面上的分布及根据弯曲变形计算弯曲正应力

既然横截面上各点的纵向线应变沿截面高度的变化规律已经表示在式（4-5）中，所以，在正应力不超过材料比例极限的条件下，便可把式（4-5）代入虎克定律，从而得到正应力的分布规律

$$\sigma = E\varepsilon = E\frac{y}{\rho} \tag{4-6}$$

由式（4-6）得知，梁在弯曲时，其横截面上任一点的正应力与该点到中性轴的距离成正比；距中性轴同一高度上各点的正应力具有相同的数值。这一变化规律表示在图 4-12 中，按该图所建立的坐标，在中性轴以下的各点，y 是正值，代入式（4-6）算出的应力为正，是拉应力；在中性轴以上的各点，y 是负值，按式（4-6）算出的 σ 则是负值，是压应力。

式（4-6）的另一个用处是，当梁的中性层在某一截面处的曲率半径属于已知时，则可利用式（4-6）直接算出该截面上指定点的正应力。但应指出：用式（4-6）计算出的最大弯曲正应力 $\sigma_{\max}$ 必须满足以下条件才能应用

$$\sigma_{\max} = E\frac{1}{\rho}y_{\max} \leqslant \sigma_\mathrm{p} \tag{4-7}$$

式中　　σ_p——受弯构件材料的比例极限；

　　　　$y_{\max}$——受弯构件横截面上距中性轴最远点的距离。

64

例题 4-3　直径为 1mm 的钢丝缠绕在一圆柱体上，要保持受弯钢丝的弹性，试问圆柱体的直径不得小于多少？已知钢丝的比例极限为 400MPa，弹性模量 $E=2\times10^5$MPa。

解　根据式（4-7）及题目所给的条件，得

$$\rho_{\min}=\frac{Ey_{\max}}{\sigma_{p}}=\frac{2\times10^5\times0.5}{4\times10^2}=250\text{（mm）}$$

所以圆柱体的直径不得小于 $2\rho_{\min}$，即 500mm。

这说明承载用的钢丝绳，在横截面积相同的条件下，所用钢丝细些，根数多些，则钢丝绳的挠性就好，便于捆绑物体。

（3）弯曲时梁轴线某点的曲率 $\frac{1}{\rho}$ 与该点所在横截面上弯矩的关系

发生弹性弯曲变形的梁，若其轴线上某点的曲率 $\frac{1}{\rho}$ 已知时，则该点所在横截面上任意指定点处的弯曲正应力均可从式（4-6）求得。然而在大多数情况下，仅知梁所受到的外力，因而要从梁所受的外力来求取梁任意指定截面内的弯曲应力。为解决这个问题，需把式（4-6）中的 $\frac{1}{\rho}$ 与梁所受的外力联系起来。前已讨论过梁在发生弯曲变形时，在梁的横截面内总会产生弯矩，而弯矩又可从梁所受外力求得。若把反映梁变形程度的 $\frac{1}{\rho}$ 与伴随梁的变形而产生的弯矩 M 二者之间的关系找出来，就可以通过式（4-6）把截面上某点的应力和该截面上的弯矩之间的定量关系找到。

下面来寻找 $\frac{1}{\rho}$ 与 M 的关系。即寻找伴随发生 $\frac{d\theta}{dx}$ 变形而在该截面内产生的弯矩 M 二者之间的关系。

在形成横截面的无数个微面积 dA 上所作用着的微小内力 $\sigma\cdot dA$，对中性轴所构成的合力矩就是该截面的弯矩 M，据此曾写出弯矩构成式（4-1）和式（4-6）

$$M=\int_A\sigma y\,dA$$

$$\sigma=E\frac{y}{\rho}$$

由两式可得

$$M=\int_A\frac{E}{\rho}y^2\,dA=\frac{E}{\rho}\int_A y^2\,dA$$

式中的定积分 $\int_A y^2\,dA$ 称为横截面对中性轴 z 的轴惯性矩，用 I_z 表示，其单位为 m^4 或 mm^4，它是一个截面几何量，其值只取决于横截面的形状和尺寸。于是又可写成

$$M=\frac{E}{\rho}I_z$$

即

$$\frac{1}{\rho}=\frac{M}{EI_z} \tag{4-8}$$

式（4-8）说明，直梁弯曲时，相对转角 $\frac{d\theta}{dx}$（即 $\frac{1}{\rho}$）越大的横截面，该截面上的弯矩 M 也越大，它反映的是截面转动与截面内力矩之间的关系。

（4）正应力的计算公式

将式（4-8）中的 $\dfrac{1}{\rho}$ 代入式（4-6），就得到直梁在纯弯曲时（剪切弯曲也可应用），其横截面上任一点处的正应力计算公式为

$$\sigma = \frac{My}{I_z} \tag{4-9}$$

式中的 y 是所讨论的点至该截面中性轴之间的距离（参阅图 4-14）。而中性轴 z 过截面形心并与截面的对称轴垂直。

若规定 y 轴的指向朝下为正（如图 4-12、图 4-13 所示），则当 M 为正值（即凸面指向与 y 轴正指向一致），y 也为正值（即点的位置在中性轴下边）时，按式（4-9）算出的 σ 得正值，为拉应力。若 M 为正值，y 为负值时（即点在中性轴的上边），算出的 σ 得负值，为压应力。

应当指出，应用式（4-9）的条件是梁的材料要服从虎克定律，而且材料的弹性模量在拉伸和压缩时具有相同的值。

从式（4-9）还可看出，在弹性变形范围内，横截面上正应力的最大值总是出现在截面的最外边缘处，若用 $y_{\max}$ 表示最外边缘上的点到中性轴的距离，则横截面上最大正应力（绝对值）$\sigma_{\max}$ 应为

$$\sigma_{\max} = \frac{My_{\max}}{I_z}$$

若令

$$W_z = \frac{I_z}{y_{\max}} \tag{4-10}$$

则

$$\sigma_{\max} = \frac{M}{W_z} \tag{4-11}$$

式中，W_z 称为横截面对中性轴 z 的抗弯截面模量，单位是 m^3 或 mm^3。

如果横截面不对称于中性轴，例如槽形截面（图 4-20），则它将有两个数值不等的抗弯截面模量。如果用 y_1 和 y_2 分别表示该横截面上、下边缘到中性轴的距离，则相应的最大弯曲正应力（绝对值）将分别为

$$\begin{cases} \sigma_{\max 1} = \dfrac{My_1}{I_z} = \dfrac{M}{W_1} \\[2ex] \sigma_{\max 2} = \dfrac{My_2}{I_z} = \dfrac{M}{W_2} \end{cases} \tag{4-12}$$

式中的两个抗弯截面模量 W_1 和 W_2 分别为

$$\begin{cases} W_1 = \dfrac{I_z}{y_1} \\[2ex] W_2 = \dfrac{I_z}{y_2} \end{cases} \tag{4-13}$$

式（4-9）虽然是在纯弯曲的条件下导出的，但是只要梁的 l/h 大于 5，对于剪切弯曲的梁，式（4-9）仍可应用。

（5）截面的 I_z 与 W_z

在利用式（4-9）和式（4-11）计算横截面上的正应力时，遇到两个新的截面几何量，

即 I_z 与 W_z，其面积 A 一样，反映的是截面的几何性质。但与面积的功能不同，截面的面积可用来说明杆抗拉能力的强弱，而截面的 I_z 与 W_z 则被用来表明杆抗弯能力的大小。利用同样材料制成，具有相同截面面积，但截面的 I_z 与 W_z 值不同的两根杆，它们的抗拉能力一样，但它们的抗弯能力却可能有很大的差异。这一点可从式（4-9）和式（4-11）中看出，在弯矩相同的条件下，梁横截面的 I_z 与 W_z 越大，截面上的弯曲正应力越小。因此，在选择梁的截面形状和尺寸时，应尽量使其横截面具有较大的 I_z 和 W_z 值。

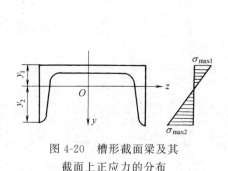

图 4-20 槽形截面梁及其截面上正应力的分布

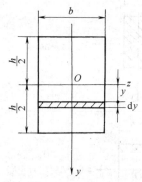

图 4-21 矩形截面 I_z 的计算

以矩形截面为例，讨论怎样计算截面的 I_z 与 W_z 值。在图 4-21 所示的矩形截面中取宽为 b、高为 $\mathrm{d}y$ 的细长条作为微面积，于是 $\mathrm{d}A = b\mathrm{d}y$，根据 I_z 的定义

$$I_z = \int_A y^2 \mathrm{d}A = \int_{-\frac{h}{2}}^{+\frac{h}{2}} y^2 (b\,\mathrm{d}y) = \frac{bh^3}{12} \qquad (4\text{-}14)$$

进一步可得

$$W_z = \frac{I_z}{y_{\max}} = \frac{bh^3}{12} \bigg/ \frac{h}{2} = \frac{bh^2}{6} \qquad (4\text{-}15)$$

当然，也可算得截面对 y 轴的惯性矩 I_y 和对 y 轴的抗弯截面模量 W_y，其值分别按下式计算

$$I_y = \frac{hb^3}{12}$$

$$W_y = \frac{hb^2}{6}$$

具有各种几何形状的截面，其轴惯性矩和抗弯截面模量的计算公式可按表 4-2 选用。对于各种型钢，其截面惯性矩及其他截面几何量均可从有关的材料力学手册中查到。

4.3.2　正应力的强度条件

一般等截面直梁在剪切弯曲时，弯矩最大（包括最大正弯矩和最大负弯矩）的横截面都是梁的危险截面，在危险截面上下边缘处所产生的正应力是整个梁在工作时的最大应力，为了保证梁能安全工作，最大工作应力 $\sigma_{\max}$ 不能超过材料的许用弯曲应力，即

$$\sigma_{\max} = \frac{M_{\max}}{W_z} \leqslant [\sigma_b] \qquad (4\text{-}16)$$

式中 $[\sigma_b]$ 是许用弯曲应力，在如何规定许用弯曲应力这一问题上有两种不同考虑。一种是取材料的许用拉（压）应力作为许用弯曲应力，这是偏于安全的一种近似处理。另一种则规

定许用弯曲应力略高于同一材料的许用拉（压）应力，其原因将在以后讨论。

应用式（4-16）所表达的强度条件可以对梁进行强度校核，选择梁的截面，或确定梁的许可载荷等问题。

表 4-2　常用截面的几何性质

简　图	面积 A	轴惯性矩 I	抗弯截面模量 W	形心位置	惯性半径 i
	$A=bh$	$I_z=\dfrac{bh^3}{12}$ $I_y=\dfrac{hb^3}{12}$	$W_z=\dfrac{bh^2}{6}$ $W_y=\dfrac{hb^2}{6}$	$y_O=\dfrac{h}{2}$ $z_O=\dfrac{b}{2}$	$i_z=\dfrac{h}{\sqrt{12}}\approx0.289h$ $i_y=\dfrac{b}{\sqrt{12}}\approx0.289b$
	$A=b(H-h)$	$I_z=\dfrac{b(H^3-h^3)}{12}$ $I_y=\dfrac{b^3(H-h)}{12}$	$W_z=\dfrac{b(H^3-h^3)}{6H}$ $W_y=\dfrac{b^2(H-h)}{6}$	$y_O=\dfrac{H}{2}$ $z_O=\dfrac{b}{2}$	$i_z=\sqrt{\dfrac{H^2+Hh+h^2}{12}}$ $i_y\approx0.289b$
	$A=\dfrac{\pi}{4}d^2$	$I_z=I_y=\dfrac{\pi d^4}{64}$	$W_z=W_y=\dfrac{\pi d^3}{32}$	$y_O=\dfrac{d}{2}$	$i_z=i_y=\dfrac{d}{4}$
	$A=\dfrac{\pi}{4}(D^2-d^2)$	$I=\dfrac{\pi}{64}(D^4-d^4)$ 对薄壁：（S 为壁厚） $I\approx\dfrac{\pi}{8}d^3S$	$W=\dfrac{\pi(D^4-d^4)}{32D}$ 对薄壁：（S 为壁厚） $W\approx\dfrac{\pi}{4}d^2S$	$y_O=\dfrac{D}{2}$	$i=\dfrac{1}{4}\sqrt{D^2+d^2}$

例题 4-4　一简支梁受均布载荷作用（图 4-22），已知梁的跨长 $l=3\text{m}$，其横截面为矩形，高度 $h=15\text{cm}$，宽度 $b=10\text{cm}$，均布载荷的集度 $q=3000\text{N/m}$，梁的材料为松木，其许用弯曲应力 $[\sigma_b]=10\text{MPa}$，试按正应力校核此梁的强度。

解　这是强度校核问题，可直接应用式（4-16），其中

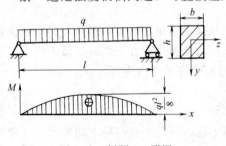

$$M_{\max}=\frac{ql^2}{8}=\frac{3000\times3^2}{8}=3375\ (\text{N}\cdot\text{m})$$

$$W=\frac{bh^2}{6}=\frac{0.1\times(0.15)^2}{6}=3.75\times10^{-4}\ (\text{m}^3)$$

于是　$\sigma_{\max}=\dfrac{M_{\max}}{W}=\dfrac{3375}{3.75\times10^{-4}}=9\times10^6$　（Pa）

由于　　　　　$\sigma_{\max}=9\text{MPa}<10\text{MPa}$

所以正应力的强度条件得到满足，此梁安全。

图 4-22　例题 4-4 附图

例题 4-5　一反应釜重 30kN，安放在跨长为 1.6m 的两根横梁中央，若梁的横截面采用图 4-23 所示的三种形状（其中矩形截面的 $a/b=2$），试确定梁的截面尺寸，并比较钢材用量。梁的材料为 Q235A，许用弯曲应力 $[\sigma_b]=120$MPa。

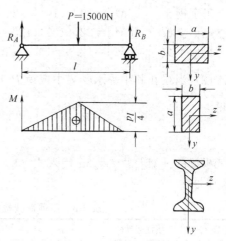

解　从所绘弯矩图可知，最大弯矩

$$M_{max}=R_A \cdot \frac{l}{2}=\frac{pl}{4}=\frac{15000\times1.6}{4}=6000(\text{N}\cdot\text{m})$$

根据正应力强度条件

$$\frac{M_{max}}{W}\leqslant[\sigma_b]$$

可得所需的最小抗弯截面模量为

图 4-23　例题 4-5 附图

$$W=\frac{M_{max}}{[\sigma_b]}=\frac{6000}{120\times10^6}=50\times10^{-6}(\text{m}^3)=50(\text{cm}^3)$$

当梁横截面采用矩形平放时

$$W=\frac{ab^2}{6}=\frac{2b\cdot b^2}{6}=\frac{b^3}{3}=50\ (\text{cm}^3)$$

$$b^3=150\text{cm}^3,\ b=5.3\text{cm},\ a=10.6\text{cm}$$

所以，截面面积 $A=10.6\times5.3=53.2$（cm²）

每米（m）质量 $G=56.2\times100\times7.8\times10^{-3}=43.8$（kg/m）

当梁的横截面采用矩形立放时

$$W=\frac{ba^2}{6}=\frac{a^3}{6\times2}=\frac{a^3}{12}=50\ (\text{cm}^2)$$

$$a^3=600\text{cm}^3,\ a=8.4\text{cm},\ b=4.2\text{cm}$$

所以，截面面积 $A=8.4\times4.2=35.3$（cm²）

每米（m）质量 $G=35.3\times100\times7.8\times10^{-3}=27.5$（kg/m）

当梁采用工字钢时，根据 GB/T 706—2016 热轧普通工字钢型号（查阅附表 A-1），其中 10 号工字钢的 $W_z=49\text{cm}^3$，虽比需要的 50cm^3 小，但小的量不超过 5%，所以可用。于是根据该型钢表可查得

截面面积 $A=14.3\text{cm}^2$

每米（m）质量 $G=11.2\text{kg/m}$

可见三种不同截面所需钢材质量比应为

工字钢：矩形立放：矩形平放 $=1:\dfrac{27.5}{11.2}:\dfrac{43.8}{11.2}=1:2.45:3.91$

例题 4-6　现有三根跨长均为 4m 的简支梁，三根梁的材料均为 Q235A，许用弯曲应力 $[\sigma_b]=120$MPa，它们的截面形状不同，但横截面面积相等（见表 4-3 序号 1，2），如果在梁的中央有一集中载荷，试问：三根梁所允许承受的最大载荷分别是多少 kN？如果在距支座 1m 处置一集中载荷，该载荷最大允许值分别是多少？如果该三根梁承受的是均布载荷，最大载荷又是多少？

解　为了便于比较，把解题的思路和解得的结果一并列入表 4-3 中。

（1）梁所能承受的最大弯矩 $[M]$，可根据式（4-16）求得：$[M]=W[\sigma]$　　　　（a）

将三种不同截面形状梁的抗弯截面模量 W 代入式(a)，则得

工字钢　　　　$[M]=102\times10^3\times120=12240\times10^3(\text{N}\cdot\text{mm})=12240(\text{N}\cdot\text{m})$。

矩形立放　　　$[M]=22\times10^3\times120=2640\times10^3(\text{N}\cdot\text{mm})=2640(\text{N}\cdot\text{m})$。

矩形平放　　　$[M]=12.5\times10^3\times120=1500\times10^3(\text{N}\cdot\text{mm})=1500(\text{N}\cdot\text{m})$。

（2）当梁在其中央承受集中载荷 P 时，其最大弯矩在梁的中央截面，且 $M_{\max}=\dfrac{Pl}{4}$，于是得

$$[P]=\frac{4[M]}{l} \tag{b}$$

将三根梁的 $[M]$ 及 $l=4\text{m}$ 代入式（b）便可求得这三根梁的最大许可载荷 $[P]$，详见表 4-3 序号 6。

表 4-3　不同形状截面的 $[M]$ 和梁的许可载荷 $[P]$

序号	横截面尺寸	14 号工字钢	矩形(35×61.5)立放	矩形(35×61.5)平放
1	横截面形状			
2	截面面积 A/cm^2	21.5	21.5	21.5
3	抗弯截面模量 W/cm^3	102	22	12.5
4	材料许用应力$[\sigma]/\text{MPa}$	120	120	120
5	$[M]=W[\sigma]/(\text{N}\cdot\text{m})$	12240	2640	1500
6	集中载荷置于梁的中央 $[P]=\dfrac{4[M]}{l}/\text{kN}$	12.24	2.64	1.5
7	集中载荷置于距支座$\dfrac{1}{4}l$ 处 $[P]=\dfrac{16[M]}{3l}/\text{kN}$	16.32	3.52	2.0
8	沿梁全长载荷均布 $[P]=\dfrac{8[M]}{l}/\text{kN}$	24.48	5.28	3.0

（3）当在距支座 $\dfrac{l}{4}$ 处作用着集中载荷 P 时，最大弯矩在集中载荷作用点处的截面内，且

$$M=Pa\left(1-\frac{a}{l}\right)=P\,\frac{l}{4}\left(1-\frac{l/4}{l}\right)=\frac{3}{16}Pl$$

于是得

$$[P]=\frac{16[M]}{3l} \tag{c}$$

三根梁算得结果列于表 4-3 序号 7。

（4）当沿梁全长承受均布载荷 $q(\text{N/m})$时，最大弯矩在梁中央截面，且 $M_{\max}=\dfrac{ql^2}{8}$，于

70

是得

$$[P] = ql = \frac{8[M]}{l} \tag{d}$$

三根梁算得的结果见表 4-3 序号 8。

从这个例题可以发现，受弯的梁和受拉的杆不同，决定梁的抗弯强度的截面几何量是抗弯截面模量 W 而不是它的截面面积 A。所以对于梁来说，存在着所谓的"合理截面"问题。

4.3.3 梁的合理截面

上边的例题说明，截面面积相同，但截面形状不一样的梁，允许承受的载荷存在着很大差别。这种差别也可以以另一种方式表达出来。例如：当上边例题中的三种梁承载完全相同时，在它们的危险截面内所产生的弯矩虽然是一样的，譬如是 1500N·m；但是上述三种截面内的最大弯曲应力却分别是

工字钢 $\qquad \sigma_{max} = \dfrac{1500}{102 \times 10^{-6}} = 14.7 \times 10^{6}$ （N/m²）

矩形立放 $\qquad \sigma_{max} = \dfrac{1500}{22 \times 10^{-6}} = 68.2 \times 10^{6}$ （N/m²）

矩形平放 $\qquad \sigma_{max} = \dfrac{1500}{12.5 \times 10^{-6}} = 120 \times 10^{6}$ （N/m²）

可见，为了产生相同的弯矩（或是为了承受相同的弯矩），工字形截面上所产生的最大弯曲应力比矩形截面所产生的弯曲应力要小得多，而矩形截面立放时又比平放时所产生的最大弯曲应力小得多。这是因为梁在受到弯曲变形时，在梁的中性层附近的纵向纤维变形很小，伴随而生的拉伸和压缩应力也很小，加上这些应力的作用点至中性轴的距离又非常近，因而靠这部分金属产生的正应力所构成的弯矩比例就很小，为了产生所要求的弯矩，在横截面至中性轴远一些处的应力势必就要大一些。如果将中性轴附近的、未能充分发挥其作用的金属移到距中性轴尽可能远一些的地方去，那么这些金属就可以产生较原来在中性轴附近时为大的应力，加之"力臂"的增大，从而就可以帮助原来在梁的上下表面处的金属分担一部分产生弯矩的任务，从而使横截面上的最大正应力减小下来，或在金属截面面积维持不变的条件下，使之能承受更大的弯矩。所以工字形截面、空心矩形截面都属梁的合理截面。

4.4 直梁弯曲时的切应力[❶]

在剪切弯曲情况下，梁的横截面上不但作用有弯矩，而且有剪力。弯矩形成截面的正应力，剪力产生切应力。正应力沿截面高度呈线性分布，切应力沿截面分布也有自己的规律。在这一节不准备像正应力那样去推导论证剪应力的分布规律，而只是介绍几种常见截面的最大切应力计算公式。

4.4.1 矩形截面梁

矩形截面上的切应力沿截面高度的分布规律示于图 4-24，当截面上的剪力为 Q，截面面积为 A 时，理论上可以证明，横截面中性轴上各点的切应力最大，其值为该截面平均切应力的 1.5 倍，即

$$\tau_{max} = \frac{3}{2} \frac{Q}{A} \tag{4-17}$$

---

❶ 4.4 节与 4.5 节限于篇幅只能仅给结论不能展开讲解。

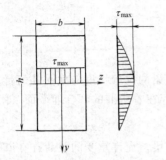

图 4-24　矩形截面切应力分布规律

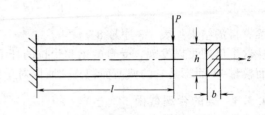

图 4-25　例题 4-7 附图

此式说明矩形截面梁横截面上的最大切应力是该截面上平均切应力的 1.5 倍。

例题 4-7　图 4-25 所示一矩形截面悬臂梁，试比较横截面内发生的最大切应力和最大正应力。

解

$$\sigma_{max} = \frac{M_{max}}{W_z} = \frac{6Pl}{bh^2}$$

$$\tau_{max} = \frac{3}{2} \frac{P}{bh}$$

因此

$$\frac{\tau_{max}}{\sigma_{max}} = \frac{h}{4l}$$

可见在横截面内的 τ_{max} 与 σ_{max} 之比，其量级大体等于截面高度与杆长之比，即切应力比正应力小得多。这种估计，对于非薄壁截面梁都是适用的。所以，非薄壁截面梁剪切弯曲的强度可以只按正应力计算，不必考虑切应力。

4.4.2　工字形截面梁

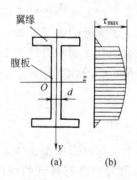

图 4-26　工字形截面
内的切应力

工字形截面梁，由于腹板是一狭长矩形 [图 4-26 (a)]，其宽度远较翼缘要窄，所以其切应力的分布情况如图 4-26 (b) 所示。理论分析表明，腹板上切应力的合力约占截面剪力 Q 的 95%，而且腹板上各点的切应力虽然也是在中性轴处最大，但其 τ_{max} 与 τ_{min} 相差不大。所以工字形截面梁上最大切应力，可以用腹板面积去除最大剪力来近似计算 [参看图 4-26 (a)]

$$\tau_{max} \approx \frac{Q}{h_0 d} \tag{4-18}$$

式中，h_0 是腹板高度。

4.4.3　环形截面梁

工厂中的卧式容器常作为环形截面梁处理。图 4-27 (b) 是该梁的剪力图，假想切开截面 m-m 以暴露其中的内力 [图 4-27 (c)]，作用在 m-m 截面左侧上的剪力 Q（即切应力的合力）指向朝下。但是，作用在该截面上各点处的切应力，它们的指向并不是朝下的，而是与过该点的圆周线相切，故常称之为切应力 [图 4-27 (d)]，切应力的大小沿圆周也不相等，在距中性轴最远的 C 和 C' 点处切应力为零，而在中性轴处切应力最大，其值为平均切应力的两倍，即

$$\tau_{max} = 2 \frac{Q}{A} \tag{4-19}$$

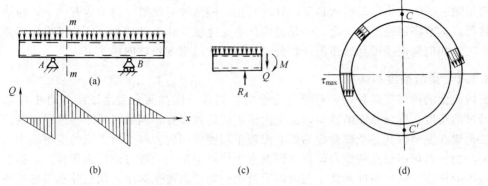

图 4-27 环形截面内的切应力

式中 Q——所讨论截面上的剪力；

A——圆环的截面面积。

4.4.4 实心圆截面梁

若梁的横截面是实心的圆形截面，则其最大切应力也是在中性轴上，而且可以认为在中性轴上各点的切应力相等，其指向与剪力平行。理论求得的近似结果是

$$\tau_{max} = \frac{4}{3} \frac{Q}{A} \qquad (4\text{-}20)$$

例题 4-8 试对例题 4-5 和例题 4-6 中的工字梁进行剪切强度校核，已知材料的许用切应力 $[\tau]=40$MPa。

解 按例题 4-5（图 4-23）所给的条件及所求得的工字钢型号，可知：$Q_{max}=\frac{P}{2}=$ 7500N，工字钢腹板厚 $d=4.5$mm，高 $h_0=100-2\times7.6=84.8$（mm），根据式（4-18）

$$\tau_{max} = \frac{7500}{4.5\times84.8} = 19.65(MPa) < [\tau]$$

按例题 4-6（表 4-3）所得结果，14 号工字钢梁在承受均布载荷时产生的剪力最大，其值应为 $Q_{max}=\frac{ql}{2}=\frac{[P]}{2}=12.24$kN（根据表 4-1 序号 3 及表 4-3 序号 8）；14 号工字钢腹板的 $d=5.5$mm，高 $h_0=140-2\times9.1=121.8$mm，所以根据式（4-18），得

$$\tau_{max} = \frac{12240}{5.5\times121.8} = 18.27(MPa) < [\tau]$$

从这个例题可见，即使是像工字钢这类在中性轴附近金属截面很薄的构件，在正应力达到许用应力时，其最大切应力仍远低于其许可值。所以对于承受弯曲的梁来说，一般情况下，只要弯曲正应力强度条件满足了，切应力强度条件均可满足。

4.5 梁的变形——梁弯曲时的位移

前面曾两次讨论过梁的变形，一次是为了说明弯矩是怎样产生的，另一次是为了研究正应力沿横截面分布规律，所以，当时讨论变形是着眼于变形引起的应力，注意力是集中在观察两个相邻横截面间所发生的相对转动，而度量这种相对转动程度的量是用 $\frac{d\theta}{dx}$ 或 $\frac{1}{\rho}$。现在再次提出的变形，实际上是研究梁弯曲时截面的位移，即研究梁在弯曲前后，横截面位置发

生了怎样的变化。这里也有个对比问题，但比较的不再是两个相邻横截面间变形的相对关系，而是同一截面在梁弯曲前后自身位置的对比。做这种对比所用的参数有两个，即梁的挠度和转角。本节将讨论三个问题：一是说明什么是挠度，什么是转角；二是怎样计算挠度和转角；三是如何利用挠度和转角的计算公式来解决梁的刚度校核问题。

4.5.1 梁的挠度和转角

梁横截面的位移有两种：一是梁在变形时，其各个横截面都发生了绕各自中性轴的转动。转过的角度 θ 称为截面的转角，正是由于不同的截面有不同的转角才导致了梁的由直变弯；二是梁在变形时其各个横截面的形心出现了程度不同的位移，由于梁的变形很小，所以截面形心的位移可用该点的横向位移（即垂直于变形前梁的轴线方向）来代替，并称它为梁在该截面的挠度。梁的挠度和转角都可以通过梁的弹性曲线来表示。那么什么是梁的弹性曲线，它又是如何表示转角和挠度呢？下面分别讲述这两个问题。

4.5.2 梁的弹性曲线

图 4-28（a）所示的是一个悬臂梁，在它的自由端 B 处，作用一集中力 P。变形前梁的轴线（即各横截面形心连线）AB 为一直线；变形后，在梁的对称平面内弯成一条连续而又光滑的平面曲线，这条曲线便称为梁的弹性曲线或挠曲线。图 4-28（a）中的虚线 AB_1 就是悬臂梁 AB 的挠曲线，图 4-28（b）中的虚线则是简支梁 AB 的挠曲线。

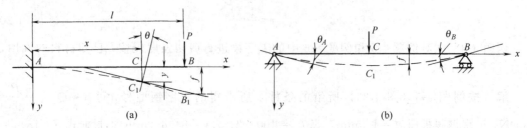

图 4-28　梁的挠度和转角

为了借助梁的挠曲线来表示梁在任一横截面处的挠度和转角，选取直角坐标系，并使 x 轴与梁变形前的轴线重合，y 轴垂直向下。这样，曲线上任何一点的纵坐标就是梁在该截面的挠度。同时，在平面假设条件下，曲线上任一点的切线与 x 轴的夹角就是该点所表示的截面的转角。这样一来，只要能把梁轴的挠曲线在 x-y 直角坐标系内的曲线方程 $y=f(x)$ 找出来，那么不但能得到 x 为任意值时的挠度 y，而且可以通过计算 $\dfrac{\mathrm{d}y}{\mathrm{d}x}$ 来求得转角（因为当挠曲线比较平缓时，任意截面的 θ 角都很小，于是 $\theta \approx \tan\theta = \dfrac{\mathrm{d}y}{\mathrm{d}x}$）。

关于如何求取各种梁的挠曲线方程的问题本书不做讨论，现将几种受简单载荷作用的梁的挠曲线方程，以及利用该方程求得的最大挠度 f 和梁端点处的转角列于表 4-4。

表 4-4　简单载荷作用下梁的挠度和转角

序号	梁的类型及载荷	挠曲线方程	转角及挠度
1		$y=\dfrac{Px^2}{6EI}(3l-x)$	$\theta_B=\dfrac{Pl^2}{2EI}$　　$f=\dfrac{Pl^3}{3EI}$

序号	梁的类型及载荷	挠曲线方程	转角及挠度
2		$y=\dfrac{Px^2}{6EI}(3a-x),0\leqslant x\leqslant a$ $y=\dfrac{Pa^2}{6EI}(3x-a),a\leqslant x\leqslant l$	$\theta_B=\dfrac{Pa^2}{2EI}$ $f=\dfrac{Pa^2}{6EI}(3l-a)$
3		$y=\dfrac{qx^2}{24EI}(x^2+6l^2-4lx)$	$\theta_B=\dfrac{ql^3}{6EI}$ $f=\dfrac{ql^4}{8EI}$
4		$y=\dfrac{mx^2}{3EI}$	$\theta_B=\dfrac{ml}{EI}$ $f=\dfrac{ml^2}{2EI}$
5		$y=\dfrac{qx}{24EI}(l^3-2lx^2+x^3)$	$\theta_A=-\theta_B=\dfrac{ql^3}{24EI}$ $f=\dfrac{5ql^4}{384EI}$
6		$y=\dfrac{Px}{12EI}\left(\dfrac{3}{4}l^2-x^2\right),0\leqslant x\leqslant\dfrac{l}{2}$	$\theta_A=-\theta_B=\dfrac{Pl^2}{16EI}$ $f=\dfrac{Pl^3}{48EI}$

由表可见：梁的 EI 越大，梁的变形越小，EI 称为梁的抗弯刚度（与抗拉刚度 EA 对应）。

例题 4-9 试计算例题 4-6 所给出的三种不同截面的梁，当它们承受满载的均布载荷和在中央承受满载的集中载荷时，它们的最大挠度。

解 计算步骤与结果列于表 4-5。

计算结果表明：

ⅰ. 工字钢梁的抗弯刚度大，所以即使在较大载荷作用下，产生的挠度也较小；

ⅱ. 由于梁的挠度与梁长度的三次或四次方成正比，所以稍长一点的梁可能会出现过大的挠度。为此，有些受弯构件，不但要求有足够的强度，而且需要控制构件的变形。

4.5.3 梁的刚度校核

在化工设备中需要控制构件弯曲变形的例子是很多的，例如大直径的分块式精馏塔板，如果工作时塔板挠度过大，加剧塔板上液层厚薄不均，会降低塔板效率。又如反应釜的搅拌轴，如果刚度不够，会使框式或锚式搅拌器撞击釜壁。再如自动刮刀卸料离心机的刀架，如果没有足够的刚度，也会使操作出现麻烦。在设计这一类构件时，有的是先按强度条件确定构件尺寸，再按刚度要求进行校核；有的则直接依据刚度要求确定尺寸。梁的刚度条件可写成

$$f\leqslant[f] \tag{4-21}$$

$$\theta_{\max}\leqslant[\theta] \tag{4-22}$$

式中的 $[f]$ 和 $[\theta]$ 是许可挠度和许可转角。根据构件工作条件可有不同的要求，例如，

架空管道的 $[f] = \dfrac{1}{500}l$，塔盘板在承受 1250Pa 均布载荷及自重的情况下，最大挠度不得超过 3mm。转轴在装有齿轮的截面，它的许可转角 $[\theta] = 0.001\text{rad}$，转轴在滚动轴承处的截面，其 $[\theta] = 0.0016 \sim 0.0075\text{rad}$ 等。

表 4-5　跨度为 4m，强度上满载的简支梁的挠度计算

序号	横截面尺寸	14 号工字钢	矩形(35×61.5)立放	矩形(35×61.5)平放
1	横截面形状			
2	材料 E 值/MPa	2×10^5	2×10^5	2×10^5
3	梁的跨长/mm	4×10^3	4×10^3	4×10^3
4	截面 I 值/mm^4	712×10^4	$\dfrac{35 \times (61.5)^3}{12} = 68 \times 10^4$	$\dfrac{61.5 \times (35)^3}{12} = 22 \times 10^4$
5	均布载荷/(N/mm)	$\dfrac{24.48 \times 10^3}{4 \times 10^3} = 6.12$	$\dfrac{5.28 \times 10^3}{4 \times 10^3} = 1.32$	$\dfrac{3 \times 10^3}{4 \times 10^3} = 0.75$
6	挠度 f_q/mm	14.33	32.35	56.8
7	作用在中央的集中载荷/N	12.24×10^3	2.64×10^3	1.5×10^3
8	挠度 f_p/mm	11.6	25.88	45.45

注：表中挠度按下式计算：$f_q = \dfrac{5ql^4}{384EI}$，$f_p = \dfrac{Pl^3}{48EI}$。

例题 4-10　图 4-29 是一层装配好的精馏塔的塔板，对于直径在 2.4m 以下的塔，通道板的最大长度 $a = 1600\text{mm}$，宽度 $b = 400\text{mm}$，厚度 $\delta = 3\text{mm}$，通道板密度 $\rho = 7700\text{kg/m}^3$，试验算该通道板在承受 1250Pa 均布载荷及自重的情况下，刚度是否符合 $f \leqslant 3\text{mm}$ 的要求。通道板的挠度按周边铰接承受均布载荷的矩形平板计算，其计算公式是

$$f = C \frac{qb^4}{E\delta^3} \quad (\text{mm}) \tag{4-23}$$

式中　q——均布载荷，MPa；

E——材料的弹性模量，MPa；

b——矩形塔盘的短边长度，mm；

δ——塔盘板厚度，mm；

C——系数，按表 4-6 选取。

表 4-6　系数 C 值

a/b	1.0	1.1	1.2	1.3	1.4	1.5	1.6	1.7
C	0.0443	0.0530	0.0616	0.0697	0.0770	0.0843	0.0906	0.0964

a/b	1.8	1.9	2.0	3.0	4.0	5.0	∞	
C	0.1017	0.1064	0.1106	0.1336	0.1400	0.1416	0.1422	

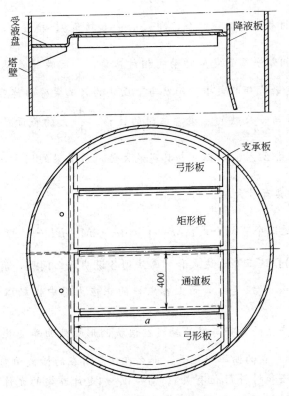

图 4-29　例题 4-10 附图

解　式（4-23）右端各参数均可根据题目所给条件确定如下：

通道板承受载荷　$q_1 = 1250\text{Pa}$

通道板自重　　　$p_2 = \rho V g / A = \rho \delta g = 231\text{Pa}$

总载荷　　　　　$q = q_1 + q_2 = 1481\text{Pa} = 1.481 \times 10^{-3}\text{MPa}$

通道板的长和宽　$a = 1600\text{mm}$，$b = 400\text{mm}$，$\dfrac{a}{b} = 4$

　　　　　　　　$C = 0.14$（由表 4-6 查取）

通道板厚度　　　$\delta = 2.2\text{mm}$（考虑钢板负偏差及腐蚀）

钢板的弹性模量　$E = 2 \times 10^5\text{MPa}$

于是可算得

$$f = \frac{Cqb^4}{E\delta^3} = -\frac{0.14 \times 1.481 \times 10^{-3} \times (400)^4}{2 \times 10^5 \times (2.2)^3} = 2.49 \text{ (mm)}$$

因　　　　　　　$f < 3\text{mm}$

所以满足刚度要求。

本 章 小 结

（1）学习要点

理论上应能回答的问题。

① 销钉与梁都在横向外力下工作，从强度考虑二者的主要区别是什么？

销钉主要矛盾是受剪，按剪切强度计算；梁的主要矛盾是受弯，对大多数梁来说，主要校核的是弯曲正应力，少数梁也需校核切应力。

② 描述弯曲变形的参数有二组四个，即 $\dfrac{\mathrm{d}\theta}{\mathrm{d}x}$，$\dfrac{1}{\rho}$ 和转角 θ，挠度 y，试问它们的区别。

$\dfrac{\mathrm{d}\theta}{\mathrm{d}x}$ 反应的是两个相邻横截面发生转动的相对转角，$\dfrac{1}{\rho}$ 反映的是梁轴线变形前后的曲率改变，它们都直接决定着弯矩的大小。而 θ 与 y 反映的只是梁弯曲前后，梁的同一截面位置的变化，更确切地说 θ 与 y 反映的是梁弯曲时的位移。$\dfrac{\mathrm{d}\theta}{\mathrm{d}x}$ 大的截面 θ 不一定大。简支梁支座处的 $\dfrac{\mathrm{d}\theta}{\mathrm{d}x}=0$（相应地讲 $M=0$），但 θ 却具有最大值。悬臂梁的固定端端部截面的转角 $\theta=0$，但是该截面的 $\dfrac{\mathrm{d}\theta}{\mathrm{d}x}$ 却具有最大值。

③ 从本章中共学过三个弯矩公式：$M=\displaystyle\int_{A} y\sigma\mathrm{d}A$、$M=EI\dfrac{1}{\rho}$、$M=W[\sigma]$，此外还有一个弯矩计算法则，试问：这三个表达式和计算法则各说明什么问题，有什么用？

由 $M=\displaystyle\int_{A} y\sigma\mathrm{d}A$ 知，弯矩是由截面上各点处的正应力对中性轴取矩之和构成的。$M=EI\dfrac{1}{\rho}$ 说明某一截面所产生的弯矩与梁的轴线在该截面形心处曲率变化之间的关系，这个式子告知：梁的轴线在哪一点的曲率变化大，那么在该点所在的横截面内就产生大的弯矩（思考：为什么 M 的大小还和材料 E 值有关）。$M=W[\sigma]$ 是计算梁的允许承受的最大弯矩计算式，用它来确定梁的许可载荷。最后，弯矩计算法则是把外力矩与内力矩联系起来的一个法则，用它可以从已知外力求弯矩，或根据允许的最大弯矩求许可载荷。

④ 弯曲正应力的计算公式有三个：$\sigma=E\dfrac{1}{\rho}$、$\sigma=\dfrac{My}{I_z}$、$\sigma_{\max}=\dfrac{M_{\max}}{W_z}$，说明它们的用途及公式的应用条件。

$\sigma=E\dfrac{1}{\rho}y$ 是已知变形 $\left(\dfrac{1}{\rho}\right)$ 求该截面指定点（y）处应力的计算公式。$\sigma=\dfrac{My}{I_z}$ 是计算弯矩为 M 的横截面上距中性轴为 y 的点处的弯曲应力的计算公式。$\sigma=\dfrac{M_{\max}}{W_z}$ 则是确定整个梁中危险点处的最大弯曲应力的计算公式。这三个公式均建立在虎克定律基础上，所以必须是在纯弹性变形的条件下应用这三个公式。

⑤ 什么是梁的合理截面，怎样的截面才是合理截面？

在保证梁的承载能力（包括抗弯与抗剪）不变的前提下，梁的金属截面面积小的截面便是梁的合理截面。

在不改变截面的金属面积前提下，将中性轴附近的金属截面尽量移到离开中性轴远一点的地方去是使梁的截面形状合理化的原则。

⑥ 销钉受剪的实用计算与剪切弯曲中的切应力计算有什么区别？

销钉受剪的实用计算是把横截面上非均布的剪力当作均布力来计算，而剪切弯曲中切应力沿截面的分布规律可以得知，所以计算的是位于中性轴处的最大切应力。

⑦ 从表 4-4 挠度和转角的计算式中，可以发现哪些规律性的东西？

梁的挠度与梁跨长的四次或三次方成正比，与截面的 I 值与材料 E 值乘积成反比。由此可知：增大跨长不但加大梁的内应力，更会急速增大梁的变形。而提高截面 I 值，不但可减小梁的弯曲应力，而且会减小梁的变形。

⑧ 为什么一根筷子弯断比拉断要容易？由此可以得出什么结论？

筷子的长度是其直径的数十倍，作用在筷子上不大的横向外力可以对其横截面产生一相当大的力矩，该力矩只能由弯矩平衡，而构成弯矩的力臂却远远小于外力矩中的力臂，这两个力臂大小的比例接近于筷子的长度与直径的比例，从而用不大的横向外力可以使危险截面产生很大的沿截面线性分布的轴向内力。而筷子受拉时，加给它的拉力却一点也不会增加。所以弯断筷子所加的横向外力会比拉断它所加的轴向拉力小得多。待做了习题9、10两题以后会对此会有进一步理解。

由此不难得出如下结论：构件受弯不是一个有利的受力状态，所以应尽量避免。以后将会看到：化工容器为什么都作成圆筒形而不作成方形或矩形，其原因就是圆筒形容器的器壁在介质内压作用下是处于受拉伸的状态，而用平板焊成的矩形容器，在介质压力作用下钢板发生的是弯曲变形，处于不利的受力状态。如果圆柱形容器的直径与方形容器的边长相等，二者的壁厚也相同，那么圆形容器能够承受的介质压力要比方形容器少则大几倍，多则可大数十倍（与容器直径有关）。

（2）应掌握的运算方法

① 会运用剪力和弯矩计算法则计算任意指定横截面内的剪力和弯矩。能够列出表 4-1 中八种梁的剪力方程和弯矩方程，并判定危险截面位置，算出 Q_{max} 与 M_{max} 的数值。

② 会算实心、空心矩形与圆形截面的轴惯性矩和抗弯截面模量。

③ 能熟练运用弯曲正应力强度条件解决三类强度计算问题：即校核梁的强度；确定梁的截面形状与尺寸；决定梁所允许承受的最大集中载荷或均布载荷。

④ 计算几种常用截面梁剪切弯曲时的最大切应力。

⑤ 运用查表的方法计算梁的挠度和转角，并可根据刚度条件，解决与强度条件类似的三类问题。

习　题

4-1　列出表 4-1 所给出的 8 根梁的剪力方程和弯矩方程，并验证其 Q_{max} 与 M_{max}。

4-2　用 100 根直径为 1mm 的钢丝扭成的钢丝绳和用 400 根直径为 0.5mm 的钢丝扭制成的钢丝绳，它们的金属总横截面面积相等，若用这两种钢丝绳捆绑直径为 1m 的圆筒形容器时，用哪种好，为什么？试用计算数据说明。（提示：计算捆绑容器时所需 M 与在钢丝内产生的 σ_{max}）

4-3　一根直径 d 为 1mm 的直钢丝，绕在直径 $D=60cm$ 的圆轴上，钢的弹性模量 $E=210 \times 10^3 MPa$，试求钢丝由于（弹性）弯曲而产生的最大弯曲正应力。又若材料的屈服极限 $\sigma_s=700MPa$，求不使钢丝产生残余变形的轴径 D_1 应为多大？

4-4　梁在对称平面内受力而发生平面弯曲，若梁的截面为图 4-30 所示之各种形状，试画出截面上的正应力沿高度的分布图。

图 4-30　题 4-4 附图

4-5　一承受均布载荷 $q=10kN/m$ 的简支梁，跨长为 4m，材料的 $[\sigma]=160MPa$。若梁的截面取：（1）圆形；（2）$b:h=1:2$ 的矩形；（3）工字形。试确定截面尺寸，并说明哪种截面最省材料。

4-6　制动装置的杠杆，用直径 $d=30mm$ 的销钉支承在 B 处（图 4-31）。若杠杆的许用应力为 $[\sigma]=137MPa$，销钉的许用切应力 $[\tau]=98MPa$。试求许用载荷 $[P_1]$ 和 $[P_2]$。

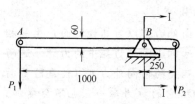
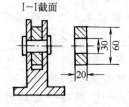
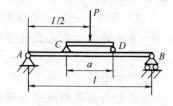

图 4-31　题 4-6 附图　　　　　　　　　　　　　　　　图 4-32　题 4-7 附图

4-7　当力 P 直接作用在梁 AB 中点时，梁内最大应力超过许用应力 30%，为了消除此过载现象，配置了如图 4-32 所示的辅助梁 CD，试求此辅助梁的跨度 a，已知 $l=6\mathrm{m}$。

4-8　正方形空心截面简支梁，见图 4-33，承受 $q=10\mathrm{kN/m}$ 的均布载荷，材料 $E=2\times10^5\mathrm{MPa}$，试求

（1）该梁内最大弯曲应力及最大挠度。

（2）截面面积保持不变，改为实心截面后，梁内最大弯曲应力与最大挠度。

（3）若要求该梁改用工字钢，且最大挠度不得超过 2mm 时，应选用何种型号工字钢。

（4）改用工字钢后，梁内最大弯曲应力，最大切应力及最大挠度。

（5）改用工字钢后，金属用量节省多少。

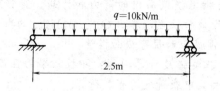
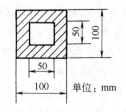

图 4-33　题 4-8 附图

4-9　边长为 4mm 的正方形截面钢杆三根，长度分别为 0.5m，1m 和 2m，将它们作成简支梁，中央加集中载荷 P，若钢杆材料的 $\sigma_s=235\mathrm{MPa}$，试问当梁的危险截面开始出现塑性变形时（即 $\sigma_{max}=\sigma_s$ 时），危险截面内的弯矩是多少？这时梁所承受的集中载荷是多大？

4-10　如果将上题所给的三根钢杆改作拉杆，试问轴向拉力需多大时，杆才会被拉至屈服。如果杆的材料为理想塑性材料，将三根杆弯至使整个危险截面上的正应力均达到材料的 σ_s 时，在杆中央需加多大的集中载荷？

M4-1
习题答案

5 圆轴的扭转

取一根圆形等截面直杆，在其外表面画一条与圆杆轴线平行的纵向直线 AB ［图 5-1 (a)］，然后在圆杆的两端，在与轴线垂直的平面内作用一对力偶矩大小相同转向相反的力偶 m_A 与 m_B，假设视轴的左端面未动，则纵向直线 AB 应变成螺旋线，但钢制圆轴变形很小，AB 线仍可视为直线，只是倾斜了一个角度 γ ［图 5-1 (b)］。与此同时，轴的左、右端面出现了一个相对转角 φ，φ 被称为该圆轴的扭转角。

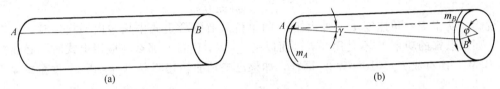

(a)   (b)

图 5-1　圆轴的扭转变形

具有上述特点的变形称为扭转变形，受扭的圆形直杆称为轴，所以称为圆轴的扭转。

图 5-2 所示的反应釜搅拌轴，其下部装有板式桨叶，当桨叶在物料中旋转时，便会遇到由物料阻力 P 所形成的阻力偶矩 $m_阻$，$m_阻$ 的大小与物料的黏度、桨叶的形状和尺寸以及轴的转数有关。为了克服这一阻力偶矩，在搅拌轴的上端与轴线垂直的平面内必须加一驱动力偶矩 m，当轴以恒速旋转时，驱动力偶矩 m 等于阻力偶矩 $m_阻$，这时在轴的两端受到了一对大小相等、转向相反的力偶矩作用。轴在这样一对外力偶的

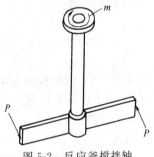

图 5-2　反应釜搅拌轴

作用下发生了如前所述的扭转变形，同时在轴的横截面内产生了扭转应力。本章的中心问题是分析圆轴扭转变形及其应力分布规律，推导出横截面上切应力计算公式和变形计算公式，在此基础上给出强度条件与刚度条件，用以解决实际工程问题。

5.1　圆轴扭转时所受外力的分析与计算

5.1.1　搅拌轴的三项功能

图 5-2 所示搅拌轴有三项功能，即：

① 传递旋转运动　它将电动机或减速机输出轴的旋转运动传递给搅拌物料的桨叶。

② 传递扭转力偶矩　它将轴上端作用的驱动力偶传至轴的下端，用以克服桨叶旋转时遇到的阻力偶。力偶通过轴传递时，其力偶矩称为扭矩，扭矩属内力范畴，其值可借助于外力偶矩求出（这和梁的弯矩可借助于作用在梁上的外力矩求出类似）。

③ 传递功率　转轴带动桨叶旋转时要克服流体阻力做功，所需功率也是从转轴的上端输入后，通过轴传递给桨叶的。

上述的三项功能只是描述的角度不同，实际上它们并非彼此独立，而是紧密联系的，在传递旋转运动和传递扭转力偶矩的同时，必然也就传递了功率，下面讨论转速 n、扭转力偶

矩 m 和功率 P 之间的关系。

5.1.2 n、P、m 之间的关系

当圆轴以转速 $n(\text{r/min})$ 旋转工作时，通过轴所传递的扭转力矩 $m(\text{N} \cdot \text{m})$ 和功率 P_k (kW) 三者之间的关系可从学过的力偶做功的公式推出。

根据物理课中学过的知识可知：当转轴在外力偶矩 m 的驱动下以角速度 ω 旋转时，外力偶所做的功率 P 应当是

$$P = m\omega$$

式中，ω 的单位是 rad/s(弧度/秒)；功率的单位取决于外力矩 m 的单位。当 m 用 $\text{N} \cdot \text{m}$ (牛·米) 度量时，P 的单位是 $\text{N} \cdot \text{m/s}$(牛·米·秒$^{-1}$)，即 W(瓦)。上式可写成

$$m[\text{N} \cdot \text{m}] = \frac{P[\text{W}]}{\omega[\text{rad/s}]} \tag{5-1}$$

该式说明，功率 P、角速度 ω 及外力矩 m 的单位只有符合上式中括号内的规定时，上式才成立。如果已知的功率 P 不是用 $[\text{W}]$ 而以是 $[\text{kW}]$ 度量，那么在应用上式时，必须把式中的 $P[\text{W}]$ 换算成 $P_k \times 10^3 [\text{W}]$。同样，如果已知轴的转速不是以 $[\text{rad/s}]$ 度量的 ω，而是用 $n[\text{r/min}]$ 度量，那么在应用上式时，也必须把 $\omega[\text{rad/s}]$ 换算成 $n \cdot \frac{2\pi}{60}[\text{rad/s}]$，于是式 （5-1）应写成

$$m[\text{N} \cdot \text{m}] = \frac{1000 P_k}{\dfrac{2n\pi}{60}} = 9550 \frac{P_k}{n} \tag{5-2}$$

式中，P_k 的单位用 kW，n 的单位用 r/min。

式 （5-2）就是转速为 $n[\text{r/min}]$ 的转轴在传递 $P_k[\text{kW}]$ 这么大的功率时，轴上所受扭转力矩的计算公式。

由式 （5-2）知：

ⅰ. 当轴传递的功率一定时，轴的转速越高，轴所受到的扭转力矩越小，例如在判别减速机上伸出的两根轴时，可据此断定细的一根是高速轴，粗的一根是低速轴；

ⅱ. 当轴的转数一定时，轴所传递的功率将随轴所受到的扭转力矩的增加而增大，据此，在选择减速机型或在确定电动机的额定功率时，应考虑整个操作周期中的最大阻力矩；

ⅲ. 增加机器的转速，往往会使整个传动装置所传递的功率加大，有可能使电机过载，所以不应随意提高机器转速。

因为搅拌轴在某种介质中工作时，轴所受到的阻力偶矩 m 和所需要的搅拌功率 P，既取决于轴的转速 n，又与介质的性质和搅拌桨的形式密切相关。所以，对于介质和桨型均已确定的反应釜来说，在多大的转速下，需要多大的搅拌功率，要由实验确定，不属于本课所讨论的内容，而式 （5-2）所能解决的问题，只是将测得的 P_k 转换成 m，以便为扭转强度计算提供所需数据。

5.2 纯剪切、角应变、剪切虎克定律

5.2.1 纯剪切

取一左端固定、右端自由的薄壁圆筒 ［图 5-3 (a)］。在圆筒表面画两条纵向线 ef 和 gh，二线相距 Δy (弧长)。再画两条圆周线 ab 和 dc，相距为 Δx。这四条线围出矩形曲面 $abcd$，当 Δx 与 Δy 取得足够小时，可视 $abcd$ 为一平面。

在圆筒的右端垂直于圆筒轴线的平面内作用一力偶，其矩为 m ［图 5-3（b）］，于是圆筒产生扭转变形，有下列特点。

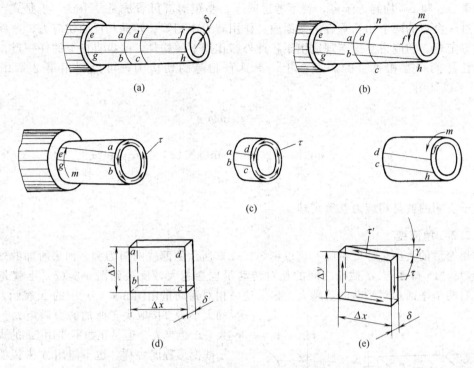

图 5-3　薄壁圆筒的扭转

ⅰ. 圆周线的形状和大小均没有改变，两条圆周线之间的距离 Δx 也没有改变。这说明圆筒的横截面在变形后仍为平面，圆筒壁的纵向纤维既没有伸长，也没有缩短，所以在圆筒壁的横截面内不会产生正应力［图 5-3（b）］，因而称之为纯剪切。

ⅱ. 纵向直线 ef、gh 变成了螺旋线，原来的矩形 $abcd$ 变成了斜平行四边形。这说明圆筒的各个横截面都发生了绕各自截面形心的转动，而且各横截面转动的角度，从左到右逐渐加大。如果观察任意两个相邻的横截面，在它们之间则都发生了绕各自形心的相对转动，所以扭转变形的实质是圆筒的各相邻横截面之间发生了以圆筒轴线为回转中心的相对转动。观察 ab 和 cd 两个横截面，在沿外力偶旋转的方向上，如果以最左端的横截面为基准，cd 截面旋转的角度将大于 ab 截面旋转的角度。如果假想将圆筒从 ab 和 cd 二截面处切开［图 5-3（c）］，那么在每一个切开截面左右两侧的横截面上，都作用有沿切线方向的切应力，如果器壁很薄，可以认为这些切应力，不但沿圆周均布，而且沿壁厚也可看做是均布的。

为了进一步分析薄壁圆筒在受扭时的应力状况，将图 5-3（a）所示的矩形 $abcd$ 从筒壁上截取下来，从而得到一个宽 Δx、高 Δy、厚为 δ 的小矩形体［图 5-3（d）］，这个小矩形体的左右两个平面就是圆筒的两个相邻的横截面，它的上下两个平面则是圆筒壁的纵截面（这两个纵截面所在的平面相交于圆筒的轴线）。当圆筒没有受到外力偶作用时，矩形体左右上下四个平面内均没有切应力。当圆筒受到力偶矩 m 作用时，在左右两个侧面上将出现指向相反的切应力 τ，这个切应力 τ 就是图 5-3（c）所示的在圆筒横截面上的切应力。如果在这个小矩形体上只是在左右两个侧面上作用有切应力 τ，那么小矩形体将不可能维持平衡。由此可以断定，在小矩形体的上下两个平面内必定也作用有切应力［图 5-3（e）］，若用 τ' 表示这个切应力，则根据静力平衡条件可写出式（5-3）

$$(\tau \times \Delta y \times \delta)\Delta x = (\tau' \times \Delta x \times \delta)\Delta y$$

于是得 $$\tau = \tau' \tag{5-3}$$

如果 Δx 和 Δy 均趋近于零，若不考虑壁厚，小矩形就可看成是一个点，于是式（5-3）表明：过一个点的两个相互垂直的截面内，作用着大小相等、转向相反的切应力，这就是切应力互等定理。切应力互等定理适用于各种外载作用下的构件，受拉直杆上的任一点，在过该点的任意两个互相垂直的斜截面上，都具有相等的切应力，可以利用第 2 章中的式（2-10）予以证明。

因 $$\tau_\alpha = \frac{\sigma}{2}\sin 2\alpha$$

于是 $$\tau_{(\alpha + \frac{\pi}{2})} = \frac{\sigma}{2}\sin 2\left(\alpha + \frac{\pi}{2}\right) = \frac{\sigma}{2}\sin(\pi + 2\alpha) = -\frac{\sigma}{2}\sin 2\alpha$$

所以 $$\tau_\alpha = -\tau_{(\alpha + \frac{\pi}{2})} \tag{5-4}$$

这个式子表明的就是切应力互等定理。

5.2.2 角应变

剪切变形的大小怎样度量呢？仍以图 5-3（a）所示的薄壁圆筒为例，如果所加的外力偶矩 m 越大，ab 截面与 cd 截面之间的相对转动量也会越大，反映到图 5-3（e）上就是小矩形体左右两个平面相对错动的量越大。如果这一相对错动量用图 5-4（a）中的 Δ 表示，则 Δ

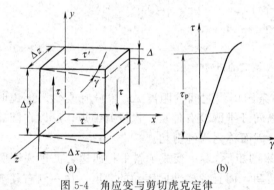

图 5-4 角应变与剪切虎克定律

的大小将直接取决于所加的力偶矩 m。m 越大，Δ 也越大。但是正如不能用 Δl 的大小表示线变形程度一样，也不能用 Δ 来说明剪切变形的程度，因为 Δ 值还与发生相对错动的两个截面间的距离有关。因此，剪切变形程度应该用 $\frac{\Delta}{\Delta x}$ ［图 5-4（a）］来度量，由于

$$\frac{\Delta}{\Delta x} = \tan\gamma \approx \gamma \quad (\text{当 } \gamma \text{ 很小时}) \tag{5-5}$$

所以表示剪切变形程度的是一个角 γ ［图 5-4（a）］，这个 γ 称为角应变，它和线应变 ε 是对应的量。

5.2.3 剪切虎克定律

之前曾指出，正应力 σ 引起线应变 ε，当正应力不超过材料的比例极限时，存在着 $\sigma = E\varepsilon$ 的关系，这是拉压虎克定律。现在看到，切应力 τ 引起角应变，通过薄壁圆筒的扭转试验可以找出切应力 τ 与角应变 γ 之间的关系。试验结果表明，在纯剪切应力状态下，当切应力不超过材料的剪切比例极限 τ_p 时，τ 与 γ 之间也是成正比关系，即

$$\tau = G\gamma \tag{5-6}$$

这就是剪切虎克定律。式中的比例常数 G 称为材料的剪切弹性模量，它的单位与弹性模量 E 相同。钢的 G 值约为 8×10^4 MPa。

至此，共讨论过三个有关材料弹性的常数，即弹性模量 E、横向变形系数 μ 和剪切弹性模量 G，对于各向同性材料，这三个量之间存在着如下关系

$$G = \frac{E}{2(1+\mu)} \tag{5-7}$$

利用式（5-7）可以由任意两个算出第三个。

5.3 圆轴在外力偶作用下的变形与内力

5.3.1 变形分析

取一根左端固定，右端自由，半径为 R 的等截面实心轴，并在它的表面画两条纵向线 ab 和 fk 以及两条圆周线 bg 和 ch [图 5-5 (a)]。当在轴的右端作用一力偶矩 m 时，圆轴所发生的变形情况和上节薄壁圆筒的变形十分类似，在圆轴各相邻横截面之间也都发生了绕各自截面轴心的相对转（错）动 [图 5-5 (b)]。

假设圆轴不长，扭转变形又不是很大，则纵向线在变形后仍可近似地看成是一条直线，只是倾斜了一个角度 γ。现在，假想沿 n-n 和 m-m 两个相距为 $\mathrm{d}x$ 的横截面将轴切取下一薄片 [图 5-5 (c)]，将会发现，圆轴在扭转时，在其各个相邻的两个横截面间均发生了绕各自形心的相对转（错）动。如果用 $\mathrm{d}\varphi$ 来表示 n-n 和 m-m 这两个相邻横截面间所发生的相对转角，那么 $\dfrac{\mathrm{d}\varphi}{\mathrm{d}x}$ 就可以用来表达轴在 n-n 截面处的扭转变形程度（这与上章中用 $\dfrac{\mathrm{d}\theta}{\mathrm{d}x}$ 或 $\dfrac{1}{\rho}$ 来表达梁在某一横截面处的弯曲变形程度是类似的）。

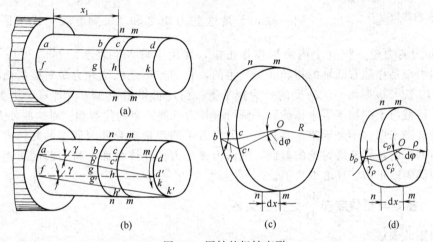

图 5-5 圆轴的扭转变形

正是由于相邻的两个横截面之间发生了上述的绕各自形心的相对转动，所以在每两个横截面上各对对应点 [譬如图 5-5 (c) 中的 b 点与 c 点] 之间就会发生沿圆周弧线的相对错动，这种对应点之间所发生的相对错动量，其大小显然是和所讨论的点到形心的距离有关，就 b、c 这一对对应点而言，这一相对错动量显然可用弧线 $\overset{\frown}{cc'}$ 表示，其值为

$$\overset{\frown}{cc'} = R\,\mathrm{d}\varphi$$

于是 b 点角应变就应是

$$\gamma = \frac{\overset{\frown}{cc'}}{\mathrm{d}x} = R\,\frac{\mathrm{d}\varphi}{\mathrm{d}x}$$

式中的 γ 称为 n-n 截面 [图 5-5 (c)] 在 b 点处的角应变。

显然，如果观察 n-n 截面上距圆心为 ρ 处的 b_ρ 点 [图 5-5 (d)]，b_ρ 点处的角应变

$$\gamma_\rho = \frac{\overset{\frown}{c_\rho c_\rho'}}{\mathrm{d}x} = \rho\,\frac{\mathrm{d}\varphi}{\mathrm{d}x} \tag{5-8}$$

5.3.2 扭转切应力及其分布规律

有了横截面上各点角应变的变化规律［式（5-8）］，引用剪切虎克定律就不难得到在切应力不超过材料的剪切比例极限时的切应力沿横截面的分布规律。

$$\tau = G\gamma$$

将式（5-8）中的 γ_ρ 代入上式，并令相应点处的切应力为 τ_ρ，于是得

$$\tau_\rho = G\rho \frac{\mathrm{d}\varphi}{\mathrm{d}x} \tag{5-9}$$

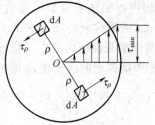

图 5-6 受扭圆轴横截面内的切应力

这就是横截面上切应力变化规律的表达式。由此可知 τ_ρ 与 ρ 也成正比，而在同一半径 ρ 的圆周上各点处的切应力 τ_ρ 均相同。τ_ρ 的方向应垂直于半径，如图 5-6 所示。

5.3.3 横截面的内力矩——扭矩

从图 5-6 可见，圆轴受扭时，在其横截面上将产生非均布的切应力 τ_ρ，横截面内每一个微小面积上都作用有微小剪力 $\mathrm{d}Q$，其值为 $\tau_\rho \cdot \mathrm{d}A$。每一个 $\mathrm{d}Q$ 对于轴心 O 均有力矩 $\rho \cdot \tau_\rho \mathrm{d}A$，这些力矩存在于整个截面，并且转向一致，于是这些力矩之和 $\int_A \rho \tau_\rho \mathrm{d}A$ 就构成了圆轴受扭时横截面上的内力矩，把这个内力矩称作扭矩，并用字母 M_T 表示。

这个内力矩是伴随着圆轴的扭转变形产生的，它的作用是抵抗外力矩对该截面的破坏，因此扭矩 M_T 应与该截面一侧所受的外力矩平衡。由此可得扭矩 M_T 的计算法则如下：受扭圆轴任一横截面上的扭矩等于该截面一侧所有外力（偶）矩的代数和。对这些外力偶矩可用右手螺旋法则来取（不是规定）其正负，即将右手的四指沿着外力偶矩的旋转方向弯曲，如果大拇指的指向是背离所讨论的截面，则认为该外力偶在该截面上所引起的扭矩为止值，因此该外力偶矩取正值，反之取负值。

5.3.4 扭矩与扭转变形 $\frac{\mathrm{d}\varphi}{\mathrm{d}x}$ 之间的关系

根据扭矩的表达式

$$M_\mathrm{T} = \int_A \rho \tau_\rho \mathrm{d}A \tag{a}$$

及

$$\tau_\rho = G\rho \frac{\mathrm{d}\varphi}{\mathrm{d}x}$$

可得

$$M_\mathrm{T} = G \frac{\mathrm{d}\varphi}{\mathrm{d}x} \int_A \rho^2 \mathrm{d}A \tag{b}$$

式中的积分 $\int_A \rho^2 \mathrm{d}A$ 称为横截面的极惯性矩，用 I_p 表示，它也是一个只与截面尺寸有关的几何量。

这样，式（b）便可写成

$$M_\mathrm{T} = GI_\mathrm{p} \frac{\mathrm{d}\varphi}{\mathrm{d}x}$$

或

$$\frac{\mathrm{d}\varphi}{\mathrm{d}x} = \frac{M_\mathrm{T}}{GI_\mathrm{p}} \tag{5-10}$$

5.3.5 扭转切应力的计算公式

将式 (5-10) 中的 $\dfrac{\mathrm{d}\varphi}{\mathrm{d}x}$ 代入式 (5-9)，即可得圆轴扭转时，在扭矩为 M_T 的横截面上，距轴心为 ρ 处其扭转切应力

$$\tau_\rho = \frac{M_T \rho}{I_p} \tag{5-11}$$

最大的扭转切应力出现在圆轴横截面的外圆周各点，其值为

$$\tau_{max} = \frac{M_T R}{I_p}$$

由于圆轴半径 R 和截面的极惯性矩 I_p 都是与截面尺寸有关的几何量，所以通常令

$$\frac{I_p}{R} = W_p$$

于是得

$$\tau_{max} = \frac{M_T}{W_p} \tag{5-12}$$

式中，W_p 称为截面的抗扭截面模量。计算 W_p 先要算出极惯性矩 I_p。图 5-7 示一圆截面，在距圆心为 ρ 处，取一宽度为 $\mathrm{d}\rho$ 的圆环形微面积 $\mathrm{d}A$，根据极惯性矩的定义，得

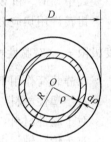

$$I_p = \int_A \rho^2 \mathrm{d}A = \int_0^{D/2} \rho^2 \times 2\pi\rho\,\mathrm{d}\rho$$

$$= 2\pi \int_0^{D/2} \rho^3 \mathrm{d}\rho = \frac{\pi D^4}{32} \tag{5-13}$$

图 5-7 圆形截面极惯性矩的计算

于是

$$W_p = \frac{I_p}{R} = \frac{I_p}{D/2} = \frac{1}{16}\pi D^3 \tag{5-14}$$

对于外径为 D，内径为 d 的空心圆轴来说，它的横截面的 I_p 和 W_p 值可用类似的方法计算

$$I_p = \frac{\pi}{32}(D^4 - d^4) = \frac{\pi D^4}{32}(1 - \alpha^4) \tag{5-15}$$

$$W_p = \frac{\pi D^3}{16}(1 - \alpha^4) \tag{5-16}$$

式中，$\alpha = \dfrac{d}{D}$。显然在相同的截面面积条件下，环形截面的 I_p、W_p 要比圆形截面的大。

5.3.6 扭转角的计算

轴的扭转变形通常是用两个横截面间的相对扭转角 φ 来度量（图 5-8），φ 值可直接通过式 (5-9) 计算，即由

$$\frac{\mathrm{d}\varphi}{\mathrm{d}x} = \frac{M_T}{GI_p}$$

得

$$\mathrm{d}\varphi = \frac{M_T}{GI_p}\mathrm{d}x$$

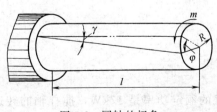

图 5-8 圆轴的扭角

式中 $\mathrm{d}\varphi$ 是相距 $\mathrm{d}x$ 两横截面间的相对扭转角，若在长度为 l 的一段轴内，其各横截面上的扭矩相同，则这段轴两端横截面间的相对扭转角应为

$$\varphi = \int_l \mathrm{d}\varphi = \frac{M_T l}{GI_p} \tag{5-17}$$

式中，φ 的单位为弧度。GI_p 称为圆轴的抗扭刚度，它与抗拉刚度 EA、抗弯刚度 EI_z 相对应。轴的抗扭刚度 GI_p 反映了圆轴抵抗扭转变形的能力。

5.4　圆轴扭转时的强度条件与刚度条件

5.4.1　圆轴扭转时的强度条件

在进行圆轴扭转的强度计算时，首先要确定轴的危险截面。由于要考虑轴上零件的安装和定位，轴的形状大都呈阶梯形，因此在确定轴的危险截面时，既要考虑扭矩的大小，也要注意轴的薄弱截面。为了使受扭的圆轴在强度上保证安全工作，必须使其危险截面上的最大扭转切应力 τ_{max} 不超过材料的许用切应力 $[\tau]$，即

$$\tau_{max} = \frac{M_T}{W_p} \leqslant [\tau] \tag{5-18}$$

式中，M_T 和 W_p 分别是危险截面上的扭矩和抗扭截面模量。

扭转许用切应力值，应根据扭转试验得到的剪切屈服极限 τ_s（对塑性材料）或剪切强度极限 τ_b（对脆性材料）除以适当的安全系数来确定，即 $[\tau] = \dfrac{\tau_s}{n_s}$ 或 $[\tau] = \dfrac{\tau_b}{n_b}$。

在静载荷作用下，材料的许用扭转切应力 $[\tau]$ 与许用拉应力 $[\sigma]$ 之间存在如下关系。

对于塑性材料　　　　　　　　$[\tau] = (0.5 \sim 0.6)[\sigma] \tag{5-19}$

对于脆性材料　　　　　　　　$[\tau] = (0.8 \sim 1.0)[\sigma] \tag{5-20}$

对于传动轴，由于所受的不是静载荷，而且往往是除了受扭转外还受到弯曲，如果不作弯扭联合计算，可以用减小许用切应力 $[\tau]$ 的方法来考虑弯曲的影响。这时的 $[\tau]$ 值将低于上述取值。

5.4.2　圆轴扭转时的刚度条件

对于受扭转的圆轴来说，有时即使满足了强度条件，也不一定能保证正常工作。因为，轴在受扭时若产生过大的变形，会影响机器的精度，加快传动零件的磨损，甚至破坏机器的正常操作。所以，轴不但要有足够的强度，还应有足够的刚度，为保证轴的扭转刚度，通常是把轴的单位长度扭转角 φ/l 限制在一个规定的许可值 $[\theta]$ 之内，即

$$\frac{\varphi}{l} = \frac{M_T}{GI_p} \leqslant [\theta] \tag{5-21}$$

按式 (5-21) 算出的 φ/l 值单位是 rad/m，而在工程上，$[\theta]$ 的单位通用 (°)/m，所以，如果扭矩单位是 N·m，G 的单位是 Pa，I_p 的单位是 m^4，那么应把式 (5-21) 改写成

$$\frac{M_T}{GI_p} \times \frac{180}{\pi} \leqslant [\theta] \tag{5-22}$$

一般规定：

精密机械的轴　　　　　　　　$[\theta] = (0.15° \sim 0.5°)/m$

一般传动轴　　　　　　　　　$[\theta] = (0.5° \sim 1.0°)/m$

较低精密度轴　　　　　　　　$[\theta] = (2° \sim 4°)/m$

例题 5-1　图 5-9 为平直桨叶搅拌器，已知电动机的额定功率是 17kW，搅拌轴的转速是 60r/min，机械传动的效率是 90%，上下层桨叶所受到的阻力是不同的，它们各自消耗的

功率分别占电机实际消耗的总功率（这个功率不同于电机的额定功率，称作搅拌功率）的 35% 和 65%，轴是用 $\phi117\text{mm} \times 6\text{mm}$ 碳钢管制成，材料的许用切应力 $[\tau] = 30 \times 10^6\text{Pa}$，试校核该轴在电动机满负荷运转的强度。

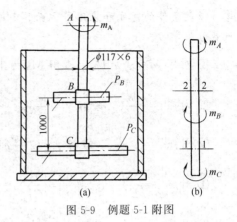

图 5-9　例题 5-1 附图

解　首先需要计算减速机轴在电动机满负荷运转时作用给搅拌轴的外力偶矩 m_A。由于机械效率是 90%，所以输入给搅拌轴的功率是

$$P_{\text{轴}} = P_{\text{电}} \eta = 17 \times 0.9 = 15.3 \text{（kW）}$$

在搅拌轴的上端作用的驱动力偶矩 m_A 应为

$$m_A = 9550 \frac{P_{\text{轴}}}{n} = 9550 \times \frac{15.3}{60} = 2435 \text{（N·m）}$$

上层桨叶所允许遇到的最大阻力偶矩 m_B 是

$$m_B = 9550 \frac{0.35 P_{\text{轴}}}{n} = 9550 \times \frac{0.35 \times 15.3}{60} = 852 \text{（N·m）}$$

下层桨叶所允许遇到的最大阻力偶矩 m_C 是

$$m_C = 9550 \frac{0.65 P_{\text{轴}}}{n} = 9550 \times \frac{0.65 \times 15.3}{60} = 1583 \text{（N·m）}$$

在 AB 段轴的横截面内的扭矩 M_{T2} 应等于 m_A

$$M_{\text{T2}} = m_A = 2435 \text{N·m}$$

在 BC 段轴的横截面内的扭矩 M_{T1} 应为

$$M_{\text{T1}} = m_A - m_B = 2435 - 852 = 1583 \text{（N·m）}$$

所以最大扭矩

$$M_{\text{Tmax}} = M_{\text{T2}} = 2435 \text{N·m}$$

若去掉 1mm 的腐蚀量，则轴的尺寸变为 $\phi115 \times 5$，即 $D = 115\text{mm}$，$d = 105\text{mm}$，$\alpha = \dfrac{d}{D} = 0.913$，于是横截面的抗扭截面模量 W_p 为

$$W_p = 0.2 D^3 (1 - a^4) = 0.2 \times (0.115)^3 (1 - 0.913^4) = 92.8 \times 10^{-6} \text{（m}^3\text{）}$$

于是在电机满负荷工作时轴内最大的切应力为

$$\tau_{\max} = \frac{M_{\text{Tmax}}}{W_p} = \frac{2435}{92.8 \times 10^{-6}} = 26.2 \times 10^6 \text{（N/m}^2\text{）}$$

而 $[\tau] = 30 \times 10^6 \text{N/m}^2$，$\tau_{\max} < [\tau]$，所以轴在强度上是安全的。

这个例题所给的已知条件是电机额定功率而不是实测电机功率，所算出的 $\tau_{\max}$ 接近且小于 $[\tau]$。

这说明该搅拌轴的尺寸与所用电机是配套的。

本 章 小 结

(1) 角应变是本章引出的一个新概念，将图 5-4 与第 2 章中的图 2-2 作一对比，便可看出线应变 ε 与角应变 γ 是两种基本的变形。线应变引起的是正应力，在 $\sigma \leqslant \sigma_p$ 时，$\sigma = E\varepsilon$；角应变引起的是切应力，在 $\tau \leqslant \tau_p$ 时，$\tau = G\gamma$。E 通过直杆的拉伸试验得到，G 通过受纯剪切的薄壁圆筒的扭转试验测得。

(2) 圆轴受扭应掌握的概念和运算与上一章相同。由于受扭圆轴在变形分析、内力计算、强度条件的建立和应用等方面，都与梁的弯曲极为类似，所以在本章的以下问题上应对照着弯曲学习。

① 对照 $M = \int_A y\sigma \mathrm{d}A$，理解 $M_T = \int_A \rho\tau \mathrm{d}A$；

② 对照 $\varepsilon = \dfrac{\mathrm{d}\theta}{\mathrm{d}x}y$，理解 $\gamma = \dfrac{\mathrm{d}\varphi}{\mathrm{d}x}\rho$；

③ 对照 $\sigma = E\dfrac{1}{\rho}y$，理解 $\gamma = G\dfrac{\mathrm{d}\varphi}{\mathrm{d}x}\rho$；

④ 对照 $\dfrac{1}{\rho} = \dfrac{M}{EI_z}$，理解 $\dfrac{\mathrm{d}\varphi}{\mathrm{d}x} = \dfrac{M_T}{GI_p}$；

⑤ 对照 $\sigma = \dfrac{My}{I_z}$，理解 $\tau = \dfrac{M_T\rho}{I_p}$；

⑥ 对照 $\sigma_{max} = \dfrac{M_{max}}{W_z} \leqslant [\sigma]$，掌握 $\tau_{max} = \dfrac{M_{Tmax}}{W_p} \leqslant [\tau]$。

（3）由于圆轴在外力偶作用下不但受到扭转作用，而且旋转做功，所以提出公式 $m = 9550\dfrac{P_k}{n}$。对于这个公式中涉及的三个参数，要注意的是，n 总是作为已知量出现的，就本章所讨论的内容来说，或是已知 n 和 P_k 求 m，或是已知 n 和 m 求 P_k。在 n 和 P_k 之间，或者说在 n 和 m 之间存在什么关系，那是搅拌理论和试验研究的问题，不宜用 $n = 9550\dfrac{P_k}{m}$ 去求取 n。

（4）截止到本章，已经对四种基本变形及其内力、应力等作了分析。其中涉及正应力的计算公式有两个，涉及切应力的计算公式有三个。在这五个应力计算公式中，销钉、键、焊缝内的切应力，由于其应力分布规律难于确定，所以采用实用方法处理。梁内的切应力，虽然有规律可循，但由于它不是梁强度计算中的主要矛盾，对它也没有作深入分析。所以在以上各章中的分析和讨论，实际上主要是针对杆的拉伸、梁的弯曲和轴的扭转这三种基本变形与内力展开的。而且不难发现，在研究这三种基本变形时，分析问题的思路与方法及其所得的一系列公式都是相似的。为了便于比较，将这三种变形所涉及的重点内容列于表 5-1，作为小结。

表 5-1　拉伸、弯曲、扭转的比较

项　目	变形种类	拉伸或压缩	纯弯曲	纯扭转
观察某一横截面和与其相距为 $\mathrm{d}x$ 的相邻横截面	变形特点	相邻横截面间距增减：$\dfrac{\mathrm{d}\delta_x}{\mathrm{d}x}$	相邻横截面绕各自中性轴旋转：$\dfrac{\mathrm{d}\theta}{\mathrm{d}x}$	相邻横截面绕各自形心转动：$\dfrac{\mathrm{d}\varphi}{\mathrm{d}x}$
	变形引起的内力	轴力 $S = EA\dfrac{\mathrm{d}\delta_x}{\mathrm{d}x}$	弯矩 $M = EI_z\dfrac{\mathrm{d}\theta}{\mathrm{d}x}$	扭矩 $M_T = GI_P\dfrac{\mathrm{d}\varphi}{\mathrm{d}x}$
观察横截面上的各个点	变形性质	线应变，各点 ε 相同，$\varepsilon =$ 常量	线应变：$\varepsilon = \dfrac{\mathrm{d}\theta}{\mathrm{d}x}y$	角应变：$\gamma = \dfrac{\mathrm{d}\varphi}{\mathrm{d}x}\rho$
	应力计算（根据应变）	正应力：各点相同，$\sigma = E\varepsilon$	正应力：线性分布 $\sigma = E\dfrac{\mathrm{d}\theta}{\mathrm{d}x}y$ $\sigma_{max} = E\dfrac{\mathrm{d}\theta}{\mathrm{d}x}y_{max}$	切应力：直线分布 $\tau = G\dfrac{\mathrm{d}\varphi}{\mathrm{d}x}\rho$ $\tau_{max} = G\dfrac{\mathrm{d}\varphi}{\mathrm{d}x}R$

变形种类 项 目	拉 伸 或 压 缩	纯 弯 曲	纯 扭 转
内力的构成	$S=\sigma A$	$M=\int_A y\sigma dA$	$M_T=\int_A \rho\tau dA$
内力的计算(根据外力)	截面一侧所有轴向外力代数和	截面一侧所有横向外力(及力偶)对该截面中性轴取矩代数和	截面一侧所有外力偶矩(或力矩)代数和
应力计算(依据内力)	$\sigma=\dfrac{S}{A}$	$\sigma=\dfrac{My}{I_z}$ $\sigma_{max}=\dfrac{M_{max}}{W_z}$	$\tau=\dfrac{M_T\rho}{I_\rho}$ $\tau_{max}=\dfrac{M_{Tmax}}{W_p}$
变形计算	伸长量(或缩短量)$\Delta l=\dfrac{Sl}{EA}$	挠度和转角:查表 4-4	扭转角:$\varphi=\dfrac{M_T l}{GI_p}$
影响承载能力的截面几何量	面积 A	抗弯截面模量 W_z	抗扭截面模量 W_p
影响变形大小的量	抗拉刚度 EA	抗弯刚度 EI_z	抗扭刚度 GI_p

习 题

5-1 图 5-10 所示圆轴,作用有驱动力偶 $m_{驱}=60\text{kN}\cdot\text{m}$ 和四个力偶矩不等的阻力偶,试确定驱动力偶作用于端部和中部两种不同情况下,轴内的最大扭矩(绝对值)及其所在轴段。

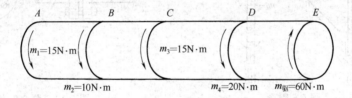

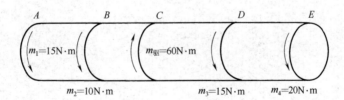

图 5-10 题 5-1 附图

5-2 实心圆轴的直径 $d=100\text{mm}$,长 $l=1\text{m}$,两端受力偶矩 $m=14\text{kN}\cdot\text{m}$ 作用,设材料的剪切弹性模量 $G=80\times10^3\text{MPa}$,求:

(1) 最大切应力 τ_{max} 及两端截面间的相对扭转角 φ。

(2) 图 5-11 所示截面上 A、B 两点切应力的数值及方向。

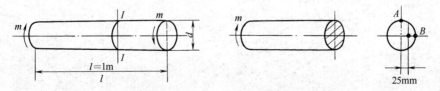

图 5-11 题 5-2 附图

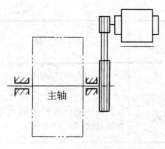

图 5-12 题 5-5 附图

5-3 一圆轴以 300r/min 的转速传递 331kW 的功率。如 $[\tau] =$ 40MPa，$[\theta] = 0.5°/m$，$G = 80 \times 10^3 MPa$，求轴的直径。

5-4 一根钢轴，直径为 20mm。如 $[\tau] = 100MPa$，求此轴能承受的扭矩。如转速为 100r/min，求此轴所能传递的功率是多少 kW。

5-5 图 5-12 所示切蔗机主轴由电动机经三角皮带轮带动。已知电动机的功率为 55kW，主轴转速为 580r/min，主轴直径 $d = 120mm$，材料为 45 号钢，其许用切应力 $[\tau] = 40MPa$。若不考虑传动中的功率损耗，试验算主轴的扭转强度。

5-6 一带有框式搅拌桨叶的主轴，其受力情况如图 5-13 所示，搅拌轴由电动机经过减速箱及圆锥齿轮带动。已知电动机的功率为 2.8kW，机械传动的效率为 85%，搅拌轴的转速为 5r/min，轴的直径为 $d = 75mm$，轴的材料为 45 号钢，许用切应力为 $[\tau] = 60MPa$。试校核轴的强度。

5-7 如图 5-14 所示，一轴系用两段直径 $d = 100mm$ 的圆轴由凸缘和螺栓连接而成。轴扭转时最大切应力为 70MPa，螺栓的直径 $d_1 = 20mm$，并布置在 $D_0 = 200mm$ 的圆周上。设螺栓许用切应力 $[\tau] = 60MPa$ 求所需螺栓的个数 n。

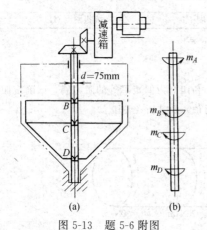

图 5-13 题 5-6 附图

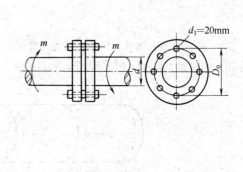

图 5-14 题 5-7 附图

M5-1
习题答案

92

第二篇 压力容器

6 压力容器与化工设备常用材料

本章的前两节重点介绍金属学中最简单的基础理论，使读者对金属材料的化学成分、组织结构、力学性能及加工工艺之间的联系有所理解，明白应该如何选择材料、验收材料、使用材料以及相关要求，减少盲目性，为今后进一步自学掌握更多的材料知识和关注材料科学的发展，具备一定的基础。

6.1 金属的晶体结构

6.1.1 金属原子结构的特点与金属键

原子都是由带正电的原子核与带负电的核外电子组成的。每个电子都在原子核外的一定"轨道"上高速运动着，形成电子层。金属原子的特点是，最外层的电子数很少，一般只有一二个；而且这些最外层电子与原子核的结合力较弱，因此很容易脱离原子核的束缚而变成自由电子。

在金属中，这些暂时摆脱掉原子核束缚的电子，并未被其他原子所取走，它只是从只围绕自己的原子核转动，变成在所有的金属原子之间运动，成为"公有"的自由电子。那些外层电子被公有化了的原子，由于失去了部分电子而变成了正离子，显正电性。公有化的自由电子在所有的金属正离子之间穿梭运动，好像一种带负电的气体充满其间。于是带负电的"电子气"就把带正电的金属正离子牢固地束缚在一起。这种金属原子之间的结合方式称为金属键。

在实际金属中，并不是所有的金属原子都变成了正离子。而且这一时刻失去了电子的金属原子在下一时刻又可能重新获得电子，所以金属中的原子是处于原子-离子状态。

金属的许多特性，如良好的导电性、导热性、可延展性及具有金属光泽等，都是与金属键这一独特的结合方式有关。

6.1.2 金属的晶体结构

对于晶体并不陌生，如吃的食盐是晶体，固态金属及合金也是晶体。但并非一切固体都是晶体，玻璃与松香就不是晶体。

晶体与非晶体的区别不在外形，而在内部的原子排列。在晶体内部，原子按一定规律排列得很整齐。而在非晶体内部，原子则是无规律地散乱分布。由此也导致晶体与非晶体性能上的不同，例如晶体具有一定的熔点，非晶体则没有；晶体是各向异性，非晶体则是各向同性。

既然金属是晶体，那么金属原子之间是怎样排列的呢？

研究表明，就理想晶体来说，其原子在空间的排列方式有三种，即所谓"体心立方晶格结构"（图6-1），"面心立方晶格结构"（图6-2）和"密排六方晶格结构"（图6-3）这三张图中的（a）图表示的都是原子在空间堆积的球体模型，图中每个圆球代表一个原子。这种球体模型它的优点是直观性强，但是许多球体密密麻麻地堆积在一起，很难看清内部的排列情况。为了清楚地表明原子在空间排列的规律，有必要将原子抽象化，把每个原子看成一个点，这个点代表原子的振动中心。这样一来，原子在空间堆积的球体模型，就变成一个规则排列的点阵。如果把这些点用直线连接起来，就形成一个空间格子，称它为晶胞［图 6-1～图 6-3 中的（b）］。晶胞是晶体中原子周期性的、有规则排列的一个结构单元。晶体的晶格就是由晶胞在空间重复堆积而成的。

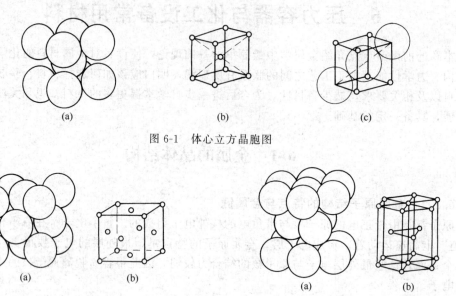

图 6-1　体心立方晶胞图

图 6-2　面心立方晶胞图

图 6-3　密排六方晶胞图

　　实际应用的金属绝大多数是多晶体组织，一般不仅表现出各向同性，而且实际金属的强度也比理论强度低几十倍至几百倍。如铁的理论切断强度（切应力）为 2254MPa，而实际的切断强度仅为 290MPa。这是什么原因呢？这是由于前面所述是对单晶体而言，而且认为原子排列是完全规则的理想晶体，实际上，金属是由多晶体组成的，而且晶体内存在许多缺陷。晶体缺陷的存在，对金属的力学性能和物理、化学性能都有显著的影响。

　　金属的多晶体结构是在金属结晶过程中形成的，图 6-4 是金属结晶过程的示意图。液态金属结晶时，总是先生成许多按晶格类型排列的晶核［图 6-4（a）］，然后各个晶核向不同方向按树枝长大方式结晶成长［图 6-4（b）］，成长着的各相邻枝晶最后相互接触，形成多晶粒的固态金属［图 6-4（c）］。金属晶粒度的大小对钢材力学性能的影响，主要表现在冲击功的大小上。细晶粒钢的强度，特别是冲击功值，较粗晶粒钢高。另外多晶体的晶粒与晶粒之间由于结晶方位不同形成的交界叫作"晶界"，晶界处的原子排列是不整齐的，晶格歪扭畸变并常有杂质存在，因而晶界在许多性能上显示出一定特点，如晶界的抗蚀性能比晶粒内部差；晶界熔点较晶粒内部低；晶界的强度、硬度较晶内高等。

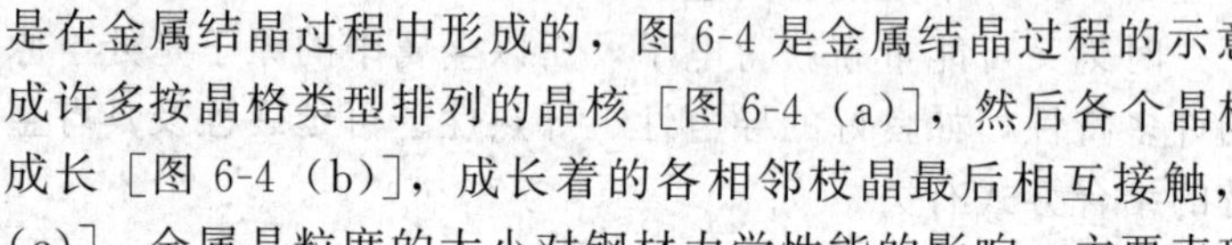

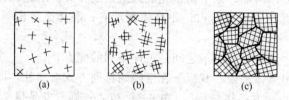

图 6-4　金属结晶过程示意图

94

6.2 铁碳合金

6.2.1 什么是铁碳合金

铁碳合金是铁与碳组成的合金。

（1）铁

组成铁碳合金的铁具有两种晶格结构，910℃以下为具有体心立方晶格结构的 α-铁（图6-1）；910℃以上为具有面心立方晶格结构的 γ-铁（图6-2）。

α-铁经加热可转变为 γ-铁，反之高温下的 γ-铁经冷却可变为 α-铁。铁的这一同素异构转变是构成铁碳合金一系列性能的基础。

纯铁塑性极好，但强度太低，故工业上应用很少。

（2）碳

往铁中加入少量碳，组成铁碳合金，可获得适于工业上应用的各种优良性能。因而碳钢和铸铁得到了广泛的应用。

碳钢与铸铁之所以有各种不同的性能，主要是由碳的含量及其存在形式不同造成。

碳在铁碳合金中的存在形式有三种。

① 碳溶解在铁的晶格中形成固溶体　这里所说的溶解，指的是碳原子挤到铁的晶格中间去，而又不破坏铁所具有的晶格结构。这种在铁的晶格中（或另外一种金属的晶格中）被挤入一些碳原子（或其他一些金属或非金属原子）以后所得到的、以原有晶格结构为基础并溶有碳原子的物质称为固溶体。

碳溶解到 α-铁中形成的固溶体叫铁素体，它的溶碳能力极低，最大溶解度不超过0.02%。碳溶解到 γ-铁中形成的固溶体叫奥氏体，它的溶碳能力较强，最大可达2%。

溶解有碳的铁，仍然会发生 $\alpha \rightleftharpoons \gamma$ 转变，只是转变温度有所变化（727～910℃之间）。因此，奥氏体是铁碳合金的高温相。室温时，钢的组织中只有铁素体，没有奥氏体。

铁素体与奥氏体都具有良好塑性，它们是钢材具有良好塑性的组织基础。

② 碳与铁形成化合物　当铁碳合金中的碳不能全部溶入铁素体或奥氏体中时，"剩余"出来的碳将与铁形成化合物——碳化铁（Fe_3C）。这种化合物的晶体组织叫渗碳体。它的硬度极高、塑性几乎为零。

常用的碳钢，其含碳量在 0.1%～0.5% 之间，如果不经过特定的热处理，在常温时，钢中的这些碳只有极少一部分溶入 α-铁，而绝大部分的碳都是以碳化铁形式存在。因此，常温下，钢的组织是由铁素体＋渗碳体组成。钢中的含碳量越高，钢组织中渗碳体微粒也将越多，因而钢的强度随碳含量的增多而提高。而其塑性则随着碳含量的增多而下降。

当把钢加热到高温，铁素体转变成奥氏体，原来不能溶入铁素体的碳，全部可以溶入奥氏体。于是钢的组织，就从常温下的两相，转变成塑性良好的单一奥氏体组织了。这就为钢材的锻压加工创造了良好条件。

奥氏体的最大溶碳量是 2.11%。如果铁碳合金中的碳含量大于 2.11%，那么这种合金即使被加热到高温，也不能形成单一的奥氏体组织，不适于进行热压加工。所以，通常将碳含量 2.11% 作为钢与铸铁的分界。碳含量小于 2.11% 者叫钢，碳含量大于 2.11% 者叫铸铁。

铸铁的碳含量既然高于钢，但为什么它的强度反而不如钢？这是因为铸铁中的碳，除了溶入固溶体的以外，并非全部以碳化铁形式存在。

③ 碳以石墨状态单独存在　当铁碳合金中的碳含量较高，并将合金从液态以缓慢的速

度冷却下来时，合金中没有溶入固溶体的碳将有极大部分以石墨状态存在。

石墨很软，而且很脆，它的强度与钢相比几乎为零。因此从强度的观点来看，分布在钢的基体（即由铁素体＋渗碳体构成的基体）上的石墨，相当于在钢的基体内部挖了许多孔洞。所以灰铸铁可以看成是布满了孔洞的钢，这就是灰铸铁的强度比钢低的原因。

当然，事物总是一分为二的，铸铁所具有的良好切削加工性，优良的耐磨性、消振性以及令人满意的铸造性，都与石墨的存在有关。石墨使切屑易于脆断，有利于切削加工；石墨具有润滑和贮油作用，提高了用铸铁制造的摩擦零件的使用寿命；石墨可以将机械振动吸收，减缓或免除了机器因长期振动而可能造成的损坏；石墨还可使铸铁的流动性增加，收缩性降低，从而有利于浇铸形状复杂的铸件。

6.2.2 铁碳平衡状态图

为了把铁碳合金的组织结构与其化学成分和所处的温度之间的关系清楚地反映出来，人们测制了 Fe-Fe₃C 状态图（图 6-5）。图中的横轴表示合金中的碳含量及 Fe₃C 含量，纵轴表示合金温度。从图中可以很容易确定某一碳含量的合金在指定温度下的组织结构。

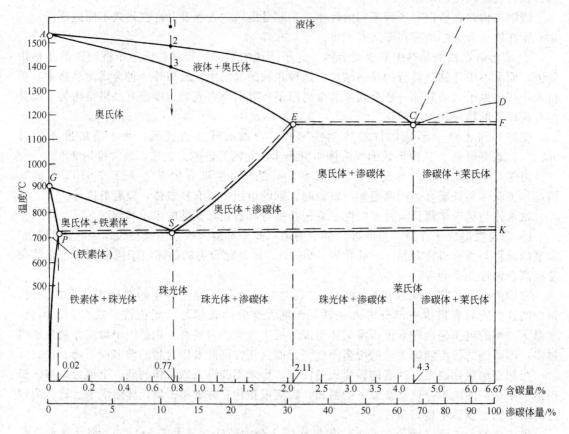

图 6-5 铁碳平衡状态图（A 点附近作了简化）

例如，取含碳量为 0.77% 的合金，它在 1600℃时是液态（图 6-5 中的点 1），若将此合金冷却，则当它的温度降至点 2 的温度时，在液相中将有首批奥氏体晶核析出（这些奥氏体晶核内的碳含量远低于 0.77%）。当温度降至 3 点所处的温度时，全部液态合金均转变成奥氏体。继续降低合金的温度至 S 点（727℃）以下时，如果保持温度不变，则合金就会从单一的奥氏体组织转变成铁素体和渗碳体两相组织，在这个两相组织中渗碳体约占 11%，铁

96

素体约占 89%，这种特定比例的渗碳体＋铁素体，是在 727℃ 以下一起从奥氏体中析出的，所以将它当作一种组织看待，并称它为珠光体。

如果所取合金的碳含量低于 0.77%，如含碳 0.4%，那么这种合金中的渗碳体含量大约只有 6%。这些渗碳体按上述的特定比例与铁素体组合成珠光体后，将有多余的铁素体。所以含碳量低于 0.77% 的钢，其组织应为珠光体＋铁素体。

含碳量低于 0.77% 的合金，在冷却过程中，当温度降到 GS 线以下时，首先从奥氏体中析出的是铁素体。当温度降至 727℃ 时，由于已经析出了一部分铁素体，致使在没有转变的奥氏体中，碳含量增大为 0.77%，这些奥氏体在随后的转变中则形成珠光体。

如果所取的合金，其含碳量超过 0.77%，但低于 2.11%，那么这种合金在高温下仍能形成单一的奥氏体，在冷却过程中，当温度下降至 ES 线时，由于奥氏体对碳的溶解度下降，所以首先析出的是渗碳体。当合金被冷却到 727℃ 时，由于已经析出了一部分渗碳体，剩余在奥氏体中的碳含量降至 0.77%，于是在低于 727℃ 时，这部分奥氏体也将转变成珠光体。可见超过 0.77% 碳含量的合金，在常温下其组织是珠光体＋渗碳体。

在上述的三种合金中，含碳量等于 0.77% 的称为共析钢；含碳量小于 0.77% 的，称为亚共析钢；含碳量超过 0.77% 的，称为过共析钢。如果碳含量超过 E 点（奥氏体的最大碳溶解度，含碳 2.11%），则合金属于铸铁。

就铸铁而言，当含碳量为 4.3% 时，合金有最低的结晶温度（1148℃）。结晶时，从液态合金中同时析出奥氏体和渗碳体，这种具有特定比例的奥氏体＋渗碳体共晶混合物，称为莱氏体。而含碳量为 4.3% 的铸铁，称为共晶白口铁。

含碳量低于 4.3% 的铸铁称为亚共晶白口铁。结晶时，首先析出的是奥氏体，当温度降至 1148℃ 以下时，析出莱氏体。温度继续下降，则从奥氏体中又不断析出渗碳体。最后，当温度降至 727℃ 以下时，奥氏体转变成珠光体。于是室温下的亚共晶白口铁的组织是珠光体＋渗碳体。

含碳量高于 4.3% 的铸铁称为过共晶白口铁，结晶时，从液态合金中首先析出的是 Fe_3C，而其室温下的组织是渗碳体＋莱氏体。

应当指出，含碳量较高的合金，在其冷却过程中，随着冷却条件的不同，既可以从液态中或奥氏体中直接析出渗碳体（Fe_3C），也可以直接析出石墨。一般是缓冷时析出石墨，快冷时，析出渗碳体。形成的渗碳体在一定条件下也可以分解为铁素体和石墨。为了描述这两种相的析出规律，在状态图上有用粗实线表示的 Fe-Fe_3C 状态图和用虚线表示的 Fe-C（石墨）状态图。

铁碳平衡状态图既可以帮助理解铁碳合金的许多性能，又能够为制定热加工和热处理工艺提供依据，关于这一点将会在后边的讨论中进一步体会到。

但是需要说明，图 6-5 是铁碳平衡状态图，图上各相变点的温度是两相处于平衡状态时的温度，因此，要完成某一相变过程，实际保持的温度必须低于或高于该相变的平衡温度。对共析钢来说，要使奥氏体转变成珠光体，实际保持的温度应低于状态图上的 727℃，所低的度数称为过冷度。实验已经证明，奥氏体在低于 727℃ 发生相变时，转变后的产物随着过冷度的不同将有不同的力学性能。由此可得知，钢材的力学性能不仅和它的化学成分和最终所处的温度有关，而且还和它经历的加热和冷却过程有关。因此在理解钢的某些性能时，只有铁碳平衡图就不够了，还须要简要地讨论一下过冷奥氏体的转变产物问题。

6.2.3 过冷奥氏体的恒温转变

钢在高温时所形成的奥氏体，过冷到 727℃ 以下时变成不稳定的过冷奥氏体。这种过冷奥氏体随过冷度的不同可以转变成珠光体、贝氏体或马氏体。图 6-6 反映了这种转变所处的温度、完成的时间以及转变后的产物三者之间的关系。因为曲线的形状像"C"字，又称 C 曲线图。图中横轴表示过冷奥氏体所经历的时间，纵轴代表过冷奥氏体所处的温度，图面上的两条 C 形曲线将图面划分成三个区域，最左边代表的是过冷奥氏体，最右边是奥氏体的转变产物——珠光体和贝氏体相区，而两条曲线的中间区域则是奥氏体及其转变产物的混合相区。图中的两条曲线左边的一条代表奥氏体转变开始的时间，右边一条代表转变终了的时间。当奥氏体处于恒温转变时，左边曲线上各点至纵轴的水平距离所表示的时间间隔，是奥氏体在该温度下进行转变所需要的孕育时间，称作"孕育期"。由图 6-6 可见，奥氏体恒温转变温度不同时，"孕育期"长短也不一样，在曲线的"鼻尖"处孕育期最短，即过冷奥氏体在大约 550℃ 时最不稳定。高于或低于这个温度时孕育期都将延长。

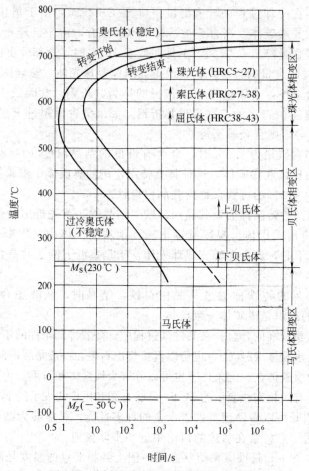

图 6-6　共析钢过冷奥氏体等温转变曲线

　　从图还可看到，如果奥氏体恒温转变温度不同，转变后的产物也不一样。当过冷奥氏体是在 727℃ 至 550℃ 温度范围内转变时，奥氏体将分解为珠光体类型组织。当转变的温度处于 550℃ 至 230℃ 范围内时，转变产物是贝氏体类型组织。如果将奥氏体过冷到 230℃ 以下时，则转变成马氏体类型组织。

　　从奥氏体转变成珠光体是一个由单相固溶体分解为成分相差悬殊、晶格截然不同的二相混合组织。因此转变时必须进行碳的重新分布和铁的晶格重整，这两个过程都要通过碳原子和铁原子的扩散来完成。显然温度越高原子的扩散越易进行。业已查明，奥氏体等温分解所得到的珠光体是由渗碳体薄片和铁素体薄片相间组成。相邻两片渗碳体的平均距离称为片层间距，片层间距愈小表明珠光体越细。片层间距的大小主要取决于奥氏体的转变温度，温度高原子扩散容易，得到的是片层间距大的粗片珠光体，温度低时，原子的扩散能力减弱，得到细片珠光体（又称索氏体）或极细珠光体（又称屈氏体）。片状珠光体的性能主要取决于它的片层间距。片层间距越小，则珠光体的强度和硬度越高，同时塑性和韧性也越好。

若把共析成分的奥氏体过冷到大约 550～230℃ 的中温区内停留时，发生的是奥氏体向贝氏体的转变。贝氏体是含碳过饱和的铁素体与碳化物组成的两相混合物。由于过冷度的增大，奥氏体在向贝氏体转变时，虽然也要进行碳的重新分布和铁的晶格重整，但是在这样低的温度下，铁原子已不能扩散，碳原子的扩散能力也显著下降，所以贝氏体内的铁素体含碳量是过饱和的。贝氏体的组织形态比较复杂，在中碳和高碳钢中，贝氏体有两种典型形态，一种是羽毛状的"上贝氏体"；另一种是针片状的"下贝氏体"。不同的贝氏体组织其性能也不一样，其中以下贝氏体的性能最好，具有高的强度、高的韧性和高的耐磨性，生产中采用的等温淬火，一般都是为了得到下贝氏体，以提高零件的强韧性和耐磨性。

如果将共析成分的奥氏体以极大的冷却速度过冷到 230℃ 以下，这时奥氏体中的碳原子已无扩散的可能，奥氏体将直接转变成一种含碳过饱和的 α 固溶体，称为马氏体。马氏体中的含碳量与原来奥氏体中的含碳量相同，由于含碳量过饱和，致使 α-Fe 的体心立方晶格被歪曲成体心正方晶格。并引起马氏体强度和硬度提高、塑性降低、脆性增大。

奥氏体转变为马氏体的相变是在 M_S 点（图 6-6）温度开始的，随着温度的降低，马氏体的数量不断增多，直至冷却至 M_Z 点温度，将获得最多的马氏体量。一般来说，奥氏体不可能都转变成马氏体，没有转变的奥氏体称为残余奥氏体。共析钢淬火至室温时，组织中会有 3%～6% 的残余奥氏体。

6.2.4 钢的热处理

由前述可知，钢的性能取决于钢的组织结构，要改善钢的力学性能就需要改变钢的组织结构。钢的组织结构既和它的化学成分有关，又与钢材经历的加热和冷却过程有关。

热处理就是以消除钢材的某些缺陷或改善钢材的某些性能为目的，将钢材加热到一定的温度，在此温度下保持一定的时间（为了使钢材内外温度均匀），然后以不同的速度冷却下来的一种操作。

在加工制造机器零件或设备过程中，往往经过焊接、热锻等热加工，这些工序实际上也可以认为是一种热处理操作，只不过这种操作使钢材的性能不一定是向好的方面转变，这时就需要追补某种热处理操作，以纠正或消除上一工序所带来的不良后果。

生产中最常碰到的热处理操作有以下几种。

6.2.4.1 退火和正火

退火是将零件放在炉中，缓慢加热至某一温度（图 6-7），经一定时间保温后，随炉或埋入沙中缓慢冷却。

退火可以消除冷加工硬化，恢复材料的良好塑性；可以细化铸焊工件的粗大晶粒，改善零件的力学性能；可以消除残余应力，防止工件变形；可以使高碳钢中的网状渗碳体球化，降低材料硬度，提高塑性，便于切削加工。

正火只是在冷却速度上与退火不同。退火是随炉缓冷，而正火是在空气中冷却。经过正火的零件，有比退火为高的强度与硬度。

6.2.4.2 淬火和回火

（1）淬火

淬火的目的是为了获得马氏体以提高工件的硬度和耐磨性。

碳钢淬火的加热温度见图 6-8，亚共析钢为 GS 线以上 30～50℃，过共析钢为共析温度以上 30～50℃。加热温度过高，奥氏体晶粒粗大，而且在以后的速冷中易引起严重变形或增大开裂倾向。加热温度过低，淬火组织中将出现铁素体，造成钢的硬度不足。

淬火既然要求得到马氏体，那么钢的冷却速度就必须大于该种钢的临界淬火速度 V_K，临界淬火速度见图 6-9。由于淬火要求很高的冷却速度，所以就不可避免地造成工件内部很大的内应力，并往往会引起工件变形或开裂。为了解决这个问题，一方面要寻找理想的淬火介质，另一方面是改进淬火时的冷却方法。图 6-10 是一种较理想的冷却方法。

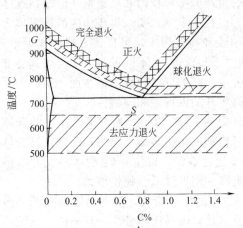

图 6-7　各种退火和正火的加热温度范围

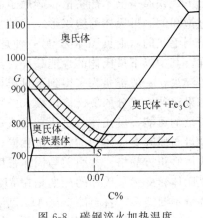

图 6-8　碳钢淬火加热温度

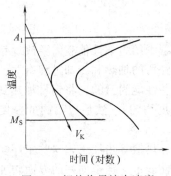

图 6-9　钢的临界淬火速度

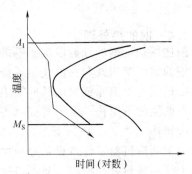

图 6-10　钢的理想淬火冷却速度

（2）回火

为了消除淬火后工件的内应力，并降低材料的脆性，钢件在淬火以后，几乎总是跟着进行回火。所谓回火，就是把淬火后的钢件重新加热至一定温度，经保温烧透后进行冷却的一种热处理操作。

淬火后的钢，其组织主要是由马氏体和残余奥氏体组成，它们都是不稳定的。马氏体是处于含碳过饱和状态，有重新析出碳化物的倾向；残余奥氏体处于过冷的状态，也有转变成铁素体和渗碳体的倾向。如果把淬火钢进行加热，就会促使上述转变易于进行。回火温度越高，上述转变的程度也就越大。根据工件使用目的要求的不同，回火时的加热温度有三种。

① 低温回火　加热温度为 150～250℃，可消除钢件的部分内应力，但不会降低钢的硬度。滚珠轴承、渗碳零件及其他表面要求耐磨的工件，常采用淬火+低温回火。

② 中温回火　加热温度为 350～450℃，可以减少内应力，降低硬度和提高弹性。

③ 高温回火　加热温度为 500～650℃，由于加热温度较高，所以内应力消除较好，可以获得塑性、韧性和强度均较高的优良综合力学性能。

淬火加高温回火又叫调质处理，是重要零件广泛采用的一种热处理操作，它可以大大改善钢材的力学性能。由于马氏体高硬度的获得与固溶体中碳的过饱和程度有关，含碳低于0.3%的钢，由于其含碳量较低，因而是淬不硬的。所以若想通过调质以改善钢材性能的钢，其含碳量一般应在0.3%～0.5%之间，有时可将这类钢称为调质钢。

6.2.4.3 化学热处理

钢的化学热处理就是把钢放在一定的介质内（如炭粉、KCN等）加热至一定的温度，使介质原子（如C原子）渗入钢内改变钢表面层的化学成分和组织结构，从而使钢件表面具有某些特殊性能。例如把碳原子渗到钢的表面可以提高钢表面耐磨性，把铝渗入钢表面可以提高钢的抗高温氧化性。

6.3 钢 的 分 类

钢材有三大类：碳素钢、低合金钢、高合金钢。

6.3.1 碳素钢

6.3.1.1 碳钢的分类和牌号

（1）按钢中碳含量

碳钢分为三种。

① 低碳钢　含碳量小于0.3%，是钢中强度较低，塑性最好的一类。冷冲压及焊接性能均好，适于制作焊制的化工容器及负荷不大的机械零件。

② 中碳钢　含碳量在0.3%～0.6%之间，钢的强度与塑性适中，可通过适当的热处理获得优良的综合力学性能，适用制作轴、齿轮、高压设备顶盖等重要零件。

③ 高碳钢　含碳量在0.6%以上，钢的强度及硬度均高，塑性较差，用来制造弹簧，钢丝绳等。

（2）按钢的质量

碳钢有普通的和优质的两种。

"普通"与"优质"的主要区别是有害杂质硫（引起钢的热脆）和磷（引起钢的冷脆）含量的控制程度不同，钢材出厂时检验项目和保证条件不同。

① 碳素结构钢（GB/T 700—2006）　这类钢属普通碳素钢，其钢号是由代表钢的屈服强度的字母Q、屈服极限值（单位为MPa）、质量等级符号（A、B、C、D）、脱氧方法符号四个部分顺序组成。

屈服强度有四个级别，即Q195、Q215、Q235、Q275。

质量等级按碳、硫、磷含量的控制范围、脱氧程度、允许使用的最低温度以及是否提供A_{KV}值，划分为A、B、C、D四级，D级质量最高，A级最低。

炼钢的后期要脱氧，根据脱氧方法不同，脱氧不完全的叫沸腾钢（F），脱氧较完全的叫镇静钢（Z），脱氧最完全的叫特殊镇静钢（TZ）。在书写牌号时，如果是沸腾钢，牌号后面必须加字母"F"，如Q235F；但镇静钢和特殊镇静钢的牌号后面可以不加Z或TZ。

② 优质碳素结构钢　这类钢共有两类28个钢号，一类是普通含锰量的优质碳素钢，钢号有08，10，15，20，…，85等共17个；另一类是较高含锰量的优质碳素钢，钢号有15Mn，20Mn，…，70Mn共11个。代表钢号的数字是钢中碳的平均含量的万分值。例如20钢的含碳量范围是0.17%～0.23%，其平均含碳量是0.2%。

（3）专用用途的碳素钢

① 容器专用钢板　钢号后面加R，如Q245R，R是"容"字的汉语拼音第一个字母。

② 锅炉专用钢管　钢号后面加 G，如 20G；G 是"锅"的汉语拼音第一个字母。

③ 焊接气瓶专用薄钢板　有 6 个钢号，从 HP245～HP365，HP 是"焊瓶"的汉语拼音，数字是钢板的屈服限（MPa）。

④ 船用钢板　其中的 A、B 级板可有条件地用于压力容器。A、B 是船用钢板强度等级代号。

6.3.1.2　碳钢的性能

（1）钢中常存杂质元素对钢材性能的影响

钢中常存杂质元素主要是指锰、硅、硫、磷及氮、氢、氧等。这些元素在冶炼时或者由原料、燃料及耐火材料中带入钢中，或者由大气进入钢中，或者脱氧不完全时残留于钢中，它们的存在会对钢的性能产生影响。

① 硅和锰的影响　硅和锰在钢中均为有益元素，能溶于铁素体中起固溶强化作用，提高钢的强度和硬度。

② 硫和磷的影响　硫和磷在钢中都是有害元素。硫在钢中以 FeS 的形式存在，使钢变脆，产生热脆性。将硫控制在 0.05％ 以下，加入适量的 Mn 元素，生成 MnS，从而避免了 FeS 的存在，而且 MnS 对断屑有利。磷可溶于铁素体中，使钢的强度、硬度显著增加。但使钢脆化，产生冷脆性。

③ 气体元素的影响　主要有以下三种气体。

氮：室温下氮在铁素体中溶解度很低，钢中过饱和的氮在常温放置过程中会以 Fe_4N 形式析出而使钢变脆，称为时效脆化。在钢中加入 Ti、V、Al 等元素可使氮以这些元素氮化物的形式被固定，从而消除时效倾向。

氧：氧在钢中主要以氧化物夹杂的形式存在，氧化物夹杂与基体的结合力弱，不易变形，易成为疲劳裂纹源。

氢：常温下氢在钢中的溶解度很低。当氢在钢中以原子态溶解时，降低韧性，引起氢脆。当氢在缺陷处以分子态析出时，会产生很高的内压，形成内裂纹，其内壁为白色，称为白点。

（2）碳素钢的力学性能

碳钢的力学性能与钢的含碳量、热处理条件、零件尺寸及使用温度有关。其中影响最大的是钢中的碳含量，增加钢的含碳量，钢的强度、硬度提高，塑性下降。

温度升高时，钢的强度下降，塑性提高。普通碳钢大于 350℃，优质碳钢大于 400℃ 就要考虑蠕变影响。由于碳钢在 570℃ 以上会被显著氧化，而在 0℃ 以下塑性与冲击韧性又急剧下降，所以根据碳钢中硫、磷含量控制的严格程度不同，用于一般构件时，普通碳钢使用温度范围 $-20～+400℃$，优质碳钢可扩大到 $-40～+450℃$。用于压力容器时另有规定。

经退火处理的碳钢硬度低、塑性好。中、高碳钢可通过调质处理提高它们的综合力学性能。

经过热轧或其他相同热处理操作的两个相同牌号的钢件，当它们的截面尺寸相差较大时，会因冷却速度的不同，造成组织中碳化物弥散度不一样，从而引起钢的力学性能稍有差异。钢件的截面尺寸小的，强度、硬度稍高，而塑性稍差。

（3）碳钢的制造工艺性能

由于碳钢的综合力学性能较好，所以带来了较好的制造工艺性能，碳钢可以进行铸造、锻压、焊接及切削等各种形式的冷、热加工。

碳钢的铸造性优于合金钢，但不如铸铁，钢铸件一般均应进行正火或退火处理以消除应力，细化晶粒。

碳钢的可锻性良好，低碳钢板可冷卷，薄低碳钢板可进行冷冲压。

碳钢的可焊性随碳含量的增加而变差，低碳钢由于它具有良好的塑性和可焊性，所以适于制造容器。

（4）碳钢的耐蚀性

碳钢的耐蚀性较差，在盐酸、硝酸、稀硫酸、醋酸、氯化物溶液及浓碱液中均会遭受较强烈的腐蚀，所以碳钢不能直接用于处理这些介质。

碳钢在大气、土壤或腐蚀性较弱的介质中，经过适当的保护（涂防腐材料等）可以应用。

碳钢在浓硫酸中由于出现钝态，因而耐蚀性较好，例如用浓硫酸吸收三氧化硫的吸收塔可以用碳钢制造。

浓度小于30%的稀碱溶液，可以使碳钢表面生成不溶性的氢氧化铁和氢氧化亚铁保护膜，所以在温度不高的稀碱液中碳钢是耐蚀的。

6.3.1.3　碳素钢的标准

规定碳素钢的钢号、化学成分、力学性能、工艺性能的主要标准有两个：

GB/T 700—2006　《碳素结构钢》

GB/T 699—2015　《优质碳素结构钢》

6.3.2　低合金钢

为了弥补碳素钢由于强度较低、使用温度范围较窄，所以在碳素钢中特意加入少量的合金元素以改善碳素钢上述两方面的不足从而有了低合金钢。

（1）合金元素对钢材性能的影响

① 降低钢材的临界淬火速度　既可使大尺寸的重要零件通过淬火及回火来改善钢材的力学性能，又可使零件的淬火易于进行，由于不需要很大的冷却速度，因而大大减少了淬火过程中的应力与变形。

② 增加钢组织的分散度　低碳钢正火得到的是比较粗的铁素体＋珠光体组织，加入合金元素后，不需经特殊热处理就可以得到具有耐冲击的细而均匀的组织，因而适于制作那些不经特殊热处理就具有较高力学性能的构件。

③ 提高铁素体的强度　铁素体的晶格中溶入镍、铬、锰、硅及其他合金元素后，会因晶格发生扭曲而使之强化，这对提高低合金钢的强度极有意义，因为低合金钢的性能在很大程度上决定于铁素体的性能。

④ 减少马氏体的脆性　碳钢中的马氏体塑性几乎为零，但钢中含有镍后，马氏体具有一定塑性，这样可以更充分地利用淬火钢的高强度。

⑤ 提高钢材的高温强度及抗氧化性能　前者与生成复杂碳化物有关，后者是由于有阻止氧通过的氧化膜形成（氧化铝、氧化硅、氧化铬等）。

低合金钢中熔合的合金元素主要是锰（Mn）、钒（V）、铌（Nb）、氮（N）、铬（Cr）、钼（Mo）等，其含量大多在1%以下，只有少数低合金钢，其合金元素含量可达2%～5%。

（2）低合金钢的钢号表示方法

低合金钢的钢号是以钢中碳含量的万分数的数字为首，后边依次写出所溶入合金元素的元素符号及每种元素含量的百分数。当合金元素含量在1.5%以下时，该元素符号后不注数字；当合金元素含量在1.5%～2.5%之间时，可在该元素后面注"2"…余类推。例如16Mn，按钢号含意理解，其含碳量应为0.16%，含锰量应不大于1.5%。实际上标准规定16Mn的含碳量为0.12%～0.20%。又如09Mn2V，其含碳量按钢号含意理解是0.09%，实际上标准规定是≤0.12%，含锰量为1.4%～1.8%、含钒量是0.04%～0.1%。

除上述规定外，低合金高强度钢的钢号由首字母"Q"、规定的最小上屈服强度数值、交货状态代号、质量等级符号（B、C、D、E、F）四个部分组成。

（3）低合金钢的分类与应用

因为低合金钢钢号特别多，所以把它们从含碳量和应用上大致做个分类是有益的。

一类是含碳量较低（0.22%以下），焊接性能较好的，大都以钢板或钢管供应的低合金钢，譬如 18MnMoNbR、15CrMoR、Q345R、16MnDR 钢板和 12CrMo、09MnD、12Cr1MoVG 钢管等（钢号尾部的 R 表示容器用钢板，D 代表低温用钢，G 代表锅炉用钢管等）。

低碳低合金钢的几种钢号和它们的应用可参看表 6-1。

表 6-1　几种低合金中温用钢钢号及应用举例

序号	钢　号	主要性能与应用
1	15CrMo	15CrMo 是低合金珠光体热强钢，550℃下有较高的持久强度，超过550℃，蠕变强度显著降低，所以 550° 是 GB/T 150 规定使用的最高温度。15CrMo 焊接性能良好，钢板（GB 6654）、锻件（JB 4726）用于压力容器。钢管用于锅炉（GB/T 5310）、化肥（GB/T 6479）、石油（GB/T 9948）工业中
2	12CrMo	12CrMo 属珠光体热强钢，由于加入少量的 Cr，能阻止石墨化倾向，此钢号的钢管分别被纳入了 GB/T 5310，GB/T 6479 和 GB/T 9948 用于锅炉、化肥、石油设备中使用温度≤525℃。12CrMo 没有钢板和锻件
3	12Cr1MoV	12Cr1MoV 钢具有较高的热强性和抗氧化性，工艺性能及焊接性能良好，其管材主要用于制造高压设备中工作温度不超过570～580℃的过热器、导管、蒸汽管道，使用中应注意的问题是，对运行期较长已出现球化的钢管应加强监管
4	12Cr2Mo	12Cr2Mo 是世界各国普遍使用的低合金热强钢，用这种钢轧制的钢管已纳入 GB/T 5310 和 GB/T 6479 两个无缝钢管标准，广泛用于石油化工设备、火力、核能发电设备中的各种受热面管，这种钢也可作为锻件用于压力容器。使用温度≤575℃

另一类是含碳量较高的低合金钢，这类钢的强度更高一些，大多用于锻件、机加工零件或紧固件，如齿轮，传动轴，螺栓等。如 40Cr、30CrMo 等。

几种中碳含量的低合金钢（常称为合金结构钢）的钢号、性能及应用的例子列于表 6-2 中。

表 6-2　几种常用的合金结构钢钢号、性能及应用

序号	钢　号	性能与应用
1	30CrMo	30CrMo 是一种具有高强度和高韧性的钢，属合金结构钢，500℃以下具有足够的高温强度，一般用于制造介质温度≤480℃的双头螺柱、螺栓以及介质温度≤510℃的螺母，也可用来制造截面较大的轴、齿轮、阀瓣等
2	35CrMo	35CrMo 有较好的工艺性能和较高的热强性能，长期使用组织比较稳定，用作 480℃以下双头螺柱、510℃以下螺母，其锻件（NB/T 47008）可制作高压设备顶盖，以及高负荷工作的重要零件如车轴、曲轴、大截面齿轮等
3	40Cr	40Cr 具有良好的淬透性，经调质可获得较高的强度和良好的塑性，经高频表面淬火，心部调质后可制作心部强度要求较高而表面又较耐磨的零件，如齿轮、套筒、曲轴、销子、连杆、阀杆等，在压力容器中主要用作双头螺柱材料
4	25Cr2MoV	25Cr2MoV 是珠光体型中碳耐热钢，室温时强度和韧性都较高，在 500℃以下具有较高的热强性和松弛稳定性，无热脆倾向，作为耐热零件使用时，回火温度宜高于工作温度 100～120℃，调质处理后抗松弛性降低，但持久塑性提高，若正火处理，效果相反，作螺栓使用时，经验表明还是以调质处理为好，该钢也可作氮化零件

序号	钢号	性能与应用
5	40MnB	40MnB具有高的强度和良好韧性,并具有良好的淬透性;锻造和热处理性能也都较好,晶粒长大、氧化、脱碳及变形倾向都较小,但有回火脆性,一般在调质状态下使用,主要用作压力容器紧固件,使用温度−20~400℃
6	40MnVB	40MnVB的综合性能优于40Cr,由于有少量的钒和硼,所以有良好的淬透性、较高的强度、塑性、韧性和较小的过热敏感性,主要用作压力容器紧固件,在调质状态下使用,使用温度−20~400℃

(4) 低合金钢标准

这里简要介绍 GB/T 1591—2018 和 GB/T 3077—2015 两个标准。

① GB/T 1591—2018《低合金高强度结构钢》 从 Q355 至 Q690 共 8 个强度级别的钢号,碳含量均在 0.18% 以下,P、S 含量决定着钢的五个质量等级(B、C、D、E、F),B级最低,P、S 含量均为 0.035% 以下,E 级 $w_P \leq 0.025\%$、$w_S \leq 0.020\%$。

② GB/T 3077—2015《合金结构钢技术条件》 共有 86 个钢号,碳含量范围很宽、低的 0.12%,高的可达 0.54%。钢号除以碳含量及所含合金元素符号表示外,每个钢号也有统一数字代号 A×××××,如 A00202(20Mn2)。按钢的质量等级可分为优质钢、高级优质钢(牌号后加"A")和特级优质钢(牌号后加"E")。

6.3.3 高合金钢

化工设备中使用的高合金钢主要是指不锈钢和耐热钢。

不锈钢是以不锈、耐蚀为主要特性,且铬含量至少为 10.5%,碳含量最大不超过 1.2% 的钢。

耐热钢是在高温下具有良好的化学稳定性或较高强度的钢。

6.3.3.1 不锈钢

(1) 不锈钢中的主要元素及其作用

不锈钢是在空气、水及一些弱腐蚀介质中能抵抗腐蚀的合金钢。不锈耐酸钢是在酸和其他强烈腐蚀介质中能抵抗腐蚀的合金钢。习惯上这两种钢统称为不锈钢。

不锈钢中的主要合金元素是铬、镍、锰、钼、钛。

① 铬 钢材的耐蚀性主要来源于铬。实验证明,当钢中铬含量超过 12% 时,钢的耐蚀性大大提高,所以,一般不锈钢均含有 12% 以上的铬。

铬含量的多少,对钢的组织有很大的影响:铬可使 γ 相区缩小,并显著降低钢的临界淬火速度。铬含量高时为铁素体(Cr17)。铬含量不太高或铬量虽高但有少量镍或锰时为马氏体(12Cr13,20Cr13,14Cr17Ni2)。

② 镍 镍可扩大不锈钢的耐蚀范围,特别是提高耐碱能力;镍可扩展 γ 相区,使钢材具有奥氏体组织。

③ 锰 锰可提高钢材强度与硬度。锰也是扩展 γ 相区元素之一,以锰代镍冶炼奥氏体钢是使化工耐腐蚀材料立足国内的重要措施之一。

④ 钼 钼能提高不锈钢对氯离子的抗蚀能力;钼可提高钢的耐热强度。

⑤ 钛 为防止焊接用不锈钢发生晶间腐蚀加入的元素。

不锈钢的上述元素的含量远超过低合金钢。

(2) 不锈钢的组织类型

正是因为不锈钢中既含有扩展 γ 相区的镍、锰等元素,也含有缩小 γ 相区的铬元素,所以不锈钢的组织就可能因铬、镍、锰、碳含量的相对多少而形成五种不同类型的组织结构，并具有不同的力学性能。

① 奥氏体型不锈钢　基体以面心立方晶体结构的奥氏体组织（γ 相）为主，无磁性，主要通过冷加工使其强化（并可能导致一定的磁性）的不锈钢。

② 奥氏体-铁素体（双相）型不锈钢　基体兼有奥氏体和铁素体两相组织（其中较少相的含量一般大于 15%），有磁性，可通过冷加工使其强化的不锈钢。

③ 铁素体型不锈钢　基体以体心立方晶体结构的铁素体组织（α 相）为主，有磁性，一般不能通过热处理硬化，但冷加工使其轻微强化的不锈钢。

④ 马氏体型不锈钢　基体为马氏体组织，有磁性通过热处理可调整其力学性能的不锈钢。

⑤ 沉淀硬化型不锈钢　基体为奥氏体或马氏体组织，并能通过沉淀硬化（又称时效硬化）处理使其硬（强）化的不锈钢。

不锈钢虽然铬、镍元素的含量很高，但碳含量却很少，按含碳量的多少可以将其分成高碳级的（$w_C \geqslant 0.08\%$）、低碳级的（$0.08\% > w_C > 0.03\%$）和超低碳级的三类。含碳量对不锈钢的耐腐蚀性能、特别是耐晶间腐蚀的性能影响很大。为了避免发生晶间腐蚀可以采取两种方法：一是加入铌或钛等稳定化元素；二是冶炼超低碳级的或低碳级的不锈钢。

6.3.3.2　耐热钢

普通碳钢的机械强度在 350℃ 以上有极大的下降，而在 570℃ 以上又会发生显著的氧化，为了适应现代高温高压技术发展的需要，所以产生了耐热钢。

耐热性是包括热安定性与抗热性的一个综合概念。所谓热安定性是指金属对高温气体（O_2、H_2S、SO_2、H_2）腐蚀的抵抗能力，而抗热性则是指金属在高温下对机械载荷的抵抗能力。

提高钢的热安定性的途径是在钢中溶入铬、铝、硅等元素。这些合金元素在高温含氧气体作用下会在钢的表面生成一层结构复杂的氧化物膜（Cr_2O_3、Al_2O_3、SiO_2），这层膜阻止了金属铁原子与高温腐蚀性气体的接触，从而提高了钢材耐高温气体腐蚀的能力。

为了增加钢的高温强度，可在钢中溶入镍、锰、铝、铬、钨、钒等元素。其中的镍或锰可使钢材保持为具有较高再结晶温度的奥氏体组织结构。而铝、钨、钒等元素均可和钢中的碳形成比碳化铁稳定的碳化物，这些碳化物分散度很大，硬度极高，从而延缓或阻止了蠕变的进行，使钢材获得较高的高温强度。

6.3.3.3　高合金钢的钢号

最初我国不锈钢、耐热钢钢号的表示方法也是以碳含量的多少以数字列于钢号之首，后面依次写出所含合金元素含量的百分数。一般来说以 0 或 1 为首的钢号为低碳级的，如 0Cr18Ni9 表示含碳量≤0.17%，铬的平均含量是 18%（17%～19%），镍的平均含量是 9%（8%～10%）。以连续两个 0 为首的钢号为超低碳级的，如 00Cr17Ni14Mo2，它的含碳量为 0.03%，Ni 的含量是 16%～18%（钢号取 17 为平均值）Cr 含量是 10%～14%（钢号取的是最高值）。

2007 年我国对原 1991～1994 年的数个不锈钢和耐热钢标准进行了修订。新标准参照了世界上最先进的标准，从编号到技术指标都有一些变化，为的是满足世界经济一体化的要求，为不锈钢进入国际市场消除技术壁垒。新标准的尺寸公差采用了国标标准，技术条件采用了美国材料协会的标准和欧洲 EN 标准，可以说新修订的标准已与世界最先进标准达到同等水平。

新的标准中对不锈钢的牌号是怎么规定的呢？请读者查阅表 6-3。

表 6-3　不锈钢新旧牌号中碳含量的表示方法

钢的含碳量/%	旧　牌　号	新　牌　号
$w_C \leqslant 0.030\%$		
0.030	00Cr19Ni10	022Cr19Ni10
0.025	00Cr18Mo2	019Cr18Mo2
0.010	00Cr27Mo	008Cr27Mo
$0.03\% < w_C \leqslant 0.10\%$		
0.08	0Cr18Ni9	06Cr19Ni10
0.08	0Cr13	06Cr13
0.04～0.06		05Cr19Ni10N
0.04～0.10		05Cr19Ni10Si2N
$1.0\% < w_C \leqslant 2.0\%$		
0.15	1Cr18Ni9	12Cr18Ni9
0.15	1Cr13	12Cr13
0.10～0.18	1Cr18Ni11Si4AlTi	14Cr18Ni11Si4AlTi
$w_C > 2\%$		
0.16～0.25	2Cr13	20Cr13
0.26～0.35	3Cr13	30Cr13
0.36～0.45	4Cr13	40Cr13
0.60～0.75	7Cr17	68Cr17

　　细心的读者会从表 6-3 中发现，新旧钢号除了在碳含量的表示方法不同外，有时还会碰到合金元素后面跟的数字也有变化，譬如原 0Cr18Ni9 的新钢号改成了 06Cr19Ni10，这是不是表明钢中的铬镍含量增加了？不是的，因为在不锈钢产品所要求的铬、镍、钼等合金元素含量上都有一个区间，譬如：0Cr18Ni9 钢，Cr 含量的质量分数是 18.00%～20.00%，Ni 含量是 8.00%～10.50%。钢号中 Cr 后面跟 18 是低限，改写成 Cr19 是平均含量也有道理，所以在熟悉新旧不锈钢号的过程中，要尊重钢号的规定，不要误认为 0Cr18Ni9 和 06Cr19Ni10 是两种钢。

　　此外，表示钢材的类别还有一个称为"统一数字代号"的。一个钢号对应一个统一数字代号，譬如 06Cr19Ni10 的统一数字代号是 S30408。如果将来 06Cr19Ni10 这个钢被淘汰了，S30408 这个数字代号不允许转给其他钢使用。

6.3.3.4　不锈钢、耐热钢标准

　　GB/T 20878—2007《不锈钢和耐热钢　牌号及化学成分》是在不涉及其产品（不论是板材、管材、锻件）情况下的一个主要标准。标准规定了 143 个不锈钢（有的兼为耐热钢）牌号，每个钢都有新、旧两种钢号和统一数字代号。各种不锈钢产品，譬如不锈钢钢板的标准所规定的钢号都要从这 143 个钢号中选取。钢管、锻件也是如此。所以本书不摘引这个标准，将在后面结合钢板、钢管、锻件等再作简要介绍。

6.3.3.5　不锈钢的应用

　　不锈钢的应用详见表 6-4。

表 6-4　不锈钢、不锈耐酸钢钢号、性能与用途

钢　号	主要性能与应用
0Cr13 06Cr13 (S41008)	0Cr13 是 Cr13 型不锈钢中含碳量最少的一种,不到 3Cr13 含碳量下限的三分之一,因而这种钢在具有不锈性的同时,还有良好的塑性、韧性和冷变形能力,0Cr13 钢的焊接性能较好,焊后可不进行热处理,但如果焊缝需要加工,焊后应进行退火处理 0Cr13 钢在弱腐蚀介质(如盐水、硝酸及某些浓度不高的有机酸、食品介质)中,温度不超过 30℃ 的条件下,有良好的耐蚀性。在热的含硫石油产品中,具有高的耐腐蚀能力。在海水、蒸汽、原油、氨水溶液中也有足够的耐蚀性。但在硫酸、盐酸、氢氟酸、热磷酸、热硝酸、熔融碱中耐蚀性差 0Cr13 主要用作设备壳体或衬里,也可用来制作金属密封垫和齿形组合垫片
1Cr13,12Cr13 (S41010) 2Cr13,20Cr13 (S42020) 3Cr13,30Cr13 (S42030) 4Cr13,40Cr13 (S42040)	这 4 种钢从 1Cr13 到 4Cr13 由于含碳量逐渐增加,所以强度、硬度逐渐增大,而塑性、韧性及耐蚀性则降低 1Cr13 钢的耐蚀性与 0Cr13 基本相同,主要用于石油工业中处理含硫介质装置的零部件(如浮阀塔塔盘、浮阀、紧固件等),还可用于腐蚀性不强或防污染的设备(如维尼纶中不含乙酸介质的设备,碳酸氢铵离心机以及制药设备)。此外还可用于韧性要求较高,承受冲击载荷的零部件,如叶片、阀件等 2Cr13 适于制作泵轴、轴套、叶轮、双头螺柱,3Cr13 可制作强度硬度要求更高的结构件和耐磨件,如轴承、活塞杆、弹簧、耐蚀刀具等 1Cr13、2Cr13 可以焊接,焊前预热,焊后高温(700℃以上)回火 这类钢可在 550℃ 下长期使用,1Cr13 在 375~475℃ 略有热脆性
1Cr18Ni9,12Cr18Ni9 (S30210) 0Cr18Ni9,06Cr9Ni10 (S30408) 00Cr19Ni10 022Cr19Ni10 (S30403)	这 3 种钢都是 18-8 铬镍奥氏体型不锈钢,它们的区别主要是含碳级别不同,1Cr18Ni9 属高碳级,0Cr18Ni9 属低碳级,00Cr19Ni10 属超低碳级。碳含量的不同除影响力学性能外,会对钢的耐腐蚀性特别是产生晶间腐蚀的倾向产生很大影响。当含碳量超过 0.03% 时,不锈钢焊接后,在焊缝附近有可能产生晶间腐蚀。因而在有晶间腐蚀产生的条件下,1Cr18Ni9 一般不适于用作焊接结构材料。而 0Cr19Ni9 可用于薄截面尺寸的焊接件,要较好解决防止晶间腐蚀问题,便是采用超低碳级的 00Cr19Ni10 钢,不过由于其含碳量低,钢的 σ_b 与 σ_s 均有所下降 这几种不锈钢的耐蚀性能是:在冷磷酸、硝酸及其他无机酸,多种盐和碱的溶液,有机酸,海水,蒸汽以及一系列石油产品中耐蚀性高。但对硫酸、盐酸、氢氟酸、氯、溴、碘,浓度大于 50%~60% 的热磷酸,以及草酸、工业铬酸、熔融苛性钾及碳酸钠等化学稳定性差 0Cr18Ni9 抗高温氧化性能好,是在化工、原子能、食品设备中应用最广泛的不锈钢和耐热钢,除制作壳体外,还可作设备衬里、容器法兰衬环、紧固件、金属密封垫,还可制作 -196℃ 的深冷设备
1Cr18Ni9Ti	1Cr18Ni9Ti 钢是在我国应用十分广泛的奥氏体不锈钢,钢中的 Ti 可以与碳形成稳定的碳化物 TiC,避免 $Cr_{23}C_6$ 在晶体上析出引起晶间腐蚀,所以焊接用的铬镍不锈钢常选用含钛的,但是钢中的 Ti 有可能与氮形成 TiN 夹杂物,当其呈链状分布时会使钢表面产生发纹,影响钢的表面质量,由于近年冶炼超低碳不锈钢的成本已大幅下降,用超低碳不锈钢取代含钛不锈钢已是一种趋势,所以在我国的钢板、棒材、钢管涉及不锈钢的材料标准中,虽然都保留了这种钢号,但是也都注明不推荐使用 1Cr18Ni9Ti 钢的室温、高温性能与 0Cr18Ni9 基本相似,使用场合也相同,工作温度 -196~600℃,用于抗空气氧化时可用到 800~850℃
0Cr18Ni10Ti　06Cr18Ni11Ti (S32168)	0Cr18Ni10Ti 与 1Cr18Ni9Ti 相比含镍稍多,奥氏体组织较稳定,有较好的热强性和持久断裂塑性,适用于石油化工热交换器,耐蚀耐热构件,大型锅炉的过热器、再热器,其抗高温氧化温度为 705℃

钢　　号	主要性能与应用
06Cr17Ni12Mo2(S31608) 06Cr17Ni12Mo2Ti(S31668) 022Cr17Ni12Mo2(S31603) 06Cr19Ni13Mo3(S31708) 022Cr19Ni13Mo3(S31703)	这5种钢是 GB/T 150 推荐使用的含有钼元素的奥氏体铬镍不锈钢钢号,在 Cr-Ni 不锈钢中加入 Mo 后可提高钢在还原性介质中的耐蚀性;提高抗孔蚀和缝隙腐蚀能力,在这5种钢中 Mo 含量越高,碳含量越低耐蚀性越好 这5种钢可以承受任何常用形式的冷加工,如冷轧、冷拔、深冲、弯曲、卷边、胀管等。热加工则以超低碳的 S31603 和 S31703 钢最易,过热敏感性也低,5种钢均在固溶状态下使用 5种钢的焊接性能都很好

注:1Cr18Ni9Ti 没有纳入我国现行不锈钢标准中,只是因为现在使用的设备很多是这种材料制造的,所以将其列入。

6.4　钢　　板

6.4.1　钢板的尺寸和允许偏差

钢板的长度、宽度、厚度及它们的允许偏差都有相应的标准［见附录 C-2 序号（6）和（7）］。

单轧钢板的公称厚度为 3～400mm,厚度小于 30mm,其厚度可以是 0.5mm 的任何倍数。厚度大于 30mm 的钢板,其厚度可以是 1.0mm 的任何倍数。

单轧钢板的公称宽度为 600～4800mm;

单轧钢板的公称长度为 2000～20000mm。

钢板的厚度允许有正、负偏差,举例而言,公称厚度为 16mm 的钢板,允许有四类正、负偏差:即 16 ± 0.65（N 类）;$16^{+0.85}_{-0.45}$（A 类）;$16^{+1.0}_{-0.3}$（B 类）;$16^{+1.3}_{-0}$（C 类）。在这四类不同的正、负偏差中,正负偏差绝对值之和都是 1.3mm,这个 1.3mm 叫作公称厚度为 15～25mm 钢板的（厚度）公差。厚度越厚的钢板,其公差值也越大。

在上述四类允许偏差中,N 类是正负偏差数值相等,均为公差值的一半;A 类则是负偏差数值小于正偏差;B 类的负偏差不随公差值大小改变,均为 −0.3mm;C 类的负偏差均为零,其正偏差值等于公差值。

压力容器专用的碳钢与低合金钢板规定采用 GB/T 709—2006 的 B 类允许偏差（见表 6-5）。

表 6-5　单轧钢板的厚度允许偏差（B 类）　　　　　　　mm

公称厚度	下列公称宽度的厚度允许偏差			
	≤1500	>1500～2500	>2500～4000	>4000～4800
3.00～5.00	+0.60 / −0.30	+0.80 / −0.30	+1.00 / −0.30	—
>5.00～8.00	+0.70	+0.90	+1.20	—
>8.00～15.0	+0.80	+1.00	+1.30	+1.50 / −0.30
>15.0～25.0	+1.00	+1.20	+1.50	+1.90
>25.0～40.0	+1.10	+1.30	+1.70	+2.10
>40.0～60.0	+1.30	+1.50	+1.90	+2.30
>60.0～100	+1.50	+1.80	+2.30	+2.70
>100～150	+2.10	+3.50	+3.90	+3.30
>150～200	+2.50	+2.90	+3.30	+3.50
>200～250	+2.90	+3.30	+3.70	+4.10
>250～300	+3.30	+3.70	+4.10	+4.50
>300～400	+3.70	+4.10	+4.50	+4.90

钢板的厚度偏差共四类（N 类、A 类、B 类和 C 类），类似表 6-5 的还有三张。从表 6-5 可以看出，钢板的厚度公差值是随着钢板公称厚度与公称宽度的增加而加大。

对于承压设备用的不锈钢钢板的厚度允许偏差，应按表 6-6 的规定。

表 6-6　承压设备用不锈钢钢板厚度允许偏差（GB/T 24511—2017）　　　　mm

公称厚度	公称宽度						>2500
	≤1000		>1000~1500		>1500~2500		
	普通精度	较高精度	普通精度	较高精度	普通精度	较高精度	
厚度负偏差为—0.30							
6.0~8.0	0.38	0.35	0.40	0.36	0.50	0.45	0.80
>8.0~15.0	0.45	0.42	0.48	0.44	0.60	0.55	
>15.0~25.0	0.50	0.45	0.53	0.48	0.65	0.60	0.98
>25.0~40.0	0.62	0.58	0.67	0.63	0.83	0.78	
>40.0~60.0	0.87	0.83	0.92	0.88	1.08	1.03	1.48
>60.0~80.0	0.87	0.83	0.92	0.88	1.38	1.33	
>80.0~100.0 的厚度允许偏差由供需双方协商							

从表 6-6 可见压力容器用的不锈钢钢板负偏差也一律取—0.30mm，与碳钢和低合金钢钢板相同。

6.4.2　碳素钢与低合金钢钢板

（1）压力容器用碳素钢与低合金钢钢板

压力容器用碳素钢与低合金钢钢板有常、中温用的和低温用的两类。

第一类是由 GB/T 713 规定的，适用于锅炉及其附件和中常温压力容器受压元件使用的，厚度为 3~250mm 的钢板。它们的钢号、化学成分见表 6-7，力学性能与工艺性能见表 6-8。

表 6-7　压力容器用碳素钢和低合金钢钢板（部分）的化学成分（GB/T 713—2014）

序号	牌号	化学成分(质量分数)/%												
		C[①]	Si	Mn	Cu	Ni	Cr	Mo	Nb	V	Ti	Alt[②]	P	S
1	Q245R	≤0.20	≤0.35	0.50~1.10	≤0.30	≤0.30	≤0.30	≤0.08	≤0.05	≤0.05	≤0.03	≥0.02	≤0.025	≤0.01
2	Q345R	≤0.20	≤0.55	1.20~1.70	≤0.30	≤0.30	≤0.30	≤0.08	≤0.05	≤0.05	≤0.03	≥0.02	≤0.025	≤0.01
3	Q370R	≤0.18	≤0.55	1.20~1.70	≤0.30	≤0.30	≤0.30	≤0.08	0.015~0.05	≤0.05	≤0.03	—	≤0.02	≤0.01
4	Q420R	≤0.20	≤0.55	1.30~1.70	≤0.30	0.20~0.50	≤0.30	≤0.08	0.015~0.05	≤0.10	≤0.03	—	≤0.02	≤0.01
5	18Mn MoNbR	≤0.21	0.15~0.50	1.20~1.60	≤0.30	≤0.30	≤0.30	0.45~0.65	0.025~0.05	—	—		≤0.02	≤0.01

序号	牌号	化学成分(质量分数)/%												
		C[①]	Si	Mn	Cu	Ni	Cr	Mo	Nb	V	Ti	Alt[②]	P	S
6	13MnNiMoR	≤0.15	0.15~0.50	1.20~1.60	≤0.30	0.60~1.00	0.20~0.40	0.20~0.40	0.005~0.02	—	—	—	≤0.02	≤0.01
7	15CrMoR	0.08~0.18	0.15~0.40	0.40~0.70	≤0.30	≤0.30	0.80~1.20	0.45~0.60	—	—	—		≤0.025	≤0.01
8	14Cr1MoR	≤0.17	0.50~0.80	0.40~0.65	≤0.30	≤0.30	1.15~1.50	0.45~0.65					≤0.02	≤0.01
9	12Cr2Mo1R	0.08~0.15	≤0.50	0.30~0.60	≤0.20	≤0.30	2.00~2.50	0.90~1.10					≤0.02	≤0.01
10	12Cr1MoVR	0.08~0.15	0.15~0.40	0.40~0.70	≤0.30	≤0.30	0.90~1.20	0.25~0.35		0.15~0.30			≤0.025	≤0.01
11	12Cr2Mo1VR	0.11~0.15	≤0.10	0.30~0.60	≤0.20	≤0.25	2.00~2.50	0.90~1.10	≤0.07	0.25~0.35	≤0.30		≤0.01	≤0.005

① 因为焊接需要，钢板的碳含量应经供需双方协议，并在合同中注明，其下限可不作要求。

② 化学成分 Alt（Altotal）是铝总含量，简称全铝。除 Q245R 和 Q345R 外，表中其余钢号对 Alt 元素的含量均不作要求。

注：1. Q245R、Q345R 和 Q370R 中，Cu＋Ni＋Cr＋Mo≤0.70；12Cr2Mo1VR 中 B≤0.002，Ca≤0.015。

2. GB/T 713—2014 中还有钢号 07Cr2AlMoR，本表未摘引。

由表 6-7 可知：

ⅰ. 各牌号钢的含碳量都很低，为的是获取良好的塑性和焊接性能。

ⅱ. 硅含量也要控制在低水平，因为硅会提高钢的强度和冷加工硬化程度，从而使钢的塑性降低、焊接性能恶化。

ⅲ. 因为锰对提高低碳和中碳珠光体钢的强度有显著作用，还可提高钢的高温瞬时强度。但缺点是有促进晶粒长大作用，所以当锰的质量分数超过 1％ 时，会使钢的焊接性能变坏。克服的方法，一是在钢中加入细化晶粒的元素，如钼、钒、铌、钛等，表中锰的质量分数超过 1％ 的几个钢，除 Q345R 外，都加了细化晶粒的元素；二是在焊接工艺上，采用小线能量焊接，所以焊接 Q345R 时不可使用大的电流就是这个道理。

ⅳ. 铬除了提高钢的强度，特别是钢的高温力学性能外，还可以使钢具有良好的抗腐蚀性和抗氧化性。从表可见，大部分低合金钢都含有铬。含有铬的钢材会显著提高钢的脆性转变温度，还会促进钢的回火脆性，因此，要控制回火温度。

ⅴ. 钼对铁素体有固溶强化作用，还可提高钢的热强性和抗氢腐蚀，所以也是低合金钢的重要添加元素，但要控制含量，因为钼能使低合金钼钢发生石墨化倾向。

ⅵ. 含 Nb 的三个钢号主要是为了细化晶粒、降低钢的过热敏感性和回火脆性。同时铌有极好的抗氢性能，还能提高钢的热强性。

第二类是由 GB/T 3531—2014 规定的，适用于低温压力容器受压元件使用的钢板，共计 6 个钢号，其化学成分见表 6-9，力学性能见表 6-10，许用应力查表 8-6。

表 6-8　压力容器用碳素钢和低合金钢钢板（部分）的力学性能和工艺性能

序号	钢号	钢板标准	交货状态	钢板厚度/mm	拉伸试验			冲击试验		弯曲试验
					抗拉强度 R_m/MPa	屈服强度 R_{eL}/MPa	伸长率 A/%	温度/℃	KV_2/J	180°, $b=2a$
1	Q245R	GB/T 713	热轧、控轧或正火	3~16	400~520	≥245	≥25	0	≥34	$d=1.5a$
				>16~36		≥235				
				>36~60		≥225				
2	Q345R			3~16	510~640	≥345	≥21	0	≥41	$d=2a$
				>16~36	500~630	≥325				$d=3a$
				>36~60	490~620	≥315				
3	Q370R		正火	10~16	530~630	≥370	≥20	−20	≥47	$d=2a$
				>16~36		≥360				$d=3a$
				>36~60	520~620	≥340				
4	Q420R			10~20	590~720	≥420	≥18	−20	≥60	$d=3a$
				>20~30	570~700	≥400				
5	18MnMoNbR		正火加回火	30~60	570~720	≥400	≥18	0	≥47	$d=3a$
6	13MnNiMoR			30~100	570~720	≥390	≥18	0	≥47	$d=3a$
7	15CrMoR			6~60	450~590	≥295	≥19	≥20	≥47	$d=3a$
				>60~100		≥275				
8	14Cr1MoR			6~100	520~680	≥310	≥19	≥20	≥47	$d=3a$
9	12Cr2Mo1R			6~200	520~680	≥310	≥19	≥20	≥47	$d=3a$
10	12Cr1MoVR			6~60	440~590	≥245	≥19	≥20	≥47	$d=3a$
11	12Cr2Mo1VR			6~200	590~760	≥415	≥17	−20	≥60	—

注：1. 部分（序号1~4）较大厚度钢板的力学性能本表未摘引。
2. "弯曲试验"栏下，a 为试样厚度，b 为试件宽度，d 为弯曲压头直径。
3. 表中各钢号钢板的许用应力查表 8-6。

表 6-9　低温压力容器用低合金钢钢板（部分）的化学成分（GB/T 3531—2014）

序号	牌号	化学成分（质量分数）/%									
		C	Si	Mn	Ni	Nb	Mo	V	Alt[①]	P	S
1	16MnDR	≤0.20	0.15~0.50	1.20~1.60	≤0.40	—	—	—	≥0.02	≤0.02	≤0.01
2	15MnNiDR	≤0.18	0.15~0.50	1.20~1.60	0.20~0.60	—	—	≤0.05	≥0.02	≤0.02	≤0.008
3	09MnNiDR	≤0.12	0.15~0.50	1.20~1.60	0.30~0.80	≤0.04	—	≤0.05	≥0.02	≤0.02	≤0.008
4	15MnNiNbDR	≤0.18	0.15~0.50	1.20~1.60	0.30~0.70	0.015~0.04	—	—	≥0.02	≤0.008	
5	08Ni3DR	≤0.10	0.15~0.35	0.30~0.80	3.25~3.70	—	≤0.12	≤0.05	—	≤0.015	≤0.005
6	06Ni9DR	≤0.08	0.15~0.35	0.30~0.80	8.50~10.00	—	≤0.10	≤0.01	—	≤0.008	≤0.004

① 表示可以用测定 Als（酸溶性铝）代替 Alt，此时 Als 含量应不小于 0.015%；当钢中 Nb+V+Ti≥0.015% 时，Al 含量不作验收要求。

注：为改善钢板的性能，钢中可添加 Nb、V、Ti 等元素，Nb+V+Ti≤0.12%，元素质量分数应在质量证明书中注明。

表 6-10　低温压力容器用低合金钢钢板（部分）的力学性能和工艺性能

序号	钢号	钢板标准	交货状态	钢板厚度/mm	拉伸试验			冲击试验		弯曲试验
					抗拉强度 R_m/MPa	屈服强度 R_{eL}[①]/MPa	伸长率 A/%	温度/℃	KV_2/J	180°，$b=2a$
1	16MnDR	GB/T 3531	正火或正火加回火	6~16	490~620	≥315	≥21	−40	≥47	$d=2a$
				>16~36	470~600	≥295				$d=3a$
				>36~60	460~590	≥285				
2	15MnNiDR			6~16	490~620	≥325	≥20	−45	≥60	$d=3a$
				>16~36	480~610	≥315				
				>36~60	470~600	≥305				
3	09MnNiDR			6~16	440~570	≥300	≥23	−70	≥60	$d=2a$
				>16~36	430~560	≥280				
				>36~60	430~560	≥270				
4	15MnNiNbDR			10~16	530~630	≥370	≥20	−50	≥60	$d=3a$
				>16~36	530~630	≥360				
				>36~60	520~620	≥350				
5	08Ni3DR			6~60	490~620	≥320	≥21	−100	≥60	$d=3a$
6	06Ni9DR		淬火加回火[②]	5~30	680~820	≥560	≥18	−196	≥100	$d=3a$
				>30~50		≥550				

① 表示在试验中屈服现象不明显时，可测量 $R_{p0.2}$ 代替 R_{eL}。

② 表中上标 b 表示对于厚度不大于 12mm 的钢板可两次正火加回火状态交货。

注："弯曲试验"栏内 a、b 为试件厚度和宽度，d 为弯曲压头直径。

（2）非压力容器用碳素钢钢板

本书仅摘编了二类常见的碳素钢钢板：以 Q235 为代表的普通碳素钢钢板和以 20 号钢为代表的优质碳素钢钢板。

在表 6-11 中的序号 1 和 2 是普通碳素钢钢板，这两个非压力容器专用钢板可以在规定的范围内（参看表 8-26）用于制造压力容器受压元件。它们的许用应力也有区别，见表 8-6 的序号 10 和 11。

表 6-11 中的序号 3~5 是优质碳素结构钢钢板，10、20 等表示钢板含碳量的万分数，因为钢板在制造产品过程中需要卷制、冲压、焊接，所以优质碳素钢虽然也有 45 号钢，但不宜轧制成板材。20 钢板在 GB/T 150.2—2011 实施后不能再用于制造压力容器的受压元件。但外压容器除外。

从表 6-11 可以发现，碳素钢钢板的磷、硫含量均较高，Q235B 和 Q235C 若用于制造压力容器，其磷、硫含量均需降至 0.035% 以下。

表 6-11 碳素钢钢板的化学成分（质量分数） %

序号	牌号	标准号	化学成分							
			C	Si	Mn	P	S	Cr	Ni	Cu
						不大于				
1	Q235B	GB/T 700—2006	≤0.20	0.35	1.4	0.045	0.045	0.30		
2	Q235C		≤0.17	0.35	1.4	0.040	0.040			
3	10	GB/T 711—2017	0.07~0.13	0.17~0.37	0.35~0.65	0.035	0.030	0.15	0.30	0.25
4	15		0.12~0.18	0.17~0.37	0.35~0.65	0.035	0.030	0.20	0.30	0.25
5	20		0.17~0.23	0.17~0.37	0.35~0.65	0.035	0.030	0.20	0.30	0.25

注：1. 在 GB/T 700—2006《碳素结构钢》中共有 Q195，Q215，Q235，Q275，4 个牌号，其中的 Q235B 和 Q235C 虽不是压力容器专用钢板，但允许有条件用于制造压力容器，这些条件可参看 8.5.2.1 中的⑥。

2. GB/T 700—2006 中的所有牌号的钢，氮含量应不大于 0.008%，如超过此值，氮含量每增加 0.001%磷含量减少 0.005%，熔炼分析氮的最大含量应不大于 0.012%；如果钢中的酸溶铝含量不小于 0.015%或铝含量不小于 0.020%，氮含量上限可以不受限制，固定氮的元素应在质量证明书中注明。

上述五种钢板的力学性能列于表 6-12。

表 6-12 碳素钢钢板的力学性质（GB/T 700—2006、GB/T 711—2017）

序号	牌号	供货状态	钢板厚度/mm	屈服强度 R_{eL}/MPa	抗拉强度 R_m/MPa	伸长率 $A/\%$	冲击试验（V 型缺口）		弯曲试验 180°，$b=2a$	
							温度/℃	纵向冲击吸收功 KV_2/J	弯心直径 d/mm	
				不小于				不小于		
1~2	Q235B 和 Q235C	热轧或正火	≤16	235	370~500	26	20	27	钢板厚度 ≤60mm 纵向试样 $d=a$ 横向试样 $d=1.5a$	钢板厚度 >60~100mm 纵向试样 $d=2a$ 横向试样 $d=2.5a$
			>16~40	225						
			>40~60	215		25				
			>60~100	205		24				
			>100~150	195		22	0			
			>150~200	185		21				
3	10	热轧或热处理	≤20	335		32	20	34	钢板厚度 ≤20 纵向试样 $d=0$	钢板厚度>20 纵向试样 $d=a$
							−20	27		
4	15		≤20	370		30	20	34	钢板厚度 ≤20 纵向试样 $d=0.5a$	钢板厚度>20 纵向试样 $d=1.5a$
							−20	27		
5	20		≤20	410		28	20	34	钢板厚度 ≤20 纵向试样 $d=a$	钢板厚度>20 纵向试样 $d=2a$
							−20	27		

注：20 钢的专用钢板 20R 和 20g 统一收入 GB/T 713—2014《锅炉和压力容器用钢板》，并改用牌号 Q245R。

6.4.3 不锈钢、耐热钢钢板

根据 GB/T 4237—2015《不锈钢热轧钢板和钢带》的规定，共有 95 个钢号有钢板品种，并且有将近一半是奥氏体型不锈钢，在这 95 个钢号中共有 18 个钢号纳入了《承压设备用不锈钢钢板和钢带》（GB/T 24511—2017）中，包括奥氏体型的 11 个钢号、奥氏体-铁素体型 4 个、铁素体型的 3 个，这 18 个钢号的化学成分与室温下的力学性能，与 GB/T 4237 在 P、S 含量及其他少量数据上稍有不同。部分钢号的化学成分和力学性能分别见表 6-13 和表 6-14。这 18 个钢号钢板（部分）的许用应力见表 8-7。

114

表6-13 承压设备用不锈钢钢板的化学成分（GB/T 24511—2017）

序号	钢号	化学成分（质量分数）/%									
		C	Si	Mn	P	S	Ni	Cr	Mo	N	其他元素
1	0Cr18Ni9 06Cr19Ni10 (S30408)	0.08	0.75	2.00	0.035	0.015	8.00~10.50	18.00~20.00		0.10	
2	07Cr19Ni10 (S30409)	0.04~0.10	0.75	2.00	0.035	0.015	8.00~10.50	18.00~20.00		0.10	
3	0Cr18Ni10Ti 06Cr18Ni11Ti (S32168)	0.08	0.75	2.00	0.035	0.015	9.00~12.00	17.00~19.00		0.10	Ti≥5C~0.70
4	0Cr17Ni12Mo2 06Cr17Ni12Mo2 (S31608)	0.08	0.75	2.00	0.035	0.015	10.00~14.00	16.00~18.00	2.00~3.00	0.10	
5	0Cr18Ni12Mo2Ti 06Cr17Ni12Mo2Ti (S31668)	0.08	0.75	2.00	0.035	0.015	10.00~14.00	16.00~18.00	2.00~3.00		Ti≥5C~0.70
6	0Cr19Ni13Mo3 06Cr19Ni13Mo3 (S31708)	0.08	0.75	2.00	0.035	0.015	11.00~15.00	18.00~20.00	3.00~4.00	0.10	
7	00Cr19Ni10 022Cr19Ni10 (S30403)	0.030	0.75	2.00	0.035	0.015	8.00~12.00	18.00~20.00		0.10	
8	00Cr17Ni14Mo2 022Cr17Ni12Mo2 (S31603)	0.030	0.75	2.00	0.035	0.015	10.00~14.00	16.00~18.00	2.00~3.00	0.10	
9	00Cr19Ni13Mo3 022Cr19Ni13Mo3 (S31703)	0.030	0.75	2.00	0.035	0.015	11.00~15.00	18.00~20.00	3.00~4.00		
10	015Cr21Ni26Mo5Cu2 (S39042)	0.020	1.00	2.00	0.030	0.010	24.00~26.00	19.00~21.00	4.00~5.00	0.10	Cu:1.20~2.00

续表

序号	钢号	化学成分（质量分数）/%									
		C	Si	Mn	P	S	Ni	Cr	Mo	N	其他元素
11	00Cr18Ni5Mo3Si2 022Cr19Ni5Mo3Si2N (S21953)	0.03	1.30~2.00	1.00~2.00	0.030	0.015	4.50~5.50	18.00~19.50	2.50~3.00	0.05~0.12	
12	022Cr22Ni5Mo3N (S22253)	0.03	1.00	2.00	0.030	0.015	4.50~6.50	21.00~23.00	2.50~3.50	0.08~0.20	
13	022Cr23Ni5Mo3N (S22053)	0.03	1.00	2.00	0.030	0.015	4.50~6.50	22.00~23.00	3.00~3.50	0.14~0.20	
14	0Cr13 06Cr13 (S11306)	0.08	1.00	1.00	0.035	0.020	0.60	11.50~13.50			
15	0Cr13Al 06Cr13Al (S11348)	0.08	1.00	1.00	0.035	0.020	0.60	11.50~14.50			Al:0.10~0.30
16	00Cr18Mo2 019Cr19Mo2NbTi (S11972)	0.025	1.00	1.00	0.035	0.020	1.00	17.50~19.50	1.75~2.50	0.035	(Ti+Nb):[0.20+4(C+N)]~0.80
17	0Cr25Ni20 06Cr25Ni20 (S31008)	0.08	1.50	2.00	0.035	0.015	19.00~22.00	24.00~26.00			
18	022Cr25Ni7Mo4N (S25073)	0.030	1.00	2.00	0.030	0.015	6.00~8.00	24.00~26.00	3.00~3.50	0.24~0.32	Cu:0.50

注：1. 钢号中所列成分除标明范围或最小值外，其余均为最大值。

2. 钢号中最上面的是2007年前使用的，居中的是新钢号，最下面是统一数字代号。数字代号首位为3者是奥氏体型钢，为2者为奥氏体-铁素体型钢，为1者为马氏体型钢。

3. 序号18钢号S25073未被GB/T 150.2—2011选用，所以在表8-7高合金钢钢板许用应力表中没有该钢号。

116

表 6-14　几种不锈钢的力学性能（GB/T 24511—2017）

序号	新牌号	旧牌号	规定非比例延伸强度 $R_{p0.2}$ /MPa	抗拉强度 R_m /MPa	断后伸长率 A /%	硬 度 值		
						HBW	HRB 或 (HRC)	HV
			不小于			不大于		
1	06Cr19Ni10 (S30408)	0Cr18Ni9	205	520	40	201	92	210
2	07Cr19Ni10 (S30409)		205	520	40	201	92	210
3	06Cr18Ni11Ti (S32168)	0Cr18Ni10Ti	205	520	40	217	95	220
4	06Cr17Ni12Mo2 (S31608)	0Cr17Ni12Mo2	205	520	40	217	95	220
5	06Cr17Ni12Mo2Ti (S31668)	0Cr18Ni12Mo2Ti	205	520	40	217	95	220
6	06Cr19Ni13Mo3 (S31708)	0Cr19Ni13Mo3	205	520	35	217	95	220
7	022Cr19Ni10 (S30403)	00Cr19Ni10	180	490	40	201	92	210
8	022Cr17Ni12Mo2 (S31603)	00Cr17Ni14Mo2	180	490	40	217	95	220
9	022Cr19Ni13Mo3 (S31703)	00Cr19Ni13Mo3	205	520	40	217	95	220
10	015Cr21Ni26Mo5Cu2 (S39042)		220	490	35		90	
11	022Cr19Ni5Mo3Si2N (S21953)	00Cr18Ni5Mo3Si2	440	630	25	290	31	
12	022Cr22Ni5Mo3N (S22253)		450	620	25	293	31	
13	022Cr23Ni5Mo3N (S22053)		450	620	25	293	31	
14	06Cr13 (S11306)	0Cr13	205	415	20	183	89	200
15	06Cr13Al (S11348)	0Cr13Al	170	415	20	179	88	200
16	019Cr19Mo2NiTi (S11972)	00Cr18Mo2	275	415	20	217	96	230
17	06Cr25Ni20 (S31008)	0Cr25Ni20	205	515	40	217	95	220
18	022Cr25Ni17Mo4N (S25073)		550	800	15	300	22	

注：序号 14、15、16 三种钢要冷弯 180°。弯芯直径 $d=2$ 倍钢板厚度。

117

6.5 钢　管

6.5.1 钢管分类及其标准

钢管分为有缝的焊接钢管和热轧或冷拔的无缝钢管两类。

① 有缝的焊接钢管　GB/T 3091—2015《低压流体输送用焊接钢管》为现用的标准。它适用于输送水、污水、煤气、空气、取暖蒸气等较低压力的流体。其材质一般采用低碳钢。输送低压腐蚀性介质时，用不锈钢焊接钢管，标准是 GB/T 12771—2008《流体输送用不锈钢焊接钢管》。代表材质为 06Cr13、06Cr19Ni10、022Cr19Ni10、022Cr18Ti、06Cr18Ni11Nb、022Cr17Ni12Mo2 等。

② 无缝钢管　有冷拔管和热轧管，前者直径和壁厚均较小，材料大多是用 10、20 等优质碳素钢，当然也可以采用合金钢。无缝钢管广泛用于压力容器和化工设备中，因为工作压力超过 0.6MPa 时，不允许使用有缝钢管。

无缝钢管有多个标准，常用的有：GB/T 8163—2018《流体输送用无缝钢管》；GB/T 6479—2013《高压化肥设备用无缝钢管》；GB/T 9948—2013《石油裂化用无缝钢管》；GB/T 13296—2013《锅炉热交换器用不锈钢无缝钢管》和 GB/T 14976—2012《流体输送用不锈钢无缝钢管》5 个。每个标准规定有所使用的材质、尺寸、外径和壁厚的允许偏差、制造方法、检验项目和要求等。在化工设备设计图样中所使用的无缝钢管（包括做筒体用）都必须注明钢管的标准号。容器制造厂要按标准要求验收所购钢管。

6.5.2 钢管的尺寸

（1）无缝钢管的尺寸系列

无缝钢管的尺寸系列有两个，一个是按钢管外径 d_o 建立的，另一个是按钢管的公称直径（DN）建立的。

① 钢管的外径系列尺寸　在不同的钢管标准中有不同的规定，如在《输送流体用无缝钢管》（GB/T 8163）中，热轧管的外径从 32mm 到 630mm 共有 48 个规格，冷拔管的外径从 5mm 到 200mm 共有 70 个规格，而且每种外径的钢管又有数种不同规格的壁厚，因此在选用非常用规格的钢管时，应该查相关的钢管标准。

② 钢管的公称直径系列　在钢管使用时往往需要和法兰、管件或各类阀门相连接，这时涉及两个零件（管子与法兰、管子与管件、管子与阀门）之间的连接问题。要实现两者的连接，这两个零件就必须具有可以相配合的表面。例如管子与平焊管法兰要实现连接（图6-11），钢管的外表面与法兰的内孔圆柱面就是相配合的表面。要实现连接，法兰的内孔直径 D_i 要稍大于管子的外径 d_H。譬如与外径为 219mm 的管子连接的法兰，其内孔直径应为220mm。这里的 219mm 和 220mm 两个尺寸是这种外径的管子与法兰实现连接的条件。为

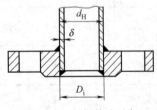

图 6-11　平焊管法兰与
管子的配合尺寸

了不用两个尺寸，而只用一个尺寸来说明两个零件能够实现连接的条件，因此引入公称直径的概念。人们约定：凡是能够实现连接的管子与法兰、管子与管件或管子与阀门，就规定这两个连接件具有相同的公称直径。例如上边提到的外径为219mm 的管子和内孔直径为 220mm 的管法兰，虽然这两个零件的具体尺寸没有任何一个尺寸是一样的，但是因为它们能够实现连接，就规定这两个零件有相同的公称直径，而且具体规定它们的公称直径 DN 都等于 200mm。显然这个"200mm"

并不是管子或法兰上的某一个具体尺寸，但是只要是 $DN=200mm$ 的管子，那么管子的外径 d_H 就一定是 219mm。只要是 $DN=200mm$ 的平焊管法兰，那么这个法兰的内孔直径就一定是 220mm。由此可见，不管是钢管的公称直径，或者是法兰的公称直径，或者是阀门、管件的公称直径，它们都不代表该零件的某个具体尺寸，但是却可以依靠它来寻找可以连接相配的另一个标准件。

钢管的公称直径系列是根据法兰的公称直径系列人为规定的，它比钢管外径的规格少得多，根据 HG/T 20592—2009《钢制管法兰》（PN 系列）标准的规定，适用该标准管法兰的钢管外径包括 A、B 两个系列，A 系列为国际通用系列（俗称英制管），B 系列为国内沿用系列（俗称公制管），它们的公称尺寸和钢管外径按表 6-15 的规定。

表 6-15　管法兰配用钢管的公称尺寸和钢管外径　　　　　　　　　　　　mm

公称尺寸 DN		10	15	20	25	32	40	50	65
钢管外径	A	17.2	21.3	26.9	33.7	42.4	48.3	60.3	76.1
	B	14	18	25	32	38	45	57	76
公称尺寸 DN		80	100	125	150	200	250	300	350
钢管外径	A	88.9	114.3	139.7	168.3	219.1	273	323.9	355.6
	B	89	108	133	159	219	273	325	377
公称尺寸 DN		400	450	500	600	700	800	900	1000
钢管外径	A	406.4	457	508	610	711	813	914	1016
	B	426	480	530	630	720	820	920	1020
公称尺寸 DN		1200		1400		1600		1800	2000
钢管外径	A	1219		1422		1626		1829	2032
	B	1220		1420		1620		1820	2020

我国大都使用 B 系列钢管，其中 $DN \leqslant 500mm$ 的有 19 个，它们的外径、常用壁厚、内孔截面面积以及作为设备接管使用时不同长度的质量，均可从表 6-16 中查取。

表 6-16　容器接口管直径、壁厚及质量

公称直径 /mm	外径 /mm	壁厚 /mm	内孔截面面积 /cm²	下列管长(mm)之质量/kg								
				80	100	120	150	180	200	250	500	1000
10	14	3	0.5	0.065	0.082	0.098	0.122	0.147	0.163	0.204	0.407	0.814
15	18	3	1.13	0.089	0.111	0.133	0.167	0.20	0.22	0.29	0.56	1.11
20	25	3	2.84	0.131	0.163	0.196	0.244	0.294	0.326	0.408	0.815	1.63
25	32	3.5	4.91	0.197	0.246	0.295	0.369	0.443	0.492	0.615	1.23	2.46
32	38	3.5	7.55	0.248	0.298	0.358	0.447	0.536	0.596	0.745	1.49	2.98
40	45	3.5	11.34	0.286	0.358	0.43	0.537	0.645	0.716	0.895	1.79	3.58
50	57	3.5	19.64	0.369	0.462	0.55	0.694	0.852	0.925	1.12	2.33	4.62
65	76	4	36.32	0.568	0.71	0.85	1.07	1.28	1.42	1.78	3.55	7.10
80	89	4	51.53	0.67	0.84	1.01	1.26	1.51	1.68	2.10	4.20	8.38
100	108	4	78.54	0.82	1.03	1.23	1.54	1.85	2.05	2.56	5.12	10.26
125	133	4	122.72	1.02	1.27	1.53	1.91	2.29	2.55	3.18	6.37	12.72
150	159	4.5	176.72	1.37	1.72	2.06	2.58	3.09	3.43	4.29	8.58	17.15
200	219	6	336.54	2.52	3.15	3.78	4.72	5.67	6.30	7.87	15.76	31.52
250	273	8	518.75	4.18	5.23	6.28	7.84	9.41	10.46	13.07	26.14	52.28
300	325	8	749.91	5.00	6.25	7.50	9.38	11.25	12.50	15.63	31.27	62.54

公称直径 /mm	外径 /mm	壁厚 /mm	内孔截面积 /cm²	下列管长（mm）之质量/kg								
				80	100	120	150	180	200	250	500	1000
350	377	9	1012.23	6.54	8.17	9.80	12.26	14.71	16.34	20.43	40.84	81.68
400	426	9	1307.41	7.41	9.26	11.10	13.89	16.67	18.52	23.15	46.27	92.55
450	480	9	1676.39	8.36	10.45	12.54	15.68	18.81	20.90	26.13	52.26	104.52
500	530	9	2058.88	9.25	11.56	13.87	17.34	20.81	23.12	28.90	57.81	115.62

钢管质量也可用下式计算

钢管每米长的重量
$$W_0 = \frac{\pi(D-S)S\rho}{1000} \quad \text{kg/m}$$

式中　　D——钢管公称外径，mm；

　　　　S——钢管公称壁厚，mm；

　　　　ρ——管材密度，kg/dm³。

钢的 ρ 取 7.85kg/dm³，代入上式

$$W_0 = 0.02467(D-S)S \quad \text{kg/m}$$

（2）有缝钢管的尺寸系列

低压流体输送用的焊接钢管，钢管的公称口径与钢管的外径、壁厚的对应关系列于表6-17。这类钢管的管端是用螺纹或沟槽连接的。

表6-17　外径不大于219.1mm的有缝钢管公称口径与钢管外径、管壁厚度对应表　　mm

公称口径 (DN)	外径（D）			最小公称壁厚 t	不圆度 不大于
	系列1	系列2	系列3		
6	10.2	10.0	—	2.0	0.20
8	13.5	12.7	—	2.0	0.20
10	17.2	16.0	—	2.2	0.20
15	21.3	20.8	—	2.2	0.30
20	26.9	26.0	—	2.2	0.35
25	33.7	33.0	32.5	2.5	0.40
32	42.4	42.0	41.5	2.5	0.40
40	48.3	48.0	47.5	2.75	0.50
50	60.3	59.5	59.0	3.0	0.60
65	76.1	75.5	75.0	3.0	0.60
80	88.9	88.5	88.0	3.25	0.70
100	114.3	114.0	—	3.25	0.80
125	139.7	141.3	140.0	3.5	1.00
150	165.1	168.3	159.0	3.5	1.20
200	219.1	219.0	—	4.0	1.60

注：1. 表中的公称口径系近似内径的名义尺寸，不表示外径减去两倍壁厚所得的内径。

　　2. 系列1是通用系列，属推荐选用系列；系列2是非通用系列；系列3是少数特殊、专用系列。

另外在GB/T 21835—2008《焊接钢管尺寸及单位长度重量》中规定了焊接钢管的三个尺寸系列，内容详尽，不作摘引，用时可查该标准（包括钢管壁厚的负偏差）。

6.5.3　钢管的钢号、性能和应用

由于钢管的标准很多，经常在设计图样上标注的无缝钢管就不少于五个。本书选择一些常用的钢号及对它们的力学性能、技术要求作一综合性介绍。

在表6-18中给出的是几种碳素钢和低合金钢钢管的化学成分。表6-19则列出了它们的力学性能。

表 6-18　几种碳素钢和低合金钢钢管的化学成分

序号	钢号	钢管标准	化学成分（质量分数）/%											
			C	Si	Mn	P	S	Cr	Ni	Nb	Mo	Cu	Als	其他
1	10	GB/T 8163	0.07~0.13	0.17~0.37	0.35~0.65	≤0.030	≤0.030	≤0.15	≤0.30	—	—	≤0.20	—	—
2	10	GB/T 9948	0.07~0.13	0.17~0.37	0.35~0.65	≤0.025	≤0.015	≤0.15	≤0.25	—	≤0.15	≤0.20	—	V≤0.08
3	20	GB/T 8163	0.17~0.23	0.17~0.37	0.35~0.65	≤0.030	≤0.030	≤0.25	≤0.30	—	—	≤0.20	—	—
4	20	GB/T 9948	0.17~0.23	0.17~0.37	0.35~0.65	≤0.025	≤0.015	≤0.25	≤0.25	—	≤0.15	≤0.20	—	V≤0.08
5	12CrMo	GB/T 9948	0.08~0.15	0.17~0.37	0.40~0.70	≤0.025	≤0.015	0.40~0.70	≤0.30	—	0.40~0.55	≤0.20	—	—
6	15CrMo	GB/T 9948	0.12~0.18	0.17~0.37	0.40~0.70	≤0.025	≤0.015	0.80~1.10	≤0.30	—	0.40~0.55	≤0.20	—	—
7	12Cr2Mo1	GB/T 150.2	0.08~0.15	≤0.50	0.40~0.60	≤0.025	≤0.015	2.00~2.50	—	—	0.90~1.10	—	—	—
8	12Cr5Mo1	GB/T 9948	≤0.15	≤0.50	0.30~0.60	≤0.025	≤0.015	4.00~6.00	≤0.60	—	0.45~0.60	—	—	—
9	12Cr1MoVG	GB/T 5310	0.08~0.15	0.17~0.37	0.40~0.70	≤0.025	≤0.010	0.90~1.20	—	—	0.25~0.35	—	—	V:0.15~0.30
10	09MnD	GB/T 150.2	≤0.12	0.15~0.35	1.15~1.50	≤0.020	≤0.010	—	—	—	—	—	≥0.015	—
11	09MnNiD	GB/T 150.2	≤0.12	0.15~0.50	1.20~1.60	≤0.020	≤0.010	—	0.30~0.80	≤0.04	—	—	≥0.015	—
12	08Cr2AlMo	GB/T 150.2	0.05~0.10	0.15~0.40	0.20~0.50	≤0.025	≤0.015	2.00~2.50	—	—	0.30~0.40	—	—	Al:0.30~0.70
13	09CrCuSb	GB/T 150.2	≤0.12	0.20~0.40	0.35~0.65	≤0.030	≤0.020	0.70~1.10	—	—	—	0.25~0.45	—	Sb:0.04~0.10

表 6-19 碳素钢和低合金钢钢管的力学性能

序号	钢号	钢管标准	拉伸试验(纵向)			冲击试验(纵向)	布氏硬度值/HB
			抗拉强度 R_m/MPa	屈服强度 R_{eL}/MPa	伸长率 A/%	V形冲击功 KV_2/J	
				不小于		不小于	不大于
1	10	GB/T 8163	335～475	205	24	—	137
2	10	GB/T 9948	335～475	205	25	40	—
3	20	GB/T 8163	410～530	245	20	—	156
4	20	GB/T 9948	410～560	245	24	40	—
5	12CrMo	GB/T 9948	410～560	205	21	40	156
6	15CrMo	GB/T 9948	440～640	295	21	40	170
7	12Cr2Mo1	GB/T 150.2	450～600	280	22	40(20℃)	—
8	12Cr5Mo1	GB/T 9948	415～590	205	22	40	163
9	12Cr1MoVG	GB/T 5310	470～640	255	21	40	—
10	09MnD	GB/T 150.2	420～560	270	25	47(−50℃)	—
11	09MnNiD	GB/T 150.2	440～580	280	24	47(−70℃)	—
12	08Cr2AlMo	GB/T 150.2	400～540	250	25	—	—
13	09CrCuSb	GB/T 150.2	390～550	245	25	—	—

不锈钢无缝钢管也涉及几个标准，编者在表 6-20 和表 6-21 中给出了 14 个不锈钢（含耐热钢）钢号的化学成分和力学性能。

表 6-21 中给出的力学性能是 GB/T 13296 的数据（序号 1～10），不锈钢钢管标准还有 GB/T 14976，前者主要用于换热，后者多用于流体输送，因而前者的尺寸规格（最大到 DN159mm）远小于后者。两者所含材料牌号有所不同，有些材料的化学成分和力学性能也稍有区别。GB/T 13296 的检验项目与要求比 GB/T 14976 要多、要严格，所以换热用的不锈钢钢管价格要贵一些。GB/T 21833 是奥氏体-铁素体型双相不锈钢无缝钢管标准，双相不锈钢无缝钢管有更好的塑性、韧性、耐晶间腐蚀以及焊接性能，一般比 304 不锈钢贵很多。

表 6-20 不锈钢钢管的化学成分

序号	钢管钢号	钢管标准	化学成分(质量分数)/%								
			C	Si	Mn	P	S	Ni	Cr	Mo	N	其他元素
1	06Cr19Ni10 (S30408)	GB/T 13296 GB/T 14976	0.08	1.00	2.00	0.035	0.030	8.00～11.00	18.00～20.00			
2	07Cr19Ni10 (S30409)	GB/T 13296 GB/T 14976	0.04～0.10	1.00	2.00	0.035	0.030	8.00～11.00	18.00～20.00			
3	06Cr18Ni11Ti (S32168)	GB/T 13296 GB/T 14976	0.08	1.00	2.00	0.035	0.030	9.00～12.00	17.00～19.00			Ti:5C～0.70
4	06Cr17Ni12Mo2 (S31608)	GB/T 13296 GB/T 14976	0.08	1.00	2.00	0.035	0.030	10.00～14.00	16.00～18.00	2.00～3.00		
5	06Cr17Ni12Mo2Ti (S31668)	GB/T 13296 GB/T 14976	0.08	1.00	2.00	0.035	0.030	10.00～14.00	16.00～18.00	2.00～3.00		Ti:≥5C
6	06Cr19Ni13Mo3 (S31708)	GB/T 13296 GB/T 14976	0.08	1.00	2.00	0.035	0.030	11.00～15.00	18.00～20.00	3.00～4.00		
7	022Cr19Ni10 (S30403)	GB/T 13296 GB/T 14976	0.03	1.00	2.00	0.035	0.030	8.00～12.00	18.00～20.00			
8	022Cr17Ni12Mo2 (S31603)	GB/T 13296 GB/T 14976	0.03	1.00	2.00	0.035	0.030	10.00～14.00	16.00～18.00	2.00～3.00		

序号	钢管钢号	钢管标准	化学成分(质量分数)/%									
			C	Si	Mn	P	S	Ni	Cr	Mo	N	其他元素
9	022Cr19Ni13Mo3 (S31703)	GB/T 13296 GB/T 14976	0.03	1.00	2.00	0.035	0.030	11.00~15.00	18.00~20.00	3.00~4.00		
10	06Cr25Ni20 (S31008)	GB/T 13296 GB/T 14976	0.08	1.50	2.00	0.035	0.030	19.00~22.00	24.00~26.00			
11	S21953	GB/T 21833	≤0.03	1.40~2.00	1.20~2.00	≤0.03	≤0.03	4.30~5.20	18.00~19.00	2.50~3.00	0.05~0.10	
12	S22253	GB/T 21833	≤0.03	≤1.00	≤2.00	≤0.03	≤0.02	4.50~6.50	21.00~23.00	2.50~3.50	0.08~0.20	
13	S22053	GB/T 21833	≤0.03	≤1.00	≤2.00	≤0.03	≤0.02	4.50~6.50	22.00~23.00	3.00~3.50	0.14~0.20	
14	S25073	GB/T 21833	≤0.03	≤0.80	≤1.20	≤0.035	≤0.020	6.00~8.00	24.00~26.00	3.00~5.00	0.24~0.32	Cu: ≤0.50

表 6-21 不锈钢钢管的力学性能

序号	钢号	钢管标准	拉伸试验(纵向)			硬度
			抗拉强度 R_m/MPa	规定非比例延伸强度 $R_{p0.2}$/MPa	断后伸长率 A/%	HBW
			不小于			不大于
1	06Cr19Ni10 (S30408)	GB/T 13296	520	205	35	187
2	07Cr19Ni10 (S30409)	GB/T 13296	520	205	35	187
3	06Cr18Ni11Ti (S32168)	GB/T 13296	520	205	35	187
4	06Cr17Ni12Mo2 (S31608)	GB/T 13296	520	205	35	187
5	06Cr17Ni12Mo2Ti (S31668)	GB/T 13296	530	205	35	187
6	06Cr19Ni13Mo3 (S31708)	GB/T 13296	520	205	35	187
7	022Cr19Ni10 (S30403)	GB/T 13296	480	175	35	187
8	022Cr17Ni12Mo2 (S31603)	GB/T 13296	480	175	40	187
9	022Cr19Ni13Mo3 (S31703)	GB/T 13296	480	175	35	187
10	06Cr25Ni20 (S31008)	GB/T 13296	520	205	35	187
11	S21953	GB/T 21833	630	440	30	290
12	S22253	GB/T 21833	620	450	25	290
13	S22053	GB/T 21833	655	485	25	290
14	S25073	GB/T 21833	800	550	15	300

注：表中序号 1~10 所给出的力学性能是 GB/T 13296—2013 的数据。GB/T 14976—2012 的断后延伸率与此表略有不同。

6.5.4 钢管的检验与验收

（1）钢管的检验项目

钢管产品在出厂前应保证各相关标准所规定的材料化学成分和力学性能外（参看表6-18、表6-19、表6-20和表6-21。如果所选用的钢管的钢号在这些表中查取不到，则需查阅相关标准），还应完成以下各项检验。

① 水压试验 钢管应逐根进行水压试验，试验压力按下式计算

$$p = 2 \times \frac{\delta}{D_o} k R_{eL} \tag{6-1}$$

或

$$p = 2 \times \frac{\delta}{D_o} k_1 R_m \tag{6-2}$$

式中 p——试验压力，MPa；

      δ——钢管的公称壁厚，mm；

      D_o——钢管的公称外径，mm；

      R_{eL}——钢管材料的下屈服强度，N/mm²，有时可用规定非比例延伸率为0.2的延伸强度$R_{p0.2}$；

      R_m——钢管材料的抗拉强度，N/mm²；

  k，k_1——系数，不同标准中的钢管水压试验压力要求不同。

在试验压力下，应保证耐压时间不少于5～10s，此时钢管不得出现渗漏。

可用涡流检验或超声波检验代替水压试验。

② 压扁试验 钢管外径$D_o > 22$mm或壁厚$\delta \leqslant 10$mm时，应做钢管的压扁试验，钢管置于二平行钢板之间，施压后二平板间的距离H应达到按下式的计算值

$$H = \frac{(1+\alpha)\delta}{\alpha + \frac{\delta}{D_o}} \tag{6-3}$$

式中 α——钢管单位长度变形系数，α值越大，要求压扁的程度越大。

  δ，D_o 同前。

压扁后的钢管试样应无裂纹或裂口。

③ 扩口试验 对于管壁厚度小于或等于8mm（对不锈钢钢管为10mm）的钢管可作扩口试验。

扩口试验在冷状态下进行，顶芯锥度为30°、45°、60°中的一种，扩口后试样不得出现裂缝或裂口。

M6-1

有关无缝钢管水压、压扁和扩口试验中参数的规定请见M6-1。

④ 钢管的表面质量 主要有以下两点。

ⅰ.钢管的内外表面不允许有裂纹、折叠、轧折、结疤、离层和发纹缺陷。这些缺陷应完全清除掉，清除深度不得超过各钢管所属标准规定的壁厚负偏差，其清理处实际壁厚不得小于壁厚所允许的最小值。

ⅱ.在钢管的内外表面上，直道允许的深度也都有规定，一般冷拔管不得大于壁厚的4%，最大深度不大于0.2mm；热轧管不大于壁厚的5%，最大深度不大于0.4mm。

⑤ 无损检测 GB/T 9948、GB/T 6479、GB/T 5310和GB/T 13296四个钢管标准均规

定要对钢管进行超声波检测。

⑥ 腐蚀试验　GB/T 13296 和 GB/T 14976 两个标准均规定了应对奥氏体、奥氏体-铁素体型钢管作晶间腐蚀试验。

（2）钢管的验收

用于压力容器的钢管进行验收时，首先是检查表面质量和尺寸，其次是查看质量证明书，质量证明书上的化学成分与力学性能要与钢管所属标准之规定相符。

6.6　锻件与紧固件

6.6.1　锻件
6.6.1.1　锻件的名称和形状
锻件按形状称其名，详见图 6-12，共六种。

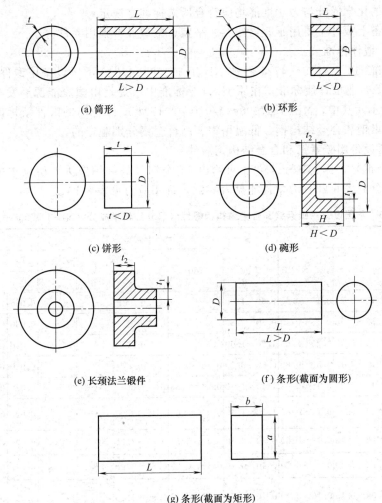

(a) 筒形　　　　　　　　　　(b) 环形

(c) 饼形　　　　　　　　　　(d) 碗形

(e) 长颈法兰锻件　　　　　　(f) 条形(截面为圆形)

(g) 条形(截面为矩形)

图 6-12　锻件形状与名称

6.6.1.2　锻件的分类与应用
锻件分为 Ⅰ、Ⅱ、Ⅲ、Ⅳ 四个级别，每个级别的检验项目按表 6-22 的规定。

表 6-22　锻件级别、检验项目和检验数量

锻 件 级 别	检验项目	检验数量
Ⅰ	硬度（HBW）	逐件检查
Ⅱ	拉伸和冲击（R_m、R_{eL}、A、KV_2）	同冶炼炉号、同炉热处理，锻造工艺、锻造比和厚度相近的锻件组成一批，每批抽检公称厚度最大的一件
Ⅲ	拉伸和冲击（R_m、R_{eL}、A、KV_2）	
	超声检测	逐件检查
Ⅳ	拉伸和冲击（R_m、R_{eL}、A、KV_2）	逐件检查
	超声检测	逐件检查

压力容器上使用的锻件不得低于Ⅱ级，当锻件的截面尺寸大于 300mm 时，或者是使用该锻件的容器盛装极度或高度危害的介质，且锻件截面尺寸达 50mm 时，锻件级别不得低于Ⅲ级。

设备总图的技术条件中应注明锻件级别，如 16MnⅡ 验收设备时应查验锻件质量证明书。证明书上的化学成分与力学性能均应符合所选标准之规定。

在化工设备上锻件主要用于容器法兰、平盖、整锻件补强用元件等。

6.6.1.3　锻件标准

原锻件标准 JB/T 4726～4728 已被 NB/T 47008～47010 承压设备用锻件新标准取代。NB/T 表示能源行业推荐性标准，在原 JB 行业标准中，凡是由国家能源局发布的标准均将 JB 改用 NB 表示。其中，NB/T 47008～47010—2017 承压设备用的锻件新标准还是按三类锻件材料：碳素钢和合金结构钢、低温用钢、高合金钢分别制定的。

（1）《承压设备用碳素钢和合金结构钢锻件》

共计 16 个钢号，因 GB/T 150.2 只给出 11 个钢号的许用应力，所以本书摘引 11 个，它们的化学成分见表 6-23，力学性能见表 6-24，许用应力见表 8-10。

表 6-23　承压设备用碳素钢和合金结构钢锻件（部分）化学成分（NB/T 47008—2017）

序号	钢号	化学成分（质量分数）/%										
		C	Si	Mn	Mo	Cr	V	Nb	P	S	Ni	Cu
									≤			
1	20	0.17～0.23	0.15～0.40	0.60～1.00	—	≤0.25	—	—	0.025	0.010	0.30	0.20
2	35	0.32～0.38	0.15～0.40	0.50～0.80	—	≤0.25	—	—	0.030	0.020	0.30	0.20
3	16Mn	0.13～0.20	0.20～0.60	1.20～1.60	—	≤0.30	—	—	0.030	0.020	0.30	0.20
4	14Cr1Mo	0.11～0.17	0.50～0.80	0.30～0.80	0.45～0.65	1.15～1.5	—	—	0.020	0.010	0.30	0.20
5	20MnMo	0.17～0.23	0.15～0.40	1.10～1.40	0.20～0.35	≤0.30	—	—	0.025	0.010	0.30	0.20
6	20MnMoNb	0.17～0.23	0.15～0.40	1.30～1.60	0.45～0.65	≤0.30	—	0.025～0.050	0.025	0.010	0.30	0.20
7	15CrMo	0.12～0.18	0.10～0.60	0.30～0.80	0.45～0.65	0.80～1.25	—	—	0.025	0.010	0.30	0.20
8	35CrMo	0.32～0.38	0.15～0.40	0.40～0.70	0.15～0.25	0.80～1.10	—	—	0.025	0.015	0.30	0.20
9	12Cr1MoV	0.09～0.15	0.15～0.40	0.40～0.70	0.25～0.35	0.90～1.20	0.15～0.30	—	0.025	0.015	0.30	0.20
10	12Cr2Mo1	≤0.15	≤0.50	0.30～0.60	0.90～1.10	2.00～2.50	—	—	0.020	0.010	0.30	0.20
11	12Cr5Mo	≤0.15	≤0.50	≤0.60	0.45～0.65	4.00～6.00	—	—	0.025	0.015	0.50	0.20

表 6-24　承压设备用碳素钢和合金结构钢锻件（部分）的力学性能（NB/T 47008—2017）

序号	钢号	公称厚度/mm	热处理状态	回火温度/℃ 不低于	R_m/MPa	R_{eL}/MPa	A/%	KV_2/J	冲击试验温度/℃	布氏硬度HBW
						不小于				
1	20	≤100	N,N+T	620	410～560	235	24	34	0	110～160
		>100～200			400～550	225				
		>200～300			380～530	205				
2	35	≤100	N,N+T	590	510～670	265	18	41	20	136～192
		>100～300			490～640	245				
3	16Mn	≤100	N,N+T,Q+T	620	480～630	305	20	41	0	128～180
		>100～200			470～620	295				
		>200～300			450～600	275				
4	14Cr1Mo	≤300	N+T,Q+T	620	490～660	290	19	47	20	—
		>300～500			480～650	280				
5	20MnMo	≤300	Q+T	620	530～700	370	18	47	0	—
		>300～500			510～680	350				
		>500～850			490～660	330				
6	20MnMoNb	≤300	Q+T	630	620～790	470	16	47	0	—
		>300～500			610～780	460				
7	15CrMo	≤300	N+T,Q+T	620	480～640	280	20	47	20	118～180
		>300～500			470～630	270					115～178
8	35CrMo	≤300	Q+T	580	620～790	440	15	41	0	—
		>300～500			610～780	430				
9	12Cr1MoV	≤300	N+T,Q+T	680	470～630	280	20	47	20	118～195
		>300～500			460～620	270					115～195
10	12Cr2Mo1	≤300	N+T,Q+T	680	510～680	310	18	47	20	125～180
		>300～500			500～670	300				
11	12Cr5Mo	≤500	N+T,Q+T	680	590～760	390	18	47	20	—

注：1. 如屈服现象不明显，屈服强度区 $R_{p0.2}$。

2. 热处理状态代号：N—正火；Q—淬火；T—回火。

（2）《低温承压设备用低合金钢锻件》

共 6 个钢号。本书摘引 5 个（缺 08Ni3D），它们的化学成分见表 6-25，力学性能见表 6-26，许用应力查表 8-10。

表 6-25　低温承压设备用低合金钢锻件的化学成分（NB/T 47009—2017）

钢号	化学成分(质量分数)/%										
	C	Si	Mn	Mo	Cr	Ni	V	Nb	Cu	P	S
										≤	
16MnD	0.13～0.20	0.20～0.60	1.20～1.60	—	≤0.25	≤0.40	—	≤0.030	≥0.20	0.020	0.010
09MnNiD	0.06～0.12	0.15～0.35	1.20～1.60	—	≤0.30	0.45～0.85	—	≤0.050	≥0.20	0.020	0.008
20MnMoD	0.16～0.22	0.15～0.40	1.10～1.40	0.20～0.35	≤0.30	≤0.50	—	—	≥0.20	0.020	0.008
08MnNiMoVD	0.06～0.10	0.20～0.40	1.10～1.40	0.20～0.40	≤0.3	1.20～1.70	0.02～0.06	—	≤0.20	0.020	0.008
10Ni3MoVD	0.08～0.12	0.15～0.35	0.70～0.90	0.20～0.30	≤0.30	2.50～3.00	0.02～0.06	—	≤0.20	0.015	0.008

注：08MnNiMoVD 钢的焊接冷裂纹敏感性组成 P_{cm} 值小于或等于 0.25%。P_{cm}=C+Si/30+Mn/20+Cu/20+Cr/20+Ni/60+Mo/15+V/10+5B（%）。

表 6-26 低温承压设备用低合金钢锻件的力学性能（NB/T 47009—2017）

材料牌号	公称厚度/mm	热处理状态	回火温度/℃ 不低于	拉伸性能 R_m/MPa	R_{eL}/MPa 不小于	A/% 不小于	冲击吸收能量 试验温度/℃	KV_2/J 不小于
16MnD	≤100	Q+T	620	480～630	305	20	-45	47
	>100～200			470～620	295		-40	
	>200～300			450～600	275			
20MnMoD	≤300	Q+T	620	530～700	370	18	-40	60
	>300～500			510～680	350		-30	
	>500～700			490～660	330			
08MnNiMoVD	≤300	Q+T	620	600～760	480	17	-40	80
10Ni3MoVD	≤300	Q+T	620	600～760	480	17	-50	80
09MnNiD	≤200	Q+T	620	440～590	280	23	-70	60
	>200～300			430～580	270			
08Ni3D	≤300	Q+T	620	460～610	260	21	-100	60
06Ni9D	≤125	Q+T	620	680～840	550	18	-196	60

注：如屈服现象不明显，屈服强度取 $R_{p0.2}$。

(3)《承压设备用不锈钢和耐热钢锻件》

共 16 个钢号，本书摘引 9 个，它们的化学成分见表 6-27，力学性能见表 6-28。

表 6-27 承压设备用不锈钢和耐热钢锻件的化学成分（NB/T 47010—2017）

类别	钢号	化学成分（质量分数）/% C	Si	Mn	Cr	Ni	Mo	Ti	P	S
铁素体型	06Cr13 (S11306)	≤0.06	≤1.00	≤1.00	11.50～13.50	≤0.60	—	—	≤0.035	≤0.020
奥氏体型	06Cr19Ni10 (S30408)	≤0.08	≤1.00	≤2.00	18.00～20.00	8.00～11.00	—	—	≤0.035	≤0.015
	022Cr19Ni10 (S30403)	≤0.03	≤1.00	≤2.00	18.00～20.00	8.00～12.00	—	—	≤0.035	≤0.015
	06Cr17Ni12Mo2 (S31608)	≤0.08	≤1.00	≤2.00	16.00～18.00	10.00～14.00	2.00～3.00	—	≤0.035	≤0.015
	022Cr17Ni12Mo2 (S31603)	≤0.03	≤1.00	≤2.00	16.00～18.00	10.00～14.00	2.00～3.00	—	≤0.035	≤0.015
	022Cr19Ni13Mo3 (S31703)	≤0.03	≤1.00	≤2.00	18.00～20.00	11.00～15.00	3.00～4.00	—	≤0.035	≤0.015
	06Cr18Ni11Ti (S32168)	≤0.08	≤1.00	≤2.00	17.00～19.00	9.00～12.00	—	≥5×w_C～0.70	≤0.035	≤0.015
	06Cr17Ni12Mo2Ti (S31668)	≤0.08	≤1.00	≤2.00	16.00～18.00	10.00～14.00	2.00～3.00	≥5×w_C～0.70	≤0.035	≤0.015
奥氏体-铁素体型	022Cr19Ni5Mo3Si2N (S21953)	≤0.03	1.30～2.00	1.00～2.00	18.00～19.50	4.50～5.50	2.50～3.00	—	≤0.030	≤0.015

表 6-28 承压设备用不锈钢和耐热钢锻件部分钢号力学性能（NB/T 47010—2017）

钢号	公称厚度/mm	热处理状态	R_m/MPa	$R_{p0.2}$/MPa	A/%	HBW
			≥	≥	≥	
06Cr13 (S11306)	≤150	A(800～900℃缓冷)	410	205	20	110～163
06Cr19Ni10 (S30408)	≤150	S(1010～1150℃快冷)	520	220	35	139～192
	>150～300		500	220	35	131～192

128

钢号	公称厚度 /mm	热处理状态	R_m/MPa	$R_{p0.2}$/MPa	A/%	HBW
			≥			
022Cr19Ni10 (S30403)	≤150	S(1010~1150℃快冷)	480	210	35	128~187
	>150~300		460	210	35	121~187
06Cr17Ni12Mo2 (S31608)	≤150	S(1010~1150℃快冷)	520	220	35	139~187
	>150~300		500	220	35	131~187
022Cr17Ni12Mo2 (S31603)	≤150	S(1010~1150℃快冷)	480	210	35	128~187
	>150~300		460	210	35	121~187
022Cr19Ni13Mo3 (S31703)	≤150	S(1010~1150℃快冷)	480	195	35	128~187
	>150~300		460	195	35	121~187
06Cr18Ni11Ti (S32168)	≤150	S(920~1150℃快冷)	520	205	35	139~187
	>150~300		500	205	35	131~187
06Cr17Ni12Mo2Ti (S31668)	≤150	S(1010~1150℃快冷)	520	210	35	139~187
	>150~300		500	210	35	131~187
022Cr19Ni5Mo3Si2N (S21953)	≤150	S(950~1050℃快冷)	590	390	25	—

注：A—退火；S—固溶。

6.6.2 紧固件

在压力容器中，紧固件主要用于法兰连接，关于法兰连接有两个标准，一个是容器法兰连接标准，另一个是管法兰连接标准，在这两个标准中对紧固件的型式、材料及选用均作了规定，这些规定将在第 10 章中介绍，这里仅就紧固件材料方面的基础知识作一简要说明，以便更好地理解和查用上述的两个标准。

紧固件有专用级和商品级两类。专用级紧固件是由专用的材料制造的螺栓、螺柱、螺母，这些材料有指定的钢号，必须保证的化学成分和力学性能以及热处理规定。商品级紧固件不同于专用级紧固件的是，它不是借助于紧固件所用材料来规范其力学性能，而是用紧固件制造好以后所具备的部分力学性能来标记紧固件的性能等级。不同性能等级的紧固件有不同的力学性能要求，所以对于商品级紧固件来说，关心的不是制造紧固件所用材料的力学性能，而是要了解所选用的紧固件具有什么样的性能等级。下面就分别来讨论专用级紧固件与商品级紧固件。

（1）专用级紧固件

本书在表 6-29 中给出了 11 个碳素钢和低合金钢螺柱用钢的钢号和它们的力学性能。大部分用于容器法兰连接（NB/T 47072—2012）中。与这 11 个钢号制造的螺柱配合使用的螺母用钢的钢号则列于表 6-30 中，它们之间的搭配关系基本上与容器法兰标准一致。

（2）商品级紧固件

商品级紧固件是以紧固件的性能等级代替材料牌号。

① 螺栓、螺钉、螺柱的性能等级　螺栓（包括螺钉、螺柱，下同）的性能等级代号是用由"·"隔开的两部分数字组成，例如 3·6，9·8，12·9 等。如果将其视为一带有小数的数字时，则此数字的整数部分表示的是螺栓公称抗拉强度值（MPa）的 1/100，连同小数点的小数则表示螺栓公称屈服点（σ_s 或 $\sigma_{0.2}$）与公称抗拉强度（σ_b）的比值（简称屈强比）。据此，性能等级为 3.6 的螺栓则表示此螺栓的公称抗拉强度是 300MPa，屈强比是 0.6，因此螺栓的公称屈强点是 180MPa。

表 6-29　碳素钢和低合金钢螺柱（含螺栓）的力学性能（GB/T 150—2011）

序号	钢号	调质回火温度/℃	钢棒标准	螺柱规格/mm	拉伸试验（纵向）		冲击试验
					抗拉强度 R_{m} /(N/mm^2)	屈服强度 R_{eL} /(N/mm^2)	伸长率 A/%	20℃冲击功 KV_2/J
		不小于			不小于			
1	20	正火 910	GB/T 699	≤M22	410	245	25	
				M24～M27	400	235		
2	35	600	GB/T 699	≤M22	530	315	20	A_{KU_2} 55
				M24～M27	510	295		
3	40MnB	550	GB/T 3077	≤M22	805	685	14	41
				M24～M36	765	635		
4	40MnVB	550		≤M22	835	735	13	41
				M24～M36	805	685		
5	40Cr	550		≤M22	805	685	14	41
				M24～M36	765	635		
6	30CrMoA	600		≤M22	700	550	16	60
				M24～M56	660	500		
7	35CrMoA	560		≤M22	835	735	14	54
				M24～M80	805	685		
				M85～M105	735	590		47
8	35CrMoVA	600		M52～M105	835	735	13	47
				M110～M140	785	665		
9	25Cr2MoVA	620		≤M48	835	735	14	47
				M52～M105	805	685		
				M110～M140	735	590		
10	40CrNiMoA	520		M52～M140	930	825	13	60
11	S45110 (1Cr5Mo)	650	GB/T 1221	≤M48	590	390	18	47

表 6-30　碳素钢和低合金钢螺母用钢（GB/T 150—2011）

序号	螺柱钢号	螺母用钢			
		钢号	钢材标准	使用状态	使用温度范围/℃
1	20	10、15	GB/T 699	正火	−20～350
2	35	20、25	GB/T 699	正火	0～350
3	40MnB	40Mn、45	GB/T 699	正火	0～400
4	40MnVB	40Mn、45	GB/T 699	正火	0～400
5	40Cr	40Mn、45	GB/T 699	正火	0～400

続表

序号	螺柱钢号	螺母用钢			
		钢号	钢材标准	使用状态	使用温度范围/℃
6	30CrMoA	40Mn、45	GB/T 699	正火	−10～400
		30CrMoA	GB/T 3077	调质	−100～500
7	35CrMoA	40Mn、45	GB/T 699	正火	−10～400
		30CrMoA、35CrMoA	GB/T 3077	调质	−70～500
8	35CrMoVA	35CrMoA、35CrMoVA	GB/T 3077	调质	−20～425
9	25Cr2MoVA	30CrMoA、35CrMoA	GB/T 3077	调质	−20～500
		25Cr2MoVA	GB/T 3077	调质	−20～550
10	40CrNiMoA	35CrMoA、40CrNiMoA	GB/T 3077	调质	−50～350
11	S45110(1Cr5Mo)	S45110(1Cr5Mo)	GB/T 3077	调质	−10～600

注：调质状态使用的螺母用钢，其回火温度应高于组合使用的螺柱用钢的回火温度。

商品级螺栓、螺钉和螺柱共有 10 个性能等级，其中屈强比为 0.6 的 3 个，即 3·6，4·6，5·6；屈强比为 0·8 的有 5 个，即 4·8，5·8，6·8，8·8，9·8；屈强比为 0.9 的有 2 个，即 10·9，12·9。

就钢材的力学性能而言，低碳钢的屈服点低、屈强比小，但它具有良好的塑性。性能等级 3·6，4·6，5·6 三种螺栓一般可用低碳钢制造。随着钢中碳含量增加，钢材屈服强度提高，但同时材料的屈强比也往往跟着增大，并损失部分塑性。性能等级 4·8，5·8，6·8 三种螺栓一般用中碳钢制造，其中 6·8 级螺栓的最小伸长率应控制在 8% 以上。性能等级为 8·8 的螺栓具有较好的综合力学性能，一般用低碳合金钢或中碳钢制造并经淬火加回火处理。性能等级更高的螺栓，其最小伸长率也必须保证在 8% 以上。商品级螺栓、螺钉和螺柱的力学性能应符合表 6-31 之规定。

表 6-31 商品级螺栓、螺钉和螺柱的力学性能

力 学 性 能			性 能 等 级										
			3·6	4·6	4·8	5·6	5·8	6·8	8·8		9·8	10·9	12·9
									≤M16	>M16			
抗拉强度 σ_b/MPa		公称	300	400		500		600	800	800	900	1000	1200
		min	330	400	420	500	520	600	800	830	900	1040	1220
维氏硬度 HV_{30}		min	95	120	130	155	160	190	250	255	290	320	385
		max	250						320	335	336	380	435
布氏硬度 HB $p=30D^2$ (HB≤140 时,$p=10D^2$)		min	90	114	124	147	152	181	238	242	276	304	366
		max	242						304	318	342	361	414
洛氏硬度 HR	min	HRB	52	67	70	80	83	89	—				
		HRC	—						22	23	28	32	39
	max	HRB	100						—				
		HRC	—						32	34	37	39	44
表面硬度 $HV_{0.3}$		max	—										

131

力学性能		性能等级										
		3·6	4·6	4·8	5·6	5·8	6·8	8·8 ≤M16	8·8 >M16	9·8	10·9	12·9
屈服点 σ_s/MPa	公称	180	240	320	300	400	480					
	min	190	240	340	300	420	480					
屈服强度 $\sigma_{0.2}$/MPa	公称				—			640	640	720	900	1080
	min							640	660	720	940	1100
保证应力	S_p/σ_{smin} 或 $S_p/\sigma_{0.2min}$	0.94	0.94	0.91	0.94	0.91	0.91	0.91	0.91	0.91	0.88	0.88
	S_p/MPa	180	230	310	280	380	440	580	600	660	830	970
伸长率 δ_5/%	min	25	22	14	20	10	8	12	12	10	9	8
楔负载强度		对螺栓和螺钉(不包括螺柱)的数值等于最小抗拉强度见5.2条										
冲击吸功 A_{KV}/J	min				25			30	30	25	20	15
头部紧固性		在头部及钉杆与头部交接的圆角处不应产生任何裂缝										
螺纹未脱碳层的最小高度 E								$\frac{1}{2}H_1$			$\frac{2}{3}H_1$	$\frac{3}{4}H_1$
全脱碳层的最大深度 G/mm		—						0.015				

注：1. 8·8级第二栏(>M16)，对钢结构用螺栓为≥M12。
2. 9·8级仅适用于螺纹直径≤16mm 的规格。
3. 当屈服点 σ_s 不能测定时，允许以测量屈服强度 $\sigma_{0.2}$ 的方法代替。

用 06Cr19Ni10 或 022Cr19Ni10 等不锈钢制造的商品级螺栓，其性能等级有 A2-50 和 A2-70，代号后边的数字表示螺栓公称抗拉强度（MPa）的 1/10。

② 螺母的性能等级 公称高度≥0.8D（螺纹有效长度≥0.6D）的螺母，用螺栓性能等级标记中的第一部分数字标记，该螺栓为可与该螺母相配螺栓中最高性能等级的螺栓。例如与 8·8 级螺栓相配的螺母其性能等级为 8。

6.7 铸 铁

6.7.1 铸铁的分类与代号（GB/T 5612—2008）

从化学成分上看，铸铁和碳钢一样也是铁碳合金，只是铸铁中碳与硅的含量均高于钢，对硫和磷等杂质的控制也比钢要松一些。普通铸铁的化学组成如下：碳 2%～4.5%，硅 0.5%～3%，锰 0.5%～1.5%；磷 0.1%～1.0%，硫不大于 0.15%。铸铁中也可溶入某些合金元素形成合金铸铁。

2008 年 8 月 1 日实施的国家标准，GB/T 5612—2008《铸铁牌号表示方法》将铸铁的分类、名称、代号及牌号表示方法作了更新。这是根据国际标准 ISO/TR 15931：2004《铸铁和生铁牌号表示方法》（英文版）对原国家标准 GB/T 5612—1985 进行修订。

08 新标准的最重要特色是：铸铁全部按碳在铸铁中存在的形态进行分类和确定代号。众所周知，碳在铸铁中的存在形态有石墨、游离渗碳体和石墨＋渗碳体三种。据此，铸铁分灰口铸铁、白口铸铁和麻口铸铁三种。在灰口铸铁中依据石墨存在的形态又分为灰铸铁、蠕墨铸铁、球墨铸铁和可锻铸铁，简称灰铁（HT）、蠕铁（RuT）、球铁（QT）和可铁（KT）。这样，08 新标准中将铸铁分为五类：灰铸铁（HT）、球墨铸铁（QT）、蠕墨铸铁（RuT）、可锻铸铁（KT）和白口铸铁（BT）。代号以拼音字母第一个大写字母表示。相应五类中又按用途和组织分：耐磨（M）、耐热（R）、耐蚀（S）、冷硬（L）和奥氏体（A）五种。代号为磨、热、蚀、冷和奥的汉字拼音第一个大写字母。其中可锻铸铁中分白心、黑心和珠光体三种，相应用 B、H 和 Z 代号，这与旧标准相同。上述分法和代号列表 6-32 中。85 年标准的分法既有按石墨形态的分法，又有按性能的分法，将具有特定性能的铸铁统称为特殊铸铁，实际上，特殊性能铸铁中有灰铸铁的，也有球墨铸铁的，易于混淆。

应该指出，由于相应 HT、QT、RuT、KT 和特殊性能铸铁的标准尚未全部更改，因而，不能依据新的标准对牌号作全部对照，表 6-32 中列出的新旧标准对照仅作参考。

表 6-32　新旧国标铸铁牌号对照

铸铁名称	新代号	新实例	旧代号	旧实例
1. 灰铸铁	HT		HT（√）	
灰铸铁	HT	HT250，HTCr300	HT（√）	HT250，H215
奥氏体灰铸铁	HTA	HTANi20Cr2	AT	LNiMn137
冷硬灰铸铁	HTL	HTLCr1Ni1Mo	LT	LTCrMoRE
耐磨灰铸铁	HTM	HTMCu1CrMo	MT	MTCu1PTi-150
耐热灰铸铁	HTR	HTR Cr	RT	RTCr2，RTSi5
耐蚀灰铸铁	HTS	HTSNi2Cr	ST	STSi15RE
2. 球墨铸铁	QT		QT（√）	
球墨铸铁	QT	QT400-18	QT（√）	QT400-18，QT-H300
奥氏体球墨铸铁	QT	QTANi30Cr3	AT	SNi22，S-NiCr303
耐热球墨铸铁	QTR	QTRSi5	RQT	RQTSi5，RQTAl22
耐蚀球墨铸铁	QTS	QTSNi20Cr2	STQ	STQAl5Si5
3. 蠕墨铸铁	RuT	RuT420	RuT（√）	RuT420
4. 可锻铸铁	KT		KT（√）	
白心可锻铸铁	KTB	KTB350-04	KTB（√）	KTB350-04
黑心可锻铸铁	KTH	KTH350-10	KTH（√）	KTH350-10
珠光体可锻铸铁	KTZ	KTZ650-02	KTZ（√）	KTZ650-02
5. 白口铸铁	BT			
抗磨白口铸铁	BTM	BTMCr15Mo		
耐热白口铸铁	BTR	BTRCr16	KmTB	KmTBCr15Mo2DT
耐蚀白口铸铁	BTS	BTSCr28		

注：旧代号后（√）表示代号与新标准的代号相同。

6.7.2　灰铸铁（GB/T 9439—2010）

灰铸铁的断面呈暗灰色，一般含碳量为 2.7%～4.0%，硅含量为 1%～3%，其中将近 80% 的碳以片状石墨析出。石墨强度极低，它破坏了基体组织的连续性，所以灰铸铁的强度不高，脆性也较大，但耐磨性好。与其他金属材料相比，灰铸铁有优良的铸造性能、减振性、最小的缺口敏感性和良好的被切削性。灰铸铁件生产工艺简单，价格低廉，在工程中大量应用。

灰铸铁牌号用 HT（灰铸铁的汉语拼音字首）加上它的用单铸试棒作出的最低抗拉强度（MPa）组成，如 HT150、HT250 等。灰铸铁的性能及应用见 M6-2。

6.7.3　球墨铸铁（GB/T 1348—2009）

球墨铸铁简称球铁，其基体中的石墨呈球状，对削弱基体和造成应力集中的作用较小，因而能充分发挥基体的作用，其力学性能优于灰铸铁，同时也具有灰铸铁的一系列优点，如良好的铸造性、减摩性、切削加工性

M6-2

M6-3

和低的缺口敏感性等，甚至在某些性能方面可与锻钢相媲美，如疲劳强度大致与中碳钢相近，耐磨性优于表面淬火钢等。此外通过采用不同的热处理工艺，可以调整球墨铸铁的基体组织，获得各种牌号的球铁。球墨铸铁的牌号及力学性能等见 M6-3。

6.7.4　蠕墨铸铁（GB/T 26655—2011）

蠕墨铸铁作为一种新型铸铁材料出现在 20 世纪 60 年代。我国是研究蠕墨铸铁最早的国家之一。

由于蠕墨铸铁兼有球墨铸铁和灰铸铁的性能，因此，它具有独特的用途，在钢锭模、汽车发动机、排气管、玻璃模具、柴油机缸盖、制动零件等方面的应用均取得了良好的效果。

迄今为止，国内外研究结果一致认为，稀土是制取蠕墨铸铁的主导元素。我国稀土资源富有，为发展我国蠕墨铸铁提供了极其有利的条件和物质基础。

我国在蠕墨铸铁的形成机制的研究方面处于领先地位。另外在蠕墨铸铁的处理工艺、铁液熔炼及炉前质量控制、蠕墨铸铁常温和高温性能方面均进行了广泛、深入的研究。特别要指出的是，在我国冲天炉条件下，不少工厂能稳定地生产蠕墨铸铁，取得了显著的经济效

M6-4

益。可以预期，利用蠕墨铸铁具有的良好的综合性能，力学性能较高，在高温下有较高的强度，氧化生长较小、组织致密、热导率高以及断面敏感性小等特点，取代一部分高牌号灰铸铁、球墨铸铁和可锻铸铁，由此，将取得良好的技术经济效果。

蠕墨铸铁牌号为：RuT×××（抗拉强度，MPa）。蠕墨铸铁的化学成分及力学性能见 M6-4。

6.7.5　可锻铸铁（GB/T 9440—2010）

可锻铸铁是用碳、硅含量较低的铁碳合金铸成白口铸铁坯件，再经过长时间高温退火处理，使渗碳体分解出团絮状石墨而成，即可锻铸铁是一种经过石墨化处理的白口铸铁。可锻铸铁按热处理后显微组织不同分两类：一类是黑心可锻铸铁和珠光可锻铸铁，黑心可锻铸铁组织主要是铁素体（F）基体＋团絮状石墨，珠光体可锻铸铁组织主要是珠光体（P）基体＋团絮状石墨；另一类是白心可锻铸铁，白心可锻铸铁组织决定于断面尺寸，小断面的以铁素体为基体，大断面的表面区域为铁素体、心部为珠光体和退火碳。

M6-5

可锻铸铁的代号为 KT（"可""铁"拼音），白口可锻铸铁代号 KTB（B—"白"）如牌号 KTB350-04；黑心可锻铸铁代号 KTH（H—"黑"）如牌号 KTH350-10；珠光可锻铸铁代号 KTZ（Z—"珠"）如牌号 KTZ650-2。牌号中前边的数字是抗拉强度，"-"后面数字是延伸率（%）。可锻铸铁的力学性能及应用等见 M6-5。

6.7.6　高硅耐蚀铸铁（GB/T 8491—2009）

耐蚀铸铁的化学和电化学腐蚀原理以及提高耐腐蚀性的途径，基本上与不锈耐酸钢相同，也是借助加入大量的 Si、Cr、Ni、Cu、Al 等合金元素以提高铸铁基体组织的电位，并使铸铁表面形成一层致密的、具有保护性的氧化膜，从而达到耐蚀的效果。根据加入的主要合金元素的不同，耐蚀铸铁有高硅耐蚀铸铁、高铬耐蚀铸铁和高镍耐蚀铸铁。高硅铸铁是向灰铸铁或球墨铸铁中加入一定量的合金元素硅等熔炼而成的。高硅铸铁具有很高的耐腐蚀性能，但强度低、脆性大、内应力形成倾向大，故容易产生裂纹，不适于制造温差较大的设备。高硅耐蚀铸铁的化学成分、力学性能及应用见 M6-6。

M6-6

6.7.7　耐热铸铁（GB/T 9437—2009）

铸铁的耐热性包括两个方面，一是高温下的抗氧化能力，二是高温下抗生长能力。普通灰口铸铁在高温下除了会发生表面氧化外，还会发生"热生长"现象，即铸铁的体积会产生不可逆的胀大，严重时甚至可胀大 10% 左右。热生长现象主要是由于氧化性气体沿石墨片的边界和裂纹渗入铸铁内部，与 Si 发生氧化作用，所生成的 SiO_2 体积变大，因而使铸件"长大"，这是原因之一，另外铸铁中的渗碳体不断发生分解，生成的石墨，其比体积比渗碳体大 3.5 倍，是引起铸件长大的又一原因。为了提高铸铁的耐热性，可向铸铁中加入硅、铝、铬等合金元素，使铸铁在高温下在表面形成一层致密的氧化膜，如 SiO_2、Al_2O_3、Cr_2O_3 等，以保护内层不被继续氧化。此外，这些元素还会提高铸铁的临界点，使铸铁在使用的温度范围内不发生固态相变（即不发生碳化铁分解），从而也可减少由此而造成的体积变化。实际上，耐热铸铁大多使用单相铁素体为基体组织，从根本上消除基体受热时发生渗碳体分解问题。另外，耐热铸铁中的石墨最好是呈球状，其呈孤立分布，互不相连，不至于形成氧化性气体向铸铁内部渗入的通道。

根据前述耐热原理耐热铸铁可以根据加入的主要合金元素的不同，分成铬系耐热铸铁（HTRCr、HTRCr2、HTRCr16）；硅系、硅钼系耐热铸铁（HTRSi5、QTRSi4、QTRSi5、QTRSi4Mo、QTRSi4Mo1）和硅铝系耐热铸铁；（QTRAl4Si4、QTRAl5Si5）和铝系耐热铸铁（QTRAl22）。其中耐热灰铸铁 4 个，耐热球墨铸铁 7 个，共 11 个牌号。耐热铸铁的化学成分、力学性能及应用见 M6-7。

M6-7

6.7.8　铸铁用于压力容器时的规定

（1）铸铁材料的应用限制

铸铁不得用于盛装毒性程度为极度、高度或者中度危害介质，以及设计压力大于或者等于 0.15MPa 的易爆介质压力容器的受压元件，也不得用于管壳式余热锅炉的受压元件。除上述压力容器之外，允许选用以下铸铁材料：

灰铸铁，牌号为 HT200、HT250、HT300 和 HT350；

球墨铸铁，牌号为 QT350-22R，QT350-22L，QT400-18R 和 QT400-18L。

（2）设计压力、温度限制

灰铸铁，设计压力不大于 0.8MPa，设计温度范围为 10～200℃；

球墨铸铁，设计压力不大于 1.6MPa，QT350-22R、QT400-18R 的设计温度范围为 0～300℃，QT350-22L、QT400-18L 的设计温度范围为 -10～300℃。

说明：

ⅰ．灰铸铁牌号共六个，只允许用四个，其设计压力、设计温度的限制是根据造纸机械用铸铁烘缸的操作条件确定的；

ⅱ．球墨铸铁牌号 2009 年新标准（GB/T 1348—2009）增加到了 14 个，只允许其中四个塑性最好的 QT350-22R、QT350-22L、QT400-18R 和 QT400-18L 用于压力容器，这四种球墨铸铁要做冲击试验，结果应符合相应标准之规定；

ⅲ．可锻铸铁需经长时间退火处理，能源消耗大，所以不用作压力容器受压元件。

6.8　有　色　金　属

铁以外的金属称非铁金属，也称有色金属。有色金属有很多优良的特殊性能，例如良好的导电性、导热性，密度小，熔点高，耐腐蚀性能好等，但是有色金属一般价格比较昂贵。

M6-8

有色金属及其合金的种类很多，化工设备及其零部件经常用的有色金属有铜、铝、钛等。

6.8.1 铜及其合金

铜及其合金具有高的导电性和导热性，较好的塑性、韧性及低温力学性能，在化工生产中得到了广泛应用。铜及其铜合金的牌号及应用见 M6-8。

6.8.2 铝及铝合金

工业上用的铝及其合金有两类：一类是变形铝及铝合金，另一类是铸造铝合金。下面只讨论变形铝及铝合金。

M6-9

我国现有 143 个铝和铝合金牌号，不同牌号的铝及铝合金可以轧制成板材（GB/T 3880），挤压成管材（GB/T 4437）、棒材（GB/T 3191）、型材（GBn 222）及作锻件（GBn 223）使用。在上述这些标准中分别给出了板、管、棒、型材及锻件所用铝合金的牌号、规格尺寸以及力学性能。这些数据在进行铝合金设备设计时是必须知道的，但是限于篇幅本书不作摘编，有关铝及铝合金的分类、牌号和性能特点见 M6-9。

从使用来说纯铝、Al-Mn 和 Al-Mg 合金一般可用来制作储罐、塔器、热交换器、不污染产品的设备以及深冷设备。

对于可以通过热处理强化的铝合金来说，它们大多以棒材供应，在化工上制作深冷设备中的螺栓及其他受力构件。

6.8.3 钛及钛合金

纯钛有化学纯钛和工业纯钛之分，化学纯钛强度低，工业上较少使用。工业纯钛含有较多的氧、氮、碳及其他杂质元素（如铁）。如果把这些杂质元素看成是合金元素的话，不妨也可以认为工业纯钛是一种合金含量非常低的钛合金。事实上正是由于工业纯钛含有了一定量的杂质元素，才使它的强度提高很多，所以工业纯钛的牌号与一种钛合金的牌号有相同的"TA"字首，即 TA0、TA1、TA2、TA3 四种。

钛合金根据其组织结构不同有三种牌号，即"TA"、"TB"和"TC"。钛和铁类似，也是有两种晶格结构，在 882.5℃以下是密排六方晶格，叫 α 钛。在 882.5℃以上是体心立方晶格称为 β 钛，正是由于有这种同素异构的转变，导致了在钛中加入合金元素后，会得到不同的组织结构（类似于铁中加入碳后可以得到不同的铁碳合金组织结构），这些不同的组织形成的条件不同，性能各异，分别被称为 α 钛合金（合金牌号是 TA4、TA5、TA6 和 TA7），β 钛合金（合金牌号 TB2、TB3、TB4）和（$\alpha+\beta$）钛合金（合金牌号 TC1、TC2、TC3、TC4）。

M6-10

钛及钛合金可以制成板材（GB/T 3621）、管材（GB/T 3624）、专用换热器及冷凝器换热管（GB/T 3625）、钛-不锈钢复合板（GB/T 8546）、钛-钢复合板（GB/T 8547）等，应用时请查相关标准。

钛及钛合金的性能特点见 M6-10。

6.9 金属的腐蚀与防护

6.9.1 腐蚀的定义及分类

腐蚀是指金属在周围介质（最常见的是液体和气体）作用下，由于化学变化、电化学变化或物理溶解而产生的破坏。由于单纯的机械原因而引起的破坏，不属于腐蚀。

由于腐蚀每年所报废的金属设备和材料约相当于金属年产量的三分之一。即使有三分之二能回炉重新熔炼，也有约 10％ 的金属损失掉了。这就需要相当大的一部分冶金能力来补偿这种损失。而且更重要的是金属结构的价值比金属本身的价值要大得多。因此，由于金属腐蚀而造成的机械设备的报废，在经济上的损失要比材料本身的价值高许多倍。此外，由于设备腐蚀引起的停工减产、产品污染以及汽、水、油、介质等的渗漏所造成的损失也是十分惊人的。

腐蚀按照其作用机理的不同，可以分成三类：一是化学腐蚀；二是电化学腐蚀；三是物理腐蚀。

（1）化学腐蚀

化学腐蚀是指金属与介质之间发生纯化学作用而引起的破坏。其反应历程的特点是，非电解质中的粒子直接与金属原子相互作用，电子的传递是在它们之间直接进行的，因而没有电流产生。实际上单纯化学腐蚀的例子是较少见到的，例如金属因高温氧化而引起的腐蚀，曾一直作为化学腐蚀的典型实例，但是瓦格纳根据氧化膜的近代观点提出，在高温气体中，金属氧化过程的开始，虽然是由化学反应引起的，但后来膜的成长过程则属于电化学机理。

（2）电化学腐蚀

电化学腐蚀是金属与介质之间由于电化学作用而引起的破坏。电化学腐蚀过程包括两个互为依存的电化学反应。

ⅰ. 金属不断地以离子状态进入介质，而将电子遗留在金属上

$$Me \longrightarrow M^+ + e^-$$

这是一个失去电子的氧化反应，叫作阳极反应。

ⅱ. 金属上遗留下的电子被介性中的某些物质取走，这些取走电子的物质叫去极剂，介质中的 H^+、氧都是去极剂，若用 D 表示去极剂，则这一反应可用下式表示

$$D + e^- \longrightarrow De$$

这是一个得到电子的还原反应，叫阴极反应。电化学腐蚀动画演示见 M6-11。

M6-11

在绝大多数情况下，由于金属表面组织结构不均匀，上述的一对电化学反应分别在金属表面的不同区域进行。例如当把碳钢放在稀盐酸中时，在钢表面铁素体处进行的是阳极反应（即 $Fe \longrightarrow Fe^{2+} + 2e^-$），而在钢表面碳化铁处进行的则是阴极去极化反应（即 $2H^+ + 2e^- \longrightarrow H_2 \uparrow$）。与这一对电化学反应进行的同时，则有电子不断地从铁素体流向碳化铁。把发生阳极反应的区域叫阳极区，铁素体是阳极；把发生阴极反应的区域叫阴极区，碳化铁是阴极；而在阳极与阴极之间不断地有电子流动。这种情况和电池的工作情况极为类似，只不过这里的阳极（铁）和阴极（碳化铁）的数目极多，面积极小，靠的极近而已，所以通常称它为腐蚀微电池。

金属的电化学腐蚀之所以采取腐蚀微电池的形式，一方面是由于金属表面存在着各种各样的电化学不均匀性，为电化学反应的空间分离准备了客观条件；另一方面则是由于反应分地区进行时遇到的阻力较小，因而在能量消耗上对反应的进行有利。但是从防止和减少腐蚀的观点看，这当然是不利的，应当设法尽量减少或消除金属表面的电化学不均匀性。

应当指出，许多腐蚀破坏并不是电化学作用单独造成的。电化学作用往往和机械作用、

生物作用共同导致金属的腐蚀。

（3）物理腐蚀

物理腐蚀是指金属由于单纯的物理溶解作用所引起的破坏。许多金属在高温熔盐、熔碱及液态金属中可发生物理腐蚀。例如用来盛放熔融锌的钢制容器，由于铁被液态锌所溶解，故钢制容器渐渐变薄了。

6.9.2　常见的几种腐蚀及其控制方法

（1）均匀腐蚀

腐蚀沿金属表面均匀进行，例如把钢或锌浸在稀硫酸中发生的就是均匀腐蚀。这类腐蚀危害性较小，可以比较准确地估计设备的寿命。

（2）电偶腐蚀或双金属腐蚀

两种相互接触的不同金属浸在腐蚀性介质中，由于存在着电位差，其中的一种电位较负的金属往往会遭受腐蚀，这种腐蚀就是电偶腐蚀，图 6-13 是电偶腐蚀的例子。其他如联接在黄铜弯头上的铝管、装有钢管的钢槽（在与钢管连接处）胀接铜管的钢制管板等，当它们与腐蚀性介质接触时都会由于与正电性较强的铜直接接触而发生电偶腐蚀。

为避免电偶腐蚀，可将处于腐蚀性介质中不同的金属连接用绝缘材料隔开（图 6-14）。

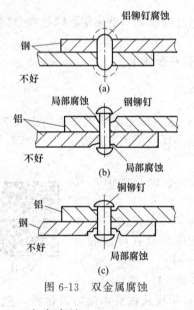

图 6-13　双金属腐蚀

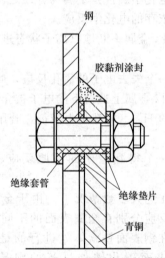

图 6-14　避免双金属腐蚀的措施

（3）应力腐蚀

应力腐蚀破裂是指金属在固定拉应力和特定介质的共同作用下所引起的破裂。这里所说的应力，其来源可以是构件在制造（如焊接）或装配过程中的残余内应力，也可以是设备、构件在使用过程中所承受的各种应力。实践证明，只有拉应力才能引起应力腐蚀，压应力不会产生应力腐蚀。

使某一材料发生应力腐蚀的介质是特定的介质，不是任意介质。例如在氯化物溶液中，奥氏体不锈钢在固定的拉应力作用下容易产生应力腐蚀，但在含氨的蒸气中则不会产生应力腐蚀。可是对黄铜来说，在含氨的蒸气中却容易产生应力腐蚀，而在氯化物溶液中反倒不发生应力腐蚀。这表明，构成一个应力腐蚀的体系要求一定的材料与一定介质的相互组合。常见的一些材料与介质的组合见表 6-33。

表 6-33 产生应力腐蚀的材料与介质的组合

金属或合金	腐蚀介质
低碳钢	氢氧化钠、硝酸盐溶液、(硅酸钠＋硝酸钙)溶液
碳钢、低合金钢	42％$MgCl_2$ 溶液、氢氰酸
高铬钢	NaClO 溶液、海水、H_2S 水溶液
奥氏体不锈钢	氯化物溶液、高温高压蒸馏水
铜和铜合金	氨蒸汽、汞盐溶液、含 SO_2 大气
镍和镍合金	NaOH 水溶液
蒙耐尔合金	氢氟酸、氟硅酸溶液
铝合金	熔融 NaCl、NaCl 水溶液、海水、水蒸气、含 SO_2 大气
铅	Pb(Ac)$_2$ 溶液
镁	海洋大气、蒸馏水、KCl-K_2CrO_4 溶液

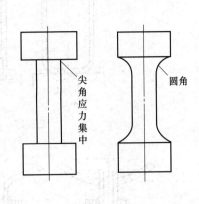

图 6-15 避免应力集中的设计

金属或合金发生应力腐蚀破裂时，大部分表面实际并未遭受腐蚀，只是在局部地区出现一些由表及里的细裂纹，这些裂纹可能是穿过晶粒的，也可能是沿晶界延伸的，裂纹的主干与最大拉应力垂直。随着裂纹的扩展，材料的受力截面减小，在应力腐蚀后期，材料截面缩小到使其应力值达到或超过材料的强度极限时，金属或合金即迅速发生了机械断裂。

控制应力腐蚀破裂应从合理选材、控制应力、减弱介质的浸蚀性等方面着手解决。例如消除焊件的残余应力，避免应力集中的设计（图 6-15）等。

(4) 缝隙腐蚀

金属部件在介质中，如若金属与金属或金属与非金属之间存在特别小的缝隙，使缝隙内的介质处于滞流状态，从而引起缝内金属的加速腐蚀，那么这种局部腐蚀就称为缝隙腐蚀。例如在法兰的连接面间、螺母或铆钉头的底面、焊缝的气孔内及锈层的缝隙间以及在管壳式换热器中未经贴胀的换热管与管板孔间的间隙（参看图 16-12）内都有可能由于积存少量静止的腐蚀介质而产生缝隙腐蚀。

几乎所有的金属和合金都会产生缝隙腐蚀，只是对腐蚀的敏感性有所不同，不锈钢的敏感性比碳钢高。一般来说，易钝化的金属与合金的敏感性总是高于不易钝化的金属与合金。

几乎所有的介质，包括中性、接近中性以及酸性的介质都会引起缝隙腐蚀，其中以充气的含活性阴离子（如氯离子）的中性介质最易发生。

为了防止缝隙腐蚀，在设备、部件的结构设计上，应尽量避免形成缝隙，譬如采用对焊比采用铆接、螺栓连接或搭焊要好（图 6-16）。为了避免容器底部与多孔性基础之间产生缝隙腐蚀，罐体不要直接座在多孔性基础上，宜加支座为好（图 6-17）。

设计的容器要使液体能完全排净；要避免锐角和静滞区（图 6-18）。只有液体能够排尽，才便于清洗，同时还可防止固体在器底沉积。

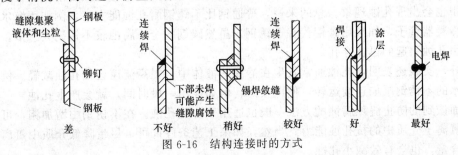

图 6-16 结构连接时的方式

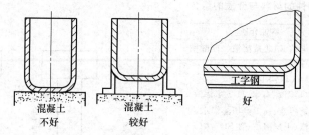

图 6-17　容器用支座与基础隔离好

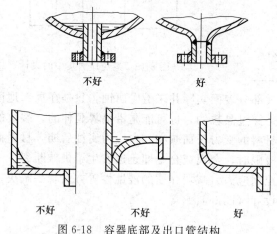

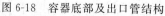

图 6-18　容器底部及出口管结构

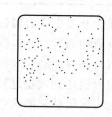

图 6-19　18-8 不锈钢在含 $FeCl_3$ 的
H_2SO_4 中产生的孔蚀

　　法兰连接垫片尽可能使用不吸水的，如聚四氟乙烯。若长期停车应取下湿的垫片或填料。

　　（5）小孔腐蚀

　　在金属表面的局部地区出现向深处发展的腐蚀小孔，这些小孔有的孤立存在，有些则紧凑在一起，看上去像一片粗糙的表面（图 6-19），这种腐蚀形态称为小孔腐蚀，简称孔蚀或点蚀。

　　孔蚀是破坏性和隐患最大的腐蚀形态之一。它使设备穿孔破坏，而失重却只占整体结构的很小百分数。检查蚀孔常常是困难的，因为孔既小，又通常被腐蚀产物遮盖，蚀孔的出现需要一个诱导期，但长短不一，有些需要几个月，有些则要一年或两年。蚀孔将会在设备的哪些部位出现，怎样定量估价孔蚀的程度等都难以通过实验室来试验和检测，所以设备的穿孔破坏往往可能突然发生。应引起我们的高度重视。

　　从实践的观点来看，容易钝化的金属或合金，如不锈钢、铝和铝合金、钛和钛合金等在含有氯离子的介质中经常发生孔蚀。碳钢在表面的氧化皮或锈层有孔隙的情况下，在含氯离子的水中也会出现孔蚀现象。总的来说，普通钢比不锈钢耐孔蚀能力高，例如用海水作冷却介质的冷凝器管子，如果用碳钢代替不锈钢，虽然碳钢的全面腐蚀较不锈钢大得多，但却不会发生由孔蚀引起的迅速穿孔。

　　此外，实践还表明，孔蚀通常发生在静滞的液体中，提高流速会使孔蚀减轻。例如，一台打海水的不锈钢泵如连续运转，使用很好，但如停用一段时间，就会产生孔蚀。

　　前面谈到的防止缝隙腐蚀的方法一般也适用于防止孔蚀。在不锈钢中增加钼，可以提高钢在含氯离子介质中的抗孔蚀能力。当然，如果工艺条件许可，尽量降低介质中氯离子、碘离子的含量，也会有效减小孔蚀。

（6）晶间腐蚀

晶间腐蚀也是一种常见的局部腐蚀。腐蚀是沿着金属或合金的晶粒边界和它的邻近区域产生和发展，而晶粒本身的腐蚀则很轻微，这种腐蚀便称为晶间腐蚀。这种腐蚀使晶粒间的结合力大大削弱，严重时可使材料的机械强度完全丧失。例如遭受这种腐蚀的不锈钢，表面看来完整无损，但一经敲击便成碎粒。由于晶间腐蚀不易检查，所以容易造成设备的突然破坏，危害很大。

不锈钢、铝合金、镁合金、镍基合金都是晶间腐蚀敏感性高的材料。其中奥氏体不锈钢是制造化工设备常用的材料，它的晶间腐蚀问题，应特别引起注意。

在 6.2 已经提到奥氏体不锈钢经固溶处理后，钢中溶解的碳未能析出，因而这种固溶体对碳的溶解是过饱和的。当把这种钢材在 $450\sim850℃$ 温度下短时加热时，碳便会与铁、铬形成 $(Fe, Cr)_{23}C_6$ 从奥氏体中析出并分布在晶粒边界上。由于在 $(Fe, Cr)_{23}C_6$ 中的铬含量比奥氏体基体中的铬含量多，所以在形成 $(Fe, Cr)_{23}C_6$ 时需要从奥氏体晶粒中取得一些铬，如果这些铬能够及时地从晶粒内部输送到晶粒边界，那么整个奥氏体晶粒的铬含量虽有降低，但不会影响耐蚀性。但是如果加热是短时的，则由于晶粒内部的铬来不及扩散到边界上，于是形成 $(Fe, Cr)_{23}C_6$ 所需的铬就只能从晶粒边界提取。这样就造成了晶粒边界附近的铬含量下降到钝化所必需的限量（即 12%）以下，形成了所谓的"贫铬区"。这里的钝态遭到破坏，而晶粒本体仍可维持钝态，因而在腐蚀性介质中就会发生以晶粒为阴极、以晶界为阳极的腐蚀微电池，导致晶界的腐蚀。

当用奥氏体不锈钢板制作设备时，总要经过焊接工序。焊接时，熔池的温度高达 1300℃以上，在焊缝两侧，钢板的温度逐渐下降，但其中必有一个区域其温度处于 $450\sim850℃$ 范围之内，这就给出现贫铬区创造了条件，使焊缝两侧的母材产生了对晶间腐蚀的敏感性。

为了防止奥氏体不锈钢由于焊接可能带来的晶间腐蚀问题，以前采用的办法是在奥氏体不锈钢中加入钛和铌。因为这两个元素和碳的亲和力大于铬与碳的亲和力，钢中加入钛或铌后会生成稳定的钛或铌的碳化物，这些碳化物在奥氏体中的溶解度极小，钢材虽经固溶处理，但在以后经 $450\sim850℃$ 加热时，也不会有大量的 $(Fe, Cr)_{20}C_6$ 沿晶界析出，从而在很大程度上消除了奥氏体不锈钢产生晶间腐蚀的倾向。

应指出，采用超低碳不锈钢（如 022Cr19Ni10）也可以很好地解决晶间腐蚀问题。过去由于冶炼这种超低碳不锈钢的成本较高，我国应用不多。但是随着炉外精炼新技术的采用，目前在国外低碳、超低碳不锈钢已经取代了上述的含钛不锈钢。此外，把焊接件加热至 $1050\sim1100℃$ 重新进行固溶处理，也可以消除焊缝附近的晶间腐蚀。然而这种方法对大尺寸的容器是无法普遍采用的。

（7）高温气体腐蚀

在化工生产中高温气体对金属的腐蚀有重要意义。如石油化工生产中，各种管式加热炉的炉管，其外壁常受高温氧化而破坏；在合成氨工业中，高温高压的氢、氮、氨等气体对设备也会产生腐蚀。

① 金属的高温氧化　钢铁在空气中加热时，在较低的温度下（$200\sim300℃$）表面已经可以看到由氧化作用生成的氧化膜，其组成为 Fe_2O_3 和 Fe_3O_4，随着温度升高，氧化速度逐渐加快，但在 570℃ 以下，由于形成的氧化膜结构较致密，它对于 Fe^{2+} 和 O^{2-} 的扩散有较大的阻力，所以氧化速度较低。当温度超过 570℃ 时，氧化膜中出现大量有晶格缺陷的 FeO，使 Fe^{2+} 易于扩散，氧化速度会急速增大。为提高钢的抵抗高温氧化的能力，在前边讨论耐热钢时曾提到可加入铝、硅、铬等元素，其作用就是借助于改变氧化膜的结构，阻止 Fe^{2+} 和 O^{2-} 的扩散，来达到减缓氧化速度的目的。

② 钢的脱碳　钢在气体腐蚀过程中，通常总是伴随"脱碳"现象出现，即钢表面的渗碳体与介质中的氧、氢、二氧化碳、水等发生了如下的反应：

$$Fe_3C + \frac{1}{2}O_2 \longrightarrow 3Fe + CO$$

$$Fe_3C + CO_2 \longrightarrow 3Fe + 2CO$$

$$Fe_3C + H_2O \longrightarrow 3Fe + CO + H_2$$

$$Fe_3C + 2H_2 \longrightarrow 3Fe + CH_4$$

脱碳作用生成气体，使钢表面氧化膜的完整性受到破坏，从而降低了膜的保护作用，加快了腐蚀的进行。同时，由于碳钢表面渗碳体减少，使表面层的硬度和强度降低，这对要求表面具有高强度和高硬度的零件是不利的。在钢中加入铝或钨可使脱碳作用的倾向减小。

③ 氢腐蚀　氢气在常温常压下不会对碳钢产生明显的腐蚀，当温度高于 $200 \sim 300℃$、压力高于 300 大气压时，氢气对钢材会有显著的作用，可使钢材脆化，机械强度降低，这就是氢腐蚀。

钢材发生氢腐蚀一般要经历两个阶段：即氢脆阶段和氢侵蚀阶段。

第一阶段氢脆阶段，氢只是在被钢材吸附后，以原子氢状态沿晶界向钢材内部扩散，并与钢形成固溶体。即这时在钢中只是溶解了一定量的氢，溶解的氢并没有和钢中的任何组分起化学作用，也没有改变钢的组织形态。但是钢由于吸收了氢，韧性下降，脆性增大了，这种脆化是可以补救的。如果将钢材在低压下加热静置，可减少脆性，甚至恢复钢材的原来性能。

第二阶段氢侵蚀阶段，在这个阶段中，溶解在钢中的氢与钢中的 Fe_3C 发生反应：

$$Fe_3C + 2H_2 \longrightarrow 3Fe + CH_4$$

生成的甲烷在钢材内部积聚，使钢材产生很大的内应力，并导致出现裂纹，使钢材的强度和韧性都大大降低，最后使设备报废。

在钢中加入镍或钼可减小氢脆的敏感性。

在制造行业中，酸洗、电镀、焊接等工序也会出现氢脆问题，需通过选用合适的缓蚀剂，制定合理的焊接工艺，使用低氢焊条等方法加以防止。

习　题

6-1　从组织结构与性能特点说明碳钢与铸铁的不同。

6-2　为什么制造化工容器的钢板无论是碳钢或者是合金钢都是低碳的，而制造机械零件和紧固件的钢材多用中碳钢？

6-3　制造压力容器的专用钢板（如 Q245R，Q345R）与一般钢板（如 20，16Mn）有什么区别？

6-4　用 Q235B，Q235C 制造压力容器时，要从哪几方面受限制？

6-5　Q235 钢有 A、B、C、D 四个质量等级，它们的区别体现在何处？

6-6　说明以下钢号分别属于哪一类钢：

Q245R，15Mn，16Mn，Q235AF，Q345R，15CrMoR，16MnDR，022Cr19Ni10，14Cr17Ni2。

6-7　何谓钢管的公称直径，钢管的公称直径与钢管外径有什么关系？

6-8　低合金钢的特点是什么，它与合金结构钢有何区别？它优于碳钢之处是什么？

6-9　为什么钢板的力学性能与钢板厚度有关？使用厚钢板时要注意什么？

6-10　为什么在三类不锈钢中，奥氏体不锈钢在化工设备上应用最广泛？它的最大不足之处是什么？

6-11　化工设备上的哪些零件可以采用锻件，锻件分级的依据是什么？压力容器上使用的锻件有什么要求？

M6-12
习题答案

7 压力容器中的薄膜应力、弯曲应力与二次应力

7.1 回转壳体中的薄膜应力

7.1.1 容器壳体的几何特点

（1）什么是容器

在化工厂中可以看到许多设备。这些设备中，有的用来储存物料，例如各种储罐、计量罐、高位槽；有的进行物理过程，例如换热器、蒸馏塔、沉降器、过滤器；有的用来进行化学反应，例如缩聚釜、反应器、合成炉。这些设备虽然尺寸大小不一，形状结构不同，内部构件的形式更是多种多样，但是它们都有一个外壳，这个外壳就叫作容器。容器是化工生产所用各种设备外部壳体的总称。

容器一般是由筒体、封头、法兰、支座、接管及人孔（手孔）等元件构成（图7-1）。筒体和封头是容器的主体，这一节将讨论容器在介质内压作用下，器壁内所产生的拉伸应力。

（2）容器的几何特点

压力容器壳体除平板形封头外都是回转壳体。

① 回转曲面的形成　以任何直线❶或平面曲线为母线，绕其同平面内的轴线（以下称它

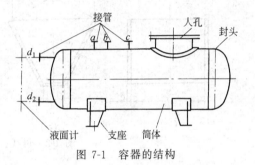

图 7-1 容器的结构

为回转轴）旋转一周后形成的曲面，称为回转曲面。例如图 7-2 中画出了四条平面曲线：平行于轴线的直线 [图 7-2（a_1）]；与轴线的相交角度为 $\alpha(\alpha \leqslant 60°)$ 的直线 [图 7-2（b_1）]；半径为 R 的四分之一圆周线 [图 7-2（c_1）]；由长半轴为 a、短半轴为 b 的四分之一椭圆圆周线与长度为 h 并平行于轴线的短直线光滑连接而成的组合曲线 [图 7-2（d_1）]。将这四条线分别绕其同平面内的回转轴旋转一圈，便分别得到圆柱面 [图 7-2（a_2）]、圆锥面 [图 7-2（b_2）]、半球面 [图 7-2（c_2）]和带有直边的半椭球面 [图 7-2（d_2）]。

② 回转壳体的定义与实例　就曲面而言不具有厚度，就壳体来说，则有壁厚，有了壁厚也就有了内表面与外表面之区分。居内、外表面之间，且与内、外表面等距离的面为中间面，以回转曲面为中间面的壳体就是回转壳体。图 7-2（a_3）是圆筒形壳体，图 7-2（b_3）是圆锥形壳体，图 7-2（c_3）是半球形壳体，图 7-2（d_3）是带圆筒形短节（简称直边）的半椭球形壳体。

③ 回转壳体的纵截面与锥截面　图 7-3（a）示一回转壳体，当壳体内有介质压力作用时，在壳体内将产生应力，为了研究壳体内的应力，首先需要明确的问题是研究壳体内哪个截面上的应力。因为过壳体上的任何一点，譬如图 7-3（a）上的 C 点，可以截取无数个截面，在不同的截面上将产生不同的应力。关注的只有两个截面即过 C 点的纵截面与锥截面，

---

❶ 不包括与轴线交角 α 大于 $60°$的直线。

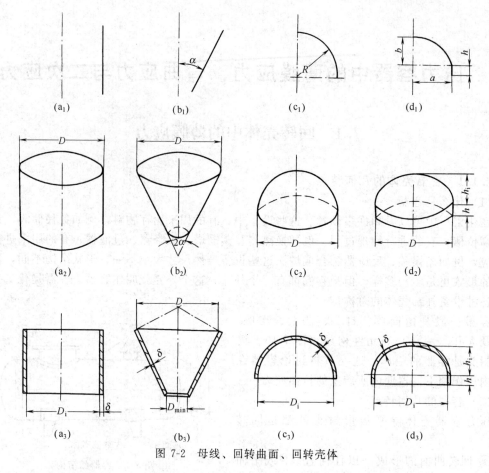

图 7-2 母线、回转曲面、回转壳体

这是因为在这两个截面上只有正应力没有切应力，而且其中一个截面内的正应力具有最大值。

纵截面　用过 C 点和回转轴 OO' 的平面 [即图 7-3（a）中的 $FO'BOF$ 平面] 截开壳体得到的截面称作壳体的纵截面 [图 7-3（b）]。显然回转壳体上所有的纵截面都是一样的。

锥截面　用过 C 点并与回转壳体内表面正交的倒锥面 [即图 7-3（a）中的 $ECDK_2$ 圆锥面] 截开壳体得到的截面称作壳体的锥截面 [图 7-3（d）]。锥截面不但与纵截面是正交的，而且与壳体的内表面也是正交的。

如果用垂直于回转轴的平面 [即图 7-3（a）中的 $ECDE$ 水平面] 截开壳体，则得到的是壳体的横截面 [图 7-3（c）]横截面反映不出壳体的壁厚。在壳体的横截面上正应力不是最大的，而且还存在切应力，所以不去研究它。但是对于最广泛使用的圆筒形壳体来说，锥截面就是横截面，所以对受压圆筒，有时也用横截面这个名称，但是对其他形状的回转壳体关注的还是锥截面。

7.1.2　回转壳体中的拉伸应力

回转壳体在其内表面受到介质均匀的内压作用时（如果介质是液体，暂不考虑液体静压），壳壁将在两个方向上产生拉伸应力。

一是壳壁的环向"纤维"将受到拉伸，因而在壳壁的纵截面上将产生环向拉伸应力，用 σ_θ 表示。由于壳体壁厚相对直径来说很小，可近似比作薄膜，并认为 σ_θ 沿壁厚均匀分布，故又称其为环向薄膜应力。

144

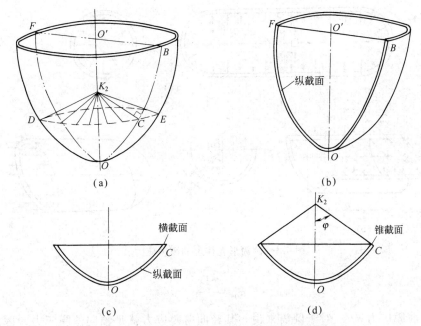

图 7-3　回转壳体的纵截面、横截面与锥截面

二是壳壁的经向"纤维"也受到拉伸，因而在壳壁的锥截面内将产生经向拉伸应力，用 σ_{m} 表示。同样，σ_{m} 沿壁厚也可视为均匀分布，故称它为经向薄膜应力。

（1）圆筒形壳体上的薄膜应力

图 7-4（a）示一承受内压 p 的圆筒形容器，在筒壁的纵截面内作用着环向薄膜应力 σ_{θ}，在筒壁的横截面内作用着经向（即轴向）薄膜应力 σ_{m}，现分别推导它们的计算公式。

① 环向薄膜应力 σ_{θ}　假想将圆筒沿其轴线从中间剖开，移去上一半。再在下半个圆筒上截取长度为 l 的一段筒体为研究对象［图 7-4（b）］，从垂直方向看，该段筒体受二力平衡，其中的一个力是由作用在筒体内表面上介质压力 p 产生的合力 N，另一个是筒壁纵截面上的环向薄膜应力 σ_{θ} 之合力 T。

ⅰ.合力 N，由介质内压力作用于半个筒体上所产生的合力 N 垂直向下，其值可按图 7-4（c）所示，通过简单的积分得出

$$N = \int_{0}^{\pi} \mathrm{d}N \sin\theta = \int_{0}^{\pi} R_{\mathrm{i}} \mathrm{d}\theta l p \sin\theta$$
$$= R_{\mathrm{i}} l p \int_{0}^{\pi} \sin\theta \mathrm{d}\theta = -R_{\mathrm{i}} l p (\cos\pi - \cos 0)$$
$$= 2 R_{\mathrm{i}} l p = D_{\mathrm{i}} l p \tag{a}$$

式中的 $D_{\mathrm{i}} l$ 是承压曲面在假想切开的纵向剖面上的投影面积。这表明：由作用于任一曲面上介质压力所产生的合力等于介质压力与该曲面沿合力方向所得投影面积的乘积，而与曲面形状无关。

ⅱ.合力 T，作用在筒体纵截面上的 σ_{θ}，其合力 T 可看图 7-4（b）求出

$$T = 2 \delta l \sigma_{\theta} \tag{b}$$

ⅲ.利用平衡条件解得 σ_{θ} 表达式

因　　　　　　　　　　　　　　　　$N = T$

即　　　　　　　　　　　　　　$D_{\mathrm{i}} l p = 2 \delta l \sigma_{\theta}$

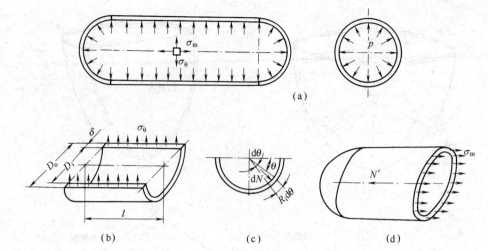

图 7-4 圆筒形壳体上的薄膜应力

得

$$\sigma_\theta = \frac{pD_i}{2\delta} \tag{7-1}$$

② 经向薄膜应力 σ_m 　对于圆筒来说，其经向薄膜应力就是轴向薄膜应力，因为它作用于筒体的横截面内，所以将圆筒沿其横截面切开，移去右半部分 [图 7-4 (d)]，以左半部分筒体连同封头为研究对象，这半个筒体也是在两个力作用下处于平衡。

一个是作用在封头内表面上的介质压力 p 的轴向合力 N'，不管封头的形状如何，根据前面所得结论，N' 均可按封头内表面在其轴向的投影面积计算

$$N' = \frac{\pi D_i^2}{4}p \tag{c}$$

另一个力是作用在筒壁环形横截面上的内力 T'，其值为

$$T' = \pi D \delta \sigma_m \tag{d}$$

式中的 D 是圆筒的平均直径，通常称其为中径，由于 $D = D_i + \delta$，δ 与 D 相比甚小，所以将式 (c) 中的 D_i 用中径 D 代替，于是根据力平衡条件 $\frac{\pi D^2}{4}p = \pi D \delta \sigma_m$

得

$$\sigma_m = \frac{pD}{4\delta} \tag{7-2}$$

既然式 (c) 中的 D_i 用中径取代，为了统一，将式 (a) 中的 D_i 也用中径 D 取代，于是式 (7-1) 应写成

$$\sigma_\theta = \frac{pD}{2\delta} \tag{7-3}$$

通常将式 (7-2) 和式 (7-3) 称为中径公式❶。

从这两个公式可以得出如下两点实用结论：

ⅰ.内压圆筒筒壁上各点处的薄膜应力相同，但就某点而言，该点的环向薄膜应力比轴

---

❶ 请注意：在推导式 (7-1) 和式 (7-2) 时，是把式 (a) 和式 (c) 中的内直径 D_i 用中径 D 取代了，所以才有可能得出这两个公式。如果在推导中将式 (d) 中的中径 D 用内径 D_i 取代，那么得到的公式将是 $\sigma_m = \frac{pD_i}{4\delta}$ 和 $\sigma_\theta = \frac{pD_i}{2\delta}$。所以不应认为用中径 D 算出的 σ_m 和 σ_θ 是精确的，用内径 D_i 算出的 σ_θ 和 σ_m 便是不太精确的。实际上不论是用中径，还是用内径推导出的 σ_θ 和 σ_m 计算公式都是作了近似取代处理的。

向薄膜应力大一倍；

ⅱ.如果将 σ_θ 与 σ_m 的表达式改写成如下形式

$$\sigma_\theta = \frac{p}{2\dfrac{\delta}{D}}, \qquad \sigma_m = \frac{p}{4\dfrac{\delta}{D}}$$

便可以看出，决定应力水平高低的截面几何量是圆筒壁厚与直径的比值，而不是壁厚的绝对值。

（2）圆球形壳体上的薄膜应力

球形壳体由于没有圆筒形壳体那种"轴向"与"环向"之分，因此在球形壳体内虽然也存在着两向应力，但二者的数值相等。过球形壳体上任何一点和球心，不论从任何方向将球形壳体截开两半，都可以利用受力平衡条件求得截面上的薄膜应力为

$$\sigma = \frac{pD}{4\delta}$$

如果过一点和球心，在相互垂直的两个方向上截开球形壳体，那么在过这点的两个互相垂直的截面上的应力必定相同，若也用 σ_θ 与 σ_m 表示，则球形壳体任一点处的薄膜应力为

$$\sigma_m = \frac{pD}{4\delta} \tag{7-4}$$

$$\sigma_\theta = \frac{pD}{4\delta} \tag{7-5}$$

与圆筒形壳体相比，球形壳体上的薄膜应力只有圆筒形壳体上最大薄膜应力值的一半。

（3）椭球形壳体上的薄膜应力

在化工容器中，椭球形壳体主要是用它的一半加上直边作封头使用〔图 7-2（d_3）〕。椭球壳从顶点到赤道各点处的应力大小并不相同。图 7-5 表示的是椭球壳上各点的 σ_m 与 σ_θ 的分布规律，并可看出以下几点。

ⅰ.球形壳体〔图 7-5（a）和（a'）〕上的 $\sigma_m = \sigma_0$，而且各点处的应力相同。但是椭球形壳体上各点处的薄膜应力不同，而且应力值与椭球形壳体的长轴半径 a 与短轴半径 b 的比值有关〔图 7-5（b）、（b'）、（c）、（c'）〕。

ⅱ.在椭球形壳体的顶点 B 处的薄膜应力有三个特点：

ⅰ 当 $a/b \leqslant 2$ 时，顶点处的应力值最大；

ⅱ 该点处的 $\sigma_m = \sigma_\theta$；

ⅲ 该点处的应力可按式（7-6）计算

$$\sigma_m = \sigma_\theta = \frac{pa}{2\delta}\left(\frac{a}{b}\right) = \frac{pD}{4\delta}\left(\frac{a}{b}\right) \tag{7-6}$$

由式（7-6）可见，椭球越扁，顶点处的薄膜应力越大。

ⅲ.在椭球形壳体的赤道处（即 C 点处）的薄膜应力有以下特点：

ⅰ 在直径不变的条件下，圆球形壳体向椭球形壳体过渡时，赤道处的经向薄膜应力 σ_m 不变，仍保持与球形壳体相同的值，即

$$\sigma_m = \frac{pa}{2\delta} = \frac{pD}{4\delta} \tag{7-7}$$

ⅱ 在直径不变条件下，圆球形壳体向着椭球形壳体过渡时，赤道处的环向薄膜应力，随着椭球变扁（即 $\dfrac{a}{b}$ 值增大），开始是逐渐减小，当 $\dfrac{a}{b}$ 值超过 1.414 后，赤道处的环向薄膜

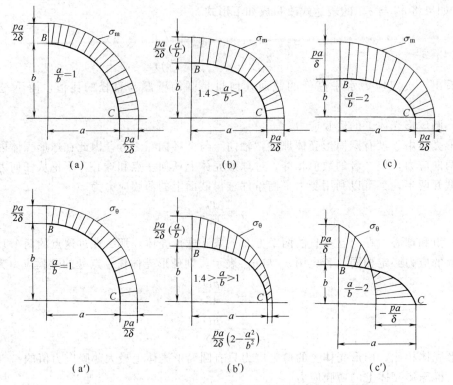

图 7-5 椭壳上的薄膜应力分布及其与球壳应力分布对比

应力变为负值❶，其绝对值将随 $\dfrac{a}{b}$ 值的进一步增加而加大，经理论推导可以将椭球形壳体在赤道处的环向薄膜应力用式（7-8）表示

$$\sigma_\theta = \frac{pa}{2\delta}\left(2-\frac{a^2}{b^2}\right) \tag{7-8}$$

由这个公式可以看出，当 $\dfrac{a}{b}>2$ 时，赤道处所产生的环向薄膜压缩应力，其绝对值将超过顶点 B 处的薄膜应力值。

作为封头使用的半个椭球形壳体，应该有一个固定而且合适的 $\dfrac{a}{b}$ 值，因为冲压封头需要模具，如果不对半椭球封头的 $\dfrac{a}{b}$ 值加以规定，将给冲压封头带来麻烦。那么半椭球封头的 $\dfrac{a}{b}$ 值应如何规定呢？

将半球形封头改用半椭球封头，可以减小曲面深度，方便制造。但是随着椭球的变扁，椭球顶点处的应力增大，在赤道处还会出现压缩的环向应力，如果这一压缩应力过大，有可能把椭球压瘪。所以综合上述几点考虑，规定 $\dfrac{a}{b}=2$ 的半椭球封头为标准的半椭球封头。

从式（7-6）和式（7-8）可知，当椭球壳的 $\dfrac{a}{b}=2$ 时，顶点处的薄膜应力值与赤道处的

---

❶ 椭球承受内压时，其形状趋向球形，所以当椭球扁到一定程度后，其赤道处的半径（即长轴半径）反而缩小，从而产生压缩的环向薄膜应力。

环向压缩薄膜应力绝对值相等。因此，对于标准半椭球封头来说，最大的拉伸薄膜应力在封头的顶点，其值可按下式计算

$$\sigma_m = \sigma_\theta = \frac{pD}{4\delta}\left(\frac{a}{b}\right) = \frac{pD}{2\delta} \tag{7-9}$$

可见，标准半椭球内的最大薄膜应力值与同直径、同厚度的圆筒形壳体内的最大薄膜应力值相等。

这个结论的重要性在于：第一，它告知为什么选择 $\frac{a}{b}=2$ 的封头为标准椭圆形封头；第二，标准椭圆形封头的强度计算（第 8 章）和圆柱形筒体的强度计算为什么完全相同。

（4）圆锥形壳体中的薄膜应力

圆锥形壳体与圆筒形壳体相比较有两点区别，分述如下。

ⅰ.圆锥形壳体中间面的母线虽然也是直线，但它不是平行于回转轴，而是与回转轴相交，其交角 α 称为圆锥形壳体的半锥角。正是由于这个缘故，圆锥形壳体中面上沿其母线上各点的回转半径均不相等。因此，圆锥形壳体上的薄膜应力从大端到小端是不一样的。

ⅱ.圆锥形壳体的锥截面与横截面不是同一截面，作用在锥截面上的经向薄膜应力 σ_m 与回转轴也相交成 α 角。

基于以上两点不同，经理论推导，可以得到如下的薄膜应力计算公式

$$\sigma_m = \frac{pD}{4\delta} \times \frac{1}{\cos\alpha} \tag{7-10}$$

$$\sigma_\theta = \frac{pD}{2\delta} \times \frac{1}{\cos\alpha} \tag{7-11}$$

式中　D——讨论点所在处的锥形壳体中面直径，mm；

　　　δ——圆锥形壳体的壁厚，mm；

　　　α——圆锥形壳体的半锥角 [参看图 7-2(b_2)]。

显然，整个锥形壳体中的最大薄膜应力位于锥形壳体大端的纵截面内。

对比锥形壳体与圆筒形壳体的薄膜应力计算公式不难看出，锥形壳体内所产生的最大薄膜应力是同直径同壁厚圆筒形壳体内薄膜应力的 $\frac{1}{\cos\alpha}$ 倍。理解这一点是不困难的，以作用在锥形壳体锥截面上的经向薄膜应力 σ_m（图 7-6）为例，不难得到以下力平衡式

$$\frac{\pi}{4}D^2 p = \pi D\delta\sigma_m\cos\alpha$$

由此解得

$$\sigma_m = \frac{pD}{4\delta}\frac{1}{\cos\alpha}$$

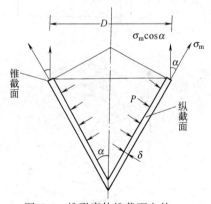

图 7-6　锥形壳体锥截面上的 σ_m

7.2　圆形平板承受均布载荷时的弯曲应力

7.2.1　平板的变形与内力分析

图 7-7 是承受均布载荷 p 的圆形平板变形后的宏观示意图，图（a）为周边简支，图（b）为周边固定。

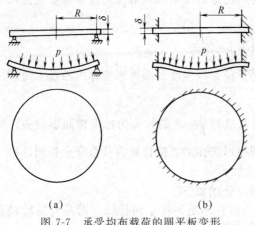

图 7-7 承受均布载荷的圆平板变形

（1）环形截面的变形及由此而产生的环向弯曲应力 $\sigma_{\theta,M}$

从图 7-8（a）所示的圆形平板中，取出一个半径为 r 厚度视为零的圆环［图 7-8（b）］，圆板在变形前，该圆环为圆柱形，即该圆环上的每一条环向"纤维"，其半径均相同，周长均相等。圆平板承受载荷时，该圆环由圆柱形变成了圆锥形［图 7-8（c）］。即该圆环发生了绕其中性圆 OO 的转动，转动的结果是：在中性圆以上的环向"纤维"都有不同程度的缩短，在中性圆以下的环向"纤维"都有不同程度的伸长。其缩短和伸长的程度（即各点的环向线应变的大小）与该点到中性圆的距离成正比。正是由于该圆环上每条环向"纤维"均产生了这种拉伸或压缩变形，所以就使环向"纤维"的每个点都产生了沿该点切线方向的拉伸应力或压缩应力。这个应力是伴随平板的弯曲变形产生的，是沿板厚呈线性分布的，所以称它为圆平板的环向弯曲应力，用 $\sigma_{\theta,M}$ 表示。可以把圆平板看成是由无数个如上所述的同心圆环叠加（套）而成，这些同心圆环在平板弯曲时，都将发生绕各自中性圆的转动，并产生相应的环向弯曲应力。这些环向弯曲应力作用在圆平板的径向截面内。图 7-9 中的 1、2、4 所在截面及图 7-10 的 fee_1f_1 和 dcc_1d_1 截面都是圆平板的径向截面。图 7-10 中的微体是从图 7-8（a）的平板中（黑粗实线 $dcef$）截取下来的。

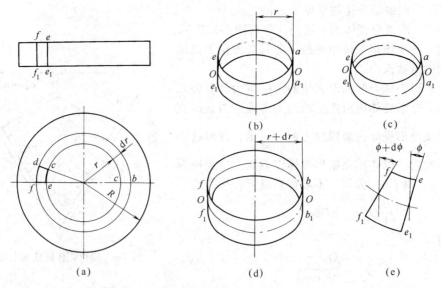

图 7-8 从球截面的变形看 σ_θ 与 σ_r 的产生

（2）相邻环形截面的相对转动及由此而产生的径向弯曲应力 $\sigma_{r,M}$

在前述的半径为 r 的圆环外面，再取一个半径为 $r+dr$ 的圆环［图 7-8（d）］，同时观察这两个相邻的同心圆环会发现：当圆平板弯曲时，这两个同心圆环绕各自中性圆所发生的转动，其转角并不相等，一个是 ϕ，另一个是 $\phi+d\phi$［图 7-8（e）］。于是这两个圆环之间的径向间距将发生改变。在中性圆以上，径向间距缩短；在中性圆以下，径向间距加大。于是平板的径向"纤维"也发生了程度不等的伸长或缩短，这样在平板内的每一个点在其径向也将产生沿板厚呈线性分布的拉伸和压缩应力，即径向弯曲应力，用 $\sigma_{r,M}$ 表示。它作用在平板的环截面内（图 7-9 和图 7-10）。

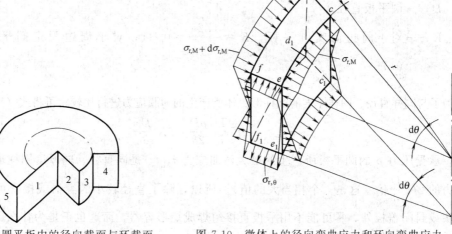

图 7-9　圆平板中的径向截面与环截面

1,2,4—径向截面；3,5—环截面

图 7-10　微体上的径向弯曲应力和环向弯曲应力

（在微体 cc_1d_1d 截面上的 σ_θ 没有画出）

（3）$\sigma_{\theta,M}$ 与 $\sigma_{r,M}$ 的分布规律及它们的最大值

上述的弯曲应力都是所讨论的点所在位置的函数。当板的上表面承受均布载荷时，板下表面所产生的最大弯曲应力沿半径的变化情况示于图 7-11。

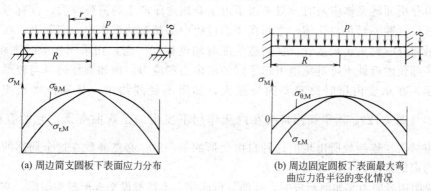

(a) 周边简支圆板下表面应力分布

(b) 周边固定圆板下表面最大弯曲应力沿半径的变化情况

图 7-11　均布载荷作用下圆形平板下表面各点的应力分布

周边简支、承受均布载荷的圆平板，最大弯曲应力出现在板的中心处，其值为

$$\sigma_{\text{Mmax}} = (\sigma_{\theta,M})_{r=0} = (\sigma_{r,M})_{r=0} = \mp \frac{3(3+\mu)}{8} \cdot \frac{pR^2}{\delta^2} \tag{7-12}$$

对于钢 $\mu = 0.3$，则

$$\sigma_{\text{Mmax}} = \mp 1.24 \frac{pR^2}{\delta^2} \tag{7-13}$$

带"一"号的是圆板上表面的应力，带"＋"号的是下表面的应力。

周边固定、承受均布载荷的圆平板，最大应力出现在板的四周，其值为

$$\sigma_{\text{Mmax}} = (\sigma_{r,M})_{r=R} = \pm 0.75 \frac{pR^2}{\delta^2} \tag{7-14}$$

7.2.2　弯曲应力与薄膜应力的比较和结论

可以将式（7-13）和式（7-14）统一成式（7-15）

$$\sigma_{Mmax} = K \frac{pD^2}{\delta^2} \tag{7-15}$$

式中　D——圆平板直径；

K——对于周边简支圆平板，$K = \dfrac{1.24}{4} = 0.31$；对于周边固定圆平板，$K = \dfrac{0.75}{4} = 0.188$。

为了与同样直径、同样厚度的圆柱形壳体所产生的薄膜应力进行比较，可将式（7-15）写成

$$\sigma_{Mmax} = 2K \frac{D}{\delta} \frac{pD}{2\delta} = 2K \frac{D}{\delta} \sigma_\theta \tag{7-16}$$

可见，承受压力 p 的圆平板所产生的最大弯曲应力 σ_{Mmax} 是同直径、同厚度圆柱形壳体内薄膜应力的 $2K\dfrac{D}{\delta}$ 倍（这是一个相当大的值）。所以，除了直径较小的容器或接管可以用平板作封头或封闭盖板外，尽可能不用平板直接组焊成矩形容器，而这也正是为什么压力容器大部分采用回转壳体的道理。

7.3　边界区内的二次应力

7.3.1　边界应力产生的原因

在前边分析回转壳体应力时，只考虑了由于介质内压产生的薄膜应力，没有考虑两个相连接的零部件（譬如封头与筒体）之间在变形过程中的相互约束作用。实际上，在压力容器中，无论是筒身、封头还是接管，在制造装配时均连接在一起，在承压变形时则相互制约，从而在连接部位附近就不可避免地引起了附加的内力和应力。例如圆柱筒身与较厚的平板封头连在一起，在承受内压时筒身要向外胀大，如果不受到约束，其半径增量应为 $\Delta R = \dfrac{pR^2}{2E\delta}(2-\mu)$（图 7-12）。而平板形封头在内压作用下发生的是弯曲变形，它的直径不会增大。筒体与封头在连接处所出现的这种自由变形的不一致，必然导致在这个局部的边界地区产生相互约束的附加内力，即边界应力。

为了说明边界应力是如何形成的，并使分析简化，不妨假设平板形封头很厚，它的变形可以忽略不考虑。图 7-13（a）是容器没有承压时封头与筒壁的相对位置。承压后，如果筒壁没有受到封头的约束，筒壁应胀大到如图 7-13（b）中虚线所示的位置。但是由于筒壁受到封头的径向约束，实际上筒体在与封头连接处的直径并没有增大，即可视为被内压所胀大的筒壁又被封头拉了回来。但是，当筒壁被拉回时，筒体的端面会发生如图 7-13（b）所示的转动。实际上筒体的端面并未发生这种转动，这说明封头不但限制了筒体端部直径的增大，而且还限制了筒体端部横截面的转动。伴随着前一种限制，会在筒壁端部的纵截面内产生环向压缩（薄膜）应力；伴随后

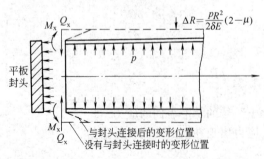

图 7-12　筒身与平封头连接处的弯曲变形

一种限制，则会在筒体端部横截面内产生轴向弯曲应力 [图 7-13 (c)]。这些应力都称为二次应力。由于存在于壳体与封头连接处的边界地区，所以又称边界应力。

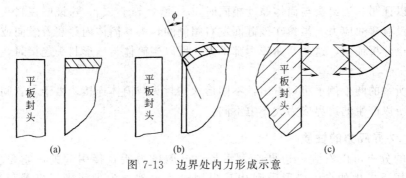

图 7-13 边界处内力形成示意

7.3.2 影响边界应力大小的因素

封头与筒体连接处的边界应力既然是由于二者自由变形受到相互限制引起的，所以边界应力的大小就和它们之间相互限制的程度有关。例如上述的薄壁圆筒与厚平板形封头连接时，在假设封头不变形的条件下，可以推导出筒体与封头连接处筒体横截面内产生的最大弯曲应力 $\sigma_{m,M}$ 的计算公式是

$$\sigma_{m,M} = \pm 1.54 \frac{pR}{\delta} \tag{7-17}$$

式中　R——筒体的中面半径；

　　　δ——筒体壁厚。

式（7-17）表明：在连接处由于边界效应引起的附加弯曲应力 $\sigma_{m,M}$ 比由内压引起的环向薄膜应力还要大 54%。

可是，如果筒体不是与平板封头而是与半球形封头连接（图 7-14），则二者之间的相互限制就会小得多，这可以从以下的分析看出。

首先，看图 7-14，由于在内压作用下球形封头的半径增值 $\Delta R'$ 小于筒体的半径增值 ΔR，所以当二者连在一起时在相接处附近，球形封头的半径增加的值将大于 $\Delta R'$，而筒体半径增值将小于 ΔR，其结果是在封头内引起二次拉伸薄膜应力，在筒体内产生二次压缩薄膜应力。由于封头内的一次薄膜应力本来就只有筒体的一半，所以二次薄膜应力叠加上去后也不会引起强度不够问题。筒体内的二次薄膜应力是负值，与一次薄膜应力叠加后，总的环向薄膜应力反而会减小，所以更无问题。

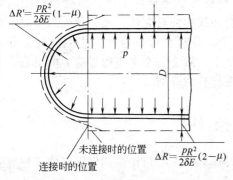

图 7-14　筒身与半球形封头连接处的变形

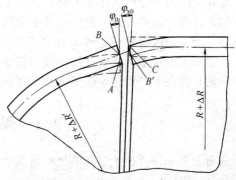

图 7-15　筒体与球形封头连接处的协调变形

153

其次，再看图 7-15。伴随封头外胀与筒壁内移，封头与筒体的端部横截面均将发生转动。如果二者脱开，封头端面将向外转动，转角为 φ_0；筒体端面将向内转动，转角为 φ_{x0}。理论分析可以证明：当封头与筒体厚度相同时，φ_0 恰好等于 φ_{x0}，这说明在封头与筒体连接的横截面内没有弯曲应力。虽然在该截面左右两侧的封头和筒体内存在着经向或轴向弯曲应力，但是理论分析证明，这些弯曲应力都不大。所以当筒体与球形封头连接时，可以不考虑边界应力。

从上面所举的两个例子可以看出：不同形状的封头与筒体连接，由于二者间的相互限制程度不同，所以产生的边界应力大小也不同。

7.3.3　边界应力的性质

从上面的分析可以看到：边界应力不是由介质压力所直接引起的，它是当封头和筒体在内压作用下发生的自由变形受到相互限制时才出现。为了区别，将载荷直接引起的薄膜应力和弯曲应力称为一次应力；而把由于变形受到限制引起的应力称为二次应力，边界应力属于二次应力。以前讨论过的热应力，如果仅从应力产生的原因来考虑，也应该看做是二次应力，但是由于热应力往往是存在于整个构件内，所以工程上不把热应力作为二次应力对待。

作为边界应力的二次应力有两个明显的特点。

（1）应力的自限性

既然边界应力的存在是以变形受到限制为前提，因而限制越强，应力越大。但是，如果施加的限制增大到使应力达到材料的屈服限，致使相互限制的器壁金属发生局部的塑性变形，那么相互的限制将出现缓解，相互限制所引起的应力也会自动地停止增长。这种性质为二次应力所特有，称为二次应力的自限性。但是，应强调指出：二次应力的自限性是以材料具有良好塑性为前提。如果是脆性材料，二次应力的自限性是无法显示出来的。

（2）二次应力的局部性

一般来说，边界应力最大值出现在两种几何形状壳体的连接处，离开连接处，边界应力会迅速衰减。例如前面讨论的与厚平板封头连接的筒体，边界效应的影响范围只有 $2.34\sqrt{R\delta}$ 这么大。如果筒体的直径是 1m，壁厚是 10mm，边界效应的范围不超过 166mm。

7.3.4　回转壳体内部的边界应力

边界应力并不仅仅存在于两个几何形状不同的壳体的结合部位，而且有时也出现在单个回转壳体上。图 7-16 是由光滑连接的组合曲线为母线所形成的回转壳体中面。这两个回转壳体都由三种形状各异的回转壳体组成，在它们的连接点 B 和 C 及其两侧也应看成是"边界"地区。因为当壳体承压变形时，点 B 或点 C 两侧形状不同的壳体，也会彼此限制对方的变形，并产生边界应力。所以，对于母线为组合曲线的回转壳体，当它承受内压时，在壳壁内除了产生一次薄膜应力外，还会产生二次应力。分析和计算这些二次应力是十分复杂的，从实用角度考虑，是在计算一次薄膜应力基础上，乘上一个考虑边界应力的系数。关于这个问题，将在下一章讨论碟形和锥形封头的强度计算时介绍。

7.4　强度条件[1]

前面三节分别讨论了容器筒体和封头中的三种应力。本节讨论应如何限制这三种应力。

---

[1] 7.4.2 节与 7.4.3 节可作为选学内容，或只作定性讲解。

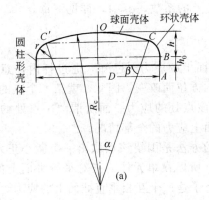
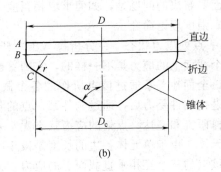

图 7-16　由光滑连接的组合曲线为母线形成的回转壳体中面

7.4.1　对薄膜应力的限制（即薄膜应力强度条件）

（1）薄膜应力的相当应力

什么是薄膜应力的相当应力？为什么在讨论对薄膜应力的限制条件时要引出"相当应力"？

为了回答这个问题，图 7-17（a）所示一受拉直杆，为使杆能安全工作，必须满足强度条件

$$\sigma=\frac{P}{A}\leqslant[\sigma] \tag{7-18}$$

这个不等式的左端是杆的轴向拉伸应力，右端是材料的许用应力。已知材料的许用应力也是通过试件的简单拉伸试验，并考虑了一定的安全系数后得到的。因而不等式左、右两端的应力 σ 和 $[\sigma]$ 所处的地位相同，具有可比性。

但是图 7-17（b）所示的承受内压的圆筒形容器，在筒壁上作用着两个方向的拉伸应力，即轴向拉伸应力 σ_m 和环向拉伸应力 σ_θ。显然筒壁的受力状态和拉杆的受力状态是不同的。已知材料的力学性能，如强度极限 σ_b，屈服极限 σ_s 都是在试件受单向拉伸的条件下得到的，如果所讨论的构件受到单方向的拉伸，自然可以直接应用拉伸试验得到的 σ_s 和 σ_b 来判别该构

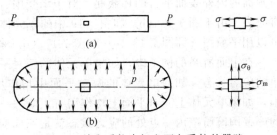

图 7-17　单向受拉直杆和两向受拉的器壁

件中的应力达到多大会发生塑性变形或者出现断裂。但是对于双向受拉伸的筒壁来说，应该怎样来回答" σ_θ 和 σ_m 各达到多大时，筒壁会出现屈服或破裂"这样的问题呢？为了使筒壁上的双向拉伸应力能够与单向拉伸试验得到的 σ_b、σ_s、$[\sigma]$ 等作比较，双向拉伸的薄膜应力 σ_m 和 σ_θ 有必要找一个能够代表双向薄膜应力的"相当应力"。这个相当应力是根据强度理论对双向薄膜应力进行某种组合后得到的。如果用 σ_r 表示双向薄膜应力的相当应力，则回转壳体承受内压时，器壁危险点处的薄膜应力强度条件就是

$$\sigma_r\leqslant[\sigma]^t\varphi \tag{7-19}$$

式中　σ_r——可以代表双向薄膜应力与 $[\sigma]$ 进行比较的"相当应力"；

　　$[\sigma]^t$——制造筒体、封头所用钢板在设计温度下的许用应力；

　　φ——焊缝（焊接接头）系数，考虑成形后的筒体和封头，在焊缝处的金属，由于焊

155

接的影响，可能导致材料力学性能变差的系数，$\varphi \leqslant 1$，详见下章。

下面要解决的问题是，如何求取相当应力。

（2）强度理论简介

① 一点处应力状态　在分析拉（压）杆斜截面上的应力时已知，通过杆内任意一点所作的各个截面上的应力是不一样的，它随着截面的方位而改变。因此，就某一个点的应力而言，应该全面地考察通过该点所作的各个截面在该点处的应力。而所谓"一点处的应力状态"就是指构件受力后，通过构件某一点的各截面上应力的全部情况。

怎样研究和表达一点处的应力状态呢？采用的办法是围绕该点取出一个微小正六面体，又叫单元体。由于单元体各边的长度是极小的量，所以在单元体的三对平行平面上的应力，就是过该点的三个互相垂直截面上的应力。只要有了这三个互相垂直截面上的应力，那么利用截面法便可以求出过该点任意斜截面上的应力。所以可以用单元立方体上六个平面内的三对应力来表示构件内一点处的应力状态。举例如下。

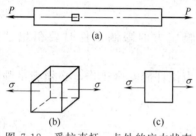

图 7-18　受拉直杆一点处的应力状态

例如观察图 7-18（a）所示的受轴向拉伸直杆，围绕杆的某点，用一对横截面、一对水平纵截面和一对铅垂纵截面截出一个单元体［图 7-18（b）］，于是在这个单元体的那对由横截面截出的平面上作用有正应力 σ，这个应力实际上就代表了该点在横截面上的应力，在这个单元体的另外两对平面上则不存在任何应力。这样一个作用着正应力 σ 的单元体就代表了受拉直杆一点处的应力状态。又如图 7-17（b）所示的承受内压的圆筒，在筒壁上任取一点，也可以围绕该点切取一个微单元体（图 7-19），这个单元体左、右两个平面是筒体的横截面，上面作用着轴向薄膜应力 σ_m；上下两个平面是筒体的纵截面，上面作用着环向薄膜应力 σ_θ；前、后两个平面是与圆筒的内外表面平行的环截面，对于承受中、低压力的薄壁容器来说，在这两个平面上没有应力。由于图 7-18（b）和图 7-19 中的单元体，在它们的前后两个平面上没有应力，所以可以用平面图［即图 7-18（c）和图 7-17（b）］来表示。

在上面所举的例子中，如果单元体的三对平面中只有一对平面上作用有拉伸应力，称为单向应力状态，如果单元体的两对平面中均作用有正应力，则称为二向应力状态。以此类推，如果单元体上三对平面上均作用有正应力，则称为三向应力状态。例如受高压或超高压的厚壁圆筒筒壁内一点处的应力状态就是三向应力状态。除了有轴向应力 σ_m、环向应力 σ_θ 以外，还多了一个径向应力 σ_r。

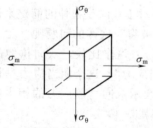

图 7-19　内压圆筒筒壁内一点处的应力状态

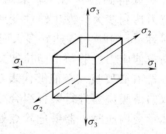

图 7-20　用三个主应力表示一点的应力状态

理论分析可以证明，任何形状的构件，在外载作用下，对于零件中的某一指定点，都可以围绕该点切取出一个微立方体，在它的三对平面内只作用有正应力，而没有切应力，这样的平面叫主平面，主平面上的正应力称为主应力。所以构件内任何一点处的应力状态都可以用由主平面构成的单元微立方体及其三对平面上的三个主应力来表达，如图 7-20 所示。图中所标注的 σ_1、σ_2、σ_3，是按它们代数值大小排列的，因为在三个主应力中，有的可能是压缩正应力，也有的可能等于零。

例如对于受拉直杆中的一点，其三个主应力为 $\sigma_1 = \sigma$、$\sigma_2 = 0$、$\sigma_3 = 0$。又如对于受内压的圆筒，筒壁内一点处的三个主应力为 $\sigma_1 = \sigma_\theta$、$\sigma_2 = \sigma_m$、$\sigma_3 = 0$。如果是受内压的标准椭球，在其顶点处，$\sigma_1 = \sigma_2 = \sigma_\theta$、$\sigma_3 = 0$，而在赤道处，$\sigma_1 = \sigma_m$、$\sigma_2 = 0$、$\sigma_3 = \sigma_\theta$（因赤道处的 σ_θ 是压缩应力）。

上述的单向应力状态又称简单应力状态；二向和三向应力状态统称复杂应力状态。

为了将在简单应力状态下得到的材料强度指标 σ_s、σ_b、$[\sigma]$，用到复杂应力状态的构件上去，就必须从材料破坏的内在原因上找出材料在简单应力状态下破坏和材料在复杂应力状态下破坏的共同点。找出材料在不同应力状态下遭受破坏的共同的内在原因后，就可以得到复杂应力状态与简单应力状态之间的联系。并利用这种联系找出复杂应力状态下的相当应力。

由于对导致材料产生破坏的因素有不同的假说，同时由于材料的破坏分为屈服破坏与脆断破坏两种，所以先后出现了四个强度理论。

② 强度理论　下面简要地介绍其中的三个，分述如下。

ⅰ．最大拉应力理论（又称第一强度理论），这个理论的根据是：当作用在构件上的外力过大时，其危险点处的材料就会沿最大拉应力所在截面发生脆性断裂。这个理论对于脆断原因所作的假说是：最大拉应力 σ_1 是引起材料脆断破坏的因素，即不论是什么样的应力状态，只要构件内危险点处三个主应力中最大的拉应力 σ_1 达到某一极限值，材料就会发生脆性断裂。

根据这个理论得到的相当应力是 σ_{r1}，且用式（7-20）表示

$$\sigma_{r1} = \sigma_1 \tag{7-20}$$

ⅱ．最大切应力理论（又称第三强度理论），这个理论的根据是：当作用在构件上的外力过大时，其危险点处的材料就会沿最大切应力所在截面滑移而发生屈服破坏。这个理论对屈服破坏原因所作的假说是：最大切应力是引起材料屈服破坏的因素，即不论是什么样的应力状态，只要构件内一点处的最大切应力达到某一极限值，材料就会发生屈服破坏。

根据这个理论得到的相当应力是 σ_{r3}，且用式（7-21）[1] 表示

$$\sigma_{r3} = \sigma_1 - \sigma_3 \tag{7-21}$$

ⅲ．形状改变比能理论（又称第四强度理论），什么是形状改变比能？

物体在外力作用下会发生变形，这里所说的变形，即包括有体积改变也包括有形状改变。当物体因外力作用而产生弹性变形时，外力在相应的位移上就做了功，同时在物体内部也就积蓄了能量。例如钟表的发条（弹性体）被用力拧紧（发生变形）时，外力所做的功就转变发条所积蓄的能。发条在放松过程中，靠它积蓄的能，使齿轮系统和指针持续转动，这时发条又对外做了功。这种随着弹性体发生变形而积蓄在其内部的能量称为变形能。在单位变形体体积内所积蓄的变形能称为变形比能。

由于物体在外力作用下所发生的弹性变形既包括物体的体积改变，也包括物体的形状改变，所以不难理解，弹性体内所积蓄的变形比能也应该分成两部分：一部分是形状改变比能 u_f，一部分是体积改变比能 u_v。它们的值均可从三个主应力求得。

---

❶ 式（7-21）和式（7-22）的来源请参阅《材料力学》教材，本书由于篇幅受限无法作出说明。

形状改变比能理论对屈服破坏原因所作的假说是：形状改变比能是引起材料屈服破坏的因素，即不论是什么样的应力状态，只要构件内一点处的形状改变比能 u_f 达到某一极限值，材料就会发生破坏。

根据这个理论得到的相当应力是 σ_{r4}，且用式（7-22）表示

$$\sigma_{r4} = \sqrt{\frac{1}{2}\left[(\sigma_1-\sigma_2)^2+(\sigma_2-\sigma_3)^2+(\sigma_3-\sigma_1)^2\right]} \tag{7-22}$$

（3）按第三强度理论建立的薄膜应力强度条件

前面讨论过的几种典型回转壳体中，危险点处的薄膜应力 σ_m 与 σ_θ 都是拉伸应力，所以该点处的三个主应力分别是 $\sigma_1 = \sigma_\theta$，$\sigma_2 = \sigma_m$，$\sigma_3 = 0$。根据第三强度理论

$$\sigma_{r3} = \sigma_1 - \sigma_3 = \sigma_\theta$$

所以，按第三强度理论建立的薄膜应力强度条件是

$$\sigma_{r3} = \sigma_\theta \leqslant [\sigma]^t \varphi \tag{7-23}$$

[也可以认为这一强度条件是按第一强度理论（最大主应力理论）建立的]

式中的 σ_θ 虽是回转壳体危险点处的环向薄膜应力，但更确切地来说，应将它理解为回转壳体危险点处薄膜应力的相当应力 σ_{r3}。

7.4.2 对一次弯曲应力的限制

（1）极限载荷、极限应力和极限设计法的概念

从 7.2 节的讨论可知，平板受弯时弯曲应力沿板厚呈直线分布。当板的上下表面应力值达到材料屈服限发生塑性变形时，板的内层金属却仍处于弹性状态。这部分仍处于弹性状态的材料，对于已经屈服的那一小部分金属起着一定的限制作用，只要外载不增大，塑性变形的区域便不会扩大，因而就不会导致平板的失效。所以使平板上下表面开始发生塑性变形的那个载荷不被认为是平板所能承受的最大载荷，与这一载荷相对应的弯曲应力也不被认为是使平板失效的最高应力，这也就是说屈服极限 σ_s 已不被认为是使受弯平板失效的最高应力的极限值。只有当载荷进一步增大，使板的内部也相继屈服，直到整个板全部进入塑性状态时，板的承载能力才算达到了极限，同时宣告板的失效。这时板所承受的载荷称为极限载荷，与这一极限载荷相对应的应力称为极限应力。显然在受弯零件中极限应力的数值将远远大于材料的屈服极限。按照上述的原则，即对受弯曲的梁或板来说，一点处的应力达到屈服极限，整个结构不算失效，只有整个截面上各点的应力均达到屈服极限时结构才算失效。按照这样的原则进行设计的方法，称为极限设计法。

应当指出，上述的"极限应力"仅仅是根据极限载荷，利用弹性弯曲应力计算公式推算出来的一个应力值，用它来作为判别构件是否全部进入塑性状态的标志。实际上，在受弯平板或梁内，这一应力并不存在。

（2）极限弯矩与极限应力的计算

为了计算受弯构件的"极限应力"，研究图 7-21（a）所示的梁。该梁宽度为 1cm，高为 δcm。在梁的两端作用有一对转向相反、力偶矩相等的外力偶。在这一对外力偶作用下，梁发生弯曲变形，在梁的横截面 $abcd$ 上产生了大小与外力偶 m 相等的弯矩 M。现在来分析一下当逐渐增大外力偶矩 m 时，横截面 $abcd$ 上的应力分布变化情况。

当力偶矩不是很大，设为 m_1 时 [图 7-21（b）]，横截面上作用的弯矩为 M_1，材料处于弹性变形范围之内，应力沿梁的高度 δ 呈直线分布，其最大弯曲应力小于材料的屈服极限 σ_s，其值为

$$\sigma_{Mmax} = \frac{6M_1}{\delta^2} \tag{e}$$

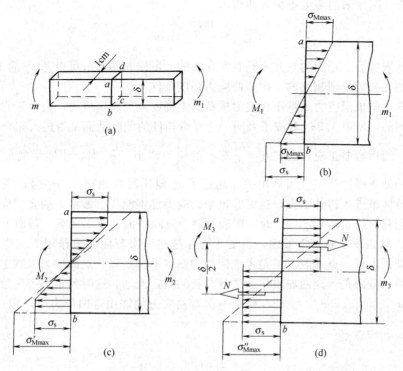

图 7-21 梁处于弹性、弹塑性和完全塑性时的应力分布（理想塑性材料）

当力偶矩由 m_1 逐渐加大，横截面上的弯矩也将由 m_1 逐渐增加，梁的上下表面处的弯曲应力也相应增大，并首先达到材料的屈服极限。假设梁是由理想塑性材料制成的，则在梁的上下表面层屈服以后，若继续增大外力偶矩时，梁的上下表面层中的应力将不再增大（保持为 σ_s），这时横截面上弯矩的增长是借助于紧靠梁表面层以内的材料的应力继续增大并依次达到屈服极限而实现的。图 7-21（c）所示的就是梁在较大外力偶矩 m_2 作用下，横截面上应力的分布情况。图中的细实线是应力的实际分布曲线。这时梁已进入弹塑性状态，在距梁的上下表面一定深度内，梁已发生塑性变形，该处横截面上的实际应力值为材料的屈服限 σ_s。如果把这个在外力偶 m_2 作用下已经发生部分塑性变形的梁，仍然当作没有发生塑性变形来看待，并且仍然用只对弹性变形梁才适用的求取正应力的公式来计算的话，那么得到的将是

$$\sigma'_{Mmax} = \frac{6M_2}{\delta^2} \tag{f}$$

这个 σ'_{Mmax} 自然也就不再反映梁横截面内真实的应力分布情况，这时的应力分布可用图 7-21（c）中的虚线表示。既然这些用虚线表示的应力（分布）不是真实应力，所以不妨称它为虚拟应力（在材料力学教材上通常称这个应力为名义应力。为了与本书第一篇所讨论的名义应力区分开，故在此称其为虚拟应力）。

如果外力偶矩继续增大（超过 m_2），那么塑性区将由梁的上下表面继续向中间扩展，当外力偶矩增大到 m_3 时，沿梁的整个高度各点的应力都达到材料的屈服限，梁的整个截面全部进入塑性状态［图 7-21（d）］。这时的弯矩 M_3 称为极限弯矩，其值为

$$M_3 = N \times \frac{\delta}{2} = \sigma_s \times 1 \times \frac{\delta}{2} \times \frac{\delta}{2} = \frac{\delta^2 \sigma_s}{4} \tag{g}$$

根据极限弯矩计算出来的最大虚拟弯曲应力

$$\sigma''_{Mmax} = \frac{6M_3}{\delta^2} = 1.5\sigma_s \tag{h}$$

它就是梁的极限应力，正因为它并不是真实存在的，所以它的数值可以是 σ_s 的 1.5 倍。

（3）按塑性失效准则建立的一次弯曲应力强度条件

按上式算出的极限应力虽然不代表梁横截面上任一点的真实应力，但由于它是根据极限弯矩计算得到的，所以 $1.5\sigma_s$ 就成了判断一个受弯构件的危险截面是否进入完全塑性状态的临界应力值。当用弯曲正应力公式 $\sigma = \frac{M}{W}$ 算出的应力值小于 σ_s 时，说明梁的危险截面上的最大应力点仍处于弹性状态。当算出的 σ 超过了 σ_s 但还没有达到 $1.5\sigma_s$ 时，说明梁的危险截面已有部分区域进入塑性状态，这时算出来的应力已不能代表截面上的真实应力，它属于虚拟应力。当算出的 σ 达到 $1.5\sigma_s$ 时，则表明整个危险截面已全部屈服，截面上的真实应力处处均为 σ_s。从强度上的安全考虑，当受弯构件是在一次弯曲应力作用下工作时，仍然是不允许危险截面上任一点屈服。但是考虑问题的基点不再是以一点的应力来判定杆件是否失效，而是以整个截面是否全面屈服作为失效与否的判定准则，这时判定是否失效的极限应力值就不再是 σ_s，而是 $1.5\sigma_s$。于是，控制一次弯曲应力的许用弯曲应力值（用 $[\sigma_b]$ 表示）就不再是 $\frac{\sigma_s}{n_s}$，而应该是

$$[\sigma_b] = \frac{1.5\sigma_s}{n_s} = 1.5[\sigma] \tag{i}$$

为了使 $[\sigma_b]$ 不超过 σ_s，n_s 一般应取大于 1.5。

这样，按塑性失效准则建立起来的一次弯曲应力强度条件应写成

$$\sigma_{Mmax} \leqslant 1.5[\sigma] \tag{7-24}$$

按应力分析法进行平板的强度计算，依据的就是式（7-24）。

如果按传统的方法进行强度计算，即认为只要平板的上下表面有一点处屈服，平板就失效，那么强度条件应该是

$$\sigma_{Mmax} \leqslant [\sigma] \tag{7-25}$$

显然按式（7-25）进行强度计算，将比按式（7-24）计算有更高的安全储备。

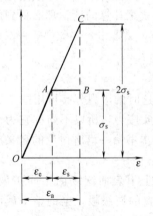

图 7-22　虚拟应力概念示意
OAB—真实应力曲线
AC—虚拟应力曲线

7.4.3　对二次应力的限制

二次应力是由于刚性连接的两个几何形状不同的构件之间相互限制对方变形引起的。当这种限制所导致的二次应力增大到材料的屈服极限，同时材料又有良好的塑性可以发生塑性变形时，上述的相互限制反而会得到缓解，应力不会随载荷的增加而继续加大。同时二次应力又都只存在于很小的局部范围内。所以对于这种应力没有必要用不允许达到屈服限来限制。也就是说，存在二次应力的局部地区，允许出现塑性变形，但是不允许出现多次反复的塑性变形。这指的是在构件第一次承载时，在二次应力作用地区允许出现塑性变形，但在卸载以后，第二次加载时，不允许出现重复的塑性变形。因为材料在反复的塑性变形时会出现硬化现象，材料一旦硬化，二次应力的自限性也就失去了依托的条件。这就很容易

导致构件在局部高应力区率先产生裂纹。所以，对于用良好塑性材料制成的构件，只允许存在二次应力的局部地区发生一次塑性变形，而不允许出现反复的塑性变形。称这一原则为安定准则。如果一个构件在符合安定准则的条件下工作，那么便说这个构件是安定的。

理论分析可以证明：要使构件处于安定状态，局部高应力区所发生的塑性应变值 ε_s 不得超过材料在弹性变形阶段所发生的最大弹性应变值 ε_e（图 7-22），即总的应变值不得超过 $2\varepsilon_e$。

如何判断二次应力引起的总应变值是不是超过了 $2\varepsilon_e$ 呢？

从图 7-22 所示的材料 σ-ε 曲线可以看到，当应力达到屈服限 σ_s 时，材料发生塑性变形，对应的应变值是 ε_e。在这以后继续发生的塑性应变 ε_s 是在应力保持不变的情况下出现的。为了判断所发生的塑性应变 ε_s 是不是超过了最大的弹性应变 ε_e，把已经发生的塑性应变 ε_s 当作弹性应变来对待，并把与它相对应的应力按虎克定律找出来。由于与 ε_e 对应的应力值是 σ_s，如果将所发生的塑性应变 ε_s 仍当作弹性应变对待，那么 σ-ε 曲线应沿 OA 延伸至 C 点，假设 C 点所在处的应变是 $\varepsilon_e + \varepsilon_s \leqslant 2\varepsilon_e$，那么与 C 点对应的应力 $\sigma \leqslant 2\sigma_s$。这里的 σ 并不是真实存在的应力，它也是虚拟应力。但是却可以利用它来判定所发生的塑性应变值是不是超过了 ε_e。如果算出来的二次应力小于或等于 $2\sigma_s$，那就表明即使发生了塑性变形，但是所发生的 ε_s 没有超过 ε_e，因而构件是安定的。

本书不讨论如何计算属于二次应力范畴的边界应力，假设边界应力 $\sigma_{边}$ 的计算公式已经在虎克定律的基础上推导出来，那么按该公式算出的边界应力值就可以利用上边讨论的结果来判定边界区的应力与变形的情况：若 $\sigma_{边} < \sigma_s$，表明边界区处于完全弹性状态；若 $\sigma_s \leqslant \sigma_{边} \leqslant 2\sigma_s$，表明边界区发生了少量塑性变形，但仍是安定的；若 $\sigma_{边} > 2\sigma_s$，表明边界区已处于不安定状态，这是不允许的。

应该说明的是，在边界区除了有二次应力属性的边界应力外，还同时作用有一次薄膜应力，所以在危险点处的最大应力 σ_{max} 应是一次薄膜应力与二次应力的叠加值。

根据以上讨论可得如下结论：在具有二次应力的局部壳体处，其最大应力 σ_{max} 不得超过材料屈服限的两倍，即

$$\sigma_{max} \leqslant 2\sigma_s \tag{7-26}$$

若取 $n_s = 1.5$，即 $\sigma_s = 1.5[\sigma]$，再引入焊接接头系数，得

$$\sigma_{max} \leqslant 3[\sigma]\varphi \tag{7-27}$$

这就是对二次应力的限制条件。

本 章 小 结

（1）三种应力

本章介绍了容器承压时器壁内存在的三种性质不同的应力，即一次薄膜应力，一次弯曲应力和边界应力。这三种应力在容器的强度计算中将不同程度的涉及。其中一次薄膜应力是最基本的，在下一章中容器强度计算的讨论基本上是以薄膜应力为基础展开的，所以在三种应力中，薄膜应力是必须掌握的重点。一次弯曲应力虽然也是十分重要的，但是在压力容器中以弯曲为主的受压元件较少，所以从强度计算的数量来说远少于薄膜应力。二次应力由于它的产生原因不同于一次应力，而且又是考虑容器强度问题时不能回避的应力，所以对于二次应力的产生原因、性质特点、限制条件我们都作了定性的分析讨论。通过这种讨论应该了解在什么情况下以及为什么可以不考虑二次应力而在另外一些情况下又为什么必须考虑二次应力。有了这个基础，才能够理解下一章将要讨论的压力容器强度计算与结构设计中对一些

问题的处理。

（2）薄膜应力应掌握的要点

ⅰ．薄膜应力是由于壳体的环向与经向"纤维"受到拉伸引起的，σ_θ 作用在壳体的纵截面上、σ_m 作用在壳体的锥截面内。

ⅱ．圆筒形壳体与圆球形壳体上各点的薄膜应力均相同，球壳的 $\sigma_\theta = \sigma_m$，圆筒的 $\sigma_\theta = 2\sigma_m$。

ⅲ．锥形壳体与椭球壳上各点处的薄膜应力不相同。锥形壳的最大薄膜应力在锥体大端的纵截面内，标准椭球壳上的最大拉伸薄膜应力位于顶点的纵截面内，最大压缩薄膜应力作用在赤道处的纵截面内。

ⅳ．四种壳体（筒、球、锥、椭）的最大薄膜应力可用如下通式表达

$$\sigma_{max} = \frac{pKD}{2\delta}$$

式中的 K，对于圆筒形壳体和标准椭球形壳体，$K = 1$；对于球壳，$K = 0.5$；对于圆锥形壳体，$K = \dfrac{1}{\cos\alpha}$。

ⅴ．决定薄膜应力大小的基本因素有两个：一是压强 p，二是壳体的截面几何量 δ/D 值。壳体的不同形状对薄膜应力的影响则反映在上述的系数 K 中。

ⅵ．薄膜应力的含义是器壁上的应力沿壁厚均布。真实的应力分布并非如此，所以以薄膜应力计算公式的应用条件是 $\dfrac{\delta}{D} < 0.2$，一般的容器均不会超过此规定值。

（3）一次弯曲应力掌握的要点

ⅰ．了解如何根据变形分析来说明环向弯曲应力与径向弯曲应力产生的原因。

ⅱ．注意影响弯曲应力的几何因素是 $\left(\dfrac{\delta}{D}\right)^2$，而影响薄膜应力的几何量是 $\dfrac{\delta}{D}$，要理解这种不同所要说明的问题。

（4）二次应力应掌握的要点

ⅰ．二次应力产生的原因与一次应力的区别。

ⅱ．基于二次应力产生的原因必然使二次应力具有"自限性"的性质。而且在大多数情况下，还具有"局部性"的性质。

（5）应掌握的关于"三种不同的应力有三种不同的限制条件"的要点。

ⅰ．$\sigma_{r3} \leqslant [\sigma]^t \varphi$，$\sigma_{Mmax} \leqslant 1.5[\sigma]^t \phi$，$\sigma_{Mmax} \leqslant 3[\sigma]^t \phi$ 三个强度条件建立的依据，要明确三个不等式左边的 σ 表达的是什么应力。

ⅱ．虚拟应力是本章引出的新概念，要理解：什么是虚拟应力，为什么要引用虚拟应力。

（6）强度理论不是本章所讨论的重点，但是对于简单应力状态与复杂应力状态的区别，以及与此有关的"主平面"、"主应力"等概念应该清楚。关于"相当应力"，最重要的是要了解为什么要引出这一应力。

习　题

7-1　图 7-23 所示容器具有椭圆形封头和锥形底，尺寸如图所示。若该容器承受气体压强 $p = 1\text{MPa}$，试求封头与筒体中一次薄膜应力的最大值，及其作用点和作用截面。

7-2　如果将上题所给容器的封头改用平板形，封头壁厚由 10mm 增至 60mm，试求封头内的应力，并对计算结果作出评论。

7-3 在 7-1 题所给容器中，何处存在二次应力，说明二次应力产生的原因及作用截面。

7-4 图 7-24 所示为三个直径 D、壁厚 δ 和高度 H 均相同的容器，容器内充满常压液体，液体密度均为 ρ，整个壳体通过悬挂式支座支撑在立柱上，试问

（1）三个容器的底板所受到的液体总压力是否相同？为什么？

（2）三个容器所受到的支撑反力是否相同（不计容器自重)？为什么？

（3）三个容器的 $A\text{-}A$ 横截面上的 σ_m 是否相等，为什么？写出 σ_m 计算式。

（4）三个容器的 $B\text{-}B$ 横截面上的 σ_m 是否相等，为什么？写出 σ_m 计算式。

（5）若三个容器均直接置于地面上，那么三个容器的 $A\text{-}A$ 横截面上的 σ_m 是否相等，为什么？

（6）三个容器筒体上各对应点处（按同一高度考虑）的 σ_θ 是否相等，为什么？写出 σ_θ 计算式。

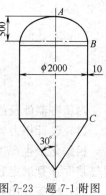

图 7-23 题 7-1 附图

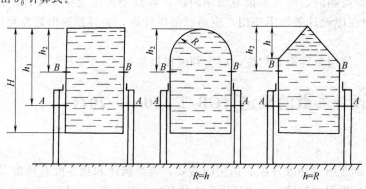

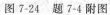

图 7-24 题 7-4 附图

M7-1
习题答案

163

8 内压容器

内压容器涉及的问题很多，本章只讨论容器的壳体和封头。重点是它们的强度计算。

（1）设计压力容器

根据化工生产工艺提出的条件，确定设计所需参数（p，t，D），选定材料和结构形式，通过强度计算确定容器筒体及封头壁厚。对已制定标准的受压元件，可直接选取。

（2）校核在用容器

ⅰ.判定在下一个检验周期内，或在剩余寿命期间内，容器是否还能在原设计条件下安全使用。如果容器已不能在原设计条件下使用，应通过强度计算，为容器提出最高允许工作压力。

ⅱ.如果容器针对某一使用条件需要判废，应为判废提供依据。

8.1 设计参数的确定 （GB/T 150.3—2011）

8.1.1 容器直径

考虑到压制封头胎具的规格及标准件配套选用的需要，容器筒体和封头的直径都有规定，不能任意取值。对于用钢板卷焊的筒体，以内径作为它的公称直径。其系列值列于表 8-1。

表 8-1　压力容器的公称直径　　　　　　　　　　　　　　　　　　　　　mm

300	(350)	400	(450)	500	(550)	600	(650)
700	800	900	1000	(1100)	1200	(1300)	1400
(1500)	1600	(1700)	1800	(1900)	2000	(2100)	2200
(2300)	2400	2600	2800	3000	3200	3400	3600
3800	4000						

注：带括号的公称直径应尽量不采用。

当用无缝钢管作筒体时，以外径作为它的公称直径，其系列值列于表 8-1（A）。

表 8-1(A)　　无缝钢管制作筒体时容器的公称直径　　　　　　　　　　mm

159	219	273	325	377	426

8.1.2 工作压力与设计压力 p

设计压力是指设定的容器顶部的最高压力，与相应的设计温度一起作为设计载荷条件。

设计压力从概念上说不同于容器的工作压力。工作压力是由工艺过程决定的，在工作过程中工作压力可能是变动的，同时在容器的顶部和底部压力也可能是不同的。

容器的工作压力既然可能是变动的，所以将容器在正常操作情况下容器顶部可能出现的最高工作压力称为容器的最大工作压力，用 p_w 表示。

容器的设计压力应该高于其最大工作压力，根据具体条件不同，可按如下规定确定。

① 装有安全阀的容器　其设计压力不得低于安全阀的整定压力，安全阀的整定压力 p_z 是根据容器最大工作压力 p_w 调定的（表 8-2），一般取 $p_z = (1.05 \sim 1.1) p_w$（$p_z \geqslant 0.18\text{MPa}$ 时）。

表 8-2 安全阀的整定压力

最大工作压力 p_w/MPa	安全阀开启压力 p_z/MPa	最大工作压力 p_w/MPa	安全阀开启压力 p_z/MPa
<1.0	$p_w+(0.035\sim0.05)$	≥1.6	$p_w+(0.11\sim0.115)$
1.0~1.5	$p_w+(0.11\sim0.18)$	≥4.0	$p_w+(0.105\sim0.11)$

对于设计图样中注明最高允许工作压力的压力容器，允许安全阀的整定压力不高于该压力容器的最高允许工作压力（即可能高于设计压力），这是为了充分利用压力容器的实际承载能力，并在保证安全的基础上，避免安全阀的频繁启闭，这点对于安装有安全阀的低压容器尤为重要。最高允许工作压力是根据容器的有效厚度计算得到的实际可承受的压力，当然还必须考虑法兰等受压元件的承受能力。

② 装有爆破片的容器　其设计压力不得低于爆破片的设计爆破压力 p_b 加上所选爆破片制造范围上限。p_b 等于最低标定爆破压力 p_{smin} 加上所选爆破片制造范围的下限（取绝对值）。

③ 固定式液化气体压力容器和液化石油气储罐　其设计压力是分别根据表 8-3 和表 8-4，先选定工作压力以后，再考虑适当的设计裕量以及超压泄放装置的需要予以确定。

ⅰ.常温储存液化气体压力容器规定温度下的工作压力按照表 8-3 规定。

表 8-3　常温储存液化气体压力容器规定温度下的工作压力

液化气体临界温度	规定温度下的工作压力		
	无保冷设施	有保冷设施	
		无试验实测温度	有试验实测最高工作温度并且能保证低于临界温度
≥50℃	50℃饱和蒸气压力	可能达到的最高工作温度下的饱和蒸气压力	
<50℃	在设计所规定的最大充装量下为50℃的气体压力	试验实测最高工作温度下的饱和蒸气压力	

ⅱ.常温储存混合液化石油气压力容器规定温度下的工作压力，按照不低于 50℃时混合液化石油气组分的实际饱和蒸气压来确定。设计单位在设计图样上注明限定的组分和对应的压力；若无实际组分数据或者不做组分分析，其规定温度下的工作压力不得低于表 8-4 的规定。

表 8-4　常温储存混合液化石油气压力容器规定温度下的工作压力

混合液化石油气 50℃饱和蒸气压力	规定温度下的工作压力	
	无保冷设施	有保冷设施
小于或者等于异丁烷50℃饱和蒸气压力	等于50℃异丁烷的饱和蒸气压力	可能达到的最高工作温度下异丁烷的饱和蒸气压力
大于异丁烷50℃饱和蒸气压力、小于或者等于丙烷50℃饱和蒸气压力	等于50℃丙烷的饱和蒸气压力	可能达到的最高工作温度下丙烷的饱和蒸气压力
大于丙烷50℃饱和蒸气压力	等于50℃丙烯的饱和蒸气压力	可能达到的最高工作温度下丙烯的饱和蒸气压力

五种介质 50℃饱和蒸气压力列于表 8-5。

表 8-5　几种介质常温储存时规定温度下的工作压力

介质名称	50℃饱和蒸气压力/MPa(A)	介质名称	50℃饱和蒸气压力/MPa(A)
丙烯	2.05	氨	2.03
丙烷	1.71	氯	1.43
异丁烷	0.69		

以上设计压力的规定均只限于固定式压力容器，移动式压力容器的设计压力另有规定。

8.1.3 设计温度 t

设计温度是指容器在正常操作情况、在相应设计压力下，设定的受压元件的金属温度。

设计温度从概念上说不同于容器工作时器壁的金属温度。设计温度是在相应设计压力下设定的一个温度。其值不得低于容器工作时器壁金属可能达到的最高温度。如果容器器壁金属温度在 0℃ 以下，则设定的设计温度不能高于器壁金属可能达到的最低温度。

设计温度视不同情况按下法设定。

ⅰ.若容器内的介质是用蒸气直接加热，或用电热元件插入介质加热，或进入容器的介质已被加热（如锅炉的分气包），这时可取介质的最高温度为设计温度。

ⅱ.若容器内的介质是被热载体（或冷载体）从外边间接加热（或冷冻），取热载体的最高工作温度或冷载体（低于 0℃ 的）最低工作温度为设计温度。

ⅲ.设计储存容器，当壳体的金属温度受大气环境气温条件所影响时，其最低设计温度可按该地区气象资料，取历年来月平均最低气温的最低值。月平均最低气温是指当月各天的最低气温值相加后除以当月的天数。

月平均最低气温的最低值，是气象局实测的 10 年逐月平均最低气温资料中的最小值。

ⅳ.对间歇操作的设备，若器内介质的温度和压力随反应和操作程序进行周期性变化时，应按最苛刻的但却属同一时刻的温度与压力作为设定设计温度与设计压力的依据。不能把不属于同一时刻的最大工作压力与最高（或最低）工作温度作为设定设计温度与设计压力的依据。

8.1.4 计算压力 p_c

计算压力是指在相应设计温度下，用以确定受压元件厚度的压力，其中包括液柱静压力。当元件所承受的液柱静压力小于 5% 设计压力时，可不计液柱静压力。

在实际工作中要区分好设计压力与计算压力，并应考虑到下述几点。

ⅰ.确定压力容器受压元件尺寸一般是有两个途径，像筒体、封头须通过计算来确定其壁厚，在计算公式中应该用计算压力 p_c，而且在大多数情况下，可以取 $p_c = p$，但是在有些场合下 p_c 却不同于设计压力 p。譬如夹套容器的内筒，其设计压力根据化工生产工艺要求可能是正压，也可能是负压，然而当夹套中用蒸气加热时，内筒的计算压力应该按生产中可能出现的最大压差来确定，而且往往是要进行稳定计算，这样一来内筒的计算压力就不同于其设计压力了。所以，当需要利用公式计算容器的壳体或封头厚度时，引入和采用计算压力更为贴切。此外压力容器中还有一些受压元件，如法兰、人孔、手孔、视镜等，这些零件的尺寸大都不需要设计人员用公式计算，它们基本上都是通过有关标准查取的（在利用这些标准确定零件尺寸时，有时需要容器的设计压力，关于如何使用零部件标准后面再讲）。

ⅱ.容器进行压力试验时，其试验压力的确定都是以容器的设计压力为基准乘以一定的系数，特别是多腔压力容器更是如此。譬如夹套容器内筒的水压试验压力完全按其设计压力确定而与其计算压力无关。

ⅲ.在对压力容器的监察管理上，要对压力容器进行分类，容器的设计压力 p 是容器分类的重要依据之一。

从以上讨论可以看到：设计压力比计算压力的应用要广泛得多。

8.1.5 许用应力 $[\sigma]^t$

压力容器和化工设备所用的钢板、钢管、锻件、紧固件在 GB/T 150.2—2011 中均规定有各种材料产品的许用应力值。本书不讨论法兰连接的计算，所以紧固件的许用应力就不摘引了，因为钢板、钢管在使用时，还有一些规定要遵守，所以在本节一并简单做一点介绍。

部分碳素钢和低合金钢钢板许用应力见表8-6，本表给出了一些常用钢号钢板的许用应力（厚度≤36mm），更多钢号钢板的许用应力见 M8-1。

M8-1

部分高合金钢钢板许用应力见表8-7，完整表格见 M8-2。

部分碳素钢和低合金钢钢管许用应力见表8-8。使用表8-8中所列钢管应遵循以下规定。

M8-2

① GB/T 8163 中的 10 钢、20 钢和 Q345D 钢管的使用范围：

ⅰ.不得用于热交换器管；

ⅱ.设计压力不大于 4.0MPa；

ⅲ.钢管壁厚不大于 10mm；

ⅳ.不得用于毒性强度为极度危害的介质。

② GB/T 9948 中各钢号钢管使用规定：

ⅰ.热交换器管应选用冷拔或冷轧钢管，钢管尺寸精度应用高级精度。

ⅱ.外径小于 70mm，且壁厚小于 6.5mm 的 10 钢钢管和 20 钢钢管应分别进行−20℃和 0℃的冲击试验；3 个纵向标准试样的冲击功平均值应不小于 31J；10 钢和 20 钢钢管的使用温度下限分别为−20℃和 0℃。

③ GB/T 5310 中 12Cr1MoVG 钢管　用于热交换器时应选用冷拔或冷轧钢管。

④ 使用温度低于−20℃的 16Mn 钢管（GB 6479）的硫磷含量：$w(S) \leqslant 0.012$，$w(P) \leqslant 0.025$，外径不小于 70mm，且壁厚不小于 6.5mm 应进行−40℃的冲击试验，3 个纵向标准试样的冲击功平均值应不小于 34J，其中 1 个试样的最低值不小于平均值的 75%。

⑤ 表8-8 中序号 10、13、14、15、16 五个钢号的化学成分与力学性能见表 6-18 和表 6-19，其中 09MnNiD 和 09MnD 的冲击试验温度分别为−70℃和−50℃，壁厚都不大于 8mm。

M8-3

部分高合金钢钢管许用应力值见表8-9，完整表格见 M8-3。

部分碳素钢和低合金钢锻件许用应力见表8-10。使用表8-10 所列钢号锻件时应遵循以下规定。

① 各钢号的使用温度下限应按表 8-10 规定，并需进行该下限温度的冲击试验。

② 20MnNiMo、12Cr2Mo1V 和 12Cr3Mo1V 钢锻件以及 NB/T 47009 中所有低温用钢锻件，均应由炉外精炼的钢锻制而成。

③ 钢锻件的级别由设计文件规定，并应在图样上注明（在钢号后附上级别符号，如 16MnⅡ 09MnNiDⅢ）。下列钢锻件应选用Ⅲ级或Ⅳ级：

ⅰ.用作容器筒体和封头的筒形、环形、碗形锻件；

ⅱ.公称厚度大于 300mm 的低合金钢锻件；

ⅲ.标准抗拉强度下限值等于或大于 540MPa 且公称厚度大于 200mm 的低合金钢锻件；

ⅳ.使用温度低于−20℃且公称厚度大于 200mm 的低温用钢锻件。

④ 用于设计温度高于 300℃的 20MnMoNb、20MnNiMo、12Cr2Mo1V 和 12Cr3Mo1V Ⅲ级或Ⅳ级钢锻件，设计文件中应规定钢锻件按批（Ⅲ级）或逐件（Ⅳ级）进行设计温度下的高温拉伸试验。

⑤ 用于抗回火脆化要求的 12Cr2Mo1、12Cr1Mo1V 钢锻件，技术文件中应注明化学成分和力学性能的特殊要求。

部分高合金钢锻件许用应力见表8-11。使用表8-11 所列钢号锻件时应注意以下几点。

表 8-6 碳素钢和低合金钢钢板（部分）许用应力（GB/T 150.2—2011）

序号	钢号	钢板标准	使用状态	厚度/mm	室温强度指标 R_m/MPa	R_{eL}/MPa	在下列温度（℃）下的许用应力/MPa ≤20	100	150	200	250	300	350	400	425	450	475	500	525	550	575	600
1	Q245R	GB/T 713	热轧、控轧、正火	3~16	400	245	148	147	140	131	117	108	98	91	85	61	41					
				>16~36	400	235	148	140	133	124	111	102	93	86	84	61	41					
2	Q345R	GB/T 713	热轧、控轧、正火	3~16	510	345	189	189	189	183	167	153	143	125	93	66	43					
				>16~36	500	325	185	185	183	170	157	143	133	125	93	66	43					
3	Q370R	GB/T 713	正火	10~16	530	370	196	196	196	196	190	180	170									
				>16~36	530	360	196	196	196	193	183	173	163									
4	18MnMoNbR	GB/T 713	正火加回火	30~60	570	400	211	211	211	211	211	211	211	207	195	177	117					
5	15CrMoR	GB/T 713	正火加回火	6~60	450	295	167	167	167	160	150	140	133	126	122	119	117	88	58	37		
6	12Cr2Mo1VR	GB/T 150.2	正火加回火	30~120	590	415	219	219	219	219	219	219	219	219	219	193	163	134	104	72		
7	16MnDR	GB/T 3531	正火、正火加回火	6~16	490	315	181	181	180	167	153	140	130									
				>16~36	470	295	174	174	167	157	143	130	120									
8	15MnNiDR	GB/T 3531	正火、正火加回火	6~16	490	325	181	181	181	173												
				>16~36	480	315	178	178	178	167												
9	07MnMoVR	GB/T 19189	调质	10~60	610	490	226	226	226	226												
10	Q235B	GB/T 3274	热轧或正火	3~16	235		116	113	108	99	88	81										
				>16~30	235		116	108	102	94	82	75										
11	Q235C	GB/T 3274	热轧或正火	3~16	235		123	120	114	105	94	86										
				>16~40	235		123	114	108	100	87	79										

注：1. 表中序号 10 与 11 为非容器专用钢板，用于压力容器是有限制条件的（见 8.5.2.1），而且它们的许用应力值，Q235B 已乘了质量系数 0.85，Q235C 已乘了质量系数 0.9。

2. 表中钢号钢板的使用温度、检测方法和限制条件见 M8-1 中表注。

168

表 8-7　高合金钢钢板（部分）许用应力（GB/T 150.2—2011）

序号	钢号	钢板标准	厚度/mm	在下列温度（℃）下的许用应力/MPa																						注
				≤20	100	150	200	250	300	350	400	450	500	525	550	575	600	625	650	675	700	725	750	775	800	
1	06Cr13 (S11306)	GB/T 24511	1.5~25	137	126	123	120	119	117	112	109															
2	06Cr13Al (S11348)	GB/T 24511	1.5~25	113	104	101	100	99	97	95	90															
3	022Cr22Ni5Mo3N (S22253)	GB/T 24511	1.5~80	230	230	230	230	223	217																	
4	06Cr19Ni10 (S30408)	GB/T 24511	1.5~80	137	137	137	130	122	114	111	107	103	100	98	91	79	64	52	42	32	27					1
				137	114	103	96	90	85	82	79	76	74	73	71	67	62	52	42	32	27					
5	022Cr19Ni10 (S30403)	GB/T 24511	1.5~80	120	120	118	110	103	98	94	91	88														1
				120	98	87	81	76	73	69	67	65														
6	06Cr17Ni12Mo2 (S31608)	GB/T 24511	1.5~80	137	137	137	134	125	118	113	111	109	107	106	105	96	81	65	50	38	30					1
				137	117	107	99	93	87	84	82	81	79	78	78	76	73	65	50	38	30					
7	022Cr17Ni12Mo2 (S31603)	GB/T 24511	1.5~80	120	120	117	108	100	95	90	86	84														1
				120	98	87	80	74	70	67	64	62														
8	06Cr18Ni11Ti (S32168)	GB/T 24511	1.5~80	137	137	137	130	122	114	111	108	105	103	101	83	58	44	33	25	18	13					1
				137	114	103	96	90	85	82	80	78	76	75	74	58	44	33	25	18	13					

注：1. 该行许用应力仅适用于允许产生微量永久变形之元件，对于法兰或其他有微量永久变形就引起泄漏或故障的场合不能采用。

2. 表中所列高合金钢钢板的化学成分见表 6-13，力学性能见表 6-14。

3. 表中所列钢号钢板使用温度的下限：S1×××（铁素体型）为 0℃；S2×××（奥氏体-铁素体型）为 -20℃；S3×××（奥氏体型）使用温度≥-196℃时可免做冲击试验。低于 -196～-253℃由设计文件规定冲击试验要求。

表8-8 碳素钢和低合金钢钢管（部分）许用应用（GB/T 150.2—2011）

序号	钢号	钢管标准	使用状态	壁厚/mm	室温强度指标		在下列温度（℃）下的许用应用/MPa															
					R_m/MPa	R_{eL}/MPa	≤20	100	150	200	250	300	350	400	425	450	475	500	525	550	575	600
1	10	GB/T 8163	热轧	≤10	335	205	124	121	115	108	98	89	82	75	70	61	41					
2	20	GB/T 8163	热轧	≤10	410	245	152	147	140	131	117	108	98	88	83	61	41					
3	Q345D	GB/T 8163	正火	≤10	470	345	174	174	174	174	167	153	143	125	93	66	43					
4	10	GB/T 9948	正火	≤16	335	205	124	121	115	108	98	89	82	75	70	61	41					
				>16~30	335	195	124	117	111	105	95	85	79	73	67	61	41					
5	20	GB/T 9948	正火	≤16	410	245	152	147	140	131	117	108	98	88	83	61	41					
				>16~30	410	235	152	140	133	124	111	102	93	83	78	61	41					
6	20	GB/T 6479	正火	≤16	410	245	152	147	140	131	117	108	98	88	83	61	41					
				>16~40	410	235	152	140	133	124	111	102	93	83	78	66	43					
7	Q345	GB/T 6479	正火	≤16	490	320	181	181	180	167	153	140	130	123	93	66	43					
				>16~40	490	310	181	181	173	160	147	133	123	117	93	66	43					
8	12Cr2Mo1	GB/T 9948	正火加回火	≤16	410	205	137	121	115	108	101	95	88	82	80	79	77	74	50			
				>16~30	410	195	130	117	111	105	98	91	85	79	77	75	74	72	50			
9	15CrMo	GB/T 9948	正火加回火	≤16	440	235	157	140	131	124	117	108	101	95	93	91	90	88	58	37		
				>16~30	440	225	150	133	124	117	111	103	97	91	89	87	86	85	58	37		
				>30~50	440	215	143	127	117	111	105	97	92	87	85	84	83	81	58	37		
10	12Cr2Mo1	GB/T 150.2	正火加回火	≤30	450	280	167	167	163	157	153	150	147	143	140	137	119	89	61	46	37	
11	1Cr5Mo	GB/T 9948	退火	≤16	390	195	130	117	111	108	105	101	98	95	93	91	83	62	46	35	26	18
				>16~30	390	185	123	111	105	101	98	95	91	88	86	85	82	62	46	35	26	18
12	12Cr1MoVG	GB/T 5310	正火加回火	≤30	470	255	170	153	143	133	127	117	111	105	103	100	98	95	82	59	41	
13	09MnD	GB/T 150.2	正火	≤8	420	270	155	156	150	143	130	120	110									
14	09MnNiD	GB/T 150.2	正火	≤8	440	280	163	163	157	150	143	137	127									
15	08Cr2AlMo	GB/T 150.2	正火加回火	≤8	400	250	148	148	140	130	123	117										
16	09CrCuSb	GB/T 150.2	正火	≤8	390	245	144	144	137	127												

表8-9 高合金钢钢管（部分）许用应力（GB/T 150.2—2011）

在下列温度（℃）下的许用应力/MPa

序号	钢号	钢管标准	壁厚/mm	≤20	100	150	200	250	300	350	400	450	500	525	550	575	600	625	650	675	700	725	750	775	800	注
1	06Cr19Ni10 (S30408)	GB/T 13296	≤14	137	137	137	130	122	114	111	107	103	100	98	91	79	64	52	42	32	27					①
		GB/T 14976	≤28	137	114	103	96	90	85	82	79	76	74	73	71	67	62	52	42	32	27					
2	06Cr18Ni11Ti (S32168)	GB/T 13296	≤14	137	137	137	130	122	114	111	108	105	103	101	83	58	44	33	25	18	13					①
		GB/T 14976	≤28	137	114	103	96	90	85	82	80	78	76	75	74	58	44	33	25	18	13					
3	06Cr17Ni12Mo2 (S31608)	GB/T 13296	≤14	137	137	137	134	125	118	113	111	109	107	106	105	96	81	65	50	38	30					①
		GB/T 14976	≤28	137	117	107	99	93	87	84	82	81	79	78	78	76	73	65	50	38	30					
4	06Cr17Ni12Mo2Ti (S31668)	GB/T 13296	≤14	137	137	137	134	125	118	113	111	109	107													①
		GB/T 14976	≤28	137	117	107	99	93	87	84	82	81	79													
5	022Cr19Ni10 (S30403)	GB/T 13296	≤14	137	117	117	110	103	98	94	91	88	79													①
		GB/T 14976	≤28	117	97	87	81	76	73	69	67	65														
6	022Cr17Ni12Mo2 (S31603)	GB/T 13296	≤14	137	117	117	108	100	95	90	86	84														①
		GB/T 14976	≤28	117	97	87	80	74	70	67	64	62														
7	022Cr19Ni13Mo3 (S31703)	GB/T 13296	≤14	137	117	117	117	117	117	113	111	109														①
		GB/T 14976	≤28	117	117	107	99	93	87	84	82	81														
8	022Cr19Ni5Mo3Si2N (S21953)	GB/T 21833	≤12	233	233	223	217	210	203																	①②
9	06Cr19Ni10 (S30408)	GB/T 12771	≤28	116	116	116	111	104	97	94	91	88	85	83	77	67	54	44	36	27	23					①②
				116	97	88	82	77	72	70	67	65	63	62	60	57	53	44	36	27	23					②
10	022Cr19Ni10 (S30403)	GB/T 12771	≤28	116	99	99	94	88	83	80	77	75	67													①②
				99	82	74	69	65	62	59	57	55														②

① 该行许用应力仅适用于允许产生微量永久变形之元件，对于法兰或其他有微量永久变形引起泄漏或故障的场合不能采用。
② 该行许用应力已乘焊接接头系数0.85，因为序号9、10都是有缝钢管。

注：1. GB/T 14796 中的钢管不得用于热交换器管。
2. GB/T 21833 中的钢管如用于热交换器管时应选用冷拔或冷轧钢管，钢管的尺寸精度应选用高级精度。
3. GB/T 21833 各类钢管使用温度下限为−20℃。
4. GB/T 13296、GB/T 14976 各钢号钢管的使用温度高于或等于−196℃时，可免做冲击试验；低于−196℃时，由设计单位确定冲击试验要求。
5. 相同钢号的不锈钢无缝钢管与钢板的许用应力基本相同（与表8-7对照），但有缝钢管的许用应力要低，因为乘了0.85的焊接接头系数（比较序号1和15）。即使是这样，编者也不建议采用有缝钢管于压力容器上。

表 8-10 碳素钢和低合金钢锻件（部分）许用应力（GB/T 150.2—2011）

序号	钢号	钢锻件标准	使用状态	公称厚度/mm	室温强度指标 R_{m}/MPa	R_{eL}/MPa	在下列温度（℃）下的许用应力/MPa ≤20	100	150	200	250	300	350	400	425	450	475	500	525	550	575	600	使用温度下限/℃
1	20	NB/T 47008	正火、正火加回火	≤100	410	235	152	140	133	124	111	102	93	86	84	61	41						−20
				>100~200	400	225	148	133	127	119	107	98	89	82	80	61	41						
				>200~300	380	205	137	123	117	109	98	90	82	75	73	61	41						
2	35	NB/T 47008	正火、正火加回火	≤100	510	265	177	157	150	137	124	115	105	98	85	61	41						0
				>100~300	490	245	163	150	143	133	121	111	101	95	85	61	41						
3	16Mn	NB/T 47008	正火、正火加回火、调质	≤100	480	305	178	178	167	150	137	123	117	110	93	66	43						−20
				>100~200	470	295	174	174	163	147	133	120	113	107	93	66	43						
				>200~300	450	275	167	167	157	143	130	117	110	103	93	66	43						
4	20MnMo	NB/T 47008	调质	≤300	530	370	196	196	196	196	196	190	183	173	167	131	84	49					−20
				>300~500	510	350	189	189	189	189	187	180	173	163	157	131	84	49					
				>500~700	490	330	181	181	181	181	180	173	167	157	150	131	84	49					
5	20MnMoNb	NB/T 47008	调质	≤300	620	470	230	230	230	230	230	230	230	230	230	177	117						0
				>300~500	610	460	226	226	226	226	226	226	226	226	226	177	117						
6	35CrMo	NB/T 47008	调质	≤300	620	440	230	230	230	230	226	226	223	213	197	150	111	79	50				−20
				>300~500	610	430	226	226	226	226	226	226	223	213	197	150	111	79	50				
7	15CrMo	NB/T 47008	正火加回火、火、调质	≤300	480	280	178	170	160	150	143	133	127	120	117	113	110	88	58	37			
				>300~500	470	270	174	163	153	143	137	127	120	113	110	107	103	88	58	37			
8	14Cr1Mo	NB/T 47008	正火加回火、火、调质	≤300	490	290	181	180	170	160	153	147	140	133	130	127	122	80	54	33			−20
				>300~500	480	280	178	173	163	153	147	140	133	127	123	120	117	80	54	33			

续表

序号	钢号	钢锻件标准	使用状态	公称厚度/mm	室温强度指标		在下列温度（℃）下的许用应力/MPa																使用温度下限/℃
					R_m/MPa	R_{eL}/MPa	≤20	100	150	200	250	300	350	400	425	450	475	500	525	550	575	600	
9	12Cr2Mo1	NB/T 47008	正火加回火、调质	≤300	510	310	189	187	180	173	170	167	167	160	157	153	119	89	61	46	37		
				>300~500	500	300	185	183	177	170	167	163	160	157	153	150	119	89	61	46	37		
10	12Cr1MoV	NB/T 47008	正火加回火、调质	≤300	470	280	174	170	160	153	147	140	133	127	123	120	117	113	82	59	41		
				>300~500	460	270	170	163	153	147	140	133	127	120	117	113	110	107	82	59	41		
11	1C5Mo	NB/T 47008	正火加回火、调质	≤500	590	390	219	219	219	219	217	213	210	190	136	107	83	62	46	35	26	18	
12	16MnD	NB/T 47009	调质	≤100	480	305	178	178	167	150	137	123	117										−45
				>100~200	470	295	174	174	163	147	133	120	113										−40
				>200~300	450	275	167	167	157	143	130	117	110										−40
13	20MnMoD	NB/T 47009	调质	≤300	530	370	196	196	196	196	196	190	183										−40
				>300~500	510	350	189	189	189	189	187	180	173										−30
				>500~700	490	330	181	181	181	181	180	173	167										
14	08MnNiMoVD	NB/T 47009	调质	≤300	600	480	222	222	222	222														−40
15	10Ni3MoVD	NB/T 47009	调质	≤300	600	480	222	222	222	222														−50
16	09MnNiD	NB/T 47009	调质	≤200	440	280	163	163	157	150	143	137	127										−70
				>200~300	430	270	159	159	150	143	137	130	120										
17	08Ni3D	NB/T 47009	调质	≤300	460	260	170																	−100

注：1. 35号钢锻件不得用于焊接结构。
2. 使用温度下限一栏是编者移入的，有助于对锻件使用温度高低两端同时了解。

173

表8-11　高合金钢锻件（部分）许用应力

序号	钢号	钢锻件标准	公称厚度/mm	在下列温度（℃）下的许用应力/MPa																						注
				≤20	100	150	200	250	300	350	400	450	500	525	550	575	600	625	650	675	700	725	750	775	800	
1	S11306	NB/T 47010	≤150	137	126	123	120	119	117	112	109															
2	S30408	NB/T 47010	≤300	137	137	137	130	122	114	111	107	103	100	98	91	79	64	52	42	32	27					1
				137	114	103	96	90	85	82	79	76	74	73	71	67	62	52	42	32	27					
3	S30403	NB/T 47010	≤300	117	117	117	110	103	98	94	91	88														1
				117	98	87	81	76	73	69	67	65														
4	S30409	NB/T 47010	≤300	137	137	137	130	122	114	111	107	103	100	98	91	79	64	52	42	32	27					1
				137	114	103	96	90	85	82	79	76	74	73	71	67	62	52	42	32	27					
5	S31008	NB/T 47010	≤300	137	137	137	137	134	130	125	122	119	115	113	105	84	61	43	31	23	19	15	12	10	8	1
				137	121	111	105	99	96	93	90	88	85	84	83	81	61	43	31	23	19	15	12	10	8	
6	S31608	NB/T 47010	≤300	137	137	137	134	125	118	113	111	109	107	106	105	96	81	65	50	38	30					1
				137	117	107	99	93	87	84	82	81	79	78	78	76	73	65	50	38	30					
7	S31603	NB/T 47010	≤300	117	117	117	108	100	95	90	86	84	79													1
				117	98	87	80	74	70	67	64	62														
8	S31668	NB/T 47010	≤300	137	137	137	134	125	118	113	111	109	107													1
				137	117	107	99	93	87	84	82	81	79													
9	S31703	NB/T 47010	≤300	130	130	130	130	125	118	113	111	109	107													1
				130	117	107	99	93	87	84	82	81	79													
10	S32168	NB/T 47010	≤300	137	137	137	130	122	114	111	108	105	103	101	83	58	44	33	25	18	13					1
				137	114	103	96	90	85	82	80	78	76	75	74	58	44	33	25	18	13					
11	S39042	NB/T 47010	≤300	147	147	147	147	144	131	122																1
				147	137	127	117	107	97	90																
12	S21953	NB/T 47010	≤150	219	210	200	193	187	180																	
13	S22253	NB/T 47010	≤150	230	230	230	230	223	217																	
14	S22053	NB/T 47010	≤150	230	230	230	230	223	217																	

注：该行许用应力仅适用于允许产生微量永久变形之元件，对于法兰或其他有微量永久变形就会引起泄漏或故障的场合不能采用。

① 高合金钢锻件均应由炉外精练钢锻制。

② 用作容器筒体和封头的筒形、环形、碗形锻件应用Ⅲ级或Ⅳ级，并在图样上注明。

③ 锻件的使用温度下限：

ⅰ.铁素体型 S11306 钢锻件为 0℃；

ⅱ.奥氏体-铁素体型 S21953、S22253 和 S22053 钢锻件为－20℃；

ⅲ.奥氏体型钢锻件为－253℃，当工作温度≥－196℃时可免做冲击试验。

上述各许用应力表中的绝大部分钢号和它们的化学成分、力学性能在本书的 6.4.2、6.4.3、6.5.3、6.6 中均作了介绍，可以对照查阅（在验收钢材时）。

应该提及的是，98 版 GB 150 所提供的许用应力表虽然在本书中撤掉了，但是在今后十数年内所使用的压力容器中，有大量容器还是按 98 版 GB 150 设计、制造的，这些容器在做定期检查、涉及强度认定以及确定容器的安全状况等级时，仍需采用 98 版 GB 150 规定。

如果将上述各许用应力表与 98 版 GB 150 许用应力表做个对比，可以发现，主要是碳素钢和低合金钢在 350～400℃以下的许用应力值有变化，高合金钢的许用应力值除个别钢号（如 S 31703）外变化很小，特别在高温条件下，许用应力值没有变化。

制造压力容器所用的材料中，除了钢板、钢管、锻件以外，还有复合钢板。常用的压力容器复合钢板是以某种钢作为基层，以不锈钢或镍、钛、铜等金属作为复层，通过热轧或爆炸成型工艺等方法复合而成的双金属板。其基层主要是满足结构强度和刚度的要求，一般使用低碳钢或低合金钢，而复层主要是满足耐腐蚀要求。GB/T 150.2—2011 中规定了钢-不锈钢、镍-钢、钛-钢和铜-钢四种复合钢板的使用要求和复合钢板许用应力的确定方法。因为复合钢板是两种不同金属板复合而成的。因此两种金属之间的界面熔合状态就成为确定复合板类别的重要依据。复合板许用应力是只考虑基层金属的许用应力（即复层金属被视为不承担强度）还是按两种金属的厚度比例共同组合成复合板的许用应力，也取决于两种金属界面间的结合率，结合率达不到要求或者复层金属强度指标不高的，那么就不考虑复层金属的许用应力了。2009 年新公布的 NB/T 47002.1～47002.4 的复合板标准，对新版 GB/T 150.2 所引用的复合板的使用规定都提供了详细的技术依据。虽然本书没有讨论复合板，但一直受到国家发改委、科技部支持的复合板有广阔发展空间，请读者密切关注。

8.1.6　焊接接头系数 φ

圆筒是经卷制成形后焊接而成，筒体与封头之间也要通过焊接连在一起。因此焊接接头处的强度是高于、等于还是小于钢板自身的强度，同样是影响整个容器强度高低的重要因素之一。一般来说，由于焊接加热、冷却过程中金属组织的变化，在焊接接头处金属的强度指标，很有可能低于没有参与焊接的钢板自身的强度指标。为此通常在钢板许用应力 $[\sigma]^t$ 基础上乘以一个等于或小于 1 的焊接接头系数 φ 作为焊接接头处金属的许用应力，所以焊接接头系数 φ 就成为了影响容器筒体强度的又一个参数。

过去焊接接头系数被称为焊缝系数。由于焊缝的含意比较窄，它仅仅是焊接接头三要素（即接头形式、坡口形式、焊缝形式）中的一个要素，未能全面表达焊接接头的情况，所以过去称"焊缝"的许多场合，现均改称"焊接接头"。

容器壳体与封头的焊接接头都是对接接头的对接焊缝，有纵向的和环向的两种，从宏观受力分析，纵向的焊接接头承受的环向应力 σ_θ 要比环向的焊接接头承受的经向（轴向）应力 σ_m 大一倍，所以焊接接头系数应该是针对承受应力大的纵向焊接接头而不是环向焊接接头。但半球形封头与筒体连接的环向焊接接头是一个例外，因为半球形封头上的 $\sigma_\theta = \sigma_m$，半球形封头与筒体连接的环向焊接接头同样决定着半球形封头的强度。

容器的焊接接头系数的大小取决于对接接头的焊缝形式和对全部焊接接头处的金属进行无损探伤的长度比例，具体按表 8-12 的规定。

表 8-12　焊接接头系数 φ

序　号	对接接头的焊缝形式		焊接接头系数 φ	
			全部无损探伤	局部无损探伤
1	双面焊或相当于双面焊的全焊透对接焊接头		1.0	0.85
2	单面焊的对接焊接头,在焊接过程中沿焊缝根部全长有紧贴基本金属的垫板		0.9	0.8

容器筒体的纵向焊接接头和封头的拼接接头基本上都采用双面焊或相当于双面焊的全焊透的焊接接头，所以 φ 取 1.0 或取 0.85 是最常见的。至于表 8-12 中序号 2 的带垫板的焊接接头，一般用在封头与筒体的连接上，除非是半球形封头与筒体连接采用了这种结构时，φ 可取 0.9 或 0.8 以外，其他凸形封头即使与筒体连接也采用这种结构，但是 φ 值仍应按序号 1 的规定选取。所以序号 2 对焊接接头系数的规定，实际上用到的情况并不多。

对焊接接头探伤比例的确定应符合表 14-7 的规定。需要强调的是不允许用降低焊接接头系数来免除压力容器产品的无损检测。

8.2　内压容器筒体与封头厚度的计算

8.2.1　内压圆筒的五种厚度及其确定方法

（1）理论计算厚度 δ

为能安全承受计算压力 p_c（必要时尚需计入其他载荷）所需的最小理论计算厚度称为计算厚度，用 δ 表示。

由第 7 章的讨论可知，内压圆筒器壁内的基本应力是薄膜应力，根据第三强度理论得出的薄膜应力强度条件为

$$\sigma_{r3} = \sigma_\theta \leqslant [\sigma]^t$$

对于筒体，该强度条件应写成

$$\sigma_{r3} = \frac{pD}{2\delta} \leqslant [\sigma]^t \tag{a}$$

式中　$[\sigma]^t$——制造筒体的钢板在设计温度下的许用应力；

σ_{r3}——按第三强度理论得到的薄膜应力的相当应力。

容器筒体大多是由钢板卷焊制成。由于钢板在焊接加热过程中，对焊缝（焊接接头）周围金属可能产生的不利影响，或可能存在某些缺陷，致使焊缝及热影响区内的金属强度可能低于钢板本身的强度。所以，式（a）中钢板的许用应力应该用强度可能较低的焊缝金属的许用应力代替，办法是把钢板的许用应力 $[\sigma]^t$ 乘以小于或等于 1 的焊接接头系数 φ，于是式（a）便应写成

$$\sigma_{r3} = \frac{pD}{2\delta} \leqslant [\sigma]^t \varphi \tag{b}$$

由式（b）可解得

$$\delta \geqslant \frac{pD}{2[\sigma]^{t}\varphi} \tag{c}$$

式中的 D 是中径，当筒体壁厚尚未确定时，中径也是待定值，为此，将 $D = D_i + \delta$ 代入式（c），去掉不等号，经化简整理并将 p 用 p_c 代替后，便得

$$\delta = \frac{p_c D_i}{2[\sigma]^{t}\varphi - p} \tag{8-1}$$

式中　δ——筒体的理论计算壁厚，mm；

　　　p_c——筒体的计算压力，MPa；

　　　D_i——筒体内径，mm；

　　$[\sigma]^{t}$——钢板在设计温度下的许用应力，MPa；

　　　φ——焊接接头系数，其值小于或等于 1。

在大多数情况下，$2[\sigma]^{t}\varphi$ 值远远大于 p，所以式（8-1）右端分母中的"$-p$"可以忽略不计，于是筒体的计算厚度可写成简化式

$$\delta = \frac{p_c D_i}{2[\sigma]^{t}\varphi} \tag{8-2}$$

根据式（8-2）计算出的 δ 与按式（8-1）算出的 δ，二者之间的相对误差不超过 $\frac{p_c}{2[\sigma]^{t}\varphi} \times$ 100%。例如，当 $p_c < 5\text{MPa}$，$[\sigma]^{t}\varphi = 100\text{MPa}$ 时，误差[1]不会超过 2.5%。在众多的化工容器中，设计压力超过 5MPa 的容器，所占比例并不大。所以，使用简化式在大多数情况下是完全可以的。

（2）设计厚度 δ_d

计算厚度 δ 与腐蚀裕量 C_2 之和称为设计厚度，用 δ_d 表示。

按式（8-1）算出的 δ 是容器筒体承受压力 p 所需的最小壁厚，它没有考虑介质对器壁的腐蚀作用。对于有均匀腐蚀的压力容器，为了保证容器的安全使用，应将容器在预计使用寿命（几年）期内，器壁因被腐蚀而减薄的厚度预先考虑进去。假设介质对钢板的年腐蚀率为 λ mm/a，则容器器壁在其使用寿命 n 年内的总腐蚀量为 $C_2 = n \cdot \lambda$ mm。C_2 称为腐蚀裕量，由设计人员根据介质对所用容器钢板的腐蚀情况确定。将腐蚀裕量 C_2 加到计算厚度 δ 上去得到的便称为设计厚度，用 δ_d 表示，即

$$\delta_d = \delta + C_2 \tag{8-3}$$

式中，C_2 有时还应当考虑介质流动时对受压元件的冲蚀量和磨损量。

（3）名义厚度 δ_n

将设计厚度加上钢板负偏差 C_1 后向上圆整至钢板标准中规定的厚度，称为壳体的名义厚度，用 δ_n 表示。在设计图样上标注的壳体厚度应为此名义厚度。

按式（8-3）算出的 δ_d 不一定正好等于钢板的规格厚度，譬如算出的 $\delta_d = 9.6\text{mm}$，但是在钢板的规格厚度中没有 9.6mm 这个档次，于是应向上圆整至钢板的规格厚度。这里需要提及的是在向上圆整时，还应考虑到钢板的负偏差 C_1，因为任何名义厚度的钢板出厂时，大都有一定的负偏差。因此 δ_n 应按下式确定

$$\delta_n = \delta_d + C_1 + \Delta \tag{8-4}$$

---

[1] 这里所说的误差是相对中径公式而言的。介质的压力实际是作用在壳体的内表面上，但在中径公式的推导中却认为是作用在中面上，可见中径公式本身也不是绝对精确的，应当从工程的观点来看待这类问题。

式中 δ_n——筒体的名义厚度，mm；

$\quad\quad C_1$——钢板厚度负偏差，mm；

$\quad\quad \Delta$——除去负偏差以后的圆整值，mm。

C_1 应按所用钢板的标准规定来确定，对压力容器用的低合金钢钢板（GB/T 713—2014）和不锈钢（含耐热钢）钢板（GB/T 24511—2017），它们的厚度负偏差一律为 -0.3mm。

（4）有效厚度 δ_e

真正可以承受介质压强的厚度称为有效厚度，用 δ_e 表示。

在将圆筒厚度从 δ_d 往 δ_n 圆整时，由于圆整量 Δ 可帮助筒体承受介质内压，所以真正可以用来承受介质压力的有效壁厚 δ_e 便应该是

$$\delta_e = \delta + \Delta = \delta_n - C_1 - C_2 \tag{8-5}$$

有些设计人员为了求得更高的安全性，常常把 Δ 取大一点，这是不对的，根据钢板的公称厚度，Δ 应该是多少就是多少，如果 $\Delta = 0$，那就是零，在新修订的《固定式压力容器安全技术监察规程》的"节能要求"中明确规定：设计人员应准确进行设计计算和壁厚圆整，没有充分的理由，不得随意增加压力容器名义壁厚。请看下面的例题。

例题 8-1　一台新制成的容器，图纸标注的技术特性及有关尺寸如下：圆柱形筒体与标准椭圆形封头的内径 $D_i = 1\text{m}$，壁厚 $\delta_n = 10\text{mm}$，设计压力 $p = 2\text{MPa}$，焊接接头系数 $\varphi = 1$，腐蚀裕量 $C_2 = 2\text{mm}$，材料为 Q245R，以设计温度 100℃时的许用应力 $[\sigma]^t = 147\text{MPa}$，试计算该容器筒体❶的计算厚度、设计厚度、圆整值及有效厚度。

解　将所给条件分别代入有关公式，取计算压力 $p_c = p$。

① 计算厚度 δ

根据式（8-1）

$$\delta = \frac{p_c D_i}{2[\sigma]^t \varphi - p} = \frac{2 \times 1000}{2 \times 147 \times 1 - 2} = 6.85(\text{mm}) \approx 6.9(\text{mm})$$

若按简化式（8-2）计算

$$\delta = \frac{p_c D_i}{2[\sigma]^t \varphi} = \frac{2 \times 1000}{2 \times 147 \times 1} = 6.80(\text{mm})$$

误差只有 1.4%。

② 设计厚度 δ_d

由式（8-3）

$$\delta_d = \delta + C_2 = 6.9 + 2 = 8.9 \text{ (mm)}$$

③ 名义厚度 δ_n

根据式（8-4），并由 GB/T 713 查得 $C_1 = 0.3\text{mm}$ 得

$$\delta_n = \delta_d + C_1 + \Delta = 8.9 + 0.3 + \Delta = 9.2 + \Delta$$

根据 GB/T 3274—2017 规定，有厚度为 9.5mm 的钢板，所以 $\Delta = 9.5 - 9.3 = 0.2 \text{ (mm)}$。

④ 有效壁厚 δ_e

根据式（8-5）

$$\delta_e = \delta_n - C_1 - C_2 = 9.5 - 0.3 - 2 = 7.2 \text{ (mm)}$$

以上的计算和结果表明，图样所标注的 10mm 壁厚可以认为是合理的，但圆整值有

---

❶ 例题 8-1 没有讨论封头，对封头来说，要在 δ_d 中考虑封头冲压时的减薄量。

0.8mm，虽然安全程度也是完全充分的，但从节能考虑选用 9.5mm 厚的钢板更合理。

对于低压容器来说，由于有最小厚度限制，有时会遇到有效壁厚 δ_e 比计算厚度 δ 大出较多，这时若令

$$\beta = \frac{\delta_e}{\delta} \tag{8-6}$$

并称 β 为厚度系数，这时 $\beta > 1$，其值越大，容器在强度上的安全储备也越大。换个角度看，当 $\beta > 1$ 时，容器实际允许承受的最大压力 $[p]$ 应大于设计压力，即

$$[p] = \beta p$$

（5）最小厚度 δ_{min}

最小厚度是指为满足容器在制造、运输及安装过程中的刚度要求，壳体成形后不包括腐蚀裕量的最小厚度，用 δ_{min} 表示，δ_{min} 的数值应按以下规定：

ⅰ. 对于碳素钢和低合金钢制容器，δ_{min} 不小于 3mm；

ⅱ. 对于高合金钢制容器，δ_{min} 不小于 2mm。

当筒体的计算厚度 $\delta < \delta_{min}$ 时，应取 δ_{min} 作为计算厚度，这时筒体的名义厚度 δ_n 可视以下两种不同情况分别计算。

① 当 $\delta_{min} - \delta > C_1$ 时　即理论计算厚度非常小，加上钢板负偏差 C_1 后还不到规定的最小厚度，这时计算 δ_n 可不再计入 C_1，即

$$\delta_n = \delta_{min} + C_2 + \Delta \quad （\Delta 可以等于零） \tag{8-7}$$

② 当 $\delta_{min} - \delta < C_1$ 时　钢板负偏差必须计入 δ_n 中去，即

$$\delta_n = \delta_{min} + C_1 + C_2 + \Delta \tag{8-8}$$

例题 8-2　按如下设计条件确定容器筒体的计算厚度 δ，设计厚度 δ_d，名义厚度 δ_n，有效厚度 δ_e。计算压力 p_c 为 0.18MPa 和 0.28MPa，筒体 $D_i = 2m$，Q245R 的 $[\sigma]^{250℃} = 117$MPa，$\varphi = 0.85$，腐蚀裕量 $C_2 = 2$mm。

解　当 $p_c = 0.18$MPa 时，筒体的计算厚度

$$\delta = \frac{p_c D_i}{2[\sigma]^t \varphi} = \frac{0.18 \times 2000}{2 \times 117 \times 0.85} = 1.8 (mm)$$

因为 $\delta < \delta_{min}$，且 $\delta_{min} - \delta = 3 - 1.8 = 1.2mm > C_1$（$C_1 = 0.3$mm）

所以

$$\delta_n = \delta_{min} + C_2 = 3 + 2 = 5 \ (mm) = \delta_d$$

$$\delta_e = \delta_n - C_2 - C_1 = 5 - 2 - 0.3 = 2.7 \ (mm)$$

当 $p_c = 0.28$MPa 时

$$\delta = \frac{0.28 \times 2000}{2 \times 117 \times 0.85} = 2.8 \ (mm)$$

$$\delta = \delta_{min} = 3mm$$

$$\delta_d = \delta + C_2 = 3 + 2 = 5 \ (mm)$$

因为

$$\delta_{min} - \delta = 3 - 2.8 = 0.2 \ (mm) < C_1$$

$$\delta_n = \delta_{min} + C_2 + C_1 + \Delta = 3 + 2 + 0.3 + 0.7 = 6 \ (mm)$$

$$\delta_e = \delta_n - C_2 - C_1 = 6 - 2 - 0.3 = 3.7 \ (mm)$$

8.2.2　内压凸形封头厚度计算

内压凸形封头包括四种形式：半球形、标准椭圆形、碟形和球冠形。

（1）半球形封头

半球形封头是由半个球壳构成。直径较小、器壁较薄的半球形封头可以整体热轧成形。

大直径的则先分瓣冲压，再焊接组合（图 8-1）。

球壳中任意点处的薄膜应力均相同，且 σ_θ 与 σ_m 相等，根据薄膜应力强度条件

$$\sigma_{r3} = \sigma_\theta = \frac{pD}{4\delta} \leqslant [\sigma]^t \varphi \tag{d}$$

并考虑 $D = D_i + \delta$，则得封头壁厚计算公式

$$\delta = \frac{p_c D_i}{4[\sigma]^t \varphi - p} \tag{8-9}$$

或简化式

$$\delta = \frac{p_c D_i}{4[\sigma]^t \varphi} \tag{8-10}$$

δ_d、δ_n、δ_e 的计算同筒体。

（2）标准椭圆形封头

这种封头是由半个椭球和一段高度为 h_0 的圆柱形筒节（称为直边）构成（图 8-2），封头的曲面深度 $h = \dfrac{D_i}{4}$，封头的直边高度 h_0 与封头公称直径有关。封头的公称直径小于等于 2000mm 时，$h_0 = 25\text{mm}$；封头公称直径大于 2000mm 时，$h_0 = 40\text{mm}$。

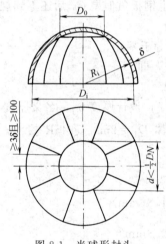

图 8-1　半球形封头

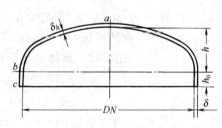

图 8-2　标准椭圆形封头

对于长短轴之比等于 2 的椭圆形封头❶来说，最大薄膜应力位于椭球的顶点，其值与圆柱形筒体的 σ_θ 或 σ_{r3} 完全相同，因此仅就这种椭圆形封头而言，可以认为其计算厚度和内压圆筒是一样的，即

$$\delta = \frac{p_c D_i}{2[\sigma]^t \varphi - p_c} \tag{8-11}$$

或

$$\delta = \frac{p_c D_i}{2[\sigma]^t \varphi} \tag{8-12}$$

式（8-11）和式（8-12）就是前边的式（8-1）和式（8-2）。

应该指出的是，承受内压的椭圆形封头，在其赤道处将产生环向压缩薄膜应力［见第 7 章式（7-8）］，为了防止封头在这一压缩应力作用下出现折皱（即下章将要讨论的失稳），规

---

❶ 封头的球壳部分，其长短轴之比可以是大于或小于 2 的其他值，因用得较少，故不作介绍，详见 GB/T 150.3。

定标准椭圆形封头的计算厚度不得小于封头内直径的 0.15%，即 $\delta_{\min} \geqslant \dfrac{1.5}{1000} D_i$。

（3）碟形封头

① 几何尺寸　碟形封头（图 8-3）又叫带折边球形封头，它由三部分组成：以 R_c 为半径的球面壳体 COC'，以半径为 r 的圆弧 $\overset{\frown}{BC}$ 为母线所构成的环状壳体（又称折边或过渡圆弧）和高为 h_0 的圆柱形壳体（又称直边部分）。球面半径越大，折边半径越小，封头的深度将越浅。碟形封头的球面半径 R_c 一般不大于与其相连接的筒体直径 D_i，而折边半径 r 在任何情况下均不得小于球面半径的 10%，且应大于三倍的封头壁厚。

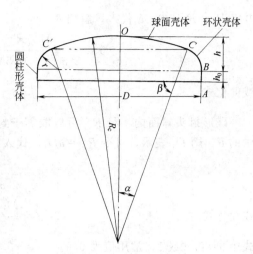

图 8-3　碟形封头

② 封头内的应力　碟形封头受内压作用时，其形状有变成半椭球的趋势，球面部分向外膨胀，而环状壳体趋于扁平（图 8-4），两部分壳体均有曲率变化。所以在封头的球面与折边内均有大小不等的弯矩产生。球面部分曲率变化很小，弯曲应力不是主要的，而其一次薄膜应力可按球壳应力公式计算，其值为

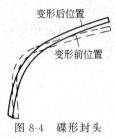

图 8-4　碟形封头
受内压时的变形

$$\sigma_{sp} = \frac{pR_c}{2\delta} \tag{e}$$

式中　σ_{sp}——球面内的薄膜应力；

　　　　δ——封头球面的计算壁厚；

　　　　R_c——封头球面部分的中面半径。

在封头的折边内除了薄膜应力外，还有因变形时出现较大的曲率变化和弯曲应力。此弯曲应力与薄膜应力叠加后，使折边内的总应力水平高于球面内的应力，其值可用式（8-13）计算

$$\sigma_{折} = M\sigma_{sp} = \frac{MpR_c}{2\delta} \tag{8-13}$$

式中的 M 反映了折边处的应力较球面内应力增大的程度。由于 M 值取决于球面内半径 R_{ci} 和折边半径 r 的比值，所以 M 被称为碟形封头的形状系数，其值按式（8-14）计算

$$M = \frac{1}{4}\left(3 + \sqrt{\frac{R_{ci}}{r}}\right) \tag{8-14}$$

常用的 r 取等于 $0.15 \sim 0.2 R_{ci}$，对应的 M 值见表 8-13。

表 8-13　系数 M 值

R_{ci}/r	1.0	1.25	1.50	1.75	2.0	2.25	2.50	2.75	3.0	3.25	3.50	4.0
M	1.00	1.03	1.06	1.08	1.10	1.13	1.15	1.17	1.18	1.20	1.22	1.25
R_{ci}/r	4.5	5.0	5.5	6.0	6.5	7.0	7.5	8.0	8.5	9.0	9.5	10.0
M	1.28	1.31	1.34	1.36	1.39	1.41	1.44	1.46	1.48	1.50	1.52	1.54

③ 壁厚计算公式　由强度条件

$$\sigma_{折} = \frac{Mp_cR_c}{2\delta} \leqslant [\sigma]^t\varphi \tag{f}$$

并将 $R_c = R_{ci} + 0.5\delta$ 代入，解出 δ，得

$$\delta = \frac{Mp_cR_{ci}}{2[\sigma]^t\varphi - 0.5Mp_c} \approx \frac{Mp_cR_{ci}}{2[\sigma]^t\varphi - 0.5p_c} \tag{8-15}$$

或简化式
$$\delta = \frac{Mp_cR_{ci}}{2[\sigma]^t\varphi} \tag{8-16}$$

碟形封头球面内半径 R_{ci} 可以取等于封头直径 D_i 或 $0.9D_i$，为了将封头厚度计算公式中的 R_{ci} 用 D_i 表示，可令 $R_{ci} = \alpha D_i$，代入式（8-15）和式（8-16），则得

$$\delta = \frac{M\alpha p_cD_i}{2[\sigma]^t\varphi - 0.5p_c} \tag{8-17}$$

或简化式
$$\delta = \frac{M\alpha p_cD_i}{2[\sigma]^t\varphi} \tag{8-18}$$

式中 $\alpha = 0.9$ 或 1，常用值为 0.9。

碟形封头的厚度如果太薄，也会发生内压下的弹性失稳。所以规定：对于 $R_{ci}/r \leqslant 5.5$ 的碟形封头，其厚度不得小于封头内直径的 0.15%。其他碟形封头的有效厚度不得小于 $0.3\%D_i$。但当确定封头厚度时已考虑了内压下的弹性失稳问题可不受此限制。

（4）球冠形封头

① 封头的结构　为了进一步降低凸形封头的高度，将碟形封头的过渡圆弧及直边部分都去掉，只留下球面部分，并把它直接焊在圆柱壳体上，就构成了球冠形封头（图 8-5）。封头的球面半径一般取等于圆柱筒体的内直径或 0.9 倍至 0.7 倍的内直径。

球冠形封头既可用作容器中两个相邻承压空间的中间封头 [图 8-5（a）]，也可用作容器的端封头 [图 8-5（b）]。封头与筒体连接的 T 形接头必须采用全焊透结构。这种封头的使用压力一般都不高。

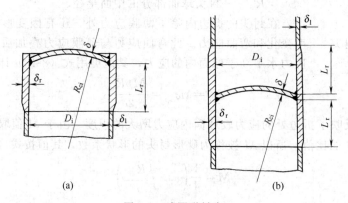

图 8-5　球冠形封头

② 壁厚计算　这种封头与筒体连接处存在着较大的边界应力。封头和与封头连接处筒体的壁厚计算，都必须考虑边界应力，这种考虑集中体现在壁厚计算公式中的系数 Q 上。壁厚计算式如下

$$\delta = \frac{Qp_cD_i}{2[\sigma]^t\varphi - p} \tag{8-19}$$

系数 Q 远大于 1，根据封头的位置（是端封头还是中间封头）和封头的受压情况（是凹面受压还是凸面受压）可从三组曲线中去查取 Q 值。如果是凸面受压，封头壁厚除了按式（8-19）进行计算外，还要进行稳定性的校核计算（稳定计算见第 9 章）。考虑到这种形式的

182

封头在压力容器中使用比例很小，所以本书不作进一步介绍。读者如有需要可直接从编者主编的《压力容器设计手册》中球冠形封头计算厚度表（材料为 Q235B，Q345R 和各种不锈钢）查取 $PN \leqslant 1.0\text{MPa}$、$DN \leqslant 200\text{mm}$ 的球冠形封头厚度，而不必作强度和稳定计算。

例题 8-3　为一直径 $D_i = 800\text{mm}$ 的圆柱形筒体选配凸形封头，已给设计条件如下：设计压力 $p = 0.8\text{MPa}$，许用应力 $[\sigma]^t = 110\text{MPa}$，焊接接头系数 $\varphi = 1$。试比较选用以下三种形式凸形封头：

① 半球形封头；

② 标准椭圆形封头；

③ 球面半径 $R_{ci} = 720\text{mm}$，折边半径 $r_i = 108\text{mm}$ 的碟形封头。

封头的计算厚度各等于多少？

解　取计算压力 $p_c = p$，由于 p_c 与 $[\sigma]^t \varphi$ 相比很小，所以按简化式计算。

① 半球形封头　由式（8-10）

$$\delta = \frac{p_c D_i}{4[\sigma]^t \varphi} = \frac{0.8 \times 800}{4 \times 110} = 1.5 \text{（mm）}$$

② 标准椭圆形封头　由式（8-12）

$$\delta = \frac{p_c D_i}{2[\sigma]^t \varphi} = \frac{0.8 \times 800}{2 \times 110} = 2.9 \text{（mm）}$$

③ 碟形封头　由式（8-16）及表 8-13

$$\delta = \frac{M p_c R_{ci}}{2[\sigma]^t \varphi} = \frac{1.4 \times 0.8 \times 720}{2 \times 110} = 3.7 \text{（mm）}$$

8.2.3　内压锥形封头厚度计算

（1）锥形封头的结构形式

锥形封头广泛用于立式容器底部以便于卸除物料。有时锥形壳体用来连接两节直径不等的圆筒，这时的锥形壳叫变径段。变径段与锥形封头的最大区别是变径段的大小端直径比和半锥角都较小，而锥形封头的大小端直径比和半锥角都较大。作为变径段使用的锥形壳本书不讨论。

根据锥形封头与圆筒连接外有无过渡圆弧和直边，有不带折边的锥形封头［图 8-6（a）、(b)］和带折边的锥形封头［图 8-6（c）］两种。

不带折边的锥形封头与筒体连接处存在着较大的边界应力，按照薄膜应力强度条件确定的封头与筒体壁厚，有时不能满足边界应力的强度条件，因而需要将连接处的筒体与封头加厚［图 8-6（b）］。

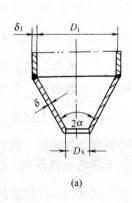
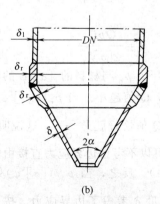

(a)　　　　　　　　　(b)　　　　　　　　　(c)

图 8-6　锥形封头

解决边界应力最好的办法还是在圆柱形壳体与锥形壳体之间加上一个过渡圆弧，这就是带直边和折边的锥形封头。直边的高度也可按 8.2.2 中（2）的规定确定，折边半径 r 不能小于 $0.1D_i$，且大于 3 倍锥形封头壁厚。不带折边的锥形封头，其半锥角 $\alpha \leqslant 30°$；带折边的半锥角最大可取 $60°$。半锥角大于 $60°$ 的锥形封头不是不能用，但由于它接近平板，主要受弯曲作用，薄膜应力理论已不适用。

（2）不带折边锥形封头壁厚的确定

在第 7 章中已得出，锥形壳体的最大薄膜应力位于锥体的大端，其值为

$$\sigma_m = \frac{pD}{4\delta} \times \frac{1}{\cos\alpha}$$

$$\sigma_\theta = \frac{pD}{2\delta} \times \frac{1}{\cos\alpha}$$

根据第一或第三强度理论，均可将 σ_θ 视为相当应力，于是得强度条件

$$\sigma_{r3} = \sigma_\theta = \frac{pD}{2\delta} \times \frac{1}{\cos\alpha} \leqslant [\sigma]^t \varphi \qquad (g)$$

用 p_c 取代 p，用 $D_i + \delta$ 取代 D，解出 δ，得

$$\delta = \frac{p_c D_i}{2[\sigma]^t \varphi \cos\alpha - p_c} \approx \frac{p_c D_i}{2[\sigma]^t \varphi - p_c} \times \frac{1}{\cos\alpha} \qquad (8\text{-}20)$$

当 $p_c < 5\text{MPa}$ 时，可用简化式

$$\delta = \frac{p_c D_i}{2[\sigma]^t \varphi} \times \frac{1}{\cos\alpha} \qquad (8\text{-}21)$$

式中　δ——无折边锥形封头按薄膜应力强度条件确定的计算厚度；

　　　α——无折边锥形封头的半锥角。

其他符号意义同前。

用式（8-20）或式（8-21）算出的壁厚作为整个封头的计算厚度是有条件的。这是因为在无折边锥形封头与筒体的连接处存在着较大的边界应力，按薄膜应力强度条件确定的计算厚度，是不是能够满足边界应力不得超过三倍 $[\sigma]^t \varphi$ 的强度条件呢？如果按薄膜应力强度条件所确定的壁厚能够同时满足边界应力强度条件，那么这一厚度是可取的。否则，至少在封头与筒体连接处的边界效应影响区内，应将封头与筒体的厚度同时加厚。

为了在满足薄膜应力的强度条件同时满足边界应力的强度条件，可将无折边锥形封头按大端计算的壁厚公式写成以下形式

$$\delta = \frac{QpD_i}{2[\sigma]^t \varphi - p} \qquad (8\text{-}22)$$

及简化式

$$\delta = \frac{QpD_i}{2[\sigma]^t \varphi} \qquad (8\text{-}23)$$

式中的 Q 值可根据封头的计算压力 p_c 与材料的 $[\sigma]^t \varphi$ 的比值从图 8-7 中查取。该曲线的横坐标是 $p_c / ([\sigma]^t \varphi)$，此值越大，$Q$ 值越小。当 $p_c / ([\sigma]^t \varphi)$ 增大到某一个数值后，曲线变成一水平直线，该直线所对应的 Q 值恰好就是 $\frac{1}{\cos\alpha}$。这说明当 $p_c / ([\sigma]^t \varphi)$ 值进入到曲线的水平段后，封头大端的计算厚度可以不考虑边界应力直接由薄膜应力强度条件确定，此时的式（8-22）实际上变成了式（8-21）。反之，当 $p_c / ([\sigma]^t \varphi)$ 处于倾斜下降的曲线段时，Q 值将大于 $\frac{1}{\cos\alpha}$，说明这时算得的厚度 δ 考虑了边界应力。按式（8-22）或式（8-23）算出

的 δ，是筒体计算厚度的 Q 倍，所以在图 8-7 中将受边界应力影响的筒体与封头厚度用 δ_r 表示。对于这种局部加厚封头厚度的结构 [参看图 8-6（b）] 是否最经济合理，尚有待商榷，因为在封头中增加一条焊缝的焊接和对该焊缝的检验都要增加封头的制造成本，如果将整个封头的计算厚度均按式（8-22）确定往往可能更经济，所以在实际应用中，图 8-6（b）所示的封头结构并不多见（若封头厚度大于筒体厚度时，筒体上的加强段还是需要的），绝大多数锥形封头均用同一厚度钢板卷制。

由于图 8-7 中的曲线既给出了需要局部加强时的 Q 值，也给出了不需加强时的 Q 值 $\left(即水平线段 Q=\dfrac{1}{\cos\alpha}\right)$，无需再按 GB/T 150.3 所规定的那样先去判定是否需要加强，再决定用哪个公式计算，只需用式（8-23）计算即可。

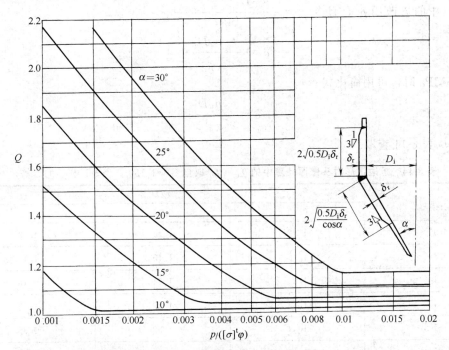

图 8-7 锥壳大端与圆筒连接处 Q 值图

注：曲线系按最大应力强度（主要为轴向弯曲应力）绘制，控制值为 $3\,[\sigma]^t$

（3）带折边锥形封头壁厚的确定

带折边锥形封头的计算厚度应考虑锥体与折边两部分内的应力。理论及试验分析均证明，当折边部分与锥体部分厚度相同时，折边内的应力总是小于锥体部分大端处（即图 8-8 中 D_c 处）的薄膜应力。所以应按锥体大端处的薄膜应力建立强度条件，确定计算厚度。

由图 8-8 可见，锥体与折边相接（切）处 b 点的直径是 D_c，以该处薄膜应力建立的强度条件是

$$\sigma=\sigma_\theta=\frac{pD_c}{2\delta}\times\frac{1}{\cos\alpha}\leqslant[\sigma]^t\varphi \qquad (h)$$

用 $D_{ci}+\delta$ 代替 D_c，解出 δ

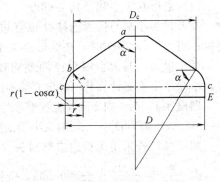

图 8-8 折边锥形封头的几何尺寸

ab—锥体部分；bc—折边

部分；Ec—直边部分

$$\delta = \frac{pD_{ci}}{2[\sigma]^t\varphi\cos\alpha - p} \approx \frac{pD_{ci}}{2[\sigma]^t\varphi - p} \times \frac{1}{\cos\alpha}$$

式中的 D_{ci} 使用时不方便，为此将 $D_{ci} = D_i - 2r_i(1-\cos\alpha)$ 代入上式，得

$$\delta = \frac{p[D_i - 2r_i(1-\cos\alpha)]}{2[\sigma]^t\varphi - p} \times \frac{1}{\cos\alpha}$$

$$= \frac{pD_i}{2[\sigma]^t\varphi - p} \times \frac{1 - 2\dfrac{r_i}{D_i}(1-\cos\alpha)}{\cos\alpha} \tag{i}$$

将式（i）中的 p 改用 p_c，且令 $f_0 = \dfrac{1 - 2\dfrac{r_i}{D_i}(1-\cos\alpha)}{\cos\alpha}$

则得

$$\delta = \frac{f_0 p_c D_i}{2[\sigma]^t\varphi - p} \tag{8-24}$$

当 $p_c \leqslant 5\mathrm{MPa}$ 时，可用简化式

$$\delta = \frac{f_0 p_c D_i}{2[\sigma]^t\varphi} \tag{8-25}$$

系数 f_0 从表 8-14 查取。

表 8-14 折边锥形封头壁厚计算中的 f_0（f_0 取自 GB/T 150.3 表 5-7 中 f 的 2 倍）

α	r/D_i		
	0.10	0.15	0.20
30°	1.12	1.11	1.09
35°	1.18	1.15	1.13
40°	1.24	1.21	1.18
45°	1.33	1.29	1.25
50°	1.44	1.39	1.33
55°	1.59	1.52	1.45
60°	1.80	1.70	1.60

（4）锥形封头小端结构与壁厚

锥形封头小端与接管连接处也有边界应力存在。当 $\alpha \leqslant 45°$ 时，锥形封头可直接与接管连接；当 $45° < \alpha \leqslant 60°$ 时，在锥形封头小端也应加折边。

对于封头，其大小端直径相差均较大，研究表明，当大端与小端直径之比大于等于 4 时，小端厚度不必计算❶，取与大端相同厚度即可（对于变径段的小端应按 GB/T 150 计算）。

例题 8-4 为一内压圆筒配置锥形封头，已知设计条件如下：$p_c = 0.8\mathrm{MPa}$，$[\sigma]^t = 189\mathrm{MPa}$，$\varphi = 0.85$，$\alpha = 30°$，$D_i = 1\mathrm{m}$，封头小端接管尺寸为 $\phi 219 \times 4$，试确定封头的计算厚度。

解 （1）若采用无折边锥形封头

由 $\dfrac{p}{[\sigma]^t\varphi} = \dfrac{0.8}{189 \times 0.85} = 0.005$，查图 8-7 得 $Q = 1.44$，按式（8-23）计算 δ

---

❶ 这个结论简化了 GB/T 150 的规定，它的依据在《本章小结》中有详细说明。

$$\delta = \frac{Qp_cD_i}{2[\sigma]^t\varphi} = \frac{1.44 \times 0.8 \times 1000}{2 \times 189 \times 0.85} = 3.6 \text{(mm)}$$

（2）若采用带折边锥形封头

取 $r_i = 0.15D_i$，$\alpha = 30°$ 时，由表 8-14 查得 $f_0 = 1.11$，按式（8-25）计算 δ

$$\delta = \frac{f_0p_cD_i}{2[\sigma]^t\varphi} = \frac{1.11 \times 0.8 \times 1000}{2 \times 189 \times 0.85} = 2.8 \text{(mm)} \quad 取 \delta = 3\text{mm}$$

8.2.4 平板形封头

从第 7 章分析可见，圆形平板若作为封头承受介质的压强时，将处于受弯的不利状态，因而它的壁厚将比同直径的筒体壁厚大得多，而且平板形封头还会对筒体造成较大的边界应力。因此，虽然它的结构简单，制造方便，但承压设备的封头一般都不采用平板。只是压力容器上的人孔、手孔，或在设备操作期间需要封闭的接管所用盲板才用平板。

周边固定和周边简支的圆平板在承受均布载荷时，其最大弯曲应力可用下式表示

$$\sigma_{\max} = K\frac{pD^2}{\delta^2}$$

根据强度条件可以得到圆形平板的计算厚度 δ_p

$$\delta_p = D_c\sqrt{\frac{Kp_c}{[\sigma]^t\varphi}} \tag{8-26}$$

式中　K——平板结构特征系数，从表 8-15 中查取；

　　　D_c——计算直径，大多数情况下就是筒体内直径，mm；

　　　p_c——计算压力，MPa；

　　　δ_p——平板的计算厚度，下标 p 是为了与筒体的计算厚度区别开。

表 8-15　平板结构特征系数 K 选择表

固定方法	序号	简　　图	结构特征系数 K	备　　注
与圆筒一体或对焊	1	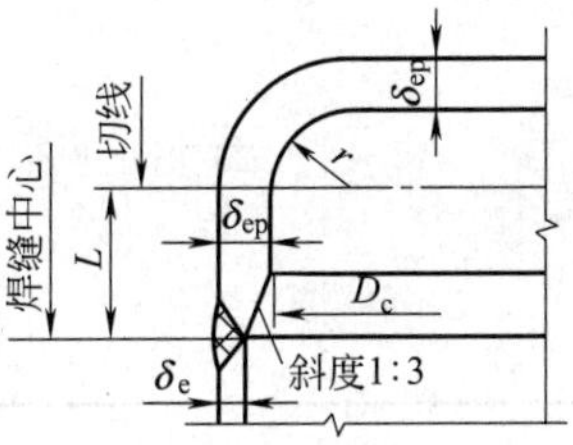	0.145	仅适用于圆形平盖 $p_c \leqslant 0.6$MPa $L \geqslant 1.1\sqrt{D_i\delta_e}$ $r \geqslant 3\delta_{ep}$
与圆筒角焊缝或组合焊缝连接	2	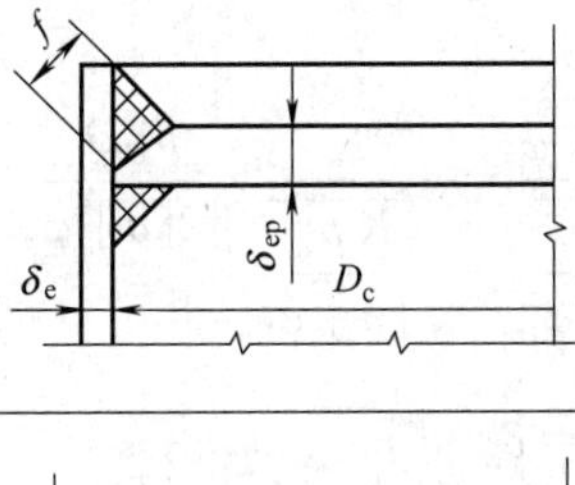	圆形平盖 $0.44m(m=\delta/\delta_e)$， 且不小于 0.3	$f \geqslant 1.4\delta_e$
	3	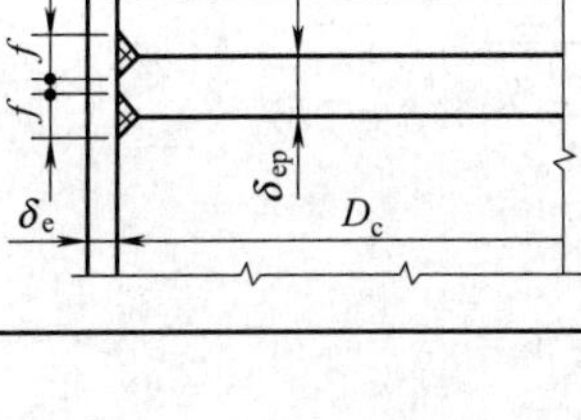	圆形平盖 $0.44m(m=\delta/\delta_e)$， 且不小于 0.3 非圆形平盖:0.44	$f \geqslant \delta_e$

固定方法	序号	简　图	结构特征系数 K	备　注
与圆筒角焊缝或组合焊缝连接	4	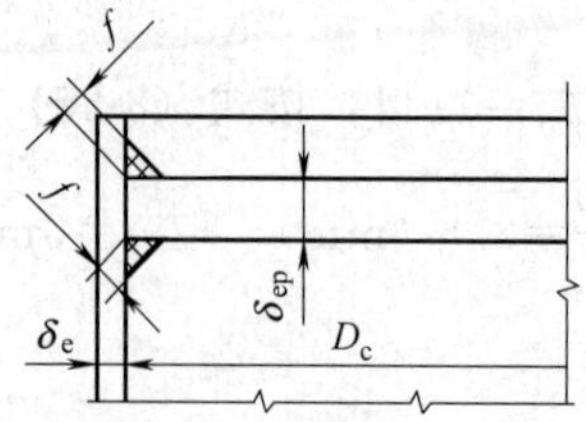	圆形平盖:$0.5m(m=\delta/\delta_e)$，且不小于 0.3	$f\geqslant 0.7\delta_e$
	5	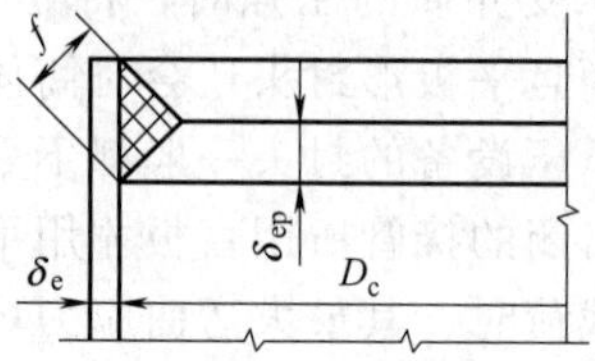		$f\geqslant 1.4\delta_e$
锁底对接焊缝	6	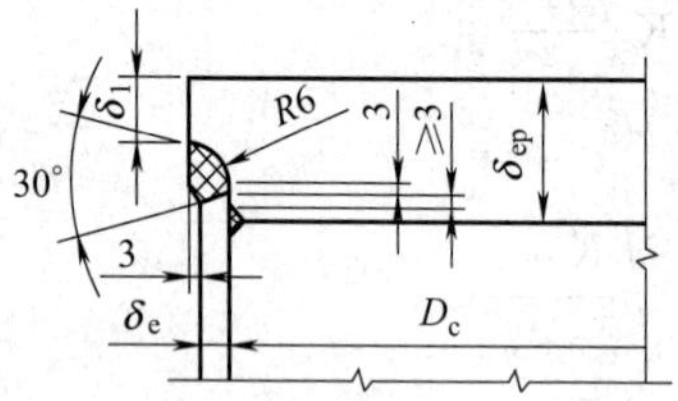	$0.44m(m=\delta/\delta_e)$，且不小于 0.3	仅适用于圆形平盖,且 $\delta_1\geqslant\delta_e+3mm$
	7	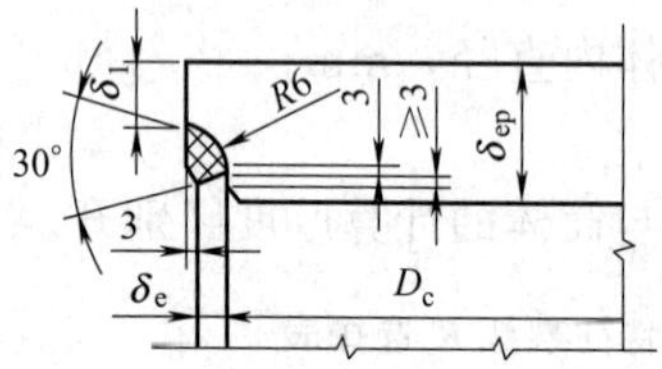	0.5	
螺栓连接	8	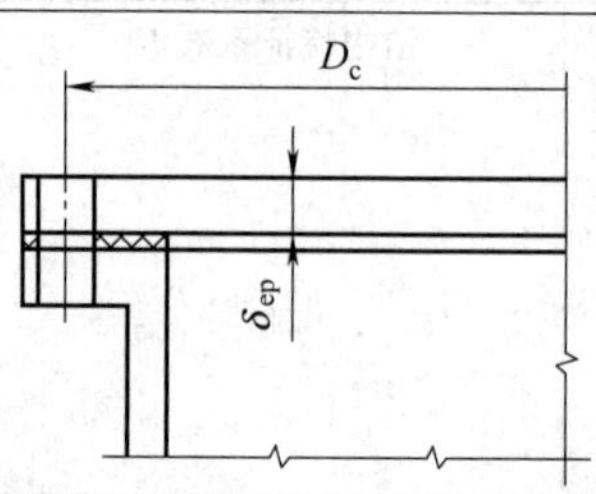	0.25	

为了比较平板形封头厚度与筒体厚度究竟会相差多大，将式（8-26）作如下处理

$$\delta_p=D_c\sqrt{\frac{Kp_c}{[\sigma]^t\varphi}}=\frac{2D_c\dfrac{Kp_c}{[\sigma]^t\varphi}}{2\sqrt{\dfrac{Kp_c}{[\sigma]^t\varphi}}}=\frac{2K}{\sqrt{\dfrac{Kp_c}{[\sigma]^t\varphi}}}\times\frac{p_cD_c}{2[\sigma]^t\varphi}$$

可以认为

$$\frac{p_cD_c}{2[\sigma]^t\varphi}=\delta$$

于是

$$\delta_p=2\sqrt{K}\times\sqrt{\frac{[\sigma]^t\varphi}{p_c}}\times\delta=N\delta \qquad (8-27)$$

若取 $K=0.30$（表 8-15 中序号 3）

$[\sigma]^t=116MPa$（Q235B 的常温许用应力）

$\varphi=0.85$

$p_c=1\text{MPa}$

则 $N=12.8$，即平板封头的计算厚度是圆筒厚度的 12.8 倍。如果材料的许用应力更高些，计算压力更低些，N 值会更大。所以平板形封头在压力容器中用得较少。

8.2.5　计算厚度的通用式

前边讨论的筒体与封头厚度计算公式，除了平板形封头外，可以用一个通用公式表达，即

$$\delta=\frac{Kp_cD_i}{2[\sigma]'\varphi} \tag{8-28}$$

式中的 K 不妨称作形状系数，其值根据受压元件形状确定。

圆柱形筒体与标准椭圆形封头，$K=1$［参看式（8-2）和式（8-12）］；

球壳与半球形封头，$K=0.5$［参看式（8-10）］；

碟形封头，$K=M\alpha$［参看式（8-18），M 查表 8-13，$\alpha=0.9$ 或 $\alpha=1$］；

无折边锥形封头，$K=Q$［参看式（8-23），Q 查图 8-7］；

折边锥形封头，$K=f_0$［参看式（8-25），f_0 查表 8-14］。

8.3　在用压力容器的强度校核

根据《固定式压力容器安全技术监察规程》（TSG 21—2016）规定，对投入使用的压力容器要实施定期检验，定期检验的内容很多，强度校核只是其中的一项，本节仅就《固定式压力容器安全技术监察规程》中涉及强度校核的有关公式和方法作简要介绍。

8.3.1　在用压力容器强度校核的原则

ⅰ.原设计已明确所用强度设计标准的，可以按该标准进行强度校核。

ⅱ.原设计没有注明所依据的强度设计标准或者无强度计算的，原则上可以根据用途（例如石油、化工、冶金、轻工、制冷等）或者结构型式（例如球罐、废热锅炉、搪玻璃设备、换热器、高压容器等）按当时的有关标准进行校核。

ⅲ.进口的或者按境外规范设计的，原则上仍按原设计规范进行强度校核。如果设计规范不明，可以参照境内相应的规范。

ⅳ.焊接接头系数根据焊接接头的实际结构型式和检验结果，参照原设计规定选取。

ⅴ.校核用压力，应当不小于压力容器实际最高工作压力。装有安全泄放装置的，校核用压力不得小于安全阀开启压力或者爆破片标定的爆破压力（低温真空绝热容器反之）。

ⅵ.强度校核时的壁温，取设计温度或操作温度，低温压力容器取常温。

ⅶ.剩余壁厚按实测最小值减去至下次检验期的腐蚀量，作为强度校核的壁厚

$$\delta_e=\delta_{cmin}-n\lambda \tag{8-29}$$

式中　δ_{cmin}——受压元件实测最小厚度，mm；

n——检验周期，a；

λ——介质对钢材实测的年腐蚀率，mm/a。

ⅷ.壳体直径按实测最大值选取。

ⅸ.塔、大型球罐等设备进行强度校核时，还应该考虑风载荷、地震载荷等附加载荷。

ⅹ.材料牌号不明并且无特殊要求的压力容器，按照同类材料的最低强度值进行强度校核。对不能以常规方法进行强度校核的，可以采用应力分析或者实验应力测试等方法校核。

8.3.2　强度校核的思路、公式和举例

思路：算出容器在校核压力下的计算应力，看它是否小于材料的许用应力，即

$$\sigma \overset{?}{\leqslant} [\sigma]^{\mathrm{t}}\varphi$$

算出容器的最大许可压力，看它是否大于校核压力，即

$$[p] \overset{?}{\geqslant} p$$

下面作具体讨论。

（1）计算应力

在用容器在校核压力 p_{ch}（p_{w}，p_{k} 或 p）作用下的计算应力为

$$\sigma = \frac{Kp_{\mathrm{ch}}D_{\mathrm{i}}}{2\delta_{\mathrm{e}}} \tag{8-30}$$

式中　K——形状系数，见式（8-28）说明；

　　　　p_{ch}——校核压力，视不同情况取其等于 p_{w}，p_{k}，或 p；

　　　　δ_{e}——筒体或封头的有效厚度，其值下列条件确定。

对于新容器筒体取　　　$\delta_{\mathrm{e}} = \delta_{\mathrm{n}} - C_1 - C_2$

对于新容器封头取　　　$\delta_{\mathrm{e}} = \delta_{\mathrm{p}} - C_1 - C_2 - C_3$ $\qquad$ (8-31)

对于使用多年的容器取

$$\delta_{\mathrm{e}} = \delta_{\mathrm{cmin}} - n\lambda$$

对筒体和封头进行强度校核时，必须满足以下条件

$$\sigma = \frac{Kp_{\mathrm{ch}}D_{\mathrm{i}}}{2\delta_{\mathrm{e}}} \leqslant [\sigma]^{\mathrm{t}}\varphi \tag{8-32}$$

（2）在用容器最大允许工作压力

根据筒体和封头的强度条件　　　$\sigma = \dfrac{KpD_{\mathrm{i}}}{2\delta_{\mathrm{e}}} \leqslant [\sigma]^{\mathrm{t}}\varphi$

可得　　　　　　　　　　　　$p \leqslant 2\dfrac{\delta_{\mathrm{e}}}{KD_{\mathrm{i}}}[\sigma]^{\mathrm{t}}\varphi$

将不等式写成等式，则得最大允许工作压力 $[p]$ 的计算式

$$[p] = 2\frac{\delta_{\mathrm{e}}}{KD_{\mathrm{i}}}[\sigma]^{\mathrm{t}}\varphi \tag{8-33}$$

式中符号意义同前。

对筒体和封头进行强度校核时，必须满足以下条件

$$[p] \geqslant p_{\mathrm{w}} \tag{8-34}$$

以上两种强度校核方法，对于承受内压的筒体和封头都是适用的，只是在对折边锥形封头进行强度校核时，要实测折边与锥体两处的最小厚度，只有当折边处的实测厚度不小于锥体部分的厚度时，式（8-32）和式（8-33）中的 K 可按表 8-14 取 $K = f_0$，否则折边部分与锥体部分的强度均须校核，锥体部分取 $K = f_0$，而折边部分的 K 值须按表 8-15 选取。这是因为只有折边厚度不小于锥体厚度时才能认定折边内的应力小于锥体内的应力，否则两个部分的应力均应计算。

例题 8-5　一台使用多年且腐蚀较严重的容器，经检测取得如下数据：筒体直径 $D_{\mathrm{i}} = 2\mathrm{m}$，实测厚度 $\delta_{\mathrm{c}} = 7.4\mathrm{mm}$；碟形上封头：$R_{\mathrm{ci}} = 2\mathrm{m}$，$r_{\mathrm{i}} = 300\mathrm{mm}$，$\delta_{\mathrm{c}\perp} = 8.7\mathrm{mm}$，有拼接焊缝；折边锥形下封头：半锥角 $\alpha = 60^\circ$，$r_{\mathrm{i}} = 300\mathrm{mm}$，折边部分实测厚度 $\delta_{\mathrm{c1}} = 9.8\mathrm{mm}$；锥体部分实测厚度 $\delta_{\mathrm{c2}} = 10.4\mathrm{mm}$；容器材质为碳钢 Q235B；焊缝为带封底焊的全焊透结构，经 20% 射线检查未发现超标缺陷。

现欲用该容器盛装年腐蚀率为 $0.2\mathrm{mm/a}$ 的常温介质，最大工作压力 $p_{\mathrm{w}} = 0.42\mathrm{MPa}$，

使用期限定为三年，问是否允许。容器上要装安全阀的话，安全阀的开启压力应为多少？

解 该容器是由三种不同形状的回转壳体组成的，可以分别计算出它们的最大许用压力，再决定是否可以使用。这三种回转壳体许用压力 $[p]$ 的计算可采用式（8-33），即

$$[p]=2\frac{\delta_e}{KD_i}[\sigma]^t\varphi$$

计算所用参数可根据规定及检测结果确定如下。

许用应力从表 8-6 中查取，$[\sigma]^t=116$MPa；

焊接接头系数根据焊缝结构及 20% 探伤复查合格，取 $\varphi=0.85$；

各受压元件的有效厚度按式（8-29）计算，其中 $n\lambda=3\times0.2=0.6$（mm）。

于是　筒体的 $\delta_e=7.4-0.6=6.8$（mm）

碟形封头的 $\delta_e=8.7-0.6=8.1$（mm）

折边锥形封头　折边 $\delta_e=9.8-0.6=9.2$（mm）

锥体 $\delta_e=10.4-0.6=9.8$（mm）

由于折边锥形封头的折边部分的厚度小于锥体部分，所以折边也需要独做强度计算。折边厚度计算也可采用通用公式（8-28），其中的 K 应按表 8-16 选取。

表 8-16　折边锥形封头内折边部分计算 $[p]$、σ 时的 K

α	r/D_i			α	r/D_i		
	0.10	0.15	0.20		0.10	0.15	0.20
30°	0.75	0.68	0.64	50°	1.03	0.89	0.80
35°	0.80	0.72	0.66	55°	1.16	1.00	0.89
40°	0.85	0.76	0.70	60°	1.35	1.14	1.00
45°	0.93	0.82	0.74				

系数 K　　筒体　$K=1$；

碟形封头　因 $R_{ci}=D_i$，$\dfrac{r}{R_{ci}}=0.15$，根据表 8-13，$K=M=1.4$；

折边锥形封头　折边部分根据表 8-16，$K=1.14$；

锥体部分根据表 8-14，$K=f_0=1.7$。

于是　筒体　$[p]=2\times\dfrac{6.8}{2000}\times116\times0.85=0.67$（MPa）；

碟形封头　$[p]=2\times\dfrac{8.1}{1.4\times2000}\times116\times0.85=0.57$（MPa）；

折边锥形封头　折边　$[p]=2\times\dfrac{9.2}{1.14\times2000}\times116\times0.85=0.80$（MPa）；

锥体　$[p]=2\times\dfrac{9.8}{1.7\times2000}\times116\times0.85=0.57$（MPa）。

比较以上得到的四个 $[p]$，应取其最小值 $[p]=0.57$MPa。

要求承受的最大工作压力　$p_w=0.42$MPa$<[p]$，所以该容器可以继续安全使用三年。安全阀的最大开启压力不得超过 0.57MPa。

8.3.3　在用压力容器的许用内压表

对在用压力容器做定期检验时，或者对一台久未应用的压力容器准备重新使用时，经常需要判定受检容器在使用条件下的最大许用内压。根据式（8-33）

$$[p] = 2 \frac{\delta_e}{K D_i} [\sigma]^t \varphi$$

式中的 δ_e 对在用容器应为该受压元件（筒体、封头）实测的最小壁厚减去使用周期的腐蚀量。

编者用 $[\sigma]^t = 170 \text{MPa}$，$K = 1$，$\varphi = 0.85$ 编制了一张在 $D_i = 300 \sim 2000 \text{mm}$，$\delta_e$ 在 $3 \sim 20 \text{mm}$ 范围内的许用内压表（表 8-17）。

表 8-17 压力容器筒体与封头许用内压基础数据 $[p]$

公称直径 DN /mm	圆筒的有效厚度 δ_e/mm																	
	3	4	5	6	7	8	9	10	11	12	13	14	15	16	17	18	19	20
	许用内压 $[p]$/MPa																	
300	2.89	3.85	4.82	5.78														
400	2.17	2.89	3.61	4.34	5.06													
500	1.73	2.31	2.89	3.47	4.05	4.62	5.20											
600	1.45	1.93	2.41	2.89	3.37	3.85	4.34	4.82	5.30									
700	1.24	1.65	2.06	2.48	2.89	3.30	3.72	4.13	4.54	4.95	5.37							
800	1.08	1.45	1.81	2.17	2.53	2.89	3.25	3.61	3.97	4.34	4.70	5.06						
900	0.96	1.28	1.61	1.93	2.25	2.57	2.89	3.21	3.53	3.85	4.17	4.50	4.82	5.14				
1000	0.87	1.16	1.45	1.73	2.02	2.31	2.60	2.89	3.18	3.47	3.76	4.05	4.34	4.62	4.91	5.20		
1100	0.79	1.05	1.31	1.58	1.84	2.10	2.36	2.63	2.89	3.15	3.41	3.68	3.94	4.20	4.47	4.73	4.99	5.25
1200	0.72	0.96	1.20	1.44	1.69	1.93	2.17	2.41	2.65	2.89	3.13	3.37	3.61	3.85	4.09	4.33	4.58	4.82
1300	0.67	0.89	1.11	1.33	1.56	1.78	2.00	2.22	2.44	2.67	2.89	3.11	3.33	3.56	3.78	4.00	4.22	4.45
1400	0.62	0.83	1.03	1.24	1.45	1.65	1.86	2.06	2.27	2.48	2.68	2.89	3.10	3.30	3.51	3.72	3.92	4.13
1500	0.58	0.77	0.96	1.16	1.35	1.54	1.73	1.93	2.12	2.31	2.50	2.70	2.89	3.08	3.28	3.47	3.66	3.85
1600	0.54	0.72	0.90	1.08	1.26	1.45	1.63	1.81	1.99	2.17	2.35	2.53	2.71	2.89	3.07	3.25	3.43	3.61
1700	0.51	0.68	0.85	1.02	1.19	1.36	1.53	1.70	1.87	2.04	2.21	2.38	2.55	2.72	2.89	3.06	3.23	3.40
1800	0.48	0.64	0.80	0.96	1.12	1.28	1.45	1.61	1.77	1.93	2.09	2.25	2.41	2.57	2.73	2.89	3.05	3.21
1900	0.46	0.61	0.76	0.91	1.06	1.22	1.37	1.52	1.67	1.83	1.98	2.13	2.28	2.43	2.59	2.74	2.89	3.04
2000	0.43	0.58	0.72	0.87	1.01	1.16	1.30	1.45	1.59	1.73	1.88	2.02	2.17	2.31	2.46	2.60	2.75	2.89

注：使用方法如下。

1. 对于圆筒和标准椭圆形封头应将表中数值乘以 $\frac{[\sigma]_1^t}{170}$。

2. 对于标准碟形封头（$r_i = 0.15 D_i$）应将表中数值乘以 $\frac{[\sigma]_1^t}{170 \times 1.4}$ 即 $\frac{[\sigma]_1^t}{238}$。

3. 对于 $r_i = 0.15 D_i$，$\alpha = 45°$ 的带折边锥形封头，应将表中数值乘以 $\frac{[\sigma]_1^t}{170 \times 1.29}$ 即 $\frac{[\sigma]_1^t}{219}$。

4. 如果可以认定 $\varphi = 1$ 则所得数值应再除以 0.85。

5. $[\sigma]_1^t$ 应根据容器材料和工作温度按原设计标准确定。对于 2010 年前设计的压力容器，$[\sigma]_1^t$ 应从 98 版 GB 150 查取；对于 2010 年以后，按 GB/T 150.2—2011 设计的压力容器，在定期检验中若需强度校核，应使用 2011 版 GB/T 150 的许用应力表。

对于不同形状参数的受压元件（K 值不同），在不同温度下的许用应力 $[\sigma]_1^t$（材质不同）会有不同的许可内压 $[p]_1$，为了利用表 8-17 中的数据，简化常见受压元件许用内压 $[p]_1$ 的计算，可以将 $[p]_1$ 与式（8-33）中的 $[p]$ 联系起来

$$[p]_1 = \frac{[\sigma]_1^t}{170} \times \frac{\varphi}{0.85} \times \frac{1}{K} \times [p] \tag{8-35}$$

对于圆筒和标准椭圆形封头，$K = 1$；

对于标准碟形封头（$r_i = 0.15 D_i$，$R = D_i$），$K = 1.4$；

对于半锥角 $\alpha = 45°$ 的折边（$r_i = 0.15 D_i$）锥形封头的 $K = 1.29$（条件是折边处的实测最小壁厚 ≥ 锥体最小壁厚的 64%，否则需按折边最小壁厚确定带折边锥形封头许用压力）。

如果一台容器，具有标准椭圆形上封头，半锥角为45°的带折边下封头，只要测得各受压元件实际最小壁厚，往往可以立刻判定整台容器的许用压力取决于哪个受压元件。

有了表 8-17，只要能够从 GB/T 150 中将受检容器材料在工作温度下的许用应力 $[\sigma]_t$ 查得，那么就可以迅速确定该容器的许用内压。尤其对于非专业设计人员来说，采用这个途径确定许用内压可能更为方便容易。

8.4 容器筒体与封头的尺寸和质量

容器的筒体与封头的壁厚确定以后，在其设计图样上必须标注筒体和封头的容积与质量，有时还需要标注其表面积，下面提供的是圆筒、标准椭圆形封头和锥形封头的几何尺寸与质量表。为了不使这些表过于庞大，同时给出了相应的计算公式，在不能从表中查到所需数据时，可以利用这些计算公式计算。

8.4.1 圆柱形筒体的容积、内表面积和质量

用钢板卷焊的圆筒，其几何尺寸和质量列于表 8-18。用无缝钢管制作的筒体，其几何尺寸和质量列于表 8-19。

表 8-18 圆柱形筒体的容积、内表面积和质量

公称直径 DN /mm	1m 高的容积 V /m³	1m 高的内表面积 F_i /m²	1m 高筒节钢板质量/kg 钢板厚度 δ_n/mm																	
			3	4	5	6	7	8	10	12	14	16	18	20	22	24	26	28	30	32	34
300	0.071	0.94	22	30	38	45	53	61	76	92	108	124	141	158	175	192	209	227			
400	0.126	1.26	30	40	50	60	70	80	101	121	143	164	186	207	229	251	273	296			
500	0.196	1.51	37	50	62	75	87	100	126	152	178	204	230	256	283	310	337	365			
600	0.283	1.88	45	60	75	90	105	120	150	181	212	243	274	306	337	369	401	434	466		
700	0.385	2.20	52	69	87	104	122	139	175	210	247	283	319	355	392	429	466	503	540		
800	0.503	2.51	59	79	99	119	139	159	200	240	281	322	363	404	446	488	530	572	614		
900	0.636	2.83	67	89	112	134	157	179	224	270	316	361	407	454	500	547	594	641	688	735	783
1000	0.785	3.14	74	99	124	149	174	199	249	299	350	401	452	503	554	606	658	710	762	814	867
1100	0.950	3.46	82	109	136	164	191	219	274	329	385	440	496	552	609	665	722	779	836	893	951
1200	1.131	3.77	89	119	149	178	208	238	298	359	419	480	541	602	663	724	786	848	910	972	1035
1300	1.327	4.09	96	129	161	193	226	258	323	388	454	519	585	651	717	784	850	917	984	1051	1118
1400	1.539	4.40	104	138	173	208	243	278	348	418	488	559	629	700	771	843	914	986	1058	1130	1202
1500	1.767	4.71	111	148	186	223	260	297	372	447	523	598	674	750	826	902	978	1055	1132	1209	1286
1600	2.017	5.03	119	158	198	238	277	317	397	477	557	638	718	799	880	961	1043	1124	1206	1289	1370
1700	2.270	5.34	126	168	210	252	295	337	422	507	592	677	763	848	934	1020	1107	1193	1280	1367	1454
1800	2.545	5.66	133	178	223	267	312	357	446	536	626	717	807	898	988	1080	1171	1262	1354	1446	1538
1900	2.835	5.97	141	188	235	282	329	376	471	566	661	756	851	947	1043	1139	1235	1331	1428	1525	1621
2000	3.142	6.28		198	247	297	346	396	496	595	695	795	896	996	1097	1198	1299	1400	1502	1603	1705
2200	3.801	6.81			272	326	381	436	545	655	764	874	985	1095	1205	1316	1427	1538	1650	1761	1873
2400	4.524	7.55				356	415	475	594	714	833	953	1073	1193	1314	1435	1555	1676	1798	1919	2041
2600	5.309	8.17				386	450	515	644	773	902	1032	1162	1292	1422	1553	1684	1815	1945	2077	2208
2800	6.158	8.80				415	485	554	693	832	972	1111	1251	1391	1531	1671	1812	1953	2094	2235	2376
3000	7.030	9.43					519	593	742	891	1041	1190	1340	1489	1639	1790	1940	2091	2242	2393	2544
3200	8.050	10.05					554	633	792	950	1110	1269	1428	1588	1748	1908	2068	2229	2390	2550	2712
3400	9.075	10.68						672	841	1010	1179	1348	1517	1687	1857	2026	2197	2367	2538	2708	2879
3600	10.180	11.32						712	890	1069	1248	1427	1606	1785	1965	2145	2325	2505	2685	2866	3047
3800	11.340	11.83						751	940	1128	1317	1506	1695	1884	2074	2263	2453	2643	2833	3024	3215
4000	12.566	12.57						791	989	1187	1386	1585	1784	1983	2182	2382	2581	2781	2981	3182	3382

注：1. 表中数据计算公式 $V=\dfrac{\pi}{4}D_i^2$；$F_i=\pi D_i$；$G=24.66\times10^{-3}(D_i+\delta_n)\delta_n$（质量公式中 D 与 δ_n 单位均为 mm）。

2. 中间值用内插法求。

表 8-19　无缝钢管制作筒体的几何尺寸及质量

外径×壁厚/mm	159×5	159×6	159×7	159×8	219×6	219×8	219×10
1m 高容积 V/m^3	0.0174	0.0170	0.0165	0.0161	0.0337	0.0324	0.0311
内表面积 F_i/m^2	0.468	0.462	0.455	0.449	0.650	0.637	0.625
1m 高质量 G/kg	18.99	22.64	26.24	29.79	31.52	36.60	41.63
外径×壁厚/mm	273×6	273×8	273×10	273×12	325×8	325×10	325×12
1m 高容积 V/m^3	0.0535	0.0519	0.0503	0.0487	0.0750	0.0731	0.0712
内表面积 F_i/m^2	0.820	0.807	0.794	0.782	0.970	0.958	0.945
1m 高质量 G/kg	39.51	52.28	64.86	77.24	62.54	77.68	92.63
外径×壁厚/mm	377×10	377×12	377×14	426×10	426×12	426×14	426×16
1m 高容积 V/m^3	0.1001	0.0979	0.0957	0.1295	0.1270	0.1244	0.1219
内表面积 F_i/m^2	1.121	1.108	1.096	1.275	1.262	1.250	1.237
1m 高质量 G/kg	90.51	108.02	125.32	102.59	122.52	142.24	161.77

8.4.2　封头的容积、内表面积和质量

压力容器封头按形状可分为三类：凸形封头、锥形封头和平板封头（平底封头）。其中凸形封头包括半球形封头、椭圆形封头、碟形封头（带折边的球形封头）和球冠形封头（不带折边的球形封头）四种。各类型封头的断面形状、类型及型式参数列于表 8-20。

表 8-20　封头的断面形状、类型及型式参数表（GB/T 25198—2010）

名称		断面形状	类型代号	型式参数关系
半球形封头[①]			HHA	$D_i = 2R_i$ $DN = D_i$
椭圆形封头	以内径为基准		EHA	$\dfrac{D_i}{2(H-h)} = 2$ $DN = D_i$
	以外径为基准		EHB	$\dfrac{D_o}{2(H_o-h)} = 2$ $DN = D_o$
碟形封头	以内径为基准		THA	$R_i = 1.0D_i$ $r_i = 0.10D_i$ $DN = D_i$
	以外径为基准		THB	$R_o = 1.0D_o$ $r_o = 0.10D_o$ $DN = D_o$

194

名称	断面形状	类型代号	型式参数关系
球冠形封头		SDH	$R_i = 1.0D_i$ $DN = D_o$
锥形 封头		CHA(30)	$r_i \geqslant 0.10D_i$ 且 $r_i \geqslant 3\delta_n$ $\alpha = 30°$ DN 以 D_i/D_{is} 表示
		CHA(45)	$r_i \geqslant 0.10D_i$ 且 $r_i \geqslant 3\delta_n$ $\alpha = 45°$ DN 以 D_i/D_{is} 表示
		CHA(60)	$r_i \geqslant 0.10D_i$ 且 $r_i \geqslant 3\delta_n$ $r_s \geqslant 0.05D_{is}$ 且 $r_s \geqslant 3\delta_n$ $\alpha = 60°$ DN 以 D_i/D_{is} 表示

① 半球形封头三种型式：不带直边的半球（$H = R_i$）、带直边的半球（$H = R_i + h$）和准半球（接近半球 $H < R_i$）。

(1) HHA 球形封头总深度、容积、内表面积和质量（表 8-21）

表 8-21 HHA 球形封头总深度、容积、内表面积和质量（GB/T 25198—2010）

公称直径 DN /mm	总深度 H /mm	内表面积 A /m²	容积 V /m³	厚度 δ_n /mm	质量 W /kg
600	325	0.6126	0.0636	4	19.5
				6	29.4
				8	39.5
				10	49.6
700	375	0.8247	0.00994	4	26.2
				6	39.5
				8	52.9
				10	66.5
800	425	1.0681	0.1466	6	51.0
				8	68.4
				10	85.9
				12	103.6
900	475	1.3430	0.2068	6	64.1
				8	85.8
				10	107.7
				12	129.8

公称直径 DN /mm	总深度 H /mm	内表面积 A /m²	容积 V /m³	厚度 δ_n /mm	质量 W /kg
1000	525	1.6493	0.2814	8	105.2
				10	132.0
				12	159.0
				14	186.3
1100	575	1.9871	0.3722	8	126.6
				10	158.8
				12	191.2
				14	223.9
1200	625	2.3562	0.4807	10	188.0
				12	226.3
				14	264.9
				16	303.7
1300	675	2.7567	0.6084	10	219.7
				12	264.4
				14	309.4
				16	354.7
1400	725	3.1887	0.7569	12	305.5
				14	357.4
				16	409.6
				18	462.0

为了节省篇幅，本小节只是摘录了一部分标准中的数据，若从上表无法查到所需数据时可以查阅标准或者利用下面的公式进行计算。

① 内表面积（mm²）

$$A = \frac{1}{2}\pi D_i^2 \pm \pi D_i h \tag{8-36}$$

② 容积（mm³）

$$V = \frac{1}{12}\pi D_i^3 \pm \frac{1}{4}\pi D_i^2 h \tag{8-37}$$

③ 质量（kg）

$$W = \rho\pi\left\{\left[\frac{1}{12}(D_i + 2\delta_n)^3 \pm \frac{1}{4}(D_i + 2\delta_n)^2 h\right] - \left[\frac{1}{12}D_i^3 \pm \frac{1}{4}D_i^2 h\right]\right\} \times 10^{-6} \tag{8-38}$$

④ 总深度（mm）

$$H = \frac{D_i}{2} \pm h \tag{8-39}$$

上列各式中的"±"号取法为：当为带直边的半球，计算时取正号；当为准半球时，计算时取负号，此时为近似计算值；当为不带直边的半球，h 为零。

（2）椭圆形封头的总深度、容积、内表面积和质量

EHB 椭圆形封头几何量与质量列于表 8-22，EHA 椭圆形封头几何量与质量列于表 8-23。

表 8-22　EHB 椭圆形封头总深度、容积、内表面积和质量 （GB/T 25198—2010）

序号	公称直径 DN/mm	总高度 H/mm	名义厚度 δ_n/mm	内表面积 A/m²	容积 V/m³	质量/kg
1			4	0.0361	0.0009	1.1623
2	159	65	5	0.0351	0.0008	1.4342
3			6	0.0342	0.0008	1.6988
4			8	0.0324	0.0007	2.2066
5			5	0.0629	0.0020	2.5205
6	219	80	6	0.0616	0.0019	2.9950
7			8	0.0592	0.0018	3.9152
8			6	0.0930	0.0036	4.4653
9	273	93	8	0.0900	0.0034	5.8577
10			10	0.0871	0.0032	7.2035
11			12	0.0842	0.0030	8.5035
12			6	0.1292	0.0058	6.1529
13	325	106	8	0.1256	0.0055	8.0908
14			10	0.1222	0.0053	9.9735
15			12	0.1188	0.0051	11.8018
16			8	0.1671	0.0084	10.6795
17	377	119	10	0.1631	0.0081	13.1881
18			12	0.1592	0.0078	15.6336
19			14	0.1553	0.0075	18.0170
20			8	0.2116	0.0120	13.4444
21	426	132	10	0.2071	0.0116	16.6240
22			12	0.2026	0.0112	19.7326
23			14	0.1982	0.0108	22.7709

表 8-23　EHA 椭圆形封头总深度、容积、内表面积和质量 （GB/T 25198—2010）

公称直径 DN/mm	总深度 H/mm	内表面积 A/m²	容积 V/m³	厚度 δ_n/mm	质量 W/kg
				4	13.5
600	175	0.4374	0.0353	6	20.4
				8	27.5
				10	34.6
				4	18.1
700	200	0.5861	0.0545	6	27.3
				8	36.6
				10	46.1
				6	35.1
800	225	0.7566	0.0796	8	47.1
				10	59.3
				12	71.5
				6	44.0
900	250	0.9487	0.1113	8	58.9
				10	74.1
				12	89.3

公称直径 DN/mm	总深度 H/mm	内表面积 A/m²	容积 V/m³	厚度 δ_n/mm	质量 W/kg
1000	275	1.1625	0.1505	8	72.1
				10	90.5
				12	109.1
				14	127.9
1100	300	1.3980	0.1980	8	86.5
				10	108.6
				12	130.9
				14	153.3
1200	325	1.6552	0.2545	10	128.3
				12	154.6
				14	181.1
				16	207.8
1300	350	1.9340	0.3208	10	149.7
				12	180.3
				14	211.1
				16	242.2
1400	375	2.2346	0.3977	12	208.0
				14	243.5
				16	279.2
				18	315.2

对于 EHA 椭圆形封头，还可以利用下面的公式进行内表面积、容积和质量的计算。

① 内表面积 (mm²)

$$A=\frac{1}{4}\left[1+\frac{\sqrt{3}}{6}\ln(2+\sqrt{3})\right]\pi D_i^2+\pi D_i h=0.345\pi D_i^2+\pi D_i h \tag{8-40}$$

② 容积 (mm³)

$$V=\frac{\pi}{24}D_i^3+\frac{\pi}{4}D_i^2 h \tag{8-41}$$

③ 质量 (kg)

$$W=\rho\pi\delta_n\left[\frac{D_i^2}{3}+\frac{5}{6}D_i\delta_n+\frac{2}{3}\delta_n^2+(D_i+\delta_n)h\right]\times 10^{-6} \tag{8-42}$$

④ 总深度 (mm)

$$H=\frac{D_i}{4}+h \tag{8-43}$$

(3) 锥形封头的总深度、容积、内表面积和质量

CHA (30)、CHA (45) 锥形封头的几何尺寸以及质量按下面的公式进行计算。

① 内表面积 (mm²)

$$A=2\pi\left[D_i r_i\times\frac{\theta}{2}+r_i^2(\sin\theta-\theta)\right]+\frac{\pi}{4\sin\theta}\{[D_i-2(1-\cos\theta)r_i]^2-D_{is}^2\}+\pi D_i h \tag{8-44}$$

② 容积 (mm³)

$$V=\pi\left(C_1 D_i^2 r_i+C_2 D_i r_i^2+C_3 r_i^3+\frac{D_i^2}{4}h\right)+$$

$$\frac{\pi}{24\tan\theta}\{[D_i-2(1-\cos\theta)r_i]^3-D_{is}^3\} \tag{8-45}$$

③ 质量（kg）

$$V_o=\pi\left[C_1(D_i+2\delta_n)^2(r_i+\delta_n)+C_2(D_i+2\delta_n)(r_i+\delta_n)^2+C_3(r_i+\delta_n)^3+\right.$$

$$\left.\frac{(D_i+2\delta_n)^2}{4}h\right]+\frac{\pi}{24\tan\theta}\{[D_i-2(1-\cos\theta)r_i+2\delta\cos\theta]^3- \tag{8-46}$$

$$(D_{is}+2\delta\cos\theta)^3\}+\frac{1}{4}\pi(D_i+2\delta_n)^2h$$

$$W=\rho(V_o-V)\times10^{-6}$$

④ 总高度（mm）

$$H_o=\frac{1}{\tan\theta}\left\{\left[\frac{D_i}{2}-(1-\cos\theta)r_i\right]-\frac{D_{is}}{2}\right\}+(r_i+\delta_n)\sin\theta+h \tag{8-47}$$

公式中的 θ 是半锥角 α 的弧度，系数 C_1、C_2、C_3、C_4 按下式确定

$$C_1=\frac{\sin\theta}{4}$$

$$C_2=\frac{\sin\theta\cos\theta+\theta}{2}-\sin\theta$$

$$C_3=2\sin\theta-\frac{\sin^3\theta}{3}-\sin\theta\cos\theta-\theta$$

$$C_4=\frac{(2+\sin\theta)(1-\sin\theta)^2}{3}$$

CHA（60）锥形封头由于大、小端都有过渡圆弧，所以计算的时候，除了考虑锥体的，还要计算大端圆弧、小端圆弧以及大、小端直边的内表面积、容积和质量，公式比较多，有兴趣的读者可以查阅标准。

各类型封头成品标记按如下规定

①②×③（④）—⑤⑥

①—封头类型代号，见表 8-20；

②—封头公称直径，mm；

③—封头材料厚度 δ_s，mm；

④—成品封头实测厚度最小值 δ'_{min}，mm；

⑤—封头的材料牌号；

⑥—标准号：GB/T 25198。

8.5　容器壳体在材料使用上的规定

8.5.1　钢板用前的验收

用于压力容器壳体上的钢板必须经过验收，验收的内容分列如下。

① 内容齐全的质量证明书　质量证明书上所提供的材料化学成分和力学性能要符合相关标准之规定（表 6-7～表 6-14）。

② 钢印标志　钢板在规定的位置应有清晰和牢固的钢印标志［至少包括材料制造标准代号，材料牌号及规格、炉（批）号］；国家安全监察机构认可标志；材料制造单位名称及检验印鉴标志。标志应与质量证明书完全一致。

③ 符合规定　钢板的表面质量应符合以下规定。

ⅰ.钢板表面不得有裂纹、拉裂、气泡、折叠、夹杂、结疤和压入的氧化铁皮。钢板不得有分层。

ⅱ.钢板表面允许有不妨碍检查表面缺陷的薄层氧化铁皮、铁锈，由于氧化皮脱落所引起的不显著的粗糙、划痕，轧辊造成的网纹及其他局部缺陷，但凹凸度从钢板的实际尺寸算起，不得超过钢板厚度公差之半，并应保证缺陷处厚度不小于钢板允许最小厚度。

ⅲ.钢板表面的缺陷允许清理，但不许用补焊和堵塞方法。可用砂轮清理，清理处应平缓无棱角，清理深度从钢板实际尺寸算起，不得超过钢板厚度公差之半，且应保证清理处的钢板厚度不小于钢板允许最小厚度。

ⅳ.对于不锈钢钢板，允许存在的麻点压坑，划伤的深度要比碳钢和低合金钢钢板小，详见有关不锈钢钢板标准。

8.5.2　压力容器在选材、用材上的规定

8.5.2.1　碳钢与低合金钢

① 焊接用钢　用于焊接的碳素钢和低合金钢的碳含量≤0.25%，磷含量≤0.035%，硫含量≤0.035%。

② 压力容器用钢　压力容器专用钢中的碳素钢和低合金钢（钢板、钢管和钢锻件）的硫、磷含量的限制：

ⅰ.标准抗拉强度下限值小于或等于 540MPa 的钢材，w_P≤0.030%、w_S≤0.020%；

ⅱ.标准抗拉强度下限值大于 540MPa 的钢材，w_P≤0.025%、w_S≤0.015%；

ⅲ.用于设计温度低于零下 20℃并且标准抗拉强度下限值小于或等于 540MPa 的钢材，w_P≤0.025%、w_S≤0.012%；

ⅳ.用于设计温度低于零下 20℃并且标准抗拉强度下限值大于或者等于 540MPa 的钢材，w_P≤0.020%，w_S≤0.010%；

ⅴ.抗湿硫化氢引起氢致开裂（HIC）的钢材，w_P≤0.015%、w_S≤0.005%。

③ 冲击功　厚度不小于 6mm 的钢板、直径和厚度可以制备宽度为 5mm 小尺寸冲击试样的钢管、任何尺寸的钢锻件，按照设计要求的冲击试验温度下的 V 形缺口试样冲击功（KV_2）指标应符合表 8-24 的规定。

表 8-24　碳素钢和低合金钢（钢板、钢管和钢锻件）冲击功（TSG 21—2016）

钢材标准抗拉强度下限值 R_m/MPa	3 个标准试件冲击功平均值 KV_2/J
≤450	≥20
>450～510	≥24
>510～570	≥31
>570～630	≥34
>630～690	≥38

注：1.试样取样部位和方法应当符合相应钢材标准的规定。

2.冲击试验每组取 3 个标准试样（宽度为 10mm），允许 1 个试样的冲击功数值低于表列数值，但不得低于表列数值的 70%。

3.当钢材尺寸无法制备标准试样时，则应当依次制备宽度为 7.5mm 和 5mm 的小尺寸冲击试样，其冲击功指标分别为标准试样冲击功指标的 75%和 50%。

4.钢材标准中冲击指标高于表 8-24 规定的钢材还需要符合相应钢材标准的规定。

④ 断后伸长率

ⅰ.压力容器受压元件用钢板、钢管和钢锻件的断后伸长率应当符合《固定容规》引用的标准以及相应钢材标准的规定；

ⅱ.焊接结构用碳素钢、低合金高强度钢和低合金低温钢钢板，其断后伸长率（A）指标应当符合表 8-25 的规定。

表 8-25　指标钢板断后伸长率（TSG 21—2016）

钢材标准抗拉强度下限值 R_m/MPa	断后伸长率 A/%
≤420	≥23
>420～550	≥20
>550～680	≥17

注：钢板标准中断后伸长率指标高于本表规定的还应当符合相应钢板标准的规定。

⑤ 钢板超声检测　厚度大于或者等于 12mm 的碳素钢和低合金钢钢板（不包括多层压力容器的层板）用于制造压力容器壳体时，凡符合下列条件之一的，应当逐张进行超声检测：

ⅰ.盛装介质毒性程度为极度、高度危害的；

ⅱ.在湿 H_2S 腐蚀环境中使用的；

ⅲ.设计压力大于或者等于 10MPa 的；

（上述 3 项的合格标准应符合 NB/T 47013《承压设备无损检测》Ⅱ级）

ⅳ.《固定式压力容器安全技术监察规程》引用标准中要求逐张进行超声检测的，合格级别也应符合引用标准规定。

⑥ 当使用 Q235 系列碳素钢钢板中的 Q235B 和 Q235C 制造压力容器壳体时应遵循的规定　不同质量等级的 Q235 钢板均应按表 8-26 所规定的范围使用。

表 8-26　碳素钢钢板用于压力容器时的使用范围

限　制　项　目	钢　号	
	Q235B	Q235C
容器设计压力/MPa	≤1.6	
容器使用温度/℃	20～300	0～300
用于壳体的钢板厚度/mm	≤16	
用于其他受压元件的钢板厚度/mm	≤30	≤40
盛装介质	不得盛装介质毒性为极度、高度危害的介质	

注：1.钢的化学成分应符合 GB/T 700—2006 规定，其中 w_P≤0.035%，w_S≤0.035%。

2.厚度大于等于 6mm 的钢板应进行冲击试验，试验结果应符合 GB/T 700 规定。对于使用温度低于 20℃ 至 0℃、厚度等于或大于 6mm 的 Q235C 钢板，容器制造单位应附加进行横向试样的 0℃ 冲击试验，3 个标准冲击试样的冲击功平均值 KV_2≥27J。

3.钢板应进行冷弯试验，合格标准按 GB/T 700 的规定。

⑦ 要求正火状态交货的压力容器钢板

ⅰ.制造壳体用的厚度大于 30mm 的 Q245R 和 Q345R（即原 20R 和 16MnR）钢板；

ⅱ.制造管板、法兰、平盖用的厚度大于 50mm 的 Q245R 和 Q345R（即原 20R 和 16MnR）钢板。

8.5.2.2　有色金属（TSG 21—2016）

（1）通用要求

ⅰ.用于压力容器的有色金属（铝、钛、铜、镍及其合金），其技术要求应分别符合下述标准规定：

JB/T 4734《铝制焊接容器》；

JB/T 4745《钛制焊接容器》；

JB/T 4755《铜制压力容器》；

JB/T 4756《镍及镍合金制压力容器》。

ii.压力容器制造单位建立严格的保管制度，并且设专门场所，与碳钢、低合金钢分开存放。

（2）铝和铝合金

铝和铝合金用于压力容器受压元件时，应当符合下列要求：

i.设计压力不大于16MPa；

ii.含镁量大于或者等于3%的铝合金（如5083、5086），其设计温度范围为-269～65℃，其他牌号的铝和铝合金，其设计温度范围为-269～200℃。

（3）铜和铜合金

纯铜和黄铜用于压力容器受压元件时，其设计温度不应高于200℃❶。

（4）钛和钛合金

钛和钛合金用于压力容器受压元件时，应当符合下列要求：

i.钛和钛合金的设计温度不高于315℃，钛-钢复合板的设计温度不高于350℃；

ii.用于制造压力容器壳体的钛和钛合金在退火状态下使用。

（5）钽、锆、铌及其合金

钽、锆、铌及其合金用于压力容器受压元件时，应当在退火状态下使用。钽和钽合金设计温度不高于250℃，锆和锆合金设计温度不高于375℃，铌和铌合金设计温度不高于220℃。

8.5.2.3 复合钢板

由能源局发布的NB/T 47002—2009《压力容器用爆炸焊接复合板》于2011年5月1日实施。该标准分四个部分：第一部分是不锈钢-钢复合板；第二部分是镍-钢复合板；第三部分是钛-钢复合板；第四部分是铜-钢复合板，其技术水平优于境外标准。这里的技术水平指的是复合钢板复合界面的结合剪切强度，用τ_b表示。

对于复合钢板的要求是：

i.复合钢板复合界面的结合剪切强度，不锈钢-钢复合板不小于210MPa，镍-钢复合板不小于210MPa，钛-钢复合板不小于140MPa，铜-钢复合板不小于100MPa；

ii.复合钢板覆层材料的使用状态应符合相应标准规定；

iii.碳素钢和低合金钢基层材料（包括钢板和钢锻件）按照基层材料标准的规定进行冲击试验，冲击功合格指标应符合基层材料标准或订货合同规定。

本 章 小 结

（1）学习要求

① 本章共讨论1个筒体、7种封头共8个受压元件。每个受压元件均有自己的计算厚度公式、工作应力公式、许用压力公式，若分别列出，总计可有24个公式。除去球冠形封头和以受弯为主的平板形封头，剩下的6个属于回转形壳体的受压元件，可以用一个通用的强度条件表达（均用D_i代替中径），即

$$\sigma = \frac{pKD_i}{2\delta} ❷ \leqslant [\sigma]^t \varphi$$

由此得到

计算厚度公式
$$\delta = \frac{pKD_i}{2[\sigma]^t \varphi}$$

---

❶ 铜和铜合金材料的使用状态除退火状态外，还有热成形状态、轻软状态、半硬状态等，所以没有提使用状态。青铜和白铜不同牌号的设计温度上限差别很大，所以只对纯铜和黄铜的设计温度上限做了规定。

❷ 将公式中的 K 与 D 连在一起有利记忆导出的公式。

计算应力公式
$$\sigma = \frac{pKD_i}{2\delta_e}$$

许用压力公式
$$[p] = 2\frac{\delta_e}{KD_i}[\sigma]^t \varphi$$

式中的 K 值随回转壳体形状的不同而取不同值。应该记住其中圆柱形筒体与标准椭圆形封头的 $K=1$、半球形封头与球壳的 $K=0.5$，其他形状封头的 K 值应该会查取。

② 涉及壳体强度的几何量一个是内直径，另一个是壁厚，通过本章学习应理解以下厚度的含意及其取得方法。

计算厚度 δ；

设计厚度 δ_d；

名义厚度 δ_n（规定的图示厚度）；

有效厚度 δ_e（分为按图样算出的和按实测得到的两种 δ_e）；

设计最小厚度 δ_{min}；

成品厚度 δ_f；

验收要求的最小厚度 δ_T，$\delta_T = \delta_n - C_1$。若图样注明已考虑了 C_3 这么大的加工减薄量，则 $\delta_T = \delta_n - C_1 - C_3$。

③ 本章所涉及的压力：

最大工作压力 p_w；

容器的设计压力 p；

受压元件的计算压力 p_c（要清楚 p_c 与 p 之区别）；

容器的最大允许压力 $[p]$；

安全阀的开启压力 p_k 与爆破片的设计爆破压力 p_b。

要了解如何确定这些压力和压力之间的联系。

④ 在用容器的强度校核是压力容器定期检验中的一项重要内容，本书不可能对压力容器的定期检验规定作全面介绍，但是读者应当了解，为了保证生产的安全，绝不能忽视对在用压力容器的定期检验。就强度校核这一项来说，关键是如何正确确定在用容器的有效厚度，其既与容器的使用年限、腐蚀程度有关，也要根据检验周期而定。这是一个既要原则又要灵活处理的问题，请读者从例题与习题中去体会。

（2）关于锥壳厚度计算方法的说明

在 GB/T 150.3—2011《压力容器》所规定的锥壳厚度的计算方法中，需要对锥壳大端与小端分别计算，然后取得到的最大厚度值作为锥壳的厚度，而在本章中，对锥形封头厚度的计算却提出：当锥形封头大端直径与小端直径比值不小于 4 时，可以不必进行小端的计算，其依据何在？

回答这个问题请参看 GB/T 150.3—2011。

① 无折边锥形封头　GB/T 150.3 规定其大端的厚度计算公式是

$$\delta_{大} = \frac{Qp_cD_i}{2[\sigma]^t \varphi - p_c} \qquad \text{[GB/T 150.3中式(5-9)]}$$

式中 Q 值从 GB/T 150.3 中图 5-12 查取。

小端厚度计算公式

$$\delta_{小} = \frac{Qp_cD_{is}}{2[\sigma]^t \varphi - p_c} \qquad \text{[GB/T 150.3中式(5-10)]}$$

式中 Q 值从 GB/T 150.3 中图 5-14 查取。

为了便于下面的论证，将 GB/T 150.3 中式（5-9）的 Q 用 K 表示，于是要使 $\delta_\text{大} \geqslant \delta_\text{小}$，就必须满足以下条件

$$\frac{Kp_cD_i}{2[\sigma]^t\varphi - p_c} \geqslant \frac{Qp_cD_{is}}{2[\sigma]^t\varphi - p_c}$$

简化得

$$D_{si} \leqslant \frac{K}{Q}D_i \qquad\qquad (a)$$

从 GB/T 150.3 图 5-12 和图 5-14 可见：K 与 Q 均与 $\frac{p}{[\sigma]^t\varphi}$ 有关，取 $\frac{p}{[\sigma]^t\varphi} = 0.002$，0.01 和 0.1 三个值，并算出在各种不同半锥角下的 $\frac{K}{Q}$ 值，列于表 8-27，表中的最小 $\frac{K}{Q} = 0.52$，这就是说，对于无折边锥形封头，如果整个封头取同一厚度，那么只要封头小端的直径不超过大端直径的一半，可以只计算大端的厚度。

表 8-27　锥形壳体大、小端的应力增值系数

锥体的 α		10°	15°	20°	25°	30°
$\dfrac{p}{[\sigma]^t\varphi} = 0.002$	K	1.02	1.21	1.45	1.73	1.96
	Q	1.75	2.1	2.4	2.75	3.13
	K/Q	0.58	0.57	0.60	0.63	0.63
$\dfrac{p}{[\sigma]^t\varphi} = 0.01$	K	1.02	1.04	1.06	1.11	1.15
	Q	1.38	1.65	1.8	2.0	2.2
	K/Q	0.74	0.63	0.59	0.56	0.52
$\dfrac{p}{[\sigma]^t\varphi} = 0.1$	K	1.02	1.04	1.06	1.11	1.15
	Q	1.08	1.17	1.25	1.35	1.48
	K/Q	0.94	0.89	0.85	0.85	0.78

② 带折边锥形封头　GB/T 150.3 规定带折边锥形封头大端厚度，既要按下式计算过渡段厚度

$$\delta_\text{折} = \frac{Kp_cD_i}{2[\sigma]^t\varphi - 0.5p_c} \qquad [\text{GB/T 150.3 中式（5-18）}]$$

式中 K 查 GB/T 150.3 表 5-6，又要按另外一个公式计算与过渡段相接处的锥壳厚度，即

$$\delta_\text{锥} = \frac{fp_cD_i}{[\sigma]^t\varphi - 0.5p_c} \qquad [\text{GB/T 150.3 中式（5-19）}]$$

式中 f 查 GB/T 150.3 表 5-7。

为了比较 $\delta_\text{折}$ 与 $\delta_\text{锥}$ 的大小，不妨将式（5-19）改写成如下形式

$$\delta_\text{锥} = \frac{2fp_cD_i}{2[\sigma]^t\varphi - p_c}$$

对照 GB/T 150.3 表 5-6 和表 5-7，不难发现 $2f$ 总是大于 K，所以确定折边锥形封头大端的厚度只需按 GB/T 150.3 中式（5-18）计算即可。

封头小端仍按 GB/T 150.3 中式（7-9）计算，只是半锥角 $\alpha > 45°$ 时需加折边，而 Q 值按 GB/T 150.3 图 5-15 查取。

于是，对于带折边锥形封头，若要 $\delta_\text{大} \geqslant \delta_\text{小}$，则必须

$$\frac{2fp_cD_i}{2[\sigma]^t\varphi - p_c} \geqslant \frac{Qp_cD_{is}}{2[\sigma]^t\varphi - p_c}$$

简化得

$$D_{is} \leqslant \frac{2f}{Q}D_i \qquad\qquad (b)$$

若取封头的半锥角 α 在 $35°\sim60°$，$\dfrac{r}{D_i}=0.1\sim0.2$；$\dfrac{p_c}{[\sigma]^t\varphi}=0.002$ 和 0.01，则从 GB/T 150.3 表 5-7 和图 5-14、图 5-15 可查得 f、Q 值，按式（b）所需，将 $\dfrac{2f}{Q}$ 值算出后列于表 8-28。

表 8-28　折边锥形封头大小端的壁厚计算系数

系　数		35°			40°			45°			50°			55°			60°		
		\multicolumn{18}{c}{r/D_i}																
		0.10	0.15	0.20	0.10	0.15	0.20	0.10	0.15	0.20	0.10	0.15	0.20	0.10	0.15	0.20	0.10	0.15	0.20
K		1.18	1.15	1.13	1.24	1.20	1.18	1.33	1.29	1.25	1.44	1.39	1.33	1.59	1.52	1.45	1.80	1.70	1.60
$\dfrac{p}{[\sigma]^t\varphi}=0.002$	Q		3.40			3.78			4.16			4.67			5.10			5.85	
	$\dfrac{2f}{Q}$	0.35	0.34	0.33	0.33	0.32	0.31	0.32	0.31	0.30	0.31	0.29	0.28	0.31	0.30	0.28	0.31	0.29	0.27
$\dfrac{p}{[\sigma]^t\varphi}=0.01$	Q		2.35			2.65			2.80			3.20			3.50			3.95	
	$\dfrac{2f}{Q}$	0.50	0.49	0.48	0.47	0.45	0.45	0.48	0.46	0.45	0.45	0.43	0.41	0.45	0.43	0.41	0.46	0.43	0.40

由表 8-28 可见，假设取比较极端的条件，例如材料的 $[\sigma]^t\varphi=100\text{MPa}$，$p_c=0.2\text{MPa}$，则 $\dfrac{2f}{Q}$ 大约在 $0.27\sim0.35$ 之间，这就是说只要封头小端直径不超过大端直径的 $27\%\sim35\%$，那么锥形封头壁厚的确定就没有必要大端、小端都进行计算。

习　题

8-1　需一台内径为 1.6m 的反应釜，釜外夹套内系常压冷却水，釜顶为标准椭圆形封头，釜底为带折边的锥形封头，折边半径为 240mm，半锥角 45°。釜内物料最高工作温度 100℃，最高工作压力 $p_w=0.84\text{MPa}$，釜体及上、下封头均采用 022Cr19Ni10 制造，焊缝系双面对接焊，要求 100% 探伤，在釜的顶部装有安全阀，试确定釜体及封头壁厚。

8-2　需一容器，内直径 1m，工作压力 1.0MPa，安全阀的开启压力调定为 1.1MPa，要求焊缝为双面焊或带垫底焊的单面焊，20% 以上射线探伤，封头整体冲压成型，介质对钢板的年腐蚀率为 0.15mm/a，设计寿命 20a，设计温度 300℃，现库存有厚度为 10、12、14 三种规格的 Q235B 钢板，试问该容器的筒体及标准椭圆形封头应该用哪种规格的钢板制作。

8-3　一台新制成的容器，其筒体与标准椭圆形封头内径 $D_i=1.6\text{m}$，图样上标注的厚度为 20mm，在图样的技术特性表中注明：设计压力为 2.1MPa，设计温度为 300℃，焊接接头系数是 0.85，腐蚀裕量为 2mm，壳体材料为 Q345R，试计算该容器的计算厚度 δ，设计厚度 δ_d，有效厚度 δ_e，厚度系数及最大允许工作压力（注：封头标注的厚度为 20mm，生产厂考虑了 2mm 的加工减薄量，使用的是 22mm 厚的钢板，所以计算有效厚度时可以不考虑加工减薄量）。

8-4　一台在用压力容器，原设计图样丢失，容器材质系碳钢，具体钢号不清，容器在常温下工作，经对容器焊接接头进行局部无损检测，未发现超标缺陷，各部分尺寸测量结果如下：筒体内直径 1.6m，壁厚 11.2mm，两端均为半球形封头，封头实测厚度为 8.3mm，介质对器壁金属的年腐蚀率约为 0.2mm/a，现欲继续使用该容器至下一个检验周期（六年），最高的允许使用压力是多大？

8-5　直径为 0.8m，具有标准椭圆形封头的容器，筒体及封头的名义厚度均为 8mm，材料为 Q345R，容器上安全阀的开启压力为 0.7MPa，容器的焊缝为双面焊，经 20% 射线探伤合格，若考虑 2mm 的腐蚀裕量，试问该容器允许的最高工作温度是多少？

8-6　常温操作具有标准椭圆形封头的容器，直径 3m，材料为 Q235B，腐蚀裕量 2mm，筒体的 $\varphi=0.85$，$p=0.1\text{MPa}$，试确定筒体的名义厚度。

8-7　一容器图纸标注：设计压力 1.1MPa，壳体厚度为 12mm；查看计算书得知：腐蚀裕量 $C_2=1\text{mm}$，计算厚度 $\delta=7.4\text{mm}$；若在这台容器上安装安全阀，安全阀的最大开启压力可调至多高？

8-8　为直径等于 1.2m 的圆柱形筒体配置如下形状的封头，试确定它们的计算厚度：

(1) $R_c = 600\text{mm}$ 的半球形封头；

(2) $\dfrac{b}{a} = 2$ 的椭圆形封头；

(3) $R_c = 1080\text{mm}$；$r_i = 162\text{mm}$ 的碟形封头；

(4) $\alpha = 30°$ 的无折边锥形封头；

(5) $\alpha = 45°$，$r_i = 180\text{mm}$ 的带折边锥形封头；

(6) 平盖系数 $K = 0.27$ 的平板形封头。

设计条件如下：设计压力 $p = 0.8\text{MPa}$；$t = 100℃$；材料 Q235B；封头的拼接焊缝 100% 探伤，其他焊缝局部探伤。

8-9　一台具有标准椭圆形封头的圆柱形压力容器，材料为 Q345R，内径 2m，工作温度 200℃，由于多年腐蚀，经实测壁厚已减薄至 10.3mm，但经射线检验未发现超标缺陷，故准备将容器的正常操作压力降至 1.1MPa 使用，安全阀的开启压力调定在 1.2MPa，若按每年腐蚀 0.2mm 的年腐蚀率计算，该容器还能使用几年？在使用前的水压试验，应确定多大的试验压力？

8-10　一台具有标准椭圆形封头的圆柱形压力容器，该容器上的设计图样上标明：容器内径 1.6m，壁厚 20mm，材料 Q345R，设计压力 2.1MPa，设计温度 350℃，A、B 类焊接接头均为双面对接接头，每条焊缝的射线探伤长度为 20%，且不小于 250mm，筒体的腐蚀裕量 2mm，试确定：

(1) 容器筒体的计算厚度 δ；

(2) 容器筒体的设计厚度 δ_d；

(3) 容器筒体的有效厚度 δ_e；

(4) 容器筒体的厚度系数 β；

(5) 容器上的安全阀允许调定的最高开启压力 p_k；

(6) 容器在 200℃ 工作时的最大允许工作压力；

(7) 在设计压力保持不变的条件下，容器筒体实际允许使用的最高温度。

8-11　图 8-9 所示一立式容器，其设计压力为 1.6MPa，设计温度 100℃，筒体及封头材料为 Q235B，材料的 $[\sigma]^t = 113\text{MPa}$，焊接接头系数 $\varphi = 0.85$，筒体内径 $D_i = 1650\text{mm}$，算得 $\delta = 13.7\text{mm}$，上封头为标准椭圆形，下封头为无折边锥形 $\alpha = 45°$，上下封头均有接管，试指出该容器设计上出现的错误。

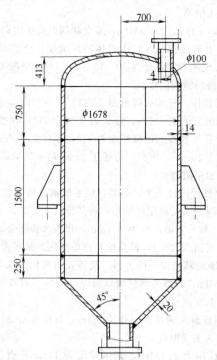

图 8-9　题 8-11 附图

9 外压容器与压杆的稳定计算

9.1 稳定的概念与实例

9.1.1 稳定的概念

稳定是就平衡而言的。平衡有两种：稳定平衡和不稳定平衡。如图 9-1（a）所示小球，它位于凹槽底部 A 处，它所具有的平衡是稳定的。因为当它受到外力的短时干扰，离开其平衡位置到达位置 A_1 后，只要去掉干扰外力，小球在重力作用下仍可回复到原来的平衡位置。而图 9-1（b）所示的小球，它位于曲面顶部 B 处，虽然也可处于平衡，但是这种平衡是极不稳定的，只要有微小的外力干扰使它离开 B 点，它就会滚到 B_1 点或 B_2 点而不会再自动回复到原来的位置 B 处。所以小球在 B 点所处的平衡是不稳定的，它不可能长期停留在此位置上。

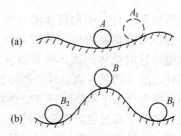

图 9-1 稳定平衡与不稳定平衡

正是由于平衡有两种，所以在设计承载构件时，不但要满足强度、刚度条件，还要考虑它们在承受外力时，其平衡是否真正稳定。因为"稳定"也是保持构件安全正常工作的条件。绝不容许把不稳定的平衡当作稳定的平衡来处理。

那么哪一类构件存在"稳定"问题呢？

9.1.2 "稳定"问题实例

（1）压杆

看图 9-2（a）所示拉杆，在其两端作用着一对大小相等的轴向拉力 P，杆处于平衡。当遇到横向力的干扰，杆虽然会变弯 [图 9-2（b）]，但一旦撤去横向力后，杆总是还会恢复成原来的直线形状 [图 9-2（a）]。这就是说拉杆在它原有直线形状下的平衡是稳定的。所以拉杆只会因强度不足而破坏，不会因为它维持不了在直线形状下的平衡而失去工作能力。若在杆的两端作用一对轴向压力，并使杆在横向力的干扰下变弯 [图 9-3（a）]，则在撤去横向力后，将随轴向压力 P 的大小不同而可能出现两种不同情况：当轴向压力小于某一数值（用 P_{cr} 表示）时，压杆也会恢复它原来的直线形状 [图 9-3（b）]，这时压杆的平衡是

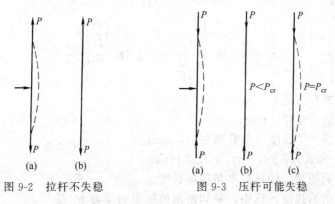

图 9-2 拉杆不失稳   图 9-3 压杆可能失稳

稳定的。但是当轴向压力达到 P_{cr} 时，压杆就不能再恢复其原有的直线形状［图 9-3（c）］。这就是说压杆能在直线形状下维持稳定平衡是有条件的，当轴向压力达到某一数值 P_{cr} 后，压杆在它原有直线形状下的平衡就变为不稳定的了。通常把这种情况称为"压杆在它原有直线形状下的平衡丧失了稳定性"或简称"失稳"。由此可见：作用在细长压杆两端的轴向压力 P 的"量变"会引起压杆平衡稳定性的"质变"，当压力 P 增加到 P_{cr} 时，压杆在原有直线形状下的平衡将从"稳定"的过度到"不稳定"的，因而压力 P_{cr} 称为压杆的临界压力。

（2）外压容器

除了压杆外，在其他弹性薄壁构件中，只要壁内有压应力，也都存在着可能失稳的问题。外压容器就是这类构件中的一个典型实例。受外压的圆筒在筒壁内将产生环向压缩应力，其值和内压圆筒一样，也是 $\dfrac{pD}{2S}$。这种压缩应力如果能够增大到材料的屈服极限，将和内压圆筒一样，引起筒体的屈服变形。然而这种情况在薄壁圆筒中是较少发生的。因为存在于外压圆筒筒壁内的压缩应力经常是在它的数值还远远低于材料屈服极限时，筒壁会突然被压瘪，这时筒体的圆形横截面在一瞬间变成了曲波形（图 9-4）。这说明受外压作用的圆筒，当外压增大到某一数值时，圆筒就不可能在圆的形状下维持稳定的平衡了，这和上述的压杆在临界压力作用下不能维持直线形状下的稳定平衡是一样的。使外压圆筒从在圆的形状下能够维持稳定的平衡过渡到不能维持稳定平衡的那个压力，就是该外压圆筒的临界压力，用 p_{cr} 表示（MPa）。筒体在临界压力作用下，筒壁内产生的环向压缩应力称为临界应力，用 σ_{cr} 表示。

图 9-4　外压圆筒失稳后的形状

9.2　外压圆筒环向稳定计算

9.2.1　临界压力的计算

外压圆筒环向失稳的临界压力可按式（9-1）和式（9-2）计算

钢制长圆筒
$$p_{cr}=2.2E\left(\dfrac{\delta_e}{D_o}\right)^3 \tag{9-1}$$

钢制短圆筒
$$p_{cr}=2.59E\dfrac{\left(\dfrac{\delta_e}{D_o}\right)^{2.5}}{\dfrac{L}{D_o}}\approx2.6E\dfrac{\left(\dfrac{\delta_e}{D_o}\right)^{2.5}}{\dfrac{L}{D_o}} \tag{9-2}$$

式中　δ_e——筒体的有效壁厚，mm；

　　　D_o——筒体的外直径，mm；

　　　L——筒体的计算长度（参看图 9-5），mm。

关于式（9-1）和式（9-2），作以下几点讨论。

（1）长圆筒、短圆筒、计算长度与临界长度

在进行内压圆筒的强度计算中，譬如使圆筒屈服的压力 p_s 是

$$p_s = 2\frac{\delta_e}{D_i}\sigma_s \qquad\qquad (a)$$

屈服压力的大小与筒长无关。

但是外压圆筒却有长、短之分，这是因为圆筒两端的封头或焊在圆筒内外壁上的刚性较大的圆环（例如加强圈）当圆筒承受外压时，它们对筒壁会起着一定的支撑作用，这种支撑作用的效果将随着圆筒的长度或两刚性圈之间的距离增加而减弱，当圆筒的长度增加到某一限度时，封头对筒体中部的支撑作用消失，这种得不到封头支撑作用的圆筒称为长圆筒，它的临界压力，用式（9-1）表示。既然得不到封头对筒体的

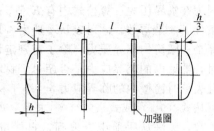

图 9-5　外压圆筒的计算长度

支撑作用，所以长圆筒的临界压力也就与筒体的长度无关了。为了提高外压圆筒的抗失稳能力，可以缩短圆筒的长度或在不改变圆筒长度的条件下，在筒体上焊上一至数个加强圈（图9-5），将长圆筒变为能够得到封头或加强圈支撑的短圆筒，短圆筒的临界压力用式（9-2）表示。从该式可见，短圆筒的临界压力将随筒体计算长度的减小而增加。

筒体焊上加强圈以后，筒体的几何长度对于计算临界压力就没有直接意义了。这时需要的是所谓计算长度，这一长度是指两相邻加强圈的间距。对与封头相连的那段筒体来说，应把凸形封头中的1/3的凸面高度计入（图9-5）。

由于长圆筒与短圆筒的临界压力计算公式不同，所以要计算某一圆筒的临界压力时，首先要判定该圆筒是属于长圆筒或是短圆筒。

前已指出，短圆筒的临界压力 p'_{cr} 较相同壁厚与直径的长圆筒的临界压力 p_{cr} 大。随着短圆筒长度的增加，封头对筒壁支撑作用的减弱，短圆筒的 p'_{cr} 将不断减小。当短圆筒的长度增大到某一值，譬如说增大到 L_{cr} 时，封头对筒壁的支撑作用开始完全消失，这时这个短圆筒的临界压力 p'_{cr} 将下降到和长圆筒的临界压力 p_{cr} 相等，即

$$2.6E\frac{\left(\dfrac{\delta_e}{D_o}\right)^{2.5}}{\dfrac{L_{cr}}{D_o}} \approx 2.2E\left(\frac{\delta_e}{D_o}\right)^3$$

解出 L_{cr} 得

$$L_{cr} = 1.18D_o\sqrt{\frac{D_o}{\delta_e}} \qquad\qquad (9-3)$$

L_{cr} 叫临界长度，它是封头或其他刚性构件对筒身是否有支撑作用的一个分界线，筒体的实际长度如果小于 L_{cr}，那么，这个筒体的中部就可以得到封头的支撑作用，应属短圆筒。反之，若筒体的实际长度大于 L_{cr}，则为长圆筒。

（2）材料性能对外压圆筒稳定性的影响

在进行内压圆筒的强度计算时，材料的强度指标 σ_s、σ_b、σ_n、σ_D，对圆筒的承压能力具有直接的、重要的影响。但是，当圆筒在外压作用下失稳时，筒壁内的压缩应力在绝大多数情况下并没有达到材料的屈服强度，这说明筒体几何形状的突变，并不是由于材料强度不够引起的。筒体的临界压力与材料的屈服强度没有直接关系，然而材料弹性模量 E 却直接影响筒体的临界压力。E 值大的材料抵抗变形能力强，因而其临界压力也就高。但是由于各种钢的 E 值相差不大，所以选用高强度钢代替一般碳钢制造外压容器，并不能提高筒体的临界压力。

（3）临界压力计算公式的应用条件

利用式（9-1）或式（9-2）计算一已知几何尺寸圆筒的临界压力之前，需要事先判明两点。

ⅰ.要利用式（9-3）算出的临界长度 L_{cr}，判明所给圆筒是长圆筒，还是短圆筒。

ⅱ.要判定筒体失稳时的环向压缩应力 σ_{cr} 是不是小于或等于材料的比例极限 σ_p。这是因为在临界压力计算公式中有 E 值，而 E 值只有当构件中的应力在不超过材料比例极限的条件下才是常数，才可以从手册中查取到它的数值。所以要想利用式（9-1）或式（9-2）计算某一圆筒的临界压力，除了需判定该圆筒属于长筒或短筒外，还必须事前知道该圆筒失稳时，器壁内的临界应力是否超过了材料的比例极限。如果该圆筒是在完全弹性状态下失稳，且失稳时筒壁内的临界应力 σ_{cr} 小于材料的比例极限 σ_p，则 E 值可以从手册查得，p_{cr} 自然可从式（9-1）或式（9-2）中求得。如果圆筒失稳时的 $\sigma_{cr} > \sigma_p$，这时材料的 E 值已不再是常数，无法从手册中查取到，自然也就无法利用式（9-1）和式（9-2）直接计算临界压力了，因此需先算 σ_{cr}。根据压力 p 与应力 σ 之间的关系，可知

长圆筒

$$\sigma_{cr} = \frac{p_{cr} D_o}{2\delta_e} = 1.1 E \left(\frac{\delta_e}{D_o} \right)^2 \tag{9-4}$$

短圆筒

$$\sigma_{cr} = \frac{p_{cr} D_o}{2\delta_e} = 1.3 E \frac{\left(\dfrac{\delta_e}{D_o} \right)^{1.5}}{\dfrac{L}{D_o}} \tag{9-5}$$

可见，临界应力计算式中仍有 E，所以上面提到的需要事先判定筒体是不是在纯弹性状态下失稳的问题，并不能通过计算临界应力值的办法来解决。那么可行的办法在哪里呢？

9.2.2 材料的 σ-ε 曲线（即 R-A 曲线）在稳定计算中的应用

图 9-6 是材料的 σ-ε 曲线的前半段（材料进入屈服状态前），曲线上 A 点所对应的应力是比例极限 σ_p，所对应的应变是 ε_p。当构件的应力值 $\sigma \leqslant \sigma_p$ 时，应力应变成正比，即

$$\frac{\sigma}{\varepsilon} = E = \tan\theta = 常数$$

当构件内的应力 $\sigma > \sigma_p$ 时，譬如在曲线的 K 点，这时的 σ 与 ε 的关系虽然仍可写成

$$\frac{\sigma}{\varepsilon} = \tan\theta' = E'$$

但是这里的 E' 是随着 K 点位置不同而有不同的值，即 E' 不再是常数，将 E' 称作广义的弹性模量。

当构件处于纯弹性变形时，利用虎克定律可以从应力求应变 $\left(\varepsilon = \dfrac{\sigma}{E} \right)$，也可以从应变求应力（$\sigma = E\varepsilon$）。但是当构件进入弹塑性状态（即超过曲线上 A 点以后）后，由于 E' 不再是常量，

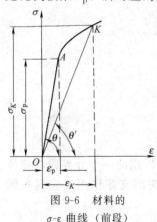

图 9-6 材料的
σ-ε 曲线（前段）

所以既不能利用 $\sigma = E'\varepsilon$ 式子从 σ 求 ε，也不能从 ε 求 σ。于是要问，如果构件进入弹塑性状态后，要想求 K 点对应的应力 σ_K 该怎么办呢？最方便的办法就是把 K 点所对应的应变 ε_K 找出来，然后利用该 σ-ε 曲线再把 σ_K 找出来。

现在遇到的问题是要找出外压容器失稳时的临界应力 σ_{cr}，虽然有前边推导出来式（9-4）和式（9-5），但是由于不清楚圆筒失稳时是不是处于完全的弹性状态，所以无法直接从这两个公式计算 σ_{cr}。怎么办呢？可以求助于材料的 σ-ε 曲线，但条件是必须知道容器失稳时的临界应变 ε_{cr}。

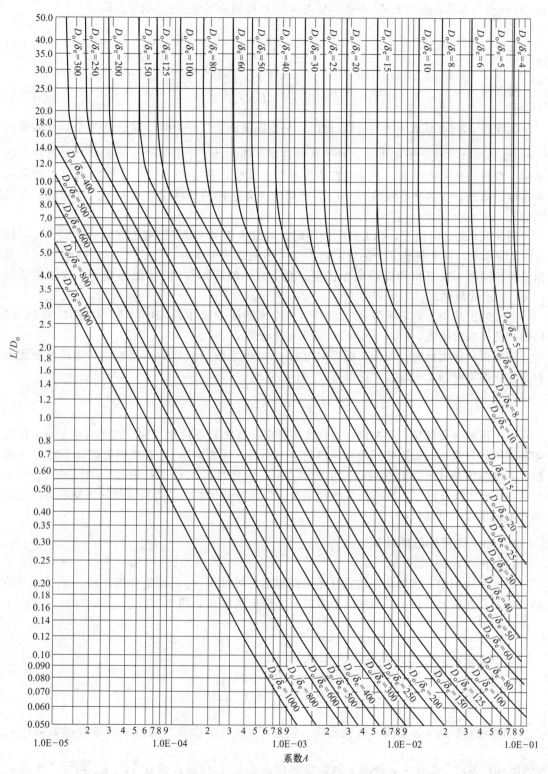

图 9-7 $A = f\left(\dfrac{D_{\mathrm{o}}}{\delta_{\mathrm{e}}}, \dfrac{L}{D_{\mathrm{o}}}\right)$ 曲线（用于所有材料）［系数 A 实际上就是式（9-6）、式（9-7）中的 $\varepsilon_{\mathrm{cr}}$］

根据 $\varepsilon = \dfrac{\sigma}{E}$ 的关系，不难从式（9-4）和式（9-5）得到临界应变 ε_{cr} 的计算式

长圆筒
$$\varepsilon_{cr} = 1.1 \left(\frac{\delta_e}{D_o} \right)^2 \tag{9-6}$$

短圆筒
$$\varepsilon_{cr} = 1.3 \frac{(\delta_e / D_o)^{1.5}}{L / D_o} \tag{9-7}$$

比较式（9-6）和式（9-7）可以看出，只要圆筒的 δ_e、D_o 和 L 以 $\dfrac{L}{D_o}$ 为纵坐标（数值从 0.05 到 50.0），以 ε_{cr} 为横坐标，对于各种只要是确定的 δ_e、D_o 和 L 的圆筒都可以在上述坐标上得到一条上边竖直，下边向右下方倾斜的曲线，每一个 D_o / δ_e 的圆筒都可以得到一条这样的曲线，将多种不同的 D_o / δ_e 的圆筒的多条这样的曲线组合在同一张坐标内，就是图 9-7。

图 9-7 上的这组曲线，当 L / D_o 较小时，对每一条曲线都是随着 L / D_o 的增加，ε_{cr}（即 A）是减小的，完全符合式（9-7），当 L / D_o 增加到某个值时，用式（9-7）和式（9-6）算出的值相同时，就是该圆筒的临界长度，当 L / D_o 继续增加时 ε_{cr} 就不变了，这正反映式（9-6）揭示的规律。

为了减少从图上查取系数 A 的麻烦，在书末的附录 E 中，GB/T 150.3—2011 将图 9-7 的曲线转换成数据表，所需 A 值可以从表 E-1 查取。

当取得筒体失稳时，筒壁上的环向应变 ε_{cr}（即系数 A）以后，就可以利用圆筒所用材料在工作温度时的 σ-ε 曲线，找出与 ε_{cr} 对应的 σ_{cr}。

根据
$$p_{cr} = 2 \frac{\delta_e}{D_o} \sigma_{cr} \tag{b}$$

从上面的分析可见，材料的 σ-ε 曲线在稳定计算中是不可缺少的。这里提到的 σ-ε 曲线需要利用的只是比例极限到屈服极限以前这一小段，因为如果 σ_{cr} 在比例极限以下时 E 为常数，不同温度条件下的 E 值可以从手册中查取，只是当 $\sigma_p < \sigma_{cr} < \sigma_s$ 时与 ε_{cr} 对应的 σ_{cr} 才需要通过 σ-ε 曲线查取。它既可以帮助判定圆筒失稳时的状态，又可对非弹性失稳临界应力值的查取提供唯一可靠依据。

9.2.3 许用外压的计算

（1）B-A 曲线

在实际应用中，需要确定的往往不是圆筒的临界外压 p_{cr}，而是许用外压 $[p]$。由于许用外压只是在临界外压 p_{cr} 的基础上除以一个稳定系数 m，即

$$[p] = \frac{p_{cr}}{m} = \frac{2}{m} \sigma_{cr} \frac{\delta_e}{D_o} \tag{c}$$

对于外压容器 $m = 3$，于是

$$[p] = \frac{p_{cr}}{3} = \frac{2}{3} \sigma_{cr} \frac{\delta_e}{D_o}$$

如果将材料的 σ-ε 曲线，改换成同一温度下的 $\dfrac{2}{3} \sigma$-ε 曲线，曲线中的横坐标如果用 ε_{cr}（即用 A）表示，那么 σ-ε 曲线上的纵坐标应该是 σ_{cr}，现需要的是 $\dfrac{2}{3} \sigma_{cr}$-ε_{cr} 曲线，既然 ε_{cr} 称为 A，那么就把 $\dfrac{2}{3} \sigma_{cr}$ 称为 B，于是材料的 σ-ε 曲线可直接用作 σ_{cr}-ε_{cr} 曲线求 p_{cr}，也可以

把 $\sigma\text{-}\varepsilon$ 曲线改造成 $\frac{2}{3}\sigma_{cr}\text{-}\varepsilon_{cr}$ 曲线，并称它为 $B\text{-}A$ 曲线。

于是
$$[p]=\frac{2}{3}\sigma_{cr}\frac{\delta_e}{D_o}=B\frac{\delta_e}{D_o} \tag{9-8}$$

不同材料有不同的 $\sigma\text{-}\varepsilon$ 曲线，所以也有不同的 $\frac{2}{3}\sigma_{cr}\text{-}\varepsilon_{cr}$，即 $B\text{-}A$ 曲线，同一种材料，在不同的温度条件下得到的拉伸试验 $\sigma\text{-}\varepsilon$ 曲线不同，所以同一材料的 $B\text{-}A$ 曲线也是成组（多根）出现的，每一根代表不同的某一温度。

2011 版的 GB/T 150 在其第 3 部分共给出了 10 张 $B\text{-}A$ 曲线，即图 9-8～图 9-17。

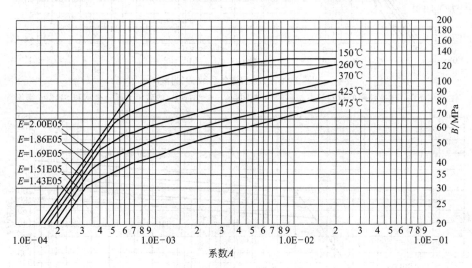

图 9-8　外压应力系数 B 曲线

注：用于屈服强度 R_{eL}＜207MPa 的碳素钢和 S11348 钢等

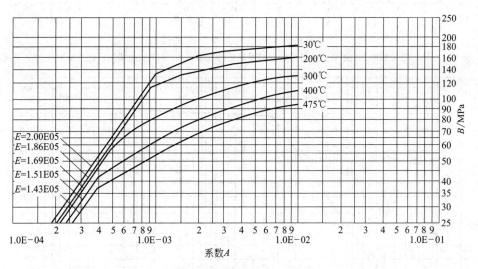

图 9-9　外压应力系数 B 曲线

注：用于 Q345R 钢

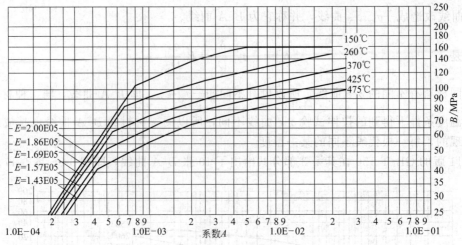

图 9-10　外压应力系数 B 曲线

注：用于除图 9-9 注明的材料外，材料的屈服强度 $R_{eL}>207$MPa 的碳钢、低合金钢和 S11306 钢等

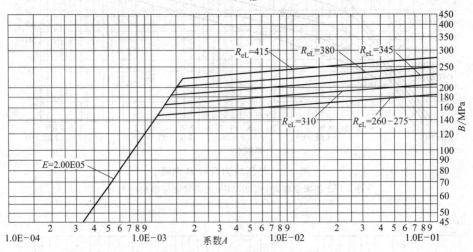

图 9-11　外压应力系数 B 曲线

注：用于除图 9-9 注明的材料外，材料的屈服强度 $R_{eL}>260$MPa 的碳钢、低合金钢等

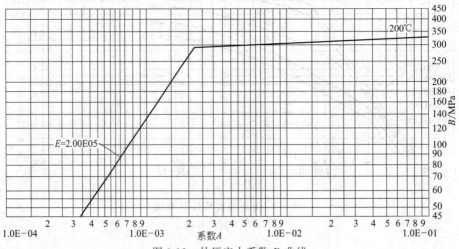

图 9-12　外压应力系数 B 曲线

注：用于 07MnMoVR 钢等

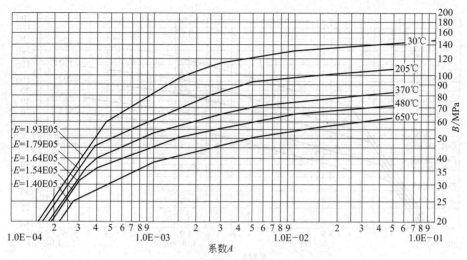

图 9-13　外压应力系数 B 曲线

注：用于 S30408 钢等

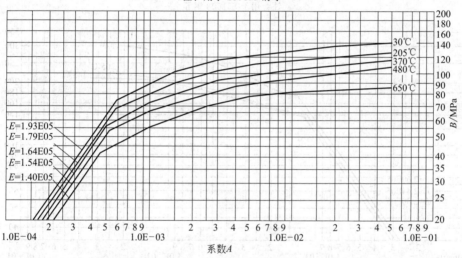

图 9-14　外压应力系数 B 曲线

注：用于 S31608 钢等

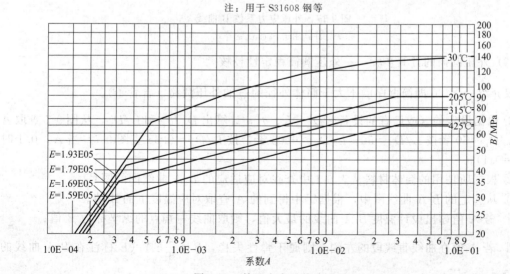

图 9-15　外压应力系数 B 曲线

注：用于 S30403 钢等

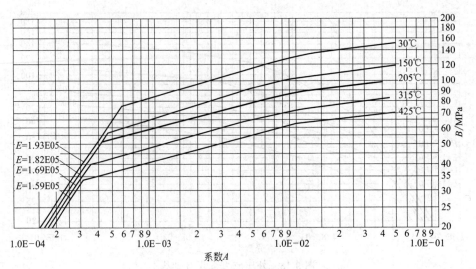

图 9-16　外压应力系数 B 曲线

注：用于 S31603 钢等

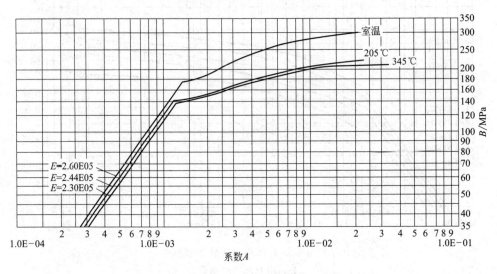

图 9-17　外压应力系数 B 曲线

注：用于 S21953 钢等

（2）外压圆筒的计算步骤——外压圆筒稳定性校核

仅介绍 $\dfrac{D_o}{\delta_e} \geqslant 20$ 即筒壁厚度不大于筒体外径的 $\dfrac{1}{20}$ 的外压圆筒（含管子）。

① 根据设定的（或已有的设备）D_o、L、δ_e，计算出 D_o/δ_e 和 L/D_o，从图 9-7 查取 A 值（$L/D_o > 50$ 者按 $L/D_o = 50$，$L/D_o < 0.05$ 者，按 $L/D_o = 0.05$ 查图 9-7，当 $A > 0.1$ 时取 $A = 0.1$）。

② 根据所使用的筒体材料从表 9-1 中查找对应适应的 B-A 曲线图的图号。

③ 从选定的 B-A 曲线图中，根据①中得到的 A 查取对应温度下的 B 值。

ⅰ. 若 A 值超出设计温度 B-A 曲线的最大值，则取曲线右端点的纵坐标为 B 值；

ⅱ. 若 A 值在曲线直线段的左侧，则属于弹性失稳，$B = \dfrac{2}{3}EA$（E 标注在 B-A 曲线的直线段）。

216

④ 按式（9-8）$[p] = B\dfrac{\delta_e}{D_o}$计算 $[p]$，计算得到的 $[p]$ 应大于或等于 p_c 否则应调整设计参数重复上述计算直到满足 $[p] \geqslant p_c$ 为止。

表 9-1　外压应力系数 B 曲线图选用表

序号	钢号	$R_{eL}(R_{p0.2})$/MPa	设计温度范围/℃	适用 B 曲线图
1	10	205	≤475	图 9-8
2	20	245	≤475	图 9-10
3	Q245R	245	≤475	图 9-10
4	Q345R	345	≤475	图 9-9
5	Q370R	370	≤450 150～350	图 9-11 图 9-10
6	12CrMo	205	≤475	图 9-8
7	12Cr1MoVG 12Cr1MoVR	225	≤475	图 9-10
8	15CrMo	235	≤475	图 9-10
9	15CrMoR	295	≤150 150～400	图 9-11 图 9-10
10	1Cr5Mo	195	≤475	图 9-8
11	09MnD	270	≤150	图 9-11
12	09MnNiD	280	≤150	图 9-11
13	08Cr2AlMo	250	≤300	图 9-10
14	09CrCuSb	245	≤200	图 9-10
15	18MnMoNbR	390	≤150 150～475	图 9-11 图 9-10
16	13MnNiMoR	390	≤150 150～400	图 9-11 图 9-10
17	14Cr1MoR	300	≤150 150～475	图 9-11 图 9-10
18	12Cr2Mo1	280	≤150 150～475	图 9-11 图 9-10
19	12Cr2Mo1R	310	≤150 150～475	图 9-11 图 9-10
20	12Cr2Mo1VR	415	≤150 150～475	图 9-11 图 9-10
21	16MnDR	315	≤150 150～350	图 9-11 图 9-10
22	15MnNiDR	325	≤150 150～200	图 9-11 图 9-10
23	15MnNiNbD	370	≤150 150～200	图 9-11 图 9-10
24	09MnNiDR	300	≤150 150～350	图 9-11 图 9-10
25	08Ni3DR	320	≤100	图 9-11
26	06Ni9DR	575	≤100	图 9-12
27	07MnMoVR	490	≤200	图 9-12
28	07MnNiVDR	490	≤200	图 9-12
29	12MnNiVR	490	≤200	图 9-12
30	07MnNiMoDR	490	≤200	图 9-12
31	S11348	170	≤400	图 9-8
32	S11306	205	≤400	图 9-10
33	S11972	275	≤350	图 9-10

序号	钢号	$R_{eL}(R_{p0.2})$/MPa	设计温度范围/℃	适用 B 曲线图
34	S30403 022Cr19Ni10	180	≤425	图 9-15
35	S30408 06Cr19Ni10	205	≤650	图 9-13
36	S30409 07Cr19Ni10	205	≤650	图 9-13
37	S31608 06Cr17Ni12Mo2	205	≤650	图 9-14
38	S31603 022Cr17Ni12Mo2	180	≤425	图 9-16
39	S31668 06Cr17Ni12Mo2Ti	205	≤450	图 9-14
40	S31008 06Cr25Ni20	205	≤650	图 9-14
41	S31708 06Cr19Ni13Mo3	205	≤650	图 9-14
42	S31703 022Cr19Ni13Mo3	205	≤425	图 9-16
43	S32168 06Cr18Ni11Ti	205	≤650	图 9-16
44	S39042	220	≤650	图 9-14
45	S21953	440	≤300	图 9-17
46	S22253	450	≤300	图 9-17
47	S22053	450	≤300	图 9-17
48	S25073	550	≤300	图 9-17
49	12Cr18Ni9	205	≤650	图 9-13

例题 9-1　今需制作一台分馏塔，塔的内径为 200cm，塔身（包括两端椭圆形封头的直边）长度为 600cm，封头（不包括直边）深度为 50cm（图 9-18）。分馏塔在 250℃ 及真空条件下操作。现库存有 9mm 厚的 Q245R 钢板。问能否用这种钢板来制造这台设备。

解　塔的计算长度 L

$$L = 600 + 2 \times \frac{1}{3} \times 50 = 634 \text{（cm）}$$

钢板的负偏差是 0.3mm。钢板的腐蚀裕量取 1.5mm。于是不包括壁厚附加量的塔体钢板厚度应为 7.2mm。为了计算简便，有效厚度 δ_e 按 7mm 计算。根据圆筒尺寸可算出

$$\frac{L}{D_o} = \frac{634}{200 + 1.4} = 3.15$$

$$\frac{D_o}{\delta_e} = \frac{201.4}{0.7} = 287$$

查图 9-7 得　　　　　　　$A = 0.000082$

Q245R 钢板的 $\sigma_s = 245$MPa，根据表 9-1 可查图 9-10 所示的 B-A 曲线，由图 9-10 可见，A 值所在点位于曲线左边，故直接用下面公式计算 $[p]$

$$[p] = \frac{2}{3} EA \frac{\delta_e}{D_o}$$

Q245R 钢板 250℃ 时的 $E = 1.86 \times 10^5$MPa，从而

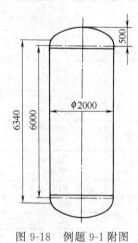

图 9-18　例题 9-1 附图

$$[p] = \frac{2}{3} \times 1.86 \times 10^5 \times 0.000082 \times \frac{1}{287} = 0.035 \text{ (MPa)}$$

可见 $[p] < 0.1\text{MPa}$，所以 9mm 厚的钢板不能用。

根据式（9-2），可知筒体长度 L 与失稳时的临界压力之间的定量关系是

$$L = \frac{2.6ED_o \left(\frac{\delta_e}{D_o}\right)^{2.5}}{p_{cr}} = \frac{2.6ED_o \left(\frac{\delta_e}{D_o}\right)^{2.5}}{mp}$$

该式说明：在设计外压 p 不变的条件下，只要缩短筒体长度就可以减小 δ_e 值。根据题意，要求用 9mm 厚钢板制造承受 0.1MPa 外压的塔体。要达到这个目的，只有缩短筒体长度，即将以下值代入上式

$$\delta_e = 9 - 0.3 - 1.5 = 7.2 \text{ (mm)}$$
$$D_o = 2000 + 2 \times 7.2 = 2014 \text{ (mm)}$$
$$m = 3$$
$$p = 0.1\text{MPa}$$
$$E = 1.86 \times 10^5 \text{MPa}$$

则得

$$L = \frac{2.6 \times 1.86 \times 10^5 \times 2014 \times \left(\frac{7.2}{2014}\right)^{2.5}}{3 \times 0.1} = 2480 \text{ (mm)}$$

这说明，只要将筒体外边安装两个加强圈，加强圈的间距可确定为 $\frac{6340}{3} = 2113$（mm）。即使取 $L = 2200\text{m}$，可算出加上加强圈后该圆筒的许可外压力 $[p] = 0.108\text{MPa}$。

9.3 封头的稳定计算

9.3.1 外压球壳与凸形封头的稳定计算

承受外压的凸形封头，其稳定计算是以外压球壳的稳定计算为基础的。所以先讨论外压球壳，再介绍凸形封头的稳定计算。

9.3.1.1 外压球壳

（1）外压球壳的临界压力、临界应力、临界应变、许用外压

临界压力

$$p_{crs} = \frac{2E}{\sqrt{3(1-\mu^2)}} \left(\frac{\delta_e}{R}\right)^2 = 1.21E \left(\frac{\delta_e}{R}\right)^2 \tag{9-9}$$

临界应力

$$\sigma_{crs} = \frac{p_{crs}R}{2\delta_e} = 0.605E \frac{\delta_e}{R} \tag{9-10}$$

临界应变

$$\varepsilon_{crs} = \frac{\sigma_{crs}}{E} = 0.605 \frac{\delta_e}{R} \tag{9-11}$$

许用压力

$$[p] = \frac{p_{crs}}{m_s} = \frac{2}{m_s}\sigma_{crs} \times \frac{\delta_e}{R} = \frac{2}{m_s}E\varepsilon_{crs}\frac{\delta_e}{R} \tag{9-12}$$

若令

$$B_s = \frac{2}{m_s}\sigma_{crs} = \frac{2}{m_s}E\varepsilon_{crs} \tag{9-13}$$

则得

$$[p] = B_s\frac{\delta_e}{R} \tag{9-14}$$

如果令 $A = \varepsilon_{crs} = 0.605\dfrac{\delta_e}{R}$，并取 $m_s = 3$，则可完全按照圆筒稳定计算的方法和步骤求出球壳的许可外压 $[p]$，不过这个许可外压 $[p]$ 是按照稳定系数等于 3 算出的。

但是，我国国家标准规定，球壳的稳定系数 $m_s = 14.52$，是圆筒的稳定系数 $m = 3$ 的 4.84 倍。这时如果仍然令 $A = \varepsilon_{crs}$，并仍然用 B-A 曲线$\left(\text{实际就是}\dfrac{2}{3}\sigma\text{-}\varepsilon \text{ 曲线}\right)$从 A 查取 B，那么查得的 $B = \dfrac{2}{m}\sigma_{cr} = \dfrac{2}{3}\sigma_{cr}$，而不是要求的 $B_s = \dfrac{2}{m_s}\sigma_{crs} = \dfrac{2}{14.52}\sigma_{crs}$。由此求得的许可压力 $[p]$ 是 $\dfrac{2}{3}\sigma_{crs}\dfrac{\delta_e}{R}$，而不是要求的 $\dfrac{2}{m_s}\sigma_{crs} \times \dfrac{\delta_e}{R} = \dfrac{2}{14.52}\sigma_{crs} \times \dfrac{\delta_e}{R}$。为了使稳定系数取 14.52，同时又要利用 B-A 曲线，可以采取按比例减小 A 值的办法来实现减小查得的 B 值的目的。因为令 $A = \varepsilon_{cr}$ 时，查 B-A 曲线得到的 B 是 $\dfrac{2}{3}\sigma_{cr}$，所以要使查得的 B 减小为 $\dfrac{2}{14.52}\sigma_{cr}$ 的话，A 值应减小多少呢？如果近似地按正比例减小，则 A 应取

$$A = \frac{1}{4.84}\varepsilon_{crs} = \frac{0.605}{4.84}\frac{\delta_e}{R} = 0.125\frac{\delta_e}{R} \tag{9-15}$$

解决了由于球壳稳定系数变大，但仍然要使用 B-A 曲线所出现的上述矛盾后，球壳许可外压的计算，从方法和步骤来说，与外压圆筒就没有两样了。

(2) 外压球壳的稳定计算步骤

ⅰ.若是进行容器设计，可先假设 δ_n；若是校核在用容器，应实测出器壁厚度 δ_c。然后根据 $\delta_e = \delta_n - C_1 - C_2$ 或 $\delta_e = \delta_c - n\lambda$，求出 δ_e，定出 $\dfrac{\delta_e}{R}$ 值。

ⅱ.用式（9-15）算出 A。

ⅲ.根据球壳材料，选出相应的 B-A 曲线（图 9-8～图 9-17），查出 A 值所在点位置。

① 若 A 值落在曲线左侧，说明该球壳失稳瞬间处于弹性状态，可根据图上的 E 值，直接按下式计算许可外压力 $[p]$

$$[p] = \frac{p_{cr}}{m_s} = \frac{1.21}{14.52}E\left(\frac{\delta_e}{R}\right)^2 = 0.0833E\left(\frac{\delta_e}{R}\right)^2 \tag{9-16}$$

② 若 A 值落在曲线右侧，则只能从 B-A 曲线上查取 B_s，然后按下式算 $[p]$

$$[p] = B_s\frac{\delta_e}{R}$$

ⅳ.将得到的 $[p]$ 与 p（设计压力或校核压力）进行比较，得出相应结论。

9.3.1.2 外压凸形封头

受外压的四种凸形封头，它们的稳定计算与上述的球壳相同。所需考虑的仅仅是如何确定计算中涉及的球壳半径 R，对于带折边的与不带折边的球形封头，均以球面半径代替上述计算中的球壳半径 R。对于标准椭圆形封头则取 $R = 0.9D_i$。

例题 9-2 确定上例题所给精馏塔标准椭圆形封头的壁厚，封头材料为 Q245R。

解 按例题 9-1 所给的条件，在没有加强圈的条件下可用 12mm 厚的钢板制造塔体。现若也用同样厚度的钢板冲压封头，则该封头的有效厚度应小于筒体的有效厚度，因为封头冲压必须考虑加工减薄量，从本题所给条件，可以取 2mm 的加工减薄量。即封头制造好以后的有效壁厚 $\delta_e = 12 - (0.3 + 1.5 + 2) = 8.2$mm。由于是标准椭圆形封头，可以取 $R = 0.9D_i = 0.9 \times 2000 = 1800$mm。于是

$$A = 0.125\frac{\delta_e}{R} = 0.125 \times \frac{8.2}{1800} = 0.00057$$

查图 9-10 得 $\qquad\qquad\qquad B_s = 70$MPa

M9-1

所以 $\qquad\qquad [p] = B_s\frac{\delta_e}{R} = 70 \times \frac{8.2}{1800} = 0.32$（MPa）

可见，$\delta_e = 8.2$mm 的标准椭圆形封头，$[p] = 0.32$MPa；$\delta_e = 12$mm 的圆柱形筒体，$[p] = 0.11$MPa（有兴趣者可以算一算），这说明椭圆形封头抗失稳的能力远远大于同直径、同厚度圆柱形筒体的抗失稳能力。根据上述计算结果，可以确定用 12mm 厚的钢板制造封头不但没有问题，而且该封头对于精馏塔的筒体还可以起支撑作用。更多例题见 M9-1。

9.3.2 外压带折边锥形封头的稳定计算[●]

承受外压的锥形封头（图 9-19），当半顶角 $\alpha \leqslant 60°$ 时，用"当量圆筒"进行计算。什么是"当量圆筒"呢？

ⅰ. 当量圆筒的直径就是封头大端直边段外直径 D_o。

ⅱ. 当量圆筒的当量长度用 L_c 表示

$$L_c = r\sin\alpha + \frac{L_x}{2}\left(1 + \frac{D_s}{D_L}\right) \qquad (9\text{-}17)$$

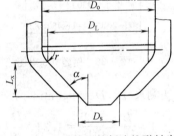

图 9-19 承受外压的折边锥形封头

其中的 $D_L = D_i\left[1 - 2\dfrac{r}{D_i}(1 - \cos\alpha)\right]$，$L_x = \dfrac{1}{2}(D_L - D_s)\cot\alpha$

ⅲ. 当量圆筒的当量厚度用 δ_c 表示

$$\delta_c = \delta_e\cos\alpha = (\delta_n - c_1 - c_2)\cos\alpha \qquad (9\text{-}18)$$

当将一个 $\alpha \leqslant 60°$ 的折边锥形封头的当量圆筒确定（D_o、L_c、δ_c）以后，就可以用与计算外压圆筒完全相同的方法来计算这个外压锥形封头了，其步骤如下：

ⅰ. 根据所假设的封头壁厚 δ_n，算出当量圆筒的当量厚度 δ_c；

ⅱ. 根据所设计封头的各有关尺寸算出当量圆筒的当量长度 L_c；

ⅲ. 根据算出的当量圆筒的 $\dfrac{L_c}{D_o}$ 和 $\dfrac{D_o}{\delta_c}$ 值，利用图 9-7 查取 A，这里的 $\dfrac{L_c}{D_o}$ 相当于图上的 $\dfrac{L}{D_o}$，而 $\dfrac{D_o}{\delta_c}$ 相当于图上的 $\dfrac{D_o}{\delta_e}$；

ⅳ～ⅴ 与外压圆筒完全一样，不再重复。

例题 9-3 图 9-20 示一夹套容器，容器的实测尺寸示于图上。内筒材料 022Cr19Ni10，夹套材料为 Q235B，焊缝为带封底焊的单面焊，局部探伤，介质对 Q235B 年腐蚀率为

---

❶ 外压带折边锥形封头的稳定计算还应包括封头与圆筒连接处的外压加强设计，详见 GB/T 150 中 7.2.5.3。

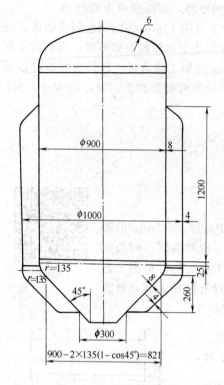

图 9-20 例题 9-3 附图

$900-2\times135(1-\cos45°)=821$

0.1mm/a。内筒上封头为标准椭圆形，工作温度 200℃。夹套内的工作温度为 230℃，计划使用 5 年，试确定该容器内筒及夹套的许可压力。

解 （1）内筒的许可压力

内筒的三个受压元件中，标准椭圆形封头壁厚比筒体薄 2mm，所以只需计算上、下封头的许可压力，取其中小的作为内筒的许可压力。

① 椭圆形封头　封头材料为 00Cr19Ni11，在 200℃时的许用应力 $[\sigma]^{200}=110MPa$，其他数据见题。

$$[p]=2\frac{\delta_e}{D_i+0.5\delta_e}[\sigma]^t\varphi=2\times\frac{6}{900+3}\times110\times0.85$$
$$=1.24\text{（MPa）}$$

② 锥形封头　当 $\alpha=45°$，$\frac{r}{D_i}=\frac{135}{900}=0.15$ 时，$f_0=1.29$

得　　$$[p]=\frac{2\delta_e}{f_0D_i+\delta_e}[\sigma]^t\varphi=2\times\frac{8}{1.29\times900}\times$$
$$110\times0.85=1.29\text{（MPa）}$$

（2）夹套内的许可压力

① 内筒体允许承受的外压　根据图 9-18 所注明的实测尺寸，$D_o=916mm$，$L=1200+25=1225$（mm），于是：

ⅰ．$\frac{L}{D_o}=\frac{1225}{916}=1.34$，$\frac{D_o}{\delta_e}=\frac{916}{8}=114.5$

ⅱ．查图 9-7，得 $A=0.00081$

ⅲ．查图 9-15，得 $B=48MPa$

ⅳ．$[p]=B\frac{\delta_e}{D_o}=\frac{48}{114.5}=0.42$（MPa）

② 内筒锥形封头允许承受的外压　根据图示尺寸及锥形封头稳定计算所需参数，可以求得当量圆筒的 δ_c 和 L_c

$$\delta_c=\delta_e\cos\alpha=8\times\cos45°=5.66\text{（mm）}$$

因为　$$D_L=D_i\left[1-2\frac{r}{D_i}(1-\cos\alpha)\right]=900\left[1-2\times\frac{135}{900}\times(1-\cos45°)\right]=821\text{（mm）}$$

所以　$$L_c=r\sin\alpha+\frac{L_x}{2}\left(1+\frac{D_s}{D_L}\right)=135\times\sin45°+\frac{260}{2}\times\left(1+\frac{300}{821}\right)=273\text{（m）}$$

于是：

ⅰ．$\frac{L_c}{D_o}=\frac{273}{916}=0.3$，$\frac{D_o}{\delta_c}=\frac{916}{5.66}=162$

ⅱ．查图 9-7，得 $A=0.0026$

ⅲ．查图 9-15，得 $B=58MPa$

ⅳ．$[p]=B\frac{\delta_c}{D_o}=\frac{58}{162}=0.36$（MPa）

夹套的筒体和封头均为 4mm，从强度考虑，筒体强度高于封头，所以只需计算封头的许可压力，计算中所需数据如下：

$\delta_e = 4 - 0.1 \times 5 = 3.5$（mm）

$f_0 = 1.29$（$\alpha = 45°$，$r/D_i = 0.15$）

$[\sigma]^t = 99\text{MPa}$

$\varphi = 0.85$

得

$$[p] = 2\frac{\delta_e}{f_0 D_i + \delta_e}[\sigma]^t \varphi = 2 \times \frac{3.5}{1.29 \times 1000 + 3.5} \times 99 \times 0.85 = 0.45 \text{（MPa）}$$

综合以上计算结果：内筒许可压力为 1.24MPa；夹套许可压力为 0.36MPa。

9.3.3 防止内压凸形封头失稳的规定

椭圆形封头和碟形封头在内压（凹面受压）作用下，其中间球面部分受到的是拉应力，而在其与筒体连接附近的过渡区部分产生的是压应力，当压应力达到一定值时，这两种内压封头都会在它们的过渡区产生经向折皱，这就是所谓内压失稳。

为了防止出现内压凸形封头的失稳，对内压凸形封头的最小厚度作了规定：对 $0.1D_i \leqslant$ 折边半径 $r < 0.17D_i$ 范围内的碟形封头，它们的有效厚度不得小于 $\frac{3}{1000}D_i$；对于标准椭圆形封头和折边半径 $= 0.17D_i$，球面半径 $R_{ci} = 0.9D_i$ 的碟形封头，其有效壁厚不得小于 $\frac{1.5}{1000}D_i$。

9.4 外压容器加强圈的计算

安装加强圈是提高外压容器承压能力的有效措施之一。在化工、轻工生产中接触到的外压容器有两类。一类是夹套容器，一类是没有夹套的真空容器。从承受的外压来说，夹套容器的内筒有可能承受较高的外压，而真空容器最大的设计外压只有 0.1MPa；但是夹套容器长度一般较短，虽然也有带加强圈的夹套容器，但不普遍。真空容器自然也有小尺寸的，但是大直径的真空塔却也不少见。这类塔器，虽然所受外压最大只有 0.1MPa，但是由于其直径较大，塔身很高，如果不安装加强圈，会使壁厚过大，所以对高大的减压操作的塔设备，应考虑装设加强圈。

受较高外压的容器，其加强圈计算涉及的问题多一点，本书不拟讨论。下面仅就 $\frac{\delta}{D} \geqslant \frac{1}{500}$，且 δ 不小于 3mm 的真空容器，介绍一种确定加强圈尺寸的简便方法。

装有加强圈的筒体，受外压作用时，作用在加强圈两侧各 $\frac{L}{2}$ 范围内筒体上的外压力（图 9-21）是由何物承担的呢？可以有以下三种考虑：

ⅰ.认为此压力由筒体与加强圈共同承担；

ⅱ.认为此压力是由部分筒体（图 9-22 中宽度为 $2b$ 的筒体有效段）与加强圈所组成的具有组合截面的刚性环来承担；

ⅲ.认为筒体完全没有承压能力，上述的作用在加强圈两侧 $\frac{L}{2}$ 范围内筒体上的压力完全由加强圈独自承担。

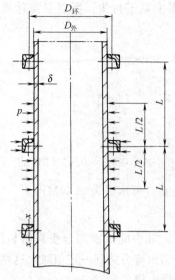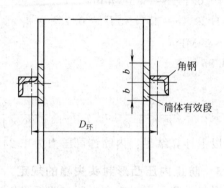

图 9-21　每个刚性圈所承受的载荷　　图 9-22　角钢与筒体有效段组成的刚性较大的圆环

一般做加强圈设计都不采用第一种考虑，也就是认为上述的压力是由一个刚性环来承担，这个刚性环的截面可以是筒体有效段与加强圈的组合截面，也可以仅仅认为是加强圈截面。

暂时先不考虑承受压力的刚性环具有什么样的截面，现在提出的问题是，要把一个圆环压失稳，那么需要多大的临界压力。

9.4.1　外压容器加强圈所需最小截面惯性矩的计算

理论分析可以推导出：圆环失稳时的临界载荷 $\overline{p}_{cr}$ 可按式（9-19）计算

$$\overline{p}_{cr} = \frac{24EI}{D_{环}^3} \tag{9-19}$$

式中　$\overline{p}_{cr}$——圆环失稳时，圆环单位弧长上的作用力，N/mm；

I——圆环截面对其与筒体轴线平行的形心轴的轴惯性矩，mm^4；

E——设计温度下圆环材料的弹性模量；

$D_{环}$——圆环形心圆直径，可以近似认为等于筒体的外径 D_o。

作用在筒体上的压力 p（令 $p = p_c$）与作用在圆环单位弧长上的载荷 $\overline{p}$ 之间的关系是

$$\overline{p} = pL$$

失稳时

$$\overline{p}_{cr} = p_{cr}L$$

于是有

$$p_{cr}L = \frac{24EI}{D_o^3}$$

解出 I

$$I = \frac{p_{cr}LD_o^3}{24E}$$

因 $p_{cr} = mp = 3p_c$，再计入超载系数 1.1，上述便可写成

$$I = \frac{1.1 \times 3 p_c L D_o^3}{24E} = \frac{p_c L D_o^3}{7.27E} \qquad (9\text{-}20)$$

式中　L——加强圈间距，mm；

　　　D_o——筒体外径，mm；

　　　E——设计温度下（限 420℃ 以下）的弹性模量，MPa。

式中 I 的含意是：为使在设计外压 p（$p = p_c$）的作用下圆环不失稳，该圆环截面所必须具有的最小轴惯性矩。故可用 I_{min} 表示。

要想用式（9-20）计算 I，必须知道材料的 E 值，而材料的 E 值只有证明圆环连同筒体是在纯弹性状态下失稳时，才能使用从手册中查得的数据。

可以证明在真空条件下，只要筒体的 $\delta \geq \frac{2}{1000} D$，且不小于 3mm，也就是不小于容器筒体的最小壁厚，那么该容器加强圈或加强圈与筒体有效段所组成的圆环所需的 I 值，可以直接用式（9-20）计算，式中的 E 值从手册中查取。

为了证明上述结论，可在式（9-20）的分子、分母同时乘以筒体有效厚度 δ_e [1]，于是该式可写成

$$I = \frac{1.1 \times 3 p_c D_o L D_o^2 \delta_e}{12 \times 2 E \delta_e}$$

式中的

$$\frac{3 p_c D_o}{2\delta_e} = \frac{p_{cr} D_o}{2\delta_e} = \sigma_{cr}$$

又

$$\sigma_{cr}/E = \varepsilon_{cr} = A$$

于是得

$$I = \frac{L D_o^2 \delta_e A}{12/1.1} = \frac{L D_o^2 \delta_e A}{10.9} \qquad (9\text{-}21)$$

式（9-21）实际上就是式（9-20）。将式（9-20）转换成式（9-21）的目的在于为利用 B-A 曲线创造条件。因为根据已知的设计条件 p_c、D_o、δ_e，可以按下式求出 B

$$B = \frac{p_c D_o}{\delta_e}$$

有了 B 便可以利用 B-A 曲线查看 B 点是否位于 B-A 曲线的直线段。如果 B 点位于直线段那么就可以直接用式（9-20）计算 I。

要使按 $B = \frac{p_c D_o}{\delta_e}$ 算出之 B 值落在 B-A 曲线的直线段上，就必须满足

---

[1] 在这里，本书编者作了与 GB/T 150 不同的处理，在 GB/T 150 中式（9-20）分子、分母同乘的是 $\left(\delta_e + \frac{A_s}{L}\right)$，这里的 $\frac{A_s}{L}$ 是将预先假设的加强圈横截面尺寸 A_s 沿长度为 L 的筒体转化成筒体附加厚度了，即将筒体的厚度不再看成是 δ_e，而是 $\delta_e + \frac{A_s}{L}$。本书编者为了不事先假设加强圈尺寸，所以分子、分母同时乘以的只是 δ_e。这样一来在下面的 B 值计算式中也会出现差别。按 GB/T 150 规定 $B = \frac{p_c D_o}{\delta_e + A_s/L}$，按编者的处理 $B' = \frac{p_c D_o}{\delta_e}$。显然 B' 总是大于 B。但是，请注意，我们求取 B 值的目的是为了判定 B 点究竟是不是落在 B-A 曲线的直线段上，如果是，则说明 E 是常量，可以用式（9-20）求取 I 值，如果不是，则不能用式（9-20）求取 I 值。既然是这样，由于 B' 总是稍大于 B，如果 $B' < B_{max}$，那么 B 必然也小于 B_{max}，所以如果仅仅是为了判定 B 点是不是在 B-A 曲线的直线段，那么用 δ_e 来代替 $\delta_e + \frac{A_s}{L}$ 不但是可以的，而且是简便的。

$$\frac{p_c D_o}{\delta_e} \leqslant B_{max} \tag{9-22}$$

对于 $\sigma_s > 207$MPa 的碳素钢来说，从图 9-10 可以查得在不同温度下，$B\text{-}A$ 曲线直线段的 B_{max} 值（表 9-2）。

表 9-2　$B\text{-}A$ 曲线直线段的 B_{max}

温度/℃	≤150	260	370	425	480
B_{max}	110	83	63	52	42

从表 9-2 中所列的 B_{max} 值可见，假设真空设备的设计压力为 0.1MPa，设计温度即使高达 425℃，只要该设备的 $\frac{D_o}{\delta_e}$ 不大于 520（相当于 $\delta_e = \frac{1.92}{1000}D_o$，这一厚度还达不到最小壁厚），式（9-22）的要求即可满足，也就是说，对于真空容器，只要其有效厚度 δ_e 不小于 $\frac{1.92}{1000}D_o$，容器加强圈的 I_{min} 便可直接采用式（9-20）计算。

至此证明了：对于承受 $p \leqslant 0.1$MPa 的外压容器来说，作用在筒长为 L，外径为 D_o 的筒体外表面的总压力，如果让一个截面惯性矩为 I 的圆环承受，那么若要保证这个圆环不失稳（安全系数取 3），这个圆环所必须具有的最小截面惯性矩 I_{min} 应按式（9-20）计算，即

$$I_{min} = \frac{p_c L D_o^3}{7.27E}$$

式中 E 值可按温度从图 9-9 查得。

应该说明：虽然对于承受外压小于等于 0.1MPa 的真空容器来说，其加强圈所需最小截面惯性矩的计算，表面上看与 GB/T 150 不同，既没有事先假设加强圈尺寸，也没有查阅 $B\text{-}A$ 曲线的步骤，但这并不表明它没有使用 $B\text{-}A$ 曲线，因为离开了 $B\text{-}A$ 曲线（即表 9-2 所提供的数据）是得不出用式（9-20）计算 I_{min} 的结论的。

9.4.2　外压容器加强圈实际提供的截面惯性矩的计算

上述算出的 I_{min} 是为保证一台真空容器，在所规定的 D_o 和 L 条件下，确保安全工作所需要的"加强圈"的最小截面惯性矩。把加强圈用""号括起来是要说明，这个加强圈不仅仅是指角钢或扁钢，而是如图 9-22 所示的一个由角钢（或其他型钢）与筒体有效段组成的、具有复合截面的刚性较大的圆环，这个复合截面所能够提供的惯性矩就是我们需要计算的。若用 I_x 表示复合截面对其中性轴（$x\text{-}x$）的惯性矩（图 9-20），那么必须满足的条件是

$$I_x \geqslant I_{min} \tag{9-23}$$

因为 I_{min} 已经用式（9-20）算得了，下面的问题是如何在设定型钢型号和尺寸的基础上计算 I_x。

假设选用角钢制作加强圈，那么角钢在筒体上的安装有图 9-23 所示的两种方式。不同的安装方式形成不同的组合截面，从梁的合理截面要求（4.3 节）来看，显然图 9-23（b）所示是不可取的。

如何计算组合截面对其中性轴的惯性矩呢？

以图 9-23 为例，计算这个组合截面对其中性轴的惯性矩一般要分两步进行。

第一步是确定组合截面中性轴的位置，也就是寻找组合截面的形心。构成这个组合截面

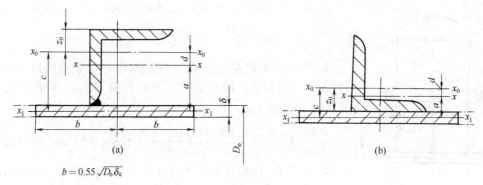

$$b = 0.55\sqrt{D_0 \delta_e}$$

图 9-23 用角钢作加强圈时的两种不同安装方式

的角钢截面和矩形截面的各种几何量，包括它们各自的形心位置都是已知的，现在的问题是如何从这些已知的几何尺寸中把组合截面的形心找到。在图 9-24 中设 x_0 和 x_1 两根轴分别是角钢截面与矩形截面的中性轴，而 x 轴是待确定其位置的组合截面中性轴，再用 A_0 和 A_1 分别表示角钢截面与矩形截面的面积，同时把角钢截面与矩形截面看成是均质等厚（厚度为 S）的薄板，则这两块薄板各自的质心和两个截面各自的形心必分别重合，而两块薄板总的质心也必与组合截面的形心重合。于是有

$$A_0 S\rho c = (A_0 + A_1)S\rho a$$

得
$$a = \frac{A_0 c}{A_0 + A_1} \tag{9-24}$$

式中，A_0、A_1、c 均为已知量，所以用此式便可确定组合截面中性轴的位置。

第二步是计算组合截面对其中性轴 x 的惯性矩 I_x。图 9-24 所示的组合截面是由两个截面构成的，所以该组合截面对 x 轴的惯性矩 I_x 应等于角钢截面对 x 轴的惯性矩 $(I_x)_A$ 与矩形截面对 x 轴的惯性矩 $(I_x)_R$ 之和，即

$$I_x = (I_x)_A + (I_x)_R \tag{9-25}$$

但是已知角钢截面对其中性轴 x_0 轴的惯性矩 I_{x0}，而不知该截面对 x 轴的惯性矩 $(I_x)_A$，同样对矩形截面也是只知 I_{x1} 而不知 $(I_x)_R$。于是需知同一截面对两个相互平行的轴的惯性矩之间存在什么关系，这就是惯性矩的平行移轴定理所要回答的问题。

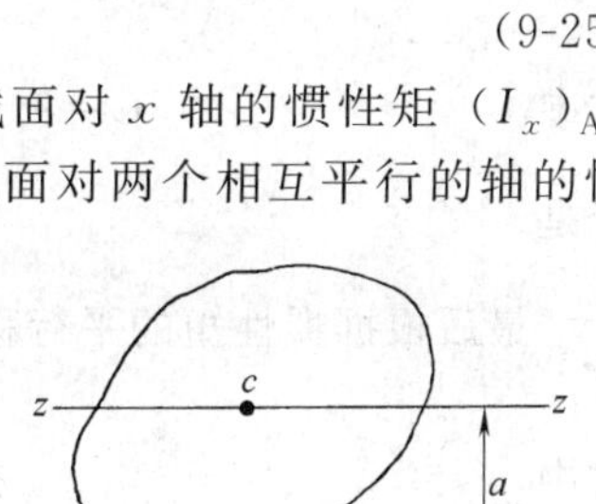

设有一面积为 A 的任意截面，另有两根相互平行相距为 a 的轴 z 和轴 z_1，若轴 z 过该截面的形心 c（图 9-24），而且该截面对 z 轴的惯性矩 I_z 为已知，那么，该截面对 z_1 轴的惯性矩 I_{z1} 可按式（9-26）计算

图 9-24 I_z 与 I_{z1} 的关系

$$I_{z1} = I_z + a^2 A \tag{9-26}$$

此即惯性矩平行移轴定理。利用这个公式就不难从已知角钢的 I_{x0} 去求取角钢的 $(I_x)_A$，也不难从已知矩形截面的 I_{x1} 去求取它的 $(I_x)_R$。

利用惯性矩的平移定理便可以很方便地把角钢的 I_{x0} 转换成 $(I_x)_A$，把矩形截面的 I_{x1} 转换成 $(I_x)_R$，这样组合截面对其中性轴 x 轴的惯性矩 I_x 也就可从式（9-25）求得了。

例题 9-4 根据例题 9-1 可知直径为 2000mm 的真空塔，若用 9mm 厚的钢板制造，必须安装加强圈，加强圈的间距 $L_1 = 2100$mm，加强圈与相邻的椭圆形封头曲面深度⅓处的距离 $L_2 = 2120$mm，现决定选用热轧等边角钢制作加强圈，试确定加强圈所需尺寸（见图 9-25）。

解 首先判定 B 是否在 B-A 曲线的直线段

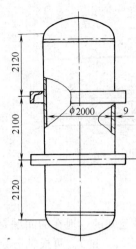

图 9-25 例题 9-4 附图

由 $p_c = 0.1\text{MPa}$，$\delta_e = 9 - 1.8 = 7.2\text{mm}$，$D_o = 2014.4\text{mm}$

得

$$B = \frac{p_c D_o}{\delta_e} = \frac{0.1 \times 2014.4}{7.2} = 28 \ (\text{MPa})$$

查图 9-10 可以发现 B 点（即 28MPa）位于直线段（$B_{max} = 83\text{MPa}$），所以可直接用式（9-20）计算 I_{min}，将 $E = 1.86 \times 10^5 \text{MPa}$ 代入该式得

$$I_{min} = \frac{p_c L D_o^3}{7.27E} = \frac{0.1 \times 2120 \times (2014.4)^3}{7.27 \times 1.86 \times 10^5} = 128 \times 10^4 \ (\text{mm}^4) = 128 \ (\text{cm}^4)$$

取 L_1、L_2 中的最大值作为计算长度 L，即 $L = 2120\text{mm}$。

其次便是要确定角钢尺寸并计算组合截面的惯性矩 I_x。因为 $I_{min} = 128\text{cm}^4$，只要角钢与宽度为 $2b$ 的壳壁所组成的组合截面的 $I_x > I_{min}$ 即可，所以角钢自身的 I_{x0} 可以选得比 I_{min} 小。现初选 90mm×90mm×8mm 的 9 号等边角钢进行组合截面 I_x 的计算如下。

9 号等边角钢（90×90×8）的 $I_{x0} = 106.47\text{cm}^4$，$Z_0 = 2.52\text{cm}$，$A_0 = 13.944\text{cm}^2$

筒体有效段的宽度

$$2b = 2 \times 0.55 \sqrt{D_o \delta_e}$$
$$= 2 \times 0.55 \sqrt{201.4 \times 0.72} = 13.24 \ (\text{cm})$$

于是，截面面积

$$A_1 = 2b\delta_e = 13.24 \times 0.72 = 9.53 \ (\text{cm}^2)$$

惯性矩

$$I_{x1} = \frac{2b\delta_e^2}{12} = \frac{13.24 \times (0.72)^3}{12} = 0.386 \ (\text{cm}^4)$$

下面来确定组合截面形心轴 x-x 的位置。若加强圈按图 9-20（a）所示方式安装时，根据式（9-23）

$$a = \frac{A_0 C}{A_0 + A_1}$$

式中

$$C = 9 - Z_0 + \delta_e/2 = 9 - 2.52 + 0.36 = 6.84 \ (\text{cm})$$

于是

$$a = \frac{13.944 \times 6.84}{13.944 + 9.53} = 4.06 \ (\text{cm})$$

最后根据惯性矩的平行移轴定理式（9-25）和组合截面惯性矩计算公式（9-24）得

$$I_x = I_{x0} + A_0 \times d^2 + I_{x1} + A_1 \times a^2$$

式中

$$d = c - a = 6.84 - 4.06 = 2.78 \ (\text{cm})$$

于是

$$I_x = 106.47 + 13.944 \times (2.78)^2 + 0.386 + 9.53 \times (4.06)^2$$
$$= 106.47 + 107.76 + 0.386 + 157 = 371.6 \ (\text{cm}^4)$$

可见，按图 9-23（a）安装加强圈时，所得组合截面的惯性矩 $I_x = 371.6\text{cm}^4$，这一数值远远大于所需要的 I（$I = 128\text{cm}^4$）。

若按图 9-23（b）安装加强圈，则算得

$$c = z_0 + \frac{\delta}{2} = 2.52 + \frac{0.72}{2} = 2.88 \ (\text{cm})$$

$$a = \frac{13.944 \times 2.88}{13.944 + 9.53} = 1.71 \ (\text{cm})$$

$$d = c - a = 2.88 - 1.71 = 1.17 \ (\text{cm})$$

$$I_x' = 106.47 + 13.944 \times (1.17)^2 + 0.386 + 9.53 \times (1.71)^2$$

$$=106.47+19.09+0.386+27.87=153.8 \ (cm^4)$$

可见，$I_x \gg I'_x$，这再次说明受弯构件必须考虑其合理截面问题。

从这个例题可以看出是否把宽度为 $2b$ 的筒壁截面考虑在加强圈的组合截面内，对于减小型钢（角钢）尺寸具有重要作用。

9.5 圆筒的轴向稳定校核

9.5.1 什么情况下需要校核圆筒的轴向稳定性

一般的外压容器在器壁上主要产生环向压缩应力（如夹套容器的内筒），对于真空容器的器壁如果没有其他轴向的附加应力，虽然在 0.1MPa 的外压作用下会引起其器壁产生轴向压缩应力，但如果出现稳定问题，发生的还是环向失稳，涉及不到轴向失稳的问题。

但有些化工设备的壳体却有可能在其他载荷作用下使器壁的局部地区出现较大的轴向压缩应力，如果这些压缩应力超过某一许可值，这里的器壁便会出现皱褶。例如高大的立式塔设备及其裙座的座圈，在塔重及风载或地震载荷作用下，在塔壁和座圈上有可能产生较大的局部轴向压缩应力；又例如大型的卧式容器，由于自重（包括介质）和鞍式支座反作用力所造成的弯曲，也可能引起局部器壁产生压缩应力；再如管壳式换热器，如果器壁的温度高于管束温度，壳程的压力又低于管程压力，其器壁有可能出现较大的整体轴向压缩应力。上述这些例子都说明防止圆筒的轴向失稳，对某些设备的设计也是必须考虑的。考虑这个问题包括两点：一是如何计算上述这些设备的轴向应力，二是如何确定这些轴向应力的许用应力。在本节主要是解决后边这个问题。至于塔器局部轴向应力的计算，因涉及问题较多，限于篇幅，本书只在 17.5 节中做简单介绍，有兴趣的读者可查阅有关专著，对于管壳换热器壳体轴向压缩应力的计算，将结合其热应力计算在第 16 章中讨论。

9.5.2 轴向稳定许用应力的确定

在前边讨论圆筒的环向稳定问题时，讨论的核心问题是如何确定许用外压力 $[p]$，其稳定条件是 $p \leqslant [p]$。

现在要确定的是轴向稳定许用应力 $[\sigma_{cr}]$ 应该如何计算。要解决 $[\sigma_{cr}]$ 等于多少，还是要先解决轴向失稳的临界应力是多少的问题。

目前，工程设计中所采用的圆筒轴向失稳临界应力的理论公式是采用以小变形理论为依据的外压球壳临界应力计算公式，该公式为

$$\sigma_{cr} = 0.605E \frac{\delta_e}{R} \tag{9-27}$$

式中的 δ_e 和 R 原为外压球壳的有效厚度和球壳半径，现借用该式进行圆筒的轴向稳定计算，所以 δ_e 与 R 应分别视为圆筒的有效厚度与半径。

许用应力应为

$$[\sigma_{cr}] = \frac{\sigma_{cr}}{m}$$

式中的稳定系数 m 取 9.68❶，于是

$$[\sigma_{cr}] = \frac{\sigma_{cr}}{9.68} \tag{9-28}$$

---

❶ 这一稳定系数是根据 ASME 球壳稳定系数 $m_s = (4.4)^2 = 19.36$，取其值的二分之一得到的。

但是，由于 σ_{cr} 的计算公式中有 E，若 $\sigma_{cr} > \sigma_p$，无法用该式计算 σ_{cr}，所以仍需用前边讨论过的办法，先求出 ε_{cr}，再借助算图解决 $[\sigma_{cr}]$ 的求取问题。

根据
$$\sigma_{cr} = 0.605 E \frac{\delta_e}{R}$$

可得
$$\varepsilon_{cr} = 0.605 \frac{\delta_e}{R} \tag{9-29}$$

如果令 $\varepsilon_{cr} = A$，并且利用 $B\text{-}A$ 曲线查取 B，或者按 $B = \frac{2}{3}EA$ 计算 B，则得到的 B 应该是

$$B = \frac{2}{3}EA = \frac{2}{3}E\varepsilon_{cr} = \frac{2}{3}\sigma_{cr} = \frac{1}{1.5}\sigma_{cr}$$

现在待确定的许用应力是

$$[\sigma_{cr}] = \frac{1}{9.68}\sigma_{cr}$$

是不是可以令：$[\sigma_{cr}] = B$ 呢？当然可以，但是不能再取 $A = \varepsilon_{cr}$。因为若取 $A = \varepsilon_{cr} = 0.605 \frac{\delta_e}{R}$，按 $B\text{-}A$ 曲线查得的 B，或按 $\frac{2}{3}EA$ 算得的 B，它的含义都是 $\frac{2}{3}\sigma_{cr}$，即 $\frac{1}{1.5}\sigma_{cr}$。而现在希望得到的 B 是等于 $\frac{1}{9.68}\sigma_{cr}$。如何才能做到这一点呢？办法就是减小 A 的取值。

当取 $A = \varepsilon_{cr} = 0.605 \frac{\delta_e}{R}$ 时，$B = \frac{2}{3}EA = \frac{2}{3}E\varepsilon_{cr} = \frac{2}{3}\sigma_{cr}$；那么 $A = ?$ ε_{cr} 时，$B = \frac{1}{9.68}\sigma_{cr}$ 呢？根据比例关系，不难得到当 $A = \frac{1.5}{9.68}\varepsilon_{cr}$ 时，$B = \frac{1}{9.68}\sigma_{cr} = [\sigma_{cr}]$。

因为
$$\varepsilon_{cr} = 0.605 \frac{\delta_e}{R}$$

所以只要取
$$A = \frac{1.5 \times 0.605}{9.68} \frac{\delta_e}{R} = 0.094 \frac{\delta_e}{R} \tag{9-30}$$

则
$$[\sigma_{cr}] = B \tag{9-31}$$

至此，便可确定一个有效厚度为 δ_e、筒体半径为 R 的圆筒，其轴向稳定许用应力 $[\sigma_{cr}]$ 的求取步骤如下。

ⅰ. 按 $A = 0.094 \frac{\delta_e}{R}$ 确定 A 值。

ⅱ. 根据筒体材料及设计温度，查找出相应的 $B\text{-}A$ 曲线，并查找 A 点所在位置。

若 A 点位于曲线左侧，则按 $B = \frac{2}{3}EA$ 计算 B 值；

若 A 点位于曲线右侧，则从 $B\text{-}A$ 曲线查出 B 值。

ⅲ. 查得的 B 值即是该圆筒轴向稳定的许用应力，只要器壁上的轴向压缩应力不超过 B，器壁就是轴向稳定的。这个稳定条件将在第 16 章用到，这里不再举例。

9.6 压杆稳定计算简介

9.6.1 理想压杆的临界压力

在介绍稳定概念时，已指出细长直杆所受轴向压力逐渐增加到某个限度时，压杆将由稳定状态转化为不稳定状态。这个压力的限度称为临界压力，用 P_{cr} 表示，可用式（9-32）计

算，该式称为欧拉公式

$$P_{cr} = \frac{\pi^2 EI}{(\mu L)^2} \qquad (9\text{-}32)$$

式中，EI 为抗弯刚度，表示杆抵抗弯曲变形能力的大小；L 是压杆的长度，杆越长越容易压弯，所以临界压力与杆长有关。但即使是同样长度的杆，如果杆两端的支承情况不同，也会影响 P_{cr} 值。压杆两端不同的支承情况，就由式中的长度系数 μ 来加以区分。压杆两端固定时，$\mu = 0.5$；两端铰链支承时，$\mu = 1$；压杆一端固定，另一端自由时，$\mu = 2$。

9.6.2 临界应力欧拉公式的适用范围

压杆在临界压力 P_{cr} 作用下横截面上的平均应力，称为压杆的临界应力，其值为

$$\sigma_{cr} = \frac{P_{cr}}{A} = \frac{\pi^2 EI}{(\mu L)^2 A} \qquad (9\text{-}33)$$

式中的 I 和 A 分别是横截面的轴惯性矩与面积，它们都是反映截面特性的几何量，若令 $I = i^2 A$，则有

$$i = \sqrt{\frac{I}{A}} \qquad (9\text{-}34)$$

i 称为截面图形的惯性半径，它的单位是 cm 或 mm。工程上常用的型钢截面的惯性半径 i，可从本书附录 A 中查得。于是，压杆的临界应力可以写成

$$\sigma_{cr} = \frac{\pi^2 E i^2}{(\mu L)^2} = \frac{\pi^2 E}{\left(\dfrac{\mu L}{i}\right)^2}$$

式中，μL 是压杆的计算长度；i 是压杆横截面的惯性半径，它们都是反映压杆几何性质的量。

在工程上可以用 μL 与 i 的比值来表示压杆的细长程度，称为压杆的柔度，用符号 λ 表示，即

$$\lambda = \frac{\mu L}{i} \qquad (9\text{-}35)$$

这是欧拉公式的另一种形式。从该式可以看出对于用相同材料制成的压杆，其柔度 λ 越小，相应的临界应力 σ_{cr} 就越大。由于欧拉公式是从符合虎克定律的弹性曲线的近似微分方程导出的，所以欧拉公式应在压杆临界应力 σ_{cr} 的数值不超过材料的比例极限 σ_p 时才能适用，即

$$\sigma_{cr} = \frac{\pi^2 E}{\lambda^2} \qquad (9\text{-}36)$$

由式（9-36）可见，要使压杆在低于材料的比例极限的应力下失稳，压杆的柔度不能小于某一最低值 λ_p，其值可按下式确定

$$\lambda_p = \sqrt{\frac{\pi^2 E}{\sigma_p}} \qquad (9\text{-}37)$$

一个压杆，只有当它的实际柔度 λ 大于 λ_p 时，该压杆的临界应力才能够应用欧拉公式计算。凡是柔度大于 λ_p 的压杆都称为大柔度压杆或细长压杆。

9.6.3 柔度 $\lambda < \lambda_p$ 的压杆临界应力的计算

对于柔度 $\lambda < \lambda_p$ 的压杆，它的临界应力不能用欧拉公式进行计算，因为这类压杆失稳时的应力超过了材料的比例极限，属于非弹性稳定问题。这类压杆的临界应力通常是采用经验公式。如下述公式就是常用的经验公式之一

$$\sigma_{cr} = a - b\lambda^2 \tag{9-38}$$

式中，a、b 是与材料力学性能有关的常数，其值见表 9-3。

表 9-3 部分常用材料的 a、b 值

材料		a/MPa	b/MPa	适用范围
Q235 钢	$\sigma_s = 235\text{MPa}$ $\sigma_b = 372\text{MPa}$	235	0.00668	$\lambda = 0 \sim 123$ [①]
16Mn 钢	$\sigma_s = 343\text{MPa}$ $\sigma_b = 510\text{MPa}$	343	0.0142	$\lambda = 0 \sim 102$
铸铁	$\sigma_b = 392\text{MPa}$	392	0.0361	$\lambda = 0 \sim 74$

① λ 在 100～123 之间时，式(9-36)、式(9-38)均可应用。

9.6.4 压杆稳定的实用计算

为了保证压杆有足够的稳定性，要求工作时的应力 σ 小于该压杆的稳定许用应力，即

$$\sigma = \frac{P}{A} \leqslant [\sigma_{cr}] \tag{9-39}$$

压杆的稳定许用应力，由压杆的临界应力和稳定的安全系数 n_c 确定，即

$$[\sigma_{cr}] = \frac{\sigma_{cr}}{n_c} \tag{9-40}$$

压杆的稳定安全系数 n_c 比材料的强度安全系数 n_s 要高。对于钢杆，其 $n_c = 1.8 \sim 3$（钢的 n_s 一般取 1.5）；对于铸铁杆，其 $n_c = 5 \sim 5.5$（铸铁的 n_b 一般取 3～4）。

为了计算方便，通常将压杆的稳定许用应力 $[\sigma_{cr}]$ 用材料的基本许用应力 $[\sigma]$ 乘以一个小于 1 的系数 φ 来表示，φ 称为折减系数，即令

$$[\sigma_{cr}] = \varphi[\sigma] \tag{9-41}$$

这里应注意的是，$[\sigma_{cr}]$ 是压杆的稳定许用应力，$[\sigma]$ 是材料的许用应力，前者与压杆的尺寸、截面形状、支承方式等均有关，而后者只取决于材料的性质。

$$\varphi = \frac{[\sigma_{cr}]}{[\sigma]} = \frac{\sigma_{cr}}{[\sigma]n_c} \tag{9-42}$$

由式（9-42）不难看出，φ 值的确定要依据压杆的稳定计算。式中的临界应力 σ_{cr} 应根据压杆的柔度用式（9-36）或式（9-38）算出。稳定安全系数 n_c 则随杆的柔度在一定范围内变动，杆的柔度越大，安全系数 n_c 也应取的越高一些。为了实用计算上的方便，可按各种材料的力学性能和压杆的不同柔度，算出压杆的折减系数 φ，作成表格或曲线。有了折减系数 φ 表，就可以根据压杆的材料及其柔度直接查出 φ 值，省去了临界应力的计算，于是压杆的稳定条件就从

$$\sigma = \frac{P}{A} \leqslant [\sigma_{cr}]$$

变成

$$\sigma = \frac{P}{A} \leqslant \varphi[\sigma]$$

根据这一条件可对压杆进行稳定校核、截面选择以及许用压力的确定。

Q235 和 16Mn 钢制轴向受压构件的折减系数 φ 值可见 GB 50017—2017《钢结构设计规范》。

本 章 小 结

（1）要建立清晰的"稳定"概念。稳定是对平衡而言。构件的稳定性如何，其实质指的

是构件在给定条件下能否在保持构件原有形状状态下建立起稳定的平衡。如果能够，则属稳定；如果不能，则称失稳。并不是所有构件都需要考虑它的稳定性，只有受压缩的薄壁壳体、薄壁构件或细长杆件才需要考虑稳定性。本章讨论了两种最常见的需要作稳定计算的构件。并用 11 个例题说明了所讲授理论的应用，对每一个例题都要思考一个问题：这个例题告诉了什么？

（2）学习"稳定"的理论主要应着重于对公式的理解，从中得出影响构件稳定性的几何因素与材料性能因素的结论，并能定性地说清道理何在。应该通过与强度计算的对比，找出决定构件强度与决定构件稳定性的因素方面有哪些不同之处。例如可以将拉杆的强度计算与压杆的稳定计算作对比，也可以将内压壳体的强度计算与外压壳体的稳定计算作对比。并且通过对比得出实用上的结论。

（3）学习外压圆筒及球壳的计算方法和步骤时，应同时理解采用这种方法步骤的依据，要知其然，还要知其所以然。例如：为什么壳体的稳定计算离不开算图，但有时又不用算图；又例如 B-A 曲线的由来以及 B 和 A 的含意等。

（4）对拉杆或短粗压杆进行强度计算时，用的是强度条件 $\sigma \leqslant [\sigma]$，对压杆进行稳定计算时，靠的是稳定条件 $\sigma \leqslant [\sigma_{cr}]$，其中 $[\sigma_{cr}] = \varphi [\sigma]$。从形式上看，二者极为类似，但从内容上分析却有原则的不同。两个条件式的左侧都表示工作应力（或称计算应力），但强度条件中的 σ 是着眼于杆的危险截面，而稳定条件中的 σ 并不计较个别截面的局部削弱。更主要的差别表现在两个条件式右侧的许用应力上，强度条件中的许用应力，称为"材料的"许用应力，因为它主要取决于材料的性质。稳定条件中的许用应力 $[\sigma_{cr}]$，称为"压杆的"稳定许用应力，它不仅与材料的性质有关，而且还决定于压杆的柔度，同一种材料，不同柔度的压杆，其 $[\sigma_{cr}]$ 将有很大的不同。这种不同集中体现在折减系数 φ 上。折减系数 φ 的采用极大地简化了压杆的稳定计算，因为在折减系数 φ 中囊括了全部稳定计算的内容。

习　题

9-1　设计一台薄膜蒸发干燥器，内径 500mm，夹套直径 600mm，夹套内通 0.6MPa 的蒸汽，蒸汽的温度为 160℃，干燥器筒身由三节组成，每节长 1m 中间用法兰连接，材料为 Q235B，介质腐蚀性不大，试确定干燥器及夹套壁厚。

9-2　设计一缩聚釜，釜体直径 1m，釜身高 0.7m，用 022Cr19Ni10 制造。釜体夹套直径 1.2m，用 Q235B 制造。该釜开始是常压操作，然后抽低真空，最后通 0.32MPa（表压）的氮气。釜内物料温度≤205℃，夹套内载热体最大压力为 0.2MPa。釜体为双面焊，夹套也应保证焊透，焊缝均作 20% 无损检验，介质无腐蚀性，试确定釜体及夹套壁厚。

9-3　今有一直径为 800mm、壁厚为 6mm、筒长为 5m 的容器，材料为 Q235B，工作温度 200℃，试问该容器能否承受 0.1MPa 的外压？如果不能承受应加几个加强圈？加强圈尺寸取多大？（最后一个问题选做）

9-4　一常温条件下工作多年的立式真空容器，材料为 Q235。经实测尺寸如下：筒体直径 1m，筒体与上下封头连接环焊缝之间的距离为 1885mm；筒体实测壁厚 $\delta_c = 6mm$；上封头系标准椭圆形，直边高度 $h_0 = 25mm$，实测壁厚 $\delta_{c上} = 5.7mm$；下封头是 45° 的带折边锥形封头，封头的直边高度 $h_0 = 25mm$，折边半径 $r_i = 150mm$，封头实测壁厚 5.8mm，下端接一 $\phi 159 \times 4$ 的接口管，如果按年腐蚀率 0.1m/a 考虑，问该容器是否还能使用 10 年？（提示：先画出容器草图，注上尺寸，计算不易出错）

M9-2
习题答案

10 法兰连接

在各种容器和管道中，由于生产工艺的要求，或考虑制造、运输、安装、检修的方便，常采用可拆的结构。常见的可拆结构有法兰连接、螺纹连接和插套连接。由于法兰连接有较好的强度和紧密性，而且适用尺寸范围较广，在设备和管道上都能应用，所以法兰连接用得最普遍。法兰连接的缺点是不能很快地装配与拆开，而且制造成本较高。

法兰连接分容器法兰连接与管法兰连接，并分别制定了标准，下面分别介绍这两套标准。

10.1 压力容器法兰连接

10.1.1 法兰连接的密封原理

法兰连接是由一对法兰、数个螺栓和一个垫片（圈）所组成（图 10-1）。法兰在螺栓预紧力的作用下，把处于法兰压紧面之间的垫片压紧，当垫圈单位面积上所受到的压紧力达到某一值时，借助于垫片的变形，把法兰密封表面上的凹凸不平处填满 [图 10-2 （b）]，这样就为阻止介质泄漏形成了初始密封条件。这时在垫片单位面积上的压紧力称为垫片的预紧密封比压。当设备或管道升压以后 [图 10-2 （c）]，螺栓受到进一步的拉伸，法兰密封面沿着彼此分离的方向移动，密封面与垫片之间的压紧力因而有所下降，下降的数值取决于螺栓法兰的刚性以及垫圈的回弹能力。当这一比压下降到某一临界值以下时，介质将发生泄漏。通常将这一临界比压值称为工作密封比压，它的含义是，一个已经形成了初始密封条件的法兰连接（即垫片已被压缩到预紧密封比压），在通入压力介质后，为不使介质泄漏，在密封面与垫片之间所必须保留下来的最低比压。

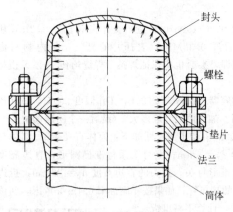

图 10-1　法兰连接

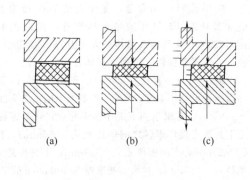

图 10-2　强制密封中的垫片变形（示意）

要保证法兰密封，就必须使法兰密封面上实际存在的比压，预紧时不低于密封垫片的预紧密封比压，工作时应高于工作密封比压。

10.1.2 法兰连接受力分析及其实用结论

（1）法兰所受外力

234

预紧时，法兰所受外力如图 10-3（a）所示，T_1 是螺栓作用给法兰的预紧力，它沿螺栓的中心线所在圆周等距离均布。N_1 是垫片反作用力，它沿垫片所在圆周均布。显然 $T_1 = N_1$，因此内圈的 N_1 和外圈的 T_1 构成了力偶作用在法兰上。

操作时，由于增加了作用在器壁上的轴向介质作用力 Q，使垫片反力 N_1 下降到 N_2〔图 10-3（b）〕。螺栓由于受到了进一步的拉伸，螺栓力则由 T_1 增长到 T_2，这时 T_2 应等于 Q 与 N_2 之和，考虑 Q 与 N_2 相距很近，所以作用在法兰上的外力矩也可以用一个由 T_2 和 $Q+N_2$ 合力组成的力偶来代替。

N_1，T_1，N_2，T_2，Q 等都是指单位弧长上的作用力（N/cm），m 是指作用在单位弧长上的力偶矩（N·m/cm）。

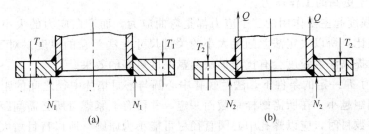

图 10-3　法兰的受力

（2）法兰在外力偶矩作用下的变形和内力

图 10-4（a）是一个没有受力的法兰。当法兰受到外力偶 m 作用时，法兰盘的矩形截面将发生如图 10-4（b）所示的转动，同时导致与法兰连接处的器壁产生纵向弯曲变形。如果将器壁沿法兰上表面切开，便可暴露出法兰盘作用给器壁的弯矩 M_0〔图 10-4（c）〕和剪力 Q_0，正是这个 M_0 使器壁的横截面内产生弯曲应力 σ_x。如果采用带颈法兰，则这个应力作用于法兰颈内。

上述法兰盘变形是在外力偶 m 和内力矩 M_0 的作用下发生的〔图 10-4（d），剪力 Q 影响忽略〕。这种变形实际就是中心开孔的圆形平板在环向均布力偶作用下所发生的弯曲变形，它和第 7 章中所讨论的平板弯曲类似，在法兰盘内产生的也是两个方向的弯曲应力，即环向弯曲应力 σ_θ 和径向弯曲应力 σ_r。它们在法兰的强度计算中也是需要控制的。

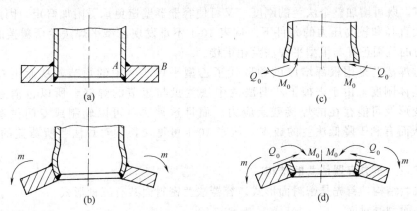

图 10-4　法兰的变形与内力

以上只是考虑了法兰力矩的作用，与此同时还存在内压对器壁产生的薄膜应力及边界应力，但是后者对法兰强度的影响远小于前者。

（3）几点结论

ⅰ.密封垫片是整个法兰连接（包括法兰、垫片、螺柱、螺母）的基础。垫片的材质（软硬、弹性）、结构（见后）和尺寸（厚薄、宽窄）是影响螺栓力和法兰力矩大小的主要因素之一。它决定了所需配置螺柱及螺母的要求，也影响到法兰形式及其所需的强度尺寸。所以法兰标准中各个零件的结构尺寸和材质确定都不是孤立的。在使用法兰标准时应注意这一点。

ⅱ.增加与法兰盘连接处器壁（或管壁）的壁厚，不但会减小法兰加给器壁的弯曲应力，而且增厚的器壁会反过来增大法兰盘的刚度，减小法兰盘中的弯曲应力。正是这个缘故，所以法兰的形式，除了有直接与器壁焊接的甲型平焊法兰外，还有带有加厚短节的乙型平焊法兰和带有高颈的对焊法兰（见表 10-1 中的简图）。这后两种形式的法兰，由于法兰的整体刚度增加，故可用于更高的工作压力。

ⅲ.对法兰强度起主要作用的三个应力都是弯曲应力，而弯曲应力的大小又与受弯构件的厚度平方成反比，所以决定法兰强度大小的关键尺寸是法兰盘的厚度。对于带颈的法兰，增加颈的厚度对提高法兰强度会有比增加法兰盘厚度更好的效果。

ⅳ.在螺栓力 T 一定的条件下，法兰螺孔中心圆与密封垫片中径之间的距离越小，法兰所承受的外力偶矩越小。在所需螺栓总截面一定，并留有上紧螺母所必需间距的前提下，在确定螺栓直径与数目时，应以螺孔中心圆直径尽可能小为原则。所以盲目增大法兰外径是没有意义的。

10.1.3 压力容器法兰标准（NB/T 47020～47027—2012）

10.1.3.1 压力容器法兰的类型

压力容器法兰从整体看（即不考虑某些细节）有三种形式：甲型平焊法兰，乙型平焊法兰，长颈对焊法兰。它们的公称直径（即与法兰配用的容器内径）和公称压力（可以理解为法兰的设计压力）所覆盖的范围列于表 10-1。

甲型平焊法兰就是一个截面基本为矩形的圆环，这个圆环通常称为法兰盘，它直接与容器的筒体或封头焊接。根据前述的法兰受力分析可知，这种法兰在上紧和工作时均会作用给容器器壁一定的附加弯矩。法兰盘自身的刚度也较小，所以适用于压力等级较低和筒体直径较小的范围内。

乙型平焊法兰与甲型相比是除法兰盘外增加了一个厚度常常是大于筒体壁厚的短节。有了这个短节，既可增加整个法兰的刚度，又可使容器器壁避免承受附加弯矩。因此这种法兰适用于较大直径和较高压力的条件下。从表 10-1 不难发现乙型平焊法兰所覆盖的公称直径与公称压力的范围正好与甲型平焊法兰相衔接。

长颈对焊法兰是用根部增厚的颈取代了乙型平焊法兰中的短节，从而更有效地增大了法兰的整体刚度，由于去掉了乙型法兰中法兰盘与短节的焊缝，所以也消除了可能发生的焊接变形及可能存在的焊接残余应力。而且这种法兰可以轧制成专门供弯制法兰用的型钢，从而有利于降低法兰的成本。从表 10-1 可见，长颈对焊法兰所覆盖的 DN、PN 范围最广。

10.1.3.2 压力容器法兰的结构

讨论法兰结构，首先是密封面形式。容器法兰密封面共有三种形式。

（1）平面型密封面

密封表面是一个突出的光滑平面 [图 10-5（a）]，这种密封面结构简单，加工方便，便于进行防腐衬里。但螺栓上紧后，垫圈材料容易往两侧伸展，不易压紧，用于所需压紧力不高且介质无毒的场合。

236

表 10-1　压力容器法兰分类

类型	平 焊 法 兰										对 焊 法 兰					
	甲型				乙型						长颈					
标准号	NB/T 47021				NB/T 47022						NT/T 47023					
简图	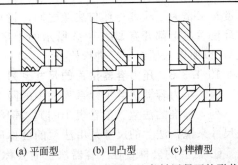															

公称压力 PN /MPa

公称直径 DN /mm	0.25	0.6	1.00	1.60	0.25	0.60	1.00	1.60	2.50	4.00	0.60	1.00	1.60	2.50	4.00	6.40
300	按 PN=1.00															
350																
400																
450	按 PN =1.00															
500																
550																
600																
650																
700																
800																
900																
1000																
1100																
1200																
1300																
1400																
1500																
1600																
1700																
1800																
1900																
2000																
2200					按 PN =0.6											
2400																
2600																
2800																
3000																

（2）凹凸型密封面

它是由一个凸面和一个凹面所组成［图 10-5（b）］，在凹面上放置垫片，压紧时，由于凹面的外侧有档台，垫片不会挤出来。

（3）榫槽型密封面

密封面是由一个榫和一个槽所组成［图 10-5（c）］，垫片放在槽内。这种密封面规定不用非金属软垫片，可采用缠绕式或金属包垫

(a) 平面型　　(b) 凹凸型　　(c) 榫槽型

图 10-5　中低压压力容器法兰密封压紧面的形状

片，垫片宽度为16～25mm，容易获得良好的密封效果。它适用于密封易燃、易爆、有毒介质。密封面的凸面部分容易碰坏，运输与装拆时都应注意。

在上述三种密封面中，甲型平焊法兰只有平面型与凹凸面型，乙型与长颈法兰则三种密封面形式均有。

三种法兰的结构图分别示于图10-6、图10-7和图10-8中，将不同密封面考虑进去共三种类型八种结构。

这些法兰的尺寸可按法兰的公称压力从表10-2～表10-8中查取。

图10-6～图10-8所示的三类法兰都是用碳钢或低合金钢制造的。如果遇到的是不锈钢容器需要选配容器法兰时，从经济考虑当然不宜将整个法兰都改用不锈钢制造，可以如图10-9那样在平焊法兰端部表面焊上一个用不锈钢制造的衬环。对于长颈对焊法兰来说，除了在法兰端面焊有衬环外，在法兰的内圆柱面上也要焊一层不锈钢衬里（图10-10）。带衬环的法兰也可以有平面、凹凸面和榫槽面三种密封面形式，图10-10所示的便是带有凹凸密封面的衬环法兰。衬环法兰的结构与不带衬环法兰的结构是对应的，也共有三类八种结构，限于篇幅除图10-9和图10-10两种结构外，其他结构从略。

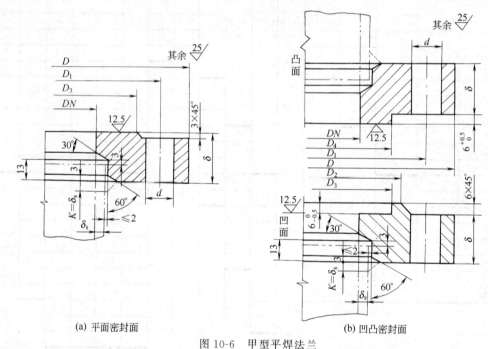

(a) 平面密封面　　　　　　　(b) 凹凸密封面

图10-6　甲型平焊法兰

从带衬环的法兰结构图中可以看到两点：一是密封面开在衬环上，所以衬环要有足够的厚度；二是为了检查衬环与法兰之间，衬环与容器筒体或法兰衬里之间焊缝的严密性，在带衬环法兰盘上都开有如图10-9所示的十字通孔（该孔尺寸未按比例画，实际没有图示那么大），以便通入压缩空气进行检查。

10.1.3.3　压力容器法兰的尺寸系列

（1）压力容器法兰尺寸系列表中的两个基本参数

列入标准的法兰（参看表10-1），其尺寸可从法兰尺寸系列表中查得。如果仅从查取法兰尺寸来说，法兰的尺寸是由法兰的公称压力和公称直径两个参数唯一确定的。

① 法兰的公称直径　容器法兰的公称直径指的是与法兰相配的筒体或封头的公称直径。钢板卷制圆筒及与其相配封头的公称直径均等于其内径，因而其法兰的公称直径也为内径；

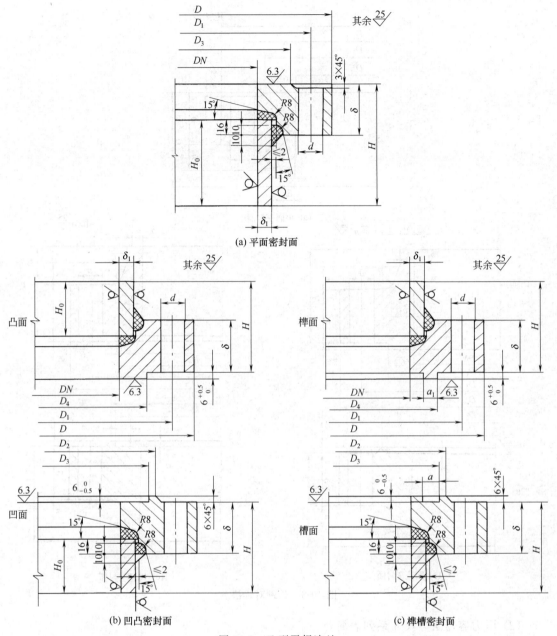

(a) 平面密封面

(b) 凹凸密封面

(c) 榫槽密封面

图 10-7 乙型平焊法兰

对带衬环的甲型平焊法兰，以衬环的内径作为法兰的公称直径（图 10-9）。

② 法兰的公称压力 法兰的公称压力指的是在规定的设计条件下，在确定法兰结构尺寸时所采用的设计压力。

压力容器法兰的公称压力分成七个等级，即 0.25、0.6、1.0、1.6、2.5、4.0、6.4（MPa）。法兰尺寸系列表（表 10-2～表 10-8）即按此编排。

在表 10-1 中给出了三种不同形式法兰所适用的 PN 与 DN 范围，也就是制定有标准尺寸的法兰范围。从这张表可以看到：甲型平焊法兰与乙型平焊法兰在公称直径和公称压力上是衔接的，而长颈对焊法兰所覆盖的公称压力与公称直径的范围是最大的，相同的公称直径和公称压力的法兰可能兼有两种不同类型。

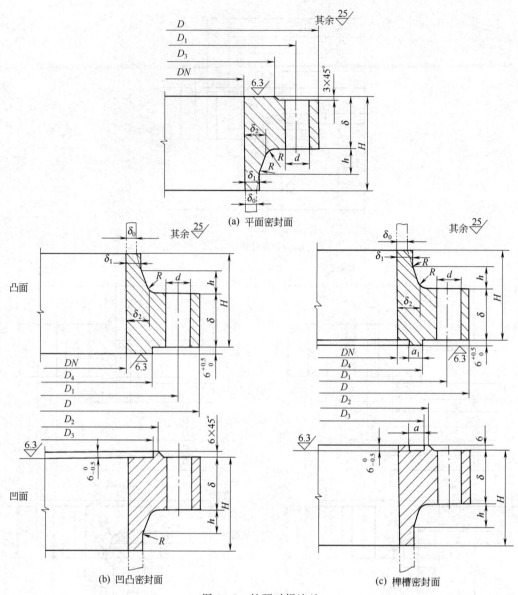

(a) 平面密封面

(b) 凹凸密封面

(c) 榫槽密封面

图 10-8　长颈对焊法兰

（2）压力容器法兰尺寸系列表简介

在压力容器法兰标准中的法兰尺寸系列表是按法兰类型分别制定的，为了节省篇幅和便于对不同类型法兰的比较，本书对法兰尺寸系列表作了重新编排，将同一压力等级的不同类型的法兰尺寸安排在同一张表中。在表 10-2～表 10-8 中给出了全部七个压力级别的法兰尺寸及质量（其中 $PN=0.6\text{MPa}$ 的表格只给出了一部分，完整表格可见 M10-1）。表中的"连接尺寸"对三种不同类型的法兰大部分是相同的，遇有少量不相同时（表 10-4 和表 10-5）则分别用分子和分母表示。表中的"短节尺寸"与"高颈尺寸"是分属乙型平焊与长颈对焊法兰的特有尺寸。正由于乙型平焊法兰有了厚度为 δ_1 的短节，长颈对焊法兰有颈根厚度为 δ_2 的高颈存在，所以它们的法兰盘厚度明显薄于甲型平焊法兰。表中的"质量"一栏，只给出了平面密封面法兰的质量，其他密封面型式的法兰，其质量稍高于（1%～4%）表中的数值。

240

表 10-2　*PN*＝0.25MPa 的甲型平焊（*DN*300～2000mm）与

乙型平焊法兰（*DN*2600～3000mm）的尺寸与质量

公称直径 DN /mm	法兰/mm												质量 /kg	螺柱	
	连接尺寸								法兰厚度		短节尺寸			规格	数量
	D	D₁	D₂	D₃	D₄	a	a₁	d	甲型	乙型	H₀	δ₁			
≤650	与 PN1.0(MPa) 的法兰连接相同(查表10-4)														
700	815	780	750	740	737			18	36				37.1	M16	28
800	915	880	850	840	837			18	36				44.3	M16	32
900	1015	980	950	940	937			18	40				52.0	M16	36
1000	1130	1090	1055	1045	1042			23	40				65.1	M20	32
1100	1230	1190	1155	1141	1138			23	40				71.5	M20	32
1200	1330	1290	1255	1241	1238			23	44				85.3	M20	36
1300	1430	1390	1355	1341	1338			23	46				96.1	M20	40
1400	1530	1490	1455	1441	1438			23	46				103.4	M20	40
1500	1630	1590	1555	1541	1538			23	48				115.2	M20	44
1600	1730	1690	1655	1641	1638			23	50				127.5	M20	48
1700	1830	1790	1755	1741	1738			23	52				140.4	M20	52
1800	1930	1890	1855	1841	1838			23	56				160.2	M20	52
1900	2030	1990	1955	1941	1938			23	56				168.6	M20	56
2000	2130	2090	2055	2041	2038			23	60				189.7	M20	60
2600	2760	2715	2676	2656	2653	21	18	27		96	345	16	741.1	M24	72
2800	2960	2915	2876	2856	2853	21	18	27		102	350	16	828.3	M24	80
3000	3160	3115	3076	3056	3053	21	18	27		104	355	16	898.4	M24	84

注：法兰质量与密封面型式有关，表中列出的是平面密封面法兰质量，其值比其他密封面型式法兰偏低（不超过 1%～5%）。

表 10-3　*PN*＝0.6MPa 的甲型平焊（*DN*300～1200mm）；

乙型平焊（*DN*1300～2400mm）和长颈对焊（*DN*300～2600mm）

法兰尺寸与质量（部分）

M10-1

公称直径 DN /mm	法兰/mm																		质量 /kg	螺柱		对接筒体最小厚度 δ₀ /mm
	连接尺寸								法兰盘厚度			短节尺寸		高颈尺寸						规格	数量	
	D	D₁	D₂	D₃	D₄	a	a₁	d	甲型平焊	乙型平焊	长颈对焊	H₀	δ₁	H	h	δ₁	δ₂	R				
600	715	680	650	640	637			18	32										28.6	M16	24	
650	765	730	700	690	687			18	36										34.5	M16	28	
700	830	790	755	745	742			23	36										42.0	M20	24	
800	930	890	855	845	842			23	40										47.8	M20	24	
900	1030	990	955	945	942			23	44										64.6	M20	32	
1000	1130	1090	1055	1045	1042			23	48										77.7	M20	36	
1100	1230	1190	1155	1141	1138			23	55										96.7	M20	44	
1200	1330	1290	1255	1241	1238			23	60										113.9	M20	52	
1300	1460	1415	1376	1356	1353	21	18	27		70	60	270	16	125	35	16	26	12	285.4/184.2	M24	36/40	12
1400	1560	1515	1476	1456	1453	21	18	27		72	62	270	16	135	40	16	26	12	311.7/205.4	M24	40/44	12

注：1. DN1300～2000mm 的乙型平焊与长颈对焊法兰有些数据不同，"分子"是乙型法兰的数据，"分母"是长颈对焊法兰的数据。

2. 密封面形式不同的法兰，其质量稍有差异，表中给出的是平面密封面法兰质量。

表 10-4　$PN＝1\text{MPa}$ 的甲型平焊（$DN300\sim900\text{mm}$）；乙型平焊（$DN1000\sim1800\text{mm}$）与长颈对焊（$DN300\sim2600\text{mm}$）法兰尺寸与质量

公称直径 DN/mm	法兰/mm 连接尺寸								法兰盘厚度 甲型平焊	法兰盘厚度 乙型平焊	法兰盘厚度 长颈对焊	短节尺寸 H_0	短节尺寸 δ_1	高颈尺寸 H	高颈尺寸 h	高颈尺寸 δ_1	高颈尺寸 δ_2	高颈尺寸 R	质量/kg	螺柱 规格	螺柱 数量	对接筒体最小厚度 δ_0/mm
	D	D_1	D_2	D_3	D_4	a	a_1	d														
300	415/440	380/400	350/365	340/355	337/352	17	14	18/23	26		30			85	25	12	22	12	12.5/21.6	M16/M20	16	4
350	465/490	430/450	400/415	390/405	387/402	17	14	18/23	26		32			90	25	12	22	12	14.4/25.9	M16/M20	16	4
400	515/540	480/500	450/465	440/455	437/452	17	14	18/23	30		34			95	25	12	22	12	18.5/30.2	M16/M20	20	4
450	565/590	530/550	500/515	490/505	487/502	17	14	18/23	34		34			95	25	12	22	12	23.2/34.4	M16/M20	24/20	6
500	630/640	590/600	555/565	545/555	542/552	17	14	23	34		38			100	25	12	22	12	29.1/39.1	M20	20/24	6
550	680/690	640/650	605/615	595/605	592/602	17	14	23	38		40			100	25	12	22	12	35.2/44.5	M20	24	6
600	730/740	690/700	655/665	645/655	642/652	17	14	23	40		44			105	25	12	22	12	40.3/54.1	M20	24/28	6
650	780/790	740/750	705/715	695/705	692/702	17	14	23	44		46			105	25	12	22	12	47.4/61.4	M20	28	8
700	830/840	790/800	755/765	745/755	742/752	17	14	23	46		50			105	25	12	22	12	52.8/67.5	M20	32	8
800	930/940	890/900	855/865	845/855	842/852	17	14	23	54		50			105	25	12	22	12	69.5/77.0	M20	40/32	8
900	1030/1040	990/1000	955/965	945/955	942/952	17	14	23	60		54			110	25	12	22	12	84.3/92.4	M20	48/36	10
1000	1140	1100	1065	1055	1052	17	14	23		62	56	260	12	110	25	12	22	12	188.5/109.1	M20	40	10
1100	1260	1215	1176	1156	1153	21	18	27		64	56	265	16	120	35	16	26	12	229.7/148.7	M24	32	12
1200	1360	1315	1276	1256	1253	21	18	27		66	56	265	16	125	35	16	26	12	254.1/161.1	M24	36	12
1300	1460	1415	1376	1356	1353	21	18	27		70	60	270	16	130	35	16	26	12	284.4/184.2	M24	40	12
1400	1560	1515	1476	1456	1453	21	18	27		74	62	270	16	140	40	16	26	12	316.2/205.4	M24	44	12
1500	1660	1615	1576	1556	1553	21	18	27		78	64	275	16	140	40	16	26	12	349.4/226.7	M24	48	12
1600	1760	1715	1676	1656	1653	21	18	27		82	70	280	16	145	40	16	26	12	384.1/258.8	M24	52	12
1700	1860/1870	1815	1776	1756	1753	21	18	27/30		88	76	280	16	150	40	18	26	12	426.9/292.9	M24/M27	56	12
1800	1960/1970	1915	1876	1856	1853	21	18	27/30		94	80	290	16	150	40	18	26	12	471.9/323.7	M24/M27	60/56	14
1900	2095	2040	1998	1978	1975	21	18	30			86			155	30	20	32	15	/435.1	M27	56	16
2000	2195	2140	2098	2078	2075	21	18	30			94			165	30	20	32	15	/483.8	M27	60	16
2100	2295	2240	2198	2178	2175	21	18	30			102			190	50	20	32	15	603.4	M27	60	16
2200	2395	2340	2298	2278	2275	21	18	30			112			200	50	20	32	15	683.1	M27	64	16
2300	2515	2455	2398	2378	2375	21	18	33			120			210	50	22	34	15	833.6	M30	60	18
2400	2615	2555	2498	2478	2475	21	18	33			128			215	50	22	34	15	917.0	M30	64	18
2500	2720	2660	2598	2578	2575	21	18	33			130			215	50	24	36	15	996.2	M30	68	20
2600	2820	2760	2698	2678	2675	21	18	33			136			220	50	24	36	15	1074.6	M30	72	20

注：1. $DN300\sim900\text{mm}$ 的甲型平焊法兰与长颈对焊法兰的连接尺寸不同，"分子"表示甲型法兰尺寸，"分母"表示长颈对焊法兰尺寸。

2. $DN1000\sim1800\text{mm}$ 的乙型平焊法兰与长颈对焊法兰的连接尺寸相同，个别不同处，"分子"是乙型法兰的，"分母"是长颈法兰的。

3. 法兰质量与密封面形式有关，表中给出的是平面密封面的法兰质量，分子为甲型（$DN\leqslant900\text{mm}$）或乙型（$DN1000\sim1800\text{mm}$）法兰质量，分母为长颈法兰质量。

表 10-5　$PN=1.6\mathrm{MPa}$ 的甲型平焊（$DN300\sim650\mathrm{mm}$）乙型平焊（$DN700\sim1400\mathrm{mm}$）长颈对焊（$DN300\sim2600\mathrm{mm}$）法兰的尺寸与质量

| 公称直径 DN /mm | 法兰/mm | | | | | | | | | | | | | | | | | | 质量 /kg | 螺柱 | | 对接筒体最小厚度 δ0 /mm |
| | 连接尺寸 | | | | | | | | 法兰盘厚度 | | | 短节尺寸 | | 高颈尺寸 | | | | | | 规格 | 数量 | |
	D	D_1	D_2	D_3	D_4	a	a_1	d	甲型平焊	乙型平焊	长颈对焊	H_0	δ_1	H	h	δ_1	δ_2	R				
300	430/440	390/400	355/365	345/355	342/352	17	14	23	30		30			85	25	12	22	12	16.4/21.6	M20	16	6
350	480/490	440/450	405/415	395/405	392/402	17	14	23	32		32			90	25	12	22	12	20.0/25.9	M20	16	6
400	530/540	490/500	455/465	445/455	442/452	17	14	23	36		34			95	25	12	22	12	25.1/30.2	M20	20	6
450	580/590	540/550	505/515	495/505	492/502	17	14	23	40		34			95	25	12	22	12	30.7/34.4	M20	24/20	8
500	630/640	590/600	555/565	545/555	542/552	17	14	23	44		38			100	25	12	22	12	36.8/39.1	M20	28/24	8
550	680/690	640/650	605/615	595/605	592/602	17	14	23	50		40			100	25	12	22	12	44.0/45.3	M20	36/24	8
600	730/740	690/700	655/665	645/655	642/652	17	14	23	54		44			105	25	12	22	12	52.2/54.1	M20	40/28	10
650	780/790	740/750	705/715	695/705	692/702	17	14	23	58		46			105	25	12	22	12	60.2/61.4	M20	44/28	10
700	860	815	776	766	763	21	18	27		46	46	200	16	115	35	16	26	12	109.2/82.9	M24	24	10
800	960	915	876	866	863	21	18	27		48	48	200	16	115	35	16	26	12	127.5/98.7	M24	24	12
900	1060	1015	976	966	963	21	18	27		56	52	205	16	115	35	16	26	12	156.9/115.6	M24	28	12
1000	1160	1115	1076	1066	1063	21	18	27		66	56	260	16	120	35	16	26	12	213.3/135.6	M24	32	12
1100	1260	1215	1176	1156	1153	21	18	27		76	62	270	16	125	40	16	26	12	255.2/163.1	M24	36	14
1200	1360	1315	1276	1256	1253	21	18	27		85	64	280	16	130	40	16	26	12	298.5/183	M24	40	14
1300	1460	1415	1376	1356	1353	21	18	27		94	74	290	16	140	40	16	26	12	345.0/215.8	M24	44	14
1400	1560	1515	1476	1456	1453	21	18	27		103	84	295	16	150	40	16	26	12	393.4/248.4	M24	52	14
1500	1695	1640	1598	1578	1575	21	18	30			84			155	42	20	32	15	/335.5	M27	48	16
1600	1795	1740	1698	1678	1675	21	18	30			86			165	48	20	32	15	/377.7	M27	52	16
1700	1895	1840	1798	1778	1775	21	18	30			86			165	48	22	32	15	/410.3	M27	56	18
1800	1995	1940	1898	1878	1875	21	18	30			94			170	48	22	32	15	/468.7	M27	64	18
1900	2115	2055	2010	1990	1987	26	23	33			94			185	56	24	36	15	/569.4	M30	56	20
2000	2215	2155	2110	2090	2087	26	23	33			102			190	56	24	36	15	/632.7	M30	64	20
2100	2340	2270	2210	2190	2187	26	23	39			116			215	68	26	38	15	848.5	M36	56	22
2200	2440	2370	2310	2290	2287	26	23	39			130			230	68	26	38	15	975.1	M36	60	22
2300	2540	2470	2410	2390	2387	26	23	39			142			245	68	26	38	15	1096.0	M36	64	22
2400	2650	2575	2510	2490	2487	26	23	39			150			250	68	28	40	15	1254.7	M36	68	24
2500	2775	2690	2610	2590	2587	26	23	45			168			275	74	28	40	15	1577.5	M42	60	24
2600	2875	2790	2710	2690	2687	26	23	45			180			290	74	28	40	15	1737.7	M42	64	24

注：1. $DN300\sim650\mathrm{mm}$ 的甲型平焊法兰与长颈对焊法兰的连接尺寸不同，"分子"表示甲型法兰尺寸，分母表示长颈法兰尺寸。

2. $DN700\sim1400\mathrm{mm}$ 的乙型平焊法兰与长颈对焊法兰的连接尺寸相同。

3. 法兰质量与密封面形式有关表中给出的是平面密封面法兰尺寸，其中分子是甲型或乙型法兰质量，分母是长颈法兰质量。

表 10-6 PN＝2.5MPa的乙型平焊（DN300～800mm）长颈对焊（DN300～2600mm）法兰尺寸与质量

公称直径 DN /mm	法兰/mm 连接尺寸 D	D₁	D₂	D₃	D₄	a	a₁	d	法兰盘厚度 甲型平焊	乙型平焊	长颈对焊	短节尺寸 H₀	δ₁	高颈尺寸 H	h	δ₁	δ₂	R	质量 /kg	螺柱 规格	数量	对接筒体最小厚度 δ₀ /mm
300	440	400	365	355	352	17	17	23		35	32	180	12	85	25	12	22	12	34.8/22.5	M20	16	6
350	490	450	415	405	402	17	14	23		37	32	185	12	90	25	12	22	12	41.4/25.9	M20	16	6
400	540	500	465	455	452	17	14	23		42	36	190	12	95	25	12	22	12	50.3/32.0	M20	20	8
450	590	550	515	505	502	17	14	23		43	36	190	12	95	25	12	22	12	57.0/35.8	M20	20	8
500	660	615	576	566	563	21	18	27		43	40	190	16	105	35	16	26	12	76.7/54.6	M24	20	10
550	710	665	626	616	613	21	18	27		45	40	195	16	105	35	16	26	12	86.2/59.8	M24	20	10
600	760	715	676	666	663	21	18	27		50	42	200	16	110	35	16	26	12	99.3/66.3	M24	24	10
650	810	765	726	716	713	21	18	27		60	46	205	16	115	35	16	26	12	120.7/77.2	M24	24	10
700	860	815	776	766	763	21	18	27		66	50	210	16	120	35	16	26	12	137.3/88.0	M24	28	12
800	960	915	876	866	863	21	18	27		77	58	220	16	125	35	16	26	12	173.2/108.7	M24	32	12
900	1095	1040	998	988	985	21	18	30			60			145	42	20	32	15	/166.9	M27	32	12
1000	1195	1140	1098	1088	1085	21	18	30			68			155	42	20	32	15	/193.9	M27	36	14
1100	1295	1240	1198	1178	1175	21	18	30			72			165	42	22	32	15	/233.6	M27	40	14
1200	1395	1340	1298	1278	1275	21	18	30			84			185	48	22	32	15	/279.6	M27	48	14
1300	1495	1440	1398	1378	1375	21	18	30			88			185	48	22	32	15	/322.0	M27	56	16
1400	1595	1540	1498	1478	1475	21	18	30			100			195	48	22	32	15	/383.0	M27	60	16
1500	1715	1655	1610	1590	1587	26	23	33			102			200	56	24	36	15	/473.8	M30	60	18
1600	1815	1755	1710	1690	1687	26	23	33			112			210	56	24	36	15	/544.4	M30	64	20
1700	1950	1880	1829	1809	1806	26	23	39			112			230	64	28	42	18	/702.1	M36	52	20
1800	2050	1980	1929	1909	1906	26	23	39			122			235	64	28	42	18	/788.0	M36	56	22
1900	2150	2080	2029	2009	2006	26	23	39			132			235	64	28	42	18	/886.1	M36	64	24
2000	2250	2180	2129	2109	2106	26	23	39			144			245	64	28	42	18	/997.6	M36	68	24
2100	2390	2305	2229	2209	2206	26	23	45			158			270	72	32	48	18	1353.8	M42	64	26
2200	2490	2405	2329	2309	2306	26	23	45			172			295	80	32	48	18	1537.3	M42	78	26
2300	2590	2505	2429	2409	2406	26	23	45			182			315	86	32	48	18	1695.3	M42	72	26
2400	2720	2620	2529	2509	2506	26	23	52			190			320	86	34	50	18	2021.5	M48	60	28
2500	2820	2720	2629	2609	2606	26	23	52			200			335	90	34	50	18	2202.9	M48	64	28
2600	2920	2820	2729	2709	2706	26	23	52			210			355	96	34	50	18	2397.2	M48	68	28

注：1. DN300～800mm 的乙型平焊法兰与长颈对焊法兰的连接尺寸完全相同。

2. 法兰质量与密封面形式有关，表中给出的是平面密封面法兰质量（稍低于其他密封面型式法兰质量），分子是乙型平焊法兰质量，分母是长颈对焊法兰质量。

表 10-7 PN＝4.0MPa 的乙型平焊（DN300～600mm）长颈对焊（DN300～2000mm）法兰的尺寸与质量

公称直径 DN /mm	法兰/mm																			螺柱		对接筒体最小厚度 δ₀ /mm
	连接尺寸								法兰盘厚度			短节尺寸		高颈尺寸					质量 /kg	规格	数量	
	D	D_1	D_2	D_3	D_4	a	a_1	d	甲型平焊	乙型平焊	长颈对焊	H_0	δ_1	H	h	δ_1	δ_2	R				
300	460	415	376	366	363	21	18	27		42	40	190	16	105	35	16	26	12	47.8/34.7	M24	16	8
350	510	465	426	416	413	21	18	27		44	42	190	16	110	35	16	26	12	56.5/41.1	M24	16	8
400	560	515	476	466	463	21	18	27		50	42	200	16	110	35	16	26	12	68.4/45.7	M24	20	12
450	610	565	526	516	513	21	18	27		61	46	205	16	110	35	16	26	12	87.0/55.0	M24	20	12
500	660	615	576	566	563	21	18	27		68	46	210	16	110	35	16	26	12	102.5/59.9	M24	24	12
550	710	665	626	616	613	21	18	27		75	52	220	16	115	35	16	26	12	119.2/69.6	M24	28	12
600	760	715	676	666	663	21	18	27		81	58	225	16	120	35	16	26	12	135.9/81.8	M24	32	12
650	845	790	748	738	735	21	18	30			60			135	42	20	32	15	/121.6	M27	28	14
700	895	840	798	788	785	21	18	30			64			140	42	20	32	15	/138.0	M27	32	14
800	995	940	898	888	885	21	18	30			70			150	42	22	32	15	/165.5	M27	40	16
900	1115	1055	1010	1000	997	26	23	33			86			170	42	24	36	15	/246.1	M30	40	16
1000	1215	1155	1110	1100	1097	26	23	33			100			175	42	24	36	15	/305.8	M30	48	16
1100	1350	1280	1229	1209	1206	26	23	39			104			195	48	28	42	18	/420.3	M36	40	20
1200	1450	1380	1329	1309	1306	26	23	39			120			205	48	28	42	18	/512.3	M36	44	22
1300	1550	1480	1429	1409	1406	26	23	39			126			220	56	28	42	18	/579.4	M36	52	22
1400	1650	1580	1529	1509	1506	26	23	39			130			235	64	28	42	18	/639.8	M36	60	22
1500	1750	1680	1629	1609	1606	26	23	39			144			250	64	28	42	18	/744.9	M36	64	22
1600	1850	1780	1729	1709	1706	26	23	39			158			265	64	28	42	18	/857.7	M36	68	22
1700	1990	1905	1829	1809	1806	26	23	45			176			290	74	32	48	18	1199.4	M42	60	26
1800	2110	2015	1929	1906	1906	26	23	52			186			310	74	32	48	18	1462.0	M48	56	26
1900	2215	2120	2029	2009	2006	26	23	52			210			325	74	34	50	18	1655.3	M48	64	28
2000	2315	2220	2129	2109	2106	26	23	52			222			340	74	34	50	18	1822.0	M48	68	28

注：法兰质量与密封面形式有关，表中给出的是平面密封面法兰的质量，分子是乙型法兰质量，分母是长颈法兰质量。

表 10-8 PN＝6.4MPa 的长颈对焊（DN300～1200mm）法兰尺寸与质量

公称直径 DN /mm	法兰/mm																			螺柱		对接筒体最小厚度 δ₀ /mm
	连接尺寸								法兰盘厚度			短节尺寸		高颈尺寸					质量 /kg	规格	数量	
	D	D_1	D_2	D_3	D_4	a	a_1	d	甲型平焊	乙型平焊	长颈对焊	H_0	δ_1	H	h	δ_1	δ_2	R				
300	460	415	376	366	363	21	18	27			46			110	35	16	26	12	38.6	M24	16	8
350	510	465	426	416	413	21	18	27			48			115	35	16	26	12	45.5	M24	20	8
400	560	515	476	466	463	21	18	27			56			120	35	16	26	12	56.8	M24	24	12
450	645	590	548	538	535	21	18	30			60			130	36	20	32	15	86.4	M27	24	12
500	695	640	598	588	585	21	18	30			68			140	36	20	32	15	99.4	M27	28	12
550	745	690	648	638	635	21	18	30			78			150	36	20	32	15	121.1	M27	32	12

公称直径 DN /mm	法兰/mm																			螺柱		对接筒体最小厚度 δ0 /mm
	连接尺寸								法兰盘厚度			短节尺寸		高颈尺寸					质量 /kg	规格	数量	
	D	D_1	D_2	D_3	D_4	a	a_1	d	甲型平焊	乙型平焊	长颈对焊	H_0	δ_1	H	h	δ_1	δ_2	R				
600	815	755	710	700	697	26	23	33			82			160	42	22	36	15	159.8	M30	32	14
650	865	805	760	750	747	26	23	33			92			165	42	22	36	15	180.6	M30	36	16
700	950	880	829	819	816	26	23	39			92			185	48	26	42	18	246.6	M36	32	18
800	1050	980	929	919	916	26	23	39			112			200	48	26	42	18	314.4	M36	36	18
900	1195	1110	1029	1019	1016	26	23	45			132			230	58	30	48	18	516.5	M42	36	22
1000	1296	1210	1129	1119	1116	26	23	45			146			245	58	32	50	18	623.9	M42	40	24
1100	1420	1350	1229	1219	1216	26	23	52			160			265	66	34	52	18	800.1	M48	40	26
1200	1520	1425	1329	1319	1316	26	23	52			176			275	66	34	52	18	927.3	M48	44	28

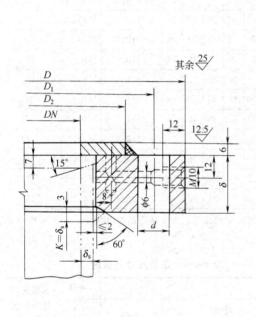

图 10-9 带平面密封面衬环的甲型平焊法兰

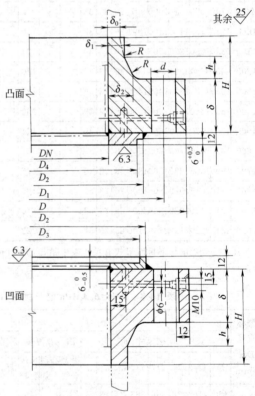

图 10-10 带凹凸密封面衬环的长颈对焊法兰

在长颈法兰的尺寸表中，均列出了与长颈对焊法兰相连接筒体的最小厚度要求值 δ_0。如果根据强度计算，筒体的厚度小于 δ_0 时，那么就需要调整法兰颈的高度，这种调整是通过调整法兰总高度来完成。表 10-9 给出的便是当对接圆筒厚度小于 δ_0 时，法兰总高度应作的相应调整。

表 10-9 长颈对焊法兰总高度 *H* 修正表   mm

公称直径/mm	表中分数:分子表示对接圆筒厚度/分母表示法兰总高度					
	公称压力					
	PN=0.6MPa	PN=1.0MPa	PN=1.6MPa	PN=2.5MPa	PN=4.0MPa	PN=6.4MPa
300			4/90			
350		—	4/90			—
400			4/95		8/110 10/110	
450		4/100	6/95		8/115 10/110	
500		4/105	6/100	8/110	8/120 10/110	
550		4/108	6/100	— 8/115	8/125 10/120	—
600		4/110	6/105 8/105	8/120	— 10/125	
650		6/110	8/105	8/125	10/150 12/145	
700		6/110	8/125	8/130	12/150	
800		6/115	8/130 10/120	— 10/130	12/160 14/155	
900		6/120 8/110	8/135 10/125	10/155	— 14/180	18/245 20/240
1000		— 8/115	8/145 10/135	10/170 12/160	14/195 16/190	20/260 22/255
1100		8/145 10/135	10/145 12/140	10/180 12/170	16/220 18/210	22/285 24/275
1200		8/150 10/135	10/150 12/140	— 12/195	18/230 20/215	24/295 26/285
1300	8/155 10/140	8/155 10/145	10/160 12/150	12/200 14/190	18/245 20/230	
1400	8/165 10/150	8/165 10/150	10/170 12/160	14/205	20/245	
1500	8/165 10/155	8/170 10/155	10/195 12/185 14/170	14/225 16/215	20/260	
1600	8/170 10/160	10/165	10/205 12/195 14/185	16/225 18/210	22/265	
1700	8/180 10/165	10/170	10/215 14/195 16/185	16/250 18/245	22/315 22/335	
1800	10/165 12/155	10/175 12/165	12/215 14/205 16/195	16/265 18/260 20/245	22/335 24/350	
1900	10/170 12/160	12/185 14/175	14/225 16/215 18/195	18/265 20/255 22/235	24/350 24/365	
2000	10/175 12/165	12/195 14/180	14/235 16/225 18/205	18/280 20/270 22/245	24/365 26/350	—
2100	12/195 14/175	12/210 14/210	16/260 18/250 20/230	22/300 24/290		
2200	12/205 14/185	12/220 14/220	16/275 18/265 20/245	22/325 24/310		
2300	14/210 16/190	14/240 16/225	16/290 18/275 20/260	22/340 24/330		
2400	14/215 16/195	14/250 16/235	18/300 20/285 22/265	24/350 26/335		
2500	16/215 18/195	16/250 18/235	18/325 20/310 22/290	24/365 26/350		
2600	16/220 18/200	16/260 18/240	18/335 20/320 22/305	24/385 26/370		

（3）确定法兰尺寸的计算基础

法兰系列表中的法兰尺寸是在规定设计温度是 200℃，规定法兰材料是 Q345R 或 16Mn 锻件，根据不同型式的法兰，规定了垫片的形式、材质、尺寸和螺柱材料的基础上，按照不同的容器直径（即法兰的公称直径）和不同的设计压力（即法兰公称压力），通过多种方案的比较计算和尺寸圆整得到的。譬如 $DN=1000mm$，$PN=0.6MPa$ 的甲型平焊法兰，它的尺寸是根据以下条件：垫片材料为石棉橡胶板，厚度是 3mm，垫片宽度为 20mm；螺柱材料是 20 号钢；法兰材料为 Q345R，许用应力按 200℃取，法兰内径为 1000mm，设计压力是 0.6MPa 等，通过计算确定的。这个法兰尺寸一经确定，就称它是公称压力 $PN=0.6MPa$，公称直径 $DN=1000mm$ 的甲型平焊法兰。所以如果仅从法兰尺寸系列表来观察，法兰的尺寸是由法兰的公称压力和公称直径唯一确定的。在该表中反映不出在确定这些尺寸时，垫片、螺柱、法兰材料以及温度的影响。因此，在利用法兰尺寸系列表确定法兰尺寸时，只需知道法兰的公称压力和公称直径就可以了，不管实际使用的法兰材料是不是 Q345R，也不管法兰的使用温度是不是 200℃，只要法兰的公称直径、公称压力一定，法兰的类型一定，法兰的尺寸就是一定的。

10.1.3.4 压力容器法兰的最大允许工作压力

法兰标准中的法兰尺寸实际上是根据上述特定的设计条件确定的，可是在法兰尺寸表中显示的却是法兰尺寸是由其 PN 和 DN 唯一确定的。所以在使用法兰尺寸表之前，首先要确定欲选法兰的公称压力。前已述及，法兰的公称压力可看成是法兰的设计压力，譬如假设所选用的法兰就用 Q345R 制造，法兰的工作温度也就是 200℃，那么该法兰的设计压力就是法兰的最大允许工作压力。但是，如果所选用的法兰，采用的材料比 Q345R 差，或者法兰使用的温度比 200℃ 高，那么该法兰的最大允许工作压力就应该低于其设计压力（或公称压力）。反之如果法兰材料优于 Q345R，或工作温度低于 200℃，那么法兰的最大允许工作压力又会高于其设计压力。为了解决设计条件的特定性（Q345R 与 200℃）与使用情况的多样性之间的矛盾，法兰标准专门编制了两张反映因法兰所用材料和法兰工作温度与设计条件不同时，法兰的最大允许工作压力与其公称压力之间关系的表，即表 10-10 和表 10-11，从这两张表可见，法兰的最大允许工作压力既可能低于其公称压力，也可能高于其公称压力，这主要取决于法兰所用的材料和它的实际工作温度。利用这两张表来决定所欲选取法兰的公称压力。

表 10-10　甲、乙型法兰适用材料及最大允许工作压力　　　　　　　MPa

公称压力 PN	法兰材料		工作温度/℃				备注
			(>-20)~200	250	300	350	
0.25	板材	Q235B	0.16	0.15	0.14	0.13	工作温度下限 20℃ 工作温度下限 0℃
		Q235C	0.18	0.17	0.15	0.14	
		Q245R	0.19	0.17	0.15	0.14	
		Q345R	0.25	0.24	0.21	0.20	
	锻件	20	0.19	0.17	0.15	0.14	
		16Mn	0.26	0.24	0.22	0.21	
		20MnMo	0.27	0.27	0.26	0.25	
0.60	板材	Q235B	0.40	0.36	0.33	0.30	工作温度下限 20℃ 工作温度下限 0℃
		Q235C	0.44	0.40	0.37	0.33	
		Q245R	0.45	0.40	0.36	0.34	
		Q345R	0.60	0.57	0.51	0.49	
	锻件	20	0.45	0.40	0.36	0.34	
		16Mn	0.61	0.59	0.53	0.50	
		20MnMo	0.65	0.64	0.63	0.60	
1.00	板材	Q235B	0.66	0.61	0.55	0.50	工作温度下限 20℃ 工作温度下限 0℃
		Q235C	0.73	0.67	0.61	0.55	
		Q245R	0.74	0.67	0.60	0.56	
		Q345R	1.00	0.95	0.86	0.82	
	锻件	20	0.74	0.67	0.60	0.56	
		16Mn	1.02	0.98	0.88	0.83	
		20MnMo	1.09	1.07	1.05	1.00	
1.60	板材	Q235B	1.06	0.97	0.89	0.80	工作温度下限 20℃ 工作温度下限 0℃
		Q235C	1.17	1.08	0.98	0.89	
		Q245R	1.19	1.08	0.96	0.90	
		Q345R	1.60	1.53	1.37	1.31	
	锻件	20	1.19	1.08	0.96	0.90	
		16Mn	1.64	1.56	1.41	1.33	
		20MnMo	1.74	1.72	1.68	1.60	
2.50	板材	Q235C	1.83	1.68	1.53	1.38	工作温度下限 0℃ DN<1400mm DN≥1400mm
		Q245R	1.86	1.69	1.50	1.40	
		Q345R	2.50	2.39	2.14	2.05	
	锻件	20	1.86	1.69	1.50	1.40	
		16Mn	2.56	2.44	2.20	2.08	
		20MnMo	2.92	2.86	2.82	2.73	
		20MnMo	2.67	2.63	2.59	2.50	
4.00	板材	Q245R	2.97	2.70	2.39	2.24	DN<1500mm DN≥1500mm
		Q345R	4.00	3.82	3.42	3.27	
	锻件	20	2.97	2.70	2.39	2.24	
		16Mn	4.09	3.91	3.52	3.33	
		20MnMo	4.64	4.56	4.51	4.36	
		20MnMo	4.27	4.20	4.14	4.00	

表 10-11　长颈法兰的最大允许工作压力　　　　　　　　MPa

公称压力 PN	法兰材料（锻件）	工作温度/℃								备注
		(>−70)~<−40	(>−40)~−20	(>−20)~200	250	300	350	400	450	
0.60	20			0.44	0.40	0.35	0.33	0.30	0.27	
	16Mn			0.60	0.57	0.52	0.49	0.46	0.29	
	20MnMo			0.65	0.64	0.63	0.60	0.57	0.50	
	15CrMo			0.46	0.61	0.59	0.55	0.52	0.49	
	12Cr2Mo1			0.65	0.63	0.60	0.56	0.53	0.50	
	16MnD		0.60	0.60	0.57	0.52	0.49			
	09MnNiD	0.60	0.60	0.60	0.60	0.57	0.53			
1.00	20			0.73	0.66	0.59	0.55	0.50	0.45	
	16Mn			1.00	0.96	0.86	0.81	0.77	0.49	
	20MnMo			1.09	1.07	1.05	1.00	0.94	0.83	
	15CrMo			1.02	0.98	0.91	0.86	0.81	0.77	
	12Cr2Mo1			1.09	1.04	1.00	0.93	0.88	0.83	
	16MnD		1.00	1.00	0.96	0.86	0.81			
	09MnNiD	1.00	1.00	1.00	1.00	0.95	0.88			
1.60	20			1.16	1.05	0.94	0.88	0.81	0.72	
	16Mn			1.60	1.53	1.37	1.30	1.23	0.78	
	20MnMo			1.74	1.72	1.68	1.60	1.51	1.33	
	15CrMo			1.64	1.56	1.46	1.37	1.30	1.23	
	12Cr2Mo1			1.74	1.67	1.60	1.49	1.41	1.33	
	16MnD		1.60	1.60	1.53	1.37	1.30			
	09MnNiD	1.60	1.60	1.60	1.60	1.51	1.41			
2.50	20			1.81	1.65	1.46	1.37	1.26	1.13	
	16Mn			2.50	2.39	2.15	2.04	1.93	1.22	
	20MnMo			2.92	2.86	2.82	2.73	2.58	2.45	DN<1400
	20MnMo			2.67	2.63	2.59	2.50	2.37	2.24	DN≥1400
	15CrMo			2.56	2.44	2.28	2.15	2.04	1.93	
	12Cr2Mo1			2.67	2.61	2.50	2.33	2.20	2.09	
	16MnD		2.50	2.50	2.39	2.15	2.04			
	09MnNiD	2.50	2.50	2.50	2.50	2.37	2.20			
4.00	20			2.90	2.64	2.34	2.19	2.01	1.81	
	16Mn			4.00	3.82	3.44	3.26	3.08	1.96	
	20MnMo			4.64	4.56	4.51	4.36	4.13	3.92	DN<1500
	20MnMo			4.27	4.20	4.14	4.00	3.80	3.59	DN≥1500
	15CrMo			4.09	3.91	3.64	3.44	3.26	3.08	
	12Cr2Mo1			4.26	4.18	4.00	3.73	3.53	3.35	
	16MnD		4.00	4.00	3.82	3.44	3.26			
	09MnNiD	4.00	4.00	4.00	4.00	3.79	3.52			
6.40	20			4.65	4.22	3.75	3.51	3.22	2.89	
	16Mn			6.40	6.12	5.50	5.21	4.93	3.13	
	20MnMo			7.42	7.30	7.22	6.98	6.61	6.27	DN<400
	20MnMo			6.82	6.73	6.63	6.40	6.07	5.75	DN≥400
	15CrMo			6.54	6.26	5.83	5.50	5.21	4.93	
	12Cr2Mo1			6.82	6.68	6.40	5.97	5.64	5.36	
	16MnD		6.40	6.40	6.12	5.50	5.21			
	09MnNiD	6.40	6.40	6.40	6.40	6.06	5.64			

10.1.3.5 容器法兰尺寸的查取方法、示例及标记

当需要为一台内径为 D_i，设计压力为 p，设计温度为 t 的容器筒体或封头选配法兰时，可按以下步骤进行。

ⅰ.根据容器的公称直径（即其内径）DN 和设计压力 p，参照表 10-1 初步确定法兰的结构类型。

ⅱ.根据容器的设计压力 p、设计温度 t 及准备采用的法兰材料，按表 10-9 或表 10-10 确定所选法兰的公称压力 PN。

ⅲ.根据所确定的法兰的 PN 和 DN 返回查看表 10-1，以便验证原来根据设计压力 p 所初步确定的法兰类型是否包含有已确定的 PN 与 DN。一般来说，只要容器的设计压力 p 与确定的法兰公称压力 PN 相差不大，不会出现需变更法兰类型或变更法兰材料的问题。

ⅳ.根据所确定的 PN 和 DN，从表 10-2～表 10-8 中选出相应的尺寸表，即可确定选法兰尺寸。

例题 10-1 为一台精馏塔塔节选配法兰。该塔内径 $D_i=1000mm$，$\delta_n=4mm$，操作温度 280℃，设计压力 $p=0.2MPa$，法兰材料可用 Q245R，也可用 Q345R，试分别确定使用这两种材料时，法兰的类型和尺寸。

解 （1）确定法兰类型

根据 $DN=1000mm$，$p=0.2MPa$（估计 PN 不会超过 0.6MPa），表 10-1 可知应选甲型平焊法兰。

（2）确定法兰的公称压力

根据 $p=0.2MPa$，$t=280℃$，查表 10-10，法兰材料若用 Q245R，当取 $PN=0.25MPa$ 时，300℃的 $[p]=0.15MPa$，满足不了 $p=0.2MPa$ 的需要，所以法兰的 PN 应提高一个等级，定 $PN=0.6MPa$。

法兰材料若用 Q345R，当 $PN=0.25MPa$ 时，300℃的 $[p]=0.21MPa$，能满足 $p=0.2MPa$ 的需要，所以法兰材料为 Q345R 时，法兰 PN 定为 0.25MPa。

（3）确定法兰结构尺寸

根据确定的 $DN=1000mm$，$PN=0.6MPa$，查表 10-3 可确定用 Q245R 材料制造时的法兰尺寸。根据确定的 $DN=1000mm$，$PN=0.25MPa$，查表 10-2 可确定用 Q345R 制造法兰时法兰的尺寸。这两个法兰尺寸标注在图 10-11 所示的零件图上。

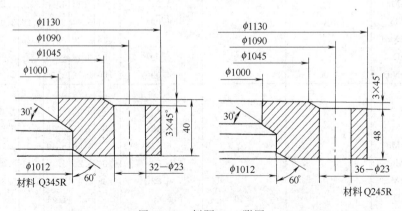

图 10-11　例题 10-1 附图

法兰选定后，应在图样上予以标记，法兰标记由 7 部分组成，如下所示。

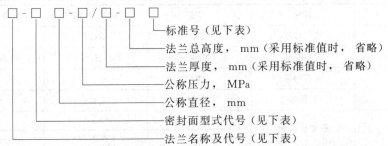

$$\square - \square\square - \square/\square - \square\square$$

- 标准号（见下表）
- 法兰总高度，mm（采用标准值时，省略）
- 法兰厚度，mm（采用标准值时，省略）
- 公称压力，MPa
- 公称直径，mm
- 密封面型式代号（见下表）
- 法兰名称及代号（见下表）

	法 兰 类 别		标 准 号
法兰标准号	甲型平焊法兰		NB/T 47021—2012
	乙型平焊法兰		NB/T 47022—2012
	长颈对焊法兰		NB/T 47023—2012
	密 封 面 型 式		代 号
密封面型式代号	平面密封面		RF
	凹凸密封面	凹密封面	FM
		凸密封面	M
	榫槽密封面	榫密封面	T
		槽密封面	G
	法 兰 类 型		名 称 及 代 号
法兰名称及代号	一般法兰		法兰
	衬环法兰		法兰 C

示例 1 公称压力 1.6MPa，公称直径 800mm 的衬环榫槽密封面乙型平焊法兰的榫面法兰，且考虑腐蚀裕量为 3mm（即应增加短节厚度 2mm，δ_1 改为 18mm）。

标记：法兰 C-T　800-1.60　NB/T 47022—2012，并在图样明细表备注中注明　δ_1＝18。

示例 2 公称压力 2.5MPa，公称直径 1000mm 的平面密封面长颈对焊法兰，其中法兰厚度改为 78mm（标准厚度为 68mm），法兰总高度不变仍为 155mm。

标记：法兰-RF　1000-2.5/78-155　NB/T 47023—2012

衬环法兰所使用的衬环材料由设计者决定，衬环材料应该用括号标注在图样明细表法兰材料后边或备注栏中。

10.1.3.6　选用法兰材料应注意的问题

ⅰ.钢板应符合 GB/T 150、GB/T 3274、GB/T 713 的规定。

ⅱ.Q235B 钢板不得用作毒性为高度或极度危害介质的压力容器法兰。

ⅲ.法兰用厚度大于 50mm 的 Q245R、Q345R 钢板应在正火状态下使用。

ⅳ.长颈对焊法兰不允许拼焊，其余法兰允许用钢板拼焊。拼接法兰应进行焊后消除应力热处理。

ⅴ.锻件按 NB/T 47008 或 NB/T 47009 的Ⅱ级检验与验收，有特殊要求时按图样的规定。

10.1.3.7　压力容器法兰用密封垫片

压力容器法兰上使用的密封垫片共有三种。

10.1.3.7.1　非金属软垫片（NB/T 47024—2012）

（1）材料类别、名称代号与应用范围

非金属垫片的材料类别、名称代号与应用范围列于表 10-12。

表 10-12　非金属垫片的材料类别、名称代号与应用范围

材料类别	名称	代号	使用压力/MPa	使用温度范围/℃
橡胶	氯丁橡胶	CR	≤1.6	-20~100
	丁腈橡胶	NBR	≤1.6	-20~110
	三元乙丙橡胶	EPDM	≤1.6	-30~140
	氟橡胶	FKM	≤1.6	-20~200
石棉橡胶	石棉橡胶板	XB350	≤2.5	-40~300
		XB450	≤2.5	-40~300
	耐油石棉橡胶板	NY400	≤2.5	-40~300
聚四氟乙烯	聚四氟乙烯板	PTFE	≤4.0	-40~200
柔性石墨	增强柔性石墨板	RSB	1.0~6.4	-240~650

（2）结构型式与尺寸

平密封面、凹凸密封面、衬环平密封面和衬环凹凸密封面法兰用非金属软垫片按图 10-12 和表 10-13 的规定。

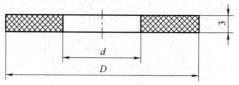

图 10-12　非金属软垫片

表 10-13　非金属软垫片尺寸　　　　　　　　　　　　　　mm

公称压力 PN/MPa	0.25		0.6		1.0		1.6		2.5		4.0	
公称直径 DN/mm	D	d	D	d	D	d	D	d	D	d	D	d
300	按 PN=1.00				339/354	303/310	344/354	304/310	354	310	365	315
350					389/404	353/360	394/404	354/360	404	360	415	365
400					439/454	403/410	444/454	404/410	454	410	465	415
450	按 PN=1.00		489	453	489/504	453/460	494/504	454/460	504	460	515	465
500			539	503	544/554	504/510	544/554	504/510	565	515	565	515
550			589	553	594/604	554/560	594/604	554/560	615	565	615	565
600			639	603	644/654	604/610	644/654	604/610	665	615	665	615
650			689	653	694/704	654/660	694/704	654/660	715	665	737	687
700	739	703	744	704	744/754	704/710	765	715	765	715	887	737
800	839	803	844	804	844/854	804/810	865	815	865	815	787	837
900	939	903	944	904	944/954	904/910	965	915	987	937	999	939
1000	1044	1044	1044	1044	1054	1010	1065	1015	1087	1037	1099	1039
1100	1140	1100	1140	1100	1155	1105	1155	1105	1177	1127	1208	1148
1200	1240	1200	1240	1200	1255	1205	1255	1205	1277	1227	1308	1248
1300	1340	1300	1355	1305	1355	1305	1355	1305	1377	1327	1408	1348
1400	1440	1400	1455	1405	1455	1405	1455	1405	1477	1427	1508	1448

注：表中粗实线范围内的数据（分母部分除外）为甲型平焊法兰用软垫片尺寸，分母部分为长颈对焊法兰用软垫片尺寸；粗实线范围外的数值为乙型平焊法兰与长颈对焊法用软垫片尺寸。

（3）标记

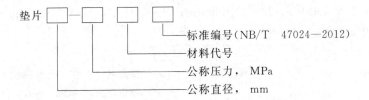

标记示例：

公称直径1000mm、公称压力2.50MPa，法兰用石棉橡胶板垫片：

        垫片　1000—2.50　XB350　NB/T 47024—2012

10.1.3.7.2　缠绕式垫片（NB/T 47025—2012）

这种垫片是用06Cr13或06Cr19Ni10等钢带与石棉或聚四氟乙烯等填充带相间缠卷而成。为防止松散，把金属带的始端及末端焊牢。为了增大垫片的弹性和回弹性，金属带与非金属填充带均轧制成波形（图10-13），有四种结构型式：

A型——又称基本型，不带加强环，用于榫槽密封面；

B型——带内加强环，用于凹凸密封面；

C型——带外加强环，用于平面密封面；

D型——内外均有加强环，用于平面密封面。

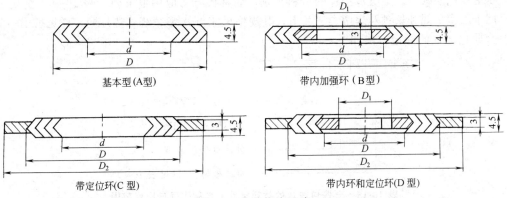

基本型(A型)　　　　带内加强环（B型）

带定位环(C型)　　　带内环和定位环(D型)

图10-13　缠绕式垫片

缠绕式垫片的材料类别、名称代号与应用范围列于表10-14。

表10-14　缠绕式垫片的材料类别、名称代号与应用范围

金属带材料	代号	使用温度范围/℃
碳素钢	1	−20～450
06Cr19Ni10	2	−196～700
06Cr17Ni12Mo2	3	−196～700
022Cr17Ni12Mo2	4	−196～450
06Cr13	5	−196～500
06Cr18Ni11Ti	6	−196～700
022Cr19Ni10	7	−196～450
填充带材料	代号	使用温度范围/℃
石棉	1	−50～500
柔性石墨	2	−196～800（氧化性介质不高于600）
聚四氟乙烯	3	−196～260
非石棉纤维	4	−50～300[①]

① 不同种类的非石棉纤维带材料有不同的使用温度范围，按材料生产厂的规定。

缠绕垫片属外购标准件，用于乙型与长颈法兰，其使用范围是 $PN1.0\sim2.5MPa$ 时 $DN\leqslant2000mm$；$PN4.0MPa$，$DN\leqslant1600mm$；$PN6.4MPa$，$DN\leqslant800mm$。图样上应注明其标记，标记规定如下：

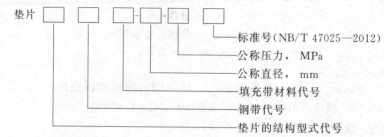

- 标准号（NB/T 47025—2012）
- 公称压力，MPa
- 公称直径，mm
- 填充带材料代号
- 钢带代号
- 垫片的结构型式代号

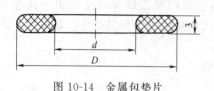

图 10-14 金属包垫片

标记示例：公称直径 1000mm，公称压力 2.5MPa，钢带为 06Cr13，填充带为石棉的带内环的缠绕垫，其标记为：

垫片 B51-1000-2.50   NB/T 47025—2012

10.1.3.7.3 金属包垫片（NB/T 47026—2012）

这种垫片是由石棉橡胶板作内芯，外包厚度为 $0.2\sim0.5mm$ 厚的薄金属板构成（图 10-14），金属板的材料可以是铝、铜及其合金，也可以采用不锈钢或优质碳钢。金属包垫片的材料类别、名称代号与应用范围列于表 10-15。金属包垫片只用于乙型平焊和长颈对焊两类法兰上，其规格尺寸与 A 型缠绕式垫片同，详见表 10-16。

金属包垫片的标记方法如下：

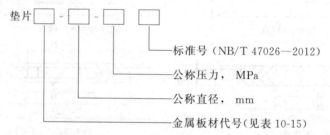

- 标准号（NB/T 47026—2012）
- 公称压力，MPa
- 公称直径，mm
- 金属板材代号（见表 10-15）

表 10-15 金属包垫片的材料类别、名称代号与应用范围

金属板材代号			
金属板材	材料标准	代号	最高工作温度/℃
镀锡薄钢板	GB/T 2520	A	400
镀锌薄钢板	GB/T 2518	B	400
碳钢	GB/T 711	C	400
铜 T2	GB/T 2040	D	300
1060（铝 L2）	GB/T 3880	E	200
06Cr13	GB/T 3280	F	500
06Cr19Ni10	GB/T 3280	G	600
填 充 材 料			
填充材料	材料标准		最高工作温度/℃
石棉橡胶板	GB/T 3985		300
柔性石墨板	JB/T 7758.2		650

254

表 10-16　容器法兰用缠绕式与金属包垫片规格尺寸

mm

公称直径 DN/mm	PN 0.25		PN 0.60		PN 1.00				PN 1.60				PN 2.50				PN 4.00				PN 6.40			
公称压力 PN/MPa	D	d	D	d	D_2	D	d	D_1	D_2	D	d	D_1	D_2	D	d	D_1	D_2	D	d	D_1	D_2	D	d	D_1
300					380	354	322	302	380	354	322	302	380	354	322	302	391	365	325	305	391	365	325	305
(350)					430	404	372	352	430	404	372	352	430	404	372	352	441	415	375	355	441	415	375	355
400					480	454	422	402	480	454	422	402	480	454	422	402	491	465	425	405	491	465	425	405
(450)					530	504	472	452	530	504	472	452	530	504	472	452	541	515	475	455	563	537	497	461
500					580	554	522	502	580	554	522	502	591	565	525	505	591	565	525	505	613	587	547	511
(550)					630	604	572	552	630	604	572	552	641	615	575	555	641	615	575	555	663	637	597	561
600					680	654	622	602	680	654	622	602	691	665	625	605	691	665	625	605	725	699	649	613
(650)					730	704	672	652	730	704	672	652	741	715	675	655	763	737	697	661	775	749	699	663
700					780	754	722	702	791	765	725	705	791	765	725	705	813	787	747	711	844	818	768	732
800					880	854	822	802	891	865	825	805	891	865	825	805	913	887	847	811	944	918	868	832
900					980	954	922	902	991	965	925	905	1013	987	947	911	1025	999	949	913	1068	1018	968	932
1000					1080	1054	1022	1002	1091	1065	1025	1005	1113	1087	1047	1011	1125	1099	1049	1013	1168	1118	1068	1032
(1100)					1191	1155	1115	1100	1191	1155	1115	1100	1213	1177	1137	1101	1244	1208	1158	1122	1277	1218	1168	1132
1200					1291	1255	1215	1200	1291	1255	1215	1200	1313	1277	1237	1201	1344	1308	1258	1222	1377	1318	1268	1232
(1300)			1355	1315	1391	1355	1315	1300	1391	1315	1315	1300	1413	1377	1337	1301	1444	1408	1358	1322				
1400			1455	1415	1491	1455	1415	1400	1491	1415	1415	1400	1513	1477	1437	1401	1544	1508	1458	1422				
(1500)			1555	1515	1591	1555	1515	1500	1613	1577	1537	1501	1625	1589	1539	1503	1644	1608	1558	1522				
1600			1655	1615	1691	1655	1615	1600	1713	1677	1637	1601	1725	1689	1639	1603	1744	1708	1658	1622				
(1700)			1755	1715	1791	1755	1715	1700	1813	1777	1737	1701	1844	1808	1758	1722	1863	1808	1758	1722				
1800			1855	1815	1891	1855	1815	1800	1913	1877	1837	1801	1944	1908	1858	1822	1967	1908	1858	1822				
(1900)			1955	1915	2013	1977	1937	1901	2025	1989	1937	1903	2044	2008	1958	1922	2072	2008	1958	1922				
2000			2055	2015	2113	2077	2037	2001	2125	2089	2039	2003	2144	2108	2058	2022	2172	2108	2058	2022				
2100	2155	2115	2155	2115	2213	2177	2137	2101	2234	2189	2139	2103	2263	2208	2158	2103								
2200	2255	2215	2255	2215	2313	2277	2237	2201	2334	2289	2239	2203	2363	2308	2258	2203								
2300	2355	2315	2355	2315	2425	2377	2337	2301	2434	2389	2339	2303	2463	2408	2358	2303								
2400	2455	2415	2455	2415	2525	2477	2437	2401	2539	2489	2439	2401	2572	2508	2458	2403								
2500	2555	2515	2555	2515	2630	2577	2537	2501	2648	2589	2539	2501	2672	2608	2558	2503								
2600	2655	2615	2655	2615	2730	2677	2637	2601	2748	2689	2639	2601	2772	2708	2658	2603								
2800	2855	2815																						
3000	3055	3015																						

注：垫片内径 d、外径 D 两种垫片是相同的，$PN0.25$、$PN0.6$ 两个级别只有金属包垫片。

标记示例　公称直径 1000mm，公称压力 2.5MPa，金属板材为 06Cr19Ni10 的金属包垫片，其标记为：

垫片　G-1000-2.50　NB/T 47026—2000

10.1.3.8　压力容器法兰用紧固件（NB/T 47027—2012）

10.1.3.8.1　螺柱

（1）类型与尺寸

螺柱有三种类型，见图 10-15（A）。

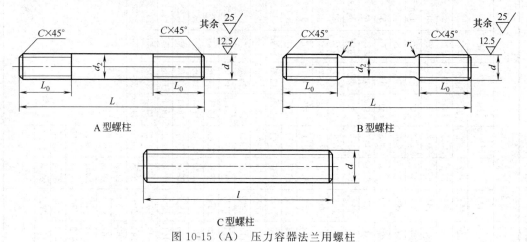

图 10-15（A）　压力容器法兰用螺柱

螺柱的尺寸应符合表 10-17（A）规定。

表 10-17（A）　螺柱尺寸表　　　　　　　　　　　　mm

d	L_0	C	r	d	L_0	C	r
M16	40	2	6	M30	75	3.5	10
M20	50	2.5	8	M36×3	90	3	10
M24	60	3	8	M42×3	105	3	12
M27	70	3	8	M48×3	120	3	14

注：1. A 型螺柱无螺纹部分直径 d_2 等于螺纹的基本大径（公称直径）d；B 型螺柱无螺纹部分直径 d_2 等于螺纹的基本小径 d_1，且 d_2 与 d 的连接需用圆弧 r 过渡。

2. A 型螺柱和 B 型螺柱的螺纹长度 L_0 的允差为 $+2P$，P 为螺纹的螺距。

（2）A 型与 B 型螺柱的选用

在法兰连接中，法兰和壳体是焊在一起的，在安装时，法兰与螺栓的温度相同，操作时法兰的温升值往往大于螺柱的温升值，于是法兰沿其厚度方向的热变形 Δl_{tf}（增厚值）将大于螺柱的热伸长 Δl_{tb}。由于法兰盘在沿其厚度方向的刚度远大于螺柱，所以可以认为螺柱限制不了法兰的增厚，反过来倒是法兰强迫螺柱在其热伸长之外，还要产生一定量的弹性变形 Δl_{Qb}，于是法兰的热变形（增厚）Δl_{tf} 与螺栓热变形 Δl_{tb} 之差就是螺栓附加的弹性变形 Δl_{Qb}。

即

$$\Delta l_{Qb} = \Delta l_{tf} - \Delta l_{tb} \tag{10-1}$$

若螺栓与法兰之间相互作用的附加轴向力用 Q 表示，则有

$$\Delta l_{Qb} = \frac{Ql}{E_b F_b} \tag{10-2}$$

由于温度变化引起的热变形

$$\Delta l_{\mathrm{tf}} = \alpha_{\mathrm{f}} l (t_{\mathrm{f}} - t_0) \qquad (10\text{-}3)$$

$$\Delta l_{\mathrm{tb}} = \alpha_{\mathrm{b}} l (t_{\mathrm{b}} - t_0) \qquad (10\text{-}4)$$

式中 l——法兰连接中螺栓上下螺母之间的长度；

    t_{f}——法兰工作时的温度；

    t_{b}——螺栓工作时的温度；

    t_0——法兰与螺栓的安装温度；

    F_{b}——螺栓未车螺纹部分的截面积。

将式（10-2）、式（10-3）、式（10-4）代入式（10-1），消去 l，解得。

$$Q = E_{\mathrm{b}} F_{\mathrm{b}} [\alpha_{\mathrm{f}} (t_{\mathrm{f}} - t_0) - \alpha_{\mathrm{b}} (t_{\mathrm{b}} - t_0)] \qquad (10\text{-}5)$$

若螺栓与法兰的 α 值相同，则

$$Q = E F_{\mathrm{b}} \alpha (t_{\mathrm{f}} - t_{\mathrm{b}}) \qquad (10\text{-}6)$$

这个式子说明，螺栓上所受到的附加轴向拉力 Q 的大小除与材料的 E、α 值有关外，还取决于螺栓与法兰工作时的温差与螺栓杆的粗细。

螺栓最危险的横截面在车螺纹处，设螺纹根部横截面积为 F_0，则危险截面上的应力为

$$\sigma = \frac{Q}{F_0} = E \alpha (t_{\mathrm{f}} - t_0) \frac{F_{\mathrm{b}}}{F_0} \qquad (10\text{-}7)$$

A 型双头螺柱，只在两端车有螺纹，中间螺杆部分的直径等于螺纹外径。就普通螺纹来说，螺纹外径横截面积 F_{b} 与螺纹根部横截面积 F_0 之比大约为 1.48～1.31（对于 M16～M30），所以从式（10-7）可以看出，采用 A 型螺柱，其危险截面上的附加热应力要比 B 型螺柱上的附加热应力值大 31％～48％。所以当法兰与螺柱间在工作状态下温差较大时，应选用 B 型螺柱。

10.1.3.8.2   螺母

螺母形式示于图 10-15（B）。螺母尺寸应符合表 10-17（B）规定。

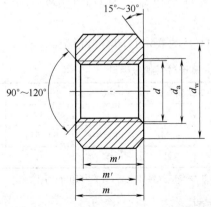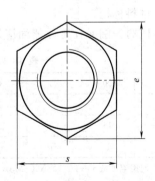

图 10-15（B）   螺母

表 10-17（B）　螺母尺寸表　　　　　　　　　　　　　　mm

d	d_a		d_w	e	m		m'	s	
	max	min	min	min	max	min	min	max	min
M16	17.3	16	24.1	29.3	16.4	15.7	12.5	27	26.16
M20	21.6	20	30.5	36.96	20.4	19.1	13.9	34	33
M24	25.9	24	37.5	44.8	24.4	23.1	18.5	41	40
M27	29.1	27	42.5	50.4	27.4	26.1	20.9	46	45
M30	32.4	30	46.5	54.88	30.44	28.8	23.1	50	49
M36×3	38.9	36	55.8	65.86	36.5	34.9	27.9	60	58.8
M42×3	45.4	42	60.1	70.67	42.5	40.9	32.2	65	63.1
M48×3	51.8	48	70.1	81.87	48.5	46.9	37.5	75	73.1

10.1.3.8.3　标记

（1）螺柱标记

螺柱标记由以下四部分组成：

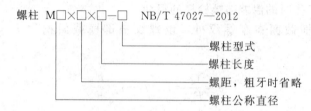

例：公称直径 24mm，长 160mm 的 A 型螺柱标记为：螺柱 M24×160－A NB/T 47027—2012

（2）螺母标记

螺母标记由以下两部分组成：

例：公称直径 42mm 的细牙螺母标记为：螺母 M42×3　NB/T 47027—2012。

（3）材料标记

在螺柱的一端或在螺母侧面应按表 10-17（C）的规定打印材料标记。

表 10-17（C）　螺柱、螺母材料牌号标记

螺柱材料牌号	20	35	40MnB	40MnVB		40Cr	35CrMoA	25Cr2MoVA
标记	H	T	B	V		R	C	D
螺母材料牌号	15	20	25	45	40Mn	30CrMoA	35CrMoA	25Cr2MoVA
标记	E	H	G	F	B	V	C	D

注：用于使用温度低于－20℃的 35CrMoA 螺柱材料，应在螺柱端部材料标记后，补充打印"D"字样。

10.1.3.9　法兰、垫片、螺柱、螺母材料的匹配

容器法兰、垫片、螺柱、螺母相互之间材料的匹配参照表 10-18 及其三个附表。

表 10-18　法兰、垫片、螺柱、螺母材料匹配表

法兰类型	垫片 种类		垫片 适用温度范围/℃	匹配	法兰 材料	法兰 适用温度范围/℃	匹配	螺柱材料	螺母材料	适用温度范围/℃
甲型法兰	非金属软垫片	橡胶	按表10-12	可选配右列法兰材料	板材 GB/T 3274 Q235B、C	Q235B: 20~300；Q235C: 0~300	可选配右列螺柱螺母材料	GB/T 69920	GB/T 69915	-20~350
		石棉橡胶						GB/T 69935	20	0~350
		聚四氟乙烯			板材 GB/T 713 Q245R Q345R	-20~450			GB/T 69925	0~350
		柔性石墨								
乙型法兰与长颈法兰	非金属软垫片	橡胶	按表10-12	可选配右列法兰材料	板材 GB/T 3274 Q235B、C	Q235B: 20~300；Q235C: 0~300	按表10-18附表1选定右列螺柱材料后选定螺母材料	35	20	0~350
		石棉橡胶			板材 GB/T 713 Q245R Q345R	-20~450			25	-20~350
		聚四氟乙烯						GB/T 3077 40MnB 40Cr 40MnVB	45 40Mn	0~400
		柔性石墨			锻件 NB/T 47008 20 Q345	-20~450				
	缠绕垫片	石棉或石墨填充带	按表10-14		板材 GB/T 713 Q245R Q345R	-20~450	按表10-18附表2选定右列螺柱材料后选定螺母材料	40MnB 40Cr 40MnVB	45 40Mn	-10~400
		聚四氟乙烯填充带			锻件 NB/T 47008 20 Q345	-20~450		GB/T 3077 35CrMoA	GB/T 3077 30CrMoA 35CrMoA	-70~500
					15CrMo	0~450				
		非石棉纤维填充带			锻件 NB/T 47009 16MnD	-40~350	选配右列螺柱螺母材料			
					09MnNiD	-70~350				
	金属包垫片	铜、铝包覆材料	按表10-15	可选配右列法兰材料	锻件 NB/T 47008 12Cr2Mo1	0~450	按表10-18附表3选定右列螺柱材料后选定螺母材料	40MnVB	45 40Mn	0~400
								35CrMoA	45、40Mn	-10~400
									30CrMoA 35CrMoA	-70~500
								GB/T 3077 25Cr2MoVA	30CrMoA 25Cr2MoVA	-20~500
		低碳钢、不锈钢包覆材料			锻件 NB/T 47008 20MnMo	0~450	PN≥2.5 MPa	25Cr2MoVA	35CrMoA	-20~500
									25Cr2MoVA	-20~550
							PN<2.5 MPa	35CrMoA	30CrMoA	-70~500

注：1. 乙型法兰材料按表列板材及锻件选用，但不宜采用 Cr-Mo 钢制作。相匹配的螺柱、螺母材料按表列规定。
2. 长颈法兰材料按表列锻件选用，相匹配的螺柱、螺母材料按表列规定。

表 10-18 附表 1　螺柱材料选用表（A）

公称直径 DN/mm	公称压力 PN/MPa					
	0.25	0.60	1.00	1.60	2.50	4.00
300						
350						
400						
450						
500						
550						
600		一				
650						
700						
800						
900						
1000						
1100						
1200	一		40MnB			
1300			40Cr			
1400						
1500						
1600						
1700						
1800						
1900		35①			40MnVB	
2000						
2100						
2200						
2300						
2400						
2500						
2600						
2800	35①		一			
3000						

① 对 16Mn、Q345R 法兰材料，当工作温度高于 200℃时，应改选 40MnB。

表 10-18 附表 2　螺柱材料选用表（B）

公称直径 DN/mm	公称压力 PN/MPa						
	0.25	0.60	1.00	1.60	2.50	4.00	6.40
300							
350							
400							
450							
500							
550							40MnVB②
600		一		40MnB①·②			35CrMoA
650				40Cr②			
700							
800							
900							
1000	一						
1100							
1200							
1300							
1400					40MnVB②		
1500					35CrMoA		
1600							
1700							
1800		40MnB①·②					
1900		40Cr②					
2000							
2100							
2200							
2300							
2400	40MnB①·②						
2500	40Cr②						
2600							
2800			一				
3000							

① 对 15CrMo 法兰材料，当工作温度高于 350℃时，应改选 40MnVB。

② 当法兰工作温度高于 400℃或低于等于 −20℃时，螺柱材料应改选 35CrMoA。

260

表 10-18 附表 3 　螺柱材料选用表（C）

公称直径	公称压力 PN/MPa						
DN/mm	0.25	0.60	1.00	1.60	2.50	4.00	6.40
300							
350							
400							25Cr2MoVA
450							
500							
550							
600	—			40MnB[①]			
650				35CrMoA			
700							
800							
900							
1000	—						
1100							
1200							
1300							
1400					25Cr2MoVA		
1500							
1600							
1700							
1800							
1900							
2000				25Cr2MoVA			
2100							
2200							
2300							
2400							
2500							
2600							
2800			—				
3000							

① 当法兰工作温度高于 400℃时，螺柱材料应改选 35CrMoA。

10.2 　管法兰连接

管法兰连接包括管法兰、密封垫片和紧固件。在化工和石油化工行业中，常用的管法兰标准主要是行业标准《钢制管法兰、垫片、紧固件》，标准号为 HG/T 20592～20635—2009。

2009 年的新标准和 1997 年的标准一样，仍包括欧洲和美洲两个体系，在新标准中称为 PN 系列（欧洲体系）和 Class 系列（美洲体系），本书只介绍 PN 系列。在 PN 系列中，修订时合并、撤销了一些标准号，所以本书所介绍的新标准，其标准号是不连续的。在新的管法兰标准中，制定管法兰尺寸的压力等级分档数值，以 bar❶ 为单位。

HG/T 20592—2009《钢制管法兰（PN 系列）》；

HG/T 20606～20612—2009，包括六个垫片标准；

HG/T 20613—2009《钢制管法兰用紧固件（PN 系列）》；

HG/T 20614—2009《钢制管法兰、垫片、紧固件选配规定（PN 系列）》。

除了行业标准以外，管法兰连接还有国家标准，标准号是 GB/T 9112～9124—2000。上述两个标准所规定的法兰尺寸等，基本相同。

10.2.1 　管法兰（HG/T 20592—2009）

（1）法兰类型和法兰密封面类型

HG/T 20592 管法兰标准共规定了八种不同型式的法兰。表 10-19 和图 10-16 给出各种

---

❶ 1bar＝0.1MPa。

法兰的名称、代号、所属标准号以及它们的示意图。

表 10-19　管法兰类型及类型代号

法兰类型	法兰类型代号	HG/T 标准号	GB/T 标准号	法兰类型	法兰类型代号	HG/T 标准号	GB/T 标准号
板式平焊法兰	PL		GB/T 9119	螺纹法兰	Th		GB/T 9114
带颈平焊法兰	SO		GB/T 9116	对焊环松套法兰	PJ/SE		GB/T 9122
带颈对焊法兰	WN	HG/T 20592	GB/T 9115	平焊环松套法兰	PJ/RJ	HG/T 20592	GB/T 9121
整体法兰	IF		GB/T 9113	法兰盖	BL		GB/T 9123
承插焊法兰	SW		GB/T 9117	衬里法兰盖	BL(S)		

注：法兰名称及法兰类型代号均取自 HG 管法兰标准，在 GB/T 法兰标准中部分法兰名称稍有差异，且无法兰代号。

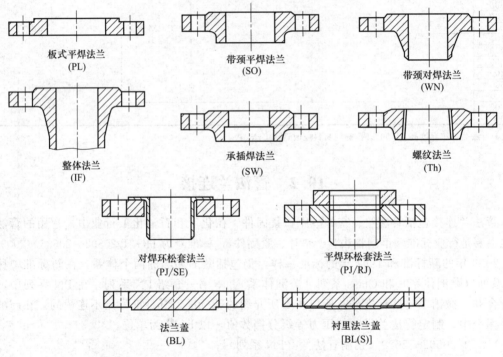

板式平焊法兰
(PL)

带颈平焊法兰
(SO)

带颈对焊法兰
(WN)

整体法兰
(IF)

承插焊法兰
(SW)

螺纹法兰
(Th)

对焊环松套法兰
(PJ/SE)

平焊环松套法兰
(PJ/RJ)

法兰盖
(BL)

衬里法兰盖
[BL(S)]

图 10-16　管法兰类型

注：图 10-16 中 10 种法兰名称及代号均摘自 HG/T 20592。在 GB/T 国家管法兰标准中除了上面 9 种（衬里法兰盖除外）法兰外，还有两种，一种是把平焊环松套法兰中的平焊环改成带颈的对焊环（改后称作对焊环松套法兰），另一种是把对焊环松套法兰中的板式法兰改成带颈的松套法兰（改后称对焊环带颈松套法兰）。所以国家管法兰标准共有十一种法兰类型

图 10-16 所示的 10 种法兰，显示的都是突面密封面。实际上管法兰共有五对七种密封面，它们是：全平面密封面（FF）、突面密封面（RF）、凹凸面密封面（MFM）、榫槽面密封面（TG）和环连接面（RJ）（图 10-17）。并不是每一种法兰都有这七种密封面，这取决于法兰类型和法兰的 PN 和 DN，什么样类型法兰，采用什么样型式的密封面，所适用的 PN、DN 是怎样的范围，标准都做了规定，见表 10-20。

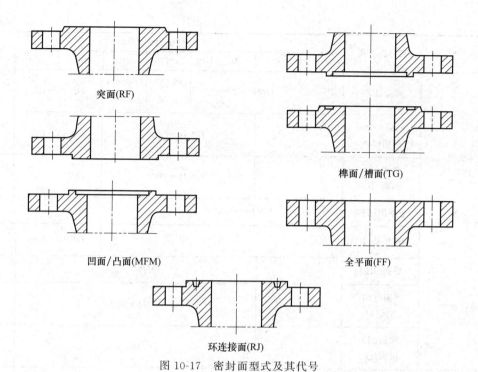

突面(RF)

榫面/槽面(TG)

凹面/凸面(MFM)

全平面(FF)

环连接面(RJ)

图 10-17　密封面型式及其代号

密封面型式	突面	凹面	凸面	榫面	槽面	全平面	环连接面
代号	RF	FM	M	T	G	FF	RJ

表 10-20　各种类型法兰的密封面型式及其适用范围　　　　　　　　　　　　mm

法兰类型	密封面型式	公称压力 PN/bar								
		2.5	6	10	16	25	40	63	100	160
板式平焊法兰（PL）	突面(RF)	DN10~2000	DN10~600					—		
	全平面(FF)	DN10~2000	DN10~600					—		
带颈平焊法兰（SO）	突面(RF)	—	DN10~300	DN10~600				—		
	凹面(FM)凸面(M)	—		DN10~600				—		
	榫面(T)槽面(G)	—		DN10~600				—		
	全平面(FF)	—	DN10~300	DN10~600				—		
带颈对焊法兰（WN）	突面(RF)	—		DN10~2000		DN10~600		DN10~400	DN10~350	DN10~300
	凹面(FM)凸面(M)	—				DN10~600		DN10~400	DN10~350	DN10~300
	榫面(T)槽面(G)	—				DN10~600		DN10~400	DN10~350	DN10~300
	全平面(FF)	—		DN10~2000				—		
	环连接面(RJ)	—						DN15~400		DN15~300

法兰类型	密封面型式	公称压力 PN/bar								
		2.5	6	10	16	25	40	63	100	160
整体法兰 (IF)	突面(RF)	—	DN10~2000			DN10~1200	DN10~600	DN10~400		DN10~300
	凹面(FM) 凸面(M)	—		DN10~600				DN10~400		DN10~300
	榫面(T) 槽面(G)			DN10~600				DN10~400		DN10~300
	全平面(FF)	—	DN10~2000					—		
	环连接面(RJ)			—				DN15~400		DN15~300
承插焊法兰 (SW)	突面(RF)	—			DN10~50			—		
	凹面(FM) 凸面(M)				DN10~50					
	榫面(T) 槽面(G)				DN10~50					
螺纹法兰 (Th)	突面(RF)	—		DN10~150				—		
	全平面(FF)	—	DN10~150					—		
对焊环松套法兰 (PJ/SE)	突面(RF)	—		DN10~600				—		
平焊环松套法兰 (PJ/RJ)	突面(RF)	—	DN10~600					—		
	凹面(FM) 凸面(M)	—		DN10~600						
	榫面(T) 槽面(G)			DN10~600						
法兰盖 (BL)	突面(RF)	DN10~2000		DN10~1200		DN10~600		DN10~400		DN10~300
	凹面(FM) 凸面(M)			DN10~600				DN10~400		DN10~300
	榫面(T) 槽面(G)			DN10~600				DN10~400		DN10~300
	全平面(FF)	DN10~2000		DN10~1200				—		
	环连接面(RJ)			—				DN15~400		DN15~300
衬里法兰盖 [BL(S)]	突面(RF)	—		DN40~600				—		
	凸面(M)	—		DN40~600				—		
	槽面(T)	—		DN40~600				—		

结合上述的图 10-16、图 10-17 和表 10-20，讨论一下管法兰的结构与使用问题。

① 板式平焊法兰（PL） 结构最简单，密封面型式也只有突面和全平面两种，虽然最大的公称压力级别为 $PN4bar$，但大多还是用于压力较低的场合，在 $PN2.5bar$ 这个级别，只有板式平焊法兰一种可用，公称通径可以达到 2000mm。$PN>2.5bar$ 时，公称通径不能大于 600mm。允许用钢板制造。

② 带颈平焊法兰（SO） 与板式平焊法兰（PL）相比，虽然只增加了一个短颈，却可使承压性能明显改善，它的最低压力级别是 $PN6bar$，加上它有多种密封面，在 $PN10bar$ 及以上时，广泛被设计人员采用，它的最大压力级别也是 $PN40bar$。最大公称通径也是600mm。只能锻造。

③ 带颈对焊法兰（WN） 又称长颈对焊法兰，由于有较高的颈，又与接管是对接焊，所以它的最低压力级别是 $PN10bar$，当压力级别较低（$PN10bar$ 和 $PN16bar$），采用突面密封面时，最大公称通径可达 2000mm。当 $PN\leqslant40bar$ 时，最大公称通径为 600mm。比 $PN40bar$ 更大的三个公称压力等级是 $PN63bar$、$PN100bar$、$PN160bar$，最大公称通径随之减小，分别为 400mm、350mm、300mm。这时可以采用环连接密封面，使用金属环形垫。

④ 整体法兰（IF） 它的结构形状与带颈对焊法兰类似，所谓"整体"是指法兰与接管之间没有焊缝，譬如有些塔节就可以将整体法兰连同接管一起浇注出来。

⑤ 承插焊法兰（SW） 从外形看它与带颈平焊法兰区别不大，只是法兰两侧的孔径不同，而且只有一条角接焊缝，一般用于较小的接管，现场组装较为方便。

⑥ 螺纹法兰（Th） 主要用于管道连接，容器上用得不多，最大优点是现场安装方便，不需要焊接。螺纹法兰只适用于英制管尺寸系列，采用的管螺纹分为按 GB/T 7306 规定的 55°圆锥内螺纹（R_c）、按 GB/T 7306 规定的 55°圆柱内螺纹（R_p）和 GB/T 12716 规定的 60°圆锥内螺纹（NPT）。

⑦ 松套法兰（PJ） 可以套在对焊环（SE）上，也可以套在平焊环（RJ）上使用，当介质有腐蚀性时，松套法兰可以用不同于对焊环或平焊环的材料制造以节省不锈钢或有色金属，这是采用它的最大理由。松套法兰上紧时，不会使接管产生附加的弯曲应力，这是它的又一优点。但是最大的公称压力只到 $PN16bar$。

⑧ 法兰盖（BL）和不锈钢衬里法兰盖［BL(S)］ 所有的法兰都需要有与其相配的法兰盘，所以法兰盖的 PN、DN 以及密封面型式最全，不过衬里法兰盖只有四个压力级别（$PN10\sim40bar$），用衬里也是为了节省不锈钢，衬里层与法兰盖的外侧填角焊缝实际上不承受压强，而且与密封无关，所以凸面或榫面衬里法兰盖可采用间断焊缝。

（2）法兰的尺寸、质量表

在上述各种法兰中，压力容器或设备上使用最多的是前三种，本书下面的法兰尺寸表也是以这三种法兰和法兰盖为主。只是由于各种类型的法兰在连接尺寸和法兰盘厚度上，在法兰接管公称尺寸≤600mm 时，可以进行高度归纳，所以除了使用最多的前三种法兰以外，其他类型的法兰尺寸也列入表中，这并不会额外增加尺寸表的数量。

从表 10-20 可见，一种类型的法兰，可以采用 2～5 种密封面，而且要在不同的公称尺寸范围内，使用于不同的公称压力，所以在法兰标准中所编制的法兰尺寸表数量非常多（60多个）。若要大幅度地减少管法兰标准篇幅，只能通过对标准的分析解读，找出大量数据中所隐藏的规律，揭示这些规律既可精简篇幅，又利于灵活查用数据。

根据对管法兰标准中尺寸表的分析，编写了表 10-21～表 10-23，将全部法兰（包括法兰盖）的厚度做了归纳和整理，可从中看到一些规律，同时也会发现某些问题。

ⅰ. 在 $DN500mm$ 及以下时，众多类型法兰厚度只有两个系列：一个系列包括板式平焊法兰和对焊环松套法兰和平焊环松套法兰，另一个系列包括了全部其他类型的法兰和法兰盖。同系列的不同类型法兰，在相同 DN、PN 下有相同的法兰厚度。它们的厚度均可从表10-22 和表 10-23 查取。

ⅱ. 在较小尺寸段范围内，相邻的两个压力等级的、同一公称尺寸的厚度也是相同的。

ⅲ. 表 10-21 中 $DN150$mm 行有三处是两个数值，其中没有括号的是管法兰标准中的原值，括号中的数值是人手孔标准中的数值。由于人手孔标准中承压件的尺寸取自管法兰标准，编者认为管法兰的这三个数值可能有误，应该用括号内的数值取代，取代后不但与手孔尺寸一致，而且也符合管法兰标准尺寸链的自身规律。

ⅳ. 表 10-21 中管法兰盖 $PN2.5$ 栏的数值，是根据《管法兰勘误表》所做的修改，即把"$DN1000$mm 以内的、$PN6$bar 栏下的尺寸链移作 $PN2.5$bar 栏下的尺寸链"。由于 $DN1200\sim2000$mm 的 5 个厚度并未被修改，因此尺寸链出现了反向拐点（从 $DN1000$mm 的"52"，突然不增反降为 $DN1200$mm 的"44"），因此编者认为 $DN700\sim1000$mm 的厚度应保持不变，即仍为括号里面的数值，这样就符合管法兰标准尺寸链的自身规律了。

ⅴ. 表 10-21 中尺寸链反向逆转，还出现在 $PN16$bar 栏、$DN600\sim700$mm 的数据之间。对于这种尺寸链的突变，提醒读者使用时加以注意。

表 10-21　管法兰和法兰盖厚度的解读

公称尺寸 DN /mm	管法兰盖						带颈平焊管法兰				带颈对焊管法兰				板式平焊管法兰					
	公称压力 PN/bar																			
	2.5	6	10	16	25	40	10	16	25	40	10	16	25	40	2.5	6	10	16	25	40
32	14	14	18	18	18	18	18	18	18	18	18	18	18	18	16	16	18	18	18	18
40	14	14	18	18	18	18	18	18	18	18	18	18	18	18	16	16	18	18	18	18
50	14	14	18	18	20	20	18	18	20	20	18	18	20	20	16	16	19	19	20	20
100	16	16	18	20	24	24	20	20	24	24	20	20	24	24	18	18	22	22	26	26
150	18	18	22	22	26(28)	28	22	22	26	28	22	22	28	26(28)	20	20	24(22)	24	30	30
200	20	20	24	24	30	36	24	24	30	34	24	24	30	34	22	22	24	26	32	36
250	22	22	26	26	32	38	26	26	32	38	26	26	32	38	24	24	26	29	35	42
350	22	22	26	30	38	46	26	26	38	46	26	26	30	38	46	22	22	28	35	42	54
400	22	22	26	32	40	50	26	26	40	50	26	26	40	50	22	28	32	38	46	60
450	24	24	28	40	46	57	28	28	46	57	28	40	46	57	22	30	36	42	50	66
500	24	24	28	44	48	57	28	44	48	57	28	44	48	57	22	30	38	46	56	72
600	30	30	34	54	58	72	28	54	58	72	28	54	58	72	26	32	42	52	68	84
700	40(36)	40	38	48							30	36			26					
800	44(38)	44	42	52							32	38			30					
900	48(40)	48	46	58							34	40			30					
1000	52(42)	52	52	64							34	42			30					
1200	44*	60	60	76							38	48			30					
1400	48	68									42	52			30					
1600	51	76									46	58			30					
1800	54	84									50	62			30					
2000	58	92									54	66			30					

表 10-22　**PN2.5～16bar 管法兰盘厚度表**（HG/T 20592—2009）　　　　mm

公称尺寸	法兰的公称压力 PN/bar							
	2.5		6		10		16	
	板式平焊法兰	法兰盖	板式平焊法兰	带颈平焊法兰 法兰盖 螺纹法兰	板式平焊法兰 对焊环松套法兰 平焊环松套法兰	带颈平焊法兰 带颈对焊法兰 整体法兰 法兰盖 螺纹法兰 承插焊法兰	板式平焊法兰 对焊环松套法兰 平焊环松套法兰	带颈平焊法兰 带颈对焊法兰 整体法兰 法兰盖 螺纹法兰 承插焊法兰
10	12	12	12	12	14	16	14	16
15	12	12	12	12	14	16	14	16
20	14	14	14	14	16	18	16	18
25	14	14	14	14	16	18	16	18
32	16	14	16	14	18	18	18	18
40	16	14	16	14	18	18	18	18
50	16	14	16	14	19	18	19	18
65	16	14	16	14	20	18	20	18
80	18	16	18	16	20	20	20	20
100	18	16	18	16	22	20	22	22
125	20	18	20	18	22	22	22	22
150	20	18	20	18	24	22	24	22
200	22	20	22	20	24	24	26	24
250	24	22	24	22	26	26	29	26
300	24	22	24	22	26	26	32	28
350	26	22	26	22	28	26	35	30
400	28	22	28	22	32	26	38	32
450	30	24	30	24	36	28	42	40
500	30	24	30	24	38	28	46	44
600	32	30	32	30	42	28/34	52	54

注：1. DN10～25mm 区间的 PN10bar 和 PN16bar 两栏下，板式平焊法兰的厚度数值反而小于带颈对焊法兰的厚度值，不清楚是否合理，所以用粗实线圈起来。

2. 结合表 10-20 便可以了解各种类型的管法兰在 PN2.5～16bar 各压力级别下的最大 DN 值。超出某种法兰最大 DN 值的表中数据，自然不是为该种法兰制定的，因而对该类法兰是无用的。

3. DN＝600mm、PN＝10bar 栏内，分子代表带颈平焊法兰、带颈对焊法兰的厚度，分母代表整体管法兰、法兰盖的厚度。

表 10-23　**PN25～160bar 管法兰厚度表**（HG/T 20592—2009）　　　　mm

公称尺寸	法兰的公称压力 PN/bar							
	25		40		63	100	160	
	板式平焊法兰 对焊环松套法兰	带颈平焊法兰 带颈对焊法兰 整体法兰 法兰盖 螺纹法兰 承插焊法兰	板式平焊法兰 对焊环松套法兰	带颈平焊法兰 带颈对焊法兰 整体法兰 法兰盖 螺纹法兰 承插焊法兰	带颈对焊法兰 整体法兰 法兰盖 承插焊法兰	带颈对焊法兰 整体法兰	带颈对焊法兰 整体法兰	法兰盖
10	14	16	14	16	20	20	20	24
15	14	16	14	16	20	20	20	26
20	16	18	16	18	22	22	24	30
25	16	18	16	18	24	24	24	32
32	18	18	18	18	24	24	28	34
40	18	18	18	18	26	26	28	36
50	20	20	20	20	26	28	30	38

267

公称尺寸	法兰的公称压力 PN/bar							
	25		40		63	100	160	
	板式平焊法兰 对焊环 松套法兰	带颈平焊法兰 带颈对焊法兰 整体法兰 法兰盖 螺纹法兰 承插焊法兰	板式平焊法兰 对焊环松套法兰	带颈平焊法兰 带颈对焊法兰 整体法兰 法兰盖 螺纹法兰 承插焊法兰	带颈对焊法兰 整体法兰 法兰盖 承插焊法兰		带颈对焊法兰 整体法兰	法兰盖
65	22	22	22	22	26	30	34	42
80	24	24	24	24	28	32	36	46
100	26	24	26	24	30	36	40	52
125	28	26	28	26	34	40	44	56
150	30	28	30	28	36	44	50	62
200	32	30	36	34	42	52	60	66
250	35	32	42	38	46	60	68	76
300	28	34 .	48	42	52	68	78	88
350	42	38	54	46	56	74		
400	46	40	60	50	60	82		
450	50	46	66	57				
500	56	48	72	57				
600	68	58	84	72				

注:1. DN10~25mm 区间的 PN25bar 和 PN40bar 两栏下，板式平焊法兰的厚度数值反而小于带颈对焊法兰的厚度值，不清楚是否合理，所以用粗实线圈起来。

2. 结合表 10-20 便可以了解各种类型的管法兰在 PN25~160bar 各压力级别下的最大 DN 值。超出某种法兰最大 DN 值的表中数据，对该种法兰是无用的。

除了了解管法兰厚度以外，在制造、验收、使用以及在管路或设备设计工作中，需要熟悉各种管法兰更详细的规定。根据对管法兰标准中全部尺寸表的分析，发现虽然管法兰的类型很多，但是不同类型管法兰的连接尺寸不但在同一 DN 时是一样的，而且在 DN 不太大时，相邻两个（甚至四个）不同 PN 的法兰，接管 DN 相同，它们的连接尺寸也相同。这就为编者归纳标准中的法兰表提供了有利条件。由于管法兰的图和表较多，为便于读者查阅，给出了管法兰资料的汇总表（表 10-24）。读者可先从该表中查得所需管法兰资料的图号和表号，然后迅速取得所需资料。

表 10-24　管法兰尺寸、质量表号汇总一览（均摘自 HG/T 20592—2009）

序号	表号	表的内容	配图号
1	表 10-25	PN2.5bar 和 PN6bar 板式平焊法兰、法兰盖和 PN6bar 松套法兰、带颈平焊法兰的尺寸(mm)、质量(kg)	图 10-18，图 10-19，图 10-20
2	表 10-26	PN10bar 和 PN16bar 板式平焊法兰的尺寸和松套法兰尺寸(mm)、质量(kg)	图 10-18，图 10-20
3	表 10-27	PN25bar 和 PN40bar 板式平焊法兰的尺寸和松套法兰尺寸(mm)、质量(kg)	图 10-18，图 10-20
4	表 10-28	PN6~40bar 对焊环尺寸	图 10-20(a)
5	表 10-29	PN6~16bar 平焊环尺寸	图 10-20(b)
6	表 10-30	PN10bar 带颈平焊法兰尺寸、质量 PN16bar 带颈平焊法兰、带颈对焊法兰尺寸、质量 PN10bar 和 PN16bar 法兰盖尺寸、质量	图 10-19，图 10-21，图 10-22
7	表 10-31	PN25bar 和 PN40bar 带颈平焊、带颈对焊管法兰及法兰盖尺寸和质量	图 10-19，图 10-21，图 10-22
8	表 10-32	PN10~40bar 的承插焊法兰尺寸和质量	图 10-23

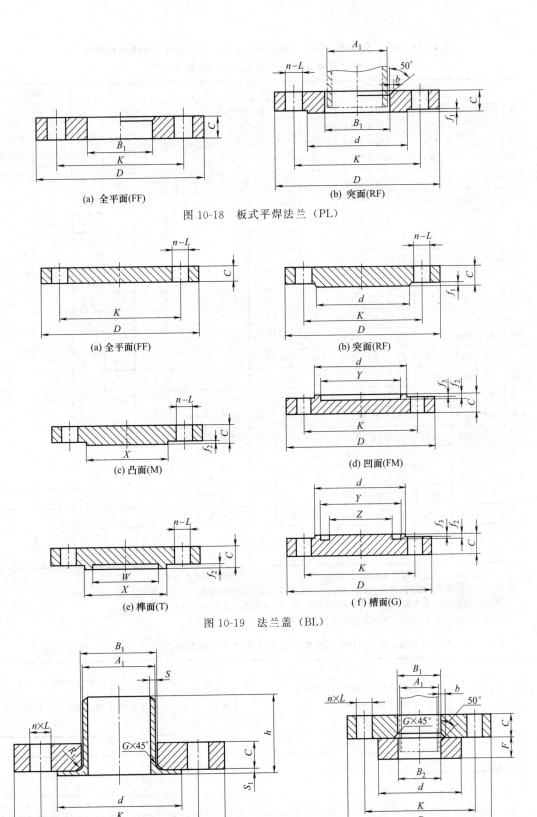

(a) 全平面(FF)

(b) 突面(RF)

图 10-18　板式平焊法兰（PL）

(a) 全平面(FF)

(b) 突面(RF)

(c) 凸面(M)

(d) 凹面(FM)

(e) 榫面(T)

(f) 槽面(G)

图 10-19　法兰盖（BL）

(a) 对焊环松套钢制管法兰(PJ/SE)

(b) 平焊环松套钢制管法兰(PJ/RJ)

图 10-20　松套法兰（PJ）

表 10-25　*PN2.5bar* 和 *PN6bar* 板式平焊法兰、法兰盖和 *PN6bar* 松套法兰、带颈平焊法兰的尺寸（mm）、质量（kg）

公称尺寸 DN	钢管外径 A_1	连接尺寸					法兰								厚度 C	
		法兰外径 D	螺栓孔中心圆直径 K	螺孔直径 L	螺栓孔数量 n /个	螺栓 Th	内径 B_1		带颈平焊法兰的法兰颈		松套法兰倒角 G	质量				板式平焊与松套法兰	带颈平焊法兰与法兰盖
							板式平焊带颈平焊	松套法兰	N	R		法兰盖	板式平焊	带颈平焊	松套法兰		
10	14	75	50	11	4	M10	15	18	25	4	3	0.5	0.5	0.5	0.5	12	12
15	18	80	55	11	4	M10	19	22	30	4	3	0.5	0.5	0.5	0.5	12	12
20	25	90	65	11	4	M10	26	29	40	4	4	0.5	0.5	0.5	0.57	14	14
25	32	100	75	11	4	M10	33	36	50	4	4	1.0	0.5	1.0	0.5	14	14
32	38	120	90	14	4	M12	39	42	60	6	5	1.0	1.0	1.0	1.0	16	14
40	45	130	100	14	4	M12	46	50	70	6	5	1.5	1.5	1.5	1.5	16	14
50	57	140	110	14	4	M12	59	62	80	6	5	1.5	1.5	1.5	1.5	16	14
65	76	160	130	14	4	M12	78	81	100	6	6	2.0	2.0	2.0	2.0	16	14
80	89	190	150	18	4	M16	91	94	110	8	6	3.5	3.0	3.0	3.0	18	16
100	108	210	170	18	4	M16	110	114	130	8	6	4.0	3.5	3.0	3.0	18	16
125	133	240	200	18	8	M16	135	139	160	8	6	6.0	4.5	4.5	4.0	20	18
150	159	265	225	18	8	M16	161	165	185	8	6	7.5	5.0	5.0	4.5	20	18
200	219	320	280	18	8	M16	222	226	240	10	8	12.5	7.0	7.0	6.5	22	20
250	273	375	235	18	12	M16	276	281	295	12	8	18.5	9.0	9.0	8.5	24	22
300	325	440	395	22	12	M20	328	334	355	12	8	25.5	12.0	12.0	11.5	24	22
350	377	490	445	22	12	M20	381	386			8	32.0	17.0		16.0	26	22
400	426	540	495	22	16	M20	430	435			8	38.5	20.0		19.0	28	22
450	480	595	550	22	16	M20	485	490			8	51	24.5		23.5	30	24
500	530	645	600	22	20	M20	535	541			8	60	26.5		25.5	30	24
600	630	755	705	26	20	M24	636	642			8	103	35.0		33.5	32	30

注：1. 表中两个压力等级的连接尺寸相同，所以三种法兰可以并入一张表中。

2. *PN2.5bar* 与 *PN6bar* 的法兰盖厚度在 DN≤300 时与 *PN6bar* 带颈平焊法兰厚度相同，所以把二者纳入本表。

3. 用粗实线圈住的两个数字 3.0 和 0.57 摘自标准，可能有误，应分别为 3.5 和 0.5。

4. 带颈平焊法兰在 *PN6bar* 压力级别较少使用。

表 10-26　*PN10bar* 和 *PN16bar* 板式平焊法兰的尺寸和松套法兰尺寸（mm）、质量（kg）

公称尺寸 DN	钢管外径 A_1	连接尺寸					法兰内径与厚度			松套法兰倒角 G	法兰质量	
		法兰外径 D	螺栓孔中心圆直径 K	螺孔直径 L	螺栓孔数量 n /个	螺栓 Th	内径 B_1		厚度 C		板式平焊	松套法兰
							板式平焊	松套法兰				
10	14	90	60	14	4	M12	15	18	14	3	0.6	0.5
15	18	95	65	14	4	M12	19	22	14	3	0.5	0.5
20	25	105	75	14	4	M12	26	29	16	4	1.0	1.0
25	32	115	85	14	4	M12	33	36	16	4	1.0	1.0
32	38	140	100	18	4	M16	39	42	18	5	2.0	2.0
40	45	150	110	18	4	M16	46	50	18	5	2.0	2.0
50	57	165	125	18	4	M16	59	62	19	5	2.5	2.5

公称尺寸 DN	钢管外径 A_1	连接尺寸					法兰内径与厚度			松套法兰倒角 G	法兰质量	
		法兰外径 D	螺栓孔中心圆直径 K	螺孔直径 L	螺栓孔数量 n/个	螺栓 Th	内径 B_1		厚度 C		板式平焊	松套法兰
							板式平焊	松套法兰				
65	76	185	145	18	8	M16	78	81	20	6	3.0	3.0
80	89	200	160	18	8	M16	91	94	20	6	3.5	3.5
100	108	220	180	18	8	M16	110	114	22	6	4.5	4.5
125	133	250	210	18	8	M16	135	139	22	6	5.5	5.5
150	159	285	240	22	8	M20	161	165	24	6	7.0	7.0
200	219	340	295	22	8/12	M20	222	226	24/26	6	9.5	9/9.5
250	273	395/405	350/355	22/26	12	M20/M24	276	281	26/29	8	12/14	11.5/14
300	325	445/460	400/410	22/26	12	M20/M24	328	334	26/32	8	13.5/19	13/18.5
350	377	505/520	460/470	22/26	16	M20/M24	381	386	28/35	8	20.5/28	19.5/27.5
400	426	565/580	515/525	26/30	16	M24/M27	430	435	32/38	8	27.5/36	26.5/35
450	480	615/640	565/585	26/30	20	M24/M27	485	490	36/42	8	33.5/46	32.5/45
500	530	670/715	620/650	26/33	20	M24/M30	535	541	38/46	8	40/64	39/65
600	630	780/840	725/770	30/36	20	M27/M33	636	642	42/52	8	54/96	52.5/94

注：1. 松套法兰包括对焊环和平焊环松套法兰。

2. 粗线框内的数据似有值得商榷之处。

3. 分数时，分子是 $PN10bar$ 数据，分母是 $PN16bar$ 数据。

4. 对焊环和平焊环两种松套法兰尺寸相同。

表 10-27　$PN25bar$ 和 $PN40bar$ 板式平焊法兰的尺寸和松套法兰尺寸（mm）、质量（kg）

公称尺寸 DN	钢管外径 A_1	连接尺寸					法兰内径与厚度			松套法兰倒角 G	法兰质量	
		法兰外径 D	螺栓孔中心圆直径 K	螺孔直径 L	螺栓孔数量	螺栓 Th	内径 B_1		厚度 C		板式平焊	松套法兰
							板式平焊	松套法兰				
10	14	90	60	14	4	M12	15	18	14	3	0.6	0.5
15	18	95	65	14	4	M12	19	22	14	3	0.5	0.5
20	25	105	75	14	4	M12	26	29	16	4	1.0	1.0
25	32	115	85	14	4	M12	33	36	16	4	1.0	1.0
32	38	140	100	18	4	M16	39	42	18	5	2.0	2.0
40	45	150	110	18	4	M16	46	50	18	5	2.0	2.0
50	57	165	125	18	4	M16	59	62	20	5	2.5	2.5
65	76	185	145	18	8	M16	78	81	22	6	3.5	3.5
80	89	200	160	18	8	M16	91	94	24	6	4.5	4.0
100	108	235	190	22	8	M16	110	114	26	6	6.0	6.0
125	133	270	220	26	8	M16	135	139	28	6	8.0	8.0
150	159	300	250	26	8	M20	161	165	30	6	10.5	10.0
200	219	360/375	310/320	26/30	12	M20	222	226	32/36	6	14.5/18.0	14/17.5
250	273	425/450	370/385	30/33	12	M24/M27	276	281	35/42	8	20/29.5	19.5/28.5
300	325	485/515	430/450	30/33	12	M27/M30	328	334	38/48	8	26.5/41.5	26/40.5

271

公称尺寸 DN	钢管外径 A_1	连接尺寸					法兰内径与厚度			松套法兰倒角 G	法兰质量	
		法兰外径 D	螺栓孔中心圆直径 K	螺孔直径 L	螺栓孔数量	螺栓 Th	内径 B_1		厚度 C		板式平焊	松套法兰
							板式平焊	松套法兰				
350	377	555/580	490/510	33/36	16	M30/M33	381	386	42/54	8	42/62	41/60.8
400	426	620/660	550/585	36/39	16	M33/M36×3	430	435	46/60	8	55/89.5	54/88
450	480	670/685	600/610	36/39	20	M33/M36×3	485	490	50/66	8	64.5/91.5	63/90
500	530	730/755	660/670	36/42	20	M33/M39×3	535	541	56/72	8	84/120.5	82/118
600	630	845/890	770/795	39/48	20	M36×3/M45×3	636	642	68/84	8	127.5/189.5	124.5/186

注：$PN25bar$ 和 $PN40bar$ 两个压力级别只有对焊环松套法兰。

表 10-28　$PN6\sim40bar$ 对焊环尺寸　　　mm

DN	法兰内径 B_1	对焊环颈外颈 A_1	对焊环高度 h (PN/bar)					对焊环外径 d (PN/bar)					对焊环厚度 $S=S_1$ (PN/bar)				
			6	10	16	25	40	6	10	16	25	40	6	10	16	25	40
10	18	14	28	35	35	35	35	35	40	40	40	40	1.8	1.8	1.8	1.8	1.8
15	22	18	30	38	38	38	38	40	45	45	45	45	2.0	2.0	2.0	2.0	2.0
20	29	25	32	40	40	40	40	50	58	58	58	58	2.3	2.3	2.3	2.3	2.3
25	36	32	35	40	40	40	40	60	68	68	68	68	2.6	2.6	2.6	2.6	2.6
32	42	38	35	42	42	42	42	70	68	68	68	68	2.6	2.6	2.6	2.6	2.6
40	50	45	38	45	45	45	45	80	88	88	88	88	2.6	2.6	2.6	2.6	2.6
50	62	57	38	45	45	48	48	90	102	102	102	102	2.9	2.9	2.9	2.9	2.9
65	81	76	38	45	45	52	52	110	122	122	122	122	2.9	2.9	2.9	2.9	2.9
80	94	89	42	50	50	58	58	128	138	138	138	138	3.2	3.2	3.2	3.2	3.2
100	114	108	45	52	52	65	65	148	158	162	162	162	3.6	3.6	3.6	3.6	3.6
125	139	133	48	55	55	68	68	178	188	188	188	188	4.0	4.0	4.0	4.0	4.0
150	165	159	48	55	55	75	75	202	212	218	218	218	4.5	4.5	4.5	4.5	4.5
200	226	219	55	62	62	80	88	258	268	268	278	285	6.3	6.3	6.3	6.3	6.3
250	281	273	60	68	70	88	105	312	320	320	335	345	6.3	6.3	6.3	7.1	7.1
300	334	325	62	68	78	92	115	365	370	378	395	410	7.1	7.1	7.1	8.0	8.0
350	386	377	62	68	82	100	125	415	430	428	450	465	7.1	7.1	8.0	8.0	8.8
400	435	426	65	72	85	110	135	465	482	490	505	535	7.1	8.0	8.8	11.0	11.0
450	490	480	65	72	87	110	135	520	532	550	555	560	7.1	8.0	8.8	12.5	12.5
500	541	530	68	75	90	125	140	570	585	610	615	615	7.1	8.0	10.0	14.2	14.2
600	642	630	70	80	95	125	150	670	685	725	**720**	735	7.1	8.8	11.0	16.0	16.0

注：粗线框内数据可疑。

表 10-29　$PN6\sim16bar$ 平焊环尺寸　　　mm

公称尺寸	对焊环颈部外径（钢管外径）A_1	松套法兰内径 B_1	平焊环						坡口宽度 b	法兰倒角 G
			内径 B_2	外径 d (PN/bar)			厚度 F (PN/bar)			
				6	10	16	6	10	16		
10	14	18	15	35	40	40	10	12	12	缺数据	3
15	18	22	19	40	45	45	10	12	12		3
20	25	29	26	50	58	58		14	14		4
25	32	36	33	60	68	68	10	14	14		4

公称尺寸	对焊环颈部外径（钢管外径）A_1	松套法兰内径 B_1	平焊环							坡口宽度 b	法兰倒角 G
			内径 B_2	外径 d			厚度 F				
				PN/bar			PN/bar				
				6	10	16	6	10	16		
32	38	42	39	70	78	78	10	14	14		5
40	45	50	46	80	88	88	10	14	14		5
50	57	62	59	90	102	102	12	16	16		5
65	76	81	78	110	122	122	12	16	16		6
80	89	94	91	128	138	138	12	16	16		6
100	108	114	110	148	158	158	14	18	18		6
125	133	139	135	178	188	188	14	18	18	缺数据	6
150	159	165	161	202	212	212	14	20	20		6
200	219	226	222	258	268	268	16	20	20		6
250	273	281	276	312	320	320	18	22	22		8
300	325	334	328	365	370	378	18	22	24		8
350	377	386	381	415	430	428	18	22	26		8
400	426	435	430	465	482	490	20	24	28		8
450	480	490	485	520	532	550	20	24	30		8
500	530	541	535	570	585	610	22	26	32		8
600	630	642	636	670	685	725	22	26	32		8

注：表 10-28 和表 10-29 是配合松套法兰使用的，松套法兰与板式平焊法兰的所有尺寸都相同，所以一起编入常用的板式平焊法兰尺寸表中，既然编入了松套法兰尺寸，所以为了较为完整地摘引法兰标准中 $DN \leqslant 600\text{mm}$ 的数值，增编表 10-28 和表 10-29 就不可避免了。

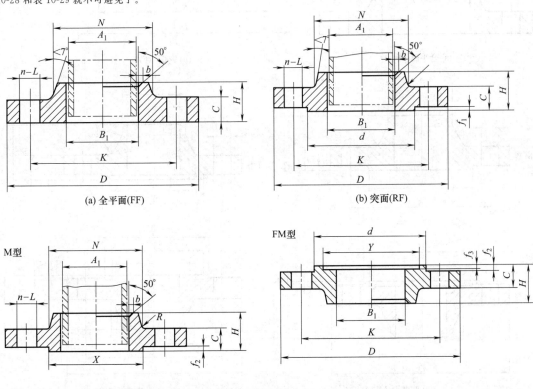

(a) 全平面(FF)　　　(b) 突面(RF)

(c) 凹凸面(MFM)

图 10-21

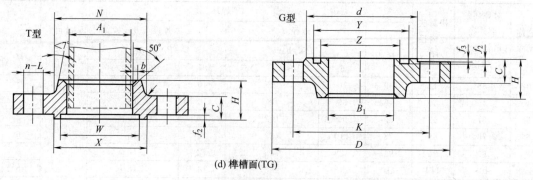

(d) 榫槽面(TG)

图 10-21　带颈平焊钢制管法兰（SO）

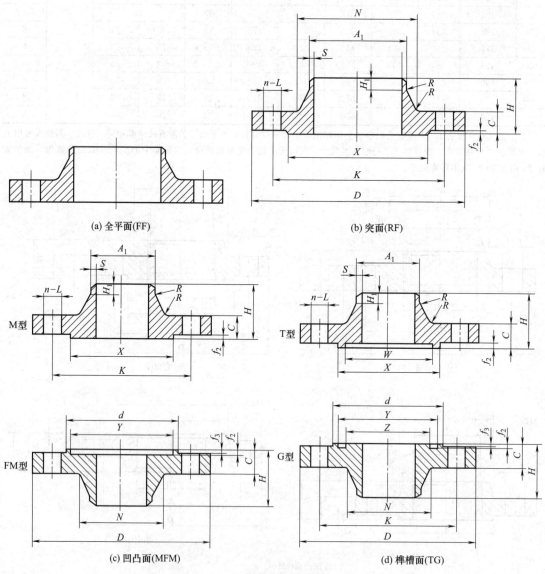

(a) 全平面(FF)

(b) 突面(RF)

(c) 凹凸面(MFM)

(d) 榫槽面(TG)

图 10-22　带颈对焊钢制管法兰（WN）

表 10-30 PN10bar 带颈平焊法兰，PN16bar 带颈平焊法兰，带颈对焊法兰，PN10bar 和 PN16bar 法兰盖尺寸、质量表

单位：mm

公称尺寸 DN	钢管外径 A_1	连接尺寸 法兰外径 D	螺栓孔中心圆直径 K	螺孔直径 L	螺栓孔数量 n /个	螺栓 Th	PN16bar 带颈平焊法兰 法兰内径 B_1	颈根直径 N	焊缝坡口宽度 b	带颈对焊管法兰 颈根直径 N	颈的焊端厚度 S≥	颈的直边高度 H	颈部过渡圆角半径 R	法兰与法兰盖的厚度 C	法兰高度 H 短颈平焊法兰	长颈对焊法兰	近似质量 kg 短颈平焊法兰	长颈平焊法兰	长颈对焊法兰	法兰盖
10	14	90	60	14	4	M12	15	30	4	28	1.8	6	4	16	22	35		0.5	0.5	1
15	18	95	65	14	4	M12	19	35	4	32	2	6	4	16	22	38		0.5	1	1
20	25	105	75	14	4	M12	26	45	4	40	2.3	6	4	18	26	40		1	1	1
25	32	115	85	14	4	M12	33	52	5	46	2.6	6	4	18	28	40		1.5	1	1.5
32	38	140	100	18	4	M16	39	60	5	56	2.6	6	6	18	30	42		2	2	2
40	45	150	110	18	4	M16	46	70	5	64	2.6	7	6	18	32	45		2	2	2.5
50	57	165	125	18	4	M16	59	84	5	74	2.9	8	**5**	18	**28**	45		2.5	2.5	3
65	76	185	145	18	8	M16	78	104	6	92	2.9	10	6	18	32	45		3	3	3.5
80	89	200	160	18	8	M16	91	118	6	105	3.2	10	6	20	34	50		4	4	4.5
100	108	220	180	18	8	M16	110	140	6	131	3.6	12	8	20	40	52		4.5	4.5	5.5
125	133	250	210	18	8	M16	135	168	6	156	4	12	8	22	44	55		6.5	5.5	8
150	159	285	240	22	8	M20	161	195	6	184	4.5	12	10	22	44	55		7.5	6.5	10.5
200	219	340	285	22	8/12	M20	222	246	8	234/235	6.3	16	10	24	44	62		11.5/11.0	10.5/10.0	16.5
250	273	395/405	350/355	22/26	12	M20/M24	276	298	10	292	6.3	16	12	26	46	70		15.5/16.5	13.0/14.0	24.0/25.0
300	325	445/460	400/410	22/26	12	M20/M24	328	350	11	342/344	7.1	16	12	26/28	46	78		18.0/22.0	15.0/18.0	31.0/35.0
350	377	505/520	460/470	22/26	16	M20/M24	381	412	12	402/410	7.1/8.0	16	12	26/30	53/57	82		24.5/32.0	23.5/28.5	39.5/48.0
400	426	565/580	515/525	26/30	16	M24/M27	430	475	12	458/464	7.1/8.0	16	12	26/32	57/63	85		29.5/40.0	29.0/36.5	49.5/63.5
450	480	615/640	565/585	26/30	20	M24/M27	485	525	12	510/512	7.1/8.0	16	12	28/40	63/68	87		34.0/54.5	33.5/49.5	63.0/96.5
500	530	670/715	620/650	26/33	20	M24/M30	535	581	12	562/578	7.1/8.0	16	12	28/44	67/73	90		39.5/74.0	40.5/68.5	75.5/133.0
600	630	780/840	725/770	30/36	20	M27/M33	636	678	12	660/670	7.1/8.8	18	12	28/34/54	75/83	95		56.0/116.5	56.0/107.5	124.0/226.5

注：1. 留意粗线框内的数据，考虑一下是否合理。
2. DN600mm 的三个 C 值：28 与 34 分别是 PN10bar 时法兰与法兰盖的厚度，54 是 PN16bar 时法兰与法兰盖的厚度。所有用分数表示的数值均是这样，分子是 PN10bar 时的值，分母是 PN16bar 时的值。
3. DN200mm 时螺栓孔数：PN10bar 时是 8 个，PN16bar 时是 12 个。
4. PN10bar，DN≤400mm 的带颈平焊法兰不开坡口。

表 10-31　PN25bar 和 PN40bar 带颈平焊、带颈对焊管法兰及法兰盖尺寸和质量

mm

公称尺寸 DN	钢管外径 A_1	连接尺寸 法兰外径 D	螺栓孔中心圆直径 K	螺孔直径 L	螺栓孔数量 n/个	螺栓 T_h	带颈平焊管法兰 法兰内径 B_1	颈根直径 N	焊缝坡口宽度 b	带颈对焊管法兰 颈根直径 N	颈的焊端厚度 $S\geq$	颈的直边高度 H	颈部过渡圆角半径 R	法兰与法兰盖的厚度 C	法兰高度 H 短颈平焊法兰	长颈对焊法兰	近似质量 kg 短颈平焊法兰	长颈对焊法兰	法兰盖
10	14	90	60	14	4	M12	15	30	4	28	1.8	6	4	16	22	35	0.5	0.5	1.0
15	18	95	65	14	4	M12	19	35	4	32	2.0	6	4	16	22	38	0.5	1.0	1.0
20	25	105	75	14	4	M12	26	45	4	40	2.3	6	4	18	26	40	1.0	1.0	1.0
25	32	115	85	14	4	M12	33	52	5	46	2.6	6	4	18	28	40	1.5	1.0	1.5
32	38	140	100	18	4	M16	39	60	5	56	2.6	6	6	18	30	42	2.0	2.0	2.0
40	45	150	110	18	4	M16	46	70	5	64	2.6	7	6	18	32	45	2.0	2.0	2.5
50	57	165	125	18	4	M16	59	84	5	75	2.9	8	6	20	34	48	3.0	3.0	3.0
65	76	185	145	18	8	M16	78	104	6	90	2.9	10	6	22	38	52	4.0	4.0	4.5
80	89	200	160	18	8	M16	91	118	6	105	3.2	12	8	24	40	58	4.5	5.0	5.5
100	108	235	190	22	8	M20	110	140	6	134	3.6	12	8	24	44	65	6.5	6.5	7.5
125	133	270	220	26	8	M24	135	168	7	162	4.0	12	8	26	48	68	8.5	9.0	11.0
150	159	300	250	26	8	M24	161	195	8	190/192	4.5	12	10	28	52	75	11.0	11.5/11.5	14.5
200	219	360/375	310/320	26/30	12	M24/M27	222	246	10	244	6.3	16	10	30/34	52	80/88	15.0/18.5	17.0/21.0	22.5/29.0
250	273	425/450	370/385	30/33	12	M27/M24	276	298	11	298/306	7.1	18	12	32/38	60	88/105	21.0/28.5	24.0/34.0	33.5/44.5
300	325	485/515	430/450	30/33	16	M27/M24	328	350	12	352/362	8.0	18	12	34/42	67	92/115	28.0/41.5	31.5/47.5	46.5/64.0
350	377	555/580	490/510	33/36	16	M30/M24	381	412	13	420/430	8.0/8.8	20	12	38/46	72	100/125	46.5/60.0	48.0/69.0	68.0/89.5
400	426	620/660	550/585	36/39	16	M33/M36×3	430	475	14	472/482	8.8/11.0	20	12	40/50	78	110/135	59.5/83.5	63.0/98.0	89.5/127.0
450	480	670/685	600/610	36/39	20	M33/M36×3	485	525	16	522	8.8/12.5	20	12	46/57	84	110/135	71.5/87.5	75.5/105.5	120.0/154.0
500	530	730/755	660/670	36/42	20	M33/M39×3	535	581	17	580/584	10/14.2	20	12	48/57	90	125/140	89.5/107.5	96.5/130.5	150.0/188.0
600	630	845/890	770/795	39/48	20	M36×3/M45×3	636	678	18	680/686	11.0/16.0	20	12	58/72	100	125/150	139.5/176.0	138.6/211.5	244.5/331.0

注：本表格 PN25bar 与 PN40bar 两个级别的数据归入一张表格中，每个格中如用分数表示，分子为 PN25bar 的，分母为 PN40bar 的。一个格中只有一个数据者表示这两种级别中只有一个尺寸（如连接尺寸及厚度等）。

法兰（含法兰盖）

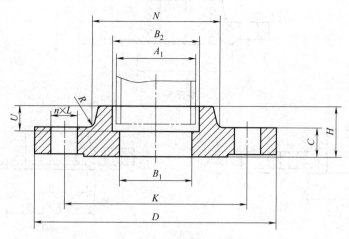

图 10-23　承插焊钢制管法兰（SW）

表 10-32　PN10～40bar 的承插焊法兰尺寸和质量　　　　　　　mm

公称尺寸 DN	钢管外径 A_1	连接尺寸					法兰内径 B_1	承插孔		法兰颈		法兰高度 H	法兰盘厚度 C	法兰质量 /kg
		法兰外径 D	螺栓孔中心圆直径 K	螺孔直径 L	螺栓孔数量 n/个	螺栓 Th		内径 B_2	承插深度 U	颈根直径 N	圆角半径 R			
10	14	90	60	14	4	M12	9	15	9	30	4	22	16	0.5
15	18	95	65	14	4	M12	12	19	10	35	4	22	16	0.5
20	25	105	75	14	4	M12	19	26	11	45	4	26	18	1.0
25	32	115	85	14	4	M12	26	33	13	52	4	28	18	1.5
32	38	140	100	18	4	M16	30	39	14	60	6	30	18	2.0
40	45	150	110	18	4	M16	37	46	16	70	6	32	18	2.0
50	57	165	125	18	4	M16	49	59	17	84	6	34	20	3.0

注：承插焊法兰公称尺寸较小，所以四个压力级别法兰的尺寸与质量相同，$PN>40bar$ 时，本书不摘引，法兰厚度增大，连接尺寸也有改变。但是由于结构的差异与板式平焊法兰的质量不等。

（3）管法兰密封面尺寸

在前面的管法兰尺寸表中都没有给出密封面尺寸，这是因为法兰密封面尺寸只与法兰的 PN、DN 有关，而与法兰类型无关，所以在表 10-33 和表 10-34 中给出的密封面尺寸适用于各种类型的法兰，在查取密封面尺寸时，要配合看图 10-24 和图 10-25。

图 10-24 中从法兰连接而言是三种密封面：RF，MFM，TG。如果就单个法兰来看有五种密封面。每种密封面都把与密封垫片密切相关的尺寸标注在图上，并将这些尺寸列于表 10-33 中。

ⅰ.图 10-24 的三个密封面：突面、凹面、槽面中都有尺寸 d，而且它们的数值在表 10-33 中是相同的，但三者的作用不同，突面中的 d 与所用密封垫片尺寸，如图 10-26、图 10-28 中的 D_2 有关，与图 10-27、图 10-29 中的 D_4 以及表 10-51 中的 C 型、D 型的对中环的外径密切相关（参看表 10-50）。但是凹面与槽面中的 d 则与密封垫片的尺寸直接搭不上关系。

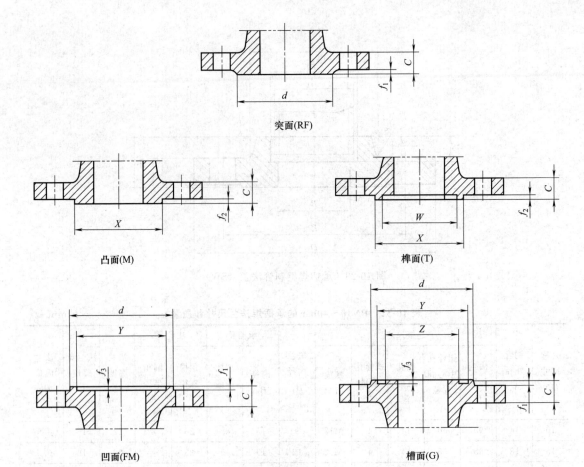

突面(RF)

凸面(M)

榫面(T)

凹面(FM)

槽面(G)

图 10-24 管法兰密封面尺寸

表 10-33 密封面尺寸（突面、凹面/凸面、榫面/槽面）　　　　　　　　　mm

公称尺寸 DN	d						f_1	f_2	f_3	W	X	Y	Z
	公称压力 PN/bar												
	2.5	6	10	16	25	≥40							
10	35	35	40	40	40	40	2	4.5	4.0	24	34	35	23
15	40	40	45	45	45	45	2	4.5	4.0	29	39	40	28
20	50	50	58	58	58	58	2	4.5	4.0	36	50	51	35
25	60	60	68	68	68	68	2	4.5	4.0	43	57	58	42
32	70	70	78	78	78	78	2	4.5	4.0	51	65	66	50
40	80	80	88	88	88	88	2	4.5	4.0	61	75	76	60
50	90	90	102	102	102	102	2	4.5	4.0	73	87	88	72
65	110	110	122	122	122	122	2	4.5	4.0	95	109	110	94
80	128	128	138	138	138	138	2	4.5	4.0	106	120	121	105
100	148	148	158	158	162	162	2	5.0	4.5	129	149	150	128
125	178	178	188	188	188	188	2	5.0	4.5	155	175	176	154
150	202	202	212	212	218	218	2	5.0	4.5	183	203	204	182
200	258	258	268	268	278	285	2	5.0	4.5	239	259	260	238

公称尺寸 DN	d						f_1	f_2	f_3	W	X	Y	Z
	公称压力 PN/bar												
	2.5	6	10	16	25	≥40							
250	312	312	320	320	335	345	2	5.0	4.5	292	312	313	291
300	365	365	370	378	395	410	2	5.0	4.5	343	363	364	342
350	415	415	430	428	450	465	2	5.5	5.0	395	421	422	394
400	465	465	482	490	505	535	2	5.5	5.0	447	473	474	446
450	520	520	532	550	555	560	2	5.5	5.0	497	523	524	496
500	570	570	585	610	615	615	2	5.5	5.0	549	575	576	548
600	670	670	685	725	720	735	2	5.5	5.0	649	675	676	648
700	775	775	800	795	820		2						
800	880	880	905	900	930		2						
900	980	980	1005	1000	1030		2						
1000	1080	1080	1110	1115	1140		2						
1200	1280	1295	1330	1330	1350	—	2						
1400	1480	1510	1535	1530			2						
1600	1690	1710	1760	1750			2						
1800	1890	1920	1960	1950			2						
2000	2090	2125	2170	2150			2						

$$X - Y = 1$$
$$\frac{1}{2}(Y - Z) - \frac{1}{2}(X - W) = 1$$
即 FM 面直径比 M 面直径大 1mm
G 面槽宽比 T 面榫宽大 1mm
$$f_2 > f_3 > f_1$$

　　注：一般情况下，相邻两个压力级别的 d 值相等或 PN 大者 d 值也大，但在 DN400～2000mm 范围内有相反情况请读者注意。

　　ⅱ．在凸凹密封面的法兰连接中，X 比 Y 小 1mm，不论法兰的公称压力是多大，X 比 Y 小 1mm 这个关系是不变的，也就是与 PN 无关。如果比较一下 Y 和 d 值，可以发现 d 比 Y 大出的数值还是随着 PN 的增大而增加的，这可以理解，因为 PN 越大凹面的凸环厚度应该增厚。

　　ⅲ．在榫槽密封面的法兰连接中，X 小 Y 值 1mm，而 W 又大 Z 值 1mm，这表明榫槽密封面法兰连接中，槽面中槽的宽度不随着 PN 的改变而改变，但是槽面上的环形凹模外壁的厚度，即 $0.5 \times (d - Y)$ 是随着 PN 的增大而增加的。

　　上述的四点都是图 10-24 所明示的，是为了说明本书在 10.2.2 中是如何将大量的不同类型密封垫片的尺寸表归并的（参看表 10-50～表 10-52）。

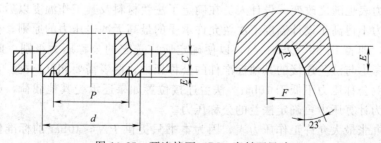

图 10-25　环连接面（RJ）密封面尺寸

表 10-34　环连接面尺寸　　　　　　　　　　　　　　　　mm

公称通径 DN	PN63bar					PN100bar					PN160bar				
	d	P	E	F	R_{max}	d	P	E	F	R_{max}	d	P	E	F	R_{max}
15	55	35	6.5	9		55	35	6.5	9		58	35	6.5	9	
20	68	45				68	45				70	45			
25	78	50				78	50				80	50			
32	86	65				86	65				86	65			
40	102	75				102	75				102	75			
50	112	85			0.8	116	85			0.8	118	95			0.8
65	136	110				140	110				142	110			
80	146	115				150	115				152	130	8	12	
100	172	145				176	145				178	160			
125	208	175				212	175	8	12		215	190			
150	245	205	8	12		250	205				255	205	10	14	
200	306	265				312	265				322	275	11	17	
250	362	320				376	320				388	330			
300	422	375				448	375				456	380	14	23	
350	475	420				505	420	11	17						
400	540	480				565	480								

（4）管法兰用材料

管法兰用材料按表 10-35 的规定，材料的化学成分、力学性能和其他技术要求应符合表中所给的相关标准。

管法兰材料一般应采用锻件，不推荐用钢板制造，但钢板可用于法兰盖、板式平焊法兰、对焊环和平焊环松套法兰。管法兰用锻件（包括轧锻件）的级别及其技术要求（参照 JB 4726、JB 4727、JB 4728）应符合以下规定。

ⅰ.下面的锻件应符合Ⅲ级或Ⅲ级以上锻件的要求：

公称压力 $PN \geqslant 100bar$ 者；

公称压力 $PN > 40bar$ 的铬钼钢锻件；

公称压力 $PN > 16bar$ 且工作温度小于或等于 $-20℃$ 的铁素体钢锻件。

ⅱ.除上述规定外，公称压力 $PN \leqslant 63bar$ 的锻件符合Ⅱ级或Ⅱ级以上锻件的要求。

钢板仅可用于法兰盖、衬里法兰盖、板式平焊法兰对焊环松套法兰、平焊环松套法兰。

（5）管法兰的最大允许工作压力

新修订的管法兰标准由于制造法兰用的材料有较大变化，所以管法兰在不同温度下的最大允许工作压力表也随之改变。设计人员在确定了法兰材料及其工作温度以后，应该根据管法兰的设计压力不得高于设计温度下法兰允许承受的最高无冲击压力的原则，查阅本书下面提供的六张表，即表 10-36～表 10-41，以便确定所应选定的公称压力级别。此外确定法兰公称压力还需考虑与法兰连接的其他标准件的公称压力，两者需要相互匹配。对于真空系统用法兰，管法兰公称压力不低于 10bar。法兰连接位置如果还承受其他载荷，如弯矩、轴向力等，需转换为计算压力再确定法兰的公称压力。

标准中有九张最大允许工作压力表，因为本书只提供 $PN \leqslant 40bar$ 的标准件数据，所以读者如果需要超过此范围的数据请查管法兰标准。

表 10-35　钢制管法兰用材料

类别号	类别	钢板 材料牌号	钢板 标准编号	锻件 材料牌号	锻件 标准编号①	铸件 材料牌号	铸件 标准编号
1C1	碳素钢	—	—	A105 16Mn 16MnD	GB/T 12228 NB/T 47008 NB/T 47009	WCB	GB/T 12229
1C2	碳素钢	Q345R	GB 713		—	WCC LC3,LCC	GB/T 12229 JB/T 7248
1C3	碳素钢	16MnDR	GB 3531	08Ni3D 25	NB/T 47009 GB/T 12228	LCB	JB/T 7248
1C4	碳素钢	20 Q245R 09MnNiDR	GB/T 3274 (GB/T 700) GB/T 711 GB 713 GB 3531	20 09MnNiD	NB/T 47008 NB/T 47009	WCA	GB/T 12229
1C9	铬钼钢 (1~1.25Cr-0.5Mo)	14Cr1MoR 15CrMoR	GB 713 GB 713	14Cr1Mo 15CrMo	NB/T 47008 NB/T 47008	WC6	JB/T 5263
1C10	铬钼钢 (2.25Cr-1Mo)	12Cr2Mo1R	GB 713	12Cr2Mo1	NB/T 47008	WC9	JB/T 5263
1C13	铬钼钢 (5Cr-0.5Mo)			1Cr5Mo	NB/T 47008	ZG16Cr5MoG	GB/T 16253
1Cr14	铬钼钢 (9Cr-1Mo-V)					C12A	JB/T 5263
2C1	304	06Cr19Ni10 (S30408)	GB/T 4237	06Cr19Ni10 (S30408)	NB/T 47010	CF3 CF8	GB/T 12230 GB/T 12230
2C2	316	06Cr17Ni12Mo2 (S31608)	GB/T 4237	06Cr17Ni12Mo2 (S31608)	NB/T 47010	CF3M CF8M	GB/T 12230 GB/T 12230
2C3	304L 316L	022Cr19Ni10(S30403) 022Cr17Ni12Mo2(S31603)	GB/T 4237 GB/T 4237	022Cr19Ni10(S30403) 022Cr17Ni12Mo2(S31603)	NB/T 47010 NB/T 47010		
2C4	321	06Cr18Ni11Ti(S32168)	GB/T 4237	06Cr18Ni11Ti(S32168)	NB/T 47010	—	
2C5	347	06Cr18Ni11Nb(S34700)	GB/T 4237	—		—	
12E0	CF8C	—		—		CF8C	GB/T 12230

① 发布 2009 年管法兰新标准时，锻件仍为 JB 4726~4728 标准，2010 年实施了新的锻件标准 NB/T 47008~47010，所以编者在本表中做了相应修正。

表 10-36　PN2.5bar 钢制管法兰用材料最大允许工作压力（表压）

bar

法兰材料类别号	工作温度/℃																				
	20	50	100	150	200	250	300	350	375	400	425	450	475	500	510	520	530	540	550	575	600
1C1	2.5	2.5	2.5	2.4	2.3	2.2	2.0	2.0	1.9	1.6	1.4	0.9	0.6	0.4	—	—	—	—	—	—	—
1C2	2.5	2.5	2.5	2.5	2.5	2.5	2.3	2.2	2.1	1.6	1.4	0.9	0.6	0.4	—	—	—	—	—	—	—
1C3	2.5	2.5	2.4	2.3	2.3	2.1	2.0	1.9	1.3	1.5	1.3	0.9	0.6	0.4	—	—	—	—	—	—	—
1C4	2.3	2.2	2.0	2.0	1.9	1.8	1.7	1.6	1.6	1.4	1.2	0.9	0.6	0.4	—	—	—	—	—	—	—
1C9	2.5	2.5	2.5	2.5	2.5	2.5	2.4	2.3	2.3	2.2	2.2	2.1	1.7	1.2	1.0	0.9	0.8	0.7	0.6	0.4	0.2
1C10	2.5	2.5	2.5	2.5	2.5	2.5	2.5	2.5	2.5	2.4	2.4	2.3	1.8	1.4	1.2	1.1	0.9	0.8	0.7	0.5	0.3
1C13	2.5	2.5	2.5	2.5	2.5	2.5	2.5	2.5	2.4	2.4	2.3	2.2	1.5	1.0	0.9	0.8	0.7	0.6	0.5	0.4	0.3
1C14	2.5	2.5	2.5	2.5	2.5	2.5	2.5	2.5	2.5	2.5	2.5	2.5	2.1	1.4	1.2	1.1	0.9	0.8	0.7	0.5	0.3
2C1	2.3	2.2	1.8	1.7	1.6	1.5	1.4	1.3	1.3	1.3	1.2	1.2	1.2	1.2	1.2	1.2	1.2	1.1	1.1	1.0	0.8
2C2	2.3	2.2	1.9	1.7	1.6	1.5	1.4	1.4	1.3	1.3	1.3	1.3	1.3	1.3	1.3	1.3	1.3	1.3	1.2	1.2	0.9
2C3	1.9	1.8	1.6	1.4	1.3	1.2	1.1	1.1	1.0	1.0	1.0	1.0	—	—	—	—	—	—	—	—	—
2C4	2.3	2.2	2.0	1.9	1.7	1.6	1.5	1.5	1.4	1.4	1.4	1.4	1.4	1.4	1.3	1.3	1.3	1.3	1.3	1.2	0.9
2C5	2.3	2.2	2.0	1.9	1.8	1.7	1.6	1.5	1.5	1.5	1.5	1.5	1.5	1.5	1.5	1.5	1.5	1.5	1.4	1.2	0.9
12E0	2.2	2.1	2.0	1.8	1.7	1.6	1.5	1.4	1.5	1.4	—	1.4	1.4	1.3	—	—	—	—	1.3	1.3	1.0

注：1bar=10⁵Pa

表 10-37　PN6bar 钢制管法兰用材料最大允许工作压力（表压）

bar

法兰材料类别号	工作温度/℃																				
	20	50	100	150	200	250	300	350	375	400	425	450	475	500	510	520	530	540	550	575	600
1C1	6.0	6.0	6.0	5.8	5.6	5.4	5.0	4.7	4.6	4.0	3.3	2.3	1.5	1.0	—	—	—	—	—	—	—
1C2	6.0	6.0	6.0	6.0	6.0	6.0	5.5	5.3	5.1	4.0	3.3	2.3	1.5	1.0	—	—	—	—	—	—	—
1C3	6.0	6.0	5.8	5.7	5.5	5.2	4.8	4.6	4.5	3.8	3.1	2.3	1.5	1.0	—	—	—	—	—	—	—
1C4	5.5	5.4	5.0	4.8	4.7	4.5	4.1	4.0	3.9	3.5	3.0	2.2	1.5	1.0	—	—	—	—	—	—	—
1C9	6.0	6.0	6.0	6.0	6.0	6.0	5.8	5.6	5.5	5.4	5.3	5.1	4.1	2.9	2.5	2.2	1.9	1.6	1.4	1.0	0.7
1C10	6.0	6.0	6.0	6.0	6.0	6.0	6.0	6.0	6.0	5.9	5.8	5.7	4.3	3.3	3.0	2.7	2.3	2.0	1.7	1.2	0.8
1C13	6.0	6.0	6.0	6.0	6.0	6.0	6.0	6.0	5.9	5.8	5.6	5.4	3.6	2.4	2.2	1.9	1.7	1.5	1.4	1.0	0.7
1C14	6.0	6.0	6.0	6.0	6.0	6.0	6.0	6.0	6.0	6.0	6.0	6.0	5.2	3.5	3.0	2.6	2.3	1.9	1.7	1.2	0.8

续表

法兰材料类别号	工作温度/℃																				
	20	50	100	150	200	250	300	350	375	400	425	450	475	500	510	520	530	540	550	575	600
2C1	5.5	5.3	4.5	4.1	3.8	3.6	3.4	3.2	3.2	3.1	3.0	3.0	2.9	2.9	2.9	2.9	2.8	2.8	2.7	2.4	1.9
2C2	5.5	5.3	4.6	4.2	3.9	3.7	3.5	3.3	3.3	3.2	3.2	3.2	3.1	3.1	3.1	3.1	3.1	3.1	3.1	2.8	2.3
2C3	4.6	4.4	3.8	3.4	3.1	2.9	2.8	2.6	2.6	2.5	2.5	2.4	—	—	—	—	—	—	—	—	—
2C4	5.5	5.3	4.9	4.5	4.2	4.0	3.7	3.6	3.5	3.5	3.4	3.4	3.3	3.3	3.3	3.3	3.3	3.3	3.2	2.9	2.3
2C5	5.5	5.4	5.0	4.7	4.4	4.1	3.9	3.8	3.7	3.7	3.7	3.7	3.7	3.7	3.7	3.6	3.6	3.6	3.5	3.0	2.3
12E0	5.3	5.1	4.7	4.4	4.1	3.9	3.6	3.5	—	3.3	—	3.3	—	3.2	—	—	—	—	3.1	—	2.3

表 10-38 *PN*10bar 钢制管法兰用材料最大允许工作压力（表压） bar

法兰材料类别号	工作温度/℃																				
	20	50	100	150	200	250	300	350	375	400	425	450	475	500	510	520	530	540	550	575	600
1C1	10.0	10.0	10.0	9.7	9.4	9.0	8.3	7.9	7.7	6.7	5.5	3.8	2.6	1.7	—	—	—	—	—	—	—
1C2	10.0	10.0	10.0	10.0	10.0	10.0	9.3	8.8	8.5	6.7	5.5	3.8	2.6	1.7	—	—	—	—	—	—	—
1C3	10.0	10.0	9.7	9.4	9.2	8.7	8.1	7.7	7.5	6.3	5.3	5.8	2.6	1.7	—	—	—	—	—	—	—
1C4	9.1	9.0	8.3	8.1	7.9	7.5	6.9	6.6	6.5	5.9	5.0	3.8	2.6	1.7	—	—	—	—	—	—	—
1C9	10.0	10.0	10.0	10.0	10.0	10.0	9.72	9.4	9.2	9.0	8.8	8.6	6.8	4.9	4.2	3.7	3.2	2.8	2.4	1.7	1.1
1C10	10.0	10.0	10.0	10.0	10.0	10.0	10.0	10.0	10.0	9.9	9.7	9.5	7.3	5.5	5.0	4.4	3.9	3.4	2.9	2.0	1.3
1C13	10.0	10.0	10.0	10.0	10.0	10.0	10.0	10.0	9.9	9.7	9.4	9.1	6.0	4.1	3.6	3.3	2.9	2.6	2.3	1.7	1.2
1C14	10.0	10.0	10.0	10.0	10.0	10.0	10.0	10.0	10.0	10.0	10.0	10.0	8.7	5.9	5.0	4.4	3.8	3.3	2.9	2.0	1.4
2C1	9.1	8.8	7.5	6.8	6.3	6.0	5.6	5.4	5.4	5.2	5.1	5.0	4.9	4.9	4.8	4.8	4.8	4.7	4.6	4.0	3.2
2C2	9.1	8.9	7.8	7.1	6.6	6.1	5.8	5.6	5.5	5.4	5.4	5.3	5.3	5.2	5.2	5.2	5.2	5.1	5.1	4.7	3.8
2C3	7.6	7.4	6.3	5.7	5.3	4.9	4.6	4.4	4.3	4.2	4.2	4.1	—	—	—	—	—	—	—	—	—
2C4	9.1	8.9	8.1	7.5	7.0	6.6	6.3	6.0	5.9	5.8	5.7	5.7	5.6	5.6	5.5	5.5	5.5	5.5	5.4	4.9	3.9
2C5	9.1	9.0	8.3	7.8	7.3	6.9	6.6	6.4	6.3	6.2	6.2	6.2	6.1	6.1	6.1	6.1	6.1	6.0	5.8	5.0	3.8
12E0	8.9	8.4	7.8	7.3	6.9	6.4	6.0	5.8	—	5.6	—	5.4	—	5.3	—	—	—	—	5.1	—	3.8

表 10-39 PN16bar 钢制管法兰用材料最大允许工作压力（表压）

bar

法兰材料类别号	工作温度/℃																				
	20	50	100	150	200	250	300	350	375	400	425	450	475	500	510	520	530	540	550	575	600
1C1	16.0	16.0	16.0	15.6	15.1	14.4	13.4	12.8	12.4	10.8	8.9	6.2	4.2	2.7	—	—	—	—	—	—	—
1C2	16.0	16.0	16.0	16.0	16.0	16.0	14.9	14.2	13.7	10.8	8.9	6.2	4.2	2.7	—	—	—	—	—	—	—
1C3	16.0	16.0	15.6	15.2	14.7	14.0	13.0	12.4	12.1	10.1	8.4	6.1	4.2	2.7	—	—	—	—	—	—	—
1C4	14.7	14.4	13.4	13.0	12.6	12.0	11.2	10.7	10.5	9.4	8.0	6.0	4.2	2.7	—	—	—	—	—	—	—
1C9	16.0	16.0	16.0	16.0	16.0	16.0	15.5	15.0	14.8	14.5	14.1	13.8	11.0	7.9	6.8	6.0	5.2	4.5	3.9	2.7	1.8
1C10	16.0	16.0	16.0	16.0	16.0	16.0	16.0	16.0	16.0	15.9	15.6	15.3	11.7	8.9	8.0	7.1	6.2	5.4	4.7	3.2	2.1
1C13	16.0	16.0	16.0	16.0	16.0	16.0	16.0	16.0	15.9	15.6	15.1	14.6	9.6	6.6	5.8	5.3	4.7	4.1	3.7	2.7	1.9
1C14	16.0	16.0	16.0	16.0	16.0	16.0	16.0	16.0	16.0	16.0	16.0	16.0	14.0	9.4	8.0	7.1	6.1	5.3	4.6	3.2	2.2
2C1	14.7	14.2	12.1	11.0	10.2	9.6	9.0	8.7	8.6	8.4	8.2	8.1	7.9	7.8	7.7	7.7	7.6	7.5	7.3	6.4	5.2
2C2	14.7	14.3	12.5	11.4	10.6	9.8	9.3	9.0	8.8	8.7	8.6	8.5	8.5	8.4	8.3	8.3	8.3	8.3	8.2	7.6	6.1
2C3	12.3	11.8	10.2	9.2	8.5	7.9	7.4	7.1	6.5	6.8	6.7	6.5	—	—	—	—	—	—	—	—	—
2C4	14.7	14.4	13.1	12.1	11.3	10.7	10.1	9.7	9.4	9.3	9.2	9.1	9.0	8.9	8.9	8.8	8.8	8.8	8.7	7.9	6.3
2C5	14.7	14.4	13.4	12.5	11.8	11.2	10.6	10.2	10.1	10.0	9.9	9.9	9.8	9.8	9.8	9.8	9.8	9.7	9.4	8.1	6.1
12E0	14.2	13.5	12.5	11.7	11.0	10.3	9.7	9.2	9.0	8.9	8.9	8.7	8.7	8.5	8.3	8.3	8.3	8.3	8.2	7.6	6.1

表 10-40 PN25bar 钢制管法兰用材料最大允许工作压力（表压）

bar

法兰材料类别号	工作温度/℃																				
	20	50	100	150	200	250	300	350	375	400	425	450	475	500	510	520	530	540	550	575	600
1C1	25.0	25.0	25.0	24.4	23.7	22.5	20.9	20.0	19.4	16.9	14.0	9.7	6.5	4.2	—	—	—	—	—	—	—
1C2	25.0	25.0	25.0	25.0	25.0	25.0	23.3	22.2	21.4	16.9	14.0	9.7	6.5	4.2	—	—	—	—	—	—	—
1C3	25.0	25.0	24.4	23.7	23.0	21.9	20.4	19.4	18.8	15.9	13.3	9.6	6.5	4.2	—	—	—	—	—	—	—
1C4	23.0	22.5	20.9	20.4	19.7	18.8	17.5	16.7	16.5	14.8	12.6	9.5	6.5	4.2	—	—	—	—	—	—	—
1C9	25.0	25.0	25.0	25.0	25.0	25.0	24.3	23.5	23.1	22.7	22.1	21.5	17.1	12.5	10.7	9.4	8.2	7.0	6.1	4.2	2.9
1C10	25.0	25.0	25.0	25.0	25.0	25.0	25.0	25.0	25.0	24.8	24.4	23.9	18.3	14.0	12.6	11.2	9.8	8.5	7.4	5.1	3.3
1C13	25.0	25.0	25.0	25.0	25.0	25.0	25.0	25.0	24.9	24.3	23.6	22.8	15.1	10.4	9.1	8.2	7.3	6.5	5.8	4.3	3.0
1C14	25.0	25.0	25.0	25.0	25.0	25.0	25.0	25.0	25.0	25.0	25.0	25.0	21.9	14.8	12.6	11.2	9.6	8.2	7.2	5.0	3.4

续表

工作温度/℃

法兰材料类别号	20	50	100	150	200	250	300	350	375	400	425	450	475	500	510	520	530	540	550	575	600
2C1	23.0	22.1	18.9	17.2	16.0	15.0	14.2	13.7	13.5	13.2	12.9	12.7	12.5	12.3	12.2	12.1	12.0	11.9	11.5	10.1	8.2
2C2	23.0	22.3	19.5	17.8	16.5	15.5	14.6	14.1	13.8	13.6	13.5	13.4	13.3	13.2	13.1	13.1	13.0	13.0	12.9	12.0	9.6
2C3	19.2	18.5	16.0	14.5	13.3	12.4	11.7	11.1	10.9	10.7	10.5	10.3	—	—	—	—	—	—	—	—	—
2C4	23.0	22.5	20.4	19.0	17.7	16.7	15.8	15.2	14.8	14.6	14.4	14.3	14.1	14.0	13.9	13.9	13.8	13.8	13.6	12.4	9.8
2C5	23.0	22.6	20.9	19.6	18.4	17.4	16.6	16.0	15.8	15.7	15.6	15.5	15.4	15.4	15.4	15.4	15.3	15.2	14.7	12.7	9.6
12E0	22.2	21.1	19.6	18.3	17.2	16.1	15.1	14.4	13.9	13.9	—	13.6	—	13.2	—	—	—	—	12.8	—	9.6

表 10-41 PN40bar 钢制管法兰用材料最大允许工作压力（表压）

bar

工作温度/℃

法兰材料类别号	20	50	100	150	200	250	300	350	375	400	425	450	475	500	510	520	530	540	550	575	600
1C1	40.0	40.0	40.0	39.1	37.9	36.0	33.5	31.9	31.1	27.0	22.4	15.6	10.5	6.8	—	—	—	—	—	—	—
1C2	40.0	40.0	40.0	40.0	40.0	40.0	37.2	35.6	34.2	27.0	22.4	15.6	10.5	6.8	—	—	—	—	—	—	—
1C3	40.0	40.0	39.0	38.0	36.9	35.1	32.6	31.1	30.1	25.4	21.2	15.4	10.5	6.8	—	—	—	—	—	—	—
1C4	36.8	36.1	33.5	32.6	31.6	30.1	27.9	26.7	26.3	23.7	20.1	15.2	10.5	6.8	—	—	—	—	—	—	—
1C9	40.0	40.0	40.0	40.0	40.0	40.0	38.9	37.6	36.9	36.2	35.4	34.5	27.4	19.9	17.1	15.1	13.1	11.3	9.8	6.8	4.7
1C10	40.0	40.0	40.0	40.0	40.0	40.0	40.0	40.0	40.0	39.7	39.0	38.3	29.2	22.3	20.2	18.0	15.7	13.6	12.0	8.1	5.3
1C13	40.0	40.0	40.0	40.0	40.0	40.0	40.0	40.0	39.8	38.9	37.8	36.4	24.1	16.6	14.7	13.3	11.8	10.4	9.3	6.9	4.8
1C14	40.0	40.0	40.0	40.0	40.0	40.0	40.0	40.0	40.0	40.0	40.0	40.0	35.0	23.7	20.2	17.8	15.5	13.3	11.7	8.1	5.5
2C1	36.8	35.4	30.3	27.5	25.5	24.1	22.7	21.9	21.6	21.2	20.6	20.3	19.9	19.6	19.5	19.4	19.2	19.0	18.4	16.2	13.1
2C2	36.8	35.6	31.3	28.5	26.4	24.7	23.4	22.6	22.1	21.8	21.6	21.4	21.2	21.0	21.0	20.9	20.8	20.8	20.7	19.1	15.5
2C3	30.6	29.6	25.5	23.1	21.2	19.8	18.7	17.8	17.5	17.1	16.8	16.5	—	—	—	—	—	—	—	—	—
2C4	36.8	35.9	32.7	30.3	28.4	26.7	25.3	24.2	23.7	23.4	23.1	22.8	22.6	22.4	22.3	22.2	22.1	22.0	21.8	19.9	15.8
2C5	36.8	36.1	33.4	31.3	29.5	27.9	26.6	25.6	25.2	25.1	24.9	24.8	24.7	24.6	24.6	24.6	24.6	24.3	23.5	20.4	15.4
12E0	35.6	33.8	31.3	29.3	27.6	25.8	24.2	23.1	—	22.2	—	21.7	—	21.2	—	—	—	20.4	—	—	15.3

（6）夹套法兰

当管道的外面有套筒，而且内管与套管都焊接在同一个法兰上时，这个法兰就称为夹套法兰。由于夹套法兰使用率不高，此处不做过多介绍，其结构与尺寸参数请见 HG/T 20592 的附录 B。

（7）管法兰标记

HG/T 20592 法兰（或法兰盖） $\boxed{b}$ $\boxed{c}$ —$\boxed{d}$ $\boxed{e}$ $\boxed{f}$ $\boxed{g}$ $\boxed{h}$

其中　b——法兰类型代号，按本书表规定填写。对于螺纹法兰：当采用按 GB/T 7306 规定的锥管螺纹时，标记为"Th（R_C）或 Th（R_p）"；当采用按 GB/T 12716 规定的锥管螺纹时，标记为"Th（NPT）"；螺纹法兰若未标记螺纹代号，则为 R_p（GB/T 7306.1）。

　　c——法兰公称尺寸 DN 并注明所用的钢管外径系列（A 或 B）。对于整体法兰、法兰盖、衬里法兰盖、螺纹法兰，所用的钢管外径系列（A 或 B）标记可以省略。如果所用的钢管外径系列为 A 系列，钢管外径系列标记也可以省略，只标记 DN 即可。只有所用的钢管外径系列为 B 系列时，才需标记"$DN \times \times \times$（B）"。

　　d——法兰公称压力等级，压力单位 bar。

　　e——密封面型式代号，按图 10-16 所示。

　　f——钢管壁厚，应该由用户提供。对于带颈对焊法兰、松套法兰所用的对焊环均应标注钢管壁厚。

　　g——法兰材料牌号。

　　h——其他附加的要求，譬如密封表面的粗糙度等。

示例 1　公称尺寸 $DN1200$、公称压力 $PN6$、配用公制管的突面板式平焊钢制管法兰，材料为 Q235A，其标记为：

HG/T 20592　法兰　PL 1200（B）—6　RF　Q235A

示例 2　公称尺寸 $DN1200$、公称压力 $PN100$、配用公制管的凹面带颈对焊钢制管法兰，材料为 Q345，钢管壁厚为 8mm，其标记为：

HG/T 20592　法兰　WN 100（B）—100　FM　S=8mm　Q345

示例 3　公称尺寸 $DN200$、公称压力 $PN10$、配用公制管的突面对焊环松套钢制管法兰，材料为 20 钢，对焊环材料为 316，其标记为：

HG/T 20592　法兰　PJ/SE 200（B）—10　RF　S=4mm　20/316

示例 4　公称尺寸 $DN40$、公称压力 $PN63$、配用英制管的突面承插焊钢制管法兰，材料为 304，其标记为：

HG/T 20592　法兰　SW 40—63　RF　304

示例 5　公称尺寸 $DN65$、公称压力 $PN16$、采用 R_C 螺纹的全平面螺纹焊钢制管法兰，材料为 316，其标记为：

HG/T 20592　法兰　Th（R_C）65—16　FF　316

（8）管法兰的采购

如果容器制造厂所用的管法兰是外购件，采购时应提出以下要求：

标准编号；

管法兰类型或类型代号（按表 10-19）；

法兰密封面类型代号；

公称尺寸（DN）；

公称压力（PN）；

与带颈对焊法兰、对焊环（松套法兰）连接的钢管壁厚；

材料牌号。

如果有其他附加要求，例如采用标准规定以外的材料，对奥氏体不锈钢的晶间腐蚀试验要求，法兰表面的防锈涂漆要求，锻件级别高于标准规定的要求等。

（9）管法兰的钢印标志与包装

① 钢印标志　在管法兰（包括法兰盖）的外圆柱表面都应该用钢印标记以下内容：

ⅰ.标准编号，HG/T 20592。

ⅱ.管法兰类型代号（按表10-19）；对于螺纹法兰应同时标有锥管螺纹代号（即 R_C、R_P 或 NPT）。

ⅲ.法兰公称尺寸 DN 及适用钢管外径系列；整体法兰、法兰盖、衬里法兰盖、螺纹法兰，适用钢管外径系列的标记可以省略；适用于 A 系列钢管的法兰，适用钢管外径系列的标记可以省略；适用于 B 系列钢管的法兰，标记为"DN×××（B）"。

ⅳ.法兰公称压力（PN）。

ⅴ.密封面型式代号，按图10-17下部的附表。

ⅵ.带颈对焊法兰、松套法兰所用的对焊环均应标注钢管壁厚。

ⅶ.材料代号按表10-42规定。

表 10-42　材料代号

钢　号	代　号	钢　号	代　号
Q235A,Q235B	Q	12Cr2Mo1,12Cr2Mo1R	C2M
20,Q245R	20	1Cr5Mo	C5M
25	25	9Cr-1Mo-V	C9MV
A105	A105	08Ni3D	3.5Ni
09Mn2VR	09MnD	06Cr19Ni10	304
09MnNiD	09NiD	022Cr19Ni10	304L
16Mn,Q345R	16Mn	06Cr18Ni11Ti	321
16MnD,16MnDR	16MnD	06Cr17Ni12Mo2	316
09MnNiD,09MnNiDR	09MnNiD	022Cr17Ni12Mo2	316L
14Cr1Mo,14Cr1MoR	14CM	06Cr18Ni11Nb	347
15CrMo,15CrMoR	15CM		

② 包装　法兰应按规格、材料分别包装。交货时应附有产品质量证明文件，每个法兰（包括法兰盖）的外圆柱表面都应该有钢印标志。

10.2.2　管法兰连接用密封垫片

管法兰连接的主要失效形式是泄漏。泄漏与密封结构型式、被连接件的刚度、密封件的性能、操作和配合等许多因素有关。垫片作为法兰连接的主要元件，对密封起着重要作用。

本书编入的管法兰连接用密封垫片共有 6 个标准，它们是：

HG/T 20606—2009　钢制管法兰用非金属平垫片（PN 系列）；

HG/T 20607—2009　钢制管法兰用聚四氟乙烯包覆垫片（PN 系列）；

HG/T 20609—2009　钢制管法兰用金属包覆垫片（PN 系列）；

HG/T 20610—2009　钢制管法兰用缠绕式垫片（PN 系列）；

HG/T 20611—2009　钢制管法兰用具有覆盖层的齿形组合垫（PN 系列）；

HG/T 20612—2009　钢制管法兰用金属环形垫（PN 系列）。

下面综合介绍它们的型式结构，使用范围和尺寸系列。

10.2.2.1 密封垫片类型

(1) 非金属平垫片

垫片名称会使人发问，难道还有不平的垫片？这里的"平"指的是垫片的截面形状是简单的矩形，没有内、外环之类的东西，可以理解结构简单的意思。冠以"非金属"也并不意味着所用的材料就是清一色的非金属，一点金属都不许有。非金属平垫片共有六类材料，橡胶、石棉橡胶、非石棉纤维橡胶、聚四氟乙烯、柔性石墨和高温云母。

这六种平垫片如果按它们所配用的密封面型式来划分，可以分为三种型式，即用于全平面的 FF 型；用于突面、凹凸面和榫槽面的 RF 型、MFM 型和 TG 型；带不锈钢内包边的 RF-E 型，图 10-26 给出了它们的形状。表 10-43 是非金属平垫片的使用条件。

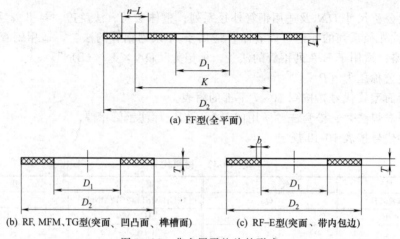

(a) FF型(全平面)

(b) RF、MFM、TG型(突面、凹凸面、榫槽面)　　(c) RF-E型(突面、带内包边)

图 10-26　非金属平垫片的形式

(2) 聚四氟乙烯包覆垫片

垫片由两部分组成，一是厚度约为 2mm 的用石棉橡胶板（或根据需要采用其他材料）制成的具有矩形截面的环状嵌入层（图 10-27 中内径 D_2、外径 D_4），二是用聚四氟乙烯做的包覆层（内径 D_1、外径 D_3）。

表 10-43　非金属平垫片的使用条件

类别	名　称		标准	代号	适用范围		最大($p \times T$) /(MPa×℃)
					公称压力 PN/bar	工作温度 /℃	
橡胶	天然橡胶		①	NR	≤16	−50～+80	60
	氯丁橡胶			CR	≤16	−20～+100	60
	丁腈橡胶			NBR	≤16	−20～+110	60
	丁苯橡胶			SBR	≤16	−20～+90	60
	三元乙丙橡胶			EPDM	≤16	−30～+140	90
	氟橡胶			FKM	≤16	−20～+200	90
石棉橡胶	石棉橡胶板		GB/T 3985	XB350	≤25	−40～+300	650
				XB450			
	耐油石棉橡胶板		GB/T 539	NY400			
非石棉纤维橡胶	非石棉纤维的橡胶压制板[a]	无机纤维	②	NAS	≤40	−40～+290[d]	960
		有机纤维				−40～+200[d]	

288

类别	名　　称	标准	代号	适用范围		最大($p \times T$) /(MPa×℃)
				公称压力 PN	工作温度 /℃	
聚四氟乙烯	聚四氟乙烯板	QB/T 3625	PTFE	≤16	−50～+100	
	膨胀聚四氟乙烯板或带	②,③	ePTFE	≤40	−200～+200④	
	填充改性聚四氟乙烯板		RPTFE			
柔性石墨	增强柔性石墨板	JB/T 6628 JB/T 7758.2	RSB	10～63	−240～+650 （用于氧化性 介质时：−240～ +450）	1200
高温云母	高温云母复合板			10～63	−196～+900	

① 除本表的规定以外，选用时还应符合 HG/T 20614 的相应规定。

② 非石棉纤维橡胶板、膨胀聚四氟乙烯板或带、填充改性聚四氟乙烯板选用时应注明公认的厂商牌号（详见 HG/T 20614 附录 A），按具体使用工况，确认具体产品的使用压力、适用温度范围及最大（$p \times T$）值。

③ 膨胀聚四氟乙烯带一般用于管法兰的维护和保养，尤其是应急场合，也用于异形管法兰。

④ 超过此温度范围或饱和蒸汽压大于 1.0MPa（表压）使用时，应确认具体产品的适用条件。

注：1. 增强柔性石墨板是由不锈钢冲齿或冲孔芯板与膨胀石墨粒子复合而成，不锈钢冲齿或冲孔芯板起增强作用。

2. 高温云母复合板是由 316 不锈钢双向冲齿板和云母层复合而成，不锈钢冲齿板起增强作用。

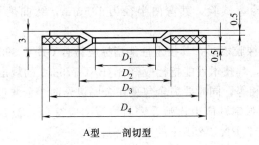

A型——剖切型

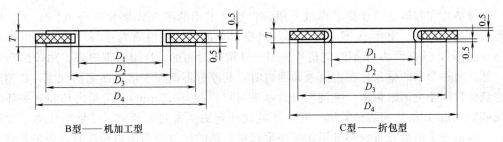

B型——机加工型　　　　　　　　C型——折包型

图 10-27　聚四氟乙烯包覆垫片（HG/T 20607）

（3）金属包覆垫片

这种垫片是由石棉橡胶板等做内芯，外包厚度为 0.3～0.5mm 的薄金属板，有Ⅰ型与Ⅱ型两种（图 10-28）。

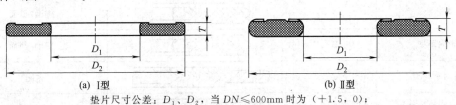

(a) Ⅰ型　　　　　　　　　　(b) Ⅱ型

垫片尺寸公差：D_1、D_2，当 DN≤600mm 时为（+1.5，0）；

当 DN>600mm 时为（+3.0，0）；厚度 T 为（+0.75，0）

图 10-28　垫片的形式

包覆金属材料与填充材料的最高工作温度和材料代号分别列于表 10-44。金属包覆垫片的最高工作温度应低于包覆金属材料和填充材料的最高工作温度的较低值。

表 10-44　金属包覆垫材料

包覆金属材料					填充材料		
牌　号	标准	代号	硬度 HB 最大	最高工作温度/℃	名　称	代号	最高工作温度/℃
纯铝板 L_3	GB/T 3880	L_3	40	200	柔性石墨板	FG	650
纯铜板 T_3	GB/T 2040	T_3	60	300	石棉橡胶板	AS	300
镀锌钢板	GB/T 2518	St(Zn)	90	400	有机纤维橡胶板	NAS	200
08F	GB/T 711	St	90		无机纤维橡胶板		290
06C13		410S	183	500			
06C19Ni10		304					
06Cr18Ni11Ti	GB/T 3280	321	187	600			
022Cr17Ni12Mo2		316L					
022Cr19Ni13Mo3		317L					

包覆层金属材料一般采用整张金属板制作。需要拼装时，其拼接接头数不得超过 3 个，拼接处，板应切割成 45°，采用氩弧焊或气焊，拼接焊缝必须打磨与母材齐平。焊缝按 GB/T 232 的规定进行冷弯试验，其弯曲半径为 1.5mm，弯曲度为 180°，冷弯曲试样的焊缝处不得出现裂纹。

填充材料采用石棉橡胶板时，其技术性能指标应符合 GB/T 3985 中 XB450 或 XB350 的规定。采用柔性石墨板时，其技术性能指标应符合 JB/T 7758.2 的规定。填充材料的厚度在整个截面上应该均匀一致且相等，同时要完全包裹在金属包壳内，金属包边的宽度应对称相等。

垫片的压缩率、回弹率、应力松弛及密封泄漏率应符合 GB/T 15601 的规定。

金属包覆垫片只用于 $PN \geqslant 25bar$ 的突面密封面。

(4) 缠绕式垫片

这种垫片在容器法兰连接中作过介绍，管法兰上用的缠绕式垫片也分 A、B、C、D 四种型式（表 10-45），其中 A 型不带内环，缠绕部分的外边也没有对中环（过去把内外环都称为加强环），这是因为 A 型缠绕垫片是用于榫槽密封面的。B 型只带内环，用于凹凸密封面，把这两种型式的垫片放在槽面或凹面内时，其厚度不能大于槽或凹面的深度。C 型和 D 型缠绕垫片用于突面密封面，缠绕部分的厚度可以厚些（4.5mm），但是内环和对中环的厚度只能取 3mm，而且安装预紧法兰时，不能使环与法兰密封面相碰。C 型垫片由于没有内环，缠绕部分中的填充带材料是不能使用聚四氟乙烯的。总之当压力较高时，如果是突面密封面，最好还是采用 D 型缠绕垫片。

表 10-45　垫片的形式和代号

类　型	代　号	断面形状	适用法兰密封面形式
基本型	A		榫面/槽面
带内环型	B		凹面/凸面
带对中环型	C		突面①
带内环和对中环型	D		突面①

① 也适用全平面法兰密封面。

290

缠绕部分中使用的金属带厚度为（0.2±0.02）mm，金属带和填充带材料和使用的温度范围见表10-46。

表 10-46　缠绕垫片金属带与填充材料及使用温度

金属带材料		填充材料						垫片使用温度范围
牌号（标志缩写）	标记代号	名称（标志缩写）	标记代号	主要性能				
				拉伸强度/MPa	烧失量/%	氯离子含量/×10⁻⁶	熔点/℃	
碳钢（CRS）	1	温石棉带①（ASB）	1	≥2.0	≤20	—	—	零下100～+300
06Cr19Ni10（304）	2	柔性石墨带（G.F.）	2	—	—	≤50	—	零下200～+650②
022Cr19Ni10（304L）	3	聚四氟乙烯带（PTFE）	3	≥2.0	—	—	327±10	零下200～+200
06Cr17Ni12Mo2（316）	4	非石棉纤维带（NA）	4	≥2.0	≤20	—	—	零下100～+250③
022Cr17Ni12Mo2（316L）	5							
06Cr18Ni11Ti（321）	6							
06Cr18Ni11Nb（347）	7							
06Cr25Ni20（310）	8	本表是编者综合的，从竖向看"金属带材料"共有15种钢号（标记代号只有1～9），这15种的任何一个钢号都可以与四种填充材料中的任何一种配合使用，不存在横向同行对应问题。但是在"填充材料"栏与"垫片使用温度范围"栏之间（不包括"金属带材料"栏）却要行行左右对应。这表明无论用什么材料做金属材料制成的垫片，其使用温度均由填充材料确定						
钛（Ti）								
Ni-Cu合金（MON）								
Ni-Mo合金（HAST B）								
Ni-Mo-Cr合金（HAST C）	9							
Ni-Cr-Fe合金（INC 600）								
Ni-Fe-Cr合金（IN 800）								
锆（ZIRC）								

① 使用含石棉材料应遵守相关法律规定，使用时必须采取措施，确保不对人体健康构成危害。
② 用于氧化性介质时，最高使用温度为450℃。
③ 不同种类的非石棉纤维带材料有不同的使用温度范围，按材料生产厂的规定。
注：材料后面括号内为材料的缩写代号。

缠绕部分的填料应平整，且适当高出金属带，其值约为（0.15±0.1）mm。

缠绕部分的最外边应该有3～5圈不加填料带的金属带，内圈则应有2～3圈不加填料的金属带。缠绕部分的内、外径处的点焊数目应不少于4点，且不能有过烧或未焊透等焊接缺陷。

B型与C型的内环材料采用不锈钢，C型与D型的对中环，其材料可以采用碳钢。

（5）具有覆盖层的齿形组合垫

这种垫片是由厚度为3～5mm的齿形金属环（不要与前面介绍的冲齿芯板混淆，它不是仅仅起对垫片的支承作用）和上下两面覆盖柔性石墨或聚四氟乙烯薄板（0.5mm）组合而成（图10-29）。金属齿形环较厚，垫片刚性大，使用压力较高，可用于突面（B、C型），榫槽面和凹凸面（A型）三种密封面上。它们的材料和使用温度范围见表10-47。

表 10-47　齿形组合垫片金属圆环与覆盖层材料及使用温度

金属圆环材料	覆盖层材料				垫片使用温度范围（取决于覆盖层材料）/℃
牌号（标志缩写）	名称（标志缩写）	主要性能			
		拉伸强度/MPa	氯离子含量/×10⁻⁶	熔点/℃	
06C19Ni10（304）	柔性石墨带（G.F.）	—	≤50	—	零下200～+650①
022Cr19Ni10（304L）	聚四氟乙烯带（PTFE）	≥15	—	327±10	零下200～+200
06Cr17Ni12Mo2（316）					
022Cr17Ni14Mo2（316L）					
06Cr18Ni11Ti（321）					

金属圆环材料	覆盖层材料				垫片使用温度范围 (取决于覆盖层材料)
牌号(标志缩写)	名称(标志缩写)	主要性能			
		拉伸强度 /MPa	氯离子含量 /×10^{-6}	熔点 /℃	
06Cr18Ni11Nb(347)					
06Cr25Ni20(310)					
钛(Ti)					
Ni-Cu 合金(MON)					
Ni-Mo 合金(HAST B)					
Ni-Mo-Cr 合金(HAST C)					
Ni-Cr-Fe 合金(INC 600)					
Ni-Fe-Cr 合金(IN 800)					
锆(ZIRC)					

① 用于氧化性介质时，最高使用温度为450℃。

注：材料后面括号内为材料的缩写代号。

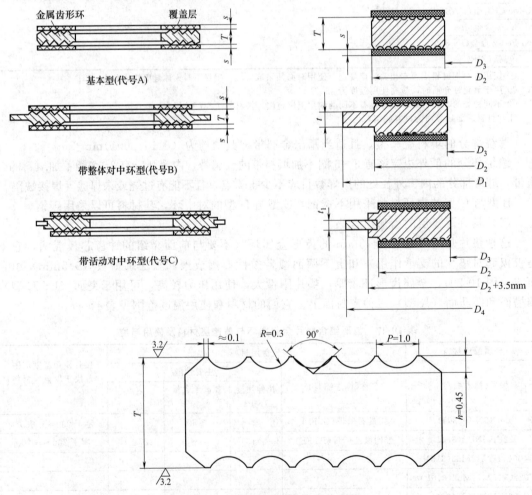

图 10-29　具有覆盖层的金属齿形垫

ⅰ.齿形金属环的平面度应不大于垫片外径的 1/100。

ⅱ.覆盖层材料要牢固地粘贴在齿形金属环上，不致在运输或安装过程中脱落。所使用的黏结剂不应对材料产生腐蚀。采用的拼接接头不应超过两个，且采用搭接时，两重叠部分用斜切拼接；或采用对接时，在焊缝处用较薄的覆盖层材料加以覆盖。

ⅲ.活动对中环与齿形金属环上的对中槽应保持适当的间隙，在受热膨胀时，不妨碍其自由活动。

（6）金属环形垫

如果说前面介绍的几种密封垫片都是用非金属材料来实现密封的话，那么这种垫片则是完全不再借助非金属材料来实现密封了。之所以完全采用金属材料制造密封垫，主要是可以提高使用温度。金属环形垫的断面形状有椭圆形和八角形两种（图 10-30），只在环连接面上使用。金属环形垫的材料、硬度和最高使用温度见表 10-48。

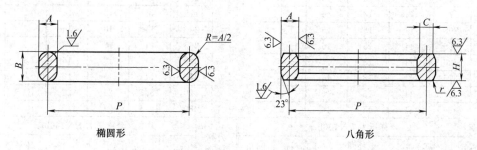

椭圆形 八角形

图 10-30　金属环形垫的形式

表 10-48　金属环形垫的材料、代号和最高使用温度

金属环形垫材料		最高硬度		代号	最高使用温度 /℃
钢　　号	标　　准	HBS	HRB		
纯铁[①]	GB/T 6983	90	56	D	540
10	GB/T 699	120	68	S	540
12Cr5Mo	NB/T 47008	130	72	F5	650
06Cr13		170	86	410S	650
06Cr19Ni10		160	83	304	700[②]
022Cr19Ni10		150	80	304L	450
06Cr17Ni12Mo2	NB/T 47010 GB/T 1220	160	83	316	700[②]
022Cr17Ni12Mo2		150	80	316L	450
06Cr18Ni11Ti		160	83	321	700[②]
06Cr18Ni11Nb		160	83	347	700[②]

① 纯铁的化学成分如下：　　　　　　　　　　　　　　　　　　　　　　　　　　　　　　　%

w_C	w_{Si}	w_{Mn}	w_P	w_S
≤0.05	≤0.40	≤0.60	≤0.035	≤0.040

② 温度超过 550℃ 的使用场合，与生产厂协商。

金属环形垫用在 $PN \geqslant 63$bar，而且 $DN \leqslant 400$mm 的场合。它的尺寸没有与其他型式垫片的共同之处，所以提前先用专表列出（表 10-49）。

表 10-49　金属环形垫尺寸　　　　　　　　　　　　　　　　　　mm

公称尺寸 DN	公称压力 PN63bar						公称压力 PN100bar					
	节径 P	环宽 A	环高 椭圆垫 B	环高 八角垫 H	环平面宽度 C	圆角半径 r	节径 P	环宽 A	环高 椭圆垫 B	环高 八角垫 H	环平面宽度 C	圆角半径 r
15	35	8	14	13	5.5		35	8	14	13	5.5	
20	45	8	14	13	5.5		45	8	14	13	5.5	
25	50	8	14	13	5.5		50	8	14	13	5.5	
32	65	8	14	13	5.5		65	8	14	13	5.5	
40	75	8	14	13	5.5		75	8	14	13	5.5	
50	85	11	18	16	8		85	11	18	16	8	
65	110	11	18	16	8		110	11	18	16	8	
80	115	11	18	16	8		115	11	18	16	8	
100	145	11	18	16	8	1.6	145	11	18	16	8	1.6
125	175	11	18	16	8		175	11	18	16	8	
150	205	11	18	16	8		205	11	18	16	8	
200	265	11	18	16	8		265	11	18	16	8	
250	320	11	18	16	8		320	11	18	16	8	
300	375	11	18	16	8		375	11	18	16	8	
350	420	11	18	16	8		420	15.5	24	22	10.5	
400	480	11	18	16	8		480	15.5	24	22	10.5	

公称尺寸 DN	公称压力 PN160bar						公称尺寸 DN	公称压力 PN160bar					
	节径 P	环宽 A	环高 椭圆垫 B	环高 八角垫 H	环平面宽度 C	圆角半径 r		节径 P	环宽 A	环高 椭圆垫 B	环高 八角垫 H	环平面宽度 C	圆角半径 r
15	35	8	14	13	5.5		80	130	11	18	16	8	
20	45	8	14	13	5.5		100	160	11	18	16	8	
25	50	8	14	13	5.5		125	190	11	18	16	8	
32	65	8	14	13	5.5	1.6	150	205	13	22	20	9	1.6
40	75	8	14	13	5.5		200	275	15.5	24	22	10.5	
50	95	11	18	16	8		250	330	15.5	24	22	10.5	
65	110	11	18	16	8		300	380	21	30	28	14	

10.2.2.2　密封垫片的尺寸

标准中对每种密封垫片都逐一给出了尺寸表，这对读者的查用比较方便。但是篇幅过大使本书无法按原标准（参看表 10-33）摘引。因为密封垫片必须与法兰的密封面配合使用，而法兰密封面的尺寸是有限的，这就提示我们，是不是可以分析一下，在不同类型垫片之间，当它们使用在同一种法兰密封面时，是不是在垫片的尺寸上有一定的规律可循？据此编者对密封垫片的尺寸表做了重新编排，在保留完整的数据条件下，较大幅度地压缩了表的数量，这样的处理会给设计人员的查阅添点麻烦，但是这样的综合会把密封垫片的尺寸规律以及垫片尺寸与法兰密封面尺寸之间的关系，明明白白地揭示出来，这对于熟悉标准，得心应手地使用标准又会有一定的帮助，可以补偿或消除查阅所添的麻烦。

（1）用于突面密封面的垫片尺寸

在前面表 10-33 中给出了法兰突面密封面的突面直径 d，而且 d 值在一定 DN 范围内，在相邻的 PN 级别（如 2.5bar 和 6bar；10～40bar）之间是相等的。在突面密封面上使用的垫片有：除金属环形垫以外的其他所有五种垫片，这些不同型式垫片，在相同的 PN、DN 条件下，它们的外径（有对中环的垫片指的是对中环外径）都是相同的，编者把它们归并在

表 10-50 中。从表中所给的数据不难看出，垫片的外径都稍大于突面直径 d，这有利于垫片的对中。

至于垫片的内径，各种型式的垫片略有不同，读者可从表 10-51 查取。表中同时列出了管法兰的内径，除表中用粗线圈起来的数据以外，读者可以发现垫片的内径都是大于或等于法兰的内径，这是合乎逻辑的。在这张表中还同时给出了垫片的厚度。

表 10-50　突面密封面突面直径 d 与配用的各种型式垫片外径 D 　　　mm

公称尺寸 DN	公称压力/bar														
	2.5		6		10		16		25		40		63	100	160
	突面直径 d	垫片外径 D	突面直径 d	垫片外径 D	突面直径 d	垫片外径 D	突面直径 d	垫片外径 D	突面直径 d	垫片外径 D	突面直径 d	垫片外径 D	垫片外径 D	垫片外径 D	垫片外径 D
10	35	39	35	39	40	46	40	46	40	46	40	46	56	56	56
15	40	44	40	44	45	51	45	51	45	51	45	51	61	61	61
20	50	54	50	54	58	61	58	61	58	61	58	61	72	72	72
25	60	64	60	64	68	71	68	71	68	71	68	71	82	82	82
32	70	76	70	76	78	82	78	82	78	82	78	82	88	88	88
40	80	86	80	86	88	92	88	92	88	92	88	92	103	103	103
50	90	96	90	96	102	107	102	107	102	107	102	107	113	119	119
65	110	116	110	116	122	127	122	127	122	127	122	127	138	144	144
80	128	132	128	132	138	142	138	142	138	142	138	142	148	154	154
100	148	152	148	152	158	162	158	162	162	168	162	168	174	180	180
125	178	182	178	182	188	192	188	192	188	194	188	194	210	217	217
150	202	207	202	207	212	218	212	218	218	224	218	224	247	257	257
200	258	262	258	262	268	273	268	273	278	284	285	290	309	324	324
250	312	317	312	317	320	328	320	329	335	340	345	352	364	391	388
300	365	373	365	373	370	378	378	384	395	400	410	417	424	458	458
350	415	423	415	423	430	438	428	444	450	457	465	474	486	512	
400	465	473	465	473	482	489	490	495	505	514	535	546	543	572	
450	523	528	523	528	532	539	550	555	555	564	560	571			
500	570	578	570	578	585	594	610	617	615	624	615	628			
600	670	679	670	679	685	695	725	734	720	731	735	747			
700	775	784	775	784	800	810	795	804	820	833					
800	880	890	880	890	905	917	900	911	930	942					
900	980	990	980	990	1005	1017	1000	1011	1030	1042					
1000	1080	1090	1080	1090	1110	1124	1115	1128	1140	1154					
1200	1280	1290	1295	1307	1330	1341	1330	1342	1350	1364					
1400	1480	1490	1510	1524	1535	1548	1530	1542							
1600	1690	1700	1710	1724	1760	1772	1750	1764							
1800	1890	1900	1920	1931	1960	1972	1950	1964							
2000	2090	2100	2125	2138	2170	2182	2150	2168							

注：1. 垫片外径 D 包括：HG/T 20606 中 RF 型、RF-E 型非金属平垫片的 D_2；HG/T 20607 中 A 型、B 型、C 型聚四氟乙烯包覆垫片的 D_4；HG/T 20609 中 C 型、D 型缠绕式垫片的对中环外径 D_4；HG/T 20611 中 B 型、C 型具有覆盖层的齿形组合垫的对中环外径 D_1。

2. 表中所有的 D 均稍大于 d。

表 10-51　突面密封面所使用的各种型式密封垫片的内径和厚度　　　mm

公称尺寸 DN	法兰内径 B1	密封垫片内径 非金属平垫片 D1	聚四氟乙烯包垫包覆层内径 D1	金属包覆垫片 D1	缠绕式垫片 内环内径 D1	缠绕部分内径 D2	具有覆盖层的齿形组合垫 D3	非金属平垫片 垫片厚度 T	包边宽度 b	聚四氟乙烯包覆垫 T	金属包覆垫片 T	缠绕式垫片 垫片厚度 T	内环对中环厚度 t	齿形金属环厚度 T	整体对中环厚度 t	活动对中环厚度 t1	覆盖层厚度 s
10	15	18	18	28	18	24	22										
15	19	22	22	33	22	28	26										
20	26	27	27	45.5	27	33	31										
25	33	34	34	54	34	40	36										
32	39	43	43	61.5	43	49	46										
40	46	49	49	68	49	55	53										
50	59	61	61	77.5	61	70	65										
65	78	77	77	97.5	77	86	81	1.5		3							
80	91	89	89	109.5	90	99	95										
100	110	115	115	131.5	116	128	118										
125	135	141	141	156	143	155	142		3								
150	161	169	169	183.5	170	182	170				3						
200	222	220	220	237.5	222	234	**220**							4			
250	276	273	273	293.5	276	288	**270**										
300	328	324	324	353	328	340	**320**					4.5	3		2	1.5	0.5
350	381	377	377	407	381	393	**375**										
400	430	426	426	458.5	430	442	**426**			4	4						
450	485	480	480	503	471	480	**480**										
500	535	530	530	561	535	547	**530**										
600	636	630	630	665.5	636	648	**630**										
700	724	720	无	765.5	720	732	730	3	4								
800	824	820		875.5	820	840	830										
900	924	920		975.5	920	940	930										
1000	1024	1020		无	1020	1040	1040										
1200	1224	1220			1220	1240	1250			无	无						
1400	1424	1422			1420	1450	1440										
1600	1624	1626			1630	1660	1650	5	5					5			
1800	1824	1829			1830	1860	1850										
2000	2024	2032			2030	2060	2050										

注:1.突面密封面所使用的缠绕式密封垫片应采用带内环和对中环的 D 型垫片。

2.突面密封面所使用的各种型式密封垫片的内径应大于法兰密封面内径,表中用粗线圈起来的数据为 HG/T 20592~20635 值。(见标准 166 页表 4-1),表中 $D_3 > B_1$ 是合理的,但用粗线圈起的 $D_3 < B_1$ 似有点不妥。

3.表中符号请参看有关图。

4.各种型式垫片所适用的 PN 和 DN 范围见表 10-53。

（2）用于榫槽密封面和凹凸面密封面的垫片尺寸

这两种密封面中槽面与凹面的外径 Y 是相同的,所以在这两种密封面上使用的密封垫片(非金属垫片、A 型和 B 型缠绕式垫片、A 型齿形组合垫),它们的外径 D_2 在同一 DN 条件下都是相同的,而且 D_2 比 Y 值均小 1mm（表 10-52）。至于内径 D_1 则要看是用在榫槽面还是用在凹凸面而定了，当用于榫槽密封面时，各种型式垫片的内径 D_1 也是只有一组值，而且不难发现，垫片的宽度都比槽面的槽宽窄 1mm。对于在凹凸密封面内使用的垫片内径，原则上讲应该大于或等于法兰内径，但是编者也发现一些例外，这些例外的数据编者用粗实线圈起。在表 10-52 也给出了密封垫片的厚度。

表 10-52　用于榫槽密封面和凹凸密封面的密封垫片尺寸　　　　　mm

法兰尺寸				垫片直径					垫片厚度			
公称尺寸 DN	法兰内径 B_1	槽面（T）槽的凹面（FM）的外径 Y	槽面（T）槽的内径 Z	非金属平垫片；A、B 型缠绕式片；A 型齿形组合垫	用于榫槽密封面	用于凹凸密封面			非金属平垫片	A、B 型缠绕式片		齿形金属芜花厚度
					除 B 型缠绕垫片以外的左列垫片	非金属平垫片	B 型缠绕垫内环	齿形金属圆环		缠绕部分厚度	内环厚度	
				外径 D_2	内径 D_1				T	T	t	T
10	15	35	23	34	24	18	18	18				
15	19	40	28	39	29	22	22	22				
20	26	51	35	50	36	27	27	28				
25	33	58	42	57	43	34	34	35				
32	39	66	50	65	51	43	43	43				
40	46	76	60	75	61	49	49	49				
50	59	88	72	87	73	61	61	61				
65	78	110	94	109	95	77	77	77	1.5			
80	91	121	105	120	106	89	90	90				
100	110	150	128	149	129	115	116	115		3.2	2	3
125	135	176	154	175	155	141	143	141				
150	161	204	182	203	183	169	170	169				
200	222	260	238	259	239	220	222	220				
250	276	313	291	312	292	273	276	274				
300	328	364	342	363	343	324	328	325				
350	381	422	394	421	295	377	381	368				
400	430	474	446	473	447	426	430	420				
450	485	524	496	523	497	480	471	470	3			
500	535	576	548	575	549	530	535	520				
600	636	676	648	675	649	630	636	620				

注：1. $PN \geqslant 10$bar 时才可以采用榫槽密封面和凹凸密封面。

2. 因为 T 面槽的外径和 FM 面凹面外径都是 Y，数值相同，所以用于榫槽密封面和凹凸密封面的密封垫片外径都一样，而且均比法兰密封面的 Y 小 1mm。

3. 因为榫槽密封面的槽宽在 DN 一定时是定值，所以不论哪种型式的垫片，在用于榫槽密封面时，其内径也是定值。

4. 因为凹凸密封面只在垫片的外缘有挡，按理讲垫片的内径 D_1 应该大于法兰内径 B_1，表中绝大多数数据均符合这一要求，但是用粗线圈住的数据不符合，这几个尺寸见 HG/T 20592～20635 126 页表 4.0.2.1、154 页表 4.0.1-2；167 页表 4-2 中的 D_3 可能有误，请读者注意。

5. 各种型式垫片所适用的 PN 和 DN 范围见表 10-53。

（3）各种密封垫片的适用范围

表 10-50～表 10-52 虽然包括了标准中 11 张尺寸表（不包括金属环形垫）的数据。但是这 3 张表没有能够把各种类型垫片，在不同公称压力条件下所适用的不同 DN 范围表示出来，所以编者又编制了表 10-53，供读者在选用密封垫片时参考。

表 10-53　各种形式垫片的使用范围　　　　　　　　　　　　　　mm

垫片名称	垫片形式	公称压力 PN/bar								
		2.5	6	10	16	25	40	63	100	160
非金属平垫片 (HG/T 20606)	FF 型	DN10~600		DN10~2000		不使用				
	RF 型	DN10~2000				DN10~1200	DN10~600	DN10~400	不使用	
	RF-E 型									
	MFM 型	不使用		DN10~600						
	TG 型									
聚四氟乙 烯包覆垫 (HG/T 20607)	A 型	不使用		DN10~500				不使用		
	B 型									
	C 型			DN350~600						
金属包覆垫 (HG/T 20609)	Ⅰ 型	不使用				DN10~900	DN10~600	DN10~400	不使用	
	Ⅱ 型									
缠绕垫片 (HG/T 20610)	A 型	不使用				DN10~600		DN10~400	DN10~300	
	B 型									
	C 型	不使用		DN10~2000		DN10~1200	DN10~600	DN10~350	DN10~300	
	D 型									
齿形组合垫 (HG/T 20611)	A 型	不使用				DN10~600		DN10~400	DN10~300	
	B 型	不使用		DN10~2000		DN10~1200	DN10~600	DN10~350	DN10~300	
	C 型									

注：1. 在突面密封面上使用的垫片有：RF、RF-E 型非金属平垫片；A、B、C 型聚四氟乙烯包覆垫；Ⅰ 型和 Ⅱ 型金属包覆垫；D 型缠绕垫片；B 型和 C 型具有覆盖层的齿形组合垫。

2. 在凹凸面密封面上使用的垫片有：FMF 型非金属平垫片；B 型缠绕垫片；A 型具有覆盖层的齿形组合垫。

3. 在榫槽面密封面上使用的垫片有：TG 型非金属平垫片；A 型缠绕垫片；A 型具有覆盖层的齿形组合垫。

10.2.2.3　垫片标记与示例

各种类型的密封垫片没有统一的标记规定，一般来说应该包括：垫片标准号，垫片名称，垫片的 PN（bar）和 DN（mm），垫片材料代号。下面以示例说明。

（1）非金属平垫片

示例　公称尺寸 DN100、公称压力 PN25 的突面法兰，选用厚度为 1.5mm 的 06Cr19Ni10（304）不锈钢包边的 XB450 石棉橡胶垫片，其标记为：

HG/T 20606　垫片　RF-E　100-25　XB450/304

（2）聚四氟乙烯包覆垫片

示例　公称尺寸 DN200、公称压力 PN10 的突面法兰，选用剖切型聚四氟乙烯包覆垫片，嵌入层材料材料为丁腈橡胶板，其标记为：

HG/T 20607　四氟包覆垫（NBR）　A　200-10

（3）金属包覆垫片

示例　公称尺寸 DN500、公称压力 PN25 的突面法兰，选用金属包覆层材料为 06Cr19Ni10，填充材料为 XB450 石棉橡胶板的金属包覆垫片，其标记为：

HG/T 20609　金属包覆垫（NBR）　500-25　304/XB450

（4）缠绕式垫片

示例　公称尺寸 DN100、公称压力 PN40 的突面法兰，选用带内环和对中环的缠绕式

垫片（D 型），对中环材料为碳钢，金属带材料为 06Cr19Ni10，填柔性石墨带，内环材料为
料为 06Cr19Ni10，其标记为：

    HG/T 20610　缠绕垫　D100-40　1222

（5）具有覆盖层的齿形组合垫

示例　公称尺寸 $DN100$、公称压力 $PN40$ 的钢制管法兰用具有覆盖层的齿形组合垫
（C 型），齿形金属圆环材料为 06Cr19Ni10，覆盖层材料为填柔性石墨，活动对中环材料为
碳钢，其标记为：

    HG/T 20611　齿形垫 C　100-40　304/FG

〔注：材料代号除已知的不锈钢代号（304、316L 等）外还有：Ni-Fe-Cr 合金（IN800）；锆（ZIRC）；
柔性石墨（FG）。〕

（6）金属环形垫

示例　公称尺寸 $DN100$、公称压力 $PN63$ 的钢制管法兰用金属环形垫（椭圆型），材料
为 06Cr19Ni10，其标记为：

    HG/T 20612　椭圆垫　100-63　304

10.2.3　钢制法兰用紧固件

（1）紧固件型式

钢制管法兰用紧固件的型式包括：六角头螺栓、等长双头螺柱、全螺纹螺柱、Ⅰ型六角
头螺母（螺母厚度约为 $0.8d$）、Ⅱ型六角头螺母（螺母厚度约为 $1.0d$），见图 10-31。

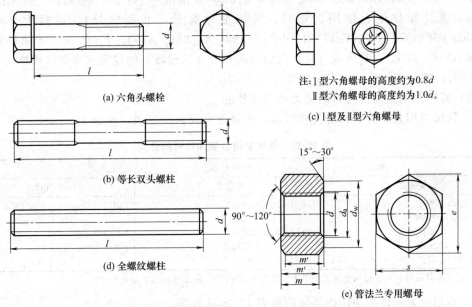

图 10-31　管法兰紧固件（HG/T 20613—2009）

（a）、（b）、（c）属商品级紧固件；（d）、（e）属于专用级紧固件

（2）商品级和专用级

在钢制法兰用紧固件中，按螺栓的性能等级分为商品级和专用级。

ⅰ.商品级有六角头螺栓 GB/T 5782（粗牙）、GB/T 5785（细牙）、等长双头螺栓 GB/
T 901 和配用的Ⅰ型六角头螺母 GB/T 61702（粗牙）、GB/T 6171（细牙）、Ⅱ型六角头螺
母 GB/T 6175（粗牙）、GB/T 6176（细牙）。它们的规格与性能等级见表 10-54。

表 10-54　钢制法兰用商品级紧固件规格与性能等级

标　准	规　格	性能等级
六角头螺栓 GB/T 5782 六角头螺母 GB/T 6175	M10、M12、M16、M20、M24、M27、M30、M33	5.6 8.8
六角头螺栓 GB/T 5785 六角头螺母 GB/T 6176	M36×3、M29×3、M45×3、M48×3、M52×4、M56×4	A2-50 A2-70
等长双头螺柱 GB/T 901	M10、M12、M16、M20、M24、M27、M30、M33、M36×3、 M29×3、M45×3、M48×3、M52×4、M56×4	A4-50 A4-70

注：1.性能等级的标记代号由"."隔开的两部分数字组成，"."前的数字表示抗拉强度 R_m 的 1/100，"."后的数字表示下屈服强度 R_{eL} 或规定非比例延伸强度 $R_{p0.2}$ 与抗拉强度 R_m 的比值的 10 倍。两部分数字的乘积为 R_{eL} 或 $R_{p0.2}$ 的 1/10。表中的 5.6 不适于等长双头螺柱。

2."A2-50"是不锈钢螺栓、螺钉、螺柱和螺母的性能标记，"-"前的"A2"表示的是材料组别，即奥氏体钢第二组 A2，"-"后的数字部分"50"表示产品的性能等级。A2 表示奥氏体钢，50 表示最小抗拉强度为 500N/mm² （500MPa） （A2 和 A4，分别是 304 和 316 材质，但只要能保证力学性能，化学成分可以有些出入）。

ⅱ.专用级有全螺纹螺柱、螺母 HG/T 20613，它们的规格与等长双头螺柱相同，全螺纹螺柱材料有：35CrMo；42CrMo；25Cr2MoV；06Cr19Ni10；06Cr17Ni12Mo2；**A193，B8 CI. 2；A193，B8M CI. 2；A320，L7，A453，660**。

A193，B8 CI. 2 和 193，B8M CI. 2 属于应变硬化不锈钢螺栓材料，按 ASTM（美国材料与试验协会的英文缩写）A193《高温用合金钢和不锈钢螺栓材料》的规定使用。

A320，L7 按 ASTM A320《低温用合金钢和不锈钢螺栓材料》的规定使用。

A453，660 按 ASTM A453《膨胀系数与奥氏体不锈钢相当的高温用螺栓材料》的规定使用。

与全螺纹螺柱配合使用的螺母，采用加厚螺母（Ⅱ型螺母），材料为 30CrMo；35CrMo；06Cr19Ni10；06Cr17Ni12Mo2；**A194，8、8M；A194，7**。最后面的两种材料按 ASTM A194—2006a《高压或（和）高温用碳和合金钢螺母》的规定。当螺纹规格大于或等于 M39 时，螺母选用管法兰专用螺母［图 10-31（e）］。

（3）管法兰用紧固件材料的分类和力学性能

ⅰ.管法兰用紧固件材料分为高强度、中强度和高强度三级，见表 10-55。

表 10-55　管法兰用紧固件材料的分类

紧固件材料		
高强度	中强度	低强度
GB/T 3098.1,8.8 GB/T 3077,35CrMo 25Cr2MoV DL/T 439,42CrMo ASTM A320,L7	GB/T 3098.6,A2-70 A4-70 ASTM A193,B8-2 B8M-2 ASTM A453,660	GB/T 1220,06Cr19Ni12Mo2(316) 06Cr19Ni10(304) GB/T 3098.1,5.6 GB/T 3098.6,A4-50 A2-50

注：低强度紧固件材料仅适用于压力等级小于或等于 $PN40bar$ 的法兰以及非金属平垫片。

ⅱ.专用级紧固件的力学性能应符合表 10-56 的规定。

表 10-56　专用级紧固件材料力学性能要求

牌　号	化学成分 （标准编号）	热处理制度	规格	力学性能 ≥			HB
				σ_b	σ_s	δ_5	
				MPa		/%	
30CrMo	GB/T 3077	调质（回火≥550℃）	≤M56	—	—	—	234～285
35CrMo[①]	GB/T 3077	调质（回火≥550℃）	≤M22	835	735	13	269～321
			M24～M56	805	685	13	234～285
42CrMo	DL/T 439	调质（回火≥580℃）	≤M65	860	720	16	255～321

牌　号	化学成分（标准编号）	热处理制度	规格	力学性能 ≥			HB
				σ_b	σ_s	δ_5	
				MPa		/%	
25Cr2MoV	GB/T 3077	调质（回火≥600℃）	≤M48	835	735	5	269～321
			＞M48	805	685	15	245～277
06Cr19Ni10	GB/T 1220	固溶	≤M56	515	205	40	≤187
06Cr17Ni12Mo2	GB/T 1220	固溶	≤M56	515	205	40	≤187
A193,B8-2	ASTM A193	固溶＋应变硬化	≤M20	860	690	12	≤321
			＞M20～M24	795	550	15	
			＞M24～M30	725	450	20	
			＞M30～M36	690	345	28	
A193,B8M-2	ASTM A193	固溶＋应变硬化	≤M20	760	665	15	≤321
			＞M20～M24	690	550	20	
			＞M24～M30	655	450	25	
			＞M30～M36	620	345	30	
A320,L7[②]	ASTM A320	调质	≤M65	860	725	16	—
A453,660	ASTM A453	固溶＋时效硬化	—	895	585	15	≥99

① 用于－20℃以下低温的35CrMo应进行设计温度下的低温 V 形缺口冲击试验，其 3 个试样的冲击功 A_{KV} 平均值应不低于27J，并在订货时注明。

② 用于温度不低于－100℃时，低温冲击试验的最小冲击功为27J。

（4）管法兰用紧固件的使用

ⅰ.各种型式紧固件的使用压力上限，采用不同性能等级或专用材料时的使用温度范围，一并列于表 10-57。

表 10-57　紧固件使用压力和温度

型　式	标　准	公称压力/bar	性能等级或材料牌号	使用温度/℃
六角头螺栓	GB/T 5782 GB/T 5785	≤16	5.6	＞－20～＋300
			8.8	
			A2-50	－196～＋400
			A4-50	
			A2-70	
			A4-70	
等长双头螺柱	GB/T 901	≤40	8.8	＞－20～＋300
			A2-50	－196～＋400
			A4-50	
			A2-70	
			A4-70	
全螺纹螺柱	HG/T 20613	≤160	35CrMo	－100～＋525
			25Cr2MoV	＞－20～＋575
			42CrMo	－100～＋525
			06Cr19Ni10	－196～＋800
			06Cr17Ni12Mo2	－196～＋800
			A193,B8 Cl.2	－196～＋525
			A193,B8M Cl.2	
			A320,L7	－100～＋340
			A453,660	－29～＋525

型　式	标　准	公称压力/bar	性能等级或材料牌号	使用温度/℃
Ⅰ型六角螺母	GB/T 6170 GB/T 6171	≤16	6	>−20～+300
			8	
		≤40	A2-50	−196～+400
			A4-50	
			A2-70	−196～+400
			A4-70	
Ⅱ型六角螺母	GB/T 6175 GB/T 6176	≤160	30CrMo	−100～+525
			35CrMo	−100～+525
			06Cr19Ni10	>−20～+800
			06Cr17Ni12Mo2	−196～+800
			A194,8,8M	−196～+525
			A194,7	−100～+575

ⅱ．六角头螺栓、螺柱与螺母的配用见表 10-58。

表 10-58　六角头螺栓、螺柱与螺母的配用

六角头螺栓、螺柱		螺母	
型式（标准编号）	性能等级或材料牌号	型式（标准编号）	性能等级或材料牌号
六角头螺栓 GB/T 5782 GB/T 5785 双头螺柱 GB/T 901 B 级	5.6,8.8	Ⅰ型六角螺母 GB/T 6170 GB/T 6171	6.8
	A2-50,A4-50		A2-50,A4-50
	A2-70,A4-70		A2-70,A4-70
全螺纹螺柱 HG/T 20613	42CrMo	Ⅱ型六角螺母 GB/T 6175 GB/T 6176	35CrMo
	35CrMo		30CrMo
	25Cr2MoV		
	06Cr19Ni10		06Cr19Ni10
	06Cr17Ni12Mo2		06Cr17Ni12Mo2
	A193,B8 Cl. 2		A194,8 A194,8M
	A193,B8M Cl. 2		
	A453,660		
	A320,L7		A194,7

ⅲ．螺栓、螺柱的长度和质量。因为不同 PN、DN 的管法兰厚度不同，连接一对法兰所用螺栓、螺柱的长度也就不一样，所以在设计图样上，应该标注出螺栓、螺柱的长度。标准规定：六角头螺栓的长度代号是 L_{SR}；螺柱长度代号为 L_{ZR}，用于环连接面法兰连接时，螺柱长度代号为 L_{ZJ}。

M10-2

编者按照 HG/T 20613 所给的 22 张螺栓、螺柱的长度和质量表，剔除了整体管法兰连接使用的螺柱的长度，综合缩编为 8 张螺栓、螺柱的长度和质量表。表 10-59 为板式平焊法兰用六角螺栓和螺柱的长度质量表，其余 7 张见 M10-2。

表 10-59　PN2.5bar、PN6bar 法兰用六角头螺栓和螺柱的长度和质量（板式平焊法兰）

公称尺寸 DN/mm	螺纹	数量 n/个	六角头螺栓和螺柱							
			L_{SR}/mm		质量/kg		L_{ZR}/mm		质量/kg	
			2.5	6	2.5	6	2.5	6	2.5	6
10	M10	4	40		37		55		33	
15	M10	4	40		37		55		33	
20	M10	4	45		40		60		36	
25	M10	4	45		40		60		36	
32	M12	4	50		60		70		56	

公称尺寸 DN/mm	螺纹	数量 n/个	六角头螺栓和螺柱							
			L_{SR}/mm		质量/kg		L_{ZR}/mm		质量/kg	
			2.5	6	2.5	6	2.5	6	2.5	6
40	M12	4	50		60		70		56	
50	M12	4	50		60		70		56	
65	M12	4	50		60		70		56	
80	M16	4	60		141		85		136	
100	M16	4	60		141		85		136	
125	M16	8	65		149		90		144	
150	M16	8	65		149		90		144	
200	M16	8	70		157		95		152	
250	M16	12	75		165		95		152	
300	M20	12	80		282		105		252	
350	M20	12	80		282		110		264	
400	M20	16	85		294		115		278	
450	M20	16	90		306		120		288	
500	M20	20	90		306		120		288	
600	M24	20	100		518		135		486	
700	M24	24	105		536		140		504	
800	M27	24	115		756		150		690	
900	M27	24	120		779		155		713	
1000	M27	28	120		779		160		736	
1200	M27	32	125	—	802	—	165		759	—
1400	M27	36	135		848		170		782	
1600	M27	40	140		871		180		828	
1800	M27	44	145		894		185		851	
2000	M27	48	155		940		190		874	

注：1. 紧固件质量为每 1000 件的近似质量。

2. 紧固件长度未计入垫圈厚度。

（5）紧固件的检验

ⅰ. 商品级紧固件的交货检验按相应国家标准的要求进行。

ⅱ. 专用级紧固件的交货检验以批为单位。螺栓的最大批件为 3000 件，螺母的最大批件为 5000 件。每批是指同一炉号、同一型式、同一规格且相同生产工艺生产的产品。螺栓长度小于或等于 100mm 时，长度相差小于或等于 15mm。

ⅲ. 专用级紧固件应按批在热处理后取样检验，并符合表 10-56 力学性能要求。

ⅳ. 公称压力大于 PN10MPa 的全螺纹螺柱应逐根按 JB/T 4730 进行磁粉或着色探伤，并符合Ⅱ级要求。

（6）紧固件标记示例

示例 1 螺纹规格为 M16、公称长度 L＝80mm、性能等级 5.6 级的六角头螺栓，标记为：

六角螺栓　GB/T 5782　M16×80　5.6 级

示例 2 螺纹规格为 M36×3、公称长度 L＝160mm、性能等级 8.8 级的双头螺柱，标记为：

双头螺柱　GB/T 901　M36×3×160　8.8 级

示例 3 螺纹规格为 M24、公称长度 L＝120mm、材料牌号为 25Cr2MoV 的全螺纹螺柱，标记为：

全螺纹螺柱　HG/T 20613　M24×120　25Cr2MoV

示例 4 螺纹规格为 M12、性能等级 8 级的Ⅰ型六角螺母，标记为：

螺母　GB/T 6170　M12　8 级

示例 5 螺纹规格为 M56×3、材料牌号为 30CrMo 的Ⅱ型六角螺母，标记为：

螺母　GB/T 6176　M56×3　30CrMo

11 人孔、手孔、视镜和液面计

11.1 人孔和手孔

为检查压力容器在使用过程中是否产生裂纹、变形、腐蚀等缺陷，压力容器应开设人孔、手孔或其他检查孔。

11.1.1 容器上开设人孔、手孔的规定

（1）设置原则

ⅰ.人孔和手孔宜优先按 HG/T 21514～21535 和 HG/T 21594～21604 选用。

ⅱ.容器公称直径大于或者等于 1000mm 时宜设置人孔。

ⅲ.容器公称直径小于 1000mm 时宜优先考虑设置手孔或其他检查孔。

ⅳ.容器上的管口（$DN \geqslant 80mm$）如能起到检查孔的作用时，可不单独设置检查孔。

ⅴ.人孔、手孔和其他检查孔的设置位置应便于进出和检查。对于小直径立式容器，宜设置于顶盖上；对于大直径立式容器，人孔、手孔允许设置于筒体上。

ⅵ.盛装液态介质的压力容器，不推荐将人孔、手孔或其他检查孔设置于底封头上或长期被液体浸泡的位置。

ⅶ.长圆形人孔或椭圆形人孔的长轴布置应垂直于圆筒的轴线。

ⅷ.孔盖质量大（＞35kg）时宜选用吊盖式人孔。

（2）最少数量与最小尺寸的规定

表 11-1 给出了检查孔最少数量与最小尺寸。

表 11-1 检查孔最少数量与最小尺寸

内直径 D_i/mm	检查孔最少数量	检查孔最小尺寸/mm		备 注
		人孔	手孔	
$300 < D_i \leqslant 500$	手孔 2 个		圆孔 $\phi 75$ 长圆孔 75×50	
$500 < D_i \leqslant 1000$	人孔 1 个或 2 个	圆形 $\phi 400$ 长圆形	圆孔 $\phi 100$ 长圆孔 100×80	
$D_i > 1000$	人孔 1 个以上	400×250 380×280	圆孔 $\phi 150$ 长圆孔 150×100	球罐人孔 $\phi 500$

卧式容器和立式容器筒体的单独长度大于或等于 6000mm 时，宜考虑设置 2 个以上的人孔。卧式容器设置 2 个人孔时，宜分别设置于筒体的两端。立式容器设置 2 个及以上人孔时，宜分别设置于顶盖和筒体上。另外，容器公称直径小于或等于 1000mm 时，宜选用 $DN450$ 以下的人孔；大于 1000mm 时，应选用 $DN500$ 以上的人孔。手孔的公称直径一般不宜小于 $DN150$。

（3）符合下列条件之一的压力容器可不开设检查孔

ⅰ.筒体内径小于等于 300mm 的压力容器。

ⅱ.压力容器上设有可以拆卸的封头、盖板或其他能够开关的盖子，而且它们的尺寸不小于表 11-1 之规定。

ⅲ.无腐蚀或轻微腐蚀，无需作内部检查和清理的压力容器。

ⅳ.制冷装置用压力容器。

ⅴ.换热器。

对于需要但是无法开设检查孔的压力容器，设计单位应该提出具体技术措施，诸如：

ⅰ.增加制造时的检测项目或者探伤比例；

ⅱ.在设计图样上注明计算厚度，且在压力容器使用期间或检测时重点进行测厚检查；

ⅲ.相应缩短检验周期。

11.1.2 钢制人孔和手孔

2014 年制订的《钢制人孔和手孔》标准的内容及简要说明见表 11-2。

11.1.2.1 人孔、手孔的结构与尺寸

本书共摘编了表 11-2 中序号 1～10 和 15～17 共 13 种人孔、手孔。除常压人孔外，本书将承压的三种启闭方式的人孔尺寸表和三种手孔尺寸表重新进行了编写，将原标准中的 12 张表综合压缩为 3 张，查用这 3 张表不如查用一图一表方便，但篇幅可以减少，而且不影响数据的完整性。

表 11-2 HG/T 21514～21535—2014 人孔与手孔标准简介

序号	标准号	名　称	说　　明
1	HG/T 21515	常压人孔	1.根据用途，有快开式和不快开式人孔、手孔两大类；根据公称压力有常压人孔、手孔和非常压人孔、手孔；根据人孔、手孔的位置和适宜的开启方式，有回转盖、垂直吊盖和水平吊盖，其中回转盖的轴耳还有 A、B 两种不同形式
2	HG/T 21516	回转盖板式平焊法兰人孔	
3	HG/T 21517	回转盖带颈平焊法兰人孔	
4	HG/T 21518	回转盖带颈对焊法兰人孔	2.公称直径为 400mm 的人孔进出太不方便，所以垂直吊盖和水平吊盖人孔没有 DN400mm 的。但是为了满足小直径容器的需要或有其他用途，在回转盖人孔中安排了 DN＝400mm 的人孔，供必要时选用
5	HG/T 21519	垂直吊盖板式平焊法兰人孔	
6	HG/T 21520	垂直吊盖带颈平焊法兰人孔	
7	HG/T 21521	垂直吊盖带颈对焊法兰人孔	3.密封面型式有全平面（FF）、突面（RF）、凹凸面（MFM）、榫槽面（TG）和环连接面（RJ）五种。对于 PN＝0.6MPa 的人孔、手孔只有突面密封面一种；而环连接密封面的下限公称压力为 6.3MPa，所以只有 PN＝6.3MPa 的人孔才有环连接密封面
8	HG/T 21522	水平吊盖板式平焊法兰人孔	
9	HG/T 21523	水平吊盖带颈平焊法兰人孔	
10	HG/T 21524	水平吊盖带颈对焊法兰人孔	4.人孔、手孔是容器上的一个受压部件，可视为带有法兰盖的接口管，因而其受压元件全部采用了 HG 管法兰中的标准零件。如果今后管法兰标准出现变动，在人孔、手孔标准还没有来得及修订以前，设计人员可以考虑是否引用新的管法兰标准
11	HG/T 21525	常压旋柄快开人孔	
12	HG/T 21526	椭圆形回转盖快开人孔	
13	HG/T 21527	回转拱盖快开人孔	
14	HG/T 21528	常压手孔	5.根据人孔、手孔的筒节、法兰和法兰盖所用材料，将它们划分成 11 类，Ⅰ和Ⅱ类为碳钢，Ⅲ和Ⅳ类为低合金钢，Ⅴ和Ⅵ类为低温用合金钢，Ⅶ类至Ⅺ类是不锈钢。材料的具体使用安排见表 11-10
15	HG/T 21529	板式平焊法兰手孔	
16	HG/T 21530	带颈平焊法兰手孔	
17	HG/T 21531	带颈对焊法兰手孔	
18	HG/T 21532	回转盖带颈对焊法兰手孔	6.序号 12、13、21 三种人孔、手孔是参照前西德 DIN28125 标准制订的，具有重量轻、结构紧凑等优点，但生产成本高，适于定点制造供应
19	HG/T 21533	常压快开手孔	
20	HG/T 21534	旋柄快开手孔	7.人孔、手孔在各种温度下的最高允许工作压力见表 11-11 和表 11-12
21	HG/T 21535	回转盖快开手孔	

（1）承压人孔

9 种承压人孔的结构示意图 11-1～图 11-9，其中板式平焊法兰人孔只有突面一种密封面，且仅用于 6bar。这 9 种承压人孔的尺寸可从表 11-4～表 11-6 查得。在使用这两张表前应先按表 11-3 之规定确定所选人孔形式。

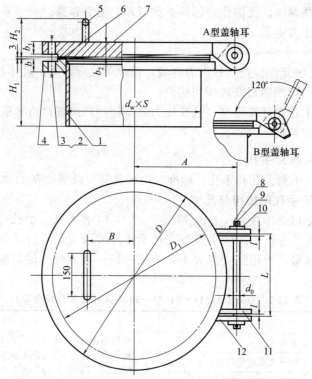

图 11-1　回转盖板式平焊法兰人孔（只有 RF 密封面）

1—筒节；2—螺栓；3—螺母；4—法兰；5—把手；6—垫片（$\delta=3$）；7—端盖；
8—轴；9—销；10—垫圈；11—盖轴耳；12—法兰轴耳

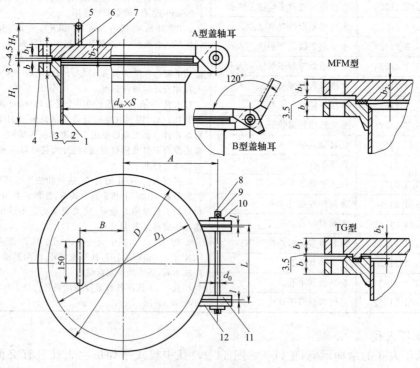

图 11-2　回转盖带颈平焊法兰人孔

（件号所表示的零件名称见图 11-1）

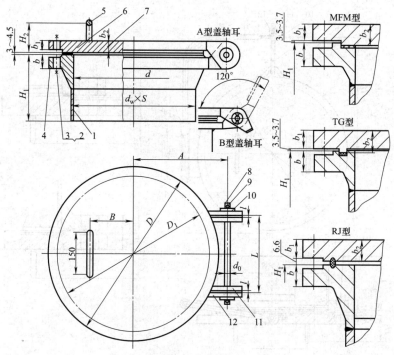

图 11-3　回转盖带颈对焊法兰人孔

（件号所表示的零件名称见图 11-1）

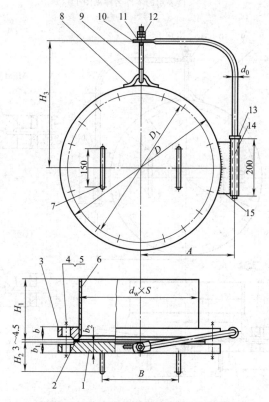

图 11-4　垂直吊盖板式平焊法兰人孔

1—盖；2—垫片（$\delta=3$）；3—法兰；4—螺栓；5,12—螺母；6—筒节；7—把手；8—吊环；

9—吊钩；10—转臂；11—垫圈；13—环；14—无缝钢管；15—支承板

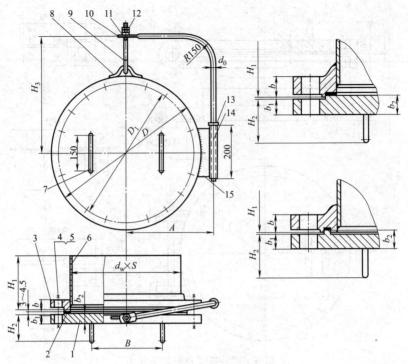

图 11-5　垂直吊盖带颈平焊法兰人孔

（件号所表示的零件名称见图 11-4）

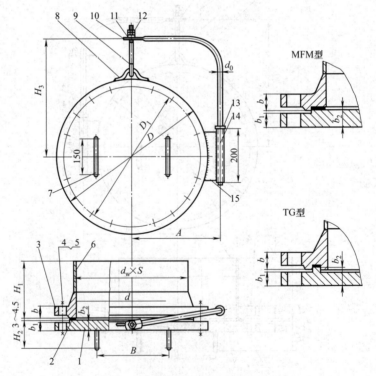

图 11-6　垂直吊盖带颈对焊法兰人孔

（件号所表示的零件名称见图 11-4）

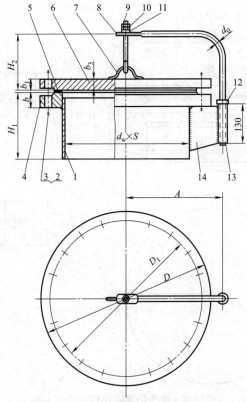

图 11-7　水平吊盖板式平焊法兰人孔

1—筒节；2—螺栓；3,10—螺母；4—法兰；5—垫片（δ=3）；6—盖；7—吊环；8—转臂；
9—吊钩；11—垫圈；12—环；13—无缝钢管；14—支承板

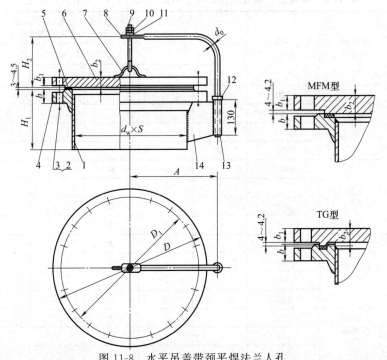

图 11-8　水平吊盖带颈平焊法兰人孔

（件号所表示的零件名称见图 11-7）

309

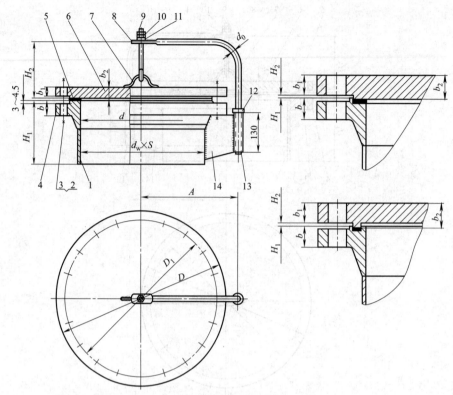

图 11-9　水平吊盖带颈对焊法兰人孔

（件号所表示的零件名称见图 11-7）

表 11-3　回转盖、垂直吊盖、水平吊盖人孔的 *PN*、*DN* 覆盖范围

人孔类型（标准号）	密封面型式	公称直径/mm	凡带☆者表示回转盖、垂直吊盖、水平吊盖人孔均有 凡带★者表示只有回转盖人孔					
			公称压力/bar					
			6	10	16	25	40	63
板式平焊法兰人孔 HG/T 21516 HG/T 21519 HG/T 21522	突面 RF	（400）	★					
		450	☆					
		500	☆					
		600	☆					
带颈平焊法兰人孔 HG/T 21517 HG/T 21520 HG/T 21523	突面 RF	（400）		★	★			
		450		☆	☆			
		500		☆	☆			
		600		☆	☆			
	凹凸面 MFM	（400）		★	★			
		450		☆	☆			
		500		☆	☆			
		600		☆	☆			
	榫槽面 TG	（400）			★			
		450			☆			
		500			☆			

310

人孔类型 (标准号)	密封面 型式	公称直径 /mm	凡带☆者表示回转盖、垂直吊盖、水平吊盖人孔均有 凡带★者表示只有回转盖人孔					
			公称压力/bar					
			6	10	16	25	40	63
带颈对焊 法兰人孔 HG/T 21518 HG/T 21521 HG/T 21524	突面 RF RF(A)	(400)				★	★	
		400						★
		450			☆	☆	☆	
		500			☆	☆	☆	
		600			☆	☆	☆	
	凹凸面 MFM	(400)				★	★	
		400						★
		450			☆	☆	☆	
		500			☆	☆	☆	
		600			☆	☆	☆	
	榫槽面 TG	(400)				★	★	★
		450			☆	☆	☆	
		500				☆	☆	
	环连接面 RJ	400★						★

注:1. 凡带括号的公称直径不宜采用。

2. 各种密封面人孔中,凡带★者表示垂直吊盖和水平吊盖人孔不能使用,只在回转盖人孔中使用;凡带☆者表示回转盖、垂直吊盖和水平吊盖人孔均能使用。

由表 11-3 可以看出,榫槽型密封面人孔不宜(非不能)采用而且最大 DN 到 500mm,这是因为虽然榫槽型密封面密封性能可靠,但不方便更换。$DN400$mm 的人孔除在 $PN63$bar 宜用外,较小压力级别时都不宜采用,这是考虑检修时,若人孔直径不大,则人进出不便。但当压力级别较高时,既要考虑密封性能可靠,又不使人孔盖太厚,故适宜选小直径人孔。

表 11-4　三种启闭方式的板式平焊、带颈平焊法兰人孔受压件尺寸　　　　　　　　mm

密封面 型式	公称压力 /bar	公称 直径	$d_w \times S$	D	D_1	b	b_1		b_2	d_0	螺栓 螺柱 数量	螺栓	螺柱
							RF	MFM, TG				直径×长度	
突面 (RF)	6	(400)	426×6 426×5	540	495	28	22		22	20	16	M20×85	M20×115
		450	480×6 426×5	595	550	30	22		24	20	16	M20×90	M20×120
		500	530×6 530×5	645	600	30	22		24	20	20	M20×90	M20×120
		600	630×6 630×6	755	705	32②	28		30	20	20	M24×100	M24×135
突面 (RF) 凹凸面 (MFM)	10	(400)	426×8 426×6	565	515	26	24	20.5	26	20	16	M24×85	M24×120
		450	480×8 480×6	615	565	28	26	22.5	28	20	16	M24×90	M24×125
		500	530×8 530×6	670	620	26	26	22.5	28	24	20	M24×90	M24×125
		600	630×8 630×6	780	725	28	32	28.5	34③	24	20	M27×95	M27×130
凹凸面 (MFM) 榫槽面 (TG)	16	(400)	426×10 426×8	580	525	32	30	26.5	32③	24	16	M27×100	M27×140
		450①	480×10 480×8	640	585	40	38	34.5	40③	24	20	M27×120	M27×155
		500①	530×10 530×8	715	650	44	42	38.5	44③	24	20	M30×130	M30×170
		600①	630×10 630×8	840	770	54	52	48.5	54③	30	20	M33×155	M33×200

① $DN450$、$DN500$ 宜用于凹凸密封面人孔,不宜用于榫槽密封面人孔,$DN600$ 不能用于榫槽密封面人孔(可参看表 11-3)。

② 板式平焊法兰人孔中的法兰可用钢板制造,当板厚超过 30mm 时,不能用 Q235 板材制造(HG/T 21516)。

③ 法兰盖厚度超过 30mm 时,不能使用 Q235B(可参看表 11-10)。

注:1."$d_w \times s$"栏,每一个公称直径都有上下两行,上行适用于 I~III 类碳素钢和低合金钢材料的人孔,下行适用于 VII~XI 类不锈钢材料的人孔。

2. $b_2 = b_1 + f_2$,f_2 从表 10-33 查取。

3. 表中带括号的公称直径不宜采用。

表 11-5　三种启闭方式的带颈对焊法兰人孔受压件尺寸　　　　　　　　　　mm

密封面型式	公称压力/bar	公称直径	$d_w \times S$	d	D	D_1	b	b_1 RF	b_1 MFM,TG	b_2	d_0	螺栓螺柱数量	螺柱 直径×长度 MFM,TG	螺柱 直径×长度 RF,RF(A)
突面 (RF) 凹凸面 (MFM) 榫槽面 (TG)	16	450①	480×10	460	640	585	40	38	34.5	40	24	20	M27×155	M27×155
		500①	530×12	506	715	650	44	42	38.5	44	24	20	M30×170	M30×170
		600①	630×12	606	840	770	54	52	48.5	54	30	20	M33×200	M33×200
	25	400②	426×12	402	620	550	40	38	34.5	40	24	20	M33×170	M33×170
		450	480×12	456	670	600	46	44	40.5	46	24	20	M33×180	M33×180
		500	530×12	506	730	660	48	46	42.5	48	30	20	M33×185	M33×185
		600①	630×12	606	845	770	58	56	52.5	58	30	20	M36×3×205	M36×3×205
	40	400②	426×14	398	660	585	50	48	44.5	50	24	16	M36×3×190	M36×3×190
		450	480×14	452	685	610	57	55	51.5	57	30	16	M36×3×205	M36×3×205
		500	530×14	502	755	670	57	55	51.5	57	30	16	M39×3×215	M39×3×215
		600①	630×16	598	890	795	72	70	66.5	72	30	16	M45×3×260	M45×3×260
	63	400②	426×18	390	670	585	60	58	54.5	60	30	16	M39×3×220	M39×3×220
环连接面 (RJ)	63	400②	426×18	390	670	585	68	60	60	68	30	16	M39×3×240	M39×3×240

① 不能用在榫槽型密封面的人孔上,但突面和凹凸面人孔可用(可参看表 11-3)。

② 只有回转盖人孔才有这种规格。

注:1. 不同 PN 下,不同密封面形式不宜使用的 DN 可参看表 11-3。

2. 人手孔承压件尺寸取自管法兰标准,表中 b_2 相当于管法兰标准(图 10-7,图 10-8)中的 C,本表中 $b_1 = b_2 - f_2$,f_2 在表 11-9 中查取。对于环连接面,管法兰标准中 C(参看图 10-25)相当于本表的 b_1。$b_1 = 60$,加上槽深 8mm(见表 10-34),故 $b_2 = 68$mm。

表 11-6　人孔的启闭件和轴向高度尺寸　　　　　　　　　　mm

密封面型式	公称压力/bar	公称直径/mm	回转盖法兰人孔 A	B	L	H_1	H_2 RF	H_2 MFM,TG	垂直吊盖法兰人孔 A	B	H_1	H_2 RF	H_2 MFM,TG	H_3	水平吊盖法兰人孔 A	H_1	H_2 RF	H_2 MFM,TG
突面	6	400	300	125	200	210	102											
		450	330	150	200	220	104		350	250	220	104		468	340	285	194	
		500	355	175	250	230	104		375	300	230	106		493	370	295	194	
		600	410	225	300	240	110		430	400	240	110		548	420	305	200	
突面 凹凸面	10	400	315	125	200	220	106	101										
		450	340	150	250	230	108	103	360	250	230	108	103	478	353	290	198	193
		500	365	175	250	250	108	103	385	300	250	108	103	505	380	300	198	193
		600	420	225	350	270	114	109	440	400	270	114	109	560	435	320	204	199
凹凸面 榫槽面	16	400	320	150	200	230	112	107										
		450	350	175	250	240	120	115	370	300	240	120	115	490	365	300	210	205
		500	390	200	300	260	124	119	410	300	260	124	119	528	405	320	214	209
		600	450	250	350	280	134	129	475	400	280	134	129	590	470	340	224	219
突面 凹凸面 榫槽面	25	400	350	150	250	240	120	115										
		450	375	175	250	250	126	121	385	300	250	126	121	505	380	320	216	211
		500	405	200	300	280	128	123	420	300	280	128	123	535	415	350	218	213
		600	460	250	350	290	138	133	480	400	290	138	133	593	475	360	228	223

密封面型式	公称压力/bar	公称直径/mm	回转盖法兰人孔						垂直吊盖法兰人孔						水平吊盖法兰人孔			
			A	B	L	H_1	H_2		A	B	H_1	H_2		H_3	A	H_1	H_2	
							RF	MFM, TG				RF	MFM, TG				RF	MFM, TG
突面 凹凸面 榫槽面	40	400	375	175	250	260	130	125										
		450	390	175	250	270	137	132	400	300	270	137	132	513	395	340	227	222
		500	425	225	300	290	137	132	435	400	290	137	132	548	430	360	227	222
		600	485	250	350	310	152	147	505	400	310	152	147	615	495	380	242	237
	63	400	385	175	250	280	135											
环连 接面	63	400	385	175	250	280	148★											

注：1. 在使用本表之前，必须先选用表 11-3 中带☆或★的人孔。若没有使用这些人孔，读者需自行设计计算人手孔尺寸。

2. 表中最后一行"148★"是回转盖环连接面人孔的 H_2。

3. 人孔高度 H_1 系根据容器的直径不小于人孔公称直径两倍而定的；如有特殊要求，允许改变，但需注明改变后的 H_1 尺寸，并修正人孔总质量。

4. 回转盖与垂直吊盖两种开启方式的人孔，二者的 H_1 和 H_2 尺寸基本相同。

（2）手孔结构与尺寸

本书摘选的三种手孔（即表 11-2 中序号为 15、16、17 的三种手孔），它们的结构示意见图 11-10，图（a）板式平焊法兰手孔只有 $PN6bar$ 和 RF 一种密封面；图（b）带颈平焊法兰手孔有 $PN10$，$PN16bar$ 和除 RJ 以外的三种密封面（图上只画了 MFM 一种）；图

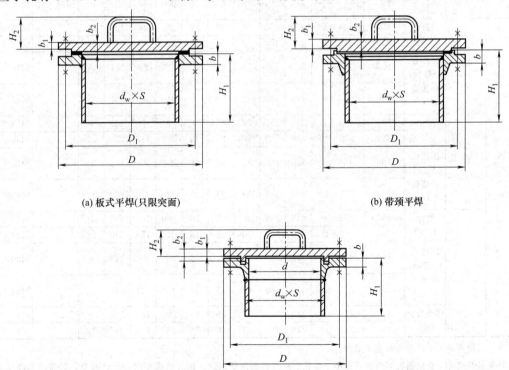

(a) 板式平焊(只限突面)　　　　　　　　　　(b) 带颈平焊

(c) 带颈对焊

图 11-10　承压手孔

(c) 带颈对焊法兰手孔公称压力有 $PN25\text{bar}$，$PN40\text{bar}$ 和 $PN63\text{bar}$，密封面四种型式全有（图上只画了 TG 一种）。尺寸可查表 11-7。

表 11-7　板式平焊、带颈平焊、带颈对焊法兰手孔尺寸　　　　　　　mm

手孔型式	公称压力/bar	密封面型式	公称直径	$d_w \times S$	D	D_1	b	b_1	b_2	H_1	H_2	d	螺栓螺柱数量	螺栓 直径×长度	螺柱 直径×长度
板式平焊法兰手孔	6	突面(RF)	150	159×4.5 / 159×4	265	225	20	16	18	160	84		8	M16×65	M16×90
			250	273×8 / 273×5	375	335	24	20	22	190	88		12	M16×75	M16×95
带颈平焊法兰手孔	10	突面(RF)	150	159×4.5 / 159×4.5	285	240	22	20	22	160	88		8	M20×75	M20×105
			250	273×8 / 273×6	395	350	26	24	26	190	92		12	M20×80	M20×110
		凹凸面(MFM)	150	159×4.5 / 159×4.5	285	240	22	17	22	160	83		8	M20×75	M20×105
			250	273×8 / 273×6	395	350	26	21	26	190	87		12	M20×80	M20×110
	16	突面(RF)	150	159×6 / 159×4.5	285	240	22	20	22	170	88		8	M20×75	M20×105
			250	273×8 / 273×6	405	355	26	24	26	200	92		12	M24×85	M24×120
		凹凸面(MFM) 榫槽面(TG)	150	159×6 / 159×4.5	285	240	22	17	22	170	83		8	M20×75	M20×105
			250	273×8 / 273×6	405	355	26	21	26	200	87		12	M24×85	M24×120
带颈对焊法兰手孔	25	突面(RF)	150	159×6	300	250	28	26	28	180	94	147	8		M24×125
			250	273×8	425	370	32	30	32	210	98	257	12		M27×140
		凹凸面(MFM) 榫槽面(TG)	150	159×6	300	250	28	23	28	180	89	147	8		M24×125
			250	273×8	425	370	32	27	32	210	93	257	12		M27×140
	40	突面(RF)	150	159×7	300	250	28	26	28	190	94	145	8		M24×125
			250	273×10	450	385	38	36	38	220	118	253	12		M30×155
		凹凸面(MFM) 榫槽面(TG)	150	159×7	300	250	28	23	28	190	89	145	8		M24×125
			250	273×10	450	385	38	33	38	220	113	253	12		M30×155
	63	突面(RF)	150	159×9	345	280	36	34	36	200	102	141	8		M30×155
			250	273×14	480	400	46	44	46	230	126	245	12		M33×180
		凹凸面(MFM) 榫槽面(TG)	150	159×9	345	280	36	31	36	200	97	141	8		M30×155
			250	273×14	470	400	46	41	46	230	121	245	12		M33×180
		环连接面(RJ)	150	159×9	345	280	44	36	44	200	110	141	8		M30×170
			250	273×14	470	400	54	46	54	230	134	245	12		M33×200

注：1. 榫槽密封面的手孔尽量不采用。

2. 手孔高度 H_1 是根据容器的直径不小于手孔公称直径的两倍而定，如有特殊要求，允许改变，但需注明改变后的 H_1 尺寸并修正手孔总质量。

3. 表中各公称直径规格中的 $d_w \times S$ 尺寸栏上下两行：上行适用于 Ⅰ～Ⅲ类碳钢材料的手孔（其中 $PN6\text{bar}$ 的人孔只用 Ⅰ、Ⅱ类碳钢材料）和低合金钢材料的手孔，下行适用于 Ⅶ～Ⅺ类不锈钢材料的手孔。

（3）常压人孔和手孔

常压人孔和手孔的结构可参看图 11-1～图 11-10，尺寸列于表 11-8。

表 11-8　常压手孔和人孔尺寸　　　　　　　　　　　　　　mm

公称直径 DN	$d_w \times S$	D	D_1	B	b	b_1	b_2	H_1	H_2	螺栓螺母数量	螺栓 直径×长度	总质量 /kg
150	159×4.5	235	205	—	10	6	8	100	72	8	M16×40	6.7
250	273×6.5	350	320	—	12	8	10	120	74	12	M16×45	16.5
(400)	426×6	515	480	250	14	10	12	150	90	16	M16×50	38
450	480×6	570	535	250	14	10	12	160	90	20	M16×50	46
500	530×6	620	585	300	14	10	12	160	90	20	M16×50	52
600	630×6	720	685	300	16	12	14	180	92	24	M16×55	76

注：1. 手孔、人孔高度 H_1 是根据容器的直径不小于人孔公称直径的两倍而定，如有特殊要求，允许改变，但需注明改变后的 H_1 尺寸并修正手孔、人孔质量。

2. 带括号的尺寸尽量不采用。

（4）人孔、手孔密封面结构与尺寸

表 11-9 中的人孔、手孔密封面结构尺寸是从管法兰标准中摘编的，在《钢制人孔和手孔》标准中没有给出密封面尺寸，这些尺寸应符合管法兰标准，编者便是据此摘编的。

表 11-9　人孔、手孔密封面结构与尺寸　　　　　　　　　　　　　mm

公称直径 DN	突面、凹凸面、榫槽面								环连接面(63bar)								
	d					f_1	f_2	f_3	W	X	Y	Z	d	P	E	F	R_{max}
	PN/bar																
	6	10	16	25	40												
150	199	211	211	211	211		5	4.5	183	203	204	182	245	205			
250	309	319	319	330	345				292	312	313	291	362	320	8	12	0.8
400	463	480	480	503	535				447	473	474	446	540	480			
450	518	530	548	548	560	2			497	523	524	496	环连接面参看右图				
500	568	582	609	609	615		5.5	5	549	575	576	548					
600	667	682	720	720	735				649	675	676	648					

11.1.2.2　人孔、手孔材料

人孔、手孔所用材料共分 11 类，详见表 11-10 及表下面的说明。

表 11-10 三类承压人孔、手孔受压零件所用材料

零件名称		材料类型及代号										
		Ⅰ	Ⅱ	Ⅲ	Ⅳ	Ⅴ	Ⅵ	Ⅶ	Ⅷ	Ⅸ	Ⅹ	Ⅺ
筒节		Q235B	20（钢管）	Q345R	15CrMo（钢管）	Q345E（钢管）	09MnNiD（钢管）	S30403（钢管）	S30408（钢管）	S32168（钢管）	S31603（钢管）	S31608（钢管）
法兰		Q235B	Q245R	Q345R				S30403（锻件）	S30408（锻件）	S32168（锻件）	S31603（锻件）	S31608（锻件）
			20（锻件）	16Mn（锻件）	15CrMo（锻件）	16MnD（锻件）	09MnNiD（锻件）					
法兰盖		Q235B	Q245R	Q345R	15CrMoR	16MnDR	09MnNiDR	S30403	S30408	S32168	S31603	S31608
螺栓（柱）	六角头螺栓		8.8级			30CrMoA	35CrMoA			8.8级		
	全螺纹螺柱		8级			30CrMoA	35CrMoA			8级		
螺母			30CrMoA			30CrMoA	30CrMoA			30CrMoA		
密封垫片		聚四氟乙烯包覆垫片			金属包覆垫片 缠绕式垫片 金属环形垫	非金属平垫片		聚四氟乙烯包覆垫片				

注：1. 三类不同类型法兰的人孔承压零件材料代号（对于筒节，采用"筒节"栏第一行材料）分别是：
板式平焊法兰、盖——Ⅰ、Ⅱ、Ⅶ、Ⅷ、Ⅸ、Ⅹ、Ⅺ共七类材料；
带颈平焊法兰、盖——Ⅰ、Ⅱ、Ⅲ、Ⅶ、Ⅷ、Ⅸ、Ⅹ、Ⅺ共八类材料；
带颈对焊法兰、盖——Ⅱ、Ⅲ、Ⅳ、Ⅴ、Ⅵ共五类材料。

2. 三种不同类型法兰承压零件材料代号与人孔相同（但手孔筒节材料采用的是"筒节"栏第二行材料。

3. Q345E 具有较好的低温冲击性能的低合金高强度钢板（E表示示级），通过－10℃冲击试验。

4. 制作承压的板式平焊法兰或法兰盖材料均为锻件，16Mn用Ⅱ级，16MnD，09MnNiD用Ⅱ级，15CrMoNiD用Ⅲ级（PN16～40时）或Ⅲ级（PN63时）。

5. 带颈对焊法兰、锻件，20和16Mn用Ⅱ级；螺栓（柱）用表10-56和表10-57。

6. 各种垫片的使用范围可参看表10-53，10章第10节和表10-57。

7. 商品级级螺栓8.8级配8.8级螺栓，专用级8级螺母。六角头螺栓和全螺纹螺柱如何选用参看10章表10-56和表10-57。

8. 对于带颈对焊法兰手孔，Ⅵ类材料中筒节厚度小于等于8mm时，筒节材料选用09MnNiD Ⅲ（钢管），大于8mm时选用09MnNiD Ⅲ（锻件）；回转盖带预对焊法兰手孔（只有 PN40bar 和 PN63bar）。Ⅵ类材料筒节材料选用09MnNiD Ⅲ。

表 11-10 说明：

ⅰ. Ⅲ、Ⅳ类材料不用于板式法兰人手孔，即规定它们使用的公称压力下限为 10bar。这是因为Ⅲ类（Q345E 类）强度较高，没有必要用在 6bar 的低压。Ⅳ类（15CrMoR 类）为抗氢、热强钢，而 $PN=6bar$ 的人孔、手孔，规定其最高工作温度为 300℃，故也不必采用。

ⅱ. Ⅳ类材料（15CrMoR）为抗氢、热强钢，用于带颈平焊和带颈对焊法兰人孔、手孔，即用于 $PN10\sim63bar$ 的氢气氛条件下，只有工作温度超过 250℃ 时才须要采用 Cr-Mo 钢以抵抗氢气腐蚀，所以Ⅳ类材料的工作温度下限规定为 250℃。使用这类钢时，螺柱材料简化为 35CrMoA 一种，受 35CrMoA 钢螺柱使用温度的限制，所以Ⅳ类材料工作温度的上限确定为 500℃。

ⅲ. Ⅴ、Ⅵ类（16MnD、09MnNiD 类）材料使用于等于或低于 −20℃ 的低温压力容器上，要求人孔、手孔条件上的纵向、筒节与法兰连接的环向焊接接头都必须采用全焊透结构。但是对于板式平焊与带颈平焊法兰人孔、手孔来说，法兰与筒节的焊接接头均为未焊透结构，所以Ⅴ、Ⅵ类（16MnD、09MnNiD 类）材料仅使用于带颈对焊法兰人孔、手孔上，其公称压力系列只有 16、25、40 和 63（回转带颈对焊）bar 四档。

ⅳ. 在较高工作压力下采用全不锈钢材料的人孔、手孔是不经济的，所以用Ⅶ～Ⅺ等五类材料制造的人孔、手孔主要在工作压力低于 16bar 的低压范围内使用。这就是带颈对焊法兰人孔、手孔的材料表中Ⅶ～Ⅺ等五类材都不使用的原因。

ⅴ. 在使用Ⅶ～Ⅺ等五类材时，可以发现配用的紧固件只考虑了常用的铁素体材料（采用 8.8 级螺栓或螺柱和 8 级螺母），这样一来就限定了这几类材料的人孔、手孔的工作温度范围为＞−20～300℃。如果须要提高全不锈钢人孔、手孔的使用温度，也可以用奥氏体不锈钢来制造紧固件。

ⅵ. 在板式平焊法兰人孔、手孔中配用的是非金属平垫片，这就决定了全部板式平焊法兰人孔、手孔的最高使用工作温度限定为 300℃。

11.1.2.3 人孔、手孔的允许工作压力

使用不同材料的人孔、手孔，它们在不同工作温度下的允许工作压力见表 11-11、表 11-12。

表 11-11　使用不同类别材料的板式和带颈平焊法兰人孔、手孔在不同工作温度下的允许工作压力

公称压力/bar	材料类别	工作温度/℃											
		−20～<0	0～20	50	100	150	200	250	300	350	375	400	425
		最高无冲击工作压力/bar											
6	Ⅰ		5.5[①]	5.4	5.0	4.8	4.7	4.5	4.1				
	Ⅱ	5.5[②]	5.5	5.4	5.0	4.8	4.7	4.5	4.1				
	Ⅶ	4.6	4.6	4.4	3.8	3.4	3.1	2.9	2.8				
	Ⅷ	5.5	5.5	5.3	4.5	4.1	3.8	3.6	3.4				
	Ⅸ	5.5	5.5	5.3	4.9	4.5	4.2	4.0	3.7				
	Ⅹ	4.6	4.6	4.4	3.8	3.4	3.1	2.9	2.8				
	Ⅺ	5.5	5.5	5.3	4.6	4.2	3.9	3.7	3.5				
10	Ⅰ		9.1[①]	9.0	8.3	8.1	7.9	7.5	6.9				
	Ⅱ	9.1	9.1	9.0	8.3	8.1	7.9	7.5	6.9	6.6	6.5	5.9	
	Ⅲ	10.0	10.0	10.0	10.0	9.7	9.4	9.0	8.3	7.9	7.7	6.7	5.5
	Ⅶ	7.6	7.6	7.4	6.3	5.7	5.3	4.9	4.6				
	Ⅷ	9.1	9.1	8.8	7.5	6.8	6.3	6.0	5.6				
	Ⅸ	9.1	9.1	8.9	8.1	7.5	7.0	6.6	6.3				
	Ⅹ	7.6	7.6	7.4	6.3	5.7	5.3	4.9	4.6				
	Ⅺ	9.1	9.1	8.9	7.8	7.1	6.6	6.1	5.8				

公称压力/bar	材料类别	工作温度/℃											
		−20~<0	0~20	50	100	150	200	250	300	350	375	400	425
		最高无冲击工作压力/bar											
16	I		14.7①	14.4	13.4	13.0	12.6	12.0	11.2				
	II	14.7	14.7	14.4	13.4	13.0	12.6	12.0	11.2	10.7	10.5	9.4	
	III	16.0	16.0	16.0	16.0	15.6	15.1	14.4	13.4	12.8	12.4	10.8	8.9
	VII	12.3	12.3	11.8	10.2	9.2	8.5	7.9	7.4				
	VIII	14.7	14.7	14.2	12.1	11.0	10.2	9.6	9.0				
	IX	14.7	14.7	14.4	13.1	12.1	11.3	10.7	10.1				
	X	12.3	12.3	11.8	10.2	9.2	8.5	7.9	7.4				
	XI	14.7	14.7	14.3	12.5	11.4	10.6	9.8	9.3				

① 当人孔、手孔用于压力容器时,使用温度范围为 20~300℃。

② 板式平焊法兰手孔除外。

注:1. 表中的工作温度和最高允许工作压力仅适用于不包括螺栓(柱)和垫片在内的人孔、手孔各受压零件。螺栓(柱)和垫片的压力、温度使用范围应按相应紧固件和垫片标准确定。

2. 中间温度的最高允许工作压力,可按本表的压力值用内插法确定。

3. 当手孔用于压力容器时,若使用温度低于 0℃,应以其他材料替代 20 钢管。

4. 板式平焊法兰人孔、手孔只有 PN6bar,带颈平焊法兰手孔、人孔只有 PN10bar、PN16bar。

表 11-12　使用不同类别材料的带颈对焊法兰人孔、手孔在不同工作温度下的允许工作压力

公称压力/bar	材料类别	工作温度/℃															
		−70~<−40	−40~<−20	−20~<0	0~20	50	100	150	200	250	300	350	375	400	425	450	475	500
		最高无冲击工作压力/bar															
16	II			14.7	14.7	14.4	13.4	13.0	12.6	12.0	11.2	10.7	10.5	9.4				
	III			16.0	16.0	16.0	16.0	15.6	15.1	14.4	13.4	12.8	12.4	10.8	8.9			
	IV									16.0	15.5	15.0	14.8	14.5	14.1	13.8	11.0	7.9
	V		16.0	16.0	16.0	16.0	15.6	15.2	14.7	14.0	13.0	12.4						
	VI	14.7	14.7	14.7	14.7	14.4	13.4	13.0	12.6	12.0	11.2	10.7						
25	II				23.0①	23.0	22.5	20.9	20.4	19.7	18.8	17.5	16.7	16.5	14.8			
	III				25.0①	25.0	25.0	25.0	24.4	23.7	22.5	20.9	20.0	19.4	16.9	14.0		
	IV									25.0	24.3	23.5	23.1	22.7	22.1	21.5	17.1	12.5
	V			25.0	25.0	25.0	25.0	24.4	23.7	23.0	21.9	20.4	19.4					
	VI	23.0	23.0	23.0	23.0	22.5	20.9	20.4	19.7	18.8	17.5	16.7						
40	II				36.8①	36.8	36.1	33.5	32.6	31.6	30.1	27.9	26.7	26.3	23.7			
	III				40.0①	40.0	40.0	40.0	39.1	37.9	36.0	33.5	31.9	31.1	27.0	22.4		
	IV									40.0	38.9	37.6	36.9	36.2	35.4	34.5	27.4	19.9
	V			40.0	40.0	40.0	40.0	39.0	38.0	36.9	35.1	32.6	31.1					
	VI	36.8	36.8	36.8	36.8	36.1	33.5	32.6	31.6	30.1	27.9	26.7						
63	II				57.9①	57.9	56.8	52.7	51.3	49.8	47.4	44.0	42.1	41.5	37.4			
	III				63.0①	63.0	63.0	63.0	61.5	59.6	56.8	52.7	50.3	49.0	42.5	35.2		
	IV									63.0	61.2	59.2	58.1	57.1	55.7	54.3	43.2	31.4
	V			63.0	63.0	63.0	63.0	61.4	59.8	58.1	55.2	51.3	48.9					
	VI	57.9	57.9	57.9	57.9	56.8	52.7	51.3	49.8	47.4	44.0	42.1						

① 当手孔用于压力容器时,若使用温度低于 0℃,应以其他材料替代 20 号钢管。

注:1. 表中的工作温度和最高允许工作压力仅适用于不包括螺柱和垫片在内的人孔、手孔各受压零件。螺柱和垫片的压力、温度使用范围应按相应紧固件和垫片标准确定。

2. 中间温度的最高允许工作压力,可按本表的压力值用内插法确定。

3. PN16bar 只有带颈对焊法兰人孔,没有带颈对焊法兰手孔;PN63bar 只有回转盖人孔,没有垂直吊盖和水平吊盖人孔。

11.1.2.4 标记与标记示例

(1) 标记

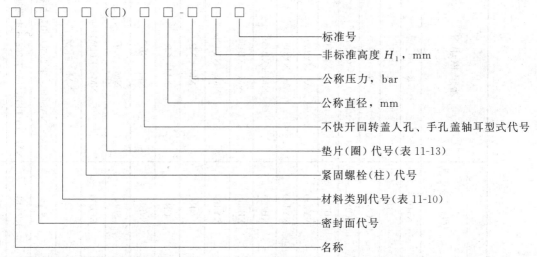

各方格填写内容详细说明：

名称：仅填简称"人孔"或"手孔"。

密封面代号：按所用的密封面填写。如果在该类型的人孔、手孔标准中只有一种密封面（例如板式平焊法兰人孔只有突面密封面一种）时，这一项不必填写。

材料类别代号：按表 11-10 所选定的材料类别填写。

紧固件（螺栓、螺柱）代号：8.8 级六角头螺栓填写"b"；35CrMoA 全螺纹螺柱填写"t"；选用其他性能等级或材料牌号时，可参看 HG/T 20613 中的标志代号。

如果人孔、手孔所用的紧固件只规定用一种材料制造（例如一些常压人孔、手孔）时，本项不必填写。

密封垫片代号：要按表 11-13 规定填写。在表 11-13 所给的垫片代号是由垫片名称代号、垫片型式代号和垫片材质代号三部分构成的。

不快开的回转盖人孔、手孔盖轴耳型式代号：按规定填写"A"或"B"。其他人孔、手孔本项不填写。

公称直径：仅填写以 mm 为单位的数字，不写单位。

公称压力：仅填写以 bar 为单位的数字，不写单位数字。对常压人孔、手孔本项不填写。

非标准高度 H_1：应填写"$H_1 = \times\times$"，当 H_1 采用标准所规定的数值时，本项不填写。

标准号：应填写完整的标准号，包括年份均不得省略。

(2) 标记示例

① 常压人孔　公称直径 $DN450$、$H_1 = 160$、采用石棉橡胶板垫片的常压人孔，其标记符号为：

人孔　（A·XB350）　450　HG/T 21515—2014

因为只有一种密封面（FF），而且也不涉及材料类别，紧固件也规定只是一种材料（螺栓 8.8 级、螺母 8 级），所以标记中的 2、3、4 项均不必填写。没有回转盖又是常压，第 6、8 项也不填。

② 回转盖板式平焊法兰　$PN6$、$DN450$、$H_1 = 220$、A 型盖轴耳、Ⅰ类材料，其中采用六角头螺栓，非金属平垫（不带内包边的 XB350 石棉橡胶板）的回转盖板式平焊法兰人孔，其标记为：

表 11-13　密封垫片（圈）代号及其构成

垫片（圈）

所属人孔和手孔标准编号	名称（标准编号）	名称代号	型式	型式代号	材质			材质代号	垫片（圈）代号
						耐热/℃	材质名称		
表11-2中序号11,19的标准编号	橡胶板垫片（圈）（非标准垫片）	R	—	—	不耐油	100		A10	R—A10
						150	橡胶板	A15	R—A15
					耐油	100		C10	R—C10
						150	橡胶板	C15	R—C15
表11-2中序号1,12~14,20,21的标准编号	石棉和耐油石棉橡胶板垫片（非标准垫片）	A	—	—	石棉橡胶板			XB350	A—XB350
					耐油石棉橡胶板			NY250	A—NY250
								NY400	A—NY400
表11-2中序号2~10,15~18的标准编号	非金属平垫片（HG/T 20606）	NM	不带内包边		石棉橡胶板			XB350	NM—XB350
								XB450	NM—XB450
					耐油石棉橡胶板			NY400	NM—NY400
					天然橡胶			NR	NM—NR
					氯丁橡胶			CR	NM—CR
					丁腈橡胶			NBR	NM—NBR
					丁苯橡胶			SBR	NM—SBR
					三元乙丙橡胶			EPDM	NM—EPDM
					氟橡胶			FKM	NM—FKM
					非石棉纤维的橡胶压制板			NAS	NM—NAS(HG/T 20606 中附加标记)
					填充改性聚四氟乙烯板			RPTFE	NM—RPTFE(HG/T 20606 中附加标记)
					增强柔性石墨板			RSB	NM—RSB/注1

垫片（圈）

所属人孔和手孔标准编号	名称（标准编号）	名称代号	型式	型式代号	材质	材质代号	垫片（圈）代号
表11-2中序号2~10,15~18的标准编号	非金属平垫片（HG/T 20606）	NM	突面，带不锈钢内包边	E	石棉橡胶板	XB350	NM·E—XB350（注1）
					石棉橡胶板	XB450	NM·E—XB450（注1）
					耐油石棉橡胶板	NY400	NM·E—NY400（注1）
					非石棉纤维的橡胶压制板	NAS	NM·E—NAS（注1）
					增强柔性石墨板	RSB	NM·E—RSB（注1）
表11-2中序号2~10,15~18的标准编号	聚四氟乙烯包覆垫片（HG/T 20607）	T	剖切型	A	嵌入层+聚四氟乙烯包覆层	—	T·A—（HG/T 20607中嵌入层代号）
			机加工型	B		—	T·B—（HG/T 20607中嵌入层代号）
			折包型	C		—	T·C—（HG/T 20607中嵌入层代号）
表11-2中序号4,7,10,17,18的标准编号	金属包覆垫片（HG/T 20609）	CM	—	—	HG/T 20609—2009表3.0.1中的包覆材料及表3.0.2中的填充材料	HG/T 20609—2009表3.0.1和表3.0.2中的材料代号	CM—（HG/T 20609中材料代号）
表11-2中序号4,7,10,17,18的标准编号	缠绕式垫片（HG/T 20610）	W	基本型	A	HG/T 20610—2009表7.0.1中的材料	HG/T 20610—2009表7.0.1中的材料代号	W·A—（HG/T 20610中材料代号）
			带内环型	B			W·B—（HG/T 20610中材料代号）
			带对中环型	C			W·C—（HG/T 20610中材料代号）
			带内环和对中环型	D			W·D—（HG/T 20610中材料代号）
表11-2中序号4,17,18的标准编号	金属环形垫（HG/T 20612）	M	八角形	A	HG/T 20612—2009表3.0.3中的材料	HG/T 20612—2009表3.0.3中的材料代号	M·A—（HG/T 20612中材料代号）
			椭圆形	B			M·B—（HG/T 20612中材料代号）

注：1. 包边材料和/或芯板材料在斜线右侧注明，标记示例按现行行业标准《钢制管法兰用非金属平垫片（PN系列）》HG/T 20606—2009中"6.标记示例"标记。

2. 对于不同材质的垫片，其适用范围应符合现行行业标准《钢制管法兰用非金属平垫片（PN系列）》HG/T 20606—2009"表3.3非金属平垫片的使用条件"中的规定。

3. 含石棉材料的使用应遵守相关法律和法规的规定。当生产和使用含石棉材料垫片时，应采取防护措施。

人孔　Ⅰ b-8.8（NM·XB350）A　450-6　HG/T 21516—2014

因只有一种密封面（FF），采用的 H_1 是标准中规定的，所以第2、9项不填。

③ 回转盖带颈对焊法兰人孔　$PN40$，$DN450$，$H_1=300$（标准值 $H_1=270$）、A型盖轴耳、RF型密封面、Ⅳ类材料，其中全螺纹螺柱采用35CrMoA，垫片材料采用内外环和金属带为304、非金属带为柔性石墨、D型缠绕垫的回转盖带颈对焊法兰人孔，其标记为：

人孔　RF Ⅳ t（W·D2222）A　450-40　$H_1=300$　HG/T 21518—2014

④ 带颈平焊法兰手孔　$PN16$，$DN250$，工作温度≤300℃、$H_1=200$（标准值）、RF型密封面、Ⅲ类材料，其中采用六角头螺栓、非金属平垫（不带内包边的XB350石棉橡胶板）的带颈平焊法兰手孔，其标记为：

手孔　RF Ⅲ b（NM·XB350）250-16　HG/T 21530—2014

⑤ 回转盖带颈对焊法兰手孔　$PN63$，$DN250$，$H_1=230$，A型盖轴耳、RJ型密封面、Ⅴ类材料，使用于工作温度≤−20℃场合，全螺纹螺柱采用35CrMoA、垫圈采用金属环垫、椭圆形、材质为0Cr13的带颈对焊法兰手孔，其标记为：

手孔　RJ Ⅴ t（M·B-410）250-63　HG/T 21532—2014

11.1.2.5　人孔、手孔的选用提示

ⅰ.选用人孔、手孔时要根据人孔、手孔所属容器的设计条件来确定人孔或手孔的类型（包括启闭方式与密封面型式），结合设计温度确定材料类别。

ⅱ.回转盖、水平吊盖和垂直吊盖三种启闭结构各有特点：回转盖安装位置比较灵活，它可在水平、垂直以及倾斜等全方位布置。但当安装于水平位置时，开启人孔不如水平吊盖人孔省力。当安装在垂直位置时，开启人孔盖不如垂直吊盖人孔操作方便。

在回转盖人孔、手孔中，又有 A 型与 B 型盖轴耳之分，当人孔、手孔安装在容器顶部时，应选用 B 型结构以控制人孔、手孔盖的开启角度，可使关闭人孔、手孔盖时省力。

ⅲ.公称直径 $DN400mm$ 和具有榫槽密封面的人孔，由于人的进出不便和密封面加工复杂、垫片更换困难，所以尽量不选。

ⅳ.垫片与紧固件的选用必须满足它们各自的使用条件（压力、温度等），这些条件往往与所选定的人孔、手孔材料类别的使用条件不一致。在选用时必须都满足人孔所属容器的设计条件。

ⅴ.人孔、手孔的开孔补强按第12章规定。

ⅵ.标准中所给的筒节厚度中有多少可供腐蚀所用，可以通过强度计算并考虑钢板负偏差后确定。法兰与法兰盖的腐蚀允许量应按法兰标准考虑。平焊法兰可不考虑腐蚀裕量。

ⅶ.在衬里设备上使用的人孔、手孔，在某些方面要对结构和尺寸作适当修改。例如焊接接头及转角处要有磨平和磨圆的要求；人孔、手孔铰链、吊臂等启闭附件上开设的调节距离用的长孔尺寸要根据衬层的需要进行调整（放大）。

ⅷ.上述人孔、手孔用于真空容器时，可参考 HG/T 20583—2011《钢制化工容器结构设计规定》：对于公称压力不低于 6bar 的人孔、手孔，可用于真空度小于 600mm 汞柱的真空容器；公称压力不低于 10bar 的人孔、手孔，可用于真空度为 600～760mmHg 的真空容器。

ⅸ.快开式人孔、手孔和常压人孔、手孔均应安置在容器顶部，使它们不与容器内的液体或固体物料直接接触。

ⅹ.所有常压容器的人孔、手孔，由于其结构与材料的限制，不适用于盛装毒性程度为

中度以上危害介质的容器上。

11.1.3 衬不锈钢人孔、手孔（HG/T 21594～21604—2014）

（1）结构

不锈钢人孔、手孔绝大部分就是在碳素钢或低合金钢制的人孔、手孔法兰和人孔盖上分别焊上不锈钢衬环和不锈钢衬里，也有常压人孔、手孔和非常压人孔、手孔两类。从开启方式看，不锈钢人孔也有回转盖、垂直吊盖、水平吊盖之分。从法兰类型看有板式平焊、带颈平焊和带颈对焊三种，如果说与碳钢、低合金钢人孔、手孔有什么区别的话，这就是不锈钢人孔、手孔只有突面和凹凸面两种密封面，图 11-11～图 11-13 是三张衬不锈钢人孔图。手孔图与之类似，只是尺寸小一些，开启手孔盖只需要有个把手就可以了。

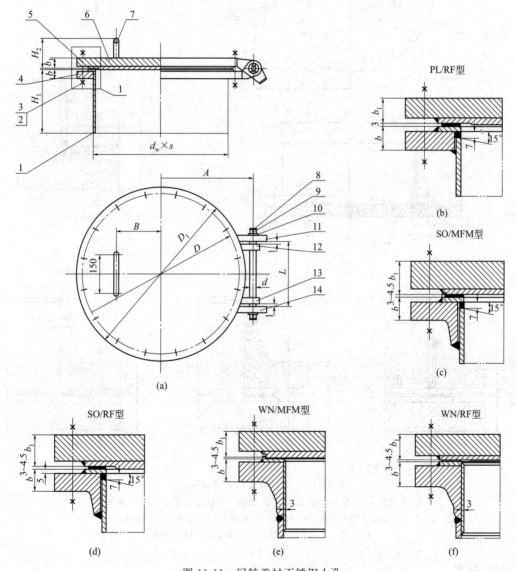

图 11-11　回转盖衬不锈钢人孔

1—筒节；2—螺栓（全螺纹螺柱）；3—螺母；4—法兰；5—垫片；6—法兰盖；

7—把手；8—轴销；9—销；10—垫圈；11—盖轴耳；

12—法兰轴耳；13—法兰轴耳；14—盖轴耳

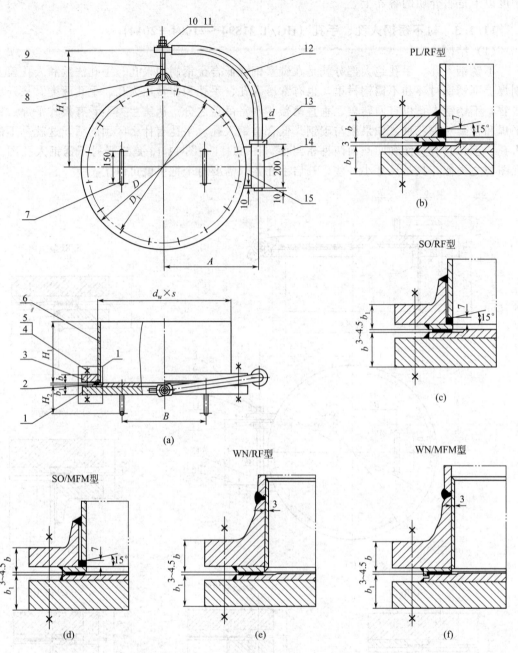

图 11-12 垂直吊盖衬不锈钢人孔

1—法兰盖；2—垫片；3—法兰；4—螺栓（全螺纹螺柱）；5,10—螺母；

6—筒节；7—把手；8—吊环；9—吊钩；11—垫圈；12—转臂；

13—环；14—无缝钢管；15—支撑板；16—衬筒

（2）标准

本书仅对新的《衬不锈钢人、手孔》（HG/T 21594～21604—2014）中的三种承压不锈钢人孔：即回转盖衬不锈钢人孔（HG/T 21596），水平吊盖衬不锈钢人孔（HG/T 21598）、垂直吊盖衬不锈钢人孔（HG/T 21599）和一种手孔，即平盖衬不锈钢手孔（HG/T 21602）

中的结构尺寸作一分析介绍（其他还有四种人手孔结构就不作介绍了）。

标准规定：板式平焊衬不锈钢人手孔只用于 $PN=6\mathrm{bar}$ 一种压力级别，其密封面只有突面一种形式，图 11-11～图 11-13 主视图都是板式平焊法兰人孔，其节点图见图 11-12（a）。带颈平焊法兰衬不锈钢人手孔适用的公称压力级别是 $PN=10\mathrm{bar}$ 和 $PN=16\mathrm{bar}$。带颈对焊法兰衬不锈钢人孔则在 $PN\geqslant16$ ～ 40bar 时使用。两种带颈法兰的密封面形式都有突面与凹凸面两种 [见图 11-11（a）（b）和图 11-12（c）（d）]。

衬不锈钢人孔、手孔受压件尺寸汇编于表 11-14，这些尺寸与现行管法兰标准完全一致。至于与人孔盖启闭有关的非受压件尺寸，可以参照表 11-6，唯一需要加大的尺寸是转轴和吊柱的直径 d_0，这是因为人孔盖增加了衬板，因而质量增大了的缘故。

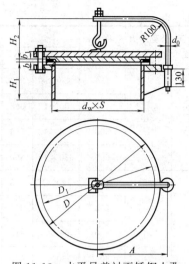

图 11-13 水平吊盖衬不锈钢人孔

表 11-14　衬不锈钢人孔、手孔受压件尺寸（据 HG/T 21596，HG/T 21598，HG/T 21599 摘编）

密封面型式	公称压力 PN/bar	公称直径 DN/mm	尺寸/mm							螺栓		螺柱	
			$d_\mathrm{w}\times S$	D	D_1	b	b_1	H_1	H_2	数量	直径×长度	数量	直径×长度
突面（RF）	6	150	159×4	265	225	23	18	160	84	8	M16×70	8	M16×90
		250	273×4	375	335	27	22	190	88	12	M16×80	12	M16×100
		450	480×5	595	550	35	27	220	107	16	M20×95	16	M20×125
		500	530×5	645	600	35	28	230	108	20	M20×95	20	M20×125
		600	630×6	755	705	37	34	240	114	20	M24×110	20	M24×140
	10	150	159×4.5	285	240	27	27	160	88	8	M20×85	8	M20×110
		250	273×6	395	350	31	31	190	92	12	M20×95	12	M20×115
		450	480×6	615	565	33	31	230	111	20	M24×100	20	M24×135
		500	530×6	670	620	33	32	250	112	20	M24×100	20	M24×135
		600	630×6	780	725	33	38	270	118	20	M27×110	20	M27×150
	16	150	159×4.5	285	240	26	22	170	88	8	M20×80	8	M20×110
		250	273×6	405	355	30	26	200	92	12	M24×95	12	M24×130
		450	480×8	640	585	45	43	240	123	20	M27×130	20	M27×165
		500	530×8	715	650	49	48	250	128	20	M30×140	20	M30×180
		600	630×8	840	770	59	58	280	138	20	M33×165	20	M33×210
	25	150	159×6	300	250	32	28	180	94			8	M24×135
		250	273×6	425	370	36	32	210	98			12	M27×145
		450	480×10	670	600	51	49	250	129			20	M33×195
		500	530×10	730	660	53	52	270	132			20	M33×200
		600	630×10	845	770	63	62	290	142			20	M36×3×220

密封面型式	公称压力 PN/bar	公称直径 DN/mm	尺寸/mm							螺栓		螺柱	
			$d_w \times S$	D	D_1	b	b_1	H_1	H_2	数量	直径×长度	数量	直径×长度
突面 (RF)	40	150	159×6	300	250	32	28	190	94	8		8	M24×135
		450	480×12	685	610	62	60	270	140			20	M36×3×215
		500	530×12	755	670	62	61	290	141			20	M39×3×225
		600	630×12	890	795	77	76	310	156			20	M45×3×270
凹凸面 (MFM)	10	150	159×4.5	285	240	27	27	160	93	8	M20×85	8	M20×110
		250	273×6	395	350	31	31	190	97	12	M20×95	12	M20×115
		450	480×6	615	565	33	38	230	118	20	M24×105	20	M24×125
		500	530×6	670	620	33	38	250	118	20	M24×105	20	M24×140
		600	630×6	780	725	33	44	270	124	20	M27×115	20	M27×155
	16	150	159×4.5	285	240	27	27	170	93	8	M20×85	8	M20×115
		250	273×6	405	355	31	31	200	97	12	M24×100	12	M24×135
		450	480×8	640	585	45	50	240	130		M27×135	20	M27×175
		500	530×8	715	650	49	54	250	134	20	M30×145	20	M30×190
		600	630×8	840	770	59	64	280	144	20	M33×177	20	M33×215
	25	150	159×6	300	250	33	33	180	99	8			M24×140
		250	273×6	425	370	37	37	210	103	12			M27×155
		450	480×10	670	600	51	56	250	136			20	M33×200
		500	530×10	730	660	53	58	270	138			20	M33×205
		600	630×10	845	770	63	68	290	148			20	M36×3×225
	40	150	159×6	300	250	33	33	190	99	8			M24×140
		450	480×12	685	610	62	67	270	147			20	M36×3×225
		500	530×12	755	670	62	67	290	147			20	M39×3×235
		600	630×12	890	795	77	82	310	162			20	M45×3×275

注:1. 人孔、手孔高度 H_1 如有特殊要求允许改变,但需注明改变后的 H_1 尺寸并修正人孔、手孔不锈钢质量和总质量。

2. 不锈钢人孔、手孔的筒节厚度允许改变,但需注明改变后的 S 值,并修正人孔、手孔不锈钢质量和总质量。

下面介绍一种"快开"式的不锈钢人孔结构(图 11-14),这种人孔的螺栓叫活节螺栓,它的一端呈"饼"状,中间有一个孔,螺栓就通过这个孔穿挂在位于法兰盘背面的一个环状轴上,人孔法兰和法兰盖上的螺栓孔不是封闭的,在沿法兰及法兰盖的外缘每个螺栓孔都开有豁口,悬挂在环形轴上的活节螺栓可以通过这些豁口将螺栓安置到紧固位置。这里顺便提醒读者注意:在压力容器中还有一种被称为"快开门"的结构,用于间歇操作且需频繁开启的压力容器上,对于这种"快开门"结构必须配置有安全联锁装置,它和这里介绍的快开式人孔是完全不同的两个概念,切勿混淆。

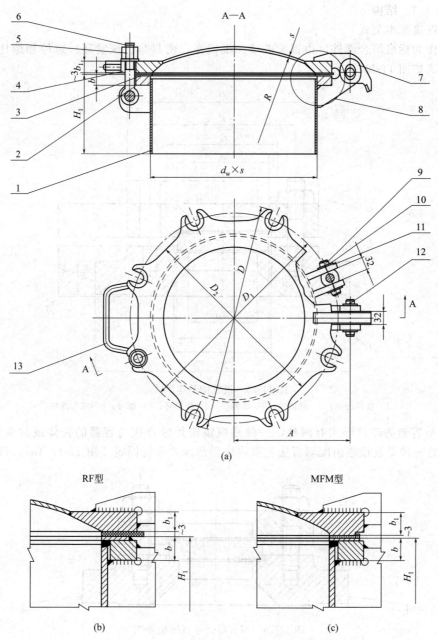

图 11-14 回转拱盖快开衬不锈钢人孔

1—筒节；2—凸缘；3—垫片；4—盖；5—六角螺母；6—活节螺栓；7—上耳板；
8—下耳板；9—销；10—垫圈；11—支板；12—销；13—把手

11.2 视镜与液面计

11.2.1 视镜 （NB/T 47017—2011）

视镜是用来观察设备内部情况的。有的可由容器制造厂制造，有的则可直接外购，下边分别作一简介。

11.2.1.1 结构

（1）视镜基本型式

视镜作为标准组合部件，由视镜玻璃、视镜座、密封垫、压紧环、螺母和螺柱等组成，其基本型式如图 11-15 所示。

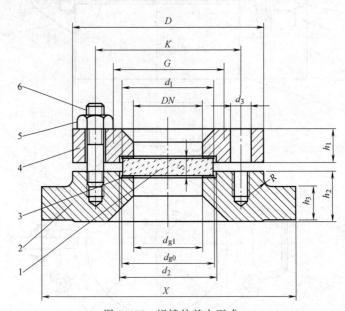

图 11-15　视镜的基本型式

1—视镜玻璃；2—视镜座；3—密封垫；4—压紧环；5—螺母；6—双头螺柱

视镜与容器的连接形式有两种，一种是视镜座外缘直接与容器的壳体或封头相焊（图 11-16），另一种是视镜座由配对管法兰（或法兰凸缘）夹持固定 [图 11-17（a），（b）]。

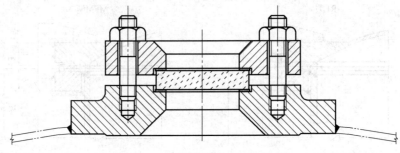

图 11-16　与容器壳体直接相焊式

（2）冲洗装置

根据需要可以选配冲洗装置（见图 11-18）用于视镜玻璃内侧的喷射清洗。

（3）射灯

当需要有光线射向容器内部时，可在视镜上安装射灯。在视镜压紧环上均布设有 4 个 M6 螺栓孔，用螺钉将射灯的铰接支架安装在视镜压紧环上，如图 11-19 所示，若不需安装射灯时，可用螺塞将螺栓孔堵死。

与视镜组合使用的射灯分为非防爆 SB 型和防爆 SF 型两种。

当视镜单独作为光源孔时，容器需要另行安装一个不带灯视镜作为窥视孔。

11.2.1.2 规格及系列

压力容器视镜的规格及系列见表 11-15。

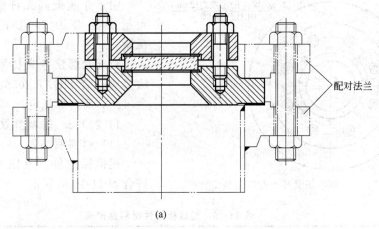

(a)

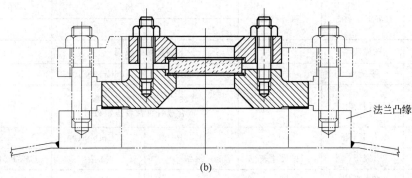

(b)

图 11-17　由配对管法兰（或法兰凸缘）夹持固定式

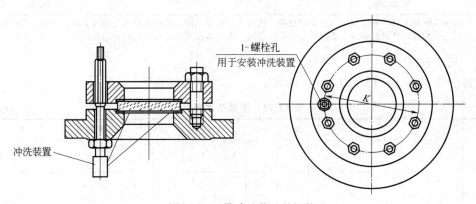

图 11-18　带冲洗装置的视镜

表 11-15　压力容器视镜的规格及系列

公称直径 DN/mm	公称压力 PN/MPa				射灯组合形式	冲洗装置
	0.6	1.0	1.6	2.5		
50		√	√	√	不带射灯结构	不带冲洗装置
80		√	√	√	非防爆型射灯结构	
100		√	√	√	不带射灯结构	带冲洗装置
125	√	√	√		非防爆型射灯结构	
150	√	√	√			
200	√	√			防爆型射灯结构	

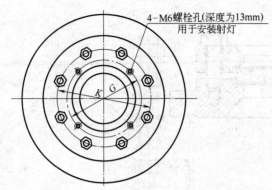

4-M6螺栓孔(深度为13mm)
用于安装射灯

图 11-19　视镜压紧环上射灯安装位置

用于介质最高允许温度为 250℃，最大急变温差为 230℃ 的压力容器上的视镜。

由配对管法兰夹持固定式视镜，所用法兰应符合 HG/T 20592—2009 钢制管法兰（PN 系列）规定。

11.2.1.3　基本参数

（1）材料明细表

视镜标准件（见图 11-15）的材料应符合表 11-16 的规定。

表 11-16　视镜标准件材料选用表

序号	名　称	数　量	材　料		备　注
			I	II	
1	视镜玻璃	1	钢化硼硅玻璃		
2	视镜座	1	Q245R	06Cr19Ni10	
3	密封垫	2	改性、填充聚四氟乙烯板或合成纤维橡胶压制板		
4	压紧环	1	Q245R	06Cr19Ni10	
5	螺母	见尺寸表	8 级	A2-70	GB/T 6170—2015
6	双头螺柱	见尺寸表	8.8 级	A2-70	GB/T 897—1988
7	螺塞 M6	4	35		JB/ZQ 4452—2006

注：1.若视镜座和压紧环采用本标准以外的材料，选用者应确保结构的强度和刚度的基本要求，并在订货时注明。
2.密封用的垫片材料可以根据操作条件及介质特性选用。选用本标准以外的材料时，应在订货时注明。

（2）尺寸表

视镜的基本尺寸应符合表 11-17 的规定。

表 11-17　视镜基本尺寸　　　　　　　　　　　　　　　mm

公称直径 DN	公称压力 PN /MPa	视镜							视镜片		密封垫		螺柱	
		X	D	K	G	h_1	h_2	h_3	d_1	s	d_{g1}	d_{g0}	数量 n	螺纹
50	1.0	175	115	85	80	16	25	20	65	10	50	67	4	M12
	1.6					16				10				
	2.5					20				12				
80	1.0	203	165	125	110	16	30	25	100	15	80	102	4	M16
	1.6					16				15				
	2.5					20				20				
100	1.0	259	200	160	135	20	30	25	125	15	100	127	8	M16
	1.6					20				20				
	2.5					25				25				

公称直径 DN	公称压力 PN /MPa	视镜							视镜片		密封垫		螺柱	
		X	D	K	G	h_1	h_2	h_3	d_1	s	d_{g1}	d_{g0}	数量 n	螺纹
125	0.6	312	220	180	160	18	30	25	150	20	125	152	8	M16
	1.0					22				20				
	1.6					22				25				
150	0.6	312	250	210	185	18	30	25	175	20	150	177	8	M16
	1.0					25				20				
	1.6					25				25				
200	0.6	363	315	270	240	20	36	30	225	25	200	227	8	M20
	1.0					35				30				

注：表内未注明单位的均为 mm。

11.2.1.4 标记

（1）标记说明

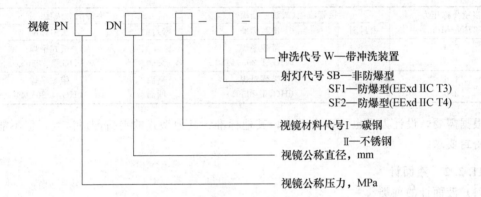

```
视镜 PN □ DN □ □ — □ — □
                │   │   │
                │   │   └── 冲洗代号 W—带冲洗装置
                │   └────── 射灯代号 SB—非防爆型
                │           SF1—防爆型(EExd ⅡC T3)
                │           SF2—防爆型(EExd ⅡC T4)
                └────────── 视镜材料代号 I—碳钢
                            Ⅱ—不锈钢
                            视镜公称直径，mm
                            视镜公称压力，MPa
```

（2）标记示例

示例 1 公称压力 2.5MPa、公称直径 50mm、材料为不锈钢、不带射灯、带冲洗装置的视镜。其标记为：

视镜 PN2.5 DN50 Ⅱ-W

示例 2 公称压力 1.6MPa、公称直径 80mm、材料为不锈钢、带非防爆型射灯组合、不带冲洗装置的视镜。其中选用 SB 型非防爆射灯，电压为 24V，功率为 50W。其标记为：

视镜 PN1.6 DN80 Ⅱ-SB

示例 3 公称压力 1.0MPa、公称直径 150mm、材料为碳钢、带防爆型射灯组合、不带冲洗装置的视镜。其中选用 SF1 型防爆射灯，输入电压为 24V，光源功率为 50W，防爆等级为 EExd Ⅱ CT3。其标记为：

视镜 PN1.0 DN150 I-SF1

示例 4 公称压力 0.6MPa、公称直径 200mm、材料为不锈钢、带防爆型射灯组合、带冲洗装置的视镜。其中选用 SF2 型防爆射灯，输入电压为 24V，光源功率为 20W，防爆等级为 EExd Ⅱ CT4。其标记为：

视镜 PN0.6 DN200 Ⅱ-SF2-W

11.2.1.5 使用规定

ⅰ.组装时，应使密封垫片具有预定的压缩率，以保证密封性能。

ii. 视镜组装后，按公称压力的 1.5 倍进行水压试验。

iii. 在进行冲洗操作时，应注意控制冲洗水的温度尽量接近视镜的工作温度；在任何情况下，不允许用冷水对热的视镜进行喷射冲洗，以免视镜玻璃破裂。

iv. 带射灯视镜的工作温度应考虑射灯照射所引起的升温。

v. 视镜座直接与容器壁相焊时，应选择正确的焊接工艺，保证视镜玻璃、密封垫不至于过热，保证视镜不会产生扭曲变形。

vi. 视镜采用标准中图 11-17 所示的连接形式时，其夹持配对管法兰采用现有欧洲体系的管法兰标准（HG/T 20592），压力等级与视镜公称压力相一致。与视镜相对应的配对管法兰规格及型式如表 11-18 和表 11-19 所示。

表 11-18　配对管法兰规格

公称直径 DN/mm						
视镜	50	80	100	125	150	200
配对管法兰	125	150	200	250	250	300

表 11-19　配对管法兰型式

视镜公称压力 PN/MPa	接管法兰(或法兰凸缘)		夹持配对法兰	
	密封面	法兰标准	密封面	法兰标准
0.6 1.0	凹面	带颈平焊 (HG/T 20594)	突面	板式平焊 (HG/T 20593)
1.6 2.5	凹面	带颈对焊 (HG/T 20595)	突面 凹面	带颈平焊 (HG/T 20594)

根据需要，设计人员也可以自己选择其他标准、其他型式的夹持配对法兰，但不能低于上述密封要求。

11.2.2　液面计

（1）液面计的种类

液面计的种类很多，常用的有玻璃板液面计和玻璃管液面计。

玻璃板液面计有透光式玻璃板液面计（T 型）、反射式玻璃板液面计（R 型）和视镜式玻璃板液面计（S 型）。

T 型和 R 型是将料液自容器中引入到液面计中观察液面，而视镜式（S 型）则是在容器壳体上开一个长孔，通过安装的液面计直接观察容器内的液面高度。T 型、R 型结构虽较 S 型复杂，但其承压能力远高于 S 型。T 型液面计在料液的前后两侧均装有玻璃板，故称透光式玻璃板液面计，而 R 型液面计只在一侧装有玻璃板，液面是借助光的反射显示的，故称反射式玻璃板液面计。

玻璃管液面计只有一种（G 型）。

（2）液面计的选用

i. 选取液面计需要的性能参数包括：公称压力（MPa）、使用温度（℃）、液面计材料、结构型式（包括是否需要保温）及公称长度。

ii. 根据需要观察的液面高度范围，有两种不同的液面计接口管的安置方法 [图 11-20（a）和（b）]，图（a）结构可示出储罐全部高度范围内的液面变化，图（b）结构只能显示罐体中部的液面变化。对于大型储罐，其直径超过液面计的最大公称长度时，可按图（c）所示安排接口管。

液面计选妥后，应将其标记注明在设计图样中。

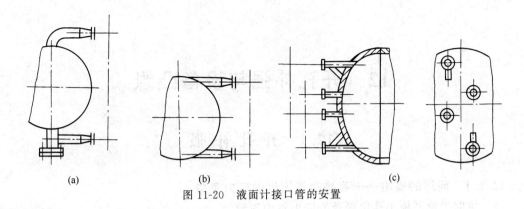

(a)　　　　　　　　(b)　　　　　　　　　(c)

图 11-20　液面计接口管的安置

（3）标记方法

视镜式玻璃板液面计的标记方法如下所示。

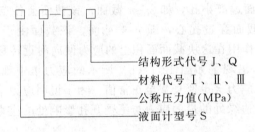

结构形式代号 J、Q

材料代号 Ⅰ、Ⅱ、Ⅲ

公称压力值（MPa）

液面计型号 S

示例 1　视镜式，常压，不锈钢材料，嵌入连接型的液面计，其标记为：

液面计 S-ⅡQ

示例 2　视镜式，公称压力 $PN0.6$MPa、衬里、带颈液面计，其标记为：

液面计 S0.6-ⅢJ

另外三种：HG 21589，HG 21590，HG 21592 的标记方法如下所示。

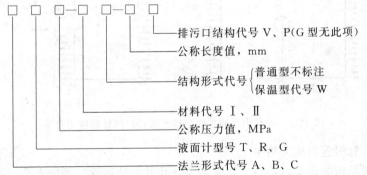

排污口结构代号 V、P（G 型无此项）

公称长度值，mm

结构形式代号 $\left\{\begin{array}{l}普通型不标注\\保温型代号 W\end{array}\right.$

材料代号 Ⅰ、Ⅱ

公称压力值，MPa

液面计型号 T、R、G

法兰形式代号 A、B、C

示例 1　透光式、公称压力 $PN2.5$MPa、碳钢材料、保温型、排污口配阀门、带颈对焊突面法兰连接（HG/T 20592—2009）、公称长度 $L=1450$mm 的液面计，其标记为：

液面计 AT 2.5-W-1450V

示例 2　反射式，公称压力 $PN4.0$MPa、不锈钢材料、普通型，排污口配螺塞，长颈对焊凸面法兰，公称长度 $L=850$mm 的液面计，其标记为：

液面计 BR4.0-Ⅱ-850P

示例 3　公称压力 1.6MPa，碳钢材料，保温型，带颈平焊突面管法兰（HG 20594），公称长度 $L=500$mm 的玻璃管液面计，其标记为：

液面计 AG1.6-ⅠW-500

333

12 开孔补强与设备凸缘

12.1 开孔补强

12.1.1 问题的提出——容器接管附近的应力集中

（1）单向受拉平板小孔边缘处的应力集中现象

图 12-1 所示为一单向受拉的矩形薄板。设薄板尺寸很大，在板的中央开有半径为 a 的小孔，当在板的两个侧面作用有均匀拉力 q 时 [图 12-1（a）]，板的横截面内将产生拉伸应力 σ，如果所截取的横截面远离小孔，如 $m\text{-}m$ 截面，该截面上各点的应力将是均匀分布的且 $\sigma=q$；如果截取的横截面穿过孔心，即 $n\text{-}n$ 截面，该截面由于开孔截面面积被削掉了 $2a\times\delta$（δ 是板厚），原来作用在这块截面面积上的应力便向附近转移，结果导致在紧靠开孔边缘处的应力急剧增长，出现了如图 12-1（b）所示的应力集中现象。高应力区的范围很小，离开小孔边缘向外，应力会迅速衰减至正常值。为了说明应力集中的程度，引入应力集中系数，它的含义是开孔边缘处的最大应力与不受开孔影响处的应力之比，即

$$K=\frac{\sigma_{\max}}{\sigma} \tag{12-1}$$

这里的 $\sigma_{\max}$ 又称为应力峰值。

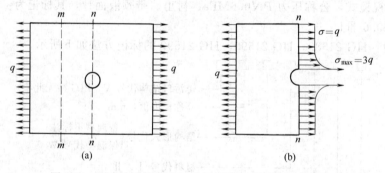

图 12-1　开有小孔的单向受拉平板孔边缘处的应力集中

（2）容器接管附近的应力集中

由于工艺或结构的需要，容器上总是需要开孔并安装接管。例如人孔、手孔、装卸料口和各种介质的出入口等。容器上开孔以后，由于器壁金属的连续性受到破坏，也会产生类似上述的峰值应力，只是由于器壁是二向应力，又在开孔处装有接管，所以在开孔边缘出现的是多种应力叠加的较为复杂的应力状况。研究表明：若被开孔部位的壳体或封头厚度为 δ、直径为 D、开孔孔径为 d 时，那么在接管根部开孔边缘处的应力集中现象将具有如下特点。

ⅰ．应力集中的范围是极为有限的。

ⅱ．开孔孔径的相对尺寸 d/D 越大，应力集中情况越严重，所以开孔不宜过大。

ⅲ．被开孔壳体的 δ/D 越小，应力集中情况越严重，如果将开孔四周壳体厚度增厚，则可以极大地改善应力集中情况，因此在开孔周围一定范围内（此范围的直径 $B=2d$）采用焊接补强圈的方法，也就是说采用局部增加壳体壁厚的办法可以减小开孔附近应力集中，这

种方法称作补强圈补强，见图 12-2。图中画了两个补强圈是为了表达清楚，实际上补强圈大都只有一个，而且是贴焊在壳体外壁面上。这种增加壳体厚度的方法虽然简便，但是要求补强圈与壳体之间必须紧密贴合，由于二者终究不是熔合在一起，所以在一些补强要求高的容器上，是把需要局部增厚的壳体部分全部挖掉，换上真正增厚了的壳体，如图 12-3 便是采用这种方法的结构，并称其为整体锻件补强结构。

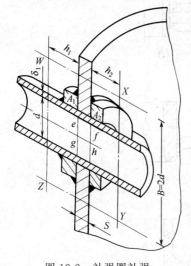

图 12-2　补强圈补强

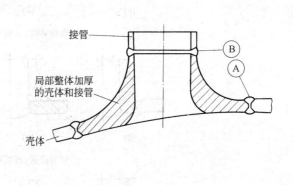

图 12-3　整体锻件补强（Ⓐ、Ⓑ为焊缝类别）

ⅳ. 增大接管壁厚也可以减小应力集中，因此可以用特意加厚的接管来改善开孔处的应力集中，这就是补强管补强，见图 12-4。图中的 t_s 就是补强管被增大了的壁厚。

ⅴ. 在球壳上开孔的应力集中系数稍低于筒体上开孔的应力集中系数，由于在相同直径和壁厚条件下，球壳的应力水平本来就低于圆筒，所以开孔引起的球壳的应力峰值较圆筒低。因此在可能的条件下，开孔在封头上，优于开在壳体上。

（3）应力集中对容器安全使用的影响

压力容器的壳体与接口管都是用塑性良好的钢制造的，如果容器内介质压力平稳，接管开孔边缘处的应力峰值即使较高，只要它保持恒定不变，那么对容器的安全使用不会有太大影响。因为在局部高应力作用下的金属，可以借助出现少量的塑性变形，使应力的增长达到材料屈服限时即告终止，而少量的塑性变形并不会造成容器的失效。但

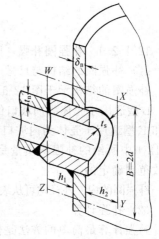

图 12-4　用补强管补强

是如果容器内的压力有较大的波动或有周期性的变化，或者容器需频繁开车、停车，从而导致器壁内的应力也跟着发生周期性变化时，应力集中对容器安全使用的影响就需要认真对待了。这是因为处于应力集中区域内的金属在交变的高应力作用下会出现反复的塑性变形，这种反复的塑性变形将导致材料硬化，并产生微小裂纹。这些微小裂纹又会在交变应力反复作用下不断扩展，最终导致容器在这里出现破裂。这种交变应力引起的破坏称为"疲劳"破坏。应力集中是容器出现"疲劳"破坏的根源，所以必须使应力集中区域内的金属在工作时处于安定状态。

12.1.2 补强结构与计算 [1]

上面提到的三种补强结构汇总示于图 12-5。

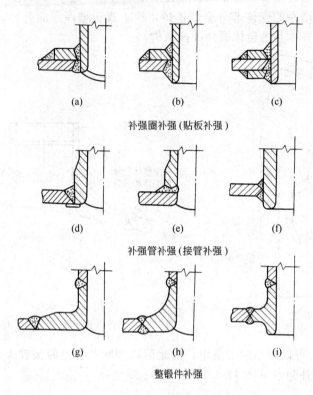

(a)　　　　　　　　(b)　　　　　　　　(c)

补强圈补强（贴板补强）

(d)　　　　　　　　(e)　　　　　　　　(f)

补强管补强（接管补强）

(g)　　　　　　　　(h)　　　　　　　　(i)

整锻件补强

图 12-5　三种补强结构

12.1.2.1 补强圈补强 ［图 12-5（a）、（b）、（c）］

（1）补强圈的结构与尺寸

补强圈的结构示于图 12-6，共有五种坡口形式：A 型适用于壳体为内坡口的填角焊结构；B 型适用于壳体为内坡口的局部焊透结构；C 型适用于壳体为外坡口的全焊透结构；D 型和 E 型适用于壳体为内坡口的全焊透结构。坡口形式不同，补强圈的内径自然也有差别，表 12-1 中所给的补强圈质量是按其内径等于接管外径计算的。补强圈的外径则是根据补强有效范围确定的。

补强圈的内、外径均可从表 12-1 中查得，至于它的厚度则需通过等面积法的计算予以确定。

（2）补强计算

补强计算最简单的方法是依据等面积补强准则建立起来的。所谓等面积补强准则就是：由于开孔，壳体承受应力所必须的金属截面被削去多少（mm^2），就必须在开孔周围的补强范围内补回同样面积的金属截面。那么什么样的金属截面属于被削去的、承受应力所必须的金属截面呢？什么样的金属截面又属于可以作补强用的金属截面呢？关于这两类金属截面面积的计算方法，GB/T 150 都作了相当精确的规定。但是对大多数压力容器的开孔补强来说，过分精确的规定对工程实用来说不一定都是必须的，所以本书在下面的介绍中，采用的是偏于安全的、简化了的计算方法。

---

❶ GB/T 150.3—2011 中用分析法进行的补强计算本书不讨论。

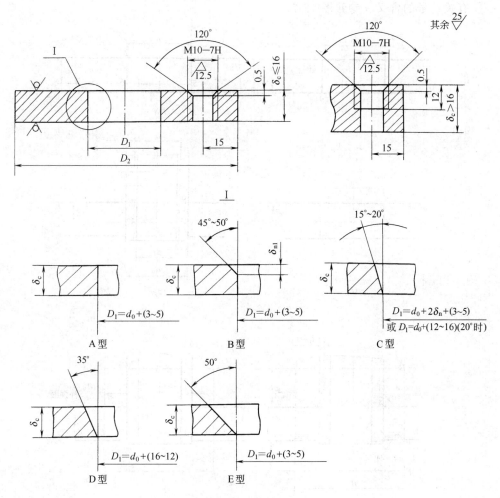

图 12-6　补强圈的螺纹检查孔及内侧坡口形式

表 12-1　补强圈尺寸（JB/T 4736—2002）

接管公称直径 DN	外径 D_2	内径 D_1	厚度 δ_c/mm												
			4	6	8	10	12	14	16	18	20	22	24	26	28	30
尺寸/mm			质量/kg												
50	130	按图 12-6 中的类型确定	0.32	0.48	0.64	0.80	0.96	1.12	1.28	1.43	1.59	1.75	1.91	2.07	2.23	2.57
65	160		0.48	0.73	0.97	1.21	1.45	1.70	1.94	2.18	2.42	2.67	2.91	3.15	3.39	3.55
80	180		0.59	0.88	1.17	1.46	1.76	2.05	2.34	2.63	2.93	3.22	3.51	3.81	4.10	4.38
100	200		0.78	1.17	1.56	1.94	2.33	2.72	3.11	3.50	3.89	4.28	4.67	5.06	5.44	5.08
125	250		1.08	1.62	2.16	2.69	3.23	3.77	4.31	4.85	5.39	5.93	6.47	7.01	7.55	8.09
150	300		1.56	2.35	3.13	3.91	4.69	5.47	6.25	7.04	7.82	8.60	9.38	10.2	10.9	11.7
175	350		2.23	3.34	4.46	5.57	6.68	7.78	8.91	10.0	11.1	12.3	13.4	14.5	15.6	16.6
200	400		2.72	4.08	5.44	6.80	8.15	9.51	10.9	12.2	13.6	14.9	16.3	17.7	19.0	20.4
225	440		3.24	4.87	6.49	8.11	9.73	11.4	13.0	14.6	16.2	17.8	19.5	21.1	22.7	24.3
250	480		3.79	5.68	7.58	9.47	11.4	13.3	15.2	17.0	18.9	20.8	22.7	24.6	26.5	28.4
300	550		4.79	7.18	9.58	12.0	14.4	18.8	19.2	21.6	24.0	26.3	28.7	31.1	33.5	36.0
350	620		5.90	8.85	11.8	14.8	17.7	20.6	23.6	26.6	29.5	32.4	35.4	38.3	41.3	44.2
400	680		6.84	10.3	13.7	17.1	20.5	23.9	27.4	30.8	34.2	37.6	41.0	44.5	47.9	51.4
450	760		8.46	12.7	16.9	21.2	25.4	29.6	33.9	38.1	42.3	46.5	50.8	55.0	59.2	63.5
500	840		10.4	15.5	20.7	25.9	31.1	36.3	41.5	46.6	51.8	57.0	62.2	67.4	72.5	77.7
600	980		13.8	20.6	27.5	34.4	41.3	48.2	55.1	61.9	68.8	75.7	82.6	89.5	96.4	103.3

注：内径 D_1 为补强圈成型后的尺寸。

① 有关符号的含义　参看图 12-7。

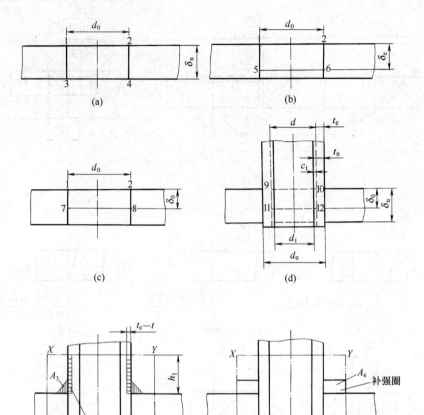

图 12-7　补强计算

ⅰ. 被开孔的壳体（含封头）上的各种尺寸（单位均为 mm）如下。

δ_n——壳体的名义厚度；

δ_e——壳体的有效厚度；

δ——壳体的理论计算厚度；

δ_0——在开孔处壳体承受应力所必须的最小的厚度，$\delta_0 \leqslant \delta$，

当开孔在筒体焊缝上，或者虽不在焊缝上但筒体的焊接接头系数 $\varphi = 1$ 时　$\delta_0 = \delta$，

当开孔不在筒体焊缝上，且筒体的焊接接头系数 $\varphi = 0.85$ 时　$\delta_0 = 0.85\delta$，

当开孔在标准椭圆形封头中央 80% 封头内直径范围以内时　$\delta_0 = 0.9\delta$，

当开孔在标准椭圆形封头中央 80% 封头内直径范围之外时　$\delta_0 = \delta$，

当开孔在碟形封头球面部分且封头的形状系数为 M 时　$\delta_0 = \delta/M$，

当开孔在碟形封头球面部分以外（折边处）时　$\delta_0 = \delta$，

当开孔在圆形平板上或者是在按外压计算确定厚度的筒体或球壳上时 $\delta_0 = 0.5\delta$，

上述 $\delta_0 < \delta$ 时，是因为真实存在的平均应力小于计算应力的缘故；

d_0——开孔的直径，可以认为等于接管外径；

c——壳体的壁厚附加量，$c = c_1 + c_2$。

ⅱ. 接管各部分尺寸：

d_o——接管外直径；

d_i——接管内直径；

d——去掉接管壁厚附加量后的接管内直径，$d = d_i + 2c_t$；

c_t——接管的壁厚附加量，$c_t = c_{t1} + c_{t2}$；

t_n——接管管壁的名义厚度；

t_e——接管管壁的有效厚度；

t——接管管壁的计算厚度。

ⅲ. 补强有效区的范围：

B——有效宽度，

$$\left. \begin{aligned} B &= 2d \\ B &= d + 2\delta_n + 2t_n \end{aligned} \right\} \text{取二者中之大值} \tag{12-2}$$

h_1——外侧有效高度，

$$\left. \begin{aligned} h_1 &= \sqrt{dt_n} \\ h_1 &= \text{接管实际外伸长度} \end{aligned} \right\} \text{取二者中之小值} \tag{12-3}$$

h_2——内侧有效高度，

$$\left. \begin{aligned} h_2 &= \sqrt{dt_n} \\ h_2 &= \text{接管实际内伸高度} \end{aligned} \right\} \text{取二者中较小值} \tag{12-4}$$

② 在壳体或封头上被削去的金属截面面积　见图 12-7 (a)～图 12-7 (d)。

在图 12-7 中，给出了四个金属截面面积，它们分别是：

矩形 1 2 3 4 所围出的面积 [图 12-7 (a)]，$A_g = d_o \delta_n$，因为 δ_n 中有部分厚度即使去掉，但不会影响壳体强度，所以 A_g 不是必须补强的面积；

矩形 1 2 5 6 所围出的面积 [图 12-7 (b)]，$A_{ge} = d_o \delta_e$，因为 δ_e 大于壳体承压所必须的厚度 δ_0，所以 A_{ge} 也不是必须补强的面积；

矩形 1 2 7 8 所围出的面积 [图 12-7 (c)]，$A_{g0} = d_o \delta_0$，δ_0 这部分厚度是承压所必须的，如果削掉必须补回来，如果开孔后不接接管，那么 A_{g0} 就是必须补强的截面面积，但是开孔后都要装接管，装了接管以后，管壁金属将被塞入孔中，导致须要补强的截面就不再是 A_{g0} 了；

装入接管后，孔径由 d_o 缩小到接管的内径 d_i，由于接管要腐蚀，所有管壁的腐蚀裕量及负偏差不能作为填补的金属，于是须要补强的金属截面面积 A 就是矩形 9 10 11 12 所围出的面积 [图 12-7 (d)] 应该按式 (12-5) 计算

$$A = d\delta_0 \tag{12-5}$$

这里应该说明的是插入壳体孔内的管壁金属，其许用应力 $[\sigma]_b$ 应与壳壁金属的许用应力 $[\sigma]$ 相同，这样插入壳体孔内的管壁金属截面面积 $2\delta_0 t_e$ 可以等效取代挖去的同样大小面积的壳壁金属截面，这时上式是精确的。但如果管壁金属的许用应力比壳壁的许用应力小，就是说用 $2\delta_0 t_e$ 这么大的管壁金属截面面积不能取代同样大小的被挖去的壳壁金属，那么上式中的 A 应该比 $d\delta_0$ 大一点。由于所差之值较小，所以本书便不予考虑❶。

---

❶ 若考虑　$A = d\delta_0 + 2\delta_0 t_e \left(1 - \dfrac{[\sigma]_b}{[\sigma]} \right)$。

③ 在有效补强范围内可以用来补强的金属截面面积 由于应力集中只发生在接管开孔周围，所以只有在一定范围内的"多余"金属截面面积才能起补强作用，图 12-7 中的（e）图，用点划线围出的 $XYWZ$ 就是补强有效范围。在此范围内有二块"多余"的金属截面面积，即 A_1、A_2 和 A_3。

A_1——从原设计压力考虑，壳体厚度只需要 δ_0，但实际的有效厚度是 δ_e，所以 $\delta_e - \delta_0$ 是多余的厚度，在有效区内形成的截面面积 A_1 是

$$A_1 = (B-d)(\delta_e - \delta_0) \tag{12-6}$$

A_2——接管承受设计压力所需厚度是 t，而有效厚度是 t_e，所以在 h_1 范围内多余的管壁截面面积是 $2h_1(t_e - t)$，在 h_2 范围内管壁没有承压任务，所以除管壁的厚度附加量外都是多余厚度，于是在 h_2 范围内多余管壁金属截面面积是 $2h_2(t_n - 2c_t)$，所以

$$A_2 = 2h_1(t_e - t) + 2h_2(t_n - 2c_t) \tag{12-7}$$

由于 A_1 中的一部分和 A_2 的全部都是管壁金属，如果用它们去抵消被挖去的壳体金属截面，也存在着管壁金属的许用应力是不是和壳壁金属一样的问题，所以精确的计算式应该比上述两式复杂，其中 A_2 应该是

$$A_2 = 2h_1(t_e - t)\frac{[\sigma]_b}{[\sigma]} + 2h_2(t_n - c_t)\frac{[\sigma]_b}{[\sigma]} \tag{12-8}$$

由于 A_2 中管壁金属所占比例不大，所以不必考虑许用应力不同的影响，因而省略 A_1 的精确计算。

A_3——是焊缝金属截面面积。

以上这三块多余的金属截面在 GB/T 150 的规定中均可作为补强金属使用，不足部分再由补强圈补足，于是需要用补强圈补强的金属截面面积 A_s 应该是

$$A_s = A - (A_1 + A_2 + A_3) \tag{12-9}$$

编者认为将 A_1，A_2，A_3 均作为补强金属对待时，应该考虑这样做会不会影响压力容器最大许用压力降低的问题，因为容器的最大许用压力之所以大于容器的设计压力或计算压力，依靠的就是"多余"的壁厚。因此编者更倾向于不将 A_1，A_2，A_3 作为补强金属对待，需要补强的金属截面 A 全部由补强圈或加强管提供，也就是使

$$A_s = A \tag{12-9a}$$

此意见仅供参考。

在实际工作中，当使用与壳体材料相同，厚度相等的钢板制作补强圈时，如果补强圈的外径尺寸按表 12-1 规定选取，那么式（12-9）或式（12-9a）一般均可满足，这也正是在有些设计中可以不作补强计算的原因所在。

应该说明的是上面讨论的仅限于单个开孔所用的补强圈，当有多个开孔，且相邻开孔的中心距小于两孔平均直径的两倍时，应按联合补强规定进行计算❶。

（3）补强圈的应用

补强圈补强结构简单，制造容易，价格低廉，可就地取材，使用经验也比较成熟，所以广泛用于中、低压的压力容器上。但是它与补强管补强与整体锻件补强相比较也存在一些缺点，即：

ⅰ.补强圈所提供的补强金属截面过于分散，补强效率不高；

ⅱ.补强圈与壳体之间存在着一层静止的气隙，传热效果差，在壳体与补强圈之间容易引起热应力；

---

❶ 联合补强计算见 GB/T 150。

ⅲ.补强圈与壳体相焊时，形成内外两圈封闭焊缝，增大了焊件的刚性，对焊缝冷却时的收缩起较大的约束作用，容易在焊缝处造成裂纹，特别是高强度钢，对焊接裂纹比较敏感，更易开裂；

ⅳ.使用补强圈后，虽然降低了接管转角处的峰值应力，但在补强圈外缘与壳体的搭接填角焊缝处，由于外形尺寸有突变，在该处会引起不连续应力，造成新的应力集中，使该处的填角焊缝的角焊处容易开裂；

ⅴ.由于补强圈没有和壳体或接管金属真正熔合成一个整体，因而抗疲劳性能差，其疲劳寿命比未开孔时降低 30%左右，而整体式的补强结构只下降 10%～15%。

由于存在上述缺点，所以采用补强圈进行局部补强的容器必须同时具备以下三个条件：

ⅰ.壳体材料的标准抗拉强度不能超过 540MPa，以避免出现焊接裂纹；

ⅱ.补强圈的厚度不能超过被补强壳体名义厚度 δ_n 的 1.5 倍；

ⅲ.被补强壳体的名义厚度 $\delta_n \leqslant 38mm$。

此外，在高温、高压或载荷反复波动的容器上，最好也不要采用这种补强形式。

12.1.2.2　补强管补强（HG/T 21630—1990）

采用厚壁管补强就是利用在补强有效区内管壁多余的金属截面（也可以考虑包括壳体的多余金属截面）来补足被挖去的壳壁承受应力所必须的金属截面。但是在具体实施时，HG/T 21630 采用的不再是比较两种面积（挖掉的面积和补上去的面积），而是计算并比较在有效补强区内的两种厚度：δ_s 和 $[\delta_s]$❶，下边就介绍这两个厚度。

(1) 开孔处壳体需要补强的当量厚度 δ_s

根据前边已学过的各种厚度定义可知：

δ_e 是壳体的有效厚度，δ_0 是壳体开孔被挖掉的承受压力所必须的厚度（而且 $\delta_0 \leqslant \delta$），所以 $\delta_e - \delta_0$ 应该是壳体多余的可用来补强的厚度。于是，需要另外追加的厚度若用 δ_s 表示，则 $\delta_s = \delta_0 - (\delta_e - \delta_0)$。

由此得

$$\delta_s = \delta_0 - (\delta_n - c - \delta_0) = 2\delta_0 - \delta_n + c \qquad (12\text{-}10)$$

由于这个需要追加的厚度要由补强管在补强有效区内的补强厚度来补偿，所以 δ_s 这个厚度前边加上"当量"二字。又因为补强管的许用应力 $[\sigma]_T$ 可能小于壳体材料的许用应力 $[\sigma]$，所以式（12-10）中的 δ_s 理解为当量厚度的话，则 δ_s 应为

$$\delta_s = (2\delta_0 - \delta_n + c)/f_r \qquad (12\text{-}11)$$

式中，$f_r = \dfrac{[\sigma]_T}{[\sigma]}$，当 $f_r > 1$ 时，取 $f_r = 1$。

应用式（12-11）必须注意 δ_0 要按前边（补强圈）的规定计算，即 δ_0 往往小于理论计算厚度 δ，这完全取决于开孔的位置。

(2) 补强管可以提供补强用的当量厚度 $[\delta_s]$

任何一个补强管，当它的尺寸、材质、工作条件（p、t、c_2）确定以后，在有效补强范围内，它所能提供的补强截面面积 A_s 是可以计算的，而且还可以把 A_s 进一步转化为可与 δ_s 相比较的 $[\delta_s]$，这些计算和转化工作，HG/T 21630 都已经做了，现将其结果介绍如下。

补强管结构见图 12-8（a）、（b），它们的尺寸列于表 12-2 和表 12-3。

表 12-2 和表 12-3 所给的补强管厚度明显远大于普通接管，多出的厚度用作补强，现在要求知道的是每种形式和尺寸的补强管究竟可以提供多大的补强厚度，即 $[\delta_s]$。因为当一个补

---

❶ 在 HG/T 21630—1990 中使用的是 δ_F 与 $[\delta_F]$，本书为了保持与补强圈所用下标的一致，故改为 δ_s 与 $[\delta_s]$。

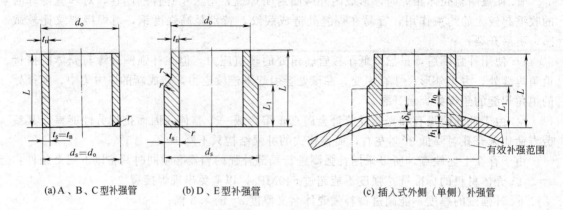

(a) A、B、C型补强管　　　　(b) D、E型补强管　　　　(c) 插入式外侧（单侧）补强管

图 12-8　补强管结构（不包括内伸式双侧补强管）

表 12-2　A、B、C 型补强管　　　　　　　　　　　　　　　　　　　　mm

公称直径 DN	外径×壁厚,$d_o×\delta_{nt}$			补强管外伸或内伸最小长度 h_0			理论重量/(kg/100mm)		
	A 型	B 型	C 型	A 型	B 型	C 型	A 型	B 型	C 型
65	$\phi76×5$	$\phi76×7$	$\phi76×9$	19	22	25	0.875	1.2	1.5
80	$\phi89×5.5$	$\phi89×8$	$\phi89×10$	22	25	28	1.1	1.6	2.0
100	$\phi108×6$	$\phi108×9$	$\phi108×12$	25	30	34	1.5	2.2	2.8
125	$\phi133×6.5$	$\phi133×10$	$\phi133×14$	29	35	40	2.0	3.0	4.1
150	$\phi159×7$	$\phi159×11$	$\phi159×16$	33	40	47	2.6	4.0	5.6
200	$\phi219×8$	$\phi219×13$	$\phi219×18$	41	51	59	4.2	6.6	8.9
250	$\phi273×9$	$\phi273×15$	$\phi273×20$	49	61	70	5.9	9.5	12.5
300	$\phi325×9.5$	$\phi325×17$	$\phi325×22$	55	71	80	7.4	12.9	16.4
350	$\phi377×9.5$	$\phi377×20$	$\phi377×25$	59	83	92	8.6	17.6	21.7
400	$\phi426×9.5$	$\phi426×22$	$\phi426×28$	63	93	104	9.5	21.9	27.5
450	$\phi480×9.5$	$\phi480×25$	$\phi480×30$	67	105	114	11.0	28.1	33.3
500	$\phi530×9.5$	$\phi530×28$	$\phi530×34$	70	117	128	12.2	34.7	41.6
600	$\phi630×9.5$	$\phi630×20$	$\phi630×30$	77	110	133	14.5	30.1	44.4

注：1. 表列尺寸均为采用无缝钢管制造时的尺寸,如采用其他制造方法时,可以内径为基准。

2. C 型补强管的内径较小,选用时应予考虑。

表 12-3　D、E 型补强管　　　　　　　　　　　　　　　　　　　　　mm

公称直径 DN	外径×壁厚 $d_o×t_n$, $d_s×t_s$				h_0		每 100mm 长管子的质量/kg			
	D 型		E 型				D 型		E 型	
	接管段	补强段	接管段	补强段	D 型	E 型	接管段	补强段	接管段	补强段
65	76×5.5	89×12	76×6	108×22	30	41	0.956	2.279	1.036	4.665
80	89×5.5	108×14	89×8	121×24	35	45	1.133	3.245	1.598	5.741
100	108×4.5①	133×17	108×9	146×28	43	53	1.149	4.863	2.197	8.148
125	133×7.0	159×20	133×6.5	180×30	51	63	2.175	6.855	2.028	11.10
150	159×6.5	194×24	159×6	219×36	61	76	2.444	10.06	2.264	16.25
200	219×12	245×25	219×13	273×40	72	91	6.126	13.56	6.604	22.99
250	273×15	299×28	273×16	325×42	84	104	9.543	18.71	10.14	29.31
300	325×17	351×30	325×16	377×42	95	114	12.91	23.75	12.19	34.70

① 108×4.5 可能系 108×6 之误。

注：DN300～1600mm 的补强管未作摘编。

342

强管尺寸确定以后，它的 $[\delta_s]$ 值与下列因素有关，所以必须把这些因素考虑进去。

① 补强区的有效高度 h_0 [图 12-8（c）] 由前已知 $h_0 = \sqrt{d_s \times t_s}$，不同尺寸规格的补强管有不同的有效高度 h_0，这些 h_0 数值均已列入表 12-2 和表 12-3 中。$[\delta_s]$ 值就是按这些 h_0 确定的。

② 补强管的设计压力 p 补强管承受的压力越大，它留出来作为补强用的管壁厚度当然越小，所以确定 $[\delta_s]$ 值时要给出补强管的设计压力 p。

③ 补强管材料的许用应力 $[\sigma]_T$ 补强管材料的许用应力越大的补强管，可以提供的 $[\delta_s]$ 越大，因为在同样尺寸，同样压强下，补强管承受压力所需的厚度随其许用应力增大而减小。

HG/T 21630 所给出的 $[\delta_s]$ 值（列于表 12-4 中）是根据以下参数确定的。

h_0 按表 12-2 和表 12-3 确定；补强管许用应力取 120MPa；设计压力 p 取 0.4、1.0、1.6、2.5、4.0 和 6.4（MPa）六个压力等级，其所得 $[\delta_s]$ 结果列于表 12-4 中。

当实际使用的补强管的设计压力 p 不等于上述六个压力等级中的任何一个，许用应力 $[\sigma]_T$ 也不等于 120MPa 时，则应将设计压力 p 改为当量压力 p_D

$$p_D = \frac{120}{[\sigma]_T} p \tag{12-12}$$

这里的当量应力是因为补强管的许用应力 $[\sigma]_T$ 不等于 120MPa 而引起的对设计压力 p 的修正。如果 $[\sigma]_T = 120$MPa，则 $p_D = p$。所以在查用表 12-4 中的 $[\delta_s]$ 时，应该先计算 p_D。

表 12-4 补强管的许用当量厚度   mm

当量压力 /MPa	补强管 形式	腐蚀裕量 c_2	接管公称直径							
			65	80	100	125	150	200	250	300
			补强管的许用当量厚度 $[\delta_s]$							
0.40	A	0	2.9	2.9	2.9	2.8	2.8	2.8	2.9	2.9
		2	1.8	1.8	1.9	1.9	1.9	2.0	2.2	2.2
	B	0	4.6	5.0	5.2	5.4	5.6	5.9	6.5	7.1
		2	3.2	3.6	3.9	4.1	4.4	4.8	5.4	6.1
	C	0	6.7	7.0	8.2	9.1	10.0	9.9	10.2	10.6
		2	5.0	5.4	6.5	7.5	8.5	8.5	8.9	9.4
	D	0	9.5	10.6	12.6	14.5	17.1	15.6	16.5	16.7
		2	7.5	8.7	10.7	12.6	15.2	14.0	15.0	15.3
	E	0	23.0	24.4	27.5	26.3	31.2	31.8	30.5	27.6
		2	20.1	21.5	24.8	23.9	28.8	29.6	28.6	25.9
1.0	A	0	2.8	2.9	2.8	2.7	2.7	2.6	2.7	2.6
		2	1.7	1.7	1.8	1.7	1.8	1.8	1.9	1.9
	B	0	4.5	4.9	5.1	5.2	5.4	5.7	6.2	6.7
		2	3.1	3.5	3.8	4.0	4.2	4.6	5.1	5.7
	C	0	6.6	6.9	8.0	8.9	9.8	9.6	9.8	10.2
		2	4.8	5.2	6.4	7.3	8.3	8.2	8.6	9.1
	D	0	9.3	10.4	12.3	14.2	16.8	15.3	16.1	16.2
		2	7.4	8.5	10.5	12.4	15.0	13.7	14.6	14.8
	E	0	22.8	24.2	27.3	26.0	30.8	31.3	30.0	27.0
		2	19.9	21.3	24.5	23.6	28.4	29.2	28.1	25.3

当量压力 /MPa	补强管形式	腐蚀裕量 c_2	接管公称直径							
			65	80	100	125	150	200	250	300
			补强管的许用当量厚度 $[\delta_s]$							
1.6	A	0	2.7	2.7	2.7	2.6	2.5	2.4	2.5	3.3
		2	1.6	1.6	1.6	1.6	1.6	1.6	1.7	1.6
	B	0	4.4	4.8	5.0	5.0	5.2	5.4	5.9	6.4
		2	3.0	3.4	3.6	3.8	4.0	4.3	4.8	5.4
	C	0	6.4	6.8	7.9	8.7	9.6	9.3	9.5	9.8
		2	4.7	5.1	6.2	7.1	8.0	7.9	8.2	8.7
	D	0	9.2	10.2	12.1	14.0	16.5	14.9	15.7	15.7
		2	7.3	8.4	10.3	12.1	14.7	13.3	14.2	14.3
	E	0	22.6	24.0	27.0	25.7	30.4	30.9	29.5	26.5
		2	19.7	21.1	24.3	23.3	28.1	28.8	27.6	24.8
2.5	A	0	2.6	2.6	2.5	2.3	2.3	2.1	2.1	1.9
		2	1.4	1.5	1.4	1.4	1.4	1.3	1.3	1.2
	B	0	4.2	4.6	4.7	4.8	4.9	5.0	5.4	5.8
		2	2.8	3.2	3.4	3.5	3.7	4.0	4.4	4.8
	C	0	6.3	6.6	7.6	8.4	9.2	8.9	9.0	9.2
		2	4.6	4.9	6.0	6.8	7.7	7.5	7.7	8.1
	D	0	9.0	10.0	11.8	13.6	16.0	14.4	15.0	15.0
		2	7.1	8.1	10.0	11.8	14.2	12.8	13.6	13.6
	E	0	22.3	23.7	26.6	25.3	29.9	30.2	28.7	25.6
		2	19.4	20.8	23.9	22.9	27.5	28.1	26.8	23.9
4.0	A	0	2.3	2.3	2.2	2.0	1.9	1.6	1.5	1.2
		2	1.2	1.2	1.2	1.0	1.0	0.8	0.7	0.5
	B	0	4.0	4.3	4.4	4.3	4.4	4.4	4.6	4.9
		2	2.6	2.9	3.1	3.1	3.2	3.3	3.6	3.9
	C	0	6.0	6.2	7.2	7.9	8.7	8.1	8.1	8.2
		2	4.3	4.6	5.6	6.4	7.1	6.8	6.8	7.1
	D	0	8.6	9.6	11.3	13.0	15.3	13.5	14.0	13.8
		2	6.7	7.7	9.5	11.2	13.5	11.9	12.5	12.4
	E	0	21.9	23.1	26.0	24.5	29.0	29.1	27.4	24.2
		2	18.9	20.3	23.2	22.1	26.6	27.0	25.5	22.5
6.3	A	0	2.0	1.8	1.7	1.4	1.2	0.8	0.5	0
		2	0.9	0.8	0.7	0.5	0.3	—	—	—
	B	0	3.5	3.8	3.8	3.6	3.6	3.3	3.4	3.5
		2	2.1	2.4	2.5	2.4	2.4	2.3	2.3	2.5
	C	0	5.5	5.7	6.6	7.1	7.7	6.9	6.6	6.6
		2	3.8	4.0	4.9	5.6	6.2	5.6	5.4	5.4
	D	0	8.0	8.9	10.4	12.0	14.0	12.0	12.3	11.9
		2	6.2	7.0	8.6	10.2	12.2	10.5	10.8	10.5
	E	0	17.1	19.1	22.8	26.3	31.1	27.7	28.9	28.7
		2	11.6	13.8	17.5	21.0	25.8	23.2	24.6	24.7

在表 12-4 中所摘编的 $[\delta_s]$ 只是 HG/T 21630 中的一部分，大直径的补强管及内伸式双侧补强的补强管，其 $[\delta_s]$ 均没有编入。需用时可直接从 HG/T 21630 中查取。

（3）补强管形式与尺寸的确定

确定补强管形式与尺寸主要借助于表 12-4，详见下面的例题。因为表 12-4 中的 $[\delta_s]$ 是按规定的 h_0（表 12-2，表 12-3）得到的，所以补强管的补强段总长 L_1 [图 12-8（c）] 不得小于 h_0、δ_n 与 h_1 三者之和，h_1 的数值可从表 12-5 中查取。

表 12-5 补强管与圆筒或凸形封头连接时的矢高 h_1

mm

d_s \ D_i	300	350	400	450	500	550	600	650	700	750	800	900	1000	1200	1400	1500	1600	1800	2000	2200	2400	2600	2800	3000
76	4.9	4.2	3.6	3.2	2.9	2.6	2.4	2.2	2.1	1.9	1.8	1.6	1.4	1.2	1.0	1.0	0.9	0.8	0.7	0.7	0.6	0.6	0.5	0.5
89	6.8	5.8	5.0	4.4	4.0	3.6	3.3	3.1	2.8	2.6	2.5	2.2	2.0	1.7	1.4	1.3	1.2	1.1	1.0	0.9	0.8	0.8	0.7	0.7
108	10.1	8.5	7.4	6.6	5.9	5.4	4.9	4.5	4.2	3.9	3.7	3.3	2.9	2.4	2.1	1.9	1.8	1.6	1.5	1.3	1.2	1.1	1.0	1.0
121	12.7	10.8	9.4	8.3	7.4	6.7	6.2	5.7	5.3	4.9	4.6	4.1	3.7	3.1	2.6	2.4	2.3	2.0	1.8	1.7	1.5	1.4	1.3	1.2
133	15.5	13.1	11.4	10.1	9.0	8.2	7.5	6.9	6.4	5.9	5.6	4.9	4.4	3.7	3.2	3.0	2.8	2.5	2.2	2.0	1.8	1.7	1.6	1.5
146	19.0	16.0	13.8	12.2	10.9	9.9	9.0	8.3	7.7	7.2	6.7	6.0	5.4	4.5	3.8	3.6	3.3	3.0	2.7	2.4	2.2	2.1	1.9	1.8
159	22.8	19.1	16.5	14.5	13.0	11.7	10.7	9.9	9.1	8.5	8.0	7.1	6.4	5.3	4.5	4.2	4.0	3.5	3.2	2.9	2.6	2.4	2.3	2.1
180	30	24.9	21.4	18.8	16.8	15.1	13.8	12.7	11.8	11.0	10.3	9.1	8.2	6.8	5.8	5.4	5.1	4.5	4.1	3.7	3.4	3.1	2.9	2.7
194	35.6	29.3	25.1	22.0	19.6	17.7	16.1	14.8	13.7	12.8	11.9	10.6	9.5	7.9	6.8	6.3	5.9	5.2	4.7	4.3	3.9	3.6	3.4	3.1
219	47.5	38.5	32.6	28.4	25.3	22.7	20.7	19.0	17.6	16.3	15.3	13.5	12.1	10.1	8.6	8.0	7.5	6.7	6.0	5.5	5.0	4.6	4.3	4.0
245	63.4	50.0	41.9	36.3	32.1	28.8	26.2	24.0	22.1	20.6	19.2	17.0	15.2	12.6	10.8	10.1	9.4	8.4	7.5	6.8	6.3	5.9	5.4	5.0
273	87.8	65.5	53.8	46.1	40.6	36.3	32.9	30.1	27.7	25.7	24.0	21.2	19.0	15.7	13.4	12.5	11.7	10.4	9.4	8.5	7.8	7.2	6.7	6.2
299	—	84.0	67.1	56.8	49.6	44.2	39.9	36.4	33.5	31.1	29.0	25.6	22.9	18.9	16.2	15.1	14.1	12.5	11.2	10.2	9.3	8.6	8.0	7.5
325	—	110.0	83.4	69.4	60.0	53.1	47.8	43.5	40.0	37.0	34.5	30.4	27.1	22.4	19.1	17.8	16.7	14.8	13.3	12.1	11.1	10.2	9.5	8.8
351	—	—	104.1	84.2	72.0	63.3	56.7	51.5	47.2	43.6	40.6	35.6	31.8	26.2	22.4	20.8	19.5	17.3	15.5	14.1	12.9	11.9	11.0	10.3
377	—	—	133.2	102.1	85.8	74.8	66.6	60.2	55.1	50.8	47.2	41.4	36.9	30.4	25.9	24.1	22.5	20.0	17.9	16.3	14.9	13.7	12.7	11.9

例题 12-1 筒体内径 $D_i = 1000$mm，设计压力 $p = 2.6$MPa，筒体材料 Q345R，设计温度 300℃，筒体名义厚度 $\delta_n = 14$mm，腐蚀裕量 $c_2 = 2$mm，筒体上开孔接管 $DN200$mm，接管外伸高度 250mm，补强形式为单侧插入式，补强管材料 20。

解 查表 8-6 得 Q345R 在 300℃ 时的 $[\sigma] = 153$MPa；查表 8-8 得 20 钢管许用应力 $[\sigma]_T^{300} = 108$MPa；钢板负偏差 $c_1 = 0.3$mm。

由

$$\delta_0 = \frac{pD}{2[\sigma]} = \frac{2.6 \times 1000}{2 \times 153} = 8.5 \text{ (mm)}$$

由

$$\delta_s = \frac{2\delta_0 - \delta_n + c}{[\sigma]_T / [\sigma]} = \frac{2 \times 8.5 - 14 + 2 + 0.3}{108/153} = 7.5 \text{ (mm)}$$

由

$$p_D = \frac{120}{[\sigma]_T} p = \frac{120 \times 2.6}{108} = 2.89 \text{ (MPa)}$$

从表 12-4 查得 $p_D = 4.0$MPa，$DN = 200$mm 的补强管，腐蚀裕量 $c_2 = 2$mm 时其 $[\delta_s] > 7.5$mm 的只有 D 型（$[\delta_s] = 11.9$mm）和 E 型（$[\delta_s] = 27.0$mm），所以选用 D 型即可。

要求 $L_1 \geq h_0 + h_1 + \delta_n$，由表 12-5 查得 $h_1 = 15.2$mm（根据 D 型管 $d_s = 245$mm）；由表 12-3 查得 $h_0 = 72$mm；于是 $L_1 \geq 72 + 15.2 + 14 = 101.2$（mm）取 $L_1 = 120$mm。

补强管总长 $L = 250 + h_1 + \delta_n = 250 + 15.2 + 14 = 279.2$（mm），取 $L = 280$mm。

12.1.2.3 整体锻件补强 [图 12-5（g）、(h)、(i)]

前文已提到，这种结构相当于把补强圈金属与开孔周围的壳体金属熔合在一起，用一个整体锻件来承受并减小开孔附近的高应力，从图 12-5 可见，这个整体锻件与被开孔的壳体（或封头）之间以及与接管之间采用的都是受力状态最好的对接焊接接头，而且焊缝及其热影响区都可以设计得远离最大应力点位置，所以抗疲劳性能好。若采取密集补强形式 [图 12-5（h）] 且加大过渡圆弧半径，则补强效果更好。这种补强结构的缺点是机械加工量大，锻件的来源也远不如加强管方便，所以只用在有较高要求的压力容器上。

顺便说明一点，补强管补强与整体锻件补强在 GB/T 150 中被称为整体补强，而补强圈补强则不这样称，显然这里"整体"的含义不是相对"局部"而言的，因为就整个容器壳体或封头而言，上述三种补强结构都是局部的，只有壳体上开设排孔时，才用加大整个壳体厚度的方法进行整体补强，这里讲的"整体"显然是指把整个壳体同时加厚的意思，而前面所讲的那个"整体补强"中的整体，其含义指的是将补强用的金属与被补强的壳体金属熔合在一起，形成了一个整体。按这样理解，补强圈补强自然就不属于整体补强，而另外两种则可看作是整体补强了。

12.1.3 容器上开孔及补强的有关规定

除上面在三种补强结构中分别提到过的规定外，还有以下几点规定。

① 开孔尺寸的限制 见表 12-6。

表 12-6 容器壳体和封头上开孔的最大直径

开孔部位	允许开孔孔径
筒体	$D_i \leq 1500$mm 时，$d \leq \frac{1}{2}D_i$，且不大于 520mm
	$D_i > 1500$mm 时，$d \leq \frac{1}{3}D_i$，且不大于 1000mm
凸形封头 平板形封头	$d \leq \frac{1}{2}D_i$
锥形封头	$d \leq \frac{1}{3}D_k$（D_k 为开孔中心处锥体内直径）

② 开孔位置的限制　尽量不要在焊缝上开孔，如果避不开必须在焊缝上开时，则在以开孔中心为圆心，以 1.5 倍开孔直径为半径的圆中所包容的焊缝，必须进行 100％的探伤（图 12-9）。

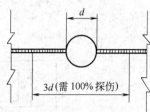

图 12-9　焊缝上开孔时需100％探伤的范围

在椭圆形或碟形封头过渡部分开孔时，其孔的中心线宜垂直于封头表面。

③ 开孔不另行补强的条件　壳体开孔满足下述全部要求时，可以不另行补强：

ⅰ. 设计压力不大于 2.5MPa；

ⅱ. 两相邻开孔中心的间距（对曲面间距以弧长计算）应不小于两孔直径之和的两倍；

ⅲ. 接管公称外径小于或等于 89mm；

ⅳ. 不补强接管的外径及其最小壁厚应符合表 12-7 的规定。

表 12-7　允许不另行补强的接管外径与最小壁厚　　　　　　　　　mm

接管外径	25	32	38	45	48	57	65	76	89
最小壁厚	3.5	3.5	3.5	4.0	4.0	5.0	5.0	6.0	6.0

12.2　设 备 凸 缘

设备上的凸缘按其与外部零件连接方式来区分，有通过法兰连接的法兰凸缘和利用螺纹连接的管螺纹凸缘两种。

12.2.1　法兰凸缘

法兰凸缘的结构示于图 12-10，其外形似法兰，但没有管子与它焊接，它的厚度 H 比法兰厚度要大，与其连接的经常是阀门，由于没有接管，可使物料流经的通道缩短。可以认为法兰凸缘是将法兰、接管与补强圈三个零件的作用兼容并纳了。当然它也有缺点，譬如连接螺柱若折断在螺孔中要取出它就比较困难。

法兰凸缘没有颁布过正式标准，但图 12-10 结构可供设计时参考。法兰凸缘的厚度、螺孔尺寸列于表 12-8，和法兰一样，厚度也是随公称压力的提高而增大，至于法兰凸缘的连接尺寸和密封面尺寸，设计者可根据所配用的阀件或法兰来确定，这里就不再列出了。

法兰凸缘的最大允许工作压力取决于所用材料及其工作温度，按表 12-9 确定。法兰凸缘与壳体的焊接接头结构可见图 14-15。

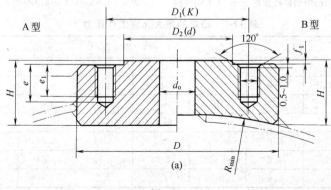

图 12-10

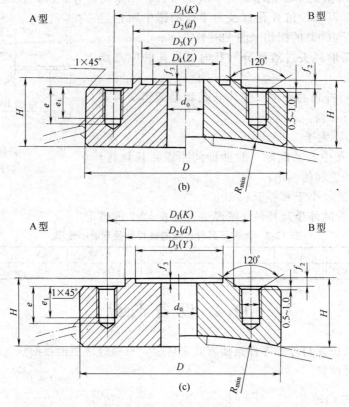

图 12-10　法兰凸缘结构

表 12-8　法兰凸缘 ($PN=0.6MPa$、$1.0MPa$、$1.6MPa$) 厚度与质量　　　　mm

公称直径 DN	凸 缘				螺 孔				容器最小内半径 R_{min}	质量/kg（约值）		
	d_o	$H_{0.6}$	$H_{1.0}$	$H_{1.6}$	d	n	e	e_1		$PN=0.6MPa$	$PN=1.0MPa$	$PN=1.6MPa$
15	12	34	40	50	M10	4	19	16	200	1.40	1.65	2.05
20	18	34	40	50	M10	4	19	16	200	1.52	1.80	2.25
25	25	34	40	50	M12	4	22	19	200	2.00	2.38	3.00
32	31	38	46	54	M14	4	26	22	250	2.62	3.15	3.80
40	38	38	46	54	M14	4	26	22	250	3.05	3.72	4.35
50	48	40	50	58	M14	4	26	22	250	3.56	4.45	5.20
65	66	40	54	58	M14	4/8	26	22	300	4.35	5.95	6.80

注：DN65mm的法兰凸缘的螺孔数量 $PN=1.6MPa$ 的 $n=8$，$PN=1.0MPa$ 和 $0.6MPa$ 的 $n=4$。

表 12-9　凸缘的最大允许工作压力

凸缘材料	工 作 温 度/℃							
Q235B,20	20	200	250	300	350	400	425	450
Q345	250 以下	300	325	350	400	425	450	—
15MnV	250 以下	350	375	400	425	450	—	—
公称压力 PN	最大工作压力/MPa							
0.6	0.7	0.6	0.55	0.5	0.44	0.38	0.35	0.27
1.0	1.2	1.0	0.92	0.82	0.73	0.64	0.58	0.45
1.6	1.9	1.6	1.5	1.3	1.2	1.0	0.9	0.7

注：突面凸缘的公称压力 PN 有 0.6MPa、1.0MPa、1.6MPa，凹面及榫槽面凸缘的公称压力只有 1.6MPa。

12.2.2 管螺纹凸缘

管螺纹凸缘示于图 12-11，常用于安装测量仪表，其最大外径不超过 85mm，一般多是 40mm 左右，所以它与壳体连接与插入式接管相同。

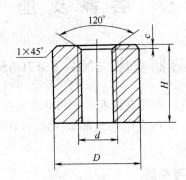

图 12-11 管螺纹凸缘

对于 $G\frac{1}{4}''$ 和 $G\frac{3}{8}''$ 管螺纹的 $c=0.5$mm，其余 $c=1.0$mm

管螺纹凸缘的尺寸列于表 12-10。

表 12-10 管螺纹凸缘尺寸（$PN \leqslant 1.57$MPa）　　　　　　　mm

DN	d	D	H	质量/kg	DN	d	D	H	质量/kg
8	$G\frac{1}{4}''$	25	30	0.09	25	$G1''$	50	60	0.54
10	$G\frac{3}{8}''$	30	40	0.16	32	$G1\frac{1}{4}''$	60	60	0.74
15	$G\frac{1}{2}''$	35	40	0.22	40	$G1\frac{1}{2}''$	70	60	1.03
20	$G\frac{3}{4}''$	40	50	0.30	50	$G2''$	85	70	1.67

注："''" 表示为英寸（in）。

13　容器支座

13.1　卧式容器支座（NB/T 47065.1—2018）

卧式容器的支座应用最普遍，而且有标准可查的是鞍式支座，简称鞍座。鞍座的标准曾作过数次修订，因而日臻完善，下面介绍的是鞍座标准（NB/T 47065.1—2018）中的主要内容。

13.1.1　鞍式支座的结构与类型

鞍座的结构示于图 13-1～图 13-3，就鞍座的结构类型而言，应提及的有以下五点。

ⅰ. 鞍座有焊制与弯制之分，图 13-1（a）、图 13-2（a）都是焊制鞍座，它是由底板、腹板、筋板和垫板四种板组焊而成。图 13-1（b）是弯制鞍座，它与焊制鞍座的区别仅仅是腹板与底板是由同一块钢板弯出来的，这两板之间没有焊缝，只有 $DN \leqslant 950\text{mm}$ 的鞍座才有弯制鞍座。这四种板的厚度（底板 δ_1，腹板 δ_2，筋板 δ_3，垫板 δ_4）以及筋板的数目和支座的高度 h，决定着鞍座的最大允许载荷 $[Q]$。

ⅱ. 由于同一直径的容器长度有长有短、介质有轻有重●，因而同 DN 的鞍座按其允许承受的最大载荷考虑，有轻型（代号为 A 型）和重型（代号为 B 型）之分。对于 $DN \leqslant$ 950mm 的鞍座，由于容器直径较小，支座按轻型与重型区分后，其四板的尺寸差别不大，所以 $DN \leqslant 950\text{mm}$ 的鞍座，只有重型，没有轻型。

ⅲ. 鞍座大都带有垫板，但是对于 $DN \leqslant 950\text{mm}$ 的鞍座也有不带垫板的。图 13-1 和图 13-2 所示的鞍座，其主视图的中心线两侧，画出的分别是带垫板的（左侧）与不带垫板的（右侧）两种鞍座结构。

ⅳ. 为了使容器的壁温发生变化时能够沿轴线方向自由伸缩，鞍座的底板有两种，一种底板上的螺栓孔是圆形的（代号为 F 型），另一种底板上的螺栓孔是长圆形的（代号为 S 型）。安装时，F 型鞍座被底板上的地脚螺栓固定在基础上成为固定支座，S 型鞍座地脚螺栓上则使用两个螺母，先拧上去的螺母拧到底后倒退一圈，再用第二个螺母锁紧。这样当容器出现热变形时，S 型鞍座可以随容器一起作轴向移动，所以 S 型鞍座属活动鞍座。为了便于 S 型鞍座的轴向滑动，如果容器的基础是钢筋混凝土时，在 S 型鞍座的下面必须安装基础垫板。

ⅴ. 当容器置于鞍座上时，鞍座的约束反力将集中作用于容器的局部器壁上，引起该处器壁内复杂的而且是相当大的局部应力，这些应力除了与筒壁的厚度和鞍座的位置有关外，鞍座包角的大小对鞍座边角处壁内的应力有相当大的影响，增大鞍座包角可以减小该处的应力，所以在新修订的标准中，对于 DN 在 1000～6000 的重型鞍座中，除包角为 120° 的以外，还设置了包角等于 150° 的结构。由于包角角度的增加，便可提高鞍座的承载能力。例如 DN 等于 2000mm 的重型鞍座，包角为 120° 时，其允许载荷为 585kN，包角为 150° 时，其允许载荷可增至 602kN。

综合上述，可将鞍座标准中的鞍座形式汇总于表 13-1 中。

● 计算介质的质量时，应考虑到水压试验时，容器内充满水的情况。

表 13-1　鞍座的形式

形式	代号	适用公称直径 DN/mm	结构特征
轻型	A	1000～6000	焊制,120°包角,带垫板,4、6 筋
	BⅠ	168～6000	焊制,120°包角,带垫板,1、2、4、6 筋
	BⅡ	1000～6000	焊制,150°包角,带垫板,4、6 筋
重型	BⅢ	168～950	焊制,120°包角,不带垫板,1、2 筋
	BⅣ	168～950	弯制,120°包角,带垫板,1、2 筋
	BⅤ	168～950	弯制,120°包角,不带垫板,1、2 筋

13.1.2 鞍座尺寸与质量

表 13-1 所示的各类鞍座,其尺寸和质量均可从标准中查到。本书只摘编了其中 $DN=$ 168～2000mm 范围内,包角为 120°的鞍座尺寸与质量,它们的结构图和尺寸、质量表分别是:

ⅰ.无缝钢管做筒体,$DN=$168～406mm 焊制与弯制的鞍式支座(BⅠ、BⅢ、BⅣ、BⅤ型)见图 13-1,查表 13-2;

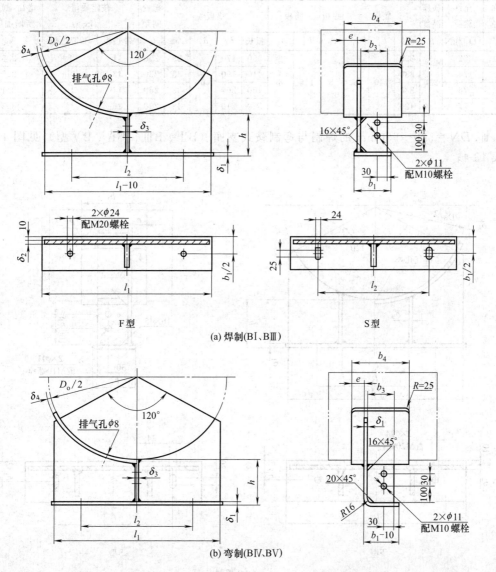

(a) 焊制(BⅠ、BⅢ)

(b) 弯制(BⅣ、BⅤ)

图 13-1　DN168～406mm,DN300～450mm,包角 120°带垫板与不带垫板鞍式支座

351

表 13-2　**DN168～406mm 鞍座尺寸与质量**（NB/T 47065.1—2018）　　　　mm

公称直径	允许载荷	鞍座高度	底板			腹板	筋板		垫板			螺栓间距		鞍座质量/kg		增高100mm所增加质量
DN	$[Q]$/kN	h	l_1	b_1	δ_1	δ_2	b_3	δ_3	弧长	b_4	δ_4	e	l_2	带垫板	不带垫板	kg
168	27		180						180	130		13	100	6	5	1.6
219	28		220	120			96		250	150		23	140	7	6	1.9
273	29	200	270		8	8		8	320	170	6	33	180	9	7	2.2
325	41		310						380	180		28	210	12	8	2.6
356	42		340	140			16		440	200		38	250	14	10	2.9
406	43		380						490	210		43	280	15	11	3.2

ⅱ. 用钢板卷制的筒体，$DN=300～450mm$ 焊制与弯制的鞍式支座（BⅠ、BⅢ、BⅣ、BⅤ型）见图 13-1，查表 13-3；

表 13-3　**DN300～450mm 鞍座尺寸与质量**（NB/T 47065.1—2018）　　　　mm

公称直径	允许载荷	鞍座高度	底板			腹板	筋板		垫板			螺栓间距		鞍座质量/kg		增高100mm所增加质量
DN	$[Q]$/kN	h	l_1	b_1	δ_1	δ_2	b_3	δ_3	弧长	b_4	δ_4	e	l_2	带垫板	不带垫板	kg
300	72		290						350	170		23	200	11	8	2.5
350	74	200	330	140	8	8	116	8	410	190	6	33	230	13	9	2.7
400	76		380						460	200		38	260	14	10	3.1
450	77		420						520	210		43	290	16	11	3.3

ⅲ. $DN=500～950mm$ 的焊制与弯制鞍式支座（BⅠ、BⅢ、BⅣ、BⅤ型）见图 13-2，查表 13-4；

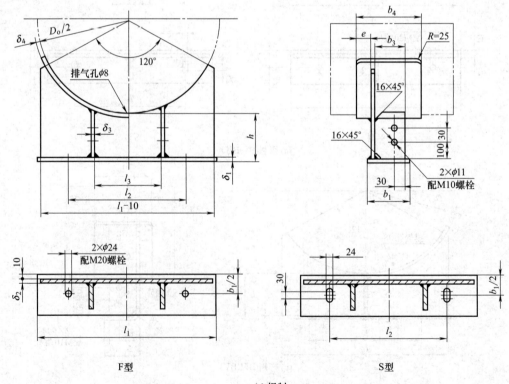

(a) 焊制

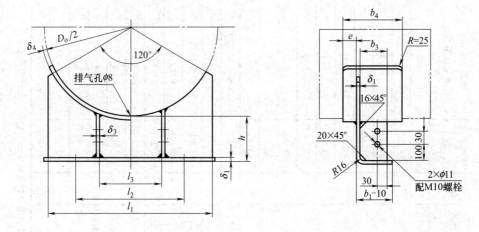

(b) 弯制

图 13-2   DN500～950mm，包角 120°带垫板与不带垫板鞍式支座

(适用于 BⅠ，BⅢ，BⅣ，BⅤ型)

ⅳ. $DN = 1000 \sim 2000$mm 的焊制、轻型与重型的鞍式支座（A、BⅠ型）见图 13-3 和 查表 13-4。

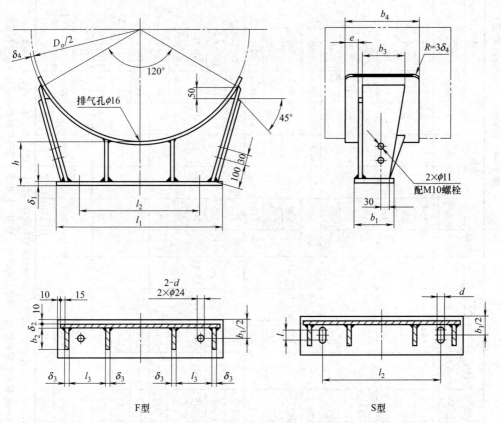

F型   S型

图 13-3   DN1000～2000mm，120°包角带垫板鞍式支座（轻、重型）

(适用于 A 型和 BⅠ型)

mm

表 13-4　DN500～2000mm 鞍座尺寸与质量

公称直径 DN	允许载荷 [Q]/kN	鞍座高度 h	底板 l₁	底板 b₁	底板 δ₁	腹板 δ₂	筋板 l₃	筋板 b₂	筋板 b₃	筋板 δ₃	弧长	垫板 b₄	垫板 δ₄	垫板 e	螺栓间距 间距 l₂	螺栓间距 螺孔 d	螺栓间距 螺纹 M	螺栓间距 孔长 l	鞍座质量/kg	增高100mm所增加质量/kg
500	123	200	460	170	10	8	250	—	150	8	580	230	6	36	330	24	M20	30	17/23	4.7
550	126		510				280				640	240		41	360				19/26	5.0
600	127		550				300				700	250		46	400				20/28	5.3
650	129		590				330				750	260		51	430				21/30	5.5
700	131		640				350				810	270		56	460				23/33	5.8
750	132		680				380				870	280		61	500				24/36	6.1
800	207		720	200			400		170		930	280		50	530				32/44	8.2
850	210		770				430			10	990	290		55	558				34/48	8.6
900	212		810				450				1040	300		60	590				36/51	8.9
950	213		850				470				1100	310		65	630				38/54	9.3
1000	158/327	200	760		10/12	6/12	170				1160	320/330	6	57/59	600	24	M20	30	48/77	6.1/12.2
1100	160/332		820				185		200	6/12	1280	330/350	6/8	62/69	660				52/85	6.4/12.8
1200	162/336		880				200	140			1390	350/370	8	72/79	720	24/27	M20/M24	40	58/94	6.7/13.4
1300	174/340		940			8/12	215		220		1510	380/380		76/74	780				79/103	8.4/13.9
1400	175/344		1000				230				1620	400/400		86/84	840				87/111	8.8/14.5
1500	257/463		1060		12/16		242		240	8/14	1740	410/430		81/88	900				113/169	10.8/18.9
1600	259/468		1120			8/14	257	170			1860	420/440	8/10	86/93	960				121/180	11.2/19.6
1700	262/473		1200				277				1970	440/450		96/98	1040				130/193	11.7/20.4
1800	334/574	250	1280	220		10/14	296		260		2090	470	10	100/98	1120	27/35	M24/M30	45	171/215	14.7/22.2
1900	338/580		1360				316	190			2200	480		105/103	1200				182/230	15.3/23.1
2000	340/585		1420				331				2320	490		110/108	1260				194/242	15.8/23.7

注:1. DN≥1000mm 有轻型(A型)、重型(B型)两种,其中 [Q]、δ₁、δ₂、δ₃、δ₄、b₄、e、d、M 及质量的数值不同,表中用分数表示分子为轻型,分母为重型。

2. DN≤950mm 鞍座有带垫板与不带垫板的两种,质量一栏中分子是不带垫板的,分母是带垫板的。

3. DN>2000～6000mm 的 A型、B I型和 B II型鞍座尺寸本书均未摘编。

表 13-2～表 13-4 给出的是鞍座主体材料为 Q345R，在标准高度下的允许载荷 $[Q]$；当鞍座主体材料为 Q235B 时，$[Q]$ 值比表中数值小，具体可参见 NB/T 47065.1—2018。

13.1.3 鞍座的选用

因为鞍座尺寸是由容器公称直径确定的，所以选用鞍座只需考虑是选轻型还是重型（$DN \geqslant 1000mm$ 时），带垫板还是不带垫板（$DN \leqslant 950mm$ 时）以及鞍座安放的位置等问题。选用原则如下。

i.鞍座实际承受的最大载荷 Q_{max} 必须小于鞍座的允许载荷 $[Q]$。

在计算 Q_{max} 时不要忘记水压试验时容器具有最大的 Q 值。当轻型鞍座的 $[Q] < Q_{max}$，应当选用重型鞍座。

在确定鞍座的允许载荷 $[Q]$ 时，必须考虑实际设计的鞍座高度 h（图 13-1，图 13-2，图 13-3）是否超过了表 13-2、表 13-3、表 13-4 中的规定值，如果超过则应按表 13-5 减小其允许载荷。

表 13-5 鞍式支座的允许载荷 $[Q]$ kN

容器直径 /mm	支座高度/mm													
	200	250	300	350	400	450	500	600	700	800	900	1000	1100	1200
168	27		19	16	14	13	11	10	8	7	6	6	5	5
219	28		19	17	15	13	12	10	8	7	7	6	5	5
273	29		20	17	15	13	12	10	9	8	7	6	6	5
325	41		28	24	21	19	17	14	12	11	10	9	8	7
356	42		29	25	22	19	18	15	13	11	10	9	8	7
406	43		29	25	22	19	18	15	13	11	10	9	8	8
300	72	—	51	44	39	35	32	27	23	20	18	16	15	14
350	74		52	45	40	36	32	27	23	21	18	17	15	14
400	76		53	46	41	36	33	28	24	21	19	17	15	14
450	77		53	46	41	37	33	28	24	21	19	17	16	14
500	123		86	75	66	59	54	45	39	34	31	28	25	23
550	126		88	76	67	60	55	46	40	35	31	28	26	24
600	127		88	77	68	61	55	46	40	35	31	28	26	24
650	129		90	78	69	61	56	47	40	35	32	29	26	24
700	131		91	79	69	62	56	47	41	36	32	29	26	24
750	132		91	79	70	63	57	48	41	36	32	29	26	24
800	207		144	125	111	99	90	76	65	57	51	46	42	39
850	210		146	127	112	100	91	76	66	58	52	47	43	39
900	212		147	128	113	101	91	77	66	58	52	47	43	39
950	213		148	128	113	101	92	77	66	58	52	47	43	39
1000	158/327		110/228	96/199	85/176	76/157	69/143	58/120	50/104	44/91	39/81	35/73	32/67	30/62
1100	160/332		111/232	97/201	85/178	77/159	69/144	58/121	50/105	44/92	40/82	36/74	33/68	30/62
1200	162/336		113/234	98/203	86/180	77/161	70/146	59/123	51/106	45/93	40/83	36/75	33/68	30/63
1300	174/340		120/237	104/205	92/181	82/162	74/147	62/124	54/107	47/94	42/84	38/76	35/69	32/63
1400	175/344		121/239	105/207	92/183	82/164	75/148	63/125	54/108	47/95	42/84	38/76	35/69	32/64
1500			257/463	219/394	190/343	168/304	151/272	137/247	115/208	100/180	88/158	78/141	71/128	64/117	59/107
1600		—	259/468	220/398	192/346	169/307	152/275	138/249	116/210	100/181	88/160	79/143	71/129	65/118	60/108
1700			262/473	223/402	194/350	171/309	153/277	139/251	117/212	101/183	89/161	79/144	72/130	65/118	60/109
1800			334/574	284/489	247/426	218/378	196/339	177/307	149/259	129/224	114/197	101/176	92/159	83/145	77/134
1900			338/580	287/494	250/430	221/381	198/342	179/310	151/261	130/226	115/199	102/178	92/161	84/146	77/135
2000			340/585	289/498	251/434	222/384	199/344	180/312	151/263	131/227	115/200	103/179	93/162	85/147	78/135

注：$DN \geqslant 1000mm$ 时，表中分子表示为轻型鞍座的允许载荷、分母为重型鞍座的允许载荷。

ⅱ.虽然 $DN{\leqslant}950$mm 的鞍座有带垫板与不带垫板的两种,但在下列情况下仍需选用带垫板的鞍座:

ⓘ 当容器圆筒的有效厚度小于或等于 3mm 时;

ⓘ 当容器圆筒有热处理要求时;

ⓘⓘ 当容器圆筒与鞍座间的温差大于 200℃时;

ⓘ 当容器圆筒材料与鞍座材料不具有相同或相近的化学成分和性能指标时,如果容器材料为不锈耐酸钢,配用碳钢鞍座时,鞍座的垫板必须用不锈钢;

ⓥ 容器圆筒鞍座处的周向应力大于规定值时。

ⅲ.为了充分利用封头对筒体邻近部分的加强作用,应尽可能将鞍座靠近封头安放,即 A 应小于或等于 $0.5R$ (R 是容器半径,见图 13-4)。但当筒体的 L/D 较小,δ/D 较大,或在鞍座所在的垂直平面内装有加强圈时,可取 $A{\leqslant}0.2L$。这里的 $0.2L$ 是把卧式容器看成是承受均布载荷外伸梁(参看表 4-1 序号 8)时,根据使两个最大弯矩具有最小值得出的。

ⅳ.两个鞍座必须是 F 型、S 型搭配使用。S 型鞍座的定位应按图 13-4 规定。必要时 l 需根据两鞍座间距、圆筒金属温度进行核算,具体可见 NB/T 47065.1 附录 B。

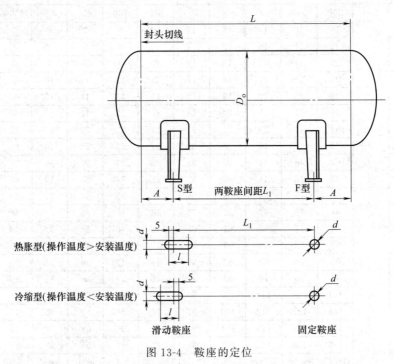

图 13-4 鞍座的定位

13.1.4 鞍座标记

NB/T 47065.1—2018,鞍座

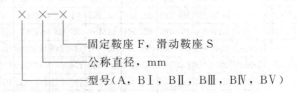

当鞍座高度 h,垫板厚度 δ_4,滑动鞍座底板上的螺栓孔长度 l 与列于尺寸表和结构图上的数值不一致时,应在上述标记后,依次加标:h,δ_4 和 l 值。

示例 1 容器的公称直径为 800mm,包角为 120°,重型,不带垫板、标准高度的固定

356

式弯制支座，其标记为

NB/T 47065.1—2018，鞍座　BⅤ800-F

示例2　$DN=1600mm$，150°包角重型滑动鞍座，鞍座材料 Q235B，垫板材料 S30408，鞍座高度为 400mm（标准值是 250mm），垫板厚度为 12mm（标准值是 10mm），底板上的长螺孔的 l 值等于 60mm（标准值是 45mm），则该支座标记为：

NB/T 47065.1—2018，鞍座　BⅡ1600-S，$h=400$，$\delta_4=12$，$l=60$

材料栏内注：Q235B/S30408

13.2　立式容器支座

立式容器的支座有耳式支座（又称悬挂式支座）、支承式支座、刚性环支座和裙式支座四种。小型直立设备采用前两种，高大的塔设备则广泛采用裙式支座。

13.2.1　耳式支座（NB/T 47065.3—2018）
13.2.1.1　结构、形式与尺寸

耳式支座是由底板、筋板和垫板组成（见图13-5）。当两筋板间距大于或等于 230mm 或筋板宽度为加长型时，筋板之上设置盖板。

按筋板宽度的不同，A 型、B 型有不带盖板和带盖板两种形式，C 型底板有一个螺栓孔和两个螺栓孔两种形式，因此耳式支座有 A 型（短壁）、B 型（长臂）及 C 型（加长臂）之分。耳式支座共有如图13-6～图13-8 所示的六种形式，它们的尺寸列于表13-6～表13-8 中。

图 13-5　耳式支座

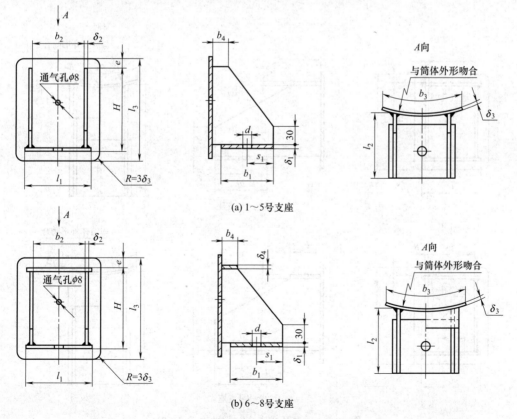

(a) 1～5号支座

(b) 6～8号支座

图 13-6　A 型耳式支座（尺寸查表 13-6）

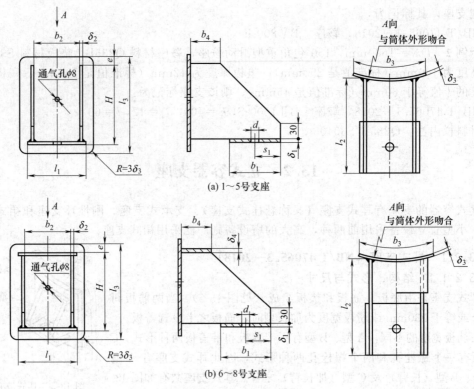

(a) 1～5号支座

(b) 6～8号支座

图 13-7　B 型耳式支座（尺寸查表 13-7）

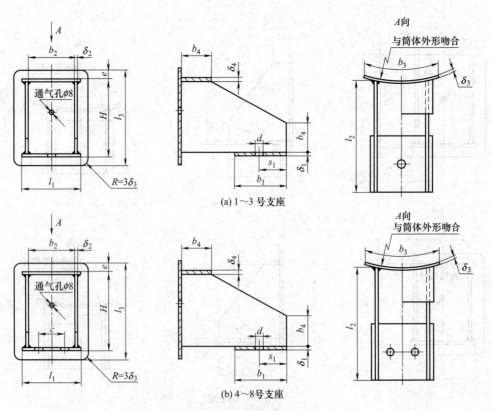

(a) 1～3 号支座

(b) 4～8号支座

图 13-8　C 型耳式支座（尺寸查表 13-8）

358

表 13-6　A 型耳式支座尺寸　　　　　　　　　　mm

支座号	支座允许载荷[Q]/kN Q235B	S30408	15CrMoR	适用容器公称直径DN	高度H	底板 l_1	b_1	δ_1	s_1	筋板 l_2	b_2	δ_2	垫板 l_3	b_3	δ_3	e	盖板 b_4	δ_4	螺栓孔 d	螺纹	支座质量/kg A型
1	12	11	14	300~600	125	100	60	6	30	80	70	4	160	125	6	20	30	—	24	M20	1.7
2	21	19	24	500~1000	160	125	80	8	40	100	90	5	200	160	6	24	30	—	24	M20	3
3	37	33	43	700~1400	200	160	105	10	50	125	110	6	250	200	6	30	30	—	30	M24	6
4	75	67	86	1000~2000	250	200	140	14	70	160	140	8	315	250	6	40	30	—	30	M24	11.1
5	95	85	109	1300~2600	320	250	180	16	90	200	180	7	400	320	10	48	30	—	30	M24	21.6
6	148	134	171	1500~3000	400	320	230	20	115	250	230	12	500	400	12	60	50	12	36	M30	42.7
7	173	156	199	1700~3400	480	375	280	22	130	300	280	14	600	480	14	70	50	14	36	M30	69.8
8	254	229	292	2000~4000	600	480	360	26	145	380	350	16	720	600	16	72	50	16	36	M30	123.9

注：表中支座质量以表中的 δ_3 计算，如果 δ_3 厚度改变，支座的质量相应改变，下同。

表 13-7　B 型耳式支座尺寸　　　　　　　　　　mm

支座号	支座允许载荷[Q]/kN Q235B	S30408	15CrMoR	适用容器公称直径DN	高度H	底板 l_1	b_1	δ_1	s_1	筋板 l_2	b_2	δ_2	垫板 l_3	b_3	δ_3	e	盖板 b_4	δ_4	螺栓孔 d	螺纹	支座质量/kg B型
1	12	11	14	300~600	125	100	60	6	30	160	70	5	160	125	6	20	50	—	24	M20	2.5
2	21	19	26	500~1000	160	125	80	8	40	180	90	6	200	160	6	24	50	—	24	M20	4.3
3	37	33	43	700~1400	200	160	105	10	50	205	110	6	250	200	6	30	50	—	30	M24	8.3
4	75	67	86	1000~2000	250	200	140	14	70	290	140	8	315	250	8	40	70	—	30	M24	15.7
5	95	85	109	1300~2600	320	250	180	16	90	330	180	12	400	320	10	48	70	—	30	M24	28.7
6	148	134	171	1500~3000	400	320	230	20	115	380	230	14	500	400	12	60	100	14	36	M30	53.9
7	186	167	214	1700~3400	480	375	280	22	130	430	270	16	600	480	14	70	100	16	36	M30	85.2
8	254	229	292	2000~4000	600	480	360	26	145	510	350	18	720	600	16	72	100	18	36	M30	146

表 13-8　C 型耳式支座尺寸　　　　　　　　　　mm

支座号	支座允许载荷[Q]/kN Q235B	S30408	15CrMoR	适用容器公称直径DN	高度H	底板 l_1	b_1	δ_1	s_1	c	筋板 l_2	b_2	δ_2	垫板 l_3	b_3	δ_3	e	盖板 b_4	δ_4	螺栓孔 d	螺纹	支座质量/kg C型
1	28	22	32	300~600	200	130	80	8	40	—	250	80	6	260	170	6	30	50	8	24	M20	6.2
2	49	44	57	500~1000	250	160	80	12	40	—	280	100	6	310	210	6	30	50	10	30	M24	9
3	65	58	75	700~1400	300	200	105	14	50	—	300	130	6	370	260	8	35	50	12	30	M24	16.1
4	105	94	120	1000~2000	360	250	140	18	70	90	390	170	10	430	320	8	35	70	14	30	M24	28.9
5	158	142	182	1300~2600	430	300	180	22	90	120	430	210	12	510	380	10	45	70	14	30	M24	47.8
6	188	169	216	1500~3000	480	360	230	24	115	160	480	260	14	570	450	12	45	100	14	36	M30	74.8
7	268	241	308	1700~3400	540	440	280	28	130	200	530	310	16	630	540	14	45	100	16	36	M30	114.6
8	292	262	335	2000~4000	650	540	360	30	140	280	600	400	18	750	650	16	50	100	18	36	M30	181.3

13.2.1.2　耳式支座的选用

按标准规定，耳式支座的选用应按以下步骤进行。

（1）设定支座型号与数目

计算出一个支座实际承受的载荷 Q。对于高度与直径之比不大于 5，总高不大于 10m 的圆筒形立式容器来说，当采用 n 个耳式支座来支承这台容器时，每个支座实际承受的载荷应按下式计算（式中符号参看图 13-9）。

$$Q = \left[\frac{m_0 g + G_e}{kn} + \frac{2(Ph + G_e S_e)}{nD}\right] \times 10^{-3} \quad (\text{kN}) \qquad (13\text{-}1)$$

式中　m_0——设备总质量（包括壳体及其附件，内部介质及保温层的质量），kg；

　　　g——重力加速度，取 $g=9.81\mathrm{m/s^2}$；

　　　G_e——偏心载荷，N；

　　　k——不均匀系数，安装三个支座时，$k=1$，安装三个以上支座时，$k=0.83$；

　　　n——支座数量；

　　　h——水平力作用点至支座底板之间的距离，mm；

　　　S_e——偏心距，mm；

　　　D——耳式支座安装尺寸，根据图 13-10 可导出

$$D=\sqrt{(D_i+2\delta_n+2\delta_3)^2-b_2^2}+2(l_2-s_1) \tag{13-2}$$

　　　P——水平力，取水平风载荷 P_W 和水平地震力 P_e 与水平风载荷的组合 $P_e+0.25P_W$ 两者中的大者，P_e 与 P_W 分别按下二式计算，其中 η、R_E 分别为设备抗震重要度系数和设备地震作用调整系数，可由 GB/T 50761—2018 查得

$$P_e=\eta R_E\alpha m_0 g \quad (\mathrm{N}) \tag{13-3}$$

$$P_W=1.2f_i q_0 D_0 H_0\times10^{-6} \quad (\mathrm{N}) \tag{13-4}$$

　　　α——地震影响系数，按表 13-9 选取；

　　　f_i——风压高度变化系数，塔高不高于 10m 时取 1.0，塔高高于 10m 时，不推荐使用耳式支座；

　　　q_0——10m 高度处基本风压值，$\mathrm{N/m^2}$；

　　　D_0——容器外径，mm；

　　　H_0——容器壳体长度，mm。

表 13-9　地震影响系数

地震设防烈度	6	7		8		9
设计基本地震加速度	$0.05g$	$0.1g$	$0.15g$	$0.2g$	$0.3g$	$0.4g$
α（多遇地震）	0.04	0.08	0.12	0.16	0.24	0.32

（2）确定允许载荷

将所设定支座的允许载荷 $[Q]$ 从表 13-6、表 13-7 或表 13-8 中查出。若 $[Q]\geqslant Q$ 则所设定的支座，其承载能力可初步认可，但需继续下步校核。若 $[Q]\leqslant Q$ 则需重新设定支座（号）或增加支座数目，重复以上计算。

（3）校核支座反力 Q 对器壁作用的弯矩 M

作用于支座底板上的支反力 Q 对容器器壁产生的弯矩 M 可按式（13-5）计算❶

$$M=Q(l_2-s_1)\times10^{-3} \quad (\mathrm{kN\cdot m}) \tag{13-5}$$

式中符号的含义见图 13-9 和图 13-10。

支座处的器壁在此外力矩作用下将产生弯矩和附加应力，为了使支座处器壁的附加应力与由介质压力引起的薄膜应力叠加之和不超过许可值，需将由式（13-5）算出的弯矩 M 控制在许用弯矩 $[M]$ 之内。对于具有不同公称直径和有效厚度的筒体，在不同内压作用下，其许用弯矩是不一样的。称这一许用弯矩 $[M]$ 为"耳式支座处圆筒的许用弯矩"。由于决定 $[M]$ 值的因素很多，既和筒体的 DN、δ_e、材质和所承受的内压有关，又与支座的型号有关，在表 13-10 中只示例性地摘编了很少一部分耳式支座的许用弯矩。选出支座后，先按式（13-5）算出 M 值，再从许用弯矩表中查取该支座的 $[M]$ 值（可根据筒体壁厚及材料的许用应力进行线性内插），如果 $[M]\geqslant M$，所选支座可用，否则需选大一号的支座，并重

---

❶ 将 Q 力平移至器壁时的附加力偶矩就是 M。

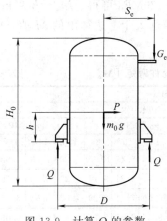

图 13-9　计算 Q 的参数

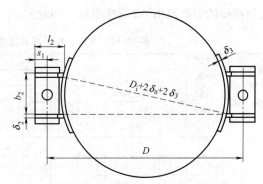

图 13-10　耳式支座底板安装尺寸计算式的由来

复上述计算,直到满足 $[M] \geqslant M$ 为止。

　　从以上介绍可见,耳式支座选用的计算还是比较繁琐的,但是只要结合实际问题仔细分析一下,往往可作简化处理。分析一下式 (13-1):当设备没有偏心载荷 G_e,而耳式支座的位置又靠近筒体的中部 (h 很小) 时,决定 Q 值的就主要是设备的质量 m_0 了,在这种情况下可以近似认为

$$Q \approx \frac{m_0 g}{kn} \times 10^{-3} \quad (\text{kN}) \tag{13-6}$$

　　举例说明如下。

　　例题 13-1　已知容器壳体内径 $D_i = 1000\text{mm}$,容器总高 $H_0 = 1600\text{mm}$ (图 13-9),耳式支座安放在距容器顶部下方 1000mm 处 (即 $h = 200\text{mm}$)。设备安置在室内,地震设防烈度为 8 度,设计基本地震加速度取 $0.3g$,η 取 0.9,R_E 取 0.45,容器设计压力为 1MPa,设计温度 150℃,材料是 Q235B,$[\sigma]^t = 108\text{MPa}$,圆筒的名义厚度 $\delta_n = 10\text{mm}$,有效厚度 $\delta_e = 8.2\text{mm}$,设备总质量按水压试验装满水计算,没有偏心载荷,无保温层,试选配耳式支座。

　　解　(1) 确定式 (13-1) 中各有关参数并求出 Q 值

　　① 容器总质量 m_0　包括容器自身质量 (筒体、封头及配件) 和充满容器的水重,经分别计算得 $m_0 = 254$ (筒体) $+ 194$ (封头) $+ 100$ (配件) $+ 1125$ (水) $= 1673$ (kg)

　　② 初定支座型号及数量并算出安装尺寸 D　容器总重 16.73kN,若选 A 型支座,查表 13-6 选,可选 A2 或 A3,考虑总重不大,A2 一个支座即可承受 21kN,为稳妥计选用 A2 支座 3 个,根据耳座及筒体尺寸,按式 (13-2) 可求出 D 值如下

$$D = \sqrt{(1000 + 2 \times 10 + 2 \times 6)^2 - 90^2} + 2 \times (100 - 40) = 1148.1 \text{ (mm)}$$

　　③ 确定水平力 P　因为容器置于室内,不考虑风载,所以只计算水平地震力 P_e,于是有地震烈度 8 度,最大地震加速度为 $0.3g$,取 $\alpha = 0.24$,于是

$$P_e = 0.9 \times 0.45 \times 0.24 \times 1673 \times 9.8 = 1594\text{N} \approx 1.594 \text{ (kN)}$$

将以上确定的数据,代入式 (13-1),计算 Q 值

$$Q = \left(\frac{1673 \times 9.8}{1 \times 3} + \frac{2 \times 1594 \times 200}{3 \times 1148.1} \right) \times 10^{-3} = (5465 + 185) \times 10^{-3} = 5.7(\text{kN}) < [Q]$$

　　(2) 按式 (13-5) 算出 M

$$M = Q(l_2 - s_1) \times 10^{-3} = 5.7 \times (100 - 40) \times 10^{-3} = 0.34 \text{ (kN·m)}$$

从表 13-10 可以查知:当 $\delta_e = 8\text{mm}$,$DN = 1000\text{mm}$,筒体内压 $p = 1.0\text{MPa}$,材料为

Q235B（$[\sigma]^t = 108\text{MPa}$），采用 A2 耳式支座时，查 $[\sigma] = 120\text{MPa}$ 可得 $[M] = 3.95\text{kN·m}$。对于 $[\sigma]^t = 108\text{MPa}$，可采用线性插值方法得到 $[M]$，此值远大于上边算出的 M 值，所以本例题所给出的容器选用 A2 支座是没有问题的。

表13-10　A型、B型耳式支座处壳体的允许弯矩 [M]　　　　kN·m

圆筒有效厚度/mm	支座号	圆筒公称直径/mm	圆筒内压/MPa														
			0.0				0.6				1.0				1.6			
			[σ]/MPa				[σ]/MPa				[σ]/MPa				[σ]/MPa			
			120	140	167	185	120	140	167	185	120	140	167	185	120	140	167	185
8	1	300	7.3	8.52	10.16	11.26	6.9	8.12	9.76	10.86	6.62	7.85	9.49	10.59	6.20	7.43	9.08	10.18
		350	6.37	7.44	8.87	9.83	5.97	7.04	8.48	9.44	5.7	6.77	8.21	9.17	5.27	6.35	7.79	8.75
		400	5.82	6.79	8.10	8.97	5.40	6.38	7.69	8.57	5.12	6.09	7.41	8.29	4.67	5.65	6.97	7.85
		500	5.27	6.15	7.34	8.14	4.8	5.68	6.87	7.67	4.47	5.35	6.55	7.35	3.94	4.84	6.05	6.85
		600	4.84	5.65	6.75	7.48	4.3	5.11	6.20	6.94	3.91	4.73	5.83	6.56	3.31	4.14	5.25	5.99
	2	500	8.48	9.89	11.80	13.08	7.73	9.15	11.07	12.34	7.20	8.63	10.55	11.83	6.38	7.82	9.76	11.04
		600	7.62	8.89	10.62	11.76	6.77	8.05	9.78	10.92	6.17	7.46	9.19	10.35	5.23	6.54	8.29	9.45
		700	6.74	7.87	9.39	10.41	5.81	6.94	8.47	9.49	5.16	6.30	7.83	8.85	4.14	5.30	6.85	7.88
		800	6.00	7.01	8.37	9.28	5.03	6.04	7.41	8.31	4.35	5.37	6.74	7.65	3.29	4.32	5.71	6.63
		900	6.08	7.10	8.48	9.40	4.97	5.99	7.38	8.30	4.19	5.22	6.62	7.54	2.97	4.02	5.44	6.37
		1000	6.05	7.07	8.45	9.37	4.82	5.85	7.23	8.15	3.95	4.99	6.39	7.31	2.58	3.65	5.07	6.01
	3	700	10.52	12.28	14.66	16.24	9.08	10.85	13.23	14.82	8.08	9.85	12.25	13.85	6.50	8.30	10.72	12.33
		800	9.06	10.58	12.64	14.00	7.60	9.12	11.18	12.55	6.57	8.11	10.18	11.56	4.97	6.53	8.63	10.01
		900	9.24	10.79	12.88	14.28	7.55	9.11	11.21	12.61	6.37	7.94	10.06	11.46	4.51	6.11	8.26	9.68
		1000	9.27	10.83	12.93	14.34	7.38	8.95	11.07	12.48	6.05	7.64	9.77	11.19	3.95	5.58	7.75	9.19
		1100	9.19	10.74	12.83	14.23	7.12	8.68	10.79	12.19	5.66	7.24	9.36	10.77	3.34	4.97	7.14	8.57
		1200	9.01	10.54	12.60	13.97	6.78	8.32	10.39	11.77	5.20	6.76	8.85	10.24	—	4.30	6.44	7.86
		1300	8.74	10.22	12.22	13.56	6.37	7.86	9.88	11.22	4.68	6.21	8.25	9.6	—	3.59	5.68	7.06
		1400	8.48	9.92	11.86	13.61	5.98	7.44	9.40	10.70	4.20	5.69	7.67	8.99	—	—	4.96	6.32

从这个例题可以看出，虽然在 NB/T 47065.3 标准中规定了选用支座应该进行的计算，但在具体设计一台容器时，应该先做一下分析，判定一下有无必要完全按照标准规定进行计算，就上边的例题（或一些小型容器）而言，在算出容器的总重后，实际上就可以判定选用的支座没什么大问题了，这里所以一步一步地把它算完，目的在于弄清楚哪些量影响着 Q 与 M 值，从而进行更简便的设计。

对于一些较大型的容器，采用耳式支座确实会遇到 $Q > [Q]$，或 $M > [M]$ 的情况，这时就必须把原来初步确定的支座型号加大，或者是增加支座的数量。当然也可以从结构上做些改变，譬如调整一下支座的位置，减小 h 值，或者将偏心载荷转移到其他支承上去。

13.2.1.3　耳式支座标记

（1）标记方法

NB/T 47065.3—2018 耳式支座× ×-× $\delta_3 = \times\times$

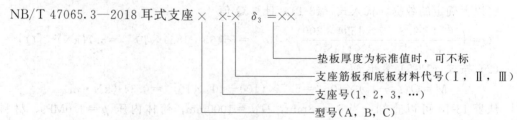

- 垫板厚度为标准值时，可不标
- 支座筋板和底板材料代号（Ⅰ，Ⅱ，Ⅲ）
- 支座号（1，2，3，…）
- 型号（A，B，C）

支座的筋板和底板材料代号Ⅰ、Ⅱ及Ⅲ分别对应Q235B、S30408和15CrMoR，这三种材料的支座允许使用的温度范围分别是-20～200℃，-100～200℃和-20～300℃。由于垫板材料可能与支座材料不同，所以在标记中还需注明支座及垫板材料，其表示方法是：支座材料/垫板材料。

（2）标记示例

示例1 A型，3号耳式支座，支座材料为Q235B，垫板材料为Q245R，其标记为：

NB/T 47065.3—2018，耳式支座 A3-Ⅰ

材料：Q235B/Q245R

示例2 B型，3号耳式支座，支座材料为Q235B，垫板材料为S30408，垫板厚12mm，其标记为：

NB/T 47065.3—2018，耳式支座 B3-Ⅰ $\delta_3=12$

材料：Q235B/S30408

13.2.1.4 耳式支座的支承结构

小型设备的耳式支座可以支承在管子或型钢制的立柱上（图13-11）。大型设备的支座则往往紧固在钢梁或混凝土基础上。

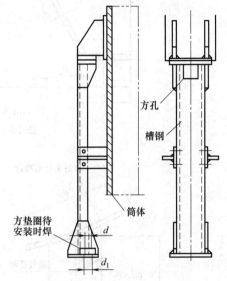

图13-11 悬挂式支座的支承槽钢

13.2.2 支承式支座（NB/T 47065.4—2018）

（1）结构、形式与尺寸

支承式支座可以用数块钢板焊成（A型，图13-12），也可用钢管制作（B型，图13-13），均带垫板。A型适用于 $DN800\sim3000mm$ 的容器，B型适用于 $DN800\sim4000mm$ 的容器。A型、B型支承式支座允许使用的温度范围为-20～200℃。容器高度与直径之比不得大于5，且总高不得大于10m。A型支座的尺寸列于表13-11，B型支座的尺寸列于表13-12。

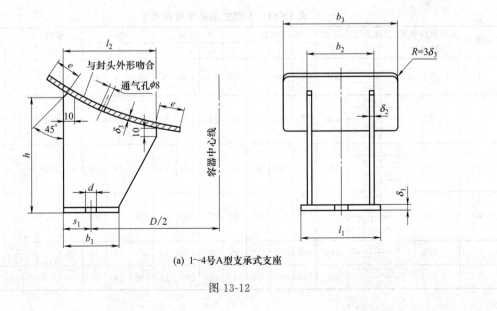

(a) 1～4号A型支承式支座

图13-12

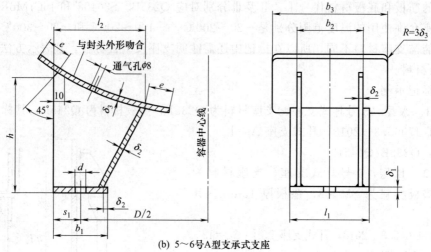

(b) 5～6号A型支承式支座

图 13-12　A 型支承式支座

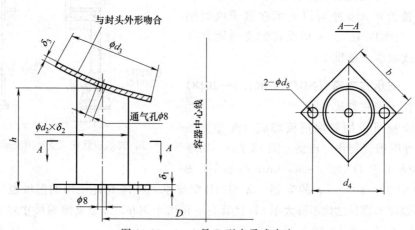

图 13-13　1～8 号 B 型支承式支座

表 13-11　A 型支承式支座尺寸

mm

支座号	支座允许载荷 [Q]/kN	公称直径 DN	高度 h	底板				筋板			垫板			螺栓(孔)			支座质量 /kg
				l_1	b_1	δ_1	s_1	l_2	b_2	δ_2	b_3	δ_3	e	d	螺纹	$D/2$	
1	16	800	350	130	90	8	45	150	110	8	190	8	40	24	M20	280	8.2
		900														315	
		1000														350	
2	27	1100	420	170	120	10	60	180	140	10	240	10	50	24	M20	370	15.8
		1200														420	
		1300														475	
		1400														525	
3	54	1500	460	210	160	14	80	240	180	12	300	12	60	30	M24	550	28.9
		1600														600	
		1700														625	
		1800														675	
4	70	1900	500	230	180	16	90	270	200	14	320	14	60	30	M24	700	40.3
		2000														750	
		2100														775	
		2200														825	
5	180	2400	540	260	210	20	95	330	230	14	370	16	70	36	M30	900	67.2
		2600														975	
6	250	2800	580	290	240	24	110	360	250	16	390	18	70	36		1050	90.1
		3000														1125	

表 13-12 B 型支承式支座尺寸 mm

支座号	支座允许载荷 $[Q]$/kN	公称直径 DN	高度 h	底板 b	δ_1	钢管 d_2	δ_2	垫板 d_3	δ_3	地脚螺栓 d_4	d_5	规格	D	支座质量/kg	每增加100mm高度的质量/kg	支座高度上限值 h_{max}
1	32	800	310	150	10	89	4	120	6	160	20	M16	500	4.8	0.8	500
		900											580			
2	49	1000	330	160	12	108	4	150	8	180	20	M16	630	6.8	1	550
		1100											710			
		1200											790			
3	95	1300	350	210	16	159	4.5	220	8	235	24	M20	810	13.8	1.7	750
		1400											900			
		1500											980			
		1600											1050			
4	173	1700	400	250	20	219	6	290	10	295	24	M20	1060	26.6	2.9	800
		1800											1150			
		1900											1230			
		2000											1310			
		2100											1390			
		2200											1470			
5	200	2400	420	300	22	273	8	360	12	350	24	M20	1560	47	5.2	850
		2600											1720			
6	270	2800	460	350	24	325	8	405	14	405	24	M20	1820	67.3	6.3	950
		3000											1980			
		3200											2140			
7	312	3400	490	410	24	377	9	490	16	470	24	M20	2250	95.5	8.2	1000
		3600											2420			
8	366	3800	510	460	26	426	9	550	18	530	30	M24	2520	124.2	9.31	1050
		4000											2680			

（2）支座的安装高度

根据表 13-11 和表 13-12 中规定的 h、δ_3、$D/2$、D 等数据，可以求得支座的安装高度，安装高度是指支座底板至封头切线的距离（参看图 13-14）。

A 型支座的安装高度 H 可按式（13-7）计算

$$H = h + (D_i/4 + \delta_n + \delta_3)\sqrt{1 - \frac{B^2}{(D_i/2 + \delta_n)^2}} \tag{13-7}$$

式中，$B = \sqrt{(D/2 + S_1 - 10)^2 + (0.5b_2 - \delta_2)^2}$。

B 型支座的安装高度 H 可按式（13-8）计算

$$H = h + (D_i/4 + \delta_n + \delta_3)\sqrt{1 - \frac{D^2/4}{(D_i/2 + \delta_n)^2}} \tag{13-8}$$

（3）支座的选用

ⅰ.根据容器的公称直径 DN，从表 13-11 或表 13-12 选取相应支座，并初步设定支座数目。

ⅱ.按式（13-1）计算每个支座应承受的实际载荷 Q，计算公式与耳式支座所用的完全一样，只是 h 值（即图 13-15 中的 h_1）要根据支座的安装高度进行简单计算确定，式中 D 值则可直接从表 13-11 或表 13-12 查取，算得的 Q 值应满足 $Q \leqslant [Q]$。

ⅲ.校核作用于椭圆形底封头上的支反力 Q 是否超过椭圆形封头所允许承受的垂直载荷 $[F]$。

365

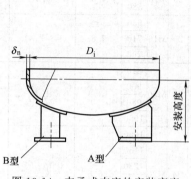

图 13-14 支承式支座的安装高度

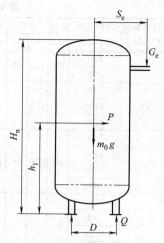

图 13-15 支承式支座负荷 Q 的计算

椭圆形封头在支反力 Q 作用下会产生很大的局部应力,为了控制这一局部应力,规定了用不同许用应力的材料制造的椭圆形封头,在不同厚度条件下,允许承受的最大垂直载荷 $[F]$。如果封头受到的实际载荷 $Q \leqslant [F]$,则选用的支座可用,否则应增加支座数目以减小 Q 值。

部分椭圆形封头的允许垂直载荷值列于表 13-13,可根据材料的许用应力及筒体的有效厚度进行线性内插。由于具有矩形垫板的 A 型支座对封头引起的局部应力目前尚无合理的计算方法,所以上述的 Q 与 $[F]$ 的比较验算只用于 B 型支座的选用。

表 13-13 部分椭圆形封头的允许垂直载荷 $[F]$ kN

支座号	DN/mm	封头有效厚度/mm							
		8				10			
		$[\sigma]$/MPa				$[\sigma]$/MPa			
		120	140	167	185	120	140	167	185
1	800	195	228	260	293	215	251	287	322
	900	183	214	244	275	203	237	270	304
2	1000	215	251	287	323	236	275	314	354
	1100	204	238	272	306	224	262	299	336
	1200	194	227	259	291	214	250	286	322
3	1300	299	349	399	448	322	375	429	482
	1400	285	332	380	427	307	358	409	461
	1500	273	318	363	409	294	344	393	442
	1600	262	305	349	392	283	330	378	425
4	1700	387	451	515	580	413	482	551	620
	1800	372	434	496	558	398	464	531	597
	1900	359	418	478	538	384	448	512	576
	2000	346	404	462	519	371	433	495	557
	2100	335	391	447	503	360	419	479	539
	2200	325	379	433	487	349	407	465	523
5	2400	414	483	552	621	443	517	591	665
	2600	392	458	523	588	420	490	560	630
6	2800	474	553	631	710	507	592	676	761
	3000	452	527	603	678	484	565	645	726
	3200	433	505	577	649	463	541	618	695
7	3400	509	594	678	763	545	636	727	817
	3600	489	571	652	734	524	612	699	786
8	3800	558	651	744	838	597	697	796	896
	4000	539	629	718	808	577	673	769	865

例题 13-2 已知容器内径 $D_i = 2800\text{mm}$，总高 $H_0 = 6500\text{mm}$（参看图 13-15），容器安置地区的基本风压 $q_0 = 550\text{N/m}^2$，地震设防烈度为 7 度，设计基本地震加速度为 $0.15g$，η 为 0.9，R_E 为 0.45。设计压力 $p = 0.3\text{MPa}$，设计温度 50℃，封头为标准椭圆形，材料为 Q345R，$[\sigma]^t = 189\text{MPa}$，封头名义厚度 $\delta_n = 12\text{mm}$，壁厚附加量 $C = C_1 + C_2 = 0.3 + 1 = 1.3$（mm）。设备总质量 $m_0 = 42500\text{kg}$，偏心载荷 $G_e = 15000\text{N}$，偏心距 $S_e = 2000\text{mm}$，试确定 B 型支座数量。

解 ① 初步设定支座数目

查表13-12，根据 $DN = 2800\text{mm}$，选用 B6，垫板取与封头等厚 $\delta_3 = 12\text{mm}$（标准值 $\delta_3 = 14\text{mm}$），支座数目先设定 4 个，每个支座允许载荷 $[Q] = 270\text{kN}$。

② 按式（13-1）计算 Q

$$Q = \left[\frac{m_0 g + G_e}{kn} + \frac{2(Ph + G_e S_e)}{nD} \right] \times 10^{-3}$$

式中 m_0、G_e、S_e、ϕ、n 均已知，P 取 P_e 与 P_w 中之大者

$$P_e = \eta R_E \alpha m_0 g = 0.9 \times 0.45 \times 0.12 \times 42500 \times 9.8 = 20241.9 \ (\text{N})$$

$$P_w = 1.2 f_i q_0 D_0 H_0 \times 10^{-6}$$

考虑到设备质心距地面不会超过 10m（具体数见后），所以 $f_i = 1.0$，于是

$$P_w = 1.2 \times 1.0 \times 550 \times 2824 \times 6500 \times 10^{-6} = 12115 \ (\text{N})$$

取　　　　　　　　　$P = \max(P_w, P_e + 0.25 P_w) = 23271\text{N}$

设备的质心高度若先不计偏心载荷 G_e，查表 13-12 并计算可得安装高度为 1018mm，再考虑封头曲面深度 700mm 以及壁厚 12mm 后，可按下式算出

$$h' = (6500 - 1018 - 712) \times \frac{1}{2} + 1018 = 3403 \ (\text{mm})$$

但在容器上方还有偏心载荷 G_e，若假设偏心载荷在上封头与筒体结合处，则通过计算可知质心应上移 83mm，这样，质心位置距地面应为

$$h = 3403 + 83 = 3486 \ (\text{mm})$$

再从表 13-12 查得　　　　　　　　　$D = 1820$

将全部有关数据代入式（13-1）

$$Q = \left[\frac{42500 \times 9.8 + 15000}{0.83 \times 4} + \frac{2 \times (23271 \times 3486 + 15000 \times 2000)}{4 \times 1820} \right] \times 10^{-3} = 160(\text{kN}) < [Q]$$

所以 4 个 B6 支座能满足支座自身的承载要求。

③ 查取封头的允许垂直载荷 $[F]$

封头的有效厚度　　　　　　$\delta_e = 12 - 1.3 = 10.7$（mm）

由表 13-13 可知，$[F] \approx 761\text{kN}$，因为 $Q < [F]$，所以用 4 个 B6 支座能满足使用要求。

（4）支座标记

① 标记方法

NB/T 47065.4—2018 支座 × × $h = ××$ $\delta_3 = ××$

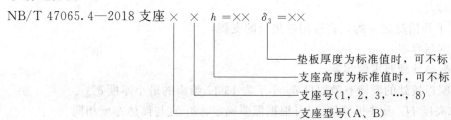

垫板厚度为标准值时，可不标
支座高度为标准值时，可不标
支座号（1，2，3，…，8）
支座型号（A、B）

支座及垫板材料表示方法，支座材料/垫板材料。垫板材料一般与容器封头材料相同，支座底板材料为 Q235B。A 型支座筋板材料为 Q235B，B 型支座钢管材料为 10 号钢。

② 标记示例

示例 1　钢板焊制的 A 型 3 号支承式支座，支座与垫板材料为 Q235B 和 Q245R，其标记为：

NB/T 47065.4—2018，支座 A3

材料：Q235B/Q245R

示例 2　钢管制作的 B 型 4 号支承式支座，支座高度为 600mm，垫板厚度为 12mm（均不是标准值），钢管材料为 10 号钢，底板为 Q235B，垫板材料为 S30408，其标记为：

NB/T 47065.4—2018，支座 B4，$h=600$，$\delta_3=12$

材料：10，Q235B/S30408

13.2.3　腿式支座（NB/T 47065.2—2018）

（1）结构、形式与尺寸

腿式支座是将角钢、钢管或 H 型钢直接焊在容器筒体的外圆柱面上，在筒体与支腿之间可以设置加强垫板，也可以不设置加强垫板。

用角钢做支腿称为 A 型支腿［图 13-16（a）］，不带加强垫板时称为 AN 型［图 13-16（b）］，它们的尺寸查表 13-14。

用钢管做支腿称为 B 型支腿［图 13-17（a）］，不带加强垫板时称为 BN 型［图 13-17（b）］，它们的尺寸查表 13-15。

用焊接 H 型钢做支腿称为 C 型支腿［图 13-18（a）］，不带加强垫板时称为 CN 型［图 13-18（b）］，它们的尺寸查表 13-16。

用角钢做支腿，角钢与筒体容易吻合，焊接组装容易。用钢管做支腿，支腿在各个方向上相同的惯性半径，具有良好的抗失稳能力。用 H 型钢做支腿，可使支腿具有更大的抗弯截面模量及更好的抗失稳能力，适用于支承高度及容器高度更高的场合。

与支承式支座相比，腿式支座可以使容器下面保持较大空间，便于维修操作，但支承的最大高度（从支腿底板下面至封头切线），不得超过表 13-14、表 13-15 和表 13-16 给出的 H_{max} 值。

（2）支座选用

ⅰ.当满足以下条件时，可选择支腿式支座：

① 支腿设计温度高于 −20℃ 且不高于 200℃；

ⅱ 设计基本风压值不大于 800Pa；

ⅲ 地面粗糙度类别为 A 类；

ⅳ 设计抗震设防烈度为 8 度，场地土类别为 Ⅱ 类，设计基本地震加速度为 0.2g，设计地震分组为第三组（设计地震分组和场地土类别可参看 GB/T 50761—2018《石油化工钢制设备抗震设计标准》）。

ⅱ.单根支腿实际承受的载荷 Q 应不大于允许载荷 Q_0（可在表 13-14～表 13-16 中查取），即 $Q \leqslant Q_0$。

ⅲ.具有下列情况之一的，宜选用带垫板的支腿：

① 合金钢制容器；

ⅱ 有焊后热处理要求的容器；

ⅲ 与支腿连接处的圆筒有效厚度 δ_e 小于表 13-17 给出的最小厚度 δ_{min}。

ⅳ.支撑高度 H_0 及垫板厚度 δ_a 可根据需要确定，δ_a 宜与筒体厚度相同。

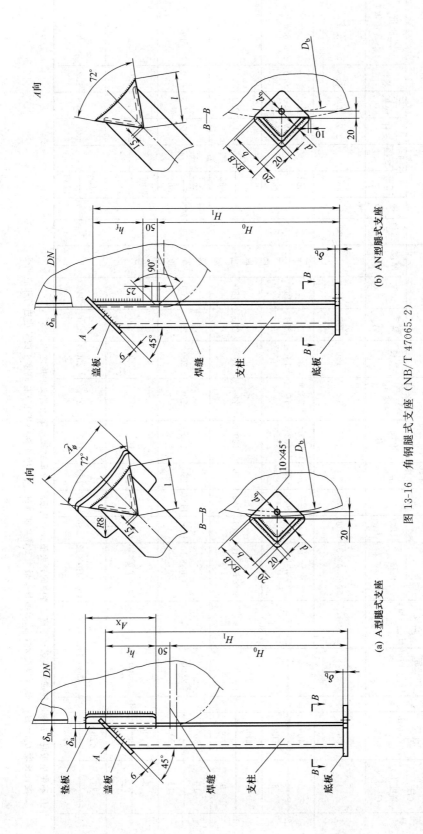

（a）A型腿式支座

（b）AN型腿式支座

图 13-16　角钢腿式支座（NB/T 47065.2）

表 13-14 A 型、AN 型腿式支座系列尺寸

支座号	Q₀/kN (单根支腿所允许的最大载荷，H_{0max} 高度下)	适用公称直径 DN/mm	支腿数量	壳体最大切线距 L_{max}/mm	最大支承高度 H_{0max}②/mm	角钢支柱 规格 $b×b×d$	角钢支柱 长度 L_H②	$H_1$②	焊缝长度 h_l	底板 边长 B	底板 厚度 $δ_b$	盖板 边长 l	垫板 宽度 $\widehat{A}_\phi$	垫板 长度 A_X	垫板 厚度 $δ_a$	地脚螺栓 孔径 d_b	地脚螺栓 规格	地脚螺栓 中心圆直径 参数 D　$D_b = D + 2δ$①	单根支腿质量/kg 支柱	底板	盖板	总质量（不含垫板）②
1	4	300	3	1500	600	50×50×5	708	720	70	90	12	130	190	105	一般取与圆筒厚度相等	20	M16	260	2.7	0.8	0.4	3.9
2	5	400			800	63×63×8	924	940	90	103	16	160	220	140				362	6.9	1.3	0.6	8.8
2	6	500																463				
3	8	600		2000		80×80×10	945	965	115	120	20	190	260	180				563	11	2.3	0.8	14.3
3	9	700																665				
4	10	800	4	2500	1000	90×90×10	1160	1180	130	130	20	200	280	200		24	M20	764	16	2.7	0.9	19.2
4	11	900																864				
5	15	1000		3000		100×100×12	1173	1195	145	140	22	220	300	220				966	21.0	3.4	1.0	25.4
5	17	1100																1067				
6	23	1200		3500	1100	110×110×12	1288	1310	160	150	22	230	320	240				1166	26	3.9	1.2	30.6
6	26	1300																1266				

① 不带垫板时，δ 取圆筒或封头名义厚度二者中的较大值；带垫板时，δ 取圆筒与垫板名义厚度之和。
② 支柱长度 $L_H = H_1 - δ_b$（$δ_b$ 为底板厚度），该数值是按最大支撑高度（H_{0max}）所计算。其他支撑高度下的值应进行相应调整。

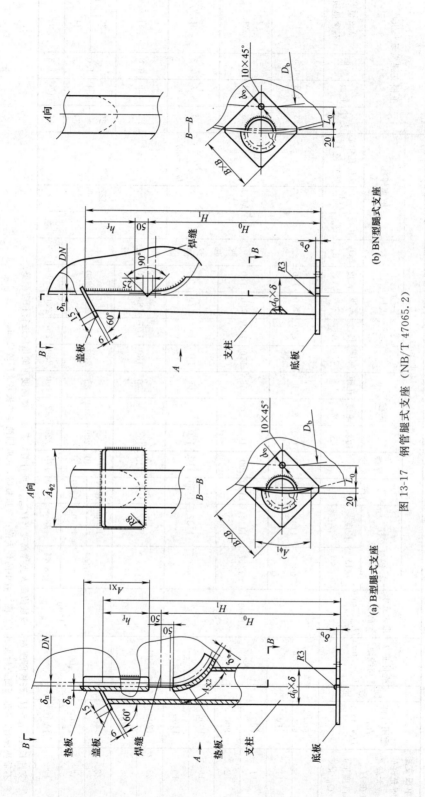

（a）B型腿式支座

（b）BN型腿式支座

图 13-17　钢管腿式支座（NB/T 47065.2）

371

表 13-15　B 型、BN 型腿式支座系列尺寸

尺寸/mm

支座号	适用公称直径 DN/mm	单根支腿所允许承荷最大载荷（在 H_{0max} 高度下）Q_0/kN	支腿数量	壳体最大切线距 L_{max}/mm	最大支承高度 H_{0max}/mm	钢管支柱 规格 $d_0×\delta$	长度 L_H[①]	H_2[①]	焊缝长度 h_f	底板 边长 B	底板 厚度 δ_b	底板 孔距 L_0	垫板 宽度 $A_{\phi1}$	垫板 长度 A_{X1}	垫板 宽度 $A_{\phi2}$	垫板 长度 A_{X2}	垫板 厚度 δ_a	地脚螺栓 孔径 d_b	地脚螺栓 规格	螺栓孔中心圆直径 D_b[②]	单根支腿质量/kg 支柱	底板	盖板	总质量[①]（不含垫板）
1	600	9	3	2500	1000	76×7	1103	1125	75	150	22	50	140	120	140	150	一般取与圆筒厚度相等	24	M20	$D_b=$ $DN+2\delta$ $-2L_0-40$	13	3.8	0.5	17.3
1	700	11	3	2500	1000	76×7	1103	1125	75	150	22	50	140	120	140	150		24	M20		13	3.8	0.5	17.3
2	800	11	4	3000	1000	89×7	1114	1140	90	160	26	55	150	140	150	180		24	M20		16	5.2	0.6	21.5
2	900	12	4	3000	1000	89×7	1114	1140	90	160	26	55	150	140	150	180		24	M20		16	5.2	0.6	21.5
3	1000	15	4	3500	1100	108×7	1132	1160	110	170	28	65	170	160	170	200		24	M20		20	6.3	0.7	26.7
3	1100	19	4	3500	1100	108×7	1132	1160	110	170	28	65	170	160	170	200		24	M20		20	6.3	0.7	26.7
4	1200	23	4	3500	1100	114×7	1237	1265	115	190	28	70	180	170	180	220		24	M20		23	7.9	0.8	31.5
4	1300	26	4	3500	1100	114×7	1237	1265	115	190	28	70	180	170	180	220		24	M20		23	7.9	0.8	31.5
5	1400	33	4	4000	1200	140×7	1260	1290	140	200	30	85	200	210	200	260		26	M22		29	9.4	1.0	39.3
5	1500	37	4	4000	1200	140×7	1360	1390	140	200	30	85	200	210	200	260		26	M22		31	9.4	1.0	41.6
6	1600	42	4	4000	1200	168×7	1388	1420	170	220	32	100	230	250	230	300		26	M22		39	12	1.3	51.8

① 支柱长度 $L_H＝H_1$ 底板厚度 δ_b，该数值按最大支承高度（H_{0max}）所计算，其他支撑高度下的值应进行相应调整。

② 不带垫板时，δ 取圆筒或封头厚度；带垫板时，δ 取圆筒与垫板各自厚度之和。

372

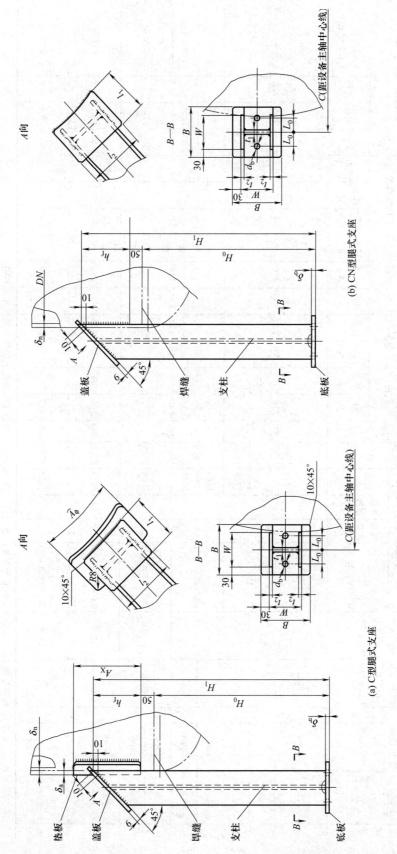

(a) C型腿式支座

(b) CN型腿式支座

图 13-18 焊接 H 型钢腿式支座 (NB/T 47065.2)

373

表 13-16 C 型、CN 型腿式支座系列尺寸

支座号	单根支腿所允许的最大载荷（在 H_{0max} 高度下）Q_0/kN	适用公称直径 DN/mm	支腿数量	壳体最大切线距 L_{max}/mm	最大支承高度 H_{0max}/mm	尺寸/mm — H 型钢支柱 规格 $W×W×t_1/t_2$	腹板厚度 t_1	翼板厚度 t_2	长度 L_H	H_1	焊缝长度 h_f	底板 边长 B	底板 厚度 δ_b	盖板 边长 l_1	盖板 板宽 l_2	垫板 宽度 A_ϕ	垫板 长度 A_x	垫板 厚度 δ_a	地脚螺栓 孔距 L_0	孔径 d_b	规格	每根支腿质量 支柱	底板	盖板	总质量（不含垫板）[①]/kg
1	16	1000	4	300	1200	150×150×8/10	8	10	1528	1550	300	210	22	270	220	260	350	一般取与圆筒厚度相等	55	28	M24	46.1	7.6	2.8	56.5
	20	1100																				52.6			63.0
2	24	1200		3500		150×150×8/12		12	1728	1750												59.8	9.9		70.2
	27	1300			1400																	74.2			87.8
3	33	1400				180×180×8/12			1788	1810	360	240	24	310	250	290	410		60			74.1	10.8	3.7	88.6
	38	1500		4000		180×180×8/14		14	1786																
4	42	1600			1600	180×180×8/14			1984	2010												93	11.7		108.4
	48	1700				200×200×8/14			2224	2250	400	260	26	340	270	310	450		65	34	M30				
5	57	1800		4500	1800	200×200×8/14																116.3	13.7	4.3	134.3
	65	1900				250×250×8/14			2524	2550	500	310		410	320	360	550		80						
6	71	2000			2000	250×250×8/14																165.3	19.6	6.2	191.1

① 支柱长度 $L_H=H_1-$ 底板厚度 δ_b，该数值是按最大支撑高度（H_{0max}）所计算，其他支撑高度下的值应进行相应调整。

注：H 型钢支柱中心距主轴中心线的距离 $C=\dfrac{W}{2}+\sqrt{\left(\dfrac{DN}{2}+\delta\right)^2-\left(\dfrac{W-2t_2}{2}\right)^2}$，式中 δ 取值如下：不带垫板时，δ 取圆筒封头名义厚度；带垫板时，δ 取圆筒筒身名义厚度与垫板名义厚度之和。

表 13-17　支腿连接处的圆筒不设置垫板所需的最小厚度 δ_{min}

容器公称直径 DN/mm		300	400	500	600	700	800	900	1000	1100	1200	1300	1400	1500	1600	1700	1800	1900	2000
圆筒材料	设计压力/MPa									δ_{min}/mm									
Q235A Q235B Q235C	0	3	3	3	3	3	3	3	3.5	3.5	4	4.5	4.5	4.5	5	5.5	5.5	5.5	6
	>0~0.2	3	3	3	3	3.5	3.5	3.5	4	4.5	5	5	5.5	5.5	6	6.5	6.5	7	7
	>0.2~0.4	3	3	3	3	4	4	4.5	5	5.5	6	6.5	7	7	7.5	7.5	8	8	8
	>0.4~0.6	3	3	3.5	3.5	4	4.5	4.5	5	5.5	6	6.5	7	7	7.5	8	8.5	9	9
	>0.6~0.8	3	3.5	3.5	4	4.5	5	5	5.5	6.5	7	7.5	7.5	8	8.5	9	9.5	10	10.5
	>0.8~1.0	3.5	3.5	4	4	5	5	5.5	6.5	7	7.5	8	8.5	8.5	9.5				
	>1.0~1.2	3.5	3.5	4	4.5	5.5	5.5	6	6.5	7	8	8.5							
	>1.2~1.4	3.5	3.5	4.5	4.5	5.5													
	>1.4~1.6	3.5	3.5	4.5						可不设置垫板									
	>1.6	3.5																	
Q245R	0	3	3	3	3	3	3	3	3.5	3.5	4	4	4	4.5	5	5	5	5	5.5
	>0~0.2	3	3	3	3	3	3.5	3.5	4	4.5	5	5	5.5	5.5	6	6	6	6	6.5
	>0.2~0.4	3	3	3	3.5	3.5	4	4.5	5	5.5	5.5	5.5	6	6.5	6.5	7	7.5		
	>0.4~0.6	3	3	3	3.5	4	4.5	4.5	5	5.5	6.5	6.5	6.5	7	7.5	8	8	8.5	
	>0.6~0.8	3	3	3.5	4	4.5	5	5.5	6	7	7	7	7.5	8	8.5	9.5			
	>0.8~1.0	3	3	3.5	3.5	4.5	4.5	5.5	5.5	6	6.5	7.5	7.5	8	8.5	9	9.5	10	10.5
	>1.0~1.2	3	3	3.5	4.5	5	6	6	6.5	7	8	8	8.5	9	9.5	10.5	11		
	>1.2~1.4	3	3.5	4	5	5	6	6.5	7	8	8								
	>1.4~1.6	3.5	3.5	4	4	5													
	>1.6~1.8	3.5	3.5							可不设置垫板									
	>1.8	3.5																	
Q345R	0	3	3	3	3	3	3	3	3	3	3	3.5	3.5	4	4.5	4.5	4.5	4.5	5
	>0~0.2	3	3	3	3	3	3	3	3	3.5	3.5	4	4	4.5	5	5	5	5	5.5
	>0.2~0.4	3	3	3	3	3	3	3	4	4	4	4.5	4.5	5	5.5	5.5	5.5	5.5	6
	>0.4~0.6	3	3	3	3	3	3.5	3.5	4	4.5	4.5	5	5.5	6	6	6	6.5		
	>0.6~0.8	3	3	3	3	3.5	3.5	4.5	5	5.5	5.5	6	6.5	7	7	7.5			
	>0.8~1.0	3	3	3	3.5	4	4	5.5	5.5	6	7	7.5	8	8.5	8.5				
	>1.0~1.2	3	3	3	3.5	4	4.5	4.5	5.5	5.5	6	6.5	6.5	7.5	8	8.5	9	9	
	>1.2~1.4	3	3	3.5	4	4	4.5	5.5	6	6.5	6.5	7.5	8	8.5	9	9.5			
	>1.4~1.6	3	3	3.5	3.5	4	4.5	4.5	5.5	6									
	>1.6~1.8	3	3	3.5	3.5	4													
	>1.8~2.0	3	3	3.5						可不设置垫板									
	>2.0	3																	

（3）标记方法

支腿标记按下列规定：

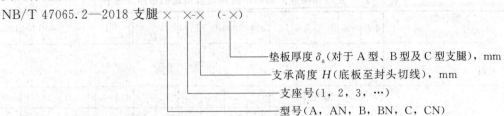

NB/T 47065.2—2018 支腿 × ×-× (-×)

垫板厚度 δ_a（对于 A 型、B 型及 C 型支腿），mm

支承高度 H（底板至封头切线），mm

支座号（1，2，3，…）

型号（A，AN，B，BN，C，CN）

（注意：标记中不反映容器的公称直径与支腿材料）

示例 容器公称直径 DN800，角钢支腿，不带垫板，支承高度 900mm，其标记为：

NB/T 47065.2—2018 支腿 AN4-900（4 号支腿是从表 13-14 中根据容器的公称直径查取的）

13.2.4 刚性环支座（NB/T 47065.5—2018）

刚性环支座是容器支座标准 NB/T 47065 中新增加的一种立式容器支座。当设备较重或壳体比较薄时，耳式支座会对筒体产生过大的局部应力，容易导致筒体破坏，这时可加刚性环降低应力。刚性环支座由顶环、底环、底板和筋板组成，必要时可设置垫板，刚性环支座的型式见图 13-19。刚性环支座按公称直径分为 A 型（轻型）、B 型（重型）两种。刚性环耳式支座的尺寸、选用方法和标记等请见 NB/T 47065。

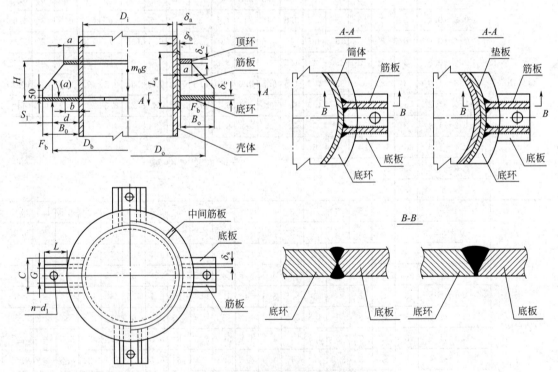

图 13-19 带刚性环支座的结构

14 容器的焊接结构

在以前各章，结合受力分析讨论了容器及其受压元件的结构。这些受压元件都是通过焊接连接在一起的，焊接接头的结构设计是否合理是影响整台容器安全使用的主要因素之一，所以焊接接头结构设计属于压力容器设计的重要内容。

14.1 焊接接头及其分类

14.1.1 焊接接头

焊接接头是指两个零件或一个零件的两个部分在焊接连接部位处的结构总称。要全面描述一个焊接接头的结构应包括三项要素：接头形式、坡口形式、焊接形式，分述如下。

（1）接头形式

接头形式说明的是焊接接头中两个相互连接零件中面的相对位置关系，共有三种。

① 对接接头 两个相互连接零件在接头处的中面处于或基本处于同一平面或同一曲面内 [图 14-1 （a）]。

② 角接接头和 T 形接头 两个相互连接零件在接头处的中面相互垂直或相交成某一角度 [图 14-1 （b）]。

③ 搭接接头 两个相互连接零件在接头处的中面有部分重合在一起，它们的中面相互平行，两中面间距为两零件厚度之和之半 [图 14-1 （c）]。

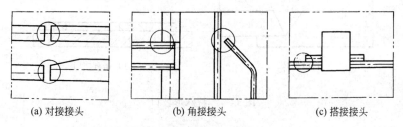

(a) 对接接头　　　　　　　(b) 角接接头　　　　　　　(c) 搭接接头

图 14-1　接头的三种形式

（2）坡口形式

为保证焊接接头的焊接质量，根据实施焊接工艺的需要，经常将接头的熔化面加工成各种形状的坡口。图 14-2 是坡口的五种基本形式，根据这五种基本形式可以组合成多种组合形坡口，如图 14-3 所示。此外还可根据需要设计一些特殊形坡口（图 14-4）。

（3）焊缝形式

焊缝形式表明的是焊接接头中熔化面间的关系，有两种基本形式和一种组合形式，共三种。

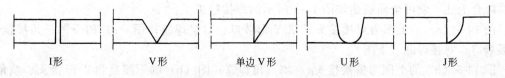

I形　　　　　V形　　　　　单边V形　　　　　U形　　　　　J形

图 14-2　坡口的基本形式

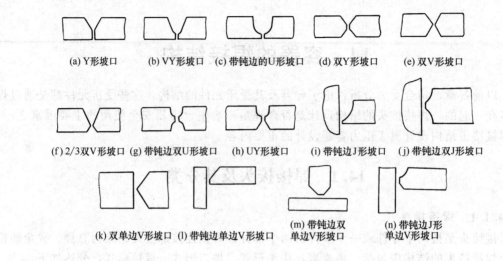

(a) Y形坡口　(b) VY形坡口　(c) 带钝边的U形坡口　(d) 双Y形坡口　(e) 双V形坡口

(f) 2/3双V形坡口　(g) 带钝边双U形坡口　(h) UY形坡口　(i) 带钝边J形坡口　(j) 带钝边双J形坡口

(k) 双单边V形坡口　(l) 带钝边单边V形坡口　(m) 带钝边双单边V形坡口　(n) 带钝边J形单边V形坡口

图 14-3　组合形坡口

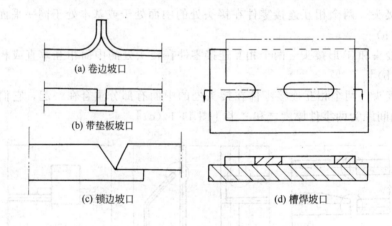

(a) 卷边坡口

(b) 带垫板坡口

(c) 锁边坡口

(d) 槽焊坡口

图 14-4　特殊形坡口

① 对接焊缝　它是由两个相对的熔化面及其中间的焊缝金属所构成，图 14-5（a）中的 1-1 和 2-2 两个熔化面及它们之间的焊缝金属便是对接焊缝。

② 角焊缝　它是由相互垂直或相交为某一角度的两个熔化面及呈三角形断面形状的焊缝金属所构成，图 14-5（b）中的由 1-2 和 2-3 两个（直角边）熔化面所形成的三角形焊缝金属截面便是角焊缝。

③ 组合焊缝　它是由对接焊缝和角焊缝组合而成的焊缝，图 14-5（c）中的 1-1 和 2-2 两个熔化面及它们之间的焊缝金属属对接焊缝，而 1-2 和 2-3 两个熔化面及其三角形焊缝截面金属属角焊缝，两者组合在一起便是组合焊缝。

综合上述，便可全面描述如图 14-5 所示的焊接接头了。

图 14-5（a）的上图为对接接头、双 Y 形坡口、对接焊缝；图（a）的下图是角接接头、V 形坡口、对接焊缝（下图）。

图 14-5（b）的上图为搭接接头、（填）角焊缝；图（b）的下图是和 T 形接头、填角焊缝（均未开坡口）。

378

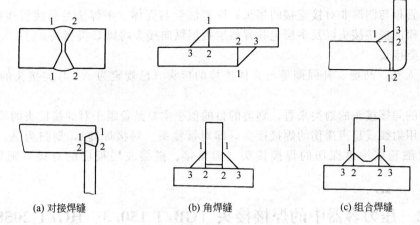

(a) 对接焊缝　　　　　　　(b) 角焊缝　　　　　　　(c) 组合焊缝

图 14-5　焊缝形式

图 14-5（c）的上图为角接接头、带钝边的单边 V 形坡口、组合焊缝；图（c）的下图是 T 形接头、带钝边双单边 V 形坡口、组合焊缝。

14.1.2　压力容器上的焊接接头分类

根据 GB/T 150.1 的规定，压力容器受压元件间的焊接接头按其所处的位置被划分为 A、B、C、D 四类；非受压元件与受压元件的连接接头为 E 类焊接接头（参看图 14-6）。

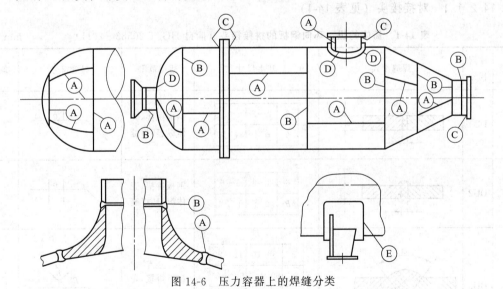

图 14-6　压力容器上的焊缝分类

（1）A 类焊接接头

这类焊接接头的结构特点是对接接头、对接焊缝，从宏观看它承受着受压元件中的最大薄膜应力，因而在以薄膜应力为基础的强度计算中，焊接接头系数 φ 是根据这类接头确定的，对这类焊接接头可以进行超声或射线探伤。

（2）B 类焊接接头

这类接头也是对接接头、对接焊缝，依其所在位置，从宏观看它承受的是经向（轴向）薄膜应力，当容器上没有 A 类焊接接头时（譬如用无缝钢管制作筒体），强度计算中的焊接接头系数才根据它的结构与探伤比例确定。对这类焊接接头也可以进行超声或射线探伤。

（3）C类焊接接头

平盖、管板与圆筒非对接连接的接头；甲型法兰与壳体、平焊法兰与接管连接的接头；内封头与圆筒的搭接接头以及多层包扎容器层板层纵向接头均属C类接头。

（4）D类接头

接管、人孔、凸缘、补强圈等与壳体连接的接头（已规定为A、B类接头的除外）属D类接头。

从上述的焊接接头的划类来看，划类的目的似乎主要是着眼于对焊接接头的检验上，即凡是适于采用射线或超声探伤的焊接接头（即对接接头、对接焊缝），划归为A、B类；凡是适于采用磁粉或渗透探伤的焊接接头（即角接、搭接或层板层的对接）则划归为C、D类。

14.2　压力容器中的焊接接头（GB/T 150.3、HG/T 20583）

随着2011版GB/T 150的颁布以及管法兰2009年的更新，《钢制化工容器结构设计》（HG/T 20583—2011）也已发布，部分焊接接头有一定变化，由于接头数量极多，本书仅做少量摘引，主要目的请读者从中学习、了解、体会坡口尺寸、焊接形式如何影响焊接接头的质量，从而具有一定的焊接接头的选择能力。示例虽少，重在理解。

14.2.1　筒体的纵、环向钢板拼接对接接头
14.2.1.1　对接接头（见表14-1）

表 14-1　筒体的纵、环向钢板的拼接接头（摘自 HG/T 20583—2011）　　　　　mm

序号	序列代号	焊缝型式	基本尺寸			适用范围	焊缝符号	备注
1	DU1		δ	$2\sim3$	4	钢板拼接，壳体纵、环焊缝	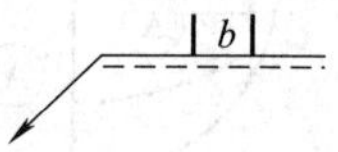	
			b	0^{+1}_{0}	1^{+1}_{0}			
2	DU2		δ	$3\sim4$	$5\sim6$	钢板拼接，壳体纵、环焊缝		
			b	0^{+1}_{0}	$1^{+1.5}_{0}$			
3	DU3		δ	$5\sim10$	$12\sim20$	钢板拼接，壳体纵、环焊缝		
			α	$60°\pm5°$	$50°\pm5°$			
			b	1 ± 1	2 ± 1			
			P	1^{+1}_{0}	2 ± 1			
4	DU4		δ	$5\sim10$	$12\sim20$	钢板拼接，壳体纵、环焊缝		
			α	$60°\pm5°$	$50°\pm5°$			
			b	1 ± 1	2 ± 1			
			P	1^{+1}_{0}	2 ± 1			

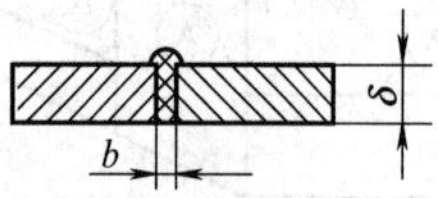

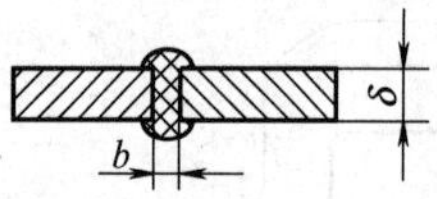

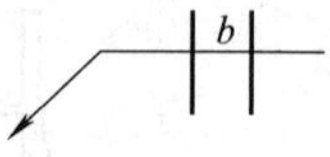

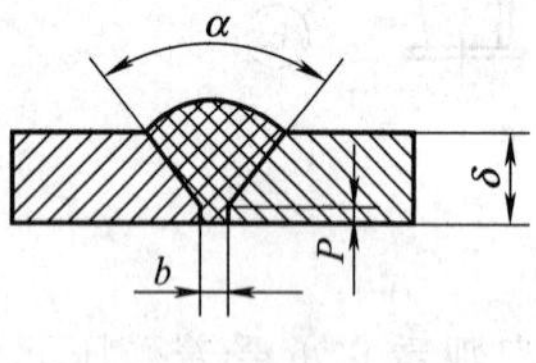

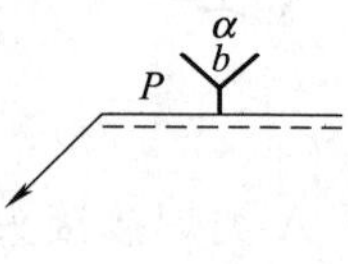

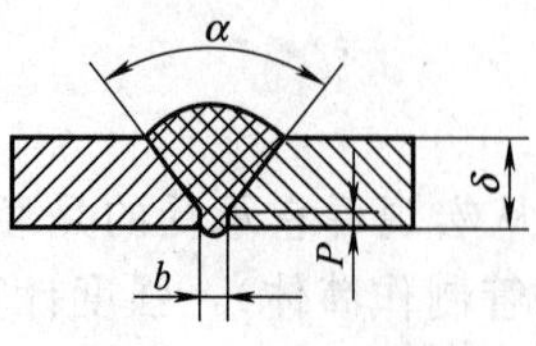

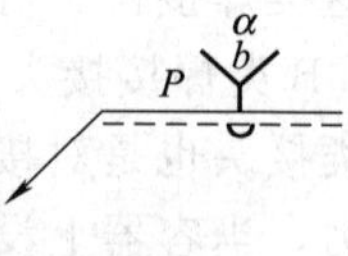

序号	序列代号	焊缝型式	基本尺寸	适用范围	焊缝符号	备注
5	DU6		δ: 6～10 / 12～26 α: 40°±5° / 35°±5° b: 7^{+1}_{0} / 8^{+1}_{0} P: 1±1 / 2^{-1}_{0}	容器内无法施焊，且允许衬垫板		垫板尺寸自定
6	DU8		δ: 4～20 α: 60°±5° b: 1±1 P: 1.5±1	筒体 DN≥600 的纵、环焊缝		
7	DU9		δ: 20～60 β: 6°±2° b: 2^{+1}_{-2} P: 2±1 R: 6^{+2}_{-1}	壳体纵、环焊缝		
8	DU10					
9	DU11		δ: 16～60 α: 55°±5° b: 2±1 P: 2^{+1}_{0}	钢板拼接，壳体纵、环焊缝		
10	DU18		δ: 6～20 α: 65°±5° b: 1.5±0.5 P: $1.5^{+0.5}_{0}$	复合板拼接，壳体的纵、环焊缝		

14.2.1.2　影响质量的坡口形状与尺寸参数（部分内容适用所有焊接接头）

焊缝的型式尽管多种多样，但确定坡口的形状与尺寸参数却仅有几个，不过它们会对整个焊接结构和焊缝质量产生重大影响。

① 坡口角度 α　坡口角度大小对坡口断面（或焊缝断面）的形状和截面积影响很大，并直接影响接头的质量。当坡口角度过小时，焊接产生的偏析物将集中于焊缝的中心部分，因而容易产生热裂纹；当坡口角度太大时，所需加入的熔敷金属量将会增加，这样焊接的热应力和热变形也随之加大，从经济角度看也不合算，当然焊接效率也不会高。

② 纯边高度 P　钝边的设置主要为了防止焊接时烧穿母体。钝边高度值的确定原则是在保证焊透的情况下，不要将母体烧穿。

③ 根部间隙 b　留有适当的间隙，目的是为了保证焊缝根部能焊透。间隙过小时，往往达不到焊透的目的，但过大时将会产生很多焊接缺陷，并增加了产生焊接裂纹的倾向。

④ 根部半径 R（对 U 形、J 形等）　U 形和 J 形坡口根部设置圆弧的目的是基于焊接冶金，其数值的大小直接影响坡口根部的宽度及整个坡口截面的大小，且与施焊的可能性以及熔敷金属量、焊接热输入等众多因数有关。

⑤ 余高 e_1、e_2　从力学角度看，对接接头受力时产生的应力集中较小。在保证焊透和焊缝内部没有其他缺陷条件下，只是在焊缝金属高出钢板表面时（图 14-7），才会在基本金属和焊缝金属的过渡处（称为焊趾）出现应力集中，应力集中的程度与焊缝凸起的高度 e 有关，e 值越大，应力集中越严重。所以,e 值应加以限制（表 14-2）如果在焊接以后把焊缝磨平，那么焊缝所在截面的应力分布将和基本金属一样，没有应力集中现象发生。对于承受疲劳载荷容器、低温容器，余高是导致出现裂纹的主要因素之一。将余高与母材过渡处加成较大半径的圆弧，即图 14-7 中的 C 值（一般 1～3mm）稍大一些较宜。当然最好还是把焊缝磨平。

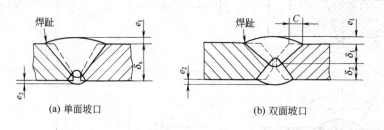

图 14-7　对接接头中的余高

表 14-2　对接接头中焊缝余高允许值（GB/T 150.3—2011）　　　　　　mm

R_m（下限）＞540MPa 及 Cr-Mo 低合金钢钢材				其 他 钢 材			
单面坡口		双面坡口		单面坡口		双面坡口	
e_1	e_2	e_1	e_2	e_1	e_2	e_1	e_2
0～10%δ_s 且≤3	≤1.5	0～10%δ_1 且≤3	0～10%δ_2 且≤3	0～15%δ_s 且≤4	≤1.5	0～15%δ_1 且≤4	0～15%δ_2 且≤4

14.2.1.3　相邻对接接头的最小间距规定

ⅰ．封头由成形瓣片和顶圆板拼接制成时，各对接接头的焊缝方向只允许是径向和环向，二相邻径向焊缝之间的距离不得小于 L_{min}，$L_{min} \geqslant 3\delta_p$，且不少于 100mm ［下同，图 14-8 (b)］。

ⅱ．用平行的对接焊缝拼接的封头，焊缝间的最小距离不得小于上述的 L_{min}［图 14-8 (c)］。

ⅲ.相邻筒节纵向对接焊缝之间的距离（按弧长计），与封头连接的筒节，其纵向焊缝与封头拼接焊缝之间的距离，均不得小于 $L_{\min}$ ［图 14-8（a）］。

ⅳ.筒节长度不得小于 300mm ［图 14-8（a）］。

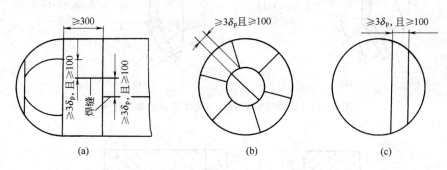

(a)   (b)   (c)

图 14-8　对接接头相邻的最小间距（δ_p 是钢板厚度）

以上规定是为了避免相邻焊接接头中焊接残余应力和热影响区的叠加。

14.2.2　筒体与封头连接的非对接接头

ⅰ.球冠形封头与筒体连接的焊接接头结构见图 14-9。

ⅱ.凸形封头与筒体连接的搭接接头见图 14-10。

ⅲ.无折边锥形封头与筒体连接的角接接头见图 14-11。

ⅳ.平板形封头与筒体连接的角接接头见图 14-12。

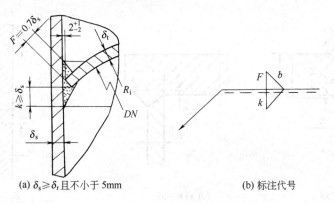

(a) $\delta_s \geqslant \delta_r$ 且不小于 5mm   (b) 标注代号

图 14-9　球冠形封头与筒体连接的焊接接头

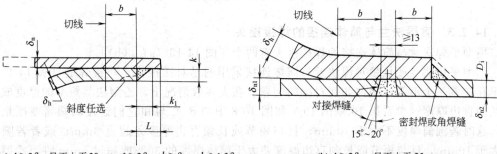

(a) $b \geqslant 3\delta_h$，且不大于 38mm；$L \geqslant 2\delta_n$；$k \geqslant \delta_n$；$k_1 \geqslant 1.3\delta_n$ (b) $b \geqslant 2\delta_h$，且不大于 25mm

图 14-10　凸形封头与筒体连接的搭接接头

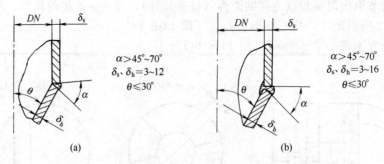

図 14-11 无折边锥形封头与筒体连接的角接接头

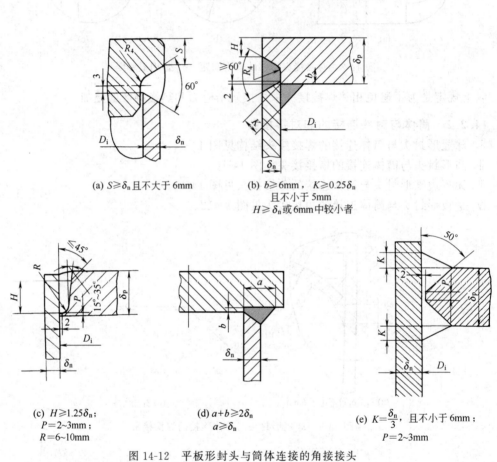

(a) $S \geqslant \delta_n$ 且不大于 6mm

(b) $b \geqslant 6$mm, $K \geqslant 0.25\delta_n$
且不小于 5mm
$H \geqslant \delta_n$ 或 6mm 中较小者

(c) $H \geqslant 1.25\delta_n$;
$P=2\sim3$mm;
$R=6\sim10$mm

(d) $a+b \geqslant 2\delta_n$
$a \geqslant \delta_n$

(e) $K=\dfrac{\delta_n}{3}$, 且不小于 6mm;
$P=2\sim3$mm

图 14-12 平板形封头与筒体连接的角接接头

14.2.3 容器法兰与筒体连接的焊接接头

甲型平焊法兰与筒体连接的焊接接头有两个 [图 14-13 (a)、(b)]。

乙型平焊法兰或长颈对焊法兰与筒体连接采用的是对接接头、对接焊缝 (表 14-1),但这里存在着一个不等厚构件如何对接的问题。在大多数情况下,乙型法兰短节的厚度或长颈法兰的直边厚度 (参看第 10 章图 10-7 和图 10-8 中的 δ_1) 与和它们连接的圆筒厚度是不等的,这时若圆筒厚度不大于 10mm,且与短节或长颈直边厚度差超过 3mm;或者若圆筒厚度大于 10mm,且与短节或长颈直边厚度差大于筒体厚度的 30% 或超过 5mm 时,乙型平焊法兰应按斜率 1:3,长颈法兰按图 14-13 (c) 虚线削薄,或者在对接焊缝筒体端部按图 14-13 (d) 堆焊过渡。

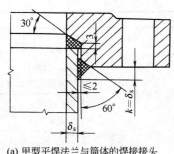

(a) 甲型平焊法兰与筒体的焊接接头

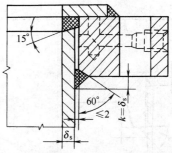

(b) 带衬环甲型平焊法兰与筒体的焊接接头

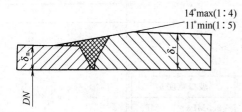

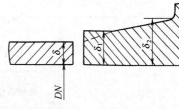

(c)、(d) 长颈法兰与筒体的焊接接头(不等厚时)

图 14-13　容器法兰与筒体的焊接

14.2.4　管法兰与接管的焊接接头

管法兰与接管的焊接接头列于表 14-3。

表 14-3　管法兰与接管焊接接头形式和尺寸（HG/T 20592—2009）　　　　mm

代号	接头形式	基本尺寸	说　明
F1		$f_1 \geqslant \delta_t$ $f_2 \geqslant \delta_t$	HG 管法兰标准中的板式平焊法兰(PL) 适用范围如下： 公称压力 PN/bar ／ 公称通径 DN 2.5 ／ 10～2000 6 ／ 10～600 10 ／ 10～600
F2		$f_2 \geqslant \delta_t$ 公称通径 DN ／ 坡口宽度 b 10,15,20 ／ 4 25,32,40,50 ／ 5 65,80,100,125,150 ／ 6 200 ／ 8 250 ／ 10 300 ／ 11 350,400,450,500,600 ／ 12 1200 ／ 13 1400 ／ 14 1600 ／ 16 1800 ／ 17 2000 ／ 18	HG 管法兰标准中的板式平焊法兰(PL) 适用范围如下： 公称压力 PN/bar ／ 公称通径 DN 16 ／ 10～600 25 ／ 10～600

代号	接头形式	基本尺寸	说　明
F5		$f_1 \geqslant 1.4\delta_t$，但不大于颈厚 $f_2 \geqslant \delta_t$	HG 管法兰标准中的带颈平焊法兰(SO) 适用范围如下： 公称压力 PN/bar ／ 公称通径 DN 6 ／ 10～300 10 ／ 10～400

F5 说明栏的表格：

公称压力 PN/bar	公称通径 DN
6	10～300
10	10～400

F6 行：

基本尺寸：$f_2 \geqslant \delta_t$

公称通径 DN	坡口宽度 b	
	≤2.5MPa	4.0MPa
10,15,20	4	4
25,32,40,50	5	5
65,80,100		6
125	6	7
150		8
200	8	10
250	10	11
300	11	12
350		13
400		14
450	12	16
500		17
600		18

F6 说明栏：

HG 管法兰标准中的带颈平焊法兰(SO)
适用范围如下：

公称压力 PN/bar	公称通径 DN
10	450～600
16	10～600
25	10～600
40	10～600

注：该表内容是从 HG/T 20583—2011 中摘选的，坡口尺寸是根据管法兰标准 HG/T 20592—2009 编制的，但是编者发现表中代号 F2 的"说明"一栏中所规定的板式平焊法兰适用范围 PN 只可以用到 25bar，但在管法兰标准中规定的是用到 40bar（参看表 10-20）。编者提出这个问题是想告诉读者，当遇到这类似矛盾的问题时，就需要读者思考：为什么会不一致？原来管法兰标准是任何行业都可以使用的，如果在无害介质输送中可用到 40bar，不等于在易燃或有毒介质条件下也适用。作为本表中的 F2 接头只限于用到 25bar 也是有其道理的。所以在使用标准时，需要考虑的问题往往很多，不像有些同学想得那么简单，查取标准也需要智慧。

14.2.5　接管与壳体的焊接接头

容器上的接管共有以下三种。

（1）插入式接管

接管插入壳体，接管与壳体间的焊接大都要求全焊透或部分焊透，有不带补强圈的和带补强圈的两种。它们的焊接接头均属 T 形或角接接头，其使用场合、坡口及焊缝尺寸列于表 14-4（更多接头见 M14-1），插入端的接管内径边角处最好倒圆（表中插图没有表示出来）。

M14-1

表 14-4 插入式接管与壳体和封头连接的焊接接头 mm

序号	HG/T 20583 中的代号	接头形式	基本尺寸	标注代号	适用范围
1	G2		$\beta=50°\pm5°$ $b=2+0.5$ $p=1\pm0.5$ $k=\delta_t/3$, 且 $k\geqslant6$		(1)低、中压压力容器 (2)一般 $\delta_t\geqslant\delta_s/2$ (3)一般 $\delta_s=4\sim26$
2	G4		$\beta=50°\pm5°$ $b=2\pm0.5$ $p=2\pm0.5$ $k\geqslant\delta/3$,且 $k\geqslant6$ $k_1\geqslant4$		(1)低、中、高压压力容器且内侧允许清根施焊 (2)一般 $\delta_t\geqslant\delta_s/2$ (3)一般 $\delta_s=8\sim50$
3	G3		$\beta=20°\pm2°$ $b=2\pm0.5$ $p=2\pm0.5$ $R=6\sim13$ $k\geqslant\delta_t/3$, 且 $k\geqslant6$		(1)凸形封头及平盖上接管与封头间的焊缝 (2)一般 $\delta_t\geqslant\delta_s/2$ (3)一般 $16<\delta_s\leqslant50$

序号	HG/T 20853 中的代号	接头形式	基本尺寸		适用范围
4	G27		$\beta=20°\pm2°$ $b=2\pm0.5$ $K_1=1.4\delta_t$,且 $K_1\geqslant6$ $K_2=\delta_c$(当 $\delta_c\leqslant8$ 时) $K_2=0.7\delta_c$,或 $K_2=8$ 取大值 (当 $\delta_c>8$ 时) $K_3\geqslant6$		(1)非特殊工况(非疲劳、低温及大的温度梯度)的一类压力容器 (2)适用于在容器内有较好施焊条件的接管与设备的焊接 (3)允许接管有内伸
5	G28		$\beta_1=15°\pm2°$ $\beta_2=45°\pm5°$ $b=2\pm0.5$ $P=2\pm0.5$ $K_1=\delta_t/3$,且 $K_1\geqslant6$ $K_2=\delta_c$(当 $\delta_c\leqslant8$ 时) $K_2=0.7\delta_c$ 或 $K_2=8$ 中取大值 (当 $\delta_c>8$ 时)		(1)非疲劳载荷、低温和大温度梯度场合 (2)一般 $\delta_t\geqslant\delta_s/2$ (3)一般 $\delta_s\leqslant16$

(2) 安放式接管

这种接管与壳体的焊接从理论上讲具有拘束度低、焊缝截面小等优点，在 HG/T 20583—2011 推荐了几种安放式接管与壳体或封头的焊接接头结构，见表 14-5。

表 14-5　安放式接管与壳体或封头连接的焊接接头（HG/T 20583—2011）

代号	焊缝型式	基本尺寸	适用范围	焊缝符号	备注
G36		$\beta=45°\pm5°$ $b=2\pm0.5$ $P=2\pm0.5$ $K=\delta_t/3$，且 K $\geqslant6$	（1）接管壁厚和壳体壁厚都较大 （2）内部允许施焊		焊缝符号右侧 A 表示接管与壳体连接型式为安放式
G37		$\beta=25°\pm5°$ $b=2\pm0.5$ $P=2\pm0.5$ $R=6\sim13$ $K=\delta_t/3$，且 K $\geqslant6$	（1）接管壁厚较大而壳体壁厚较小 （2）$\delta_t>16$ （3）球形或椭圆形封头上接管轴线与封头经线相垂直焊缝		焊缝符号右侧 A 表示接管与壳体连接型式为安放式
G38		$\beta_1=25°\pm5°$ $\beta_2=50°\pm5°$ $b=2\pm0.5$ $P=2\pm0.5$ $R=6\sim13$ $K=\delta_t/3$，且 K $\geqslant6$	（1）接管壁厚和壳体壁厚都较大 （2）内部便于清根施焊 （3）球形或椭圆形封头上接管轴线与封头经线相垂直焊缝		焊缝符号右侧 A 表示接管与壳体连接型式为安放式
G39	 镗孔后内径	$\beta=45°\pm5°$ $C=3\sim6$ $K=\delta_t/3$，且 K $\geqslant6$	（1）接管直径不大，便于焊后镗车 （2）接管壁厚和壳体壁厚都较大 （3）疲劳载荷、大温度梯度场合		焊缝符号右侧 A 表示接管与壳体连接型式为安放式
G40	 镗孔后内径	$\beta=25°\pm2°$ $C=3\sim6$ $R=6\sim13$ $K=\delta_t/3$，且 K $\geqslant6$	（1）接管直径不大，便于焊后镗车 （2）接管壁厚和壳体壁厚都较大 （3）疲劳载荷、大温度梯度场合		焊缝符号右侧 A 表示接管与壳体连接型式为安放式

（3）嵌入式接管

这种接管属于整体补强结构中的一种，主要用于球形封头或椭圆形封头中心部位的接管与封头的连接，图 14-14 所示的接头摘自 GB/T 150.3，接口采用的是 U 形，也可改用双 V 形。适用于承受交变载荷，低温和大温度梯度等较苛刻的工况。

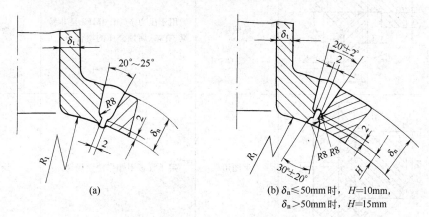

(a)

(b) $\delta_n \leqslant 50mm$ 时，$H=10mm$，
$\delta_n > 50mm$ 时，$H=15mm$

图 14-14 嵌入式接管与封头的对接接头

14.2.6 法兰凸缘与壳体的焊接接头

凸缘与壳体的焊接接头按其焊缝形式有两种：一种角焊缝 ［图 14-15（A）］，二是组合焊缝 ［图 14-15（B）］。角焊缝的焊角尺寸取决于传递载荷的大小，在任何情况下焊角高度不得小于 6mm，角焊缝结构不得用于承受脉动载荷的容器。T 形接头的组合焊缝图中给出了四种结构，均可用于承受脉动载荷的容器。

表 14-6 给出了管板与壳体连接焊缝。

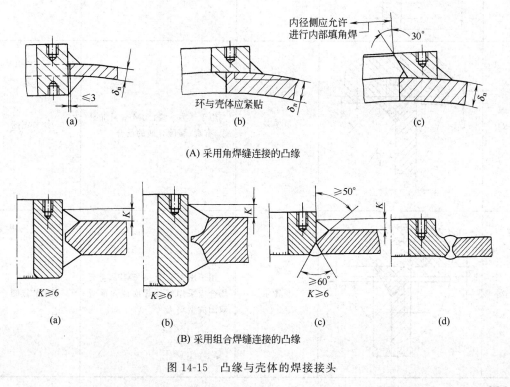

(A) 采用角焊缝连接的凸缘

(B) 采用组合焊缝连接的凸缘

图 14-15 凸缘与壳体的焊接接头

表 14-6 管板与壳体连接焊缝   mm

代号	焊缝型式	基本尺寸	适用范围	焊缝符号
R1	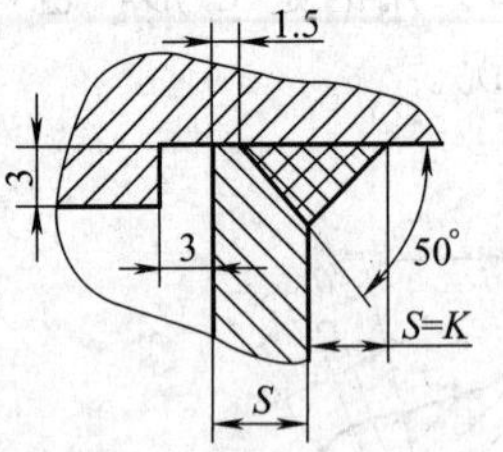	见图示	用于压力 $p \leqslant 1.0\text{MPa}$ 且非易燃、有毒、腐蚀介质的场合	绘节点图
R2	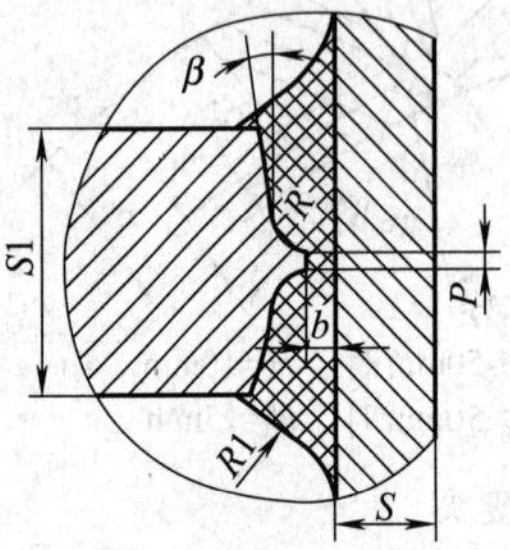	见图示	用于管板不兼作法兰场合	绘节点图
R3	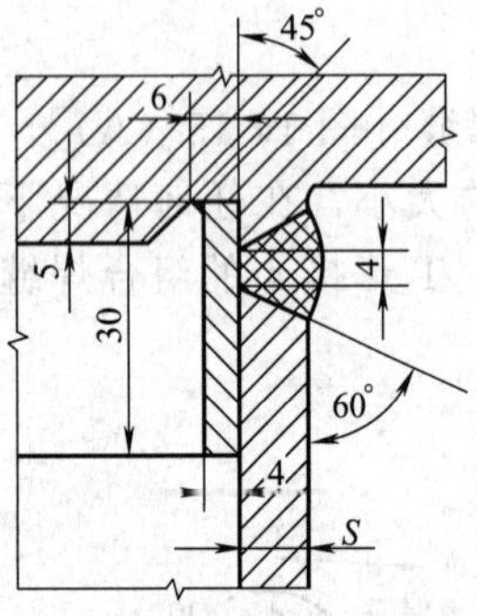	见图示	用于压力 $1.6 \sim 4.0\text{MPa}$ 且允许带垫板的场合	绘节点图
R4	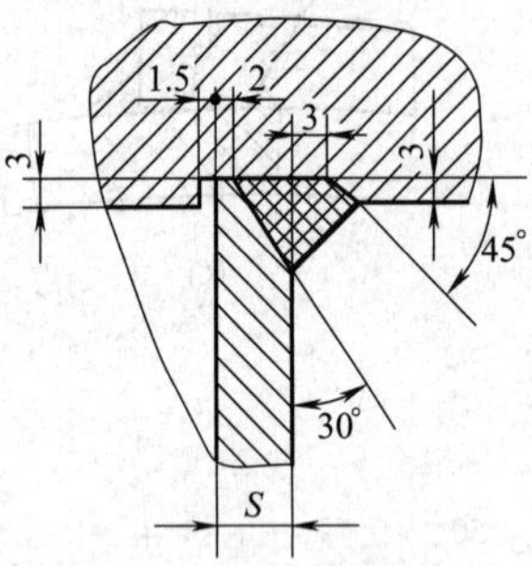	见图示	用于压力 $p \leqslant 1.0\text{MPa}$ 且非易燃、有毒、腐蚀介质的场合	绘节点图
R5	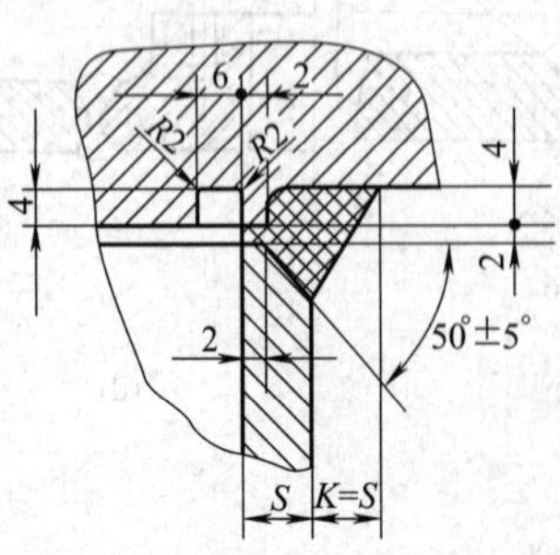	见图示	用于压力 $1.6 \sim 4.0\text{MPa}$，重要场合应采用氩弧焊底或单面焊双面成型	绘节点图

390

14.3 焊接结构

14.3.1 设计原则

ⅰ.焊接结构型式应避免产生过大的应力集中和焊接变形。

ⅱ.焊接结构型式应减少焊接工作量，制作方便。

ⅲ.焊缝形状和尺寸应尽可能减少填充金属。

ⅳ.焊缝坡口的形式和尺寸应避免产生缺陷。

ⅴ.焊缝布置应有利于焊接防护。

14.3.2 焊缝选择

ⅰ.器结构允许时宜优先用双面焊缝。

ⅱ.容器内盛装介质毒性为极度、高度危害或有强渗透性的中度危害介质时应选择全焊透焊缝。

ⅲ.高温容器、低温容器和承受疲劳载荷的容器应选择全焊透结构。

ⅳ.高温容器、低温容器和承受疲劳载荷容器的接管与壳体间焊缝，不宜采用带补强圈形式焊缝。

ⅴ.高温容器、低温容器和承受疲劳载荷容器的焊缝，宜采用反面清根（双面焊）、氩弧焊底焊（单面焊）、单面焊双面成形和焊道间无损检测等工艺手段。

ⅵ.高温容器、低温容器和承受疲劳载荷容器的对接焊缝，应磨平余高，角焊缝表面应圆弧过渡。

ⅶ.钢材标准抗拉强度的下限值 $R_m < 540MPa$ 和铬钼钢制的容器焊缝，不宜采用带永久性垫板的焊缝结构。

ⅷ.接管与壳体间焊缝型式中的接管内伸，与接管平齐相比有利于减小应力集中。

14.4 焊接接头的检验

在验收一台新制成的设备时，对焊缝的检验是设备验收的重要内容之一，下面简单介绍焊缝可能产生的缺陷和对焊缝检验要求的要点。

14.4.1 焊接接头缺陷

焊接接头缺陷有外部缺陷与内部缺陷两类。

（1）外部缺陷

焊缝的外部缺陷主要有：

ⅰ.焊缝截面不丰满 [图 14-16（a)]或余高过高 [图 14-16（b)]；

ⅱ.焊缝满溢 [图 14-16（c)]；

ⅲ.咬边（图 14-17）；

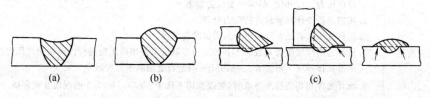

(a)　　　　(b)　　　　(c)

图 14-16 焊缝的几种缺陷

ⅳ.表面气孔和表面裂纹。

焊缝的外观检查一般是通过肉眼观察，借助样板、量规和放大镜等工具进行检验的。

（2）内部缺陷

焊缝和接头的内部缺陷主要是指气孔、裂纹、未焊透（图 14-18）、夹渣、未熔合等。这些内部缺陷主要是采用射线拍片或超声波探伤来发现。

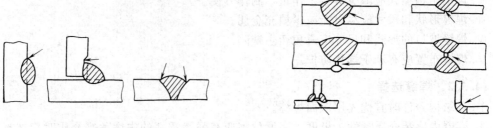

图 14-17　咬边　　　　　　　　　　　　图 14-18　未焊透

14.4.2　焊接检验要点

根据 GB/T 150.4 和《固定式压力容器安全技术监察规程》（TSG 21—2016）之规定，将压力容器焊接接头检验要点汇编于表 14-7 中。

表 14-7　压力容器焊接接头检验要点

检验项目	检验要点
焊接坡口	1.钢材、铝材、钛材不得有裂纹、分层、夹渣;铜材、镍材除不得有裂纹、分层外,尚不得有折叠和撕裂 2.坡口向外 20mm 以内不得有氧化皮、油污、熔渣
焊缝余高 h	1.焊缝深≤12mm 时,余高 $h=0\sim1.5$mm 2. 12mm<焊缝深≤25mm,余高 $h=0\sim2.5$mm 详见图 14-7 和表 14-2
焊缝宽	1.板厚 $\delta<12$mm 时,焊缝宽 $C=\delta+(6\sim8)$mm 2.板厚 $\delta>12$mm 时,焊缝宽 $C=$坡口宽$+(4\sim8)$mm
C、D 类接头焊角高 K	1.图样无规定时,K 取焊件中较薄者之厚度 2.补强圈焊角高取补强圈厚度的 70%,且不小于 8mm
焊缝表面质量	1.不得有表面裂纹、未焊透、未熔合、表面气孔、弧坑、未填满,不得有肉眼可见的夹渣 2.焊缝与母材应圆滑过渡;角焊缝的外形应当凹形圆滑过渡 3.按疲劳分析设计的压力容器,应当去除纵、环缝的余高,使之与母材表面齐平
咬边深长	1.$R_m>540$MPa 的钢材、Cr-Mo 低合金钢材、不锈钢制容器、Ti 材及 Ni 材制压力容器,焊接接头系数 $\varphi=1$ 的容器,球形压力容器及低温压力容器不允许有咬边 2.其他容器咬边深度≤0.5mm;连续咬边长度≤100mm;焊缝两侧咬边总长≤10%该焊缝长度
需 100%无损探伤	1.设计压力≥1.6MPa 的第三类压力容器 2.按照分析设计标准制造的压力容器 3.进行气压试验或者气液组合压力试验的容器 4.设计选用焊接接头系数为 1.0 的压力容器以及使用后无法进行内部检验的压力容器 5.标准抗拉强度下限值 $R_m \geqslant 540$MPa 的低合金钢制压力容器 6.设计图样和相关标准要求时,射线探伤不低于 NB/T 47013.2 的规定Ⅱ级合格 超声探伤不低于 NB/T 47013.3 的规定Ⅰ级合格

检验项目	检验要点
局部无损探伤	1. 检查长度：碳钢、低合金钢、制低温容器，检测比例为≥50％焊缝长，其余钢种不得少于各条焊缝长度的20％，且不少于250mm 2. 局部探伤容器的下列部位应100％纳入检测部位 (1)A、B类焊缝交叉部位及将被其他元件覆盖的焊缝部分 (2)先拼板后成形凸形封头上的所有拼接接头 (3)以开孔中心为圆心，1.5倍开孔直径为半径的圆中所包容的焊接接头 (4)嵌入式接管与壳体对接连接的接头 射线探伤不低于NB/T 47013.2的规定Ⅲ级合格 超声探伤不低于NB/T 47013.3的规定Ⅱ级合格
同时采用两种探伤方法	R_m≥540MPa且板厚>20mm的低合金钢制容器的焊缝，如100％射线探伤应增局部超声探伤，如采用100％超声探伤，应增局部射线探伤
接管焊接接头的无损检测	1. 公称直径≥250mm的压力容器接管对接接头的无损检测方法，检测比例和合格级别与压力容器壳体主体焊接接头要求相同 2. 公称直径<250mm时，其无损检测方法，检测比例和合格级别按照设计图样和引用标准的规定
磁粉或渗透检测	1. 管座角焊缝、管子管板焊接接头、异种钢焊接接头、具有再热裂纹倾向或者延迟裂纹倾向的焊接接头应当进行表面检测 2. 铁磁性材料制容器，优先采用磁粉检测 3. 钢制压力容器进行磁粉或渗透检测，合格级别为Ⅰ级 4. 有色金属制压力容器进行渗透检测，合格级别为Ⅰ级

14.5 焊 接 材 料

焊接材料包括手工电弧焊焊条和埋弧焊用的焊丝和焊剂。本节只讨论焊条的选用。焊丝与焊剂涉及专业问题较多，限于篇幅本书从略。

我国现行的电焊条国家标准共有8个，本书涉及的只有三个：

《非合金钢及细晶粒钢焊条》　　　　　　　　GB/T 5117—2012

《热强钢焊条》　　　　　　　　　　　　　　GB/T 5118—2012

《不锈钢焊条》　　　　　　　　　　　　　　GB/T 983—2012

在焊条标准中有诸多规定，本书只介绍焊条型号的含意、常用焊条牌号。

(1) 非合金钢及细晶粒钢焊条

焊条型号由五部分组成：第一部分用字母"E"表示焊条；第二部分为字母"E"后面紧邻的两位数字，表示熔敷金属的最小抗拉强度代号；第三部分为字母"E"后面的第三和第四两位数字，表示药皮类型、焊接位置和电流类型；第四部分为熔敷金属的化学成分分类代号，可为"无标记"或短划线"-"后的字母、数字或字母和数字的组合；第五部分为焊后状态代号，其中"无标记"表示焊态，"P"表示热处理状态，"AP"表示焊态和焊后热处理两种状态均可。

除以上强制分类代号外，根据供需双方协商，可在型号后依次附加可选代号：字母"U"表示在规定试验温度下，冲击吸收能力可以达到47J以上；扩散氢代号"HX"，其中X代表15、10或者5，分别表示每100g熔敷金属中扩散氢含量的最大值（mL）。示例如下：

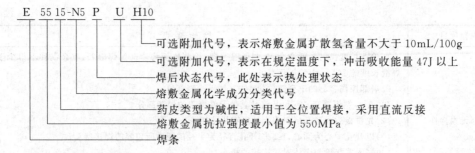

E 55 15-N5 P U H10

可选附加代号，表示熔敷金属扩散氢含量不大于 10mL/100g
可选附加代号，表示在规定温度下，冲击吸收能量 47J 以上
焊后状态代号，此处表示热处理状态
熔敷金属化学成分分类代号
药皮类型为碱性，适用于全位置焊接，采用直流反接
熔敷金属抗拉强度最小值为 550MPa
焊条

（2）热强钢焊条

焊条型号由四部分组成，与非合金钢及细晶粒钢焊条型号的前四部分相同，但是代号及所表示的内容不完全相同，具体可查阅标准。示例如下：

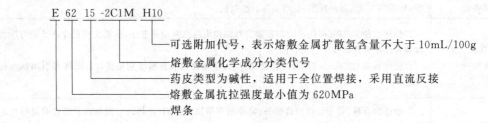

E 62 15 -2C1M H10

可选附加代号，表示熔敷金属扩散氢含量不大于 10mL/100g
熔敷金属化学成分分类代号
药皮类型为碱性，适用于全位置焊接，采用直流反接
熔敷金属抗拉强度最小值为 620MPa
焊条

（3）不锈钢焊条

焊条型号由四部分组成：第一部分用字母"E"表示焊条；第二部分为字母"E"后面的数字表示熔敷金属的化学成分分类代号，数字后面的"L"表示碳含量较低，"H"表示碳含量较高，如有其他特殊要求的化学成分，该化学成分的元素符号放在后面；第三部分为短划线"-"后的第一位数字，表示焊接位置；第四部分为最后一位数字，表示药皮类型和电流类型。示例如下：

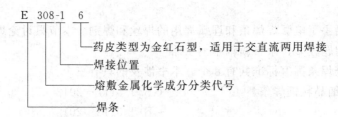

E 308-1 6

药皮类型为金红石型，适用于交直流两用焊接
焊接位置
熔敷金属化学成分分类代号
焊条

表 14-8 介绍了压力容器常用钢材推荐选用的焊接材料。表 14-9 是不同钢号材料相焊接时推荐选用的焊接材料。

表 14-8　压力容器常用钢材推荐选用的焊接材料（NB/T 47015—2011）

钢号	焊条		钢号	焊条	
	牌号	型号		牌号	型号
10(管)、20(管)	J422	E4303	Q307R	J556RH	E5516-G
	J426	E4316		J557	E5515-G
	J427	E4315	07MnMoVR 07MnNiMoDR	J607RH	E6015-G
20(锻)、Q245R、 Q235B、Q235C	J426	E4316	15CrMoR	R307	E5515-1CM
	J427	E4315	14Cr1MoR	R307H	E5515-1CM
16Mn、Q345R	J502	E5003	12Cr1MoVR	R317	E5515-1CMV
	J506	E5016	12Cr2Mo1	R407	E6215-2C1M
	J507	E5015			

钢号	焊条		钢号	焊条	
	牌号	型号		牌号	型号
16MnD	J506RH	E5016-G	06Cr17Ni12Mo2	A202	E316-16
16MnDR	J507RH	E5015-G		A207	E316-15
15MnNiDR	W607	E5015-G	06Cr19Ni13Mo3	A242	E317-16
09MnNiDR	—	E5515-N5	06Cr17Ni12Mo2Ti	A022	E316L-16
				A212	E318-16
06Cr19Ni10	A102	E308-16	022Cr17Ni12Mo2	A022	E316L-16
	A107	E308-15			
022Cr19Ni10	A002	E308L-16	022Cr19Ni13Mo3	—	E317L-16
06Cr18Ni11Ti	A132	E347-16	06Cr13	G202	E410-16
	A137	E347-15		G207	E410-15

在表 14-8 中可以看到与焊条型号并列的，还有个"焊条型号"，这里的"牌号"是焊条的商业名称代号。作为焊条技术名称的"型号"会随着国家标准的修改而改变，但是焊条的"牌号"不宜轻易改变，至于各种焊条牌号是怎么编制的，本书便不介绍了。

在设计图样的技术要求中，可以标注所用焊条牌号，也可标注焊条型号。

表 14-9　不同种类钢材相焊推荐选用的焊接材料（NB/T 47015—2011）

钢材种类	钢号示例	焊条电弧焊	
		牌号	型号
低碳钢与强度型低合金钢相焊	20、Q245R＋Q345R、Q345、09MnNiDR	J427 J426 J507 J506	E4315 E4316 E5015 E5016
低碳钢与耐热型低合金钢相焊	20、Q245R＋15CrMoR、12Cr1MoVR、1Cr5Mo	J427	E4315
强度型低合金钢与耐热型低合金钢相焊	16Mn、Q345R＋15CrMoR、12Cr1MoVR、1Cr5Mo	J507 J506	E5015 E5016
低碳钢与奥氏体不锈钢相焊	20、Q245R＋06Cr19Ni10、06Cr18Ni11Ti、022Cr17Ni12Mo2	A302 A307 A312	E309-16 E309-15 E310-15
强度型低合金钢与奥氏体不锈钢相焊	16Mn、Q345R＋06Cr19Ni10、06Cr18Ni11Ti、022Cr17Ni12Mo2	A302 A307 A312	E309-16 E309-15 E310-15
含钼强度型低合金钢与奥氏体不锈钢相焊	12CrMo、20MnMo＋06Cr19Ni10、06Cr18Ni11Ti、022Cr17Ni12Mo2	A302 A307 A312	E309-16 E309-15 E310-15

15 压力容器监察管理

15.1 压力容器监察管理的重要文件

由于压力容器是一种特种设备，在涉及压力容器的设计、制造、安装、使用、检修、维修和管理的各项工作中，都要受到一些法规的约束。这些法规既有技术层面的，也有管理层面的。重要的法规和规定有如下几个。

(1)《特种设备安全监察条例》(2009 年 5 月)

特种设备是指涉及生命安全、危险性较大的锅炉、压力容器（含气瓶，下同）、压力管道、电梯、起重机械、客运索道、大型游乐设施和场（厂）内专用机动车辆。

《特种设备安全监察条例》是第一部关于我国特种设备安全监督管理的专门法规。这部条例规定了特种设备设计、制造、安装、改造、维修、使用、检验检测全过程安全监察的基本制度。它是由国务院颁布、并于 2003 年 6 月 1 日实施。实施 5 年多，这部条例对于加强特种设备的安全管理，防止和减少事故，保障人民群众生命、财产安全发挥了重要作用。在这段期间有两部法规相继实施，一个是 2007 年 6 月 1 日实施的《生产安全事故报告和调查处理条例》，另一个是 2008 年 4 月 1 日起施行的《中华人民共和国节约能源法》，根据这两部法规的规定，2003 年的《特种设备安全监察条例》的修订就显得必要了。依中华人民共和国国务院令第 549 号《国务院关于修改〈特种设备安全监察条例〉的决定》，修订版于2009 年 5 月 1 日起施行。

新的《特种设备安全监察条例》除保留了原有的对锅炉和压力容器（其他的特种设备本书以后不提了）设计、制造、安装、检验单位的资格认可，对参与上述主要工作人员的考核做的规定，以及对锅炉压力容器的设计、制造、安装、检验、修理、改造和使用提出的要求以外，最主要的，一是增加了有关特种设备节能管理的规定；二是在特种设备事故分级和调查以及完善法律责任方面做了很多补充。

因为《特种设备安全监察条例》是所有有关压力容器标准、法规制定的总依据，所以它的修订必然会引起一些相关的压力容器法规、标准的变动。

(2)《固定式压力容器安全技术监察规程》(TSG 21—2016)

1999 年，质量技术监督局颁布了《压力容器安全技术监察规程》(简称《容规》)。为了把移动式压力容器也纳入《特种设备安全监察条例》的覆盖范围，另行制定了《移动式压力容器安全技术监察规程》，所以 2009 年新《容规》修订后就改称为《固定式压力容器安全技术监察规程》(简称《固容规》)。《固容规》突出了保证压力容器本质安全与节能降耗的思想，在容器的划类、材料安全系数的调整、换热器效率及保温保冷要求、定期检验等问题上均有较大进展。同时《固容规》调整了一些过于刚性的规定、给新材料、新工艺以及新技术的应用留出了出路和渠道，如允许有资质的单位开展基于风险的评估（RBI）、无损监测采 TOFD方法、含缺陷承压设备的评定等。

《固定式压力容器安全技术监察规程》《移动式压力容器安全技术监察规程》，加上之前颁布的《超高压容器安全技术监察规程》《简单压力容器安全技术监察规程》和《非金属压力容器安全技术监察规程》，总计有了 5 个《容规》。

2013 年 7 月，国家质量监督检验检疫总局（以下简称国家质检总局）特种设备安全监察局下达制定《固定式压力容器安全技术监察规程》（以下简称《大容规》）的立项任务书，要求以原有的《固定式压力容器安全技术监察规程》（TSG R0004—2009）、《非金属压力容器安全技术监察规程》（TSG R0001—2004）、《超高压容器安全技术监察规程》（TSG R0002—2005）、《简单压力容器安全技术监察规程》（TSG R0003—2007）、《压力容器使用管理规则》（TSG R5002—2013）、《压力容器定期检验规则》（TSG R7001—2013）、《压力容器监督检验规则》（TSG R7004—2013）等七个规范为基础，形成关于固定式压力容器的综合规范。2013 年 12 月，形成了《大容规》（草案）。2016 年 12 月，《大容规》由国家质检总局批准颁布。《大容规》是以原有的压力容器七个规范为基础，进行合并以及逻辑关系上的理顺，统一并且进一步明确基本安全要求，所形成的关于固定式压力容器的综合规范。

（3）《锅炉压力容器制造监督管理办法》（2003 年）、《压力容器压力管道设计许可规则》（TSG R1001—2012）

这两个文件是为了加强对压力容器压力管道设计和制造质量的监督和分级管理制定的。在把压力容器分成不同级别的基础上，对压力容器的设计和制造单位所必须具备的条件，资格认可和许可证的颁发程序都做了极为详细的规定。对从事压力容器设计和制造的不同岗位、具有不同职责人员的条件、考核也都有详细的要求，取得资格后才能上岗。

除了上述法规外，压力容器的设计、制造、检验及验收还要遵循相关的技术标准，这些标准包括 GB/T 150《压力容器》、JB 4732《钢制压力容器——分析设计标准》、GB/T 151《热交换器》、NB/T 47041《塔式容器》、NB/T 47042《卧式容器》、JB/T 4734《铝制焊接容器》、JB/T 4745《钛制焊接容器》、JB/T 4755《铜制焊接容器》、JB/T 4756《镍及镍基合金制压力容器》、GB/T 12337《钢制球形储罐》等，以上所列标准也是《大容规》引用的标准。

15.2　压力容器划类与分类管理

15.2.1　广义压力容器与管辖压力容器

所有承受压力载荷的密闭容器都可称为压力容器，这就是广义压力容器。

以《特种设备安全监察条例》为准，并按前述相应的《容规》来规范的压力容器可定义为管辖压力容器。

15.2.2　《大容规》所管辖（适用）的压力容器

固定式压力容器是安装在固定位置使用的压力容器。属于《特种设备安全监察条例》范围内的、又同时具备下列条件的固定式压力容器（以下简称压力容器）都受《大容规》管辖，这些条件是：

ⅰ.工作压力大于或者等于 0.1MPa（表压，不含液体静压力，下同）❶；

ⅱ.容积大于或等于 0.03m³ 并且内直径（非圆形截面指截面内边界最大几何尺寸）大于或等于 150mm❷；

---

❶ 工作压力指压力容器在正常工作情况下，容器顶部可能达到的最高压力（表压力）。

　多腔压力容器（如换热器、余热锅炉、夹套压力容器等）按照类别高的压力腔作为该压力容器的类别并且按该类别进行使用管理。但应当按照每个压力腔各自的类别分别提出设计、制造技术要求。对各压力腔进行分类时，设计压力取本压力腔的设计压力，容积取本压力腔的几何容积。

❷ 容积是指压力容器的几何容积，即由设计图样标注的尺寸计算（不考虑制造公差）并且圆整。一般需要扣除永久连接在容器内部的内件的体积。

ⅲ.盛装介质为气体、液化气体或者介质最高工作温度高于或者等于其标准沸点的液体❶。

对于为了某一特定用途、仅在装置或者场区内部搬动、使用的压力容器，以及移动式空气压缩机的储气罐按照固定式压力容器进行监管；过程装置中作为工艺设备的、按压力容器设计制造余热锅炉也按《大容规》进行监管。

不满足上述条件的其他固定式压力容器，有些只需要满足《大容规》的总则、材料、设计、制造要求即可；而有些只需要满足《大容规》的总则及设计与制造要求即可。符合这些特殊规定的压力容器详见《大容规》总则。

此外超高压容器和简单压力容器也按 TSG 21—2016 进行监察管理。

《大容规》不适用如下压力容器：

移动式压力容器、气瓶、氧舱；军事装备、核设施、航空航天器、铁路机车、海上设施和船舶及矿山井下使用的压力容器；正常运行工作压力小于 0.1MPa 的容器（包括在进料或出料过程中需要瞬时承受压力大于或等于 0.1MPa 的容器）；旋转或者往复运动的机械设备中自成整体或者作为部分的受压器室（如泵壳、压缩机外壳、涡轮机外壳、液压缸等）；板式换热器、空冷式换热器、冷却排管等。

15.2.3 《大容规》对压力容器范围的界定

《大容规》界定压力容器的范围为压力容器本体、安全附件及仪表。

（1）压力容器本体的界定范围

ⅰ.压力容器与外部管道或者装置焊接连接的第一道环向接头的坡口面、螺纹连接的第一个螺纹接头端面、法兰连接的第一个法兰密封面、专用连接件或者管件连接的第一个密封面。

ⅱ.压力容器开孔部分的承压盖及其紧固件。

ⅲ.非受压元件与压力容器的连接焊缝。

压力容器本体中的主要受压元件包括筒体（含变径段）、封头、非圆形容器的壳板、平盖、膨胀节、设备法兰，球罐的球壳板，换热器的管板和换热管；M36（含 M36）以上的设备主螺柱及公称直径大于或者等于 250mm 的接管和管法兰。

（2）安全附件及仪表

直接连接在压力容器上的安全阀、爆破片装置、易熔塞、紧急切断装置、安全联锁装置、压力表、液位计、测温仪表等。

其他如容器的支座、吊环、保温装置、不受压的内件（塔盘、换热器的挡板）等《大容规》都不监管。

15.2.4 《大容规》对压力容器的划类

本书将压力容器"分类"改成"划类"目的是强调划类的目的，是为了便于监管，而不是一般意义上的压力容器分类，如按用途分类所指的含意。

15.2.4.1 压力容器划类的依据与类别

对压力容器划类的修订是与欧盟承压设备分类方法的指导思想接轨，根据设计压力、容积和介质危害性三个因素来决定压力容器划类类别，不再考虑容器在生产过程中的作用、材料强度等级、结构形式等因素，简化划类方法，强化危险性原则，突出本质安全的思想。根

---

❶ 压力容器内主要介质为最高工作温度低于其标准沸点的液体时，如气相空间（非瞬时）的容积大于或等于 0.03m³ 时，也属于本规程的适用范围。

据危险程度的不同，仍将压力容器划分为三类，即Ⅰ类、Ⅱ类和Ⅲ类。进行压力容器划类时需注意如下几个问题。

（1）压力

是否纳入《大容规》管辖是依据工作压力，而容器的划类依据则是设计压力。

（2）容积

容积是指压力容器的几何容积，可以扣除永久连接在容器内部的内件体积。

（3）介质

主要考虑介质是否有危害性以及危害性的大小，并根据危害性分为两组。

① 介质的危害性　是指压力容器在生产过程中因事故致使介质与人体大量接触，发生爆炸或者因经常泄漏引起职业性慢性危害的严重程度，用介质毒性程度和爆炸危害程度表示。

介质的毒性程度是综合考虑介质的急性毒性大小、最高允许浓度的高低和职业性慢性中毒危害程度等因素确定的。判定某种介质的毒性程度可查阅 HG/T 20660—2017《压力容器中化学介质毒性危害和爆炸危险程度分类标准》和 GBZ 230—2010《职业性接触毒物危害程度分级》两个标准确定。HG/T 20660 没有规定的，按 GBZ 230 确定介质毒性。在这两个标准中，对介质毒性程度的分级原则和依据都有具体的规定。介质的毒性程度分为轻度、中度、高度和极度四个级别，对应的最高允许浓度分别为小于或等于 $0.1mg/m^3$、$0.1\sim 1.0mg/m^3$、$1.0\sim 10.0mg/m^3$ 和大于或等于 $10.0mg/m^3$。

介质的易爆性（爆炸危险程度）是指气体或者液体的蒸气、薄雾与空气混合形成的爆炸混合物，并且其爆炸下限小于 10%，或者爆炸上限和爆炸下限的差值大于或者等于 20% 的介质。判定某种介质的易燃性可查阅 HG/T 20660。

② 介质的分组　压力容器的介质分为以下两组，包括气体、液化气体或者最高工作温度高于或者等于标准沸点的液体。

第一组介质：毒性程度为极度危害、高度危害的化学介质，易爆介质，液化气体。

第二组介质：由除第一组以外的介质组成，如水蒸气、氮气等。

在确定介质组别时，有两种情况需要设计人员判定：

ⅰ. 对于 GBZ 230 和 HG/T 20660 两个标准中没有明确规定的介质，应当按化学性质、危害程度及其含量综合考虑，由压力容器设计单位决定介质组别；

ⅱ. 容器盛装的介质虽然属于第一组介质，但是该介质的含量远低于爆炸极限下限时，可以不按第一组介质对待。

15.2.4.2　压力容器划类方法

压力容器划类方法非常简便，先按照介质特性，选择划分图，再根据设计压力 p（MPa）和容积 V（m^3），标出坐标点，确定容器类别。对于第一组介质，压力容器的划类见图 15-1；对于第二组介质，压力容器的划类见图 15-2。

在压力容器划分类别时还会遇到下述情况，分别按《大容规》的有关规定处理。

（1）多腔压力容器类别划分

多腔压力容器（如换热器的管程和壳程、带夹套的容器），按照类别高的压力腔作为该容器的类别，并且按该类别进行使用管理。但是设计和制造要求仍应当按照每个压力腔各自的类别提出。如果需对各压力腔进行类别划定时，设计压力取本压力腔的设计压力，容积取本压力腔的几何容积。

（2）同腔多种介质压力容器类别划分

一个压力腔有多种介质时，按照组别高的介质划分类别。

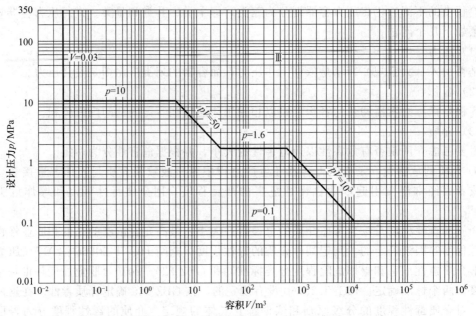

图 15-1　压力容器分类图——第一组介质

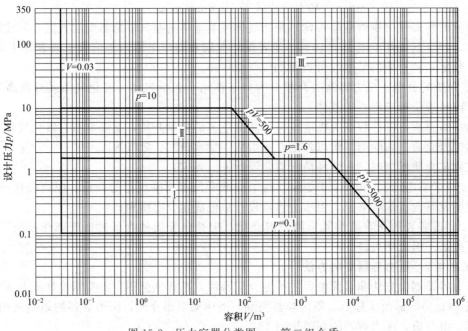

图 15-2　压力容器分类图——第二组介质

（3）特殊情况下压力容器类别划分

坐标点位于分类线上时，按照较高的类别划分；简单压力容器在类别划分时统一划分为I类。

《大容规》并不排斥对压力容器的按压力等级、品种类别、材料及形状对压力容器进行分类。比如按容器设计压力 p 的高低可分为低压容器（代号 L，0.1MPa$\leqslant p<$1.6MPa）、中压容器（代号 M，1.6MPa$\leqslant p<$10MPa）、高压容器（代号 HL，10MPa$\leqslant p<$100MPa）和超高压容器（代号 U，$p\geqslant$100MPa）；按压力容器在生产工艺中的作用原理分为反应压力容器（代号 R）、换热压力容器（代号 E）、分离压力容器（代号 S）和储存压力容器（代号

C，其中球罐代号 B）。而《大容规》将压力容器划分为Ⅰ类、Ⅱ类和Ⅲ类进行监管，对保证压力容器的安全具有更为重要的意义。

15.2.5 压力容器的设计管理

《压力容器压力管道设计单位资格许可与管理规则》（2002 年 8 月）规定从事压力容器压力管道设计的单位（以下简称设计单位），必须具有相应级别的设计资格，取得《压力容器压力管道设计许可证》。压力容器设计类别、级别划分为四类，分别是 A 类、C 类、D 类及 SAD 类。其中 A 类包括 A1 级（超高压容器、高压容器，结构形式主要包括单层、无缝、锻焊、多层包扎、绕带、热套、绕板等）、A2 级（第三类低、中压容器）、A3 级（球形储罐）及 A4 级（非金属压力容器）；C 类包括 C1 级（铁路罐车）、C2 级（汽车罐车或长管拖车）及 C3 级（罐式集装箱）；D 类包括 D1 级（第一类压力容器）及 D2 级（第二类低、中压容器）；SAD 类指压力容器分析设计。

取得不同设计类别压力容器许可证的单位，必须具备不同的条件。设计单位的各级设计人员，包括设计、校核、审核、批准（或审定）人员的任职条件以及他们的职、责、权也都有具体规定；设计许可证有效期是四年，到期需要更换，无论是申请或者更换许可证，都有规定的程序和培训考核的内容与合格与否的标准，即使是具有设计资格单位的设计人员，如果没有通过相应的资格考核（笔试、答辩、设计等）标准，那么也不能上岗工作。这些严格的规定充分体现了安全（节能）的设计要求。

《大容规》对设计资格许可、委托设计、设计文件以及设计总图等方面也做了详细的规定。

（1）设计资格许可

ⅰ.压力容器的设计工作只能由相应类别压力容器的设计许可证的单位承接，没有取得设计资格批准书的单位和任何个人均不得设计压力容器。

ⅱ.取得设计资格的单位必须在所设计的总图上，加盖压力容器设计许可印章（复印章无效）。

ⅲ.设计单位及其主要负责人对压力容器的设计质量负责。

（2）委托设计

压力容器的设计委托单位应当以正式书面形式向设计单位提出压力容器设计条件。设计条件至少包含以下内容：

ⅰ.操作参数（工作压力、工作温度范围、液位高度、接管载荷、设备附加载荷等）；

ⅱ.压力容器使用地及其自然条件，包括环境温度、风、地震和雪等；

ⅲ.介质组分特性；

ⅳ.管口方位；

ⅴ.预期使用年限；

ⅵ.设计需要的其他必要条件。

（3）设计文件

ⅰ.压力容器的设计文件包括强度计算书或者应力分析报告、设计图样、制造技术条件、风险评估报告（需要时），必要时还应当包括安装及使用维修说明。

ⅱ.装设安全阀、爆破片装置的压力容器，设计文件还应当包括压力容器安全泄放量、安全阀排量和爆破片泄放面积的计算书。无法计算时，设计单位应当会同设计委托单位或者使用单位，协商选用安全泄放装置。

（4）设计总图

① 总图的审批　设计总图应当按照有关安全技术规范的要求履行审批手续。对于第Ⅲ类压力容器，应当有压力容器设计单位技术负责人的批准签字。

② 总图的主要内容　压力容器的设计总图上，应当注明下列内容：

ⅰ．压力容器名称、类别，设计、制造所依据的主要法规、标准；

ⅱ．工作条件，包括工作压力、工作温度、介质特性（毒性和爆炸危害程度）等；

ⅲ．设计条件，包括设计温度、设计载荷（包含压力在内的所有应当考虑的载荷）、介质（组分）、腐蚀裕量、焊接接头系数、自然条件等，对储存液化气体的储罐应当注明装量系数；对有应力腐蚀倾向的材料应当注明腐蚀介质的限定含量；

ⅳ．主要受压元件材料牌号及材料标准；

ⅴ．主要特性参数（如压力容器容积、热交换器换热面积与程数等）；

ⅵ．压力容器设计使用年限（疲劳容器标明循环次数）；

ⅶ．特殊制造、热处理、无损检测、耐压试验和泄漏试验等方面要求；

ⅷ．预防腐蚀的要求；

ⅸ．安全附件的规格和订购特殊要求（工艺系统已考虑的除外）；

ⅹ．压力容器铭牌的位置以及包装、运输、现场组焊和安装要求。

15.2.6　压力容器的制造管理

ⅰ．压力容器制造（含现场组焊、现场制造、现场粘接）单位，必须持有省级以上（含省级）质检部门颁发的特种设备制造许可证，并按批准的范围进行制造。无制造许可证的单位，不得制造和组焊压力容器。

ⅱ．制造单位应依据有关法规、安全技术规范的要求建立压力容器质量保证体系并且有效运行，制造单位及其主要负责人对压力容器的制造质量负责。

ⅲ．制造单位应当严格执行有关法规、安全技术规范及技术标准，按照设计文件的技术要求制造压力容器。

ⅳ．需进行监督检验的压力容器，制造单位应当约请特种设备检验机构对其制造过程进行监督检验并且取得《特种设备监督检验证书》，方可出厂。

ⅴ．制造单位在压力容器制造前，应当根据《大容规》、产品标准及设计文件的要求制订完善的质量计划（检验计划），其内容至少应当包括容器或者受压元件、部件的制造工艺控制点、检验项目。

ⅵ．制造单位在压力容器制造过程中和完成后，应当按照质量计划规定的时机，对容器进行相应的检验和试验，并且由相关人员作出记录或者出具相应报告。

ⅶ．压力容器出厂时，制造单位应当向使用单位至少提供以下技术文件和资料。

ⅰ　竣工图样。竣工图样上应当有设计单位许可印章（复印章无效）。若制造中发生了材料代用、无损检测方法改变、加工尺寸变更等，制造单位应当按照设计单位书面批准文件的要求在竣工图样上清晰标注。标注处应当有修改人和审核人的签字及修改日期。竣工图样上应当加盖竣工图章，竣工图章上应当有制造单位名称、制造许可证编号、审核人签字和"竣工图"字样。

ⅱ　压力容器产品合格证、产品质量证明文件（包括主要受压元件材质证明书、材料清单、质量计划、外观及几何尺寸检查报告、焊接记录、无损检测报告、热处理报告及自动记录曲线、耐压试验报告及泄漏试验报告等）和产品铭牌的拓印件（或者复印件）。

ⅲ　特种设备监督检验证书。

ⅳ　设计单位提供的压力容器设计文件。

压力容器的使用单位必须在验收设备时向制造单位索取相关资料，以便办理申请使用手续。

15.2.7　压力容器的使用管理

ⅰ．使用压力容器必须办理使用登记手续。

无论是新压力容器或者是在用压力容器，使用单位都必须向质检部门申请办理使用登记手续。经质检管理部门审查申报文件合格，予以注册编号，发给使用证和注册铭牌后，才能投入运行。所发注册铭牌要固定在容器上。

ⅱ.压力容器应有完整的技术档案。

这些技术档案包括：压力容器登记卡；设计单位提供的设计图和制造厂提供的竣工图；制造厂提供的质量证明书和压力容器质检单位出具的质量监督检验证书；历次的检验、修理及安全附件的更换记录；对设备进行技术改造的有关资料以及事故处理报告等。

ⅲ.作业人员必须持证上岗。

压力容器的安全管理人员和操作人员统称为作业人员，在岗者应持有相应的特种设备作业人员证。压力容器使用单位应当对作业人员定期进行安全教育与专业培训并且做好记录，保证作业人员具备必要的压力容器作业安全作业知识、作业技能，及时进行知识更新，确保作业人员掌握操作规程及事故应急措施，按章作业。

ⅳ.必须有岗位操作规程。

压力容器使用单位应为压力容器操作人员制定岗位操作规程，其内容包括：

ⅰ 压力容器的操作工艺指标及允许使用的最高压力和最高或最低温度；

ⅱ 压力容器的开、停车程序及注意事项；

ⅲ 压力容器正常运行中应注意观察和检验的项目和部位；

ⅳ 压力容器可能出现的异常情况的处理方法与报告程序；

ⅴ 必须执行定期检验制度；

ⅵ 压力容器不允许随意"变更"。

这里所说的"变更"指的是：安全状况等级的变更；用户的变更；使用条件的变更；判废。如需作以上变更，需审核变更条件，并通过质检部门办理变更手续。

对于超设计使用年限压力容器，如果要继续使用，使用单位应当委托有资格的特种设备检验检测机构对其进行检验，经过使用单位主要负责人批准，并按照使用登记管理办法的有关规定办理变更登记手续后，方可继续使用。必要时可对容器进行合于使用的评价。

15.3 压力容器的定期检验

15.3.1 定期检验的目的

压力容器的定期检验是必须执行的一项制度。这一制度规定：在容器的使用过程中，每隔一定的期限，即采用各种适当而且有效的方法，对容器的各个承压部件和安全装置进行检查和必要的试验，以便能够早期发现缺陷，采用适当措施以消除，或对容器进行特殊监护，防止在运行中发生事故。

压力容器投入运行后必须进行定期检验的主要原因是：

ⅰ.由于工作介质的长期作用，容器与接管的壁厚会因腐蚀而减薄，或因发生了晶间腐蚀、应力腐蚀导致材料力学性能下降；

ⅱ.有些容器是在频繁地加压和卸压或是在周期性的温、压变化条件下操作，这就需要对容器可能存在微观缺陷（如焊缝）和应力集中的部位进行有无疲劳裂纹的检查；

ⅲ.有些容器的结构设计可能不尽合理，或材料的选用不当，或焊接质量存在问题，需了解这些不足之处经实际运行情况如何，原有缺陷有无发展或如何发展；

ⅳ.有些容器在高温下长期工作，因而蠕变难于避免，主要受压件出现多大的变形，需要实际检测；

ⅴ.带有衬里或防护层的容器，在介质的长期腐蚀、温、压波动的条件下有无凸起、开裂、剥落。

以上种种均需借助定期检验做出结论。

15.3.2 金属压力容器定期检验的项目

金属压力容器定期检验项目以宏观检验、壁厚测定、表面缺陷检测、安全附件检验为主，必要时增加埋藏缺陷检测、材料分析、密封紧固件检验、强度校核、耐压试验、泄漏试验等项目。

15.3.3 金属压力容器检验周期

金属压力容器一般应当于投用后 3 年内进行首次定期检验。下次检验期周期，根据该容器在上次检验后所确定的安全状况等级，按照以下要求确定：

安全状况等级（表 15-1）为 1～2 级的，一般每 6 年一次；

安全状况等级为 3 级的，一般每 3～6 年一次；

安全状况等级为 4 级的，应当监控使用，其检验周期由检验机构确定，累计监控使用时间不得超过 3 年；

安全状况等级为 5 级的，应对缺陷进行处理，否则不得继续使用。

此外检验机构可根据检验的具体结果，按照《容检规》适当缩短或延长检验周期。

15.3.4 压力容器的安全状况等级

为了切实掌握每一台投入使用的压力容器的安全状况，在新容器使用前及旧容器定期内外检验后，都要核定压力容器的安全状况等级。压力容器的安全状况共划分为五个等级，各等级的含义见表 15-1。

表 15-1 压力容器安全状况等级的划分与含义

安全状况等级	出厂技术资料是否齐全	设计与制造质量是否符合有关法规和标准的要求	缺陷的具体情况	能否在法规规定的检验周期内在原设计或规定的条件下安全使用
1	齐全	符合	无超标缺陷	能够
2	齐全（对新容器）基本齐全（对在用容器）	基本符合	存在某些不危及安全可不修复的一般性缺陷	能够
3	不够齐全	主体材质、结构、强度基本符合	存在不符合标准要求的缺陷，但该缺陷没有在使用中发展扩大 焊缝中存在超标的体积性缺陷，检验确定不需修复 存在腐蚀磨损、变形等缺陷，但仍能安全使用	能够
4	不全	主体材质不符或材质已老化 主体结构有较严重不符合标准之处	存在不符合法规和标准的缺陷，但该缺陷没有在使用中发展扩大 焊缝中存在线性缺陷，存在的腐蚀、损伤、变形等缺陷，已不能在原条件下安全使用	必须修复有缺陷处,提高安全状况等级，否则只能在限定条件下监控使用
5	—	—	缺陷严重，难于修复；无修复价值；修复后仍难以保证安全使用	不能使用,予以判废

注：1. 出厂技术资料包括：(1) 竣工图；(2) 产品质量证明书（包括各项检验报告及产品合格证）；(3) 质检部门检验单位签发的产品制造安全质量监督检验证书。

2. 表中所列缺陷是指压力容器的最终存在状态，如缺陷经修理已消除，则以消除后的状态定级。

3. 表中所列问题与缺陷，只要具备其中之一的，即应按该等级确定压力容器的安全状况等级。

新压力容器安全状况等级的核定工作是在使用单位办理容器使用登记手续时，由质检部门予以认定。在用压力容器安全状况等级的级别，是在定期的内外部检验后，根据《在用压力容器检验规程》所规定的评定标准，由检验单位签发的检验报告认定，可维持上次检验所核定的等级，也可予以变更。

15.3.5 基于风险检测（RBI）

RBI 是在追求系统安全性与经济性统一的理念基础上建立起来的一种优化检验策略的方法。对危险事件发生的可能性与后果进行分析与排序，发现主要问题与薄弱环节，确保本质安全，同时减少检测费用。RBI 通过风险的计算与排序，确定主要失效模式，分析失效机理与部位，选择检验方法，最终形成一种优化的检验策略。

20 世纪 90 年代初，美国石油协会（API）开始在石化设备开展基于风险的检验（Risk-based Inspection，RBI），并提出了 RBI 技术的规范即 API580。在英国、法国和德国等国家，也制定和发展了适合本国国情的 RBI 技术。在亚洲，韩国和日本也采用了与其相同的一些措施。目前，RBI 技术在世界上已经得到了广泛的应用。20 世纪末期，我国有关单位引入 RBI 概念，国家科技部与中国石化设立多项科研项目支持这项工作，一些国外机构也纷纷与国内机构合作开展 RBI 工作。

国家质检总局发布在 2009 年第 46 号公告［关于公布《特种设备检验监测机构核准规则》（TSG Z7001—2004）第 2 号修改单的公告］中，将基于风险检测（RBI）列为检验机构核准的一个项目，规定具有相应 RBI 软件、开展过相应研究工作、有相应的数据库、具有一定的在线检验能力并拥有相应评估能力与经验的技术人员队伍的检验机构，可提出申请，经国家质检总局核准后可开展 RBI 工作。

15.4 压力容器的压力试验及泄漏试验

15.4.1 耐压试验

容器制造以后，要经过耐压试验，合格后方能出厂，并提供压力试验报告。

新安装的容器正式投入使用前，要进行耐压试验。

实施定期检验的容器也要按规定进行耐压试验。

（1）耐压试验的目的

耐压试验的主要目的是检验容器受压部件的结构强度，验证其是否具备在设计压力下（对新容器）或在最高允许工作压力下（对旧的在用容器）安全运行所需的承压能力。同时，如果容器存在潜在性缺陷或连接部件不严密，也可以通过耐压试验时发生的泄露而被发现。

（2）加压介质

首选液体，其次才考虑气体，必要时还可以采用气液组合的方法。

由于压缩一定容积的气体至某一压力所做的功要比压缩同样容积液体至相同压力所做的功大数百倍甚至数万倍，所以相同容积、相同压力的气体爆炸时（即压力突然降低到一个大气压时）所释放的能量也会比液体大数百倍甚至数万倍。耐压试验的主要目的既然是检验压力容器的强度，而试验压力又高于其使用压力，所以就应该考虑容器在耐压试验时有破裂的可能性。因此加压介质应该选用液体，一般用水。对奥氏体不锈钢制容器用水进行耐压试验后应将水渍去除干净。无法达到这一要求时，应控制水中氯离子含量不超过 25mg/L。

但有时由于结构或者支承原因，不能向压力容器内充灌液体，以及运行条件不允许残留试验液体的压力容器，可按照设计图样规定采用气压试验。

如果考虑承重等原因无法进行液压试验，进行气压试验耗时过长，还可以采用组合压力试验作为耐压试验的方法之一，实际上在进行大型压力容器的耐压试验过程中，可以采用注入部分液体，然后用压缩空气（氮气）来加压以代替液压试验的做法，即气液组合试验法，在国外技术标准及相关技术文献中已有阐述。气液组合试验一般应按气压试验要求进行。

《大容规》规定无论是液压试验还是气压试验时，试验温度（压力容器器壁温度）应比器壁金属无延性转变温度高 30℃，且需考虑板厚等因素对金属无延性转变温度的影响，若材料无延性转变温度升高，则需要相应提高试验温度。

（3）耐压试验压力

耐压试验压力应不小于下式计算值

$$p_T = \eta p \frac{[\sigma]}{[\sigma]^t} \tag{15-1}$$

式中　p——压力容器的设计压力❶，MPa；

　　　η——耐压试验压力系数，按表 15-2 选用；

　　　$[\sigma]$——试验温度下材料的许用应力，MPa；

　　　$[\sigma]^t$——设计温度下材料的许用应力，MPa。

压力容器各元件（圆筒、封头、接管、法兰等）所用材料不同时，计算耐压试验压力应取各元件 $[\sigma]/[\sigma]^t$ 比值中最小者。

表 15-2　耐压试验的压力系数 η

压力容器的材料	耐压试验压力系数	
	液（水）压	气压
钢和有色金属	1.25	1.10
铸铁	2.00	—

直立容器卧置做液压试验时，试验压力应为立置时的试验压力加液柱静压力。

（4）耐压试验时的容器的强度校核

当采用高于式（15-1）计算值的压力进行耐压试验时，应对容器的壳体进行强度校核。

$$\sigma_T = \frac{p_T(D_i + \delta_e)}{2\delta_e} \leqslant \begin{cases} 0.9\varphi R_{eL} & \text{液压试验} \\ 0.8\varphi R_{eL} & \text{气压试验} \end{cases} \tag{15-2}$$

对于在用压力容器的耐压试验，有效厚度 δ_e 的计算应以实测最小厚度为基准，减去至下次检验时容器的腐蚀裕量。而对于新制造的压力容器可不扣除腐蚀裕量。

对于液压试验与气液组合试验，按式（15-1）计算时，还应计入液柱静压力。

（5）耐压试验要求

耐压试验具有一定的危险性，必须严格按规定的要求与程序进行，并需监察人员到场监督检查。

（6）耐压试验合格标准

① 液压试验　无渗漏，无可见变形及异常声响为合格。

② 气压试验　经过肥皂液或者其他检漏检查无漏气，无可见变形及异常声响为合格。

15.4.2　泄漏试验

耐压试验合格后，对于介质毒性程度为极高、高度危害或者设计上不允许有微量泄漏的

---

❶ 当新容器的铭牌上规定有最大允许工作压力时（一般 $[p] > p$）用 $[p]$ 代替 p。对于在用压力容器，若因腐蚀严重需要降压使用，且其 p_w 或 p_k 已小于原设计压力 p 时，应该用 p_w 或 p_k 代替 p 来计算 p_T。

压力容器，应进行泄漏试验。其目的是考证容器的致密程度，保证符合设计要求的泄漏率。

气压试验合格的压力容器，是否需要再做泄漏试验，需要设计单位在图样上做出规定。

泄漏试验根据试验介质的不同，分为气密性试验以及氨检漏试验、卤素检漏试验和氦检漏试验等。

气密性试验的气体应满足气压试验的要求，气密试验压力为压力容器的设计压力。进行气密试验时，一般应将安全附件装配齐全，保压足够时间，经检查无泄漏为合格。可采用气泡试验法或水下试验法。气泡试验法是当充气压力升至规定的试验压力时，在待检部位涂刷肥皂水等吹泡剂，由泄漏部位形成的气泡来指示泄漏和泄漏位置。水下试验法是对于小型压力容器和换热器管子与管板连接部位将其放入水中，当压力升至规定的试验压力时，观察待检部位有无气泡，以此检测设备有无泄漏。

氨检漏试验是利用氨易溶于水、在微湿空间极易渗透检漏的特点，在压力容器中充入100%、30%或10%氨气，然后通过观察覆在可疑表面上试纸或试布颜色的改变来确定漏孔位置。根据设计图样的要求，可采用氨-空气法。氨-氮气法、100%氨气法等氨检漏方法。氨的浓度、试验压力、保压时间由设计图样规定。

卤素检漏的原理是金属铂在 $800 \sim 900 \, ^\circ\text{C}$ 温度下会发生正离子发射，当遇到卤素气体时，这种发射会急剧增加，称为"卤素效应"。利用这种效应，用含有卤素气体作为示漏气体制成卤素检漏仪，灵敏度可达 3.2×10^{-9} （Pa·m^3）/s。卤素检漏试验是将压力容器抽真空后，利用氟利昂和其他卤素压缩气体作为示踪气体，在压力容器的待检部位用卤素检漏仪的铂离子吸气探针探测受检部位的泄漏情况。卤素检漏试验时，容器内的真空度要求、采用的卤素气体的种类、试验压力、保压时间以及试验操作程序，按照设计图样的要求执行。

氦检漏试验是将压力容器抽真空后，利用氦压缩气体作为示踪气体，在压力容器的待检部位用氦质谱仪的吸气探针探测受检部位的泄漏情况。对工件的清洁度和试验环境要求高，一般仅对有特殊要求的设备才采用这种检漏方法。

各种检漏试验方法的适用范围和灵敏度比较见表 15-3。

表 15-3　检漏试验方法的适用范围和灵敏度

泄漏监测方法		可探测的最小泄漏率 /(cm^3/s)	适 用 范 围
气密性试验	气泡试验	$10^{-1} \sim 10^{-2}$	无特殊要求的设备
	水下试验法	$10^{-3} \sim 10^{-5}$	小型容器或有泄漏率要求的设备
氨检漏试验		$10^{-4} \sim 10^{-5}$	衬里设备焊缝或有较高致密性要求的设备
卤素检漏试验		$10^{-4} \sim 10^{-6}$	有较高致密性要求的设备
氦检漏试验		$10^{-6} \sim 10^{-9}$	有更高致密性要求的设备,如盛装高度和极度危害介质的容器

第三篇　典型化工设备

16　管壳式换热器

16.1　管壳式换热器的总体结构

管壳式换热器是把换热管束与管板连接后，再用筒体与管箱包起来，形成两个独立的空间：管内的通道及与其相贯通的管箱，称为管程空间（简称管程）；换热管（束）外的通道及与其相贯通的部分，称为壳程空间（简称壳程）。管壳式换热器的总体结构如下。

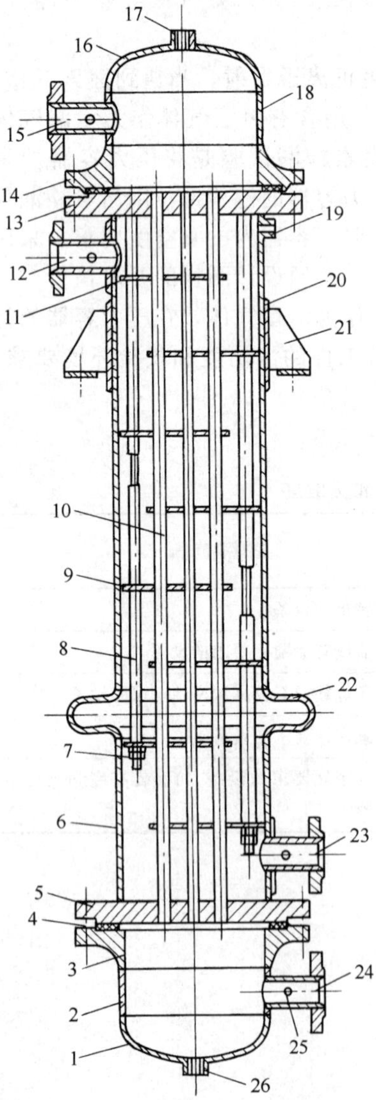

16.1.1　固定管板式换热器

固定管板式换热器的两端管板，采用焊接方法与壳体连接固定，如图 16-1 所示。其结构简单而紧凑，制造成本低。在壳体直径相同时，排管数量最多，换热管束可根据需要做成单程、双程或多程。工程中应用广泛。缺点是壳程不能用机械方法清洗，检查困难。它适用于壳体与管子温差小或温差稍大但壳程压力不高以及壳程介质不易结垢，或结垢能用化学方法清洗的场合。当壳体与管子温差大时，可在壳体上设置膨胀节，以减小两者因温差而产生的热应力。

16.1.2　浮头式换热器

所谓"浮头"指的是换热器两端的管板，一个是固定的，另一个则是浮动的（图 16-2）。设计这种结构的目的是：

ⅰ.管束可以从壳体内抽出来，便于清洗；

ⅱ.管束的热变形不会受到壳体的约束、消除了热应力。

然而，为实现上述目的也带来一些结构上的问题：

ⅰ.为了使管板浮动，在浮动管板与外部头盖（即容器封头）之间要增加一个浮头盖以及相关的连接件（图 16-3），而且一旦这里的连接发生泄漏还不易发现；

ⅱ.为使浮动管板能够随管束一起抽出，管束外缘与壳壁之间形成了一个宽度为 $17 \sim 23\text{mm}$ 的环隙，不但减少了排管数目，而且容易引起壳程短路，为此需在折流板之间焊装纵向旁路挡板，它可随管束一起抽

图 16-1　固定管板式换热器
（图中件号见表 16-1）

出（图16-4）；

ⅲ.为了减少装配与检修时抽装管束的困难，避免损坏折流板和支持板，当换热器直径大于800mm或管束长度较大时，应在管束下方安装滑道，滑道结构类型有数种，图16-5所示换热器采用的是条板结构。

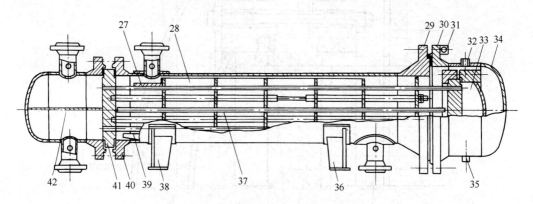

图16-2　浮头式换热器（件号见表16-1）

表16-1　换热器（包括固定管板式、浮头式、U形管式、填料函式）**零部件名称总表**

件 号	名 称	件 号	名 称
1	下管箱半椭球封头	27	防冲挡板
2	下管箱短节	28	旁路挡板（见图16-4）
3	下管箱法兰	29	外头盖侧壳体法兰
4	密封垫圈	30	外头盖法兰
5	下管板（排液孔未画出）	31	吊耳
6	壳体	32	排气孔
7	杆及紧固螺母	33	浮头（部件，见图16-3）
8	定距管	34	外头盖兰半椭球封头
9	弓形折流板	35	排液口
10	换热管	36	活动鞍座（S型）
11	接管补强圈	37	挡管（见图16-4）
12	壳程接管及管法兰	38	固定鞍座（F）型
13	上管板	39	滑道（见图16-5）
14	上管箱法兰	40	管箱侧壳体法兰
15	管程接管及法兰	41	固定管板
16	上管箱半椭球封头	42	分程隔板
17	管箱排气孔	43	内导流筒（见图16-7）
18	上管箱短节	44	中间挡板
19	壳程排气孔	45	U形换热管
20	耳式支座垫板	46	纵向隔板（双壳程）
21	耳式支座	47	填料函
22	波形膨胀节	48	填料
23	壳程接管及法兰	49	填料压盖
24	管程接管及法兰	50	浮动管板裙
25	仪表接口	51	活套法兰
26	管箱排液孔	52	剖分剪切环

注：图16-1、图16-2、图16-6和图16-8共用本件号表，相同的零部件只在首先出现的那张图上编上序号。

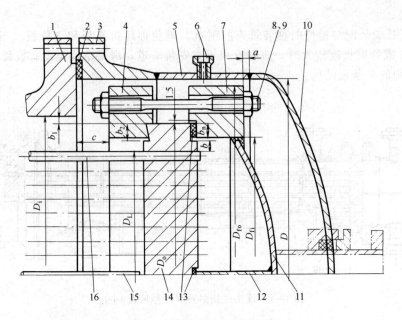

图 16-3 浮头盖及相关连接件

1—外头盖侧法兰；2—外头盖垫片；3—外头盖法兰；4—钩圈；5—短节；6—排气口或放液口；
7—浮头法兰；8—双头螺柱；9—螺母；10—封头；11—无折边球面封头；12—分程隔板；
13—垫片；14—浮头管板；15—挡管；16—换热管

图中的结构尺寸如下：

a——根据管束和壳体的伸缩量来确定；

c——安装及拧紧浮头螺母所需空间尺寸，应考虑在各种情况下的热膨胀量，一般不小于 60mm；

D_{fi}——浮头法兰和钩圈的内直径，$D_{fi}=D_i-2(b_1+b_n)$，mm；

D_{fo}——浮头法兰和钩圈的外直径，$D_{fo}=D_i+80$，mm；

D_i——换热器圆筒内直径，mm；

D_L——布管限定圆直径，$D_L=D_i-2(b_1+b_2+b)$；

D——外头盖内直径，$D=D_i+100$，mm；

D_o——浮头管板外直径，$D_o=D_i-2b_1$，mm。

b_1，b_2，b 见图 16-10，表 16-5，表 16-6。

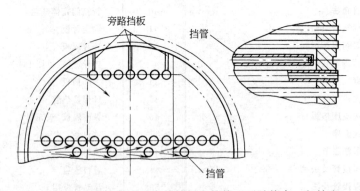

图 16-4 浮头式换热器的旁路挡板和挡管（可随管束一起抽出）

旁路挡板厚度可取与折流板等厚，其数量 $DN<500$mm 取一对；

500mm$\leqslant DN<950$mm，取 2 对；$DN\geqslant1000$mm 取 3 对

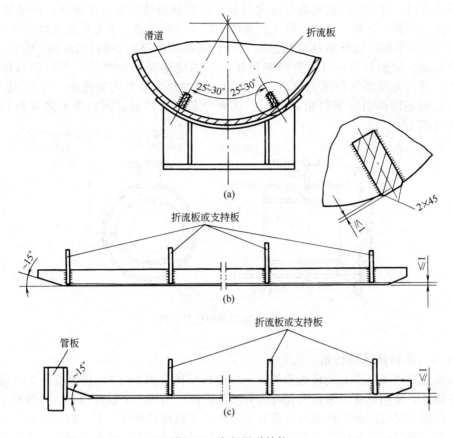

图 16-5　条板滑道结构

从以上几张浮头式换热器的结构图可见，浮头式换热器的结构复杂，金属消耗量大，造价高是其主要缺点。

16.1.3　U 形管式换热器

为了弥补浮头式换热器结构复杂的缺点，同时又保留换热管束可以抽出，热应力可以消除的优点，便出现了 U 形管式换热器（图 16-6），这种换热器只有一块管板，换热管弯成 U 形，管子的两端均固定在这仅有的一块管板上，将所有管子的入口端集中在半块管板上，出口端集中在另半块管板上，中间用管箱的分程隔板隔开。这种换热器虽然可以抽出管束，清

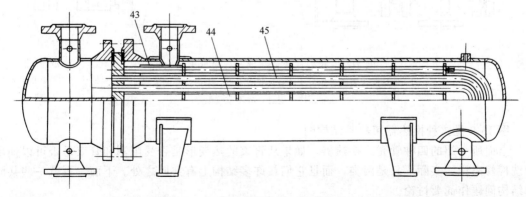

图 16-6　U 形管式换热器（件号见表 16-1）

洗管束的外表面，但是管内的清洗却较为困难。U 形管的排列是由里向外，最里层的 U 形管必须保持一个最小弯曲半径（其值大约为换热管外径的 2 倍）于是导致壳程内出现了一个不能排管的条形空间，既影响结构的紧凑，又要安装防短路的中间挡板（件号 44）。而且这种换热器的内层换热管一旦发生泄漏损坏，只能堵塞而不能更换，所以它只适用于管壳温差大，管内介质清洁但压力较高的场合。这种换热器装有内导流筒（件号 43），目的是把进入壳程的流体引导至管束的端头，以充分利用换热面，同时兼有防冲板作用，导流筒结构见图 16-7。

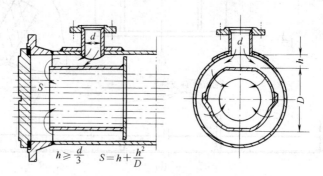

$$h \geqslant \frac{d}{3} \qquad S = h + \frac{h^2}{D}$$

图 16-7　换热器中的导流筒

16.1.4　填料函式换热器

填料函式换热器是浮头式换热器的又一种改形结构（图 16-8），它把原置于壳程内部的浮头移至体外，并用填料函来密封壳程内介质的外泄。结构上的这种改动，除保留了管束可以抽出，热应力可以消除的优点外，还省去了浮头式换热器的外头盖，而且免除了内泄漏不易发现之忧。然而将原来的法兰连接静密封改为填料函式动密封以后，壳程介质的少量外泄往往就难于避免，从而对壳程介质的选择要规定某些限制，不但壳程介质的压力和温度不宜过高，而且介质应无毒、不易燃、不易爆等。

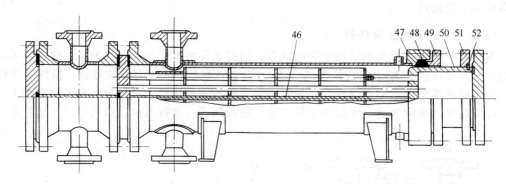

图 16-8　填料函式换热器（件号见表 16-1）
件号所代表的零件为这种换热器所专有，未标件号的零部件
在前面均出现过，故不重复编号

图 16-9 是这种换热器填料函结构图。

上面所介绍的四种管壳式换热器，如果从管束的热变形是否受限制和管束是否可以抽出清洗检修来说，实际上只是两类，而且它们在许多结构上有共同之处。下面，再就一些共同的结构问题作简要讨论。

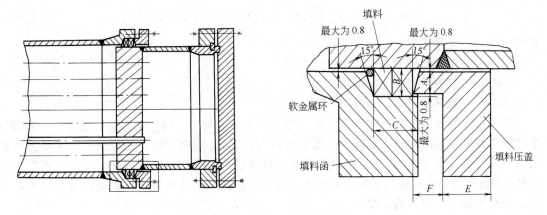

图 16-9　外填料函式浮头换热器的填料函结构

图中 A、B、C、E、F 尺寸见 GB/T 151

16.2　管壳式换热器的主要零部件

16.2.1　壳体

16.2.1.1　固定管板式换热器中轴向内力的分析与计算

由于壳体与管束通过管板刚性连接在一起，所以它与一般容器壳体不同之处是，在确定其厚度时要验算其轴向应力。

（1）由于介质内压引起的轴向力

图 16-10 是一台管程压力为 p_b、壳程压力 p_s 的固定管板式换热器，为了暴露出壳体与管束内的轴向力 N_s 与 N_b，利用截面法将换热器截成两部分，移去下半部分 [图 16-10(b)]，便可列出留下上半部分的受力平衡式

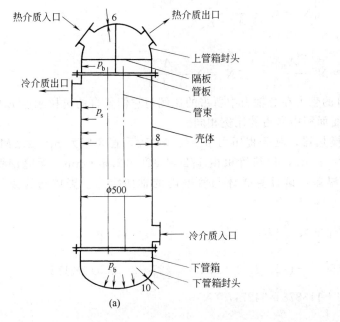

(a)

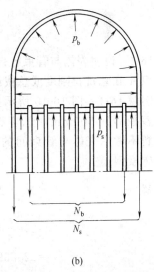

(b)

图 16-10　固定管板式换热器筒体的轴向受力分析

$$N_b + N_s = p_s \frac{\pi}{4}(D_i^2 - nd_o^2) + p_b \frac{\pi}{4}(d_o - 2t)^2 n \tag{16-1}$$

式中 D_i ——壳体内径，mm；

  n ——换热管数目；

  d_o ——换热管外径，mm；

  t ——换热管壁厚，mm。

等式右边的各量虽均已知，但一个方程解不出 N_b 与 N_s 两个未知量。这是一个在第 1 章曾经提到但未解决的静不定问题。要想解出 N_b 与 N_s 这两个量，还要通过除了静力平衡关系以外的途径来寻找 N_b 与 N_s 的新关系。通常这个"新关系"可以从"变形关系"中找到●。假设换热器管板刚性很好，不发生弯曲变形，那么筒体与管束在轴向拉力作用下，它们的伸长量应该是相等的，即

$$\Delta l_s = \Delta l_b \tag{16-2}$$

而
$$\Delta l_s = \frac{N_s l}{E_s A_s} \quad \Delta l_b = \frac{N_b l}{E_b A_b}$$

于是可得到表示 N_s 与 N_b "新关系"的补充方程

$$\frac{N_s l}{E_s A_s} = \frac{N_b l}{E_b A_b} \tag{16-3}$$

得
$$N_s = \frac{E_s A_s}{E_b A_b} N_b$$

若令
$$N = N_s + N_b$$

则由
$$N = \left(1 + \frac{E_s A_s}{E_b A_b}\right) N_b$$

得
$$\begin{cases} N_b = N \dfrac{E_b A_b}{E_b A_b + E_s A_s} \\ N_s = N \dfrac{E_s A_s}{E_b A_b + E_s A_s} \end{cases} \tag{16-4}$$

若 $E_b = E_s$

则
$$N_b = N \frac{A_b}{A_s + A_b} \qquad N_s = N \frac{A_s}{A_s + A_b}$$

式（16-4）说明壳体与管束各自的轴力在总轴力中所占的比例与它们各自的抗拉刚度 EA 或截面积 A 在总抗拉刚度或总截面面积中所占的比例相同。

例题 16-1 图 16-10 所示换热器，其壳程压力 $p_s = 2.0\text{MPa}$，管壳压力 $p_b = 2.2\text{MPa}$，壳体直径 $D_i = 500\text{mm}$，壁厚 $\delta = 8\text{mm}$，换热管束由 172 根 $\phi 25 \times 2.5$（mm）无缝钢管组成，暂不考虑壳体与管束间的温差，试计算壳体与管壁内的轴向应力。壳体与管束材料均为碳素钢。

解
$$N = N_s + N_b = p_s \frac{\pi}{4}(D_i^2 - nd_o^2) + p_b \frac{\pi}{4}(d_o - 2t)^2 n$$

$$= 2 \times \frac{\pi}{4}(500^2 - 172 \times 25^2) + 2.2 \times \frac{\pi}{4}(25 - 2 \times 2.5)^2 \times 172$$

$$= 223839 + 118878 = 342717 \text{ (N)}$$

● 这是解静不定问题的通用方法：利用变形关系寻找补充方程。下边将要讨论的热应力问题会再次应用这个方法。

因为 $\qquad A_s = \pi D\delta = \pi(500+8)\times 8 = 12767$（$mm^2$）

$$A_b = n\times \pi d\times t = 172\times \pi \times 22.5\times 2.5 = 30395\text{（}mm^2\text{）}$$

所以 $\qquad N_b = N\dfrac{A_p}{A_s+A_p} = 342717\times \dfrac{30395}{43162} = 241344$（N）

$$N_s = N\dfrac{A_s}{A_s+A_p} = 342717\times \dfrac{12767}{43162} = 101373\text{（N）}$$

壳体内的拉应力 $\qquad \sigma_{Ns} = \dfrac{N_s}{A_s} = \dfrac{101373}{12767} = 7.94$（MPa）

管束内的拉应力 $\qquad \sigma_{Nb} = \dfrac{N_b}{A_b} = \dfrac{241344}{30395} = 7.94$（MPa）

因为壳体与管束的 E 值相等，而且壳体与管束的轴向弹性拉伸应变值也是一样的，所以壳体与管束内的轴向应力相同是理所当然的。

从以上分析可见，固定管板式换热器的壳体，在承受介质内压时，由于有管束的帮助，其轴向应力比一般容器还要小，所以由内压引起的轴向应力在总的轴向应力中占的比例很小。主要需要考虑的是下面要讨论的热应力。

（2）由于管束与壳体的温差引起的热应力

固定管板式换热器的壳体与管束是通过管板刚性地连接在一起，在室温 t_0 下装配好以后，壳体与管束的温度相同，相互之间没有制约因而不存在相互制约产生的内力。

① 换热器工作时的变形分析　换热器工作时（不考虑管程与壳程内的压力），假设管内通过的是高温流体，致使管束的温度从原来的 t_0 升高到 t_b。假设壳程通过的是低温流体，壳体的温度从原来的 t_0 只升高到 t_s，t_s 显然低于 t_b。由于管束的温度升高值 t_b-t_0 大于壳体的温升值 t_s-t_0，所以管束的热伸长 Δl_{tb} 必定大于壳体的热伸长 Δl_{ts}［图 16-11（a）］。但是管束与壳体通过管板相互连接在一起，于是两者相互间就有了牵制，牵制的结果是，管束的热伸长受到壳体的限制，使它少伸长一些，这个少伸长的热变形量转化成了弹性压缩变形 Δl_{Qb}，下标中的 Q 就是壳体通过管板压缩管束的压力，这个力就是图 16-11（a）中的 P_b。与此同时，根据力的作用与反作用定律，管束将作用给管板一个大小相等、方向相反的推力 Q[❶]，这个推力 Q 将通过管板作用给壳体，这个力就是图 16-11（a）中的 P_s，壳体在这一拉力作用下将产生弹性伸长 Δl_{Qs}。于是管束的实际伸长 Δl（参看图 14-1）应该等于管束的热变形（伸长）Δl_{tb} 减去被 Q 力（即 P_b 力）压缩回来的弹性变形量 Δl_{Qb}。而壳体的实际伸长也应是 Δl，它的数值应该等于壳体的热变形（伸长）Δl_{ts} 加上被 Q 力（即 P_s 力）拉长的弹性变形量。这样一来便可得如下等式，即

$$\Delta l = \Delta l_{tb} - \Delta l_{Qb} = \Delta l_{ts} + \Delta l_{Qs} \qquad (16-5)$$

称为固定管板管壳式换热器的变形协调方程式。

如果将式（16-5）变换一下，可得下式

$$\Delta l_{tb} - \Delta l_{ts} = \Delta l_{Qb} + \Delta l_{Qs} \qquad (16-6)$$

式（16-6）与式（16-5）相比，虽然只是作了简单的数字上的"移项"，但是，两个式子所

---

❶ $P_s = P_b = Q$ 这个受力平衡式中只知 $P_s = P_b$ 但等于多少是解不出来的，所以这又是一个静不定问题，需要通过变形关系式（16-5）或式（16-6）找补充方程。

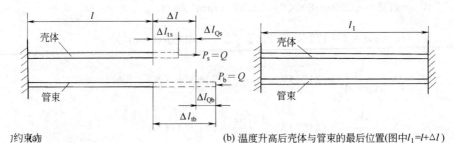

　　　　　　(b) 温度升高后壳体与管束的最后位置(图中$l_1=l+\Delta l$)

图 16-11　固定管板列管式换热器管束与壳体的变形情况示意

反映的物理含义却截然不同。式（16-6）等号左端表示的是管束与壳体两构件的热变形之差值，而等式右端表示的则是用管束与壳体的弹性变形补偿了热变形的差值，因而式（16-6）反映出热应力产生的原因及其实质。

② 热变形与弹性变形的表达式　热变形遵从的是线膨胀定律，即

$$\begin{cases} \Delta l_{tb} = \alpha_b l(t_b - t_0) \\ \Delta l_{ts} = \alpha_s l(t_s - t_0) \end{cases} \tag{16-7}$$

式中，α_b 和 α_s 分别是管束和壳体材料的线膨胀系数；l 是管束长度。

弹性变形遵从的是虎克定律，即

$$\begin{cases} \Delta l_{Qb} = \dfrac{P_b l}{E_b A_b} \\ \Delta l_{Qs} = \dfrac{P_s l}{E_s A_s} \end{cases} \tag{16-8}$$

式中，P_b 和 P_s 分别是管束受到的压力和壳体受到的拉力；E_b 和 E_s 分别是管束和壳体材料的弹性模量；A_b、A_s 分别是管束与壳体的横截面面积。

③ 内力平衡关系　管束的部分热变形（伸长）受到壳体的阻止，壳体通过管板作用给管束的压力是 P_b。反过来，壳体受到管束热伸长的推拉，管束通过管板作用给壳体的拉力是 P_s。就管板的受力而言，P_b 和 P_s 是一对平衡力，即

$$P_b = P_s = Q \tag{16-9}$$

这是反映 P_s 与 P_b 两力关系的静力平衡式。

④ 列管式换热器内的热应力　把式（16-9）代入式（16-8），再将式（16-8）和式（16-7）代入式（16-6），便可消去 l（即热应力与 l 无关），并解出 Q

$$Q = \frac{\alpha_b(t_b - t_0) - \alpha_s(t_s - t_0)}{\dfrac{1}{E_b A_b} + \dfrac{1}{E_s A_s}} \tag{16-10}$$

如果管束和壳体的材料相同，即 $\alpha_b = \alpha_s = \alpha$，$E_b = E_s = E$，则

$$Q = \frac{E\alpha(t_b - t_s)}{\dfrac{1}{A_b} + \dfrac{1}{A_s}} = \frac{E\alpha(t_b - t_s)A_b A_s}{A_b + A_s} \tag{16-11}$$

有了 Q 就不难求出管束和壳体上的应力。

管束上的压缩热应力

$$\sigma_{Tb} = \frac{Q}{A_b} = \frac{A_s}{A_b + A_s} E\alpha(t_b - t_s) \tag{16-12}$$

壳体上的拉伸热应力

$$\sigma_{Ts} = \frac{Q}{A_s} = \frac{A_b}{A_b + A_s} E\alpha(t_b - t_s) \tag{16-13}$$

从式（16-12）和式（16-13）不难看出

$$\frac{\sigma_{Tb}}{\sigma_{Ts}} = \frac{A_s}{A_b}$$

这说明在相互约束的两个构件中，较大的热应力总是产生在具有较小横截面尺寸的构件中。

例题 16-2 有一台冷凝器，管束由 109 根 $\phi 25 \times 2$（mm）的 1Cr18Ni9Ti 的不锈钢管组成。壳体内径为 400mm，由 Q245R 钢板卷焊制成，壳体厚度为 6mm。两管板间距 1500mm。该冷凝器的操作条件是：被冷凝的蒸汽在管内，压力为 720mmHg，冷凝温度 118℃。管间是冷却水，压力是 0.2MPa（表压），冷却水入口温度 28℃，出口温度 35℃，若这个冷凝器不装膨胀节，试计算热应力将有多大。

解 由于壳体与管束材料不同，所以应用式（16-10）计算壳体与管束相互约束的内力 Q，即

$$Q = \frac{\alpha_b(t_b - t_0) - \alpha_s(t_s - t_0)}{\dfrac{1}{E_b A_b} + \dfrac{1}{E_s A_s}}$$

根据冷却水的进出口温度，假设壳体壁温为 30℃，即 $t_s = 30$℃
根据蒸汽冷凝温度（118℃），假设管壁温度为 100℃，即 $t_b = 100$℃
设备制造时装配温度假设为 $t_0 = 20$℃
壳体 Q245R 的线膨胀系数 $\alpha_s = 13 \times 10^{-6} 1/$℃
管子 1Cr18Ni9Ti 的线膨胀系数 $\alpha_b = 16.1 \times 10^{-6} 1/$℃
Q245R 的弹性模量 $E_s = 2.1 \times 10^5$ MPa
1Cr18Ni9Ti 的弹性模量 $E_b = 1.96 \times 10^5$ MPa（100℃时的值）
壳体横截面积 $A_s = \pi D \delta_e = \pi \times 406 \times 6 = 7649$（mm^2）

管子的横截面积 $A_b = n \times \dfrac{\pi}{4}(d_0^2 - d_i^2) = 109 \times \dfrac{\pi}{4} \times (25^2 - 21^2) = 15744$（mm^2）

于是 $\quad Q = \dfrac{16.1 \times 10^{-6}(100 - 20) - 13 \times 10^{-6}(30 - 20)}{\dfrac{1}{1.96 \times 10^5 \times 15744} + \dfrac{1}{2.1 \times 10^5 \times 7649}} = 1223306$（N）

壳壁所产生的热应力

$$\sigma_{Ts} = \frac{Q}{A_s} = \frac{1223306}{7649} = 160 \text{（MPa）}$$

管子所产生的热应力

$$\sigma_{Ts} = \frac{Q}{A_b} = \frac{1223306}{15744} = 77.7 \text{（MPa）}$$

根据上面的分析和计算可以发现，对于有些固定管板换热器来说，在很多情况下，热应力有可能达到相当可观的数值，甚至会出现强度上或稳定上的问题，所以如何减少固定管板换热器中的热应力是本章后面将关注的问题。

16.2.1.2 壳体壁厚的确定

一般容器壳体壁厚主要是由环向薄膜应力（按第一或第三强度理论）决定的，对于固定

管板式换热器由于有热应力存在，所以按环向应力确定壁厚以后还应视情况校核其轴向应力。由于管程和壳程所承受压力大小的不同，流经介质温度的不同，壳体的轴向应力 σ_{Ns} 与 σ_{Ts} 之和 σ_s❶ 可能是拉伸应力（多数情况），也可能是压缩应力（少数情况）。当壳体受轴向拉伸时，其强度条件是

$$\sigma_s = \sigma_{Ns} + \sigma_{Ts} \leqslant 2[\sigma]^t \varphi \tag{16-14}$$

这里放宽限制条件达 $2[\sigma]^t\varphi$ 是因为考虑热应力 $_T\sigma_s$ 具有二次应力的性质。

当壳体受轴向压缩时，其压缩轴向总应力 $|\sigma_s|$ 应小于按第 9.5 节方法计算出的 B 值。

以上只针对换热器壳体介绍了它的轴向强度与轴向稳定校核，读者肯定能够想到换热器的管束所存在的轴向应力 σ_b，也存在着同样的问题，在后边结合膨胀节的使用再来讨论这个问题。

换热器壳体的公称直径以 400mm 为基数，以 100mm 为进级档。和卷制容器筒体稍有不同的是，必要时也可采用 50mm 为进级档。$DN \leqslant 400mm$ 的壳体，可以用钢管制作。

换热器壳体的最小壁厚远大于一般容器，其规定列于表 16-2 和表 16-3 中。

表 16-2　碳钢、低合金钢和复合板壳体的最小厚度　　　　　mm

公称直径	≥400~700	>700~1000	>1000~1500	>1500~2000	>2000~2600	>2600~3200	>3200~4000
可抽管束	8	10	12	14	16	—	—
不可抽管束	6	8	10	12	14	16	18

注：1.碳素钢、低合金钢制圆筒的最小厚度包含 1.0mm 的腐蚀裕量。

2.复合板的最小厚度指保障焊接复合板或内壁有堆焊层的总厚度。

3.对于可抽管束，当 $DN > 2600$ 时，圆筒最小厚度由设计者自行确定。

表 16-3　高合金钢壳体的最小厚度　　　　　mm

公称直径	≥400~700	>700~1000	>1000~1500	>1500~2000	>2000~2600	>2600~3200	>3200~4000
最小厚度	5	7	8	10	12	13	17

16.2.2　管箱

管箱是由封头、管箱短节、法兰连接、分程隔板等零件组成。增加短节的目的（见图 16-1~图 16-4）是保证管箱有必要的深度安置接管和改善流体分布，在前边介绍的四种换热器中，图 16-1 是单管程的，所以它的管箱中没有分程隔板。另外三种均是双管程换热器，它们的前管箱都有一块分程隔板，分程隔板与管板之间是借助密封垫片压紧密封，密封垫片置于管板的隔板槽中。分程隔板与管箱之间采用焊接，当管箱采用平板形封头时（图 16-4），分程隔板与封头之间也可采用密封垫片密封。

管箱隔板厚度的计算及其与管板间的垫片密封结构、尺寸等在 GB/T 151 中都有具体规定，设计时应该查阅。

16.2.3　管束

（1）换热管的尺寸规格及材料

---

❶ 本小节中的 σ_s 与 σ_b 分别表示壳体与管子中的轴向合应力，不要误认为是材料的屈服限与强度限。

换热器的管子是传热元件，管子尺寸的大小对传热有很大影响，当采用小直径的管子时，换热器单位体积的传热面积大些，设备较紧凑，单位传热面的金属消耗量小，管内传热系数提高。但传热面积一定时，管径小则制造麻烦、费用高，而且管径小流体阻力大，容易结垢，也不易机械清洗，因此多用于较清洁的流体。

常用换热管的材料、标准和尺寸见表 16-4。

表 16-4　常用换热管材料、标准、尺寸　　　　　　　mm

材　料	碳钢、低合金钢		不锈钢		铝、铝合金	
标　准	GB/T 8163 GB/T 9948		GB/T 13296 GB/T 9948 GB/T 14976		GB/T 6893	
尺　寸	外　径	厚　度	外　径	厚　度	外　径	厚　度
	≥14～30	2～2.5	≥14～30	>1.0～2.0	≤34	2.0～3.5
	>30～50	2.5～3.0	>30～50	>2.0～3.0	36～50	
	57	3.5	57		>50～55	

材　料	钛、钛合金		铜		铜合金	
标　准	GB/T 3625		GB/T 1527		GB/T 8890	
尺　寸	外　径	厚　度	外　径	厚　度	外　径	厚　度
	10～30	0.5～2.5	10	1.0～3.0	10～12	1.0～3.0
	>30～40		11～18		>12～18	
	>40～50		19～30		>18～25	
					>25～35	

考虑钢管的轧制长度及材料的合理利用，换热管的长度推荐采用：1.0；1.5；2.0；2.5；3.0；4.5；6.0；7.5；9.0；12.0（m）。

U 形管弯管段的弯曲半径 R 应不小于两倍换热管外径。

换热管允许按规定要求进行拼接。

（2）管子的排列

管子的排列形式有正三角形排列（图 16-12）和正方形排列（图 16-13）两种。如果取三根管子的连心线所构成的三角形来看，前者是等边三角形，后者为直角等腰三角形。在管间距和布管区均相同的条件下，三角形排列的布管数较多。它与正方形排列的另一个不同点是：正方形排列的管束在相邻两排管子之间（图 16-13 沿 45°方向）具有一条直线通道，便于用机械方法清洗管间。而三角形排列由于不具有这种较宽的直线通道，因而只适用于清洁的壳程介质。

从壳程流体的流动方向看，三角形排列又可分成正三角形排列与转角正三角形排列，如图 16-12 所示管束，当流体沿垂直方向流过管束时，该管束为正三角形排列；当流体沿水平方向流经该管束时（这时分程隔板槽应垂直安置），它就变成转角正三角形排列了。同理，正方形排列的管束也可根据流体流动方向的不同，区分成正方形直排列（流体沿图 16-13 中 v_1 方向流动，这时分程隔板槽应逆时针转 45°）和转角正方形排列（当流体沿垂直方向流动时）。

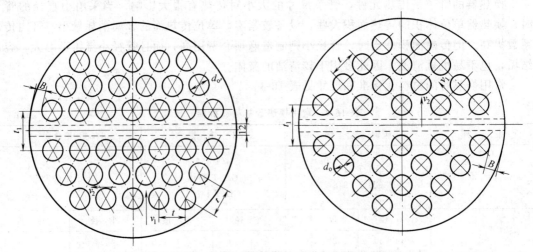

图 16-12 正三角形排列的管束（壳程流体按 v_1 流向）图 16-13 正方形排列的管束（壳程流体按 v_1 流向）
和转角正三角形排列的管束（壳程流体按 v_2 流向） 和转角正方形排列的管束（壳程流体按 v_2 流向）

上述不同的排列方式将影响对流传热系数的高低，采用正三角形排列会获得较高的对流传热系数，而正方形直排列的对流传热系数最低。

（3）管间距（换热管中心距）

管间距指的是相邻两根管子的中心距，用 t 表示，减小管间距可提高对流传热系数，但它受到管板强度和管子与管板连接工艺要求的限制。

对于多程换热器，由于管板上有宽度为 12mm 的分程隔板槽（图 16-12 中的虚线），因而在槽两侧管子之间的距离 t_1 也相应加大。

表 16-5 给出了使用不同外径的换热管时应采用的管间距 t 和 t_1。

表 16-5　换热管中心距　　　　　　　　　　　　　　　mm

换热管外径 d	10	12	14	16	19	20	22	25	30	32	35	38	45	50	55	57
t	13～14	16	19	22	25	26	28	32	38	40	44	48	57	64	70	72
t_1	28	30	32	35	38	40	42	44	50	52	56	60	68	76	78	80

注：1.换热管间需要机械清洗时，应采用正方形排列，相邻两管间的净空距离 $(t-d)$ 不宜小于 6mm，对于外径为 10，12 和 14（mm）的换热管的中心距分别不得小于 17，19 和 21（mm）。

2.外径为 25mm 的换热管，当用转角正方形排列时，其分程隔板槽两侧相邻的管中心距应为 32mm×32mm 的正方形对角线长，即 $32\sqrt{2}$ mm。

（4）最大布管圆直径 D_L

固定管板式与 U 形管式换热器的最大布管圆直径（图 16-14） D_L：$D_L = D_i - 2b_3$，$b_3 = 0.25d$，一般不小于 8mm。

浮头式换热器最大布管圆外径（图 16-15） $D_L = D_i - 2(b_1 + b_2 + b)$，其中 $b_2 = b_G + 1.5$mm；b_1 与 b_G 见表 16-6，b 见表 16-7。

（5）换热管与管板的连接

换热管与管板的连接形式有胀接、焊接、胀焊并用三种。无论采取何种形式，要求满足的基本条件有两个：一是良好的气密性，二是足够的结合力。

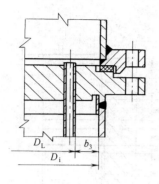

图 16-14　固定管板式与 U 形管式
换热器的最大布管圆直径

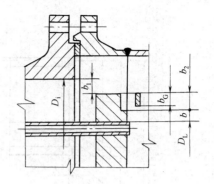

图 16-15　浮头式换热器最大
布管圆直径

表 16-6　b_G 和 b_1 的取值　　mm

D_i	b_G	b_1	D_i	b_G	b_1
≤700	≥10	3	>1200~2000	≥16	6
>700~1200	≥13	5	>2000~2600	≥20	7

表 16-7　b 的取值　　mm

D_i	b
<1000	>3
1000~2600	>4

① 胀接　胀接是用胀管器将管板孔中的管子强行胀大，使之发生塑性变形，并与仅发生弹性变形的管板孔紧密贴合，借助于胀接后管板孔收缩所产生的残余应力箍紧管子四周，从而实现管子与管板的连接。由于胀接靠的是残余应力，而残余应力会随着温度的升高而降低，所以胀接连接的使用温度不能大于 300℃，设计压力不超过 4MPa。而且操作中应无剧烈的振动，无过大的温度变化及无严重的应力腐蚀。外径小于 14mm 的换热管与管板的连接也不宜采用胀接。

当管板与换热管采用胀接时，管板的硬度应大于换热管的硬度以保证管子发生塑性变形时管板仅发生弹性变形。同时还需要考虑管板与换热管两种材料的线膨胀系数 α 的差异大小。由于胀接时的室温与换热器的操作温度往往相差很大，如果管板与换热管材料的 α 值相差较大，那么会在二者之间产生过大的热应力，从而影响胀接的强度与气密性。

采用胀接连接的换热管材料一般选用 10、20 优质碳钢，管板则用 25、35、Q255 或低合金钢 Q345、Cr5Mo 等。

② 焊接　焊接与胀接相比较有如下优点：

ⅰ.管孔不需开槽且其表面粗糙度要求不高，管子端部不需退火和磨光，因此制造加工较简便；

ⅱ.强度高、抗拉脱力强，而且气密性也好。

缺点是管子破漏需拆卸更换时，若无专用刀具，则较拆卸胀接管子要困难，故一般采用堵死的方法。另外，焊接残余应力和应力集中有可能带来应力腐蚀与疲劳破坏。

只要材料的可焊性允许，焊接连接可用于广泛的场合。由于单纯的焊接连接在管子与管板孔之间形成环隙，为了减少间隙腐蚀、提高连接的强度，改善连接的气密性，可以采用胀、焊联用的结构。

③ 胀焊并用　根据对胀、焊所起作用的要求不同，胀焊并用结构又可分成两种：

ⅰ.强度胀加密封焊，对胀接的要求是承受管子载荷，保证连接处的密封，而焊接起的

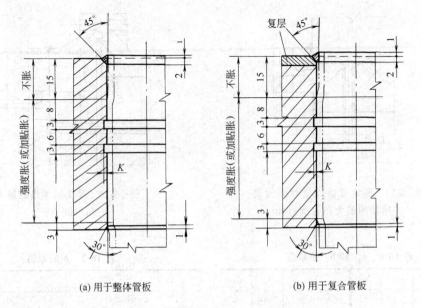

(a) 用于整体管板   (b) 用于复合管板

图 16-16　换热管与管板间的强度胀加密封焊

焊接只起防止泄漏作用，管孔内所开槽深 K 在 0.3～0.8mm，胀接时管

壁金属发生塑性变形填充槽内，借以提高换热管承受轴向载荷的能力

作用，仅仅是辅助性的防漏，这种连接的结构形式见图 16-16❶；

　　ⅱ.强度焊加贴胀，用焊接保证强度和密封，贴胀是为了消除换热管与管板孔间的环隙，以防止产生间隙腐蚀并增强抗疲劳破坏能力，这种连接的结构形式见图 16-17。

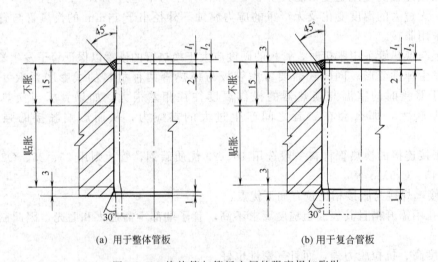

(a) 用于整体管板   (b) 用于复合管板

图 16-17　换热管与管板之间的强度焊加胀贴

换热管伸出管板的高度 l_1 与换热管直径有关。$d \leqslant 25$mm 时，l_1 取 1mm，$d = 32.38$mm，$l_1 = 2$mm；

$d = 45.57$mm 时，$l_1 = 3$mm，焊角高度 l_2 不得小于换热管壁厚的 1.4 倍。贴胀的目的是防止缝隙腐蚀

　　（6）单位长度换热管束的传热面面积表

　　换热器的传热面积是它的主要参数之一，传热面积的大小直接取决于换热管束的规格，

---

❶ 换热管与管板间的单一胀接和单一焊接的结构图可查阅 GB/T 151。

尺寸和数量。最常使用的换热管是 $\phi 25 \times 2.5$（mm），管间距为 32mm，若采用三角形排列，在各种公称直径壳体内的排管数 n 及每米长管束的传热面面积 F 列于表 16-8。

表 16-8　每米长换热管束（$\phi 25$mm，$t = 32$mm）的传热面面积

公称直径 DN	159	219	273	325	400	450	500	600
排管数目 n	6	20	38	57	96	137	172	247
1m 长传热面 F	0.47	1.57	2.98	4.48	7.54	10.76	13.51	19.40
公称直径 DN	700	800	900	1000	1100	1200	1300	1400
排管数目 n	355	469	605	749	931	1117	1301	1547
1m 长传热面 F	27.88	36.86	47.52	58.83	73.12	87.73	102.18	121.5
公称直径 DN	1500	1600		1700		1800	1900	2000
排管数目 n	1755	2023		2245		2559	2833	3185
1m 长传热面 F	137.84	158.89		176.32		200.98	222.50	250.15

注：壳体公称直径 DN 单位为 mm，传热面 F 单位为 m²，表中 F 数据是按照换热管外径计算的。

16.2.4　管板

（1）管板受力的定性分析

图 16-1 所示换热器，该换热器的管板结构和受力具有以下特点。

ⅰ. 它是一个被密布的管孔所削弱了的圆形平板，在这个平板的两侧均作用有均布载荷（管程介质与壳程介质的压力），当把它作为一个受均布载荷的圆形平板考虑时，应只考虑其中一侧的压力，而且要考虑管孔对板的强度与刚度的削弱。因此管板的强度及计算厚度显然与管孔的布置直接有关，这是管板计算与一般的圆形平板计算的区别之一。

ⅱ. 管板是被支承在由管束所构成的弹性基础上。由于管束的端部是刚性固定在管板上，当管板在流体压力作用下产生弯曲变形时，管束中的每一根管子要发生沿轴线方向的伸长或缩短变形，管板弯曲时，挠度大的地方，管子的轴向变形大，挠度小的地方，管子的轴向变形小。伴随管子发生轴向变形的同时，管板就要受到每根管子作用给它的弹性反作用力。管板挠度大的地方，这个弹性反作用力也大。当管子比较稠密地分布在管板上时，这种离散的弹性反力就可以看成是连续分布的、支承着管板的弹性基础上的面积力了。这个力的分布和大小显然与管子的尺寸（d，δ_b，l）和分布有关，而且它又直接影响着管板的强度计算结果。

ⅲ. 管板不但与管束而且与壳体均是刚性连接，壳壁的热变形及由壳程压力 p_s 和管程压力 p_b 引起的壳壁轴向伸缩（这里指的是没有管束存在时壳壁的伸缩）会受到管束和管板的约束，从而在管板上就要受到壳壁作用给它的力和力矩。这些力的大小显然与管束与壳体的温差、材质、尺寸等因素有关，因此这些因素也都将影响管板的强度计算结果。

ⅳ. 当管板兼作法兰时，管板对法兰除有加强作用外，法兰力矩反过来对管板应力也有影响，因而凡决定法兰力矩的参数都会影响管板尺寸的确定。

仅从上边粗略的定性分析中便可以看到：计算管板厚度所要考虑的因素是非常多的，本门课程不讨论管板厚度的计算。下面摘引部分常用的兼作法兰的固定式换热器管板厚度表，供参考。

（2）管板厚度表（表 16-9）

换热器管板的计算十分复杂，一般均采用计算机计算，为便于应用，下边提供一管板厚度表（部分）（表 16-9，详细厚度表见 M16-1），但在使用时应该注意以下一些条件。

M16-1

423

表 16-9 管板厚度表（部分）

序 号	设计压力 p /MPa	壳体内直径×壁厚 $D_i \times \delta$/mm²	换热管数目 n	管 板 厚 度 t/mm			
				$\Delta t = \pm 50℃$		$\Delta t = \pm 10℃$	
				计算值	设计值	计算值	设计值
1	1.0	600×8	247	35.7	42.0	29.1	34.0
2	1.0	700×8	355	36.4	42.0	30.6	36.0
3	1.0	800×10	469	44.1	50.0	35.4	40.0
4	1.0	900×10	605	44.3	50.0	37.2	42.0
5	1.0	1000×10	749	44.9	50.0	38.7	44.0
6	1.0	1100×12	931	50.7	56.0	43.0	48.0
7	1.0	1200×12	1117	51.5	56.0	44.3	50.0
8	1.0	1300×12	1301	52.3	58.0	45.7	52.0
9	1.0	1400×12	1547	52.9	58.0	46.9	52.0
10	1.6	600×8	247	10.1	46.0	36.7	44.0
11	1.6	700×10	355	46.4	52.0	41.1	48.0
12	1.6	800×10	469	47.4	54.0	43.7	50.0
13	1.6	900×10	605	48.2	54.0	45.3	52.0
14	1.6	1000×10	749	48.9	56.0	46.8	54.0
15	1.6	1100×12	931	56.6	64.0	53.0	60.0
16	1.6	1200×12	1117	57.4	64.0	54.6	62.0
17	1.6	1300×14	1301	65.3	72.0	60.1	66.0
18	1.6	1400×14	1547	66.1	72.0	61.7	68.0
19	2.5	600×10	247	49.4	56.0	46.4	52.0
20	2.5	700×10	355	50.6	58.0	47.9	54.0
21	2.5	800×10	469	52.5	58.0	50.3	56.0
22	2.5	900×12	605	57.9	64.0	55.9	62.0
23	2.5	1000×12	749	59.8	66.0	57.6	64.0
24	2.5	1100×14	931	66.4	72.0	64.4	70.0
25	2.5	1200×14	1117	67.9	74.0*	65.5	72.0
26	2.5	1300×14	1301	69.8	76.0*	69.8	76.0
27	2.5	1400×16	1547	76.3	82.0*	76.3	82.0
28	4.0	600×14	247	66.4	74.0	66.4	74.0
29	4.0	700×14	355	70.5	76.0	70.5	76.0
30	4.0	800×14	469	74.1	80.0*	74.1	80.0
31	4.0	900×16	605	81.1	88.0*	81.1	88.0
32	4.0	1000×18	749	88.4	96.0*	88.4	96.0
33	4.0	1100×18	931	90.9	98.0*	90.9	98.0
34	4.0	1200×20	1117	97.7	104.0	97.7	104.0
35	6.3	159×6	6	41.9	54.0	41.9	54.0
36	6.3	219×9	20	44.3	56.0	44.3	56.0
37	6.3	273×11	38	53.7	66.0	53.7	66.0
38	6.3	325×13	57	61.4	74.0	61.4	74.0
39	6.3	400×14	96	71.2	84.0	71.2	84.0
40	6.3	450×16	137	77.9	92.0	77.9	92.0
41	6.3	500×16	172	83.5	96.0	83.5	96.0
42	6.3	600×20	247	98.8	112.0	98.8	112.0
43	6.3	700×22	355	111.9	124.0	111.9	124.0
44	6.3	800×22	469	117.5	130.0	117.5	130.0

ⅰ．表中的设计压力，在确定管板厚度时应按壳程设计压力 p_s 与管程设计压力 p_b 中之大者选取。当设计压力 <1.0MPa 时，按 $PN = 1.0$MPa 选定。

ⅱ．因为壳体与管束尺寸均会直接影响管板厚度的计算值，所以在表中同时给出了相应的

壳体内径 D_i，壁厚 δ 以及换热管数目 n。换热管的规格是 $\phi 25 \times 2.5 \times 6000$（mm），采用三角形排列，管间距为 32mm。对称布管，壳体上接管的最大公称直径可取壳体公称直径的 1/3。

ⅲ.表中的管板厚度是按壳体不带膨胀节计算的。

ⅳ.管板、换热管、壳体及管箱短节的材料选定如下。

① 管板材料为 Q345（锻件），按设计温度 200℃确定许用应力 $[\sigma]^{200} = 140$ MPa。

ⅱ 换热管材料为 10 钢，$[\sigma]^{200} = 104$ MPa。

ⅲ 壳体与管箱短节材料：

$p \leqslant 6.3$ MPa　$D_i \leqslant 325$ mm 时用 20 无缝钢管；

$p \leqslant 0.98$ MPa　$D_i \leqslant 2000$ mm 及 $p \leqslant 1.6$ MPa　$D_i \leqslant 1500$ mm 时，用 Q245R 卷制；

p、D_i 超过上述范围时，一律用 Q345R 钢板卷制。

ⅴ.与管板相连的管箱法兰及螺栓垫片材料应按压力容器法兰标准。

ⅵ.换热管与管板的连接除 $PN = 6.3$ MPa 及打"＊"者为焊接连接外，其余均采用胀接连接。

ⅶ.表中管板厚度的设计值 t 是由计算厚度 t_0、壳程侧结构槽深 ΔS（见图 16-18）、管程侧管板腐蚀裕量 C_t 三者之和，并圆整为 2 的倍数得到的。这个设计厚度一旦确定以后，还要从这个厚度减去为满足密封与焊接需要的结构厚度 Δ_1 与 Δ_2，剩下来的厚度 t_f 便是这个兼作法兰用

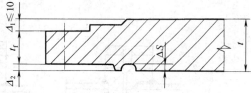

图 16-18　管板与法兰的实际厚度

的管板实际的法兰厚度。如果将这个管板延长部分的法兰厚度和与其相配的管箱法兰厚度相比较，不难发现 t_f 总是小于管箱法兰厚度，这是因为管板法兰得到了管板加强的缘故。

（3）管板与筒体的焊接连接

延长部分兼作法兰的管板与筒体连接的焊接接头示于图 16-19。不带法兰的管板与圆筒、管箱圆筒连接的焊接接头可查阅 GB/T 150 附录 G。

（4）管板与管箱法兰的密封连接

固定管板式换热器管板与管箱法兰的连接密封示于图 16-20。浮头式、U 形管式、填料函式换热器管板与筒体法兰、管箱法兰的连接密封示于图 16-21。

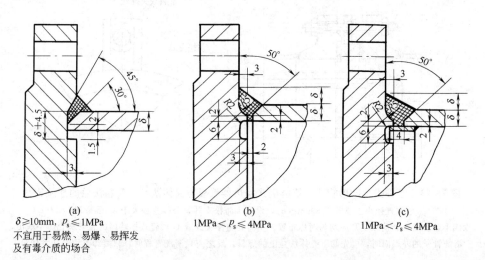

图 16-19

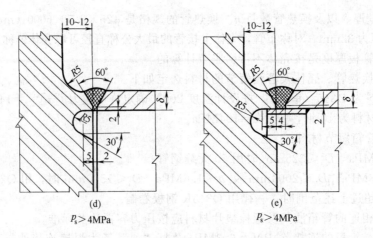

(d)　　　　　　　　　　(e)

$P_s > 4$MPa　　　　　　$P_s > 4$MPa

图 16-19　兼作法兰的管板与筒体连接的焊接接头

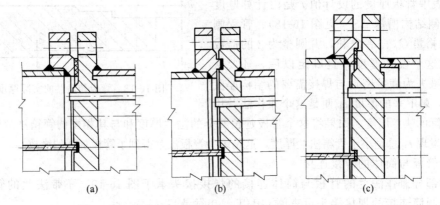

(a)　　　　　　　(b)　　　　　　　(c)

图 16-20　固定管板式换热器管板与管箱法兰的连接密封

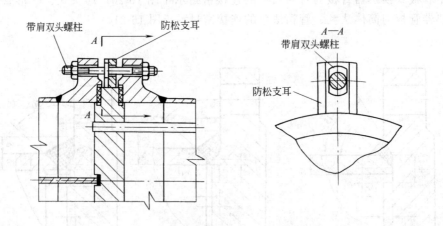

图 16-21　浮头式、U 形管式、填料函式换热器管板与筒体法兰、管箱法兰的连接密封

公称直径小于或等于 800mm 时，设两个防松支耳，公称直径大于 800mm 时，设四个防松支耳。防松支耳应均匀对称布置。当需要将浮头式或 U 形管式换热器的管束从壳体中取出，清洗管子的外表面时，应先卸下壳体法兰上的螺母，反之当只清洗管程时，只需卸下管箱法兰螺母

16.2.5　波形膨胀节

（1）波形膨胀节的作用

前已提及在固定管板式换热器中热应力有可能达到很大的数值，以例题 16-2 为例，壳壁上所产生的热应力 $\sigma_{Ts}=160\mathrm{MPa}$，管子所产生的热应力 $\sigma_{Tb}=77.5\mathrm{MPa}$。于是有人提出：既然壳壁上产生的应力过大，是不是可以增加壳壁的厚度来降低应力值呢？不妨按照这种思路进行一下计算。在例题 16-2 中，原来给的壳体有效厚度是 6mm，现在将它增大到 8mm，其他尺寸及操作条件都不变，这时壳壁和管束中的热应力会发生怎样的变化呢？

得知壳体的热变形 Δl_{ts} 不受壳体厚度的影响，增大壳体壁厚并不会改变式（16-5）左端的管束与壳体间的热变形之差的数值，因而需要转化为弹性变形的量也不会改变，然而由于壳体壁厚增加，壳体的轴向抗拉刚度加大，会使相同数量的热变形转化为弹性变形时所需的 Q 力（即 P_b 与 P_s）增加，虽然由于壳体有效厚度增大，壳体内的热应力会稍有下降，但是 Q 力的增大会大幅度地提高管束内的应力。这可从以下的计算予以证明：

壳体有效厚度增加到 8mm 时，$A_s=\pi D\delta_e=\pi\times408\times8=10254$（$mm^2$），于是根据式（16-10）可求得 Q 值为：

$$Q=\frac{16.1\times10^{-6}(100-20)-13\times10^{-6}(30-20)}{\dfrac{1}{1.96\times10^5\times15744}+\dfrac{1}{2.1\times10^5\times10254}}=1468691\text{（N）}$$

壳壁内的热应力　　　　　　　　$\sigma_{Ts}=\dfrac{1468691}{10254}=143.2$（MPa）

管束内的热应力　　　　　　　　$\sigma_{Tb}=\dfrac{1468691}{15744}=93.3$（MPa）

与例题 16-1 所得结果比较，壳壁内的热应力虽然从 160MPa 降至 143.2MPa，减少了 10.5%，但是管束的热应力却从 77.7MPa 增至 93.3MPa，增加了 20%。所以用增加壳体厚度的办法来减小器壁内热应力的思路是不对的，因为它从根本上违背了处理热应力问题的原则。减小热应力的原则是要立足于减少对热变形的限制。而增加壳体壁厚只能增大对管束热变形的限制，因而是错误的。

正确的作法是在换热器壳壁上安装膨胀节（图 16-1），以例题 16-2 所给冷凝器为例，如果安装膨胀节后，其轴向力 Q 可从 1224.9×10^3N 下降到 3780N。壳体上的热应力则从 160MPa 降低到 0.74MPa，只有原来的 0.5%。这说明，对于两个刚性连接在一起的构件，如果由于互相牵制而有可能产生热应力时，那么降低这两个构件中任何一个的刚度，都可以减小热应力。波形膨胀节正是在这样的思路下产生的。在图 16-1 中的换热器上就装有波形膨胀节。

（2）波形膨胀节的安装条件

并不是所有的固定管板换热器都须要安装波形膨胀节。当下述的三个条件中任何一个不能满足时，必须加膨胀节，这三个条件是

ⅰ.换热器的壳体和管束的轴向应力满足强度条件，即

$$\sigma_s\leqslant2[\sigma]^t\varphi \text{ 和 } \sigma_b\leqslant2[\sigma]^t\varphi \qquad\text{（φ 是焊接接头系数）}$$

ⅱ.换热器的壳体和管束的轴向压缩应力满足稳定条件，即

$$\sigma_s\leqslant[\sigma_{cr}]=B$$

$$\sigma_b\leqslant[\sigma_{cr}]=\varphi[\sigma]\qquad\text{（φ 是换热管的折减系数）}$$

ⅲ.换热管与管板为强度胀时，管板与换热管间的拉脱力 q 应不超过许可值 $[q]$，即

$$q=\frac{\sigma_b a}{\pi dl}\leqslant[q]\qquad\qquad(16-15)$$

式中　a——一根换热管管壁的横截面面积，mm^2；

　　　d——换热管外径，mm；

　　　l——胀接长度，mm。

许用拉脱力 $[q]$ 为：

　　管端不卷边，管板孔不开槽时，$[q]=2.0MPa$；

　　管端卷边或管板开槽时，$[q]=4.0MPa$；

　　如果换热管焊在管板上时，$[q]\leqslant0.5[\sigma]_b^t$，这里的 $[\sigma]_b^t$ 是换热管材料在设计温度 t 时的许用应力，q 应按焊缝截面计算。

（3）波形膨胀节的结构与尺寸

波形膨胀节的结构示于图 16-22。最常见的是用单层钢板冲压成型，可冲成数块瓦块状"整波"，然后用数条纵焊缝连成一个完整的膨胀节（结构代号 ZD），也可以冲压成两个半波，再用环焊缝对接成形（结构代号 HF），对接焊缝均应采用全熔透结构，并进行无损探伤。

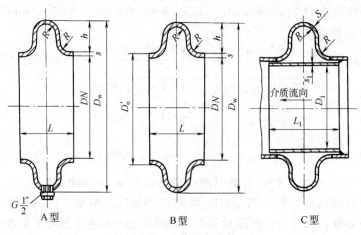

图 16-22　波形膨胀节

A 型—带丝堵，适用于单层无疲劳设计要求的膨胀节；B 型—无丝堵，适用于单层与多层有疲劳设计要求的膨胀节；C 型—带内衬套的膨胀节，LC 用于立式，WC 用于卧式容器

M16-2

影响波形膨胀节挠性的几何尺寸主要是波高与壁厚，在壁厚不变的条件下，将单层壁改为多层，会减小膨胀节工作时壁内的弯曲应力。部分材料制造的膨胀节，在 $DN\leqslant1000mm$，$PN\leqslant4.0MPa$ 条件下的厚度值见 M16-2。

（4）膨胀节的轴向弹性刚度

图 16-23 表示的是膨胀节在轴向拉力 F 作用下所发生的轴向位移 Δl。

膨胀节的轴向弹性刚度用 K 表示，它的含义是在保持膨胀节处于完全弹性变形条件下，单位轴向位移（即膨胀节的单位补偿量）所需要的轴向力，即

$$K=\frac{F}{\Delta l}\quad N/mm$$

图 16-23　膨胀节在 F 力作用下的变形 $W'=W+\Delta l$

K 值的大小取决于膨胀节尺寸和材料的 E 值。标准尺寸膨胀节的单波刚度值见 M16-3。

（5）膨胀节的补偿量

为了保证膨胀节在完全弹性的条件下安全工作，它的

补偿量是有限度的，在 M16-4 中给出了用不同材料制作的单层、单波具有标准尺寸的膨胀节的允许补偿量 $[\Delta l]$。

M16-3

根据换热器工作时的壳壁温度 t_s，管壁温度 t_b 装配温度 t_0 以及壳体和管子的线膨胀系数，可以算出换热器所需要的热变形补偿量 Δl_{tc}

$$\Delta l_{tc}=[\alpha_b(t_b-t_0)-\alpha_s(t_s-t_0)]L \tag{16-16}$$

若 $\Delta l_{tc}<[\Delta l]$，用一个单波膨胀节；

若 $\Delta l_{tc}>[\Delta l]$，则需用两个或更多的膨胀节。

M16-4

根据单波膨胀节的实际补偿量和该膨胀节的轴向刚度便不难算出安装膨胀节以后壳壁内热应力的降低幅度。

（6）不同工作温度下的许用压力

与法兰等标准件一样，波形膨胀节的许用工作压力可能高于、等于或低于其公称压力，这主要取决于膨胀节材料和它的工作温度，详见表 16-10。

表 16-10　波形膨胀节在不同温度下的许用工作压力（摘自 GB/T 16749）

公称压力 PN /MPa	波形膨胀节材料	工作温度/℃								
		100	150	200	250	300	350	400	450	500
		许用工作压力/MPa								
0.25	Q235B	0.25	0.25	0.23	0.21	0.19	0.17			
	0Cr19Ni9,0Cr18Ni11Ti	0.30	0.30	0.28	0.26	0.25	0.24	0.23	0.22	0.21
0.6	Q235B	0.60	0.60	0.56	0.50	0.46	0.41			
	0Cr9Ni9,0Cr18Ni11Ti	0.72	0.72	0.67	0.63	0.60	0.57	0.55	0.53	0.52
1.0	Q235B	1.0	1.0	0.94	0.84	0.77	0.69			
	Q345R	1.0	1.0	1.0	0.91	0.84	0.79			
	0Cr19Ni9,0Cr18Ni11Ti	1.2	1.2	1.12	1.05	1.0	0.96	0.92	0.89	0.87
1.6	Q245R	1.69	1.69	1.60	1.43	1.31	1.19			
	Q345R	1.60	1.60	1.60	1.46	1.35	1.27			
	0Cr19Ni9,0Cr18Ni11Ti	1.92	1.92	1.80	1.69	1.60	1.54	1.48	1.43	1.39
2.5	Q245R	2.64	2.64	2.50	2.23	2.05	1.86			
	Q345R	2.50	2.50	2.50	2.29	2.11	1.98			
	0Cr19Ni9,0Cr18Ni11Ti	3.00	3.00	2.82	2.64	2.50	2.41	2.32	2.23	2.17
4.0	Q245R	4.22	4.22	4.00	3.57	3.28	2.99			
	Q345R	4.00	4.00	4.00	3.67	3.88	3.17			
	0Cr19Ni9,0Cr18Ni11Ti	4.80	4.80	4.51	4.23	4.00	3.85	3.71	3.57	3.48

表 16-10 是从 GB/T 16749—1997《压力容器波形膨胀节》中摘选的一小部分内容，该标准中规定膨胀节所使用的材料共 12 种，本书只摘选了 5 种，膨胀节的公称直径最大为 2000mm，本书只摘选到 $DN=500$mm，所以在必要时，读者尚需直接查阅该标准。

16.2.6　折流板和支持板及其固定结构

（1）作用与结构

在对流传热的换热器中，安置折流板是为了提高壳程介质流速，强化传热效果。对于卧式的换热器，折流板还具有支撑换热管束的作用，但由于其主要作用是前者，所以仍称折流

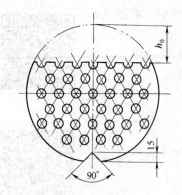

图 16-24　单弓形折流板

缺口弦高 h_0 一般取 0.20～0.45 倍的圆
筒内直径，原则是使流体通过缺口时与
横过管束时的流速相近

板。然而对于卧式冷凝器来说，由于蒸汽冷凝时的传热系数与蒸汽在壳程内的流动状态无关，这时装设折流板的目的主要是为了支撑管束，所以在卧式冷凝器中就改称它为支持板了，而且其数量也会少一些。

常见的折流板有弓形和圆环形两种，其中弓形更常用。单弓形折流板示于图 16-24，圆环形折流板示于图 16-25。

卧式容器采用单弓形折流板时，缺口切面还有一个是水平还是垂直安放的问题（图 16-26）。在这两种排列方式中，缺口上下排列使用较多（蒸汽在壳程内冷凝时不宜采用）。为了排除滞留于折流板间的积液，应在折流板的下方开一三角形或半圆形缺口，缺口大小可取折流板面积的 0.4％～1％。

（2）尺寸

为减小壳程流体沿折流板四周或穿过孔隙流动，折流板的外径及其管孔直径均应提出尺寸允差要求，详见表 16-11 和表 16-12。

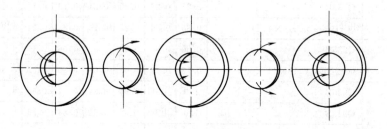

图 16-25　圆环形折流板

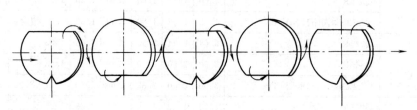

(a) 缺口上、下方排列（常用）

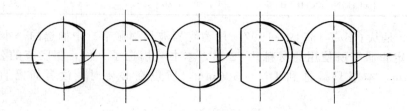

(b) 缺口左、右方排列

图 16-26　单弓形折流板的安置方式

表 16-11　折流板和支持板外径及允许偏差　　mm

DN	<400	400~ <500	500~ <900	900~ <1300	1300~ <1700	1700~ <2100	2100~ <2300	2300~ ≤2600	>2600~ ≤3200	>3200~ <4000
名义外径	DN−2.5	DN−3.5	DN−4.5	DN−6	DN−7	DN−8.5	DN−12	DN−14	DN−16	DN−18
允许偏差	0 −0.5		0 −0.8		0 −1.0		0 −1.4	0 −1.6	0 −1.8	0 −2.0

注：1.DN≤400mm 管材作圆筒时，折流板的名义外径为管材实测最小内径减 2mm。

2.对传热影响不大时，折流板的名义外径的允许偏差可比本表中值大 1 倍。

3.采用内导流结构时，折流板的名义外径可适当放大。

4.对于浮头式热交换器，折流板和支持板的名义外径不得小于浮动管板外径。

表 16-12　Ⅱ 级管束折流板和支持板管孔直径及允许偏差　　mm

换热管外径 d、最大无支撑跨距 L_{max}	$d≤32$ 且 $L_{max}>900$	$d>32$ 或 $L_{max}≤900$
管孔直径	$d+0.50$	$d+0.70$
允许偏差	+0.40 0	

注：Ⅰ 级管束折流板尺寸及允许偏差需查 GB/T 151。

为保证折流板及支持板必要的刚度，其厚度不得小于表 16-13 之规定。

表 16-13　折流板或支持板的最小厚度　　mm

公称直径 DN	折流板或支持板间的换热管无支撑跨距 L					
	≤300	>300~600	>600~900	>900~1200	>1200~1500	>1500
	折流板或支持板最小厚度					
<400	3	4	5	8	10	10
400~700	4	5	6	10	10	12
>700~900	5	6	8	10	10	12
>900~1500	6	8	10	12	16	16
>1500~2000	—	10	12	16	20	20
>2000~2600	—	12	14	18	22	24
>2600~3200	—	14	18	22	24	26
>3200~4000	—	20	24	26	28	

（3）间距

折流板间距过大会影响传热效果，支持板间距过大会使换热管产生过大挠度，所以它们的最大间距不得超过表 16-14 之规定。在通常情况下，折流板的最大间距不大于筒体内径，最小间距不小于筒体内径的 1/5，且不小于 50mm。

表 16-14　支持板与折流板的最大间距　　mm

换热管外径/mm	10	12	14	16	19	25	30	32	35	38	45	50	55	57
最大无支撑跨距	900	1000	1100	1300	1500	1850	2100	2200	2350	2500	2750	3150		

注：碳素钢和高合金钢最高使用温度 400℃，低合金钢最高使用温度 540℃，超过这些金属温度上限时，最大无支撑跨距应按该温度下的弹性模量与本表中的上限温度下弹性模量之比的四次方根成比例地缩小。

（4）固定

折流板和支持板是用拉杆固定的，常用的拉杆形式有两种，见图16-27，图（a）为拉杆定距管结构，适用于换热管外径大于或等于19mm的管束。图（b）是拉杆与折流板点焊结构，适用于外径小于或等于14mm的管束。

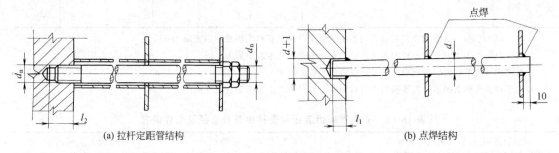

(a) 拉杆定距管结构　　　　　　　　　　　(b) 点焊结构

图 16-27　拉杆结构

拉杆应尽量均匀布置在管束的外边缘。对于大直径的换热器，在布管区内部或靠近折流板缺口处应布置适当数量的拉杆，任何折流板应不少于3个支承点。

拉杆的数量与筒体直径及拉杆直径有关，详见表16-15。而拉杆直径的选定则与换热管的外径有关，详见表16-15下边的注。

表 16-15　拉杆数量

拉杆直径 d_n/mm	热交换器公称直径 DN/mm								
	<400	400~<700	700~<900	900~<1300	1300~<1500	1500~<1800	1800~<2000	2000~<2300	2300~<2600
10	4	6	10	12	16	18	24	32	40
12	4	4	8	10	12	14	18	24	28
16	4	4	6	6	8	10	12	14	16

拉杆直径 d_n/mm	热交换器公称直径 DN/mm						
	2600~<2800	2800~<3000	3000~<3200	3200~<3400	3400~<3600	3600~<3800	3800~<4000
10	48	56	64	72	80	88	98
12	32	40	44	52	56	64	68
16	20	24	26	28	32	36	40

注：在保证大于等于本表所给定的拉杆总截面积的前提下，拉杆的直径和数量可以变动，但其直径不得小于10mm，数量不少于4根。换热管外径为10mm≤d≤14mm时，拉杆直径取10mm；换热管外径为14mm<d<25mm时，拉杆直径取12mm；换热管直径为25mm≤d≤57mm时，拉杆直径取16mm。

16.2.7　其他结构

（1）防冲与导流装置

为防止壳程进口接管处壳程流体对换热管的直接冲刷，可设置壳程的防冲挡板，其结构示于图16-28。

若管程采用轴向入口接管或换热管内流体速度超过3m/s时，在管箱内也应设防冲挡板，以减少流体的不均匀分布和对换热管和管板的冲蚀。

用于 U 形管式换热器中的导流筒已在前边（图 16-7）作了介绍，这里不再重复。

（2）扩大管

若壳程介质是蒸汽，则可采用扩大管以起缓冲作用。在扩大管内应加两块导流板，见图 16-29。

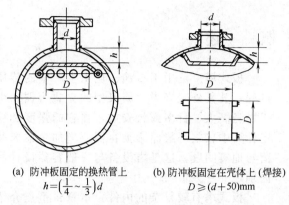

(a) 防冲板固定的换热管上

$h = \left(\frac{1}{4} \sim \frac{1}{3}\right)d$

(b) 防冲板固定在壳体上 (焊接)

$D \geqslant (d+50)\text{mm}$

图 16-28　换热器壳程入口处的防冲挡板

最小厚度碳钢 4.5mm，不锈钢为 3mm

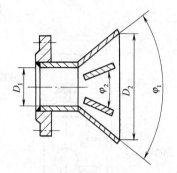

图 16-29　换热器壳程入口管的扩大管

若进入壳程的介质是气体（蒸汽）则可采用扩大管

以起缓冲作用 $\dfrac{D_2}{D_1} = 1.3 \sim 1.5$, $\varphi_1 = 60°$, $\varphi_2 \approx 30°$

（3）排液孔与排气孔

换热器壳程与管程的最高点要设排气孔，以备试压时排除气体。在最低点要设排液孔，以充分排除残液。排液孔与排液孔的结构示于图 16-30。

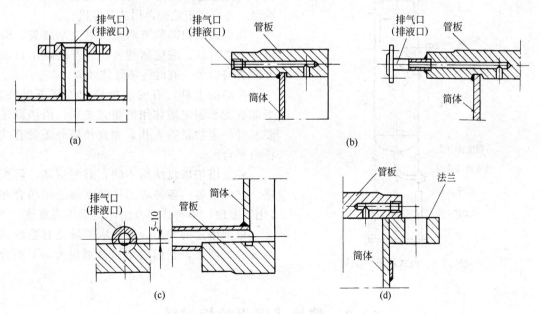

图 16-30　换热器上的排气孔与排液孔

433

17 板 式 塔●

17.1 概 述

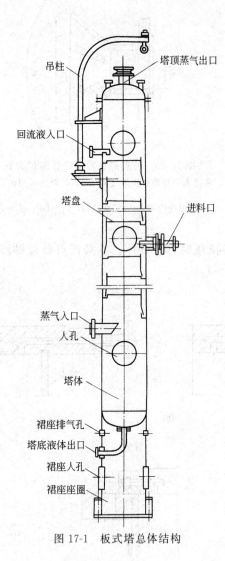

图 17-1 板式塔总体结构

板式塔广泛用于石油、化工生产中的传质过程，就其外壳来说，属典型的立式容器。由于塔身高大、且多露天安放，在它的强度和稳定计算中较之一般储罐类容器要增加考虑风载荷与地震问题，这是塔设备与一般容器设计的区别之一●。

板式塔有较复杂的内件，本章将重点介绍整块式塔盘的和分块式塔盘的板式塔的结构。首先了解板式塔的总体结构，见图 17-1。

塔的外壳大多是用钢板卷焊制成，大直径（≥800mm）塔沿塔高一般都焊成整体，内件的装拆检修均通过人孔进行。塔径小于 800mm 时，人无法进入塔内，故需将全塔沿塔高分成数段，各段塔节之间再用法兰连接。

在板式塔内部装有塔盘及其支承装置、降液管、进料口、塔底蒸气入口、产品抽出口以及回流液口等，有时还装除沫装置。

在塔的上部，有安装检修用的塔顶吊柱，下部有支承固定塔体用的裙式支座，沿塔高还要安置一定数量的人孔，大直径塔外还设有扶梯与平台。

板式塔按塔盘结构不同，有泡罩塔、筛板塔、浮阀塔等，各种塔的优缺点及适用场合在《化工原理》中有详尽介绍，这里不再重述。

根据塔径的大小，板式塔的塔盘有整块式与分块式两类，它们的结构差别很大，下面分别讨论。

17.2 整块式塔盘的板式塔

塔径小于等于 700mm 时，塔盘作成整块式，根据塔盘安装固定方式的不同，整块式塔

● 塔设备包括板式塔和填料塔，限于篇幅本章只讨论板式塔。
● 本章不定量讨论这个问题的计算，它超出了非机械类专业教学要求。

盘又分为定距管支承式和重叠式两种。

17.2.1 定距管支承式塔盘

图 17-2 是一个塔节内定距管支承式塔盘的装配图，塔节高度：塔径 $DN=300\sim500\mathrm{mm}$ 时，$H_\mathrm{T}=800\sim1000\mathrm{mm}$；塔径 $DN=600\sim700\mathrm{mm}$ 时，$H_\mathrm{T}=1200\sim1500\mathrm{mm}$。塔节内的 5～6 块塔盘用定距管和拉杆上下串接固定于塔壁的支座上。安装时先将拉杆的下端通过螺母固定在支座上，然后由下而上逐层安装塔盘及塔盘圈四周的密封装置，最后用两个螺母从上端锁紧。

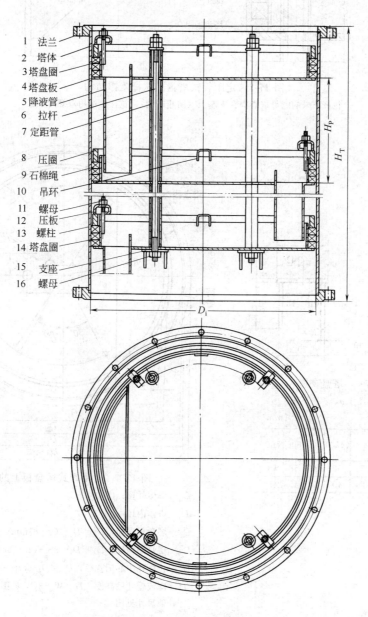

1　法兰
2　塔体
3　塔盘圈
4　塔盘板
5　降液管
6　拉杆
7　定距管
8　压圈
9　石棉绳
10　吊环
11　螺母
12　压板
13　螺柱
14　塔盘圈
15　支座
16　螺母

图 17-2　定距管式塔盘组装图

图 17-3 和图 17-4 是拉杆支承结构详图。图 17-5 给出了塔盘板上各种开孔的数量、位置及尺寸。

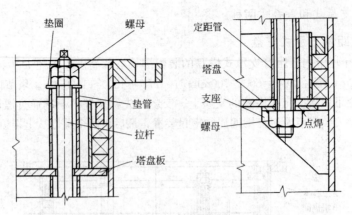

图 17-3　定距管式塔盘的拉杆支撑结构

拉杆下端的螺母应点焊在支座上（防止转动），拉杆上端用双螺母锁紧

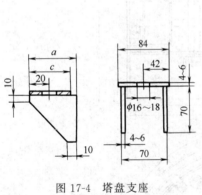

图 17-4　塔盘支座

支座中尺寸 a，c 按下表

mm

塔径 D_i	300	(350)	400	(450)	500	600	700
a	51	51.5	52	52	52.5	58	58
c	40	40	40	40	40	45	45

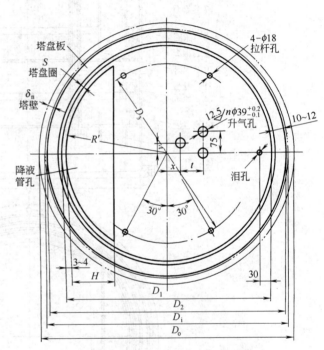

图 17-5　定距管式塔盘板上的开孔

D_o—塔体外径；

D_i—塔体内径；

D_2—塔盘板直径，$D_2 = D_i - (6\sim8)$mm；

D_1—塔盘圈内径，$D_1 = D_i - 2S - (20\sim24)$mm；

D_3—拉杆孔中心圆直径，$D_3 = D_i - (70\sim80)$mm；

H—降液管孔弓高度，$H = W + 3$（W 见图）；

其他尺寸见图

17.2.2　重叠式塔盘

图 17-6 是重叠式塔盘的组装结构。它与定距管式塔盘之区别是塔盘的支承是焊在塔盘上的三根支柱和一个支承板（参看图 17-7）。上层塔盘通过调节螺栓安放在下层塔盘的支承板上。

436

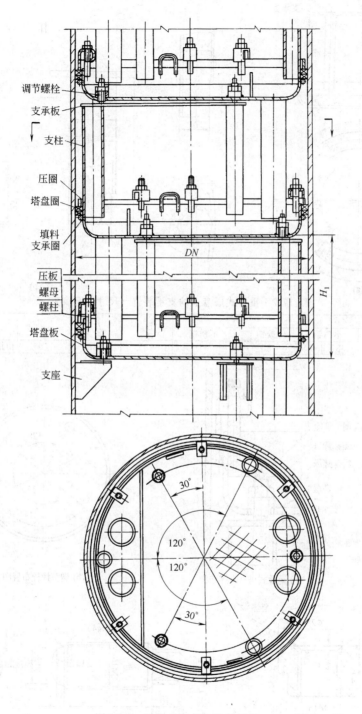

图 17-6　重叠式塔盘的组装结构

图 17-7（a）是从图 17-6 中取出的一层塔盘及焊在塔盘圈上的三根立柱，立柱由钢管制成。立柱的顶端焊有一个 C 形支承板用来支承上一层塔盘。图 17-7（b）则是将整体的支承板改为单块的矩形支承板。

图 17-8 是重叠式塔盘的支承结构。

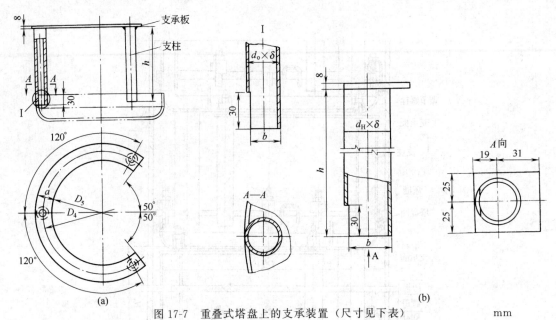

图 17-7　重叠式塔盘上的支承装置（尺寸见下表）　　　　　　mm

支柱 $d_o \times \delta$		b		D_4	D_5	a	h
碳钢	不锈钢	碳钢	不锈钢				
38×3.5	38×2.5	33	34	638	588	50	由塔盘间距决定

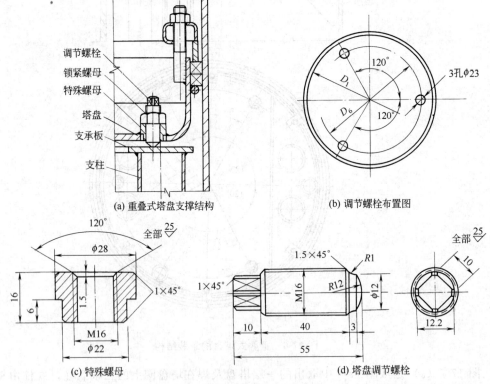

图 17-8　重叠式塔盘的支承结构

（a）图是支承结构节点详图；将（c）图所示的特殊螺母，焊在塔盘板的 $\phi 23$ 孔（b 图）中，用三个调节螺栓将
塔盘调至水平后，用锁紧螺母锁紧。$DN=700mm$ 的塔，调节螺栓中心圆直径，
即（b）图中的 D_6，应为 $D_1 - 40 = 670 - 40 = 630mm$

438

17.2.3 塔盘圈与密封结构

(1) 塔盘圈

塔盘上的塔盘圈有角焊式和翻边式两种结构（图 17-9）。角焊的塔盘圈在焊接时要防止塔盘板的变形，所以宜采用冲压而成的翻边式。图中所标注的尺寸见表 17-1。

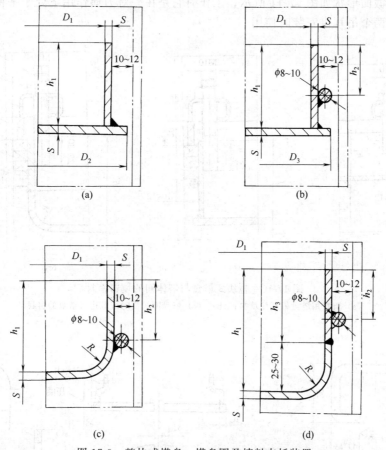

图 17-9　整块式塔盘、塔盘圈及填料支托装置
(a)、(b) 为角焊式塔盘；(c)、(d) 为翻边式塔盘

表 17-1　整块式塔盘尺寸
mm

塔径 DN	300	(350)	400	(450)	500	600	700
塔盘圈内径 D_1	274	324	374	424	474	568	668
塔盘直径 D_2	297	347	397	447	497	596	696
塔盘直径 D_3	290	340	390	440	490	590	690
塔盘厚度 S	3(2)					4(3)	
翻边塔盘 R	6					8	

注：表中数据为碳钢塔盘，对于不锈钢塔盘 D_1 应比表中数据增加 2mm，S 取括号内数据。

塔盘圈的高度 h_1 一般取 70mm，但不得低于堰高。h_1 需取较高值时采用图 17-9 (b)、(d) 结构。

塔盘圈外边的密封填料支持圈用 $\phi 8 \sim 10$mm 圆钢弯制焊于塔盘圈上，其距塔盘圈顶的距离 h_2 根据填料层数定，一般为 $30 \sim 40$mm。

（2）密封结构

为了防止塔盘下面空间内的气态介质从塔盘四周逸入塔盘上层空间，需要将塔盘板四周与塔体内表面间的环隙用填料密封起来，在图17-10所示的结构中，螺栓焊在塔盘圈内侧，装好填料、压圈和压板后，旋紧螺母即可将螺母对压板的垂直作用力通过压圈传到填料上去，压板的横截面形状如图17-11所示，工作时它是在一对力偶作用下处于平衡。压圈是开口的，上面焊两个吊耳供安装时使用。

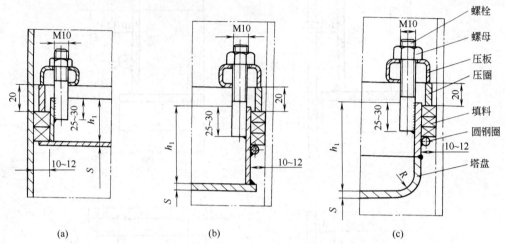

图 17-10　整块式塔盘与塔体间的填料密封

（a）直接用塔盘板托住填料；（b）、（c）塔盘圈较高时或翻边式塔盘的密封

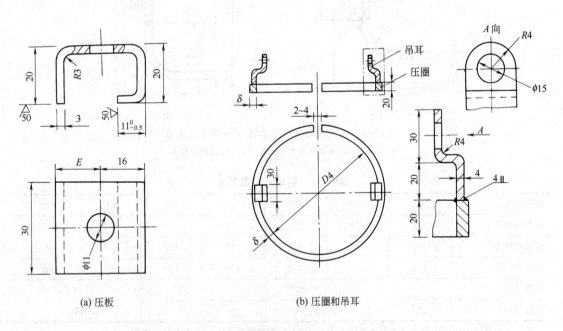

(a) 压板　　　　　　　(b) 压圈和吊耳

图 17-11　整块式塔盘密封装置零件（压圈尺寸见下表）　　　　　mm

塔径 DN	300	(350)	400	(450)	500	600	700
圈径 D_4	286	336	386	436	486	582	682
圈厚 δ			4			6	

17.2.4 降液管、溢流堰、出口液封盘

降液管有圆形与弓形两种，分别示于图 17-12 和图 17-13。

降液管出口处液封盘也有两种结构，见图 17-14。

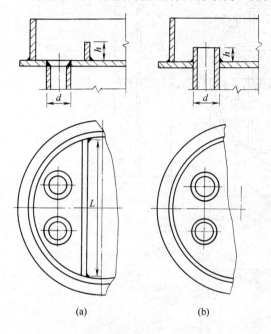
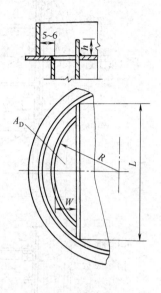

（a）　　　　　　（b）

图 17-12　圆形降液管及溢流堰

（a）为降液管与溢流堰分开的结构；（b）为降液管与溢流堰合二而一的结构。降液管总面积和溢流堰长度由工艺计算确定，用于降液管截面积较小的板式塔盘

图 17-13　弓形降液管及溢流堰

A_D—弓形降液管面积（工艺计算确定）；

L—弓形降液管的弓长；

W—弓形降液管的弓高；

R—弓形降液管的弓圆弧半径；

h—溢流堰高度

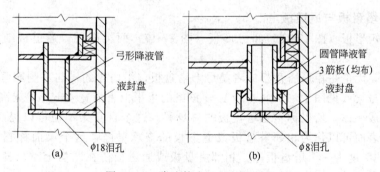

图 17-14　降液管出口处的液封盘

（a）用于弓形降液管；（b）用于圆管形降液管

17.3　分块式塔盘板式塔

17.3.1　组装结构

分块式塔盘有单液流程和两液流程两种组装结构，图 17-15 是单液流程塔盘组装结构，

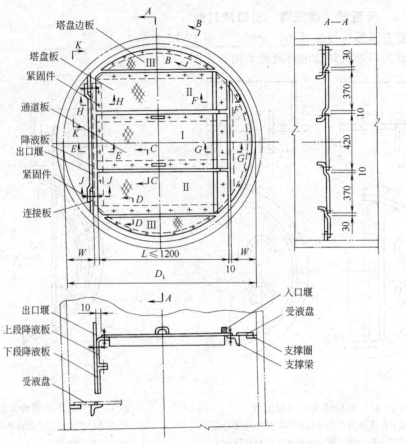

图 17-15　单液流程塔盘组装结构

用于塔径 800～2400mm。图中右侧是受液盘，左边是降液管，中间相互搭接有四块塔盘板和一块通道板。下面介绍其结构。

17.3.2　塔盘板与通道板

塔盘板有矩形板（图 17-16）和弓形板（图 17-17）两类四种。通道板结构较简单，示于图 17-18。

由图可见，无论是矩形塔盘板或者是弓形塔盘板，沿塔盘的横向一侧均弯制出一个断面形似角钢的自身梁（见图 17-16 中 $A—A$），该梁的水平上表面宽 45mm，梁高为 h，由于该梁与塔盘板连成一体，所以称它为塔盘板的自身梁，这个自身梁不但可以提高塔盘的刚度，而且其水平上表面可以作为相邻塔盘板或通道板的支承梁面，这个梁面称它为塔盘的"凹肩"，其下凹的深度为一个塔盘板厚，相邻塔盘板或通道板搭在凹肩上时，各相邻塔盘板均处于同一水平面。

通道板是没有自身梁的塔盘板，由于塔在安装或检修时，上下层塔盘间需要有通道，故称其为通道板。拆卸时总是先拆通道板，安装时则总是最后才装通道板。

矩形塔盘板与通道板的左右两侧和沿弓形的圆弧侧开有长圆孔，塔盘板凹肩上开有圆孔，这些开孔都与塔盘板的固定有关，将在后面介绍。

塔盘板上升气孔的排列及尺寸由工艺确定。

塔盘材料：Q235A，Q345R，304，304L，316，316L。

塔盘的最小厚度：泡罩塔碳钢取 3.5mm（腐蚀裕量另加），不锈钢取 3mm；浮阀塔、

442

筛板塔碳钢取 3mm（腐蚀裕量另加），不锈钢取 2mm。

塔盘板与通道板尺寸见有关各图。

17.3.3 分块式塔盘的支持结构

将图 17-15 中的塔盘板、通道板、受液盘、出口堰取走，留下的是图 17-19 所示的支持结构。

支撑圈是具有矩形截面 $B×\delta$ 的缺口圆环，沿其外缘水平焊在塔体内壁上。右边为一角钢制的支撑梁，角钢两端支撑面削去后将其插到支撑圈下面，并与连接板 2 连接（参看图 17-25）。左边的支承梁是降液板的弯边（参看图 17-24），降液板则与连接板 1 相连接。安装后的支撑圈，角钢支撑梁和用降液板弯边作成的支承梁，三者的上表面应处于同一水平面内。

17.3.4 塔盘、出口堰、降液板、受液盘的固定

塔盘板等零件是如何固定到支撑圈和支撑梁上去的呢？现分别看图 17-15 中的几个剖面。

（1）塔盘边板与支撑圈的连接

图 17-20 是塔盘边板与支撑圈之间采用螺栓-卡板连接的剖面图（即图 17-15 中的 $B—B$

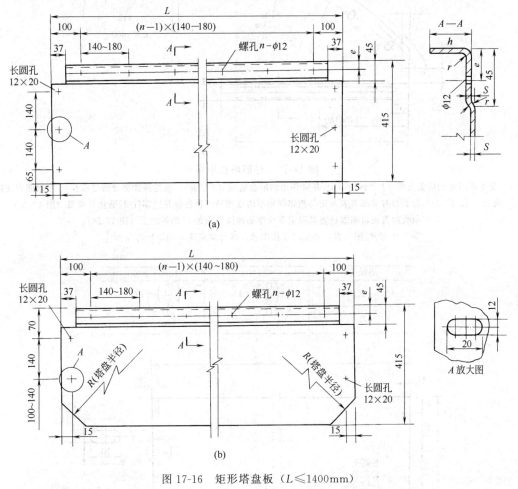

(a)

(b)

图 17-16　矩形塔盘板（$L \leqslant 1400mm$）

（a）是标准塔盘板（3 号板）；（b）是切角塔盘板（4 号板），塔盘一侧的自身梁高度 $h=60mm$（$L \leqslant 800$ 时）
或 $h=70mm$（$800mm < L \leqslant 1200mm$），梁的凹肩与相邻塔盘或通道板用螺柱-椭圆垫板相互压紧（图 17-22），
塔盘板两端则用扁平螺栓紧固在支撑梁和降液板的 U 形翻边上（图 17-23），矩形塔盘板与弓形塔
盘边板之间应该 1 号板配 4 号板，或是 2 号板配 3 号板，需根据塔径与塔板长度通过绘图决定

[1 号板、2 号板见图 17-17（a）（b）]

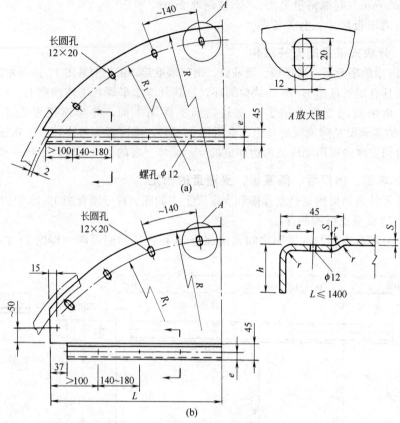

图 17-17　弓形塔盘边板

（a）是不带切角的塔盘边板（1 号板）；（b）是带切角的塔盘边板（2 号板），板的圆弧部分通过螺栓-卡子紧固在支撑圈上，（图 17-20）板的自身梁凹肩表面则与相邻的矩形塔盘或通道板搭接并用螺柱-椭圆垫板夹紧（图 17-22），切角处则需用扁端螺栓将其固定在支撑梁或降液板的 U 形折边上（图 17-23）。

R 与 R_i 按下表，其他尺寸按图示，自身梁高度 h 同矩形塔盘板

mm

塔径 D_i	≤1600	1600～2300
R	$\left(\dfrac{D_i}{2}\right)-15$	$\left(\dfrac{D_i}{2}\right)-17.5$
R_i	$\left(\dfrac{D_i}{2}\right)-60$	$\left(\dfrac{D_i}{2}\right)-70$

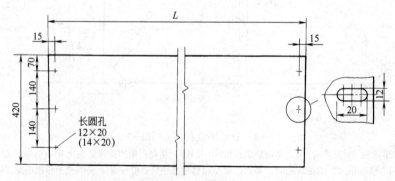

图 17-18　通道板

无论每层塔盘由多少块塔盘板组成，其中至少要有一块通道板，通道板没有自身梁，沿长度两侧都是压放在相邻的两块塔盘自身梁的凹肩上，安装时排在最后，拆卸时首先卸

444

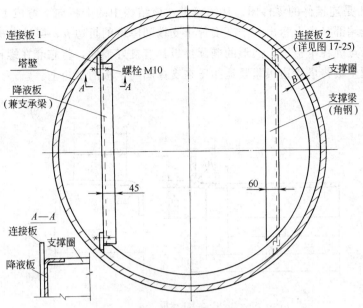

图 17-19　分块式塔盘的支持结构

支撑圈尺寸　　　　　　　　　　　　mm

塔径 D_i	$B \times \delta$	塔径 D_i	$B \times \delta$
≤1600	40×10	1600~2300	50×10

注：不锈钢 $\delta=6$。

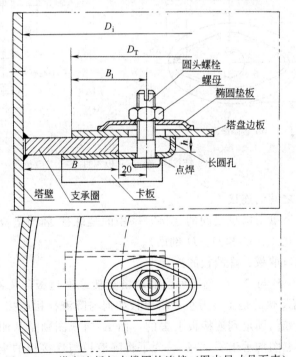

图 17-20　塔盘边板与支撑圈的连接（图中尺寸见下表）

　　　　　　　　　　　　　　　　mm

塔内径 D_i	D_T	B	B_1
≤1600	D_i-30	40	45
1600~2300	D_i-35	50	52.5

剖面)。图 17-21 是连接件的零件图。从图可见，该结构中的卡板向下弯成 U 形（目的是增大其刚度）在其端部又向上弯出一个高度等于支撑圈厚度的折边 h，穿过卡板与塔盘边板长圆孔的圆头螺栓点焊在卡板上，凸形的椭圆垫板具有良好弹性，将它套在螺栓上后，旋紧螺母便可通过椭圆垫板将塔盘边板紧紧地扣压在支撑圈与卡板的折边上。

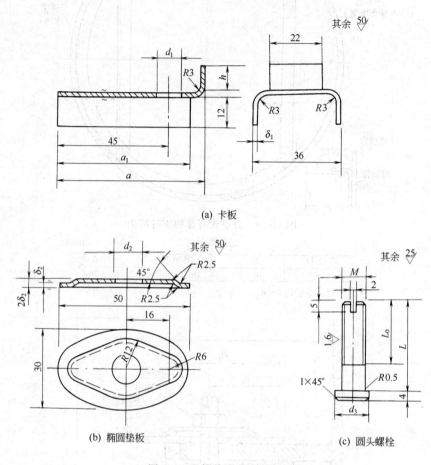

(a) 卡板

(b) 椭圆垫板

(c) 圆头螺栓

图 17-21　螺栓-卡板零件

(2) 相邻塔盘板之间的连接

塔盘与通道板、塔盘与塔盘之间的连接，采用的是螺柱-椭圆垫板连接，其结构示于图 17-22（即图 17-15 中的 C—C 和 D—D 剖面）。

(3) 塔盘板、出口堰板、降液板的连接

在图 17-15 中 F—F 与 G—G 剖面可以反映塔盘板或通道板与支撑梁之间的连接结构。H—H 和 E—E 剖面反映的是出口堰板和塔盘板如何与降液板相连接。J—J 剖面表达的是出口堰板和降液板是如何固定到连接板上去的，而 K 向视图则是从侧面表达了同一位置处的结构。上述这些节点图均示于图 17-23。为了将降液板与连接板的全貌表示出来，读者可参看图 17-24。

(4) 角钢与连接板，受液盘与支撑圈的连接

在前边介绍塔盘的支承结构即图 17-16 时，曾指出为保证角钢支承表面与支撑圈支承表面在同一水平面内，必须将角钢两端的支承面切去一部分，以便角钢可以插入到支撑

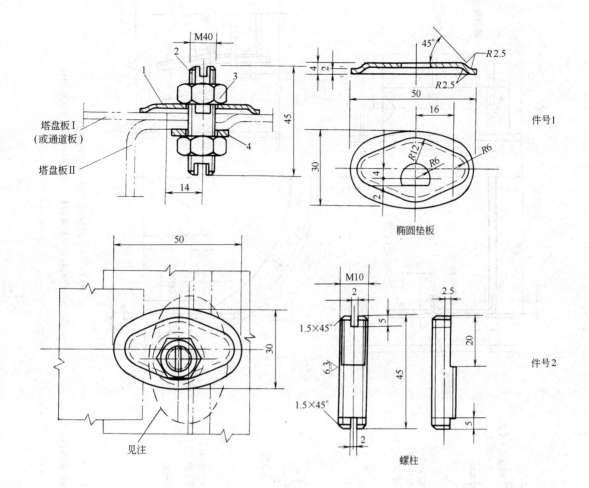

图 17-22　螺柱-椭圆垫板连接（图 17-15　*C—C*、*D—D* 剖面）

1—椭圆垫板；2—螺柱；3—螺母；4—垫圈

这是一种双面可拆装的塔盘紧固结构，凸形椭圆垫板具有良好弹性，它套在螺柱上后可随螺柱一起转动，螺母可从塔盘任何一侧拧松，然后旋转螺柱 90°，使椭圆垫圈转至双点划线位置时，两块塔盘即可分开，塔盘自身梁凸肩上开设的 φ12 孔就是穿越异形螺柱用的螺孔

圈下面去并与连接板 2 连接。现在所提供的图 17-25 中的 Ⅱ 部详图和 *A* 向视图则进一步显示了角钢与连接板 2 的具体连接结构。从图还可看出受液盘与支撑圈的连接方法是和塔盘边板与支撑圈的连接方法一样的，受液盘的直边侧则用间断点焊的方法将它固定在角钢支撑梁上。角钢上的开孔是用来连接塔盘板（及通道板）用的（参看图 17-23 中的 *F—F*，*G—G* 剖面）。

（5）入口堰与密封板

入口堰用于塔盘降液管的液封，并可缓和稳定流向塔盘的液流，采用平受液盘均应设置入口堰。图 17-26 所示的入口堰是用间断的填角焊缝与平受液盘焊在一起，为了防止液体从入口堰两端流向塔盘，所以在其两端各装一块密封板。为清除停止操作时受液盘内的积液，在堰板底部开有 *R*4 半圆孔一个。

447

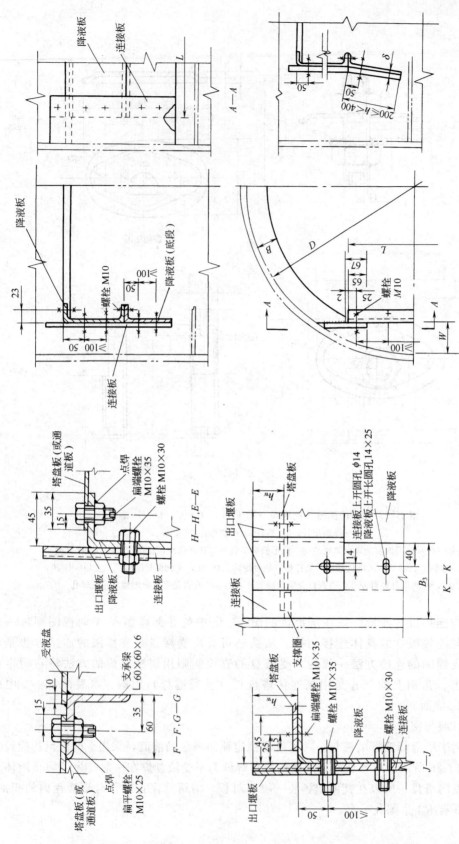

图 17-24　降液板与连接板的连接
图的右下角给出的是倾斜降液板，其结构与垂直降液板相同

图 17-23　塔盘板、出口堰板、降液板的连接节点
图中各剖面位置示于图 17-15。在 K—K 剖面上的出口堰板有平堰和齿形堰两种，
齿形堰的齿高为 15～20mm，图中绘制的是平堰

降液板
连接板

A—A

降液板

降液板（底段）
螺栓 M10
连接板

螺栓 M10

D
B
L
W

塔盘板（或通道板）
点焊
扁端螺栓 M10×35
螺栓 M10×30
出口堰板
降液板
连接板

H—H, E—E

出口堰板
塔盘板
连接板上开圆孔 φ14
降液板上开长圆孔 14×25
降液板

K—K

受液盘
支承梁 L 60×60×6
塔盘板（或通道板）
点焊
扁平螺栓 M10×25

F—F, G—G

出口堰板
塔盘板
扁端螺栓 M10×35
支撑圈
降液板
螺栓 M10×30
连接板

J—J

448

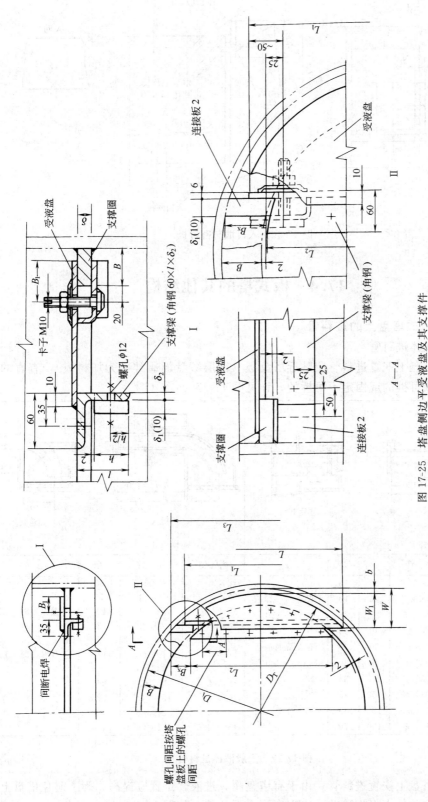

图 17-25　塔盘侧边平受液盘及其支撑件

受液盘安放在支撑圈和角钢作的支撑梁上。角钢用卡子与连接板作的支撑梁上，角钢用卡子与连接板固定，连接板焊在塔壁上。为使角钢的支撑平面与支撑圈处于同一水平面，应将角钢端部的水平支承面削掉以便能将角钢端部插入到支撑圈的下面（Ⅱ及 A—A）去并与连接板连接。受液盘间断焊于角钢支承面上，与支撑圈则用卡子固定。图中用字母表示的尺寸（L_2、B_x等）由设计确定

449

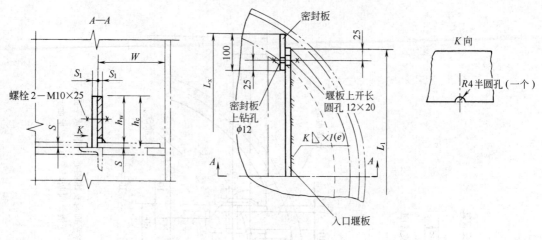

图 17-26 入口堰与密封板

17.4 板式塔的其他结构

17.4.1 板式塔盘上的进料管

（1）一般液体进料管

在分块式塔盘上安置进料管应贴近塔盘板（该层塔盘板通常称为加料板），有直的和弯的两种，可作成可拆的或固定不可拆的，详见图 17-27（a）、（b）。

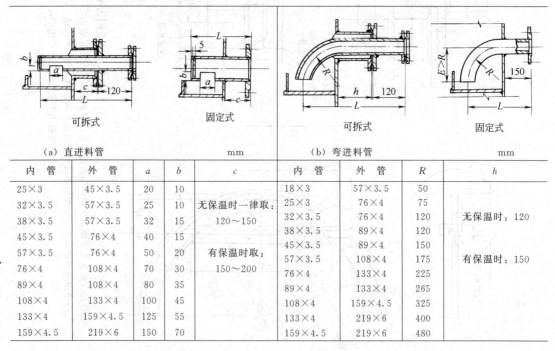

（a）直进料管   mm

内　管	外　管	a	b	c
25×3	45×3.5	20	10	无保温时一律取： 120～150 有保温时取： 150～200
32×3.5	57×3.5	25	10	
38×3.5	57×3.5	32	15	
45×3.5	76×4	40	15	
57×3.5	76×4	50	20	
76×4	108×4	70	30	
89×4	108×4	80	35	
108×4	133×4	100	45	
133×4	159×4.5	125	55	
159×4.5	219×6	150	70	

（b）弯进料管   mm

内　管	外　管	R	h
18×3	57×3.5	50	无保温时：120 有保温时：150
25×3	76×4	75	
32×3.5	76×4	120	
38×3.5	89×4	120	
45×3.5	89×4	150	
57×3.5	108×4	175	
76×4	133×4	225	
89×4	133×4	265	
108×4	159×4.5	325	
133×4	219×6	400	
159×4.5	219×6	480	

图 17-27 一般液体进料管

在整块式塔盘上安置进料管，由于有塔盘圈，进液管位置应提高，为了避免塔盘上的液面因受进料液流的冲击发生波动，应安置一个缓冲管，如图 17-28 所示。

（2）易生泡沫液体和汽液两相混合态介质进料管

对于易生泡沫的液体，可将进料管安置在降液板的外侧，并沿降液板平行延伸至塔内［图 17-29（a）］，在面向降液板的管壁上开一排小孔，使液体散开喷洒在降液板上后再流向塔盘，以防止液泛。

对于汽、液两相混合态的介质可采用切向进料方式［图 17-29（b）］，物料进塔后，先经旋风分离，再行分馏。

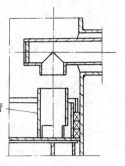

图 17-28　整块式塔盘上的进料管

17.4.2　塔顶吊柱

随着石油、化学工业的日益发展，塔的直径与高度都在增大，为了检修的方便，一般在高度为 15m 以上塔的顶部，都应设有塔顶吊柱。图 17-30 为 HG 标准的塔顶吊柱总图。

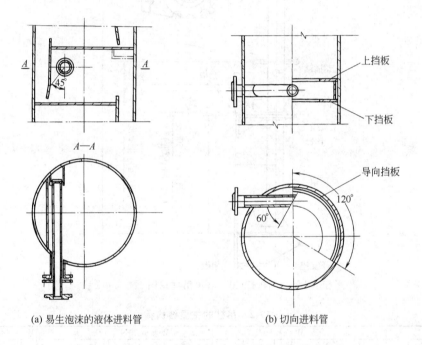

(a) 易生泡沫的液体进料管　　　　　　(b) 切向进料管

图 17-29　易生泡沫液体和汽液两相混合态介质进料管

塔顶吊柱的主要参数有两个，一个是臂长 S，另一个是起吊重量 G。臂长从 600mm 到 2600mm 共 16 种，可根据塔的直径及吊柱在塔顶上的安装位置选定。为了使操作人员站在平台上转动把手时，吊钩的铅垂线能转到人孔附近，吊柱的中心线与人孔中心线之间要有合适的夹角。吊柱的臂长选多大，显然与此夹角有关。吊柱的最大起吊重量不同时，吊柱的某些尺寸也不尽相同。不同臂长和不同起吊重量的吊柱，它们的主要尺寸见表 17-2。

吊柱的各部分结构介绍如下。

① 吊杆　通常用 20 钢无缝钢管弯制，最好是用整根的钢管，如果管长不够，允许拼接一次，拼接焊缝不允许位于上支座到悬臂转弯处之间。为保证焊透，拼接焊缝采用带垫板（环）的 V 形坡口。

② 封板　用管子制作的吊柱都要在悬臂的端部加一封板，以防止雨水灌入管柱引起生锈。封板上方有一 $\phi30$mm 的牵引孔（图 17-31）。

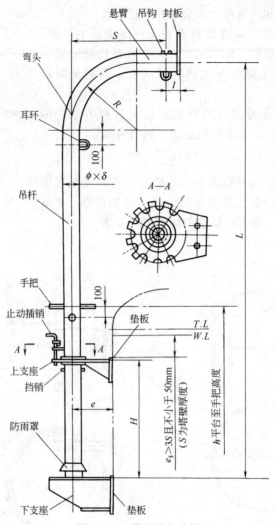

图 17-30 塔顶吊柱总图

表 17-2　吊柱的主要结构参数　　　　　　　　　　mm

变量序号	尺寸			W=2550N				W=5000N				W=10000N			
	S	L	H	$\phi\times\delta$	R	e	D	$\phi\times\delta$	R	e	D	$\phi\times\delta$	R	e	D
1	600	3150	900	108×8	450	250	700								
2	700	3150	900	108×8	450	250	900								
3	800	3150	900	108×8	450	250	1100	159×10	750	520	1100				
4	900	3150	900	108×8	450	250	1300	159×10	750	250	1300				
5	1000	3400	1000	108×10	450	250	1500	159×10	750	250	1500	219×10	900	300	1400
6	1100	3400	1000	108×10	450	250	1700	159×10	750	250	1700	219×10	900	300	1600
7	1200	3400	1000	108×10	750	250	1900	159×10	750	250	1900	219×10	900	300	1800
8	1300	3900	1100	108×10	750	250	2100	159×10	750	250	2100	219×10	900	300	2000
9	1400	3900	1100	108×10	750	250	2300	159×12	750	250	2300	219×10	900	300	2200
10	1500	3900	1100	108×10	750	250	2500	159×12	1000	250	2500	219×10	1000	300	2400
11	1600	4250	1250	159×10	750	250	2700	159×12	1000	250	2700	219×12	1000	300	2600
12	1800	4250	1250	159×10	750	250	3100	159×10	1000	250	3100	219×12	1000	300	3000
13	2000	4250	1250	159×10	750	250	3500	219×10	1000	300	3400	219×12	1000	300	3400
14	2200	4850	1350					219×10	1000	300	3600				
15	2400	4850	1350					219×10	1000	300	4200				
16	2600	4850	1350					219×10	1000	300	4600				

注：D 为适用的最大设备直径，供选用参考。

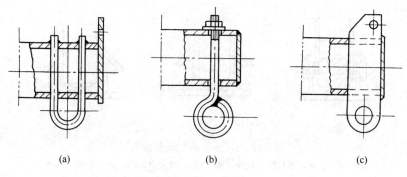

(a)   (b)   (c)

图 17-31　吊钩

（a）是将圆钢弯成 U 形，焊在吊柱上；（b）采用的是环形螺栓结构，缺点是螺母有
松动的可能；（c）是板式结构，缺点是绳子容易磨损

③ 吊钩　常用的吊钩形式有三种，见图 17-31。

④ 手柄　采用的是焊接短管结构，使用时另加长管。

⑤ 固定销　它的作用是防止吊柱在起吊物体时随意转动，保证操作安全。

⑥ 支座　分上支座和下支座（图 17-32），前者主要承受横向力，后者除承受横向力外还要承受轴向载荷，它们都是用钢板和短管组焊而成。两支座间的距离取吊柱总高的 1/3 左右。

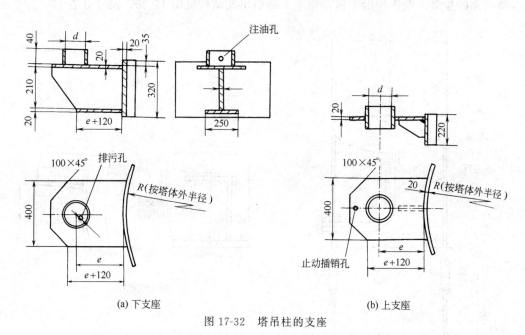

(a) 下支座   (b) 上支座

图 17-32　塔吊柱的支座

⑦ 挡销　在上支座下方的吊柱上焊有圆钢制作的挡销，它的作用是阻止吊柱向上窜动。

⑧ 支承结构　支承结构有多种，图 17-33 介绍了其中的三种。每种支承都有防雨水或其他脏物落入的锥形罩。此外在支座上还应开有注油孔。

17.4.3　裙式支座

图 17-34 所示裙式支座是由座圈、基础环和地脚螺栓座组成。座圈除图示的圆筒形外，

453

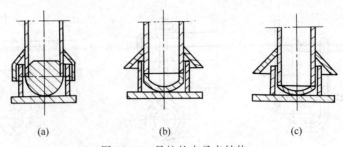

图 17-33　吊柱的支承点结构

（a）是实心球，吊柱管径较小（如 $\phi 108$）时采用；（b）是空心的半椭球，
吊柱管径较大（如 $\phi 159$，$\phi 219$）时采用，如果半椭球制造有困难，
可改用（c）无折边球形封头

还可做成半锥角不超过 $15°$ 的圆锥形。座圈上开有人孔、引出管孔、排气孔和排污孔。座圈焊固在基础环上，基础环的作用，一是将载荷传给基础，二是在它的上面焊制地脚螺栓座［图 17-33（b）］，地脚螺栓座是由两块筋板、一块压板和一块垫板组成，地脚螺栓正是通过地脚螺栓座将裙座牢牢地固定在基础上。基础上的地脚螺栓是预先填埋固定好的，为了便于安装，裙座基础环上的地脚螺栓孔是敞口的［图 17-34（b）中的 $B—B$］，地脚螺栓座上的压板和垫板要在塔体吊装就位后再焊上去，最后旋紧垫板上的螺母（图中未画出地脚螺栓与螺母）将塔固定。

塔底部的接管一般需伸出裙座，裙座上的引出孔结构见图 17-35。尺寸见表 17-3。

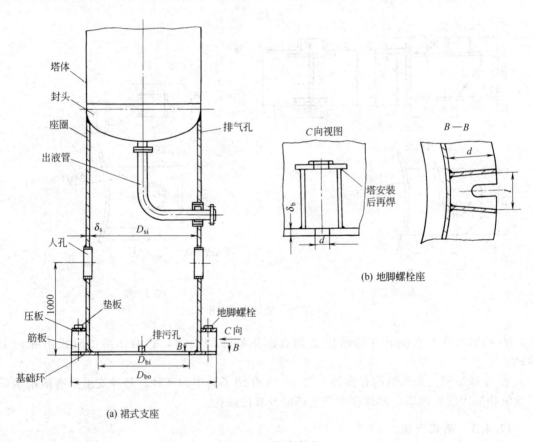

图 17-34　裙式支座

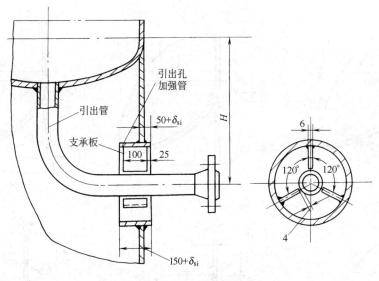

图 17-35　塔底接管引出孔

表 17-3　引出孔尺寸　　　　　　　　　　　　　　　mm

引出管直径		20 25	32 40	50 70	80 100	125 150	200	250	300	350	>350
引出孔加强管	无缝钢管	$\phi133\times4$	$\phi159\times4.5$	$\phi219\times6$	$\phi273\times8$	$\phi325\times8$	—	—	—	—	—
	焊管（内径）	—	—	$\phi200$	$\phi250$	$\phi300$	$\phi350$	$\phi400$	$\phi450$	$\phi500$	$d+150$

注：1. 引出管在裙座内用法兰连接时，加强管通道内径必须大于法兰外径。

2. 引出管保温（冷）后的外径加上 25mm 大于表中的加强管通道内径时，应适当加大加强管通道内径。

3. 引出孔加强管采用焊管时，壁厚一般等于裙座壳厚度，但不大于 6mm。

引出管的加强管上一般应焊有支承筋板，考虑到管子的热膨胀，支承板与引出管之间应留有间隙。

为了检修的需要，裙座上必须开设检查孔。检查孔分圆形和长圆形两种。圆形孔直径为 $250\sim500$mm，长圆孔 400mm×500mm。

塔中介质如果在流动过程中产生静电，静电放电时的火花如遇到易燃、易爆介质会引起火灾或爆炸，因此根据安全规范的规定，应在塔的裙座上装有静电接地板、静电接地板的材料为 06Cr19Ni10，厚度可取 5mm。

裙座与塔体的焊接可以采用对接焊接接头，也可采用搭接焊接，图 17-36（a）～（d）是裙座与塔体底封头的对接连接焊接接头，其中（c）是圆锥形裙座，其余为圆筒形裙座。根据风载或地震载荷计算需要的地脚螺栓座数量较多时，或者当基础环下的混凝土基础表面承受压力过大时，往往需采用锥形裙座。圆锥形裙座壳的半锥顶角 θ 不宜超过 15°，裙座壳的名义厚度不应小于 6mm。

图（e）～图（h）是裙座与塔体的搭接连接，裙座座圈内径应稍大于塔体外径。搭接焊接接头的位置既可以在封头直边处［图（e）、（f）］，也可在塔体上［图（g）、（h）］，搭接焊缝距封头与塔体连接的对接焊缝的距离应符合图示规定。

当采用图（g）、（h）结构时，被裙座壳覆盖的塔壳的 A、B 类焊接接头应磨平，且应进行 100% 的射线式超声检测。当塔壳下封头由多块板拼接制成时，拼接焊缝处的裙座宜开缺口，缺口型式见图 17-36（i），缺口尺寸见表 17-4。

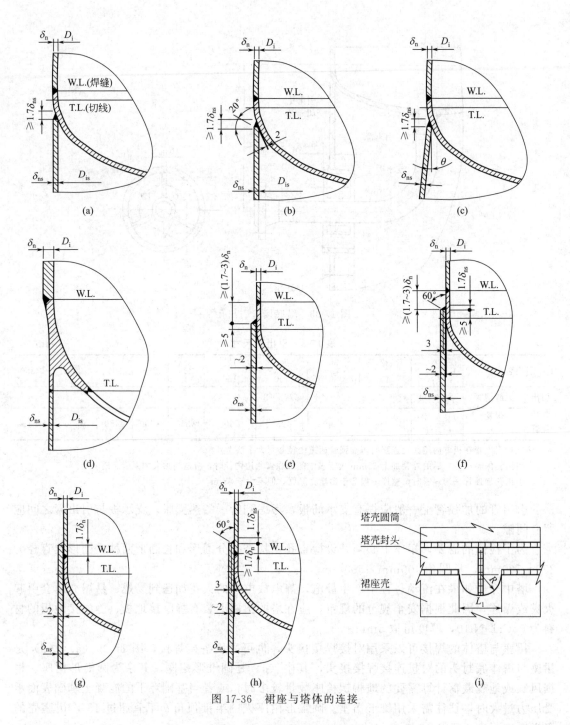

图 17-36　裙座与塔体的连接

表 17-4　裙座壳开缺口尺寸　　　　　　　　　　　　　　　　　mm

塔壳封头名义厚度 δ_n	≤8	>8～18	>18～28	>28～38	>38
宽度 L_1	70	100	120	140	≥160
缺口半径 R	35	50	60	70	≥80

17.4.4　塔的保温装置

　　当塔体需要保温时，在塔的外壁和封头应有保温块的安置和固定装置，图 17-37 是这种装置中的一种。

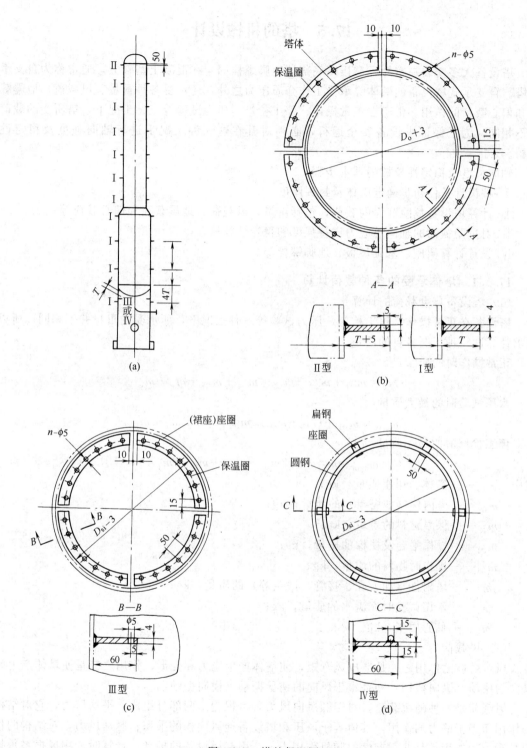

图 17-37 塔的保温圈

保温圈分Ⅰ、Ⅱ、Ⅲ、Ⅳ四种型式，分别示于图（b）（c）（d）。其中塔体用Ⅰ型，塔的顶封头用Ⅱ型，塔的底封头用Ⅲ型或Ⅳ型。Ⅰ、Ⅱ型是焊在塔的外表面，Ⅲ型和Ⅳ型则需焊在裙座座圈的内壁上，与下封头的距离为 T［见图（a）］，图中的 T 是保温层厚度。保温圈上的 $\phi5$ 小孔是供穿系铅丝（固定保温块）所用，Ⅳ型中的圆钢也具类似功能

17.5 塔的机械设计

塔设备大多安装在室外，靠裙座底部的地脚螺栓固定在混凝土基础上，通常称为自支承式塔。自支承式塔设备的塔体除承受工作介质压力之外，还承受各种重量、风载荷、地震载荷和偏心载荷的作用。由于在正常操作、停工检修、压力试验等三种工况下，塔所受的载荷并不相同，为了保证塔设备安全运行，必须对其在这三种工况下进行轴向强度及稳定性校核。

轴向强度及稳定性校核的基本步骤：

ⅰ.按设计条件初步确定塔体及封头厚度；

ⅱ.计算塔设备危险截面的载荷，包括重量、风载荷、地震载荷和偏心载荷等；

ⅲ.对危险截面的轴向总应力进行强度和稳定性校核；

ⅳ.设计计算裙座、基础环板、地脚螺栓等。

17.5.1 塔体承受的各种载荷计算

（1）塔设备自重载荷的计算

塔设备在正常操作、停工检修、压力试验等三种工况下，所承受的重量并不相同，所以要求计算这三种工况各自的质量。

正常操作时的质量：

$$m_0 = m_{01} + m_{02} + m_{03} + m_{04} + m_{05} + m_a + m_e$$

水压试验时的最大质量：

$$m_{max} = m_{01} + m_{02} + m_{03} + m_{04} + m_w + m_a + m_e$$

停工检修时的最小质量：

$$m_{min} = m_{01} + 0.2m_{02} + m_{03} + m_{04} + m_a$$

式中　m_{01}——塔体、裙座质量，kg；

m_{02}——塔内件（如塔盘）的质量，kg；

m_{03}——保温材料的质量，kg；

m_{04}——操作平台及扶梯的质量，kg；

m_{05}——操作时物料的质量，kg；

m_a——塔附件（如人孔、接管、法兰等）的质量，kg；

m_w——水压试验时充满水的质量，kg；

m_e——偏心质量，kg。

（2）风载荷

风对塔体的作用之一是造成风弯矩，使塔体产生应力和变形；作用之二是使塔体产生顺风向的振动（纵向振动）和垂直于风向的诱导振动（横向振动）。

风载荷是一种随机载荷，对于顺风向风力，可视为由两部分组成：平均风力，它对结构的作用相当于静力的作用，其值等于风压和塔设备迎风面积的乘积；脉动风力，对结构的作用是动力的作用，是非周期性的随机作用力，会引起塔设备的振动，计算时，用风振系数把它折算成静载荷。

有关风力和风弯矩的计算可以参考相关资料，只需定性了解，这里不作详细介绍。

（3）地震载荷

当发生地震时，塔设备作为悬壁梁，在地震载荷作用下会产生弯曲变形。所以，安装在

7度及7度以上地震烈度地区的塔设备必须考虑它的抗震能力，计算出水平地震力，垂直地震力和地震弯矩。由于垂直地震力引起的塔设备垂直方向振动的危害较横向振动小，所以只有当地震烈度为8度或9度地区的塔设备才需要考虑垂直地震力。

有关地震力和地震弯矩的计算可以参考相关资料，这里不作详细介绍。

（4）偏心载荷

塔体上悬挂的再沸器、冷凝器等附属设备或其他附件会引起偏心载荷。偏心载荷产生的弯矩为

$$M_e = m_e g e$$

式中　　g——重力加速度，m/s^2；

　　　　e——偏心距，即偏心质量中心至塔设备中心线间的距离，m；

　　　　M_e——偏心弯矩，kg。

由于风载荷、地震载荷和偏心载荷均能产生弯矩，在确定最大弯矩时，偏保守地假设风弯矩、地震弯矩和偏心弯矩同时出现，且出现在塔设备的同一方向。但考虑到最大风速和最高地震级别同时出现可能性很小，在正常或停工检修时，最大弯矩取风弯矩或地震弯矩加25%风弯矩两者中较大值与偏心弯矩之和。而在水压试验时，考虑持续时间较短，最大弯矩取30%风弯矩与偏心弯矩之和。

17.5.2　筒体的强度及稳定性校核

由于地震力、风力、偏心力所产生的弯矩对周向应力影响不显著，一般不作验算，只对轴向应力作强度和稳定性校核。

（1）筒体轴向应力

先计算出内压或外压在筒体中引起的轴向应力 σ_1、重力和垂直地震力在筒壁上所产生的轴向压应力 σ_2 和最大弯矩在筒体中引起的轴向应力 σ_3，然后可以得到不同工况下的轴向总应力，进行相应校核。

在塔体应力校核时，对许用拉伸应力和压缩应力引入载荷组合系数 K，并取 $K=1.2$。

（2）轴向应力的校核

① 塔体稳定校核　根据塔设备在操作时或非操作时各种危险情况对 σ_1、σ_2、σ_3 进行组合，求出最大组合轴向压应力 σ_{max}。

内压操作的塔设备，最大组合轴向压应力出现在停车情况，其值为 $\sigma_{max}=-\sigma_2+\sigma_3$；

外压操作的塔设备，最大组合轴向压应力出现在正常操作情况，其值为 $\sigma_{max}=\sigma_1-\sigma_2+\sigma_3$。

求出的最大组合轴向压应力应满足下式：$\sigma_{max}\leqslant[\sigma]_{cr}$，$[\sigma]_{cr}$ 为许用压应力值。如厚度不能满足上述条件，须重新假设厚度，重复上述计算，直至满足为止。

② 塔体强度校核　根据塔设备在操作时或非操作时各种危险情况对 σ_1、σ_2、σ_3 进行组合，求出最大组合轴向拉应力 σ_{max}。

内压操作的塔设备，最大组合轴向拉应力出现在正常操作情况，其值为 $\sigma_{max}=\sigma_1+\sigma_2+\sigma_3$；

外压操作的塔设备，最大组合轴向拉应力出现在非操作情况，其值为 $\sigma_{max}=\sigma_2+\sigma_3$。

计算出的最大组合轴向拉应力应满足：$\sigma_{max}\leqslant K\phi[\sigma]^t$。如厚度不能满足上述条件，须重新假设厚度，重复上述计算，直至满足为止。

在压力试验工况下，轴向应力也应满足相应的稳定性和强度条件，具体见相关资料。

（3）塔体最终厚度的确定

取按设计压力计算的塔体厚度、按稳定条件验算确定的厚度和按抗拉强度验算条件确定的厚度三者中的最大值，作为塔体最终的有效厚度。

17.5.3 裙座的强度及稳定性校核

裙座筒体并不承受介质压力，应力校核时只需校核危险截面（裙座底部截面或开孔截面）的最大轴向压缩应力即可。

设计裙座时，还需要确定基础环尺寸及厚度、地脚螺栓的公称直径和个数，并需验算裙座与塔体的连接焊缝结构是否满足要求。这些内容不作详细介绍。

附录A 型钢（GB/T 706—2016）

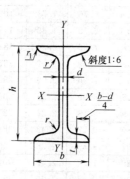

图 A-1 工字钢截面图（尺寸查表 A-1）

h——高度；

b——腿宽度；

d——腰厚度；

t——平均腿厚度；

r——内圆弧半径；

r_1——腿端圆弧半径

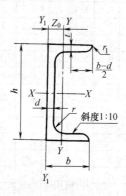

图 A-2 槽钢截面图（尺寸查表 A-2）

h——高度；

b——腿宽度；

d——腰厚度；

t——平均腿厚度；

r——内圆弧半径；

r_1——腿端圆弧半径；

Z_0——YY 轴与 Y_1Y_1 轴间距

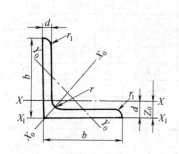

图 A-3 等边角钢截面图
（尺寸查表 A-3）

b——边宽度；

d——边厚度；

r——内圆弧半径；

r_1——边端圆弧半径；

Z_0——重心距离。

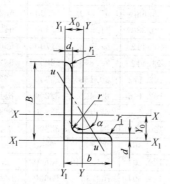

图 A-4 不等边角钢截面图
（尺寸查表 A-4）

B——长边宽度；

b——短边宽度；

d——边厚度；

r——内圆弧半径；

r_1——边端圆弧半径；

X_0——重心距离；

Y_0——重心距离。

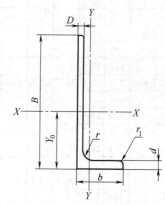

图 A-5 L 型钢截面图
（尺寸查表 A-5）

B——长边宽度；

b——短边宽度；

D——长边厚度；

d——短边厚度；

r——内圆弧半径；

r_1——边端圆弧半径；

Y_0——重心距离。

型号	截面尺寸/mm						截面面积/cm²	理论重量/(kg/m)	惯性矩/cm⁴		惯性半径/cm		截面模数/cm³	
	h	b	d	t	r	r_1			I_x	I_y	i_x	i_y	W_x	W_y
10	100	68	4.5	7.6	6.5	3.3	14.345	11.261	245	33.0	4.14	1.52	49.0	9.72
12	120	74	5.0	8.4	7.0	3.5	17.818	13.987	436	46.9	4.95	1.62	72.7	12.7
12.6	126	74	5.0	8.4	7.0	3.5	18.118	14.223	488	46.9	5.20	1.61	77.5	12.7
14	140	80	5.5	9.1	7.5	3.8	21.516	16.890	712	64.4	5.76	1.73	102	16.1
16	160	88	6.0	9.9	8.0	4.0	26.131	20.513	1130	93.1	6.58	1.89	141	21.2
18	180	94	6.5	10.7	8.5	4.3	30.756	24.143	1660	122	7.36	2.00	185	26.0
20a	200	100	7.0	11.4	9.0	4.5	35.578	27.929	2370	158	8.15	2.12	237	31.5
20b	200	102	9.0	11.4	9.0	4.5	39.578	31.069	2500	169	7.96	2.06	250	33.1
22a	220	110	7.5	12.3	9.5	4.8	42.128	33.070	3400	225	8.99	2.31	309	40.9
22b	220	112	9.5	12.3	9.5	4.8	46.528	36.524	3570	239	8.78	2.27	325	42.7
24a	240	116	8.0	13.0	10.0	5.0	47.741	37.477	4570	280	9.77	2.42	381	48.4
24b	240	118	10.0	13.0	10.0	5.0	52.541	41.245	4800	297	9.57	2.38	400	50.4
25a	250	116	8.0	13.0	10.0	5.0	48.541	38.105	5020	280	10.2	2.40	402	48.3
25b	250	118	10.0	13.0	10.0	5.0	53.541	42.030	5280	309	9.94	2.40	423	52.4
27a	270	122	8.5	13.7	10.5	5.3	54.554	42.825	6550	345	10.9	2.51	485	56.6
27b	270	124	10.5	13.7	10.5	5.3	59.954	47.064	6870	366	10.7	2.47	509	58.9
28a	280	122	8.5	13.7	10.5	5.3	55.404	43.492	7110	345	11.3	2.50	508	56.6
28b	280	124	10.5	13.7	10.5	5.3	61.004	47.888	7480	379	11.1	2.49	534	61.2
30a	300	126	9.0	14.4	11.0	5.5	61.254	48.084	8950	400	12.1	2.55	597	63.5
30b	300	128	11.0	14.4	11.0	5.5	67.254	52.794	9400	422	11.8	2.50	627	65.9
30c	300	130	13.0	14.4	11.0	5.5	73.254	57.504	9850	445	11.6	2.46	657	68.5
32a	320	130	9.5	15.0	11.5	5.8	67.156	52.717	11100	460	12.8	2.62	692	70.8
32b	320	132	11.5	15.0	11.5	5.8	73.556	57.741	11600	502	12.6	2.61	726	76.0
32c	320	134	13.5	15.0	11.5	5.8	79.956	62.765	12200	544	12.3	2.61	760	81.2
36a	360	136	10.0	15.8	12.0	6.0	76.480	60.037	15800	552	14.4	2.69	875	81.2
36b	360	138	12.0	15.8	12.0	6.0	83.680	65.689	16500	582	14.1	2.64	919	84.3
36c	360	140	14.0	15.8	12.0	6.0	90.880	71.341	17300	612	13.8	2.60	962	87.4
40a	400	142	10.5	16.5	12.5	6.3	86.112	67.598	21700	660	15.9	2.77	1090	93.2
40b	400	144	12.5	16.5	12.5	6.3	94.112	73.878	22800	692	15.6	2.71	1140	96.2
40c	400	146	14.5	16.5	12.5	6.3	102.112	80.158	23900	727	15.2	2.65	1190	99.6
45a	450	150	11.5	18.0	13.5	6.8	102.446	80.420	32200	855	17.7	2.89	1430	114
45b	450	152	13.5	18.0	13.5	6.8	111.446	87.485	33800	894	17.4	2.84	1500	118
45c	450	154	15.5	18.0	13.5	6.8	120.446	94.550	35300	938	17.1	2.79	1570	122
50a	500	158	12.0	20.0	14.0	7.0	119.304	93.654	46500	1120	19.7	3.07	1860	142
50b	500	160	14.0	20.0	14.0	7.0	129.304	101.504	48600	1170	19.4	3.01	1940	146
50c	500	162	16.0	20.0	14.0	7.0	139.304	109.354	50600	1220	19.0	2.96	2080	151
55a	550	166	12.5	21.0	14.5	7.3	134.185	105.335	62900	1370	21.6	3.19	2290	164
55b	550	168	14.5	21.0	14.5	7.3	145.185	113.970	65600	1420	21.2	3.14	2390	170
55c	550	170	16.5	21.0	14.5	7.3	156.185	122.605	68400	1480	20.9	3.08	2490	175
56a	560	166	12.5	21.0	14.5	7.3	135.435	106.316	65600	1370	22.0	3.18	2340	165
56b	560	168	14.5	21.0	14.5	7.3	146.635	115.108	68500	1490	21.6	3.16	2450	174
56c	560	170	16.5	21.0	14.5	7.3	157.835	123.900	71400	1560	21.3	3.16	2550	183
63a	630	176	13.0	22.0	15.0	7.5	154.658	121.407	93900	1700	24.5	3.31	2980	193
63b	630	178	15.0	22.0	15.0	7.5	167.258	131.298	98100	1810	24.2	3.29	3160	204
63c	630	180	17.0	22.0	15.0	7.5	179.858	141.189	102000	1920	23.8	3.27	3300	214

注：表中 r、r_1 的数据用于孔型设计，不做交货条件。

表 A-2 槽钢截面尺寸、截面面积、理论重量及截面特性

型号	截面尺寸/mm						截面面积/cm²	理论重量/(kg/m)	惯性矩/cm⁴			惯性半径/cm		截面模数/cm³		重心距离/cm
	h	b	d	t	r	r_1			I_x	I_y	I_{y1}	i_x	i_y	W_x	W_y	Z_0
5	50	37	4.5	7.0	7.0	3.5	6.928	5.438	26.0	8.30	20.9	1.94	1.10	10.4	3.55	1.35
6.3	63	40	4.8	7.5	7.5	3.8	8.451	6.634	50.8	11.9	28.4	2.45	1.19	16.1	4.50	1.36
6.5	65	40	4.3	7.5	7.5	3.8	8.547	6.709	55.2	12.0	28.3	2.54	1.19	17.0	4.59	1.38
8	80	43	5.0	8.0	8.0	4.0	10.248	8.045	101	16.6	37.4	3.15	1.27	25.3	5.79	1.43
10	100	48	5.3	8.5	8.5	4.2	12.748	10.007	198	25.6	54.9	3.95	1.41	39.7	7.80	1.52
12	120	53	5.5	9.0	9.0	4.5	15.362	12.059	346	37.4	77.7	4.75	1.56	57.7	10.2	1.62
12.6	126	53	5.5	9.0	9.0	4.5	15.692	12.318	391	38.0	77.1	4.95	1.57	62.1	10.2	1.59
14a	140	58	6.0	9.5	9.5	4.8	18.516	14.535	564	53.2	107	5.52	1.70	80.5	13.0	1.71
14b	140	60	8.0	9.5	9.5	4.8	21.316	16.733	609	61.1	121	5.35	1.69	87.1	14.1	1.67
16a	160	63	6.5	10.0	10.0	5.0	21.962	17.24	866	73.3	144	6.28	1.83	108	16.3	1.80
16b	160	65	8.5	10.0	10.0	5.0	25.162	19.752	935	83.4	161	6.10	1.82	117	17.6	1.75
18a	180	68	7.0	10.5	10.5	5.2	25.699	20.174	1270	98.6	190	7.04	1.96	141	20.0	1.88
18b	180	70	9.0	10.5	10.5	5.2	29.299	23.000	1370	111	210	6.84	1.95	152	21.5	1.84
20a	200	73	7.0	11.0	11.0	5.5	28.837	22.637	1780	128	244	7.86	2.11	178	24.2	2.01
20b	200	75	9.0	11.0	11.0	5.5	32.837	25.777	1910	144	268	7.64	2.09	191	25.9	1.95
22a	220	77	7.0	11.5	11.5	5.8	31.846	24.999	2390	158	298	8.67	2.23	218	28.2	2.10
22b	220	79	9.0	11.5	11.5	5.8	36.246	28.453	2570	176	326	8.42	2.21	234	30.1	2.03
24a	240	78	7.0	12.0	12.0	6.0	34.217	26.860	3050	174	325	9.45	2.25	254	30.5	2.10
24b	240	80	9.0	12.0	12.0	6.0	39.017	30.628	3280	194	355	9.17	2.23	274	32.5	2.03
24c	240	82	11.0	12.0	12.0	6.0	43.817	34.396	3510	213	388	8.96	2.21	293	34.4	2.00
25a	250	78	7.0	12.0	12.0	6.0	34.917	27.410	3370	176	322	9.82	2.24	270	30.6	2.07
25b	250	80	9.0	12.0	12.0	6.0	39.917	31.335	3530	196	353	9.41	2.22	282	32.7	1.98
25c	250	82	11.0	12.0	12.0	6.0	44.917	35.260	3690	218	384	9.07	2.21	295	35.9	1.92
27a	270	82	7.5	12.5	12.5	6.2	39.284	30.838	4360	216	393	10.5	2.34	323	35.5	2.13
27b	270	84	9.5	12.5	12.5	6.2	44.684	35.077	4690	239	428	10.3	2.31	347	37.7	2.06
27c	270	86	11.5	12.5	12.5	6.2	50.084	39.316	5020	261	467	10.1	2.28	372	39.8	2.03
28a	280	82	7.5	12.5	12.5	6.2	40.034	31.427	4760	218	388	10.9	2.33	340	35.7	2.10
28b	280	84	9.5	12.5	12.5	6.2	45.634	35.823	5130	242	428	10.6	2.30	366	37.9	2.02
28c	280	96	11.5	12.5	12.5	6.2	51.234	40.219	5500	268	463	10.4	2.29	393	40.3	1.95
30a	300	85	7.5	13.5	13.5	6.8	43.902	34.463	6050	260	467	11.7	2.43	403	41.1	2.17
30b	300	87	9.5	13.5	13.5	6.8	49.902	39.173	6500	289	515	11.4	2.41	433	44.0	2.13
30c	300	89	11.5	13.5	13.5	6.8	55.902	43.883	6950	316	560	11.2	2.38	463	46.4	2.09
32a	320	88	8.0	14.0	14.0	7.0	48.513	38.083	7600	305	552	12.5	2.50	475	46.5	2.24
32b	320	90	10.0	14.0	14.0	7.0	54.913	43.107	8140	336	593	12.2	2.47	509	49.2	2.16
32c	320	92	12.0	14.0	14.0	7.0	61.313	48.131	8690	374	643	11.9	2.47	543	52.6	2.09
36a	360	96	9.0	16.0	16.0	8.0	60.910	47.814	11900	455	818	14.0	2.73	660	63.5	2.44
36b	360	98	11.0	16.0	16.0	8.0	68.110	53.466	12700	497	880	13.6	2.70	703	66.9	2.37
36c	360	100	13.0	16.0	16.0	8.0	75.310	59.118	13400	536	948	13.4	2.67	746	70.0	2.34
40a	400	100	10.5	18.0	18.0	9.0	75.068	58.928	17600	592	1070	15.3	2.81	879	78.8	2.49
40b	400	102	12.5	18.0	18.0	9.0	83.068	65.208	18600	640	114	15.0	2.78	932	82.5	2.44
40c	400	104	14.5	18.0	18.0	9.0	91.068	71.488	19700	688	1220	14.7	2.75	986	86.2	2.42

注：表中 r、r_1 的数据用于孔型设计，不做交货条件。

型号	截面尺寸 /mm			截面面积 /cm²	理论重量 /(kg/m)	外表面积 /(m²/m)	惯性矩 /cm⁴				惯性半径 /cm			截面模数 /cm³			重心距离 /cm
	b	d	r				I_x	I_{x1}	I_{x0}	I_{y0}	i_x	i_{x0}	i_{y0}	W_x	W_{x0}	W_{y0}	Z_0
2	20	3	3.5	1.132	0.889	0.078	0.40	0.81	0.63	0.17	0.59	0.75	0.39	0.29	0.45	0.20	0.60
		4		1.459	1.145	0.077	0.50	1.09	0.78	0.22	0.58	0.73	0.38	0.36	0.55	0.24	0.64
2.5	25	3		1.432	1.124	0.098	0.82	1.57	1.29	0.34	0.76	0.95	0.49	0.46	0.73	0.33	0.73
		4		1.859	1.459	0.097	1.03	2.11	1.62	0.43	0.74	0.93	0.48	0.59	0.92	0.40	0.76
3.0	30	3		1.749	1.373	0.117	1.46	2.71	2.31	0.61	0.91	1.15	0.59	0.68	1.09	0.51	0.85
		4		2.276	1.786	0.117	1.84	3.63	2.92	0.77	0.90	1.13	0.58	0.87	1.37	0.62	0.89
3.6	36	3	4.5	2.109	1.656	0.141	2.58	4.68	4.09	1.07	1.11	1.39	0.71	0.99	1.61	0.76	1.00
		4		2.756	2.163	0.141	3.29	6.25	5.22	1.37	1.09	1.38	0.70	1.28	2.05	0.93	1.04
		5		3.382	2.654	0.141	3.95	7.84	6.24	1.65	1.08	1.36	0.70	1.56	2.45	1.00	1.07
4	40	3	5	2.359	1.852	0.157	3.59	6.41	5.69	1.49	1.23	1.55	0.79	1.23	2.01	0.96	1.09
		4		3.086	2.422	0.157	4.60	8.56	7.29	1.91	1.22	1.54	0.79	1.60	2.58	1.19	1.13
		5		3.791	2.976	0.156	5.53	10.74	8.76	2.30	1.21	1.52	0.78	1.96	3.10	1.39	1.17
4.5	45	3	5	2.659	2.088	0.177	5.17	9.12	8.20	2.14	1.40	1.76	0.89	1.58	2.58	1.24	1.22
		4		3.486	2.736	0.177	6.65	12.18	10.56	2.75	1.38	1.74	0.89	2.05	3.32	1.54	1.26
		5		4.292	3.369	0.176	8.04	15.2	12.74	3.33	1.37	1.72	0.88	2.51	4.00	1.81	1.30
		6		5.076	3.985	0.176	9.33	18.36	14.76	3.89	1.36	1.70	0.8	2.95	4.64	2.06	1.33
5	50	3	5.5	2.971	2.332	0.197	7.18	12.5	11.37	2.98	1.55	1.96	1.00	1.96	3.22	1.57	1.34
		4		3.897	3.059	0.197	9.26	16.69	14.70	3.82	1.54	1.94	0.99	2.56	4.16	1.96	1.38
		5		4.803	3.770	0.196	11.21	20.90	17.79	4.64	1.53	1.92	0.98	3.13	5.03	2.31	1.42
		6		5.688	4.465	0.196	13.05	25.14	20.68	5.42	1.52	1.91	0.98	3.68	5.85	2.63	1.46
5.6	56	3	6	3.343	2.624	0.221	10.19	17.56	16.14	4.24	1.75	2.20	1.13	2.48	4.08	2.02	1.48
		4		4.390	3.446	0.220	13.18	23.43	20.92	5.46	1.73	2.18	1.11	3.24	5.28	2.52	1.53
		5		5.415	4.251	0.220	16.02	29.33	25.42	6.61	1.72	2.17	1.10	3.97	6.42	2.98	1.57
		6		6.420	5.040	0.220	18.69	35.26	29.66	7.73	1.71	2.15	1.10	4.68	7.49	3.40	1.61
		7		7.404	5.812	0.219	21.23	41.23	33.63	8.82	1.69	2.13	1.09	5.36	8.49	3.80	1.64
		8		8.367	6.568	0.219	23.63	47.24	37.37	9.89	1.68	2.11	1.09	6.03	9.44	4.16	1.68
6	60	5	6.5	5.829	4.576	0.236	19.89	36.05	31.57	8.21	1.85	2.33	1.19	4.59	7.44	3.48	1.67
		6		6.914	5.427	0.235	23.25	43.33	36.89	9.60	1.83	2.31	1.18	5.41	8.70	3.98	1.70
		7		7.977	6.262	0.235	26.44	50.65	41.92	10.96	1.82	2.29	1.17	6.21	9.88	4.45	1.74
		8		9.020	7.081	0.235	29.47	58.02	46.66	12.28	1.81	2.27	1.17	6.98	11.00	4.88	1.78
6.3	63	4	7	4.978	3.907	0.248	19.03	33.35	30.17	7.89	1.96	2.46	1.26	4.13	6.78	3.29	1.70
		5		6.143	4.822	0.248	23.17	41.73	36.77	9.57	1.94	2.45	1.25	5.08	8.25	3.90	1.74
		6		7.288	5.721	0.247	27.12	50.14	43.03	11.20	1.93	2.43	1.24	6.00	9.66	4.46	1.78
		7		8.412	6.603	0.247	30.87	58.60	48.96	12.79	1.92	2.41	1.23	6.88	10.99	4.98	1.82
		8		9.515	7.469	0.247	34.46	67.11	54.56	14.33	1.90	2.40	1.23	7.75	12.25	5.47	1.85
		10		11.657	9.151	0.246	41.09	84.31	64.85	17.33	1.88	2.36	1.22	9.39	14.56	6.36	1.93
7	70	4	8	5.570	4.372	0.275	26.39	45.74	41.80	10.99	2.18	2.74	1.40	5.14	8.44	4.17	1.86
		5		6.875	5.397	0.275	32.21	57.21	51.08	13.31	2.16	2.73	1.39	6.32	10.32	4.95	1.91
		6		8.160	6.406	0.275	37.77	68.73	59.93	15.61	2.15	2.71	1.38	7.48	12.11	5.67	1.95
		7		8.424	7.398	0.275	43.09	80.29	68.35	17.82	2.14	2.69	1.38	8.59	13.81	6.34	1.99
		8		10.667	8.373	0.274	48.17	91.92	76.37	19.98	2.12	2.68	1.37	9.68	15.43	6.98	2.03

型号	截面尺寸/mm			截面面积/cm²	理论重量/(kg/m)	外表面积/(m²/m)	惯性矩/cm⁴				惯性半径/cm			截面模数/cm³			重心距离/cm
	b	d	r				I_x	I_{x1}	I_{x0}	I_{y0}	i_x	i_{x0}	i_{y0}	W_x	W_{x0}	W_{y0}	Z_0
7.5	75	5	9	7.412	5.818	0.295	39.97	70.56	63.30	16.63	2.33	2.92	1.50	7.32	11.94	5.77	2.04
		6		8.797	6.905	0.294	46.95	84.55	74.38	19.51	2.31	2.90	1.49	8.64	14.02	6.67	2.07
		7		10.160	7.976	0.294	53.57	98.71	84.96	22.18	2.30	2.89	1.48	9.93	16.02	7.44	2.11
		8		11.503	9.030	0.294	59.96	112.97	95.07	24.86	2.28	2.88	1.47	11.20	17.93	8.19	2.15
		9		12.825	10.068	0.294	66.10	127.30	104.71	27.48	2.27	2.86	1.46	12.43	19.75	8.89	2.18
		10		14.126	11.089	0.293	71.98	141.71	113.92	30.05	2.26	2.84	1.46	13.64	21.48	9.56	2.22
8	80	5	9	7.912	6.211	0.315	48.79	85.36	77.33	20.25	2.48	3.13	1.60	8.34	13.67	6.66	2.15
		6		9.397	7.376	0.314	57.35	102.50	90.98	23.72	2.47	3.11	1.59	9.87	16.08	7.65	2.19
		7		10.860	8.525	0.314	65.58	119.70	104.07	27.09	2.46	3.10	1.58	11.37	18.40	8.58	2.23
		8		12.303	9.658	0.314	73.49	136.97	116.60	30.39	2.44	3.08	1.57	12.83	20.61	9.46	2.27
		9		13.725	10.774	0.314	81.11	154.31	128.60	33.61	2.43	3.06	1.56	14.25	22.73	10.29	2.31
		10		15.126	11.874	0.313	88.43	171.74	140.09	36.77	2.42	3.04	1.56	15.64	24.76	11.08	2.35
9	90	6	10	10.637	8.350	0.354	82.77	145.87	131.26	34.28	2.79	3.51	1.80	12.61	20.63	9.95	2.44
		7		12.301	9.656	0.354	94.83	170.30	150.47	39.18	2.78	3.50	1.78	14.54	23.64	11.19	2.48
		8		13.944	10.946	0.353	106.47	194.80	168.97	43.97	2.76	3.48	1.78	16.42	26.55	12.35	2.52
		9		15.566	12.219	0.353	117.72	219.39	186.77	48.66	2.75	3.46	1.77	18.27	29.35	13.46	2.56
		10		17.167	13.476	0.353	128.58	244.07	203.90	53.26	2.74	3.45	1.76	20.07	32.04	14.52	2.59
		12		20.306	15.940	0.352	149.22	293.76	236.21	62.22	2.71	3.41	1.75	23.57	37.12	16.49	2.67
10	100	6	12	11.932	9.366	0.393	114.95	200.07	181.98	47.92	3.10	3.90	2.00	15.68	25.74	12.69	2.67
		7		13.796	10.830	0.393	131.86	233.54	208.97	54.74	3.09	3.89	1.99	18.10	29.55	14.26	2.71
		8		15.638	12.276	0.393	148.24	267.09	235.07	61.41	3.08	3.88	1.98	20.47	33.24	15.75	2.76
		9		17.462	13.708	0.392	164.12	300.73	260.30	67.95	3.07	3.86	1.97	22.79	36.81	17.18	2.80
		10		19.261	15.120	0.392	179.51	334.48	284.68	74.35	3.05	3.84	1.96	25.06	40.26	18.54	2.84
		12		22.800	17.898	0.391	208.90	402.34	330.95	86.84	3.03	3.81	1.95	29.48	46.80	21.08	2.91
		14		26.256	20.611	0.391	236.53	470.75	374.06	99.00	3.00	3.77	1.94	33.73	52.90	23.44	2.99
		16		29.627	23.257	0.390	262.53	539.80	414.16	110.89	2.98	3.74	1.94	37.82	58.57	25.63	3.06
11	110	7	12	15.196	11.928	0.433	177.16	310.64	280.94	73.38	3.41	4.30	2.20	22.05	36.12	17.51	2.96
		8		17.238	13.535	0.433	199.46	355.20	316.49	82.42	3.40	4.28	2.19	24.95	40.69	19.39	3.01
		10		21.261	16.690	0.432	242.19	444.65	384.39	99.98	3.38	4.25	2.17	30.60	49.42	22.91	3.09
		12		25.200	19.782	0.431	282.55	534.60	448.17	116.93	3.35	4.22	2.15	36.05	57.62	26.15	3.16
		14		29.056	22.809	0.431	320.71	625.16	508.01	133.40	3.32	4.18	2.14	41.31	65.31	29.14	3.24
12.5	125	8	14	19.750	15.504	0.492	297.03	521.01	470.89	123.16	3.88	4.88	2.50	32.52	53.28	25.86	3.37
		10		24.373	19.133	0.491	361.67	651.93	573.89	149.46	3.85	4.85	2.48	39.97	64.93	30.62	3.45
		12		28.912	22.696	0.491	423.16	783.42	671.44	174.88	3.83	4.82	2.46	41.17	75.96	35.03	3.53
		14		33.367	26.193	0.490	481.65	915.61	763.93	199.57	3.80	4.78	2.45	54.16	86.41	39.13	3.61
		16		37.739	29.625	0.489	537.31	1048.62	850.98	223.65	3.77	4.75	2.43	60.93	96.28	42.96	3.68
14	140	10	14	27.373	21.488	0.551	514.65	915.11	817.27	212.04	4.34	5.46	2.78	50.58	82.56	39.20	3.82
		12		32.512	25.522	0.551	603.68	1099.28	958.79	248.57	4.31	5.43	2.76	59.80	96.85	45.02	3.90
		14		37.567	29.490	0.550	688.81	1284.22	1093.56	284.06	4.28	5.40	2.75	68.75	110.47	50.45	3.98
		16		42.539	33.393	0.549	770.24	1470.07	1221.81	318.67	4.26	5.36	2.74	77.46	123.42	55.55	4.06

型号	截面尺寸 /mm			截面面积 /cm²	理论重量 /(kg/m)	外表面积 /(m²/m)	惯性矩 /cm⁴				惯性半径 /cm			截面模数 /cm³			重心距离 /cm
	b	d	r				I_x	I_{x1}	I_{x0}	I_{y0}	i_x	i_{x0}	i_{y0}	W_x	W_{x0}	W_{y0}	Z_0
15	150	8	14	23.750	18.644	0.592	521.37	899.55	827.49	215.25	4.69	5.90	3.01	47.36	78.02	38.14	3.99
		10		29.373	23.058	0.591	637.50	1125.09	1012.79	262.21	4.66	5.87	2.99	58.35	95.49	45.51	4.08
		12		34.912	27.406	0.591	748.85	1351.26	1189.97	307.73	4.63	5.84	2.97	69.04	112.19	52.38	4.15
		14		40.367	31.688	0.590	855.64	1578.25	1359.30	351.98	4.60	5.80	2.95	79.45	128.16	58.83	4.23
		15		43.063	33.804	0.590	907.39	1692.10	1441.09	373.69	4.59	5.78	2.95	84.56	135.87	61.90	4.27
		16		45.739	35.905	0.589	958.08	1806.21	1521.02	395.14	4.58	5.77	2.94	89.59	143.40	64.89	4.31
16	160	10	16	31.502	24.729	0.630	779.53	1365.33	1237.30	321.76	4.98	6.27	3.20	66.70	109.36	52.76	4.31
		12		37.441	29.391	0.630	916.58	1639.57	1455.68	377.49	4.95	6.24	3.18	78.98	128.67	60.74	4.39
		14		42.296	33.987	0.629	1048.36	1914.68	1665.02	431.70	4.92	6.20	3.16	90.95	147.17	68.24	4.47
		16		49.067	38.518	0.629	1175.08	2190.82	1865.57	484.59	4.89	6.17	3.14	102.63	164.89	75.31	4.55
18	180	12		42.241	33.159	0.710	1321.35	2332.80	2100.10	542.61	5.59	7.05	3.58	100.82	165.00	78.41	4.89
		14		48.896	38.383	0.709	1514.48	2723.48	2407.42	621.53	5.56	7.02	3.56	116.25	189.14	88.38	4.97
		16		55.467	43.542	0.709	1700.99	3115.29	2703.37	698.60	5.54	6.98	3.55	131.13	212.40	97.83	5.05
		18		61.055	48.634	0.708	1875.12	3502.43	2988.24	762.01	5.50	6.94	3.51	145.64	234.78	105.14	5.13
20	200	14	18	54.642	42.894	0.788	2103.55	3734.10	3343.26	863.83	6.20	7.82	3.98	144.70	236.40	111.82	5.46
		16		62.013	48.680	0.788	2366.15	4270.39	3760.89	971.41	6.18	7.79	3.96	163.65	265.93	123.96	5.54
		18		69.301	54.401	0.787	2620.64	4808.13	4164.54	1076.74	6.15	7.75	3.94	182.22	294.48	135.52	5.62
		20		76.505	60.056	0.787	2867.30	5347.51	4554.55	1180.04	6.12	7.72	3.93	200.42	322.06	146.55	5.69
		24		90.661	71.168	0.785	3338.25	6457.16	5294.97	1381.53	6.07	7.64	3.90	236.17	374.41	166.65	5.87
22	220	16	21	68.664	53.901	0.866	3187.36	5681.62	5063.73	1310.99	6.81	8.59	4.37	199.55	325.51	153.81	6.03
		18		76.752	60.250	0.866	3534.30	6395.93	5615.32	1453.27	6.79	8.55	4.35	222.37	360.97	168.29	6.11
		20		84.756	66.533	0.865	3871.49	7112.04	6150.08	1592.90	6.76	8.52	4.34	244.77	395.34	182.16	6.18
		22		92.676	72.751	0.865	4199.23	7830.19	6668.37	1730.10	6.73	8.48	4.32	266.78	428.66	195.45	6.26
		24		100.512	78.902	0.864	4517.83	8550.57	7170.55	1865.11	6.70	8.45	4.31	288.39	460.94	208.21	6.33
		26		108.264	84.987	0.864	4827.58	9273.39	7656.98	1998.17	6.68	8.41	4.30	309.62	492.21	220.49	6.41
25	250	18	24	87.842	68.956	0.985	5268.22	9379.11	8369.04	2167.41	7.74	9.76	4.97	290.12	473.42	224.03	6.84
		20		97.045	76.180	0.984	5779.34	10426.97	9181.94	2376.74	7.72	9.73	4.95	319.66	519.41	242.85	6.92
		24		115.201	90.433	0.983	6763.93	12529.74	10742.67	2785.19	7.66	9.66	4.92	377.34	607.70	278.38	7.07
		26		124.154	97.461	0.982	7238.08	13585.18	11491.33	2984.84	7.63	9.62	4.90	405.50	650.05	295.19	7.15
		28		133.022	104.422	0.982	7700.60	14643.62	12219.39	3181.81	7.61	9.58	4.89	433.22	691.23	311.42	7.22
		30		141.807	111.318	0.981	8151.80	15705.30	12927.26	3376.34	7.58	9.55	4.88	460.51	731.28	327.12	7.30
		32		150.508	118.149	0.981	8592.01	16770.41	13615.32	3568.71	7.56	9.51	4.87	487.39	770.20	342.33	7.37
		35		163.402	128.271	0.980	9232.44	18374.95	14611.16	3853.72	7.52	9.46	4.86	526.97	826.53	364.30	7.48

注：截面图中的 $r_1 = 1/3d$ 及表中 r 的数据用于孔型设计，不做交货条件。

表 A-4　不等边角钢截面尺寸、截面面积、理论质量及截面特性

型号	截面尺寸/mm B	b	d	r	截面面积/cm²	理论重量/(kg/m)	外表面积/(m²/m)	惯性矩/cm⁴ I_x	I_{x1}	I_y	I_{y1}	I_u	惯性半径/cm i_x	i_y	i_u	截面模数/cm³ W_x	W_y	W_u	$\tan\alpha$	重心距离/cm X_0	Y_0
2.5/1.6	25	16	3	3.5	1.162	0.912	0.080	0.70	1.56	0.22	0.43	0.14	0.78	0.44	0.34	0.43	0.19	0.16	0.392	0.42	0.86
			4		1.499	1.176	0.079	0.88	2.09	0.27	0.59	0.17	0.77	0.43	0.34	0.55	0.24	0.20	0.381	0.46	1.86
3.2/2	32	20	3	3.5	1.492	1.171	0.102	1.53	3.27	0.46	0.82	0.28	1.01	0.55	0.43	0.72	0.30	0.25	0.382	0.49	0.90
			4	4	1.939	1.522	0.101	1.93	4.37	0.57	1.12	0.35	1.00	0.54	0.42	0.93	0.39	0.32	0.374	0.53	1.08
4/2.5	40	25	3		1.890	1.484	0.127	3.08	5.39	0.93	1.59	0.56	1.28	0.70	0.54	1.15	0.49	0.40	0.385	0.59	1.12
			4		2.467	1.936	0.127	3.93	8.53	1.18	2.14	0.71	1.36	0.69	0.54	1.49	0.63	0.52	0.381	0.63	1.32
4.5/2.8	45	28	3	5	2.149	1.687	0.143	4.45	9.10	1.34	2.23	0.80	1.44	0.79	0.61	1.47	0.62	0.51	0.383	0.64	1.37
			4		2.806	2.203	0.143	5.69	12.13	1.70	3.00	1.02	1.42	0.78	0.60	1.91	0.80	0.66	0.380	0.68	1.47
5/3.2	50	32	3		2.431	1.908	0.161	6.24	12.49	2.02	3.31	1.20	1.60	0.91	0.70	1.84	0.82	0.68	0.404	0.73	1.51
			4	5.5	3.177	2.494	0.160	8.02	16.65	2.58	4.45	1.53	1.59	0.90	0.69	2.39	1.06	0.87	0.402	0.77	1.60
5.6/3.6	56	36	3		2.743	2.153	0.181	8.88	17.54	2.92	4.70	1.73	1.80	1.03	0.79	2.32	1.05	0.87	0.408	0.80	1.65
			4		3.590	2.818	0.180	11.45	23.39	3.76	6.33	2.23	1.79	1.02	0.79	3.03	1.37	1.13	0.408	0.85	1.78
			5	6	4.415	3.466	0.180	13.86	29.25	4.49	7.94	2.67	1.77	1.01	0.78	3.71	1.65	1.36	0.404	0.88	1.82
6.3/4	63	40	4		4.058	3.185	0.202	16.49	33.30	5.23	8.63	3.12	2.02	1.14	0.88	3.87	1.70	1.40	0.398	0.92	1.87
			5		4.993	3.920	0.202	20.02	41.63	6.31	10.86	3.76	2.00	1.12	0.87	4.74	2.07	1.71	0.396	0.95	2.04
			6		5.908	4.638	0.201	23.36	49.98	7.29	13.12	4.34	1.96	1.11	0.86	5.59	2.43	1.99	0.393	0.99	2.08
			7	7	6.802	5.339	0.201	26.53	58.07	8.24	15.47	4.97	1.98	1.10	0.86	6.40	2.78	2.29	0.389	1.03	2.12
7/4.5	70	45	4		4.547	3.570	0.226	23.17	45.92	7.55	12.26	4.40	2.26	1.29	0.98	4.86	2.17	1.77	0.410	1.02	2.15
			5		5.609	4.403	0.225	27.95	57.10	9.13	15.39	5.40	2.23	1.28	0.98	5.92	2.65	2.19	0.407	1.06	2.24
			6	7.5	6.647	5.218	0.225	32.54	68.35	10.62	18.58	6.35	2.21	1.26	0.98	6.95	3.12	2.59	0.404	1.09	2.28
			7		7.657	6.011	0.225	37.22	79.99	12.01	21.84	7.16	2.20	1.25	0.97	8.03	3.57	2.94	0.402	1.13	2.32
7.5/5	75	50	5		6.125	4.808	0.245	34.86	70.00	12.61	21.04	7.41	2.39	1.44	1.10	6.83	3.30	2.74	0.435	1.17	2.36
			6		7.260	5.699	0.245	41.12	84.30	14.70	25.37	8.54	2.38	1.42	1.08	8.12	3.88	3.19	0.435	1.21	2.40
			8	8	9.467	7.431	0.244	52.39	112.50	18.53	34.23	10.87	2.35	1.40	1.07	10.52	4.99	4.10	0.429	1.29	2.44
			10		11.590	9.098	0.244	62.71	140.80	21.96	43.43	13.10	2.33	1.38	1.06	12.79	6.04	4.99	0.423	1.36	2.52

型号	截面尺寸/mm				截面面积/cm²	理论重量/(kg/m)	外表面积/(cm²/m)	惯性矩/cm⁴					惯性半径/cm			截面模数/cm³			tanα	重心距离/cm	
	B	b	d	r				I_x	I_{x1}	I_y	I_{y1}	I_u	i_x	i_y	i_u	W_x	W_y	W_u		X_0	Y_0
8/5	80	50	5	8	6.375	5.005	0.255	41.96	85.21	12.82	21.06	7.66	2.56	1.42	1.10	7.78	3.32	2.74	0.388	1.14	2.60
			6		7.560	5.935	0.255	49.49	102.53	14.95	25.41	8.85	2.56	1.41	1.08	9.25	3.91	3.20	0.387	1.18	2.65
			7		8.724	6.848	0.255	56.16	119.33	46.96	29.82	10.18	2.54	1.39	1.08	10.58	4.48	3.70	0.384	1.21	2.69
			8		9.867	7.745	0.254	62.83	136.41	18.85	34.32	11.38	2.52	1.38	1.07	11.92	5.03	4.16	0.381	1.25	2.73
9/5.6	90	56	5	9	7.212	5.661	0.287	60.45	121.32	18.32	29.53	10.98	2.90	1.59	1.23	9.92	4.21	3.49	0.385	1.25	2.91
			6		8.557	6.717	0.286	71.03	145.59	21.42	35.58	12.90	2.88	1.58	1.23	11.74	4.96	4.13	0.384	1.29	2.95
			7		9.880	7.756	0.286	81.01	169.60	24.36	41.71	14.67	2.86	1.57	1.22	13.49	5.70	4.72	0.382	1.33	3.00
			8		11.183	8.779	0.286	91.03	194.17	27.15	47.93	16.34	2.85	1.56	1.21	15.27	6.41	5.29	0.380	1.36	3.04
10/6.3	100	63	6	10	9.617	7.550	0.320	99.06	199.71	30.94	50.50	18.42	3.21	1.79	1.38	14.64	6.35	5.25	0.394	1.43	3.24
			7		11.111	8.722	0.320	113.45	233.00	35.26	59.14	21.00	3.20	1.78	1.38	16.88	7.29	6.02	0.394	1.47	3.28
			8		12.534	9.878	0.319	127.37	266.32	39.39	67.88	23.50	3.18	1.77	1.37	19.08	8.21	6.78	0.391	1.50	3.32
			10		15.467	12.142	0.319	153.81	333.06	47.12	85.73	28.33	3.15	1.74	1.35	23.32	9.98	8.24	0.387	1.58	3.40
10/8	100	80	6	10	10.637	8.350	0.354	107.04	199.83	61.24	102.68	31.65	3.17	2.40	1.72	15.19	10.16	8.31	0.627	1.97	2.95
			7		12.301	9.656	0.354	122.73	233.20	70.08	119.98	36.17	3.16	2.39	1.72	17.52	11.71	9.60	0.626	2.01	3.0
			8		13.944	10.946	0.353	137.92	266.61	78.58	137.37	40.58	3.14	2.37	1.71	19.81	13.21	10.80	0.625	2.05	3.04
			10		17.167	13.476	0.353	166.87	333.63	94.65	172.48	49.10	3.12	2.35	1.69	24.24	16.12	13.12	0.622	2.13	3.12
11/7	110	70	6	10	10.637	8.350	0.354	133.37	265.78	42.92	69.08	25.36	3.54	2.01	1.54	17.85	7.90	6.53	0.403	1.57	3.53
			7		12.301	9.656	0.354	153.00	310.01	49.01	80.82	28.95	3.53	2.00	1.53	20.60	9.09	7.50	0.402	1.61	3.57
			8		13.944	10.946	0.353	172.04	354.39	54.87	92.70	32.45	3.51	1.98	1.53	23.30	10.25	8.45	0.401	1.65	3.62
			10		17.167	13.476	0.353	208.39	443.13	65.88	116.83	39.20	3.48	1.96	1.51	28.54	12.48	10.29	0.397	1.72	3.70
12.5/8	125	80	7	11	14.096	11.066	0.403	227.98	454.99	74.42	120.32	43.81	4.02	2.30	1.76	26.86	12.01	9.92	0.408	1.80	4.01
			8		15.989	12.551	0.403	256.77	519.99	83.49	137.85	49.15	4.01	2.28	1.75	30.41	13.56	11.18	0.407	1.84	4.06
			10		19.712	15.474	0.402	312.04	650.09	100.67	173.40	59.45	3.98	2.26	1.74	37.33	16.56	13.64	0.404	1.92	4.14
			12		23.351	18.330	0.402	364.41	780.39	116.67	209.67	59.35	3.95	2.24	1.72	44.01	19.43	16.01	0.400	2.00	4.22

续表

型号	截面尺寸/mm				截面面积/cm²	理论重量/(kg/m)	外表面积/(m²/m)	惯性矩/cm⁴					惯性半径/cm			截面模数/cm³			tanα	重心距离/cm	
	B	b	d	r				I_x	I_{x1}	I_y	I_{y1}	I_u	i_x	i_y	i_u	W_x	W_y	W_u		X_0	Y_0
14/9	140	90	8	12	18.038	14.160	0.453	365.64	730.53	120.69	195.79	70.83	4.50	2.59	1.98	38.48	17.34	14.31	0.411	2.04	4.50
			10		22.261	17.475	0.452	445.50	913.20	140.03	245.92	85.82	4.47	2.56	1.96	47.31	21.22	17.48	0.409	2.12	4.58
			12		26.400	20.724	0.451	521.59	1096.09	169.79	296.89	100.21	4.44	2.54	1.95	55.87	24.95	20.54	0.406	2.19	4.66
			14		30.456	23.908	0.451	594.10	1279.26	192.10	348.82	114.13	4.42	2.51	1.94	64.18	28.54	23.52	0.403	2.27	4.74
15/9	150	90	8	12	18.839	14.788	0.473	442.05	898.35	122.80	195.96	74.14	4.84	2.55	1.98	43.86	17.47	14.48	0.364	1.97	4.92
			10		23.261	18.260	0.472	539.24	1122.85	148.62	246.26	89.86	4.81	2.53	1.97	53.97	21.38	17.69	0.362	2.05	5.01
			12		27.600	21.666	0.471	632.08	1347.50	172.85	297.46	104.95	4.79	2.50	1.95	63.79	25.14	20.80	0.359	2.12	5.09
			14		31.856	25.007	0.471	720.77	1572.38	195.62	349.74	119.53	4.76	2.48	1.94	73.33	28.77	23.84	0.356	2.20	5.17
			15		33.952	26.652	0.471	763.62	1684.93	206.50	376.33	126.67	4.74	2.47	1.93	77.99	30.53	25.33	0.354	2.24	5.21
			16		36.027	28.281	0.470	805.51	1797.55	217.07	403.24	133.72	4.73	2.45	1.93	82.60	32.27	26.82	0.352	2.27	5.25
16/10	160	100	10	13	25.315	19.872	0.512	668.69	1362.89	205.03	336.59	121.74	5.14	2.85	2.19	62.13	26.56	21.92	0.390	2.28	5.24
			12		30.054	23.592	0.511	784.91	1635.56	239.06	405.94	142.33	5.11	2.82	2.17	73.49	31.28	25.79	0.388	2.36	5.32
			14		34.709	27.247	0.510	896.30	1908.50	271.20	476.42	162.23	5.08	2.80	2.16	84.56	35.83	29.56	0.385	2.43	5.40
			16		39.281	30.835	0.510	1003.04	2181.79	301.60	548.22	182.57	5.05	2.77	2.16	95.33	40.24	33.44	0.382	2.51	5.48
18/11	180	110	10	14	28.373	22.273	0.571	956.25	1940.40	278.11	447.22	166.50	5.80	3.13	2.42	78.96	32.49	26.88	0.376	2.44	5.89
			12		33.712	26.440	0.571	1124.72	2328.38	325.03	538.94	194.87	5.78	3.10	2.40	93.53	38.32	31.66	0.374	2.52	5.98
			14		38.967	30.589	0.570	1286.91	2716.60	369.55	631.95	222.30	5.75	3.08	2.39	107.76	43.97	36.32	0.372	2.59	6.06
			16		44.139	34.649	0.569	1443.06	3105.15	411.85	726.46	248.94	5.72	3.06	2.38	121.64	49.44	40.87	0.369	2.67	6.14
20/12.5	200	125	12	14	37.912	29.761	0.641	1570.90	3193.85	483.16	787.74	285.79	6.44	3.57	2.74	116.73	49.99	41.23	0.392	2.83	6.54
			14		43.687	34.436	0.640	1800.97	3726.17	550.83	922.47	326.58	6.41	3.54	2.73	134.65	57.44	47.34	0.390	2.91	6.62
			16		49.739	39.045	0.639	2023.35	4258.88	615.44	1058.86	366.21	6.38	3.52	2.71	152.18	64.89	53.32	0.388	2.99	6.70
			18		55.526	43.588	0.639	2238.30	4792.00	677.19	1197.13	404.83	6.35	3.49	2.70	169.33	71.74	59.18	0.385	3.06	6.78

注：截面图中的 $r_1=1/3d$ 及表中 r 的数据用于孔型设计，不做交货条件。

表 A-5 L 型钢截面尺寸、截面面积、理论重量及截面特性

型　号	截面尺寸/mm						截面面积 /cm²	理论重量 /(kg/m)	惯性矩 I_x/cm⁴	重心距离 Y_0/cm
	B	b	D	d	r	r_1				
L250×90×9×13	250	90	9	13	15	7.5	33.4	26.2	2190	8.64
L250×90×10.5×15			10.5	15			38.5	30.3	2510	8.76
L250×90×11.5×16			11.5	16			41.7	32.7	2710	8.90
L300×100×10.5×15	300	100	10.5	15			45.3	35.6	4290	10.6
L300×100×11.5×16			11.5	16			49.0	38.5	4630	10.7
L350×120×10.5×16	350	120	10.5	16	20	10	54.9	43.1	7110	12.0
L350×120×11.5×18			11.5	18			60.4	47.4	7780	12.0
L400×120×11.5×23	400	120	11.5	23			71.6	56.2	11900	13.3
L450×120×11.5×25	450	120	11.5	25			79.5	62.4	16800	15.1
L500×120×12.5×33	500	120	12.5	33			98.6	77.4	25500	16.5
L500×120×13.5×35			13.5	35			105.0	82.8	27100	16.6

附录 B　图 9-7 的曲线数据表（GB/T 150.3—2011）

表 B　图 9-7 的曲线数据表

D_o/δ_e	L/D_o	A 值	D_o/δ_e	L/D_o	A 值	D_o/δ_e	L/D_o	A 值
4	2.2	9.59E-02	8	20	1.74	20	40	2.75
	2.6	8.84		50	1.74		50	2.75
	3	8.39	10	0.56	9.64E-02	25	0.2	8.77E-02
	4	7.83		0.7	7.20		0.3	4.84
	5	7.59		1	4.63		0.5	2.50
	7	7.39		1.2	3.71		0.8	1.43
	10	7.29		2	2.01		1	1.11
	30	7.20		2.4	1.65		1.2	9.02E-03
	50	7.20		3	1.39		2	5.08
5	1.4	9.29E-02		4	1.24		3	3.23
	1.6	8.02		5	1.18		3.4	2.78
	2	6.58		7	1.14		4	2.35
	2.4	5.86		10	1.12		4.4	2.19
	3	5.32		16	1.11		5	2.04
	4	4.94		50	1.11		6	1.91
	5	4.78	15	0.34	9.68E-02		7	1.86
	7	4.65		0.4	7.70		10	1.80
	10	4.59		0.6	4.53		30	1.76
	30	4.54		1	2.44		50	1.76
	50	4.53		1.2	1.97	30	0.16	9.04E-02
6	1.2	8.37E-02		2	1.09		2	6.35
	1.6	5.84		2.4	8.90E-03		0.3	3.57
	2	4.69		3	6.91		0.4	2.46
	2.4	4.11		4	5.73		0.6	1.50
	3	3.69		5	5.34		0.8	1.08
	4	3.41		6	5.16		1	8.38E-03
	5	3.29		10	4.97		1.2	6.83
	7	3.20		40	4.90		2	3.88
	10	3.16		50	4.90		3	2.46
	30	3.12	20	0.24	9.82E-02		4	1.77
	50	3.12		0.4	4.77		4.4	1.61
8	0.74	9.68E-02		0.6	2.86		5	1.47
	0.8	8.75		0.8	2.03		6	1.36
	1	6.60		1	1.56		7	1.30
	1.6	3.72		1.2	1.27		10	1.25
	2	2.85		2	7.13E-03		30	1.22
	2.4	2.42		3	4.46		50	1.22
	3	2.12		3.4	3.88	40	0.12	8.64E-02
	4	1.92		4	3.42		0.2	3.85
	5	1.84		5	3.08		0.3	2.22
	7	1.79		2	2.87		0.4	1.55
	10	1.76		10	2.80		0.6	9.58E-03

D_o/δ_e	L/D_o	A 值	D_o/δ_e	L/D_o	A 值	D_o/δ_e	L/D_o	A 值
	0.8	6.91		0.054	9.90E-02		9	9.04E-05
	1	5.39		0.07	6.08		10	8.37
	1.2	4.41		0.09	3.91		12	7.70
	2	2.52		0.1	3.28	125	14	7.40
	4	1.17		0.14	1.96		20	7.13
	5	9.12E-04		0.2	1.20		40	7.04
40	6	8.04		0.24	9.50E-03		50	7.04
	7	7.56		0.4	5.16		0.05	3.38E-02
	8	7.31		0.6	3.28		0.06	2.44
	10	7.08	80	0.8	2.39		0.08	1.51
	16	6.92		1	1.88		0.1	1.08
	40	6.88		2	8.95E-04		0.12	8.33E-03
	50	6.88		4	4.24		0.16	5.69
	0.088	9.30E-02		6.6	2.41		0.2	4.31
	0.1	7.82		8	2.05		0.4	1.94
	0.2	2.63		10	1.86		0.6	1.25
	0.3	1.54		14	1.76	150	1	7.26E-05
	0.4	1.08		30	1.72		2	3.49
	0.6	6.77E-03		50	1.72		4	1.68
	0.8	4.90		0.05	7.41E-02		6	1.08
	1	3.84		0.07	3.98		8	7.87E-05
	2	1.71		0.1	2.20		10	6.19
50	4	8.42E-04		0.14	1.33		12	5.53
	5	6.52		0.2	8.31E-03		16	5.10
	6	5.48		0.4	3.64		20	4.98
	7	5.02		0.5	2.83		40	4.89
	8	4.78		0.8	1.70		50	4.89
	10	4.58	100	1	1.34		0.05	1.96E-02
	12	4.49		2	6.41E-04		0.06	1.43
	16	4.44		4	3.05		0.08	9.09E-03
	40	4.40		6	1.95		0.1	6.59
	50	4.40		8	1.42		0.14	4.21
	0.074	9.54E-02		10	1.24		0.2	2.72
	0.1	5.56		14	1.14		0.3	1.71
	0.14	3.23		25	1.10		0.5	9.76E-04
	0.2	1.93		50	1.10		0.8	5.92
	0.4	8.12E-03		0.05	4.80E-02		1	4.69
	0.6	5.10		0.06	3.44	200	2	2.27
	0.8	3.71		0.08	2.10		4	1.10
	1	2.91		0.1	1.48		6	7.11E-05
	2	1.38		0.14	9.17E-03		8	5.20
60	3	8.86E-04		0.2	5.78		10	4.03
	4	6.45	125	0.4	2.57		12	3.38
	6	4.09		0.6	1.65		14	3.09
	7	3.64		0.8	1.21		16	2.95
	8	3.41		1	9.55E-04		20	2.83
	10	3.22		2	4.59		40	2.75
	14	3.10		4	2.20		50	2.75
	40	3.06		6	1.41			
	50	3.06						

D_o/δ_e	L/D_o	A 值	D_o/δ_e	L/D_o	A 值	D_o/δ_e	L/D_o	A 值
250	0.05	1.29E-02	400	0.05	5.49E-03	600	0.2	4.86
	0.06	9.55E-03		0.06	4.17		0.4	2.31
	0.08	6.17		0.08	2.78		0.6	1.51
	0.1	4.52		0.1	2.08		0.8	1.12
	0.14	2.93		0.12	1.66		1	8.94E-05
	0.2	1.91		0.16	1.18		2	4.39
	0.4	8.81E-04		0.2	9.14E-04		4	2.16
	0.6	5.72		0.4	4.29		6	1.41
	0.8	4.22		0.6	2.80		8	1.04
	1	3.35		0.8	2.07		8.4	9.88E-06
	2	1.63		1	1.65	800	0.05	1.65E-03
	4	7.89E-05		2	8.08E-05		0.06	1.29
	6	5.13		4	3.93		0.08	8.92E-04
	8	3.77		6	2.57		0.1	6.82
	10	2.93		8	1.89		0.12	5.51
	12	2.38		10	1.48		0.16	3.98
	14	2.10		14	1.02		0.2	3.12
	16	1.96		16	8.82E-06		0.4	1.49
	20	1.84	500	0.05	3.70E-03		0.6	9.80E-05
	40	1.76		0.06	2.84		0.8	7.28
	50	1.76		0.08	1.92		1	5.80
300	0.05	9.23E-03		0.1	1.45		2	2.86
	0.06	6.90		0.12	1.16		4	1.40
	0.08	4.52		0.16	8.30E-04		5	1.12
	0.1	3.34		0.2	6.45		5.6	9.92E-06
	0.12	2.64		0.4	3.05	1000	0.05	1.13E-03
	0.2	1.43		0.6	1.99		0.06	8.91E-04
	0.4	6.66E-04		0.8	1.48		0.07	7.33
	0.6	4.33		1	1.18		0.09	5.41
	0.8	3.21		2	5.79E-05		0.12	3.88
	1	2.54		4	2.82		0.16	2.82
	2	1.24		6	1.85		0.2	2.21
	4	6.02E-05		8	1.37		0.4	1.06
	6	3.93		10	1.07		0.7	5.96E-05
	8	2.87		12	8.80E-06		1	4.14
	10	2.25	600	0.05	2.70E-03		2	2.04
	14	1.56		0.06	2.08		4	1.01
	16	1.42		0.08	1.42		4.2	9.57E-06
	20	1.30		0.1	1.08			
	40	1.23		0.12	8.68E-04			
	50	1.22		0.16	6.24			

附录C 标准目录

化工设备与压力容器的标准很多，下面摘引的是其中的一部分，限于本书篇幅有限，即使是这些标准，也只是部分引用或讲解，有些仅提供了标准名称，供日后需要时，方便查找参考。

C-1 TSG. 特种设备安全技术规范与压力容器设计

(1) 国务院第549号令　　　　《特种设备安全监察条例》
(2) TSG 21—2016　　　　　　《固定式压力容器安全技术监察规程》
(3) GB/T 150.1～4—2011　　《压力容器》
　　　　　　　　　　　　　　第1部分：通用要求
　　　　　　　　　　　　　　第2部分：材料
　　　　　　　　　　　　　　第3部分：设计
　　　　　　　　　　　　　　第4部分：制造、检验和验收
(4) HG/T 20583—2011　　　《钢制化工容器结构设计规定》
(5) GB/T 151—2014　　　　　《热交换器》

C-2 碳素钢与低合金钢及板材

(1) GB/T 700—2006　　　　　《碳素结构钢》
(2) GB/T 699—2015　　　　　《优质碳素结构钢》
(3) GB/T 3077—2015　　　　《合金结构钢》
(4) GB/T 712—2011　　　　　《船体用结构钢》
(5) GB/T 1591—2018　　　　《低合金高强度结构钢》
(6) GB/T 708—2006　　　　　《热轧钢板和钢带的尺寸、外形、重量及允许偏差》
(7) GB/T 709—2006　　　　　《冷轧钢板和钢带的尺寸、外形、重量及允许偏差》
(8) GB/T 3274—2017　　　　《碳素结构钢和低合金结构钢热轧厚钢板和钢带》
(9) GB/T 711—2017　　　　　《优质碳素结构钢热轧厚钢板和钢带》
(10) GB/T 3531—2014　　　《低温压力容器用低合金钢钢板》
(11) GB/T 19189—2011　　　《压力容器用调质高强度钢板》
(12) GB/T 713—2014　　　　《锅炉和压力容器用钢板》
(13) GB/T 6653—2008　　　《焊接气瓶用钢板和钢带》
(14) GB/T 14977—2008　　　《热轧钢板表面质量的一般要求》

C-3 不锈钢和耐热钢及板材

(1) GB/T 20878—2015　　　《不锈钢和耐热钢　牌号及化学成分》
(2) GB/T 3280—2015　　　　《不锈钢冷轧钢板和钢带》
(3) GB/T 4237—2015　　　　《不锈钢热轧钢板和钢带》
(4) GB/T 4238—2015　　　　《耐热钢板和钢带》
(5) GB/T 24511—2017　　　《承压设备用不锈钢和耐热钢钢板和钢带》

C-4 无缝钢管与焊接钢管

(1) GB/T 8163—2008　　　　《输送流体用无缝钢管》

(2) GB/T 14976—2012 《流体输送用不锈钢无缝钢管》

(3) GB/T 3087—2008 《低中压锅炉用无缝钢管》

(4) GB/T 5310—2017 《高压锅炉用无缝钢管》

(5) GB/T 18248—2008 《气瓶用无缝钢管》

(6) GB/T 6479—2013 《高压化肥设备用无缝钢管》

(7) GB/T 9948—2013 《石油裂化用无缝钢管》

(8) GB/T 13296—2013 《锅炉、热交换器用不锈钢无缝钢管》

(9) GB/T 21833—2008 《奥氏体铁素体型双相不锈钢无缝钢管》

(10) GB/T 17395—2008 《无缝钢管尺寸、外形、重量及允许偏差》

(11) GB/T 2102—2006 《钢管的验收、包装、标志和质量证书》

(12) GB/T 3091—2015 《低压流体输送用焊接钢管》

(13) GB/T 24593—2009 《锅炉和热交换器用焊接钢管》

(14) GB/T 21832—2008 《奥氏体铁素体型双相不锈钢焊接钢管》

(15) GB/T 13793—2016 《直缝电焊钢管》

(16) GB/T 12771—2000 《流体输送用不锈钢焊接钢管》

(17) GB/T 21835—2008 《焊接钢管尺寸及单位长度重量》

C-5 复合钢板

NB/T 47002—2009 《压力容器用爆炸焊接复合钢板》

其中：

NB/T 47002.1—2009 《不锈钢-钢复合板》

NB/T 47002.2—2009 《镍-钢复合板》

NB/T 47002.3—2009 《钛-钢复合板》

NB/T 47002.4—2009 《铜-钢复合板》

C-6 铸铁

(1) GB/T 5612—2008 《铸铁牌号表示方法》

(2) GB/T 9439—2010 《灰铸铁》

(3) GB/T 1348—2009 《球墨铸铁》

(4) GB/T 9440—2010 《可锻铸铁》

(5) GB/T 8491—2009 《高硅耐蚀铸铁》

(6) GB/T 9437—2009 《耐热铸铁件》

(7) JB/ZQ 4304—2006 《耐磨铸铁》

(8) GB/T 8263—2010 《抗磨白口铸铁件》

C-7 有色金属

铜及铜合金：

(1) GB/T 20566—2006 《铜及铜合金术语》

(2) GB/T 5231—2012 《加工铜及铜合金牌号和化学成分》

(3) GB/T 1527—2017 《铜及铜合金拉制管》

(4) GB/T 8890—2015 《热交换器用铜合金无缝管》

(5) GB/T 19447—2013 《热交换器用铜合金无缝翅片管》

铝及铝合金：

(6) GB/T 8005—2008 《变形铝及铝合金术语》

(7) GB/T 16474—2011　　　　　《变形铝及铝合金牌号表示方法》

(8) GB/T 3190—2008　　　　　《变形铝及铝合金化学成分》

(9) GB/T 16475—2008　　　　　《变形铝及铝合金状态代号》

(10) GB/T 3880—2012　　　　　《一般工业用铝及铝合金板、带材》

(11) GB/T 6892—2015　　　　　《一般工业用铝及铝合金挤压型材》

(12) GB/T 6893—2010　　　　　《铝及铝合金拉（扎）制无缝管》

钛及钛合金：

(13) GB/T 6611—2008　　　　　《钛及钛合金术语和金相图谱》

(14) GB/T 3620.1—2016　　　　《钛及钛合金牌号和化学成分》

(15) GB/T 3621—2017　　　　　《钛及钛合金板材》

(16) GB/T 3624—2010　　　　　《钛及钛合金无缝管》

镍及镍合金：

(17) GB/T 2054—2013　　　　　《镍及镍合金板》

(18) GB/T 2882—2013　　　　　《镍及镍合金管》

C-8　锻件

(1) NB/T 47008—2017　　　　《承压设备用碳素钢和低合金钢锻件》

(2) NB/T 47009—2017　　　　《低温承压设备用低合金钢锻件》

(3) NB/T 47010—2017　　　　《承压设备用高合金钢锻件》

C-9　紧固件

(1) GB/T 3098.1—2010　　　　《紧固件机械性能螺栓、螺钉和螺柱》

(2) GB/T 3098.2—2015　　　　《紧固件机械性能螺母粗牙螺纹》

C-10　力学性能试验

(1) GB/T 228.1—2010　　　　《金属材料　拉伸试验　第1部分：室温试验方法》

(2) GB/T 229—2007　　　　　《金属材料　夏比摆锤冲击试验方法》

C-11　容器法兰

(1) NB/T 47020—2012　　　　《压力容器法兰与技术条件》

(2) NB/T 47021—2012　　　　《甲型平焊法兰》

(3) NB/T 47022—2012　　　　《乙型平焊法兰》

(4) NB/T 47023—2012　　　　《长颈对焊法兰》

(5) NB/T 47024—2012　　　　《非金属软垫片》

(6) NB/T 47025—2012　　　　《缠绕垫片》

(7) NB/T 47026—2012　　　　《金属包垫片》

(8) NB/T 47027—2012　　　　《压力容器法兰用紧固件》

C-12　管法兰

(1) HG/T 20592—2009　　　　《钢制管法兰》（PN 系列）

(2) HG/T 20606—2009　　　　《钢制管法兰用非金属平垫片》（PN 系列）

(3) HG/T 20607—2009　　　　《钢制管法兰用聚四氟乙烯包覆垫片》（PN 系列）

(4) HG/T 20609—2009　　　　《钢制管法兰用金属包覆垫片》（PN 系列）

(5) HG/T 20610—2009　　　　《钢制管法兰用缠绕式垫片》（PN 系列）

(6) HG/T 20611—2009　　　　《钢制管法兰用具有覆盖层的齿形组合垫》（PN 系列）

(7) HG/T 20612—2009　　　《钢制管法兰用金属环形垫》（PN 系列）

(8) HG/T 20613—2009　　　《钢制管法兰用紧固件》（PN 系列）

(9) HG/T 20614—2009　　　《钢制管法兰、垫片、紧固件选配规定》（PN 系列）

C-13　人孔、手孔

(1) HG/T 21515—2014　　　《常压人孔》

(2) HG/T 21516—2014　　　《回转盖板式平焊法兰人孔》

(3) HG/T 21517—2014　　　《回转盖带颈平焊法兰人孔》

(4) HG/T 21518—2014　　　《回转盖带颈对焊法兰人孔》

(5) HG/T 21519—2014　　　《垂直吊盖板式平焊法兰人孔》

(6) HG/T 21520—2014　　　《垂直吊盖带颈平焊法兰人孔》

(7) HG/T 21521—2014　　　《垂直吊盖带颈对焊法兰人孔》

(8) HG/T 21522—2014　　　《水平吊盖板式平焊法兰人孔》

(9) HG/T 21523—2014　　　《水平吊盖带颈平焊法兰人孔》

(10) HG/T 21524—2014　　　《水平吊盖带颈对焊法兰人孔》

(11) HG/T 21525—2014　　　《常压旋柄快开人孔》

(12) HG/T 21526—2014　　　《椭圆形回转盖快开人孔》

(13) HG/T 21527—2014　　　《回转拱盖快开人孔》

(14) HG/T 21528—2014　　　《常压手孔》

(15) HG/T 21529—2014　　　《板式平焊法兰手孔》

(16) HG/T 21530—2014　　　《带颈平焊法兰手孔》

(17) HG/T 21531—2014　　　《带颈对焊法兰手孔》

(18) HG/T 21532—2014　　　《回转盖带颈对焊法兰手孔》

(19) HG/T 21533—2014　　　《常压快开手孔》

(20) HG/T 21534—2014　　　《旋柄快开手孔》

(21) HG/T 21535—2014　　　《回转盖快开手孔》

(22) HG 21594～21604—2014《衬不锈钢人孔和手孔》

C-14　支座

(1) NB/T 47065.1—2018　　《容器支座　第 1 部分：鞍式支座》

(2) NB/T 47065.2—2018　　《容器支座　第 2 部分：腿式支座》

(3) NB/T 47065.3—2018　　《容器支座　第 3 部分：耳式支座》

(4) NB/T 47065.4—2018　　《容器支座　第 4 部分：支承式支座》

(5) NB/T 47065.5—2018　　《容器支座　第 5 部分：刚性环支座》

C-15　视镜与液面计

(1) NB/T 47017—2011　　　《压力容器视镜》

(2) HG 21588—1995　　　　《玻璃板液面计标准系列及技术要求》

(3) HG 21592—1995　　　　《玻璃管液面计（PN1.6）》

C-16　焊接

(1) GB/T 5117—2012　　　《非合金钢及细晶粒钢焊条》

(2) GB/T 5118—2012　　　《热强钢焊条》

(3) GB/T 983—2012　　　　《不锈钢焊条》

（4）GB/T 985.1—2008　　　《气焊、焊条电弧焊、气体保护焊和高能束焊的推荐坡口》
（5）GB/T 985.2—2008　　　《埋弧焊的推荐坡口》
（6）GB/T 324—2008　　　　《焊缝符号表示法》
（7）NB/T 47014—2011　　　《承压设备焊接工艺评定》
（8）NB/T 47015—2011　　　《承压设备焊接规程》

C-17　补强圈、补强管

（1）JB/T 4736—2002　　　　《补强圈钢制压力容器用封头》
（2）HG/T 21630—1990　　　《补强管》

C-18　介质毒性

（1）HG/T 20660—2017　　　《压力容器中化学介质毒性危害和爆炸危险程度分类标准》
（2）GBZ 230—2010　　　　《职业性接触毒物危害程度分级》

C-19　压力容器封头

GB/T 25198—2010　　　　《压力容器封头》

C-20　无损检测

NB/T 47013—2015　　　　《承压设备无损检测》